AF509593

DICTIONNAIRE

DES

SCIENCES NATURELLES.

TOME XXXII.

MOLLUS=MORF.

Le nombre d'exemplaires prescrit par la loi a été déposé. Tous les exemplaires sont revétus de la signature de l'éditeur.

DICTIONNAIRE

DES

SCIENCES NATURELLES,

DANS LEQUEL

ON TRAITE MÉTHODIQUEMENT DES DIFFÉRENS ÊTRES DE LA NATURE, CONSIDÉRÉS SOIT EN EUX-MÊMES, D'APRÈS L'ÉTAT ACTUEL DE NOS CONNOISSANCES, SOIT RELATIVEMENT A L'UTILITÉ QU'EN PEUVENT RETIRER LA MÉDECINE, L'AGRICULTURE, LE COMMERCE ET LES ARTS.

SUIVI D'UNE BIOGRAPHIE DES PLUS CÉLÈBRES NATURALISTES.

Ouvrage destiné aux médecins, aux agriculteurs, aux commerçans, aux artistes, aux manufacturiers, et à tous ceux qui ont intérêt à connoître les productions de la nature, leurs caractères génériques et spécifiques, leur lieu natal, leurs propriétés et leurs usages.

PAR

Plusieurs Professeurs du Jardin du Roi, et des principales Écoles de Paris.

TOME TRENTE-DEUXIÈME.

F. G. LEVRAULT, Editeur, à STRASBOURG,
et rue des Fossés M. le Prince, n.° 31, à PARIS.

LE NORMANT, rue de Seine, N.° 8, à PARIS.

1824.

Liste des Auteurs par ordre de Matières.

Physique générale.

M. LACROIX, membre de l'Académie des Sciences et professeur au Collége de France. (L.)

Chimie.

M. CHEVREUL, professeur au Collége royal de Charlemagne. (Ch.)

Minéralogie et Géologie.

M. BRONGNIART, membre de l'Académie des Sciences, professeur à la Faculté des Sciences. (B.)

M. BROCHANT DE VILLIERS, membre de l'Académie des Sciences. (B. de V.)

M. DEFRANCE, membre de plusieurs Sociétés savantes. (D. F.)

Botanique.

M. DESFONTAINES, membre de l'Académie des Sciences. (Desf.)

M. DE JUSSIEU, membre de l'Académie des Sciences, professeur au Jardin du Roi. (J.)

M. MIRBEL, membre de l'Académie des Sciences, professeur à la Faculté des Sciences. (B. M.)

M. HENRI CASSINI, membre de la Société philomatique de Paris. (H. Cass.)

M. LEMAN, membre de la Société philomatique de Paris. (Lem.)

M. LOISELEUR DESLONGCHAMPS, Docteur en médecine, membre de plusieurs Sociétés savantes. (L. D.)

M. MASSEY. (Mass.)

M. POIRET, membre de plusieurs Sociétés savantes et littéraires, continuateur de l'Encyclopédie botanique. (Poir.)

M. DE TUSSAC, membre de plusieurs Sociétés savantes, auteur de la Flore des Antilles. (De T.)

Zoologie générale, Anatomie et Physiologie.

M. G. CUVIER, membre et secrétaire perpétuel de l'Académie des Sciences, prof. au Jardin du Roi, etc. (G. C. ou CV. ou C.)

M. FLOURENS. (F.)

Mammifères.

M. GEOFFROI SAINT-HILAIRE, membre de l'Académie des Sciences, prof. au Jardin du Roi. (G.)

Oiseaux.

M. DUMONT, membre de plusieurs Sociétés savantes. (Ch. D.)

Reptiles et Poissons.

M. DE LACÉPÈDE, membre de l'Académie des Sciences, prof. au Jardin du Roi. (L. L.)

M. DUMERIL, membre de l'Académie des Sciences, prof. à l'École de médecine. (C. D.)

M. CLOQUET, Docteur en médecine. (H. C.)

Insectes.

M. DUMERIL, membre de l'Académie des Sciences, professeur à l'École de médecine. (C. D.)

Crustacés.

M. W. E. LEACH, membre de la Société roy. de Londres, Correspond. du Muséum d'histoire naturelle de France. (W. E. L.)

M. A. G. DESMAREST, membre titulaire de l'Académie royale de médecine, professeur à l'école royale vétérinaire d'Alfort, etc.

Mollusques, Vers et Zoophytes.

M. DE BLAINVILLE, professeur à la Faculté des Sciences. (De B.)

M. TURPIN, naturaliste, est chargé de l'exécution des dessins et de la direction de la gravure.

MM. DE HUMBOLDT et RAMOND donneront quelques articles sur les objets nouveaux qu'ils ont observés dans leurs voyages, ou sur les sujets dont ils se sont plus particulièrement occupés. M. DE CANDOLLE nous a fait la même promesse.

M. F. CUVIER est chargé de la direction générale de l'ouvrage, et il coopérera aux articles généraux de zoologie et à l'histoire des mammifères. (F. C.)

DICTIONNAIRE

DES

SCIENCES NATURELLES.

MOL

MOLLUSQUES, *Mollusca*. (*Malacoz.*) On est convenu depuis une vingtaine d'années de désigner sous le nom général de *Mollusques* (Mollusca) une division assez nombreuse du règne animal, construite sur un plan particulier, et qui comprend non seulement les véritables mollusques d'Aristoté et de Pline, mais encore leurs testacés.

Synonymie.

Ce nom de *Mollusques*, *Mollusca*, vient du mot grec μαλακια , *mollia* en latin, mol en françois, parce que la plupart des animaux qu'on désigne sous cette dénomination sont remarquables par la mollesse de leur chair, ou mieux de leur enveloppe générale.

La science qui traite de cette partie de la zoologie n'a pas encore de nom particulier; celui de *Molluscologie* ne pouvant être reçu, parce qu'il est hybride, et celui de *Conchyliologie* n'étant guère préférable, parce qu'il semble indiquer qu'on ne s'occupe que des dépouilles de ces animaux : aussi avons nous proposé celui de *Malacozoologie*, ou par abréviation, *Malacologie*, composé de μαλακος, ζωον, et λογος, c'est-à-dire, discours raisonné ou traité sur les animaux mous, comme M. Rafinesque, dans un ouvrage intitulé : Précis de Somiologie, imprimé à Palerme, en 1814, l'avoit fait de son côté.

Aristote, le plus ancien et le plus important des auteurs d'histoire naturelle qui nous soient parvenus de l'antiquité, est le premier qui ait employé ce mot de *Mollusques*; mais sous ce nom il ne comprenoit qu'une partie des animaux que nous rangeons maintenant dans ce type, donnant celui d'*Ostraco-dermes*, testacés, à ceux qui ont une enveloppe calcaire cassante et plus ou moins dure.

Pline, et en général tous les naturalistes latins anciens, ont employé les mêmes dénominations qu'ils ont traduites dans leur langue par les mots de *Mollia* et de *Testacea*.

Ælien, et les naturalistes grecs, ont suivi *Aristote*.

Isidore de Séville, *Wotton*, *Belon*, *Rondelet* ont adopté les mêmes dénominations, ainsi que *Gesner*, *Aldovrande*, et son abréviateur *Jonston*.

Ray, le précurseur de *Linnæus*, paroit être le premier qui, ayant appliqué le nom de *Vers* à tous les animaux a sang blanc, ou sans vertèbres des naturalistes modernes (les insectes et les crustacés exceptés), a employé les noms de vers mollusques et de vers testacés qui correspondent cependant toujours aux divisions d'*Aristote*.

Adanson, le premier peut-être qui ait envisagé les coquilles d'une manière convenable, a employé le terme de coquillages d'une manière classique ; mais il n'a compris sous ce nom que les espèces de mollusques revêtues de coquilles.

Linnæus, *Bruguières*, *Pennant*, *Vicq-d'Azyr* ont suivi Ray, ainsi que toute l'école de *Linnæus*.

Pallas (*Miscellanea Zoologica*, p. 73), à la suite des observations importantes dont nous parlerons plus loin, a montré à quels animaux le nom de mollusques devoit être réservé.

M. G. *Cuvier* paroît être le premier qui ait compris toute la valeur de ces observations, qui les ait mises en œuvre, et qui ait réuni dans un traité tous les animaux de Pallas, en les comprenant définitivement sous le nom classique de *Mollusques*, qu'ils fussent nus ou revêtus d'une coquille d'une ou plusieurs pièces, ce que M. de Lamarck et presque tous les naturalistes françois ont imité. Cependant M. de Lamarck, dans la dernière édition de ses Animaux sans vertèbres, n'emploie plus le nom de mollusques tout-à-fait de la même manière, ce n'est plus pour lui qu'une partie des mollusques de M. Cuvier, qui correspond à peu près à son ancienne division des mollusques céphalés. M. Rafinesque, dans son Précis de Somiologie, avoit, quelques années auparavant, désigné ce groupe sous la dénomination de *Malacosia*.

M. de Blainville a proposé le nom de *Malacozoaires* pour le type qui renferme les véritables mollusques, et celui de *Malentozoaires* pour le sous-type formé des molluscarticulés.

Définition.

Aristote définissoit ses mollusques proprement dits des animaux qui n'ont pas de sang, dont les parties charnues sont au dehors, et les solides au dedans, et au contraire pour les testacés. Pline, et ensuite tous les zoologistes de la renaissance des lettres, admirent à peu près la même définition.

Adanson entend par le mot de coquillages un animal dont le corps est mou, sans aucune articulation sensible, et recouvert en tout ou en partie d'une croûte pierreuse, appelée coquille, à laquelle il est attaché par un ou plusieurs muscles.

Linnæus donne cette définition : *Mollusca*; *A. simplicia, nùda absque testà, artubus instructa :* *Testacea* ; *A. simplicia domo sæpiùs calcareo obtecta.*

Bruguières, en séparant les mollusques des insectes, leur donne pour caractères communs d'être sans os, sans stigmates, sans pieds, ou sans articulations. Il distingue les mollusques proprement dits, parce qu'ils sont nus, de ses testacés qui sont contenus dans une coquille d'une ou plusieurs valves.

M. Cuvier les définit, d'après des caractères anatomiques : des animaux sans vertèbres, ayant des vaisseaux sanguins, une moelle épinière simple, et pas de membres articulés.

M. de Lamarck admet à peu près la même définition : Animaux ovipares, à corps mollasse, non articulé dans ses parties, et ayant un manteau variable et musculeux; respiration par des branchies diversifiées; un cerveau, quelques ganglions et des nerfs pour le sentiment et la vivification des organes, mais ni moelle longitudinale, ni moelle épinière;

des glandes conglomérées : une coquille enveloppante ou enveloppée, et quelquefois nulle.

Celle que nous proposons est la suivante :

Animaux pairs, le corps et ses appendices mous, non articulés, enveloppé d'une peau ou derme musculaire (manteau) de forme variable dans ou sur laquelle se développe le plus souvent une partie calcaire (coquille) d'une ou deux pièces.

Circulation complète à sang blanc, à cœur essentiellement aortique et supérieur au canal intestinal, si ce n'est dans les brachiocéphalés ou sèches.

Respiration aquatique ou aérienne.

Système nerveux composé d'un ganglion cérébriforme, sus-œsophagien, communiquant avec les ganglions des différentes fonctions ; ceux de la locomotion étant latéraux.

De la place des mollusques dans la série des animaux.

Aristote sépare ses deux groupes par les crustacés.

Aldovrande, Jonston, Ray, Linnæus, toute son école, M. *Duméril* les placent après les insectes.

MM. *Cuvier, de Lamarck* et leurs sectateurs les mettent à la tête des animaux sans vertèbres.

Nous pensons qu'en les considérant comme construits sur un plan particulier, formant un type distinct, ils peuvent être aussi rapprochés de l'homme, qui est le *summum* de l'animalité, que les insectes, mais dans une autre direction. Néanmoins nous croyons que si en effet la structure des premiers genres a quelque chose de celle des animaux vertébrés dans les rudimens de squelette qui enveloppent le cerveau, cependant les derniers sont considérablement dégradés, et passent plus vite au dernier type des animaux, en sorte que nous les plaçons parallèlement aux animaux articulés extérieurement, et comme passant aux actinozoaires par les ascidies, etc.

De l'importance de l'étude et de la connoissance de ce groupe d'animaux.

Quoique presque jusqu'à ces derniers temps, comme nous allons le voir tout à l'heure dans l'histoire de cette partie de la zoologie, on ait fort négligé ces animaux pour ne s'occuper presque exclusivement que de leurs enveloppes ou coquilles, ils n'en offrent pas moins un assez grand intérêt sous plusieurs rapports, pour qu'on s'efforce d'aplanir les difficultés que leur étude présente. Ainsi l'anatomiste, et surtout le physiologiste y pourront trouver des éclaircissemens dans certaines questions générales; ils y verront l'organe de l'audition réduit pour ainsi dire à sa plus simple expression, à ce qui lui est absolument essentiel dans les sèches et genres voisins : ils trouveront l'organe principal d'impulsion dans la circulation se partager en plusieurs parties, et offrir quelquefois la singulière disposition de paroître être traversé par le canal intestinal. En étudiant chez ces animaux les organes de la génération, ils pourront se faire une idée du véritable hermaphrodisme suffisant ou non, c'est-à-dire, que dans un assez grand nombre les organes mâles et femelles sont portés sur le même individu, sans que cependant ils puissent agir l'un sur l'autre, en sorte que l'espèce se compose toujours de deux individus, tandis que chez d'autres, chez lesquels on n'aperçoit bien évidemment que les organes femelles, la génération a lieu au moyen d'un seul individu.

Le géologue ne tirera pas moins d'avantage de l'étude minutieuse des enveloppes ou coquilles des mollusques, pour s'aider dans la détermination de l'identité des différentes couches de la terre. Il verra dans la quantité innombrable de ces animaux se succédant de générations en générations dans la profondeur des mers, une des causes évidentes de l'accroissement des continens.

Mais l'homme peut trouver dans la connoissance des mollusques des applications encore plus directes à son mieux-être dans l'état de société, soit dans les avantages, soit dans les désavantages qu'il peut en attendre: ainsi un assez grand nombre d'espèces sont propres à lui servir de nourriture : les poulpes, les sèches, les calmars surtout, sont fort recherchés en Grèce, et même dans quelques parties de l'Italie. Les escargots ou grosses espèces de limaçons, plusieurs buccins et genres voisins, sont assez estimés dans certains pays, et l'étoient tellement des anciens Romains, que Pline n'a pas dédaigné de nous rapporter les noms de ceux qui ont imaginé de les réunir dans des parcs, de les pourvoir d'une abondante nourriture pour les grossir et les rendre plus succulens. Les huitres, les moules sont encore de nos jours l'objet de spéculations commerciales.

Quoique les animaux mollusques n'offrent presque aucune ressource pour nos vêtemens, si ce n'est la pinne-marine ou le jambonneau, il est cependant utile de connoître que la perle, ce bel et modeste ornement, si recherché des Orientaux, des princes, et surtout des femmes, est due à une maladie de certaines espèces de coquilles de la famille des moules. C'est cette connoissance qui fit imaginer au célèbre Linnæus les moyens de créer une sorte de perlière artificielle dans les rivières de Suède. La nacre de perle, également employée pour l'ornement d'une foule d'objets de luxe, n'est aussi que la parois intérieure de certaines coquilles univalves ou bivalves. La peinture tire encore de quelques uns de ces animaux des couleurs précieuses, sinon par leur éclat, au moins par leur solidité et la facilité de leur emploi, comme l'encre de la Chine et la sépia, qui proviennent de certaines espèces de sèches. Il paroît prouvé que l'ambre gris est également dû à des espèces de ce genre. Enfin la couleur la plus vive, la plus riche, connue des anciens, et peut-être encore la plus solide de nos jours, ou la pourpre, est produite par des animaux qu'on désigne encore sous le nom de *Purpura*.

Quoique assez peu nombreux, les avantages que nous offrent les mollusques le sont cependant beaucoup plus que les dommages que nous en éprouvons, et je crois même que l'on ne peut citer comme animal vraiment nuisible que le taret qui, attaquant, pour se loger, le bois de nos vaisseaux et de nos digues, nous cause souvent de très-grands torts. La connoissance de ses mœurs, de ses habitudes est donc de première nécessité dans les pays qui en sont infestés. Les limaces et les limaçons sont aussi des ennemis fortement et justement redoutés dans nos jardins.

Histoire de cette partie de la zoologie.

Tous les auteurs anciens comme *Aristote*, *Pline* et leurs abréviateurs, paroissent avoir assez peu connu ces animaux : ils les plaçoient parmi ceux qu'ils désignoient sous le nom d'*exsanguia*, division qui correspond tout-à-fait à celle des animaux à sang blanc de Linnæus, et des animaux sans vertèbres des naturalistes modernes, non pas qu'ils pensassent que ces animaux n'ont pas de sang, mais par comparaison avec les animaux à sang rouge. Ils se contentèrent de les subdiviser en deux sections : les *Mollusques* et les *Testacés ;* c'est ce qu'imitèrent plus ou moins complètement les naturalistes de la renaissance des lettres, *Belon, Rondelet, Aldovrande, Jonston,* sans ajouter beaucoup de faits à ceux que nous devons aux anciens ; mais bientôt la collection facile des enveloppes de ces animaux, souvent de la plus grande beauté, devenues un objet de curiosité, et même de rivalité entre les gens riches, on oublia pour ainsi dire tout-à-fait l'animal, pour ne s'occuper que des coquilles ; c'est ainsi qu'est née cette partie de l'histoire naturelle, qu'on nomme conchyliologie proprement dite, sur laquelle nous avons de superbes ouvrages de luxe, presque chez toutes les nations, et dont nous avons traité avec détails dans ce Dictionnaire au mot Conchyliologie, auquel nous renvoyons. En vain Lister, célèbre médecin et naturaliste anglois, avant lui Fabius Columna, et, après Willis, Heyde, Swammerdam, etc., donnèrent-ils l'anatomie de plusieurs animaux mollusques, on ne songea nullement à établir leur classification sur leur organisation extérieure, ou sur leur forme, et encore moins sur leur structure profonde. Il est bien vrai que Linnæus, dès les premières éditions de son *Systema Naturæ,* parle de l'animal de ses testacés, avant d'exposer les caractères des genres ; mais il se borne à citer le nom de celui de ses mollusques avec lequel il a le plus de rapports, et le genre n'est réellement établi que sur la forme de la coquille.

La très-grande partie des naturalistes du dernier siècle suivit l'exemple de ce grand homme, comme nous le verrons plus loin ; et déjà des naturalistes françois avoient senti la nécessité de recourir aux animaux pour parvenir à une bonne classification des coquilles. Ainsi, dès 1743, Daubenton lut à l'Académie des Sciences, dont il n'étoit pas encore membre, un mémoire sur la distribution méthodique de ces enveloppes, dans lequel, après avoir prouvé que leur connoissance peut suffire, il fait cependant remarquer que celle des animaux est indispensable pour former un système complet de conchyliologie, et une distribution naturelle des coquilles. Nous ne voyons cependant pas qu'il ait mis ce principe en exécution : du moins il n'en est pas question dans l'extrait que le secrétaire de l'Académie a donné du mémoire de Daubenton.

En 1756, Guettard, membre de la même société, fut donc le premier qui fit ce que paroit n'avoir pas fait Daubenton; car, dans un mémoire fort étendu, inséré dans les Actes de l'Académie, et qui paroit avoir pour but non avoué la critique de ce qu'avoit dit Buffon au commencement de son article de l'âne, sur l'espèce et sa distinction ; non seulement il établit sur des principes indubitables la nécessité, dans la classification des coquilles, d'avoir recours à l'animal qu'elles renferment, et dont elles font partie, mais il caractérise fort bien, d'après l'un et l'autre, un certain nombre de genres, du moins parmi les univalves, et en y comprenant les limaces, les aplysies, les bullées ; ces genres sont les suivans : Limace, Limaçon (Hélice des zoologistes modernes); Buccin terrestre (Maillot, Lamck.); Limaçon à coquille aplatie et ombiliquée (Hélicelle, Lamck.); Limaçon terrestre à opercule (Cyclostome, Lamck.) ; Planorbe, dont le nom même a été adopté ; Vigneu, Limaçon vivipare, fluviatile (Vivipare, Lamck.) ; Buccin ou Pourpre ; Nérite ; Guignette (Trochus, Linn.) ; Lepas ou Patelle ; Lernée de Linnæus; *Lepus marinus*, Aplysie des modernes; Conque ou Buccin fluviatile (Limnée, Lamck.) ; Buccin d'eau douce (Valvée, Mull.).

Quoique dans ce mémoire Guettard dise que les genres de bivalves doivent aussi être susceptibles d'être caractérisés d'après l'animal, il avoue que ses observations sont trop peu nombreuses pour qu'il puisse même en faire l'essai ; mais il discute fort bien jusqu'à quel point est exacte la division des coquillages en terrestres, fluviatiles et marins; il fait également une grande attention à la présence ou à l'absence de l'opercule.

Les nouvelles observations de Guettard furent sans doute ce qui détermina d'Argenville dans la seconde édition de sa Conchyliologie, en 1757, à y ajouter un assez grand nombre de figures malheureusement fort mauvaises d'animaux sous le nom de zoomorphoses, mais cela ne lui servit de rien dans les caractères de ses genres de coquilles que Guettard avoit justement critiqués dans le mémoire que je viens de citer.

Dans la même année 1757, Adanson fit une application beaucoup plus étendue de ses principes de classification des êtres en familles, c'est-à-dire d'après le plus grand nombre de leurs rapports, et sans système, aux mollusques conchyli-fères qu'il désigne sous le nom classique de coquillages, dans le premier et seul volume qu'il ait publié de son Voyage au Sénégal. Il étudie avec soin, distingue, et dénomme d'une manière convenable, toutes les parties extérieures des animaux et des coquilles; il s'occupe ensuite à ranger ceux qu'il a observés au Sénégal, en un grand nombre de systèmes ou de tables de rapports, en considérant dans la coquille des limaçons, 1.° les spires, 2.° le sommet, 3.° l'ouverture, 4.° l'opercule, 5.° la nacre, 6.° le périoste : dans celle des conques, 1.° les valves qu'il nomme battans, suivant qu'elles sont égales ou inégales, qu'elles ferment exactement, ou laissent quelques ouvertures; 2.° les sommets, suivant qu'ils ne sont pas sensibles, ou qu'ils le sont, et dans ce cas, d'après leur position à l'une des extrémités, au-des-sous du milieu, au milieu, ou au-dessus du milieu de la valve; 3.° la charnière d'après le nombre, la figure des dents et des cavités qui la forment, ce qui produit cinq divisions; 4.° le ligament dont il considère la forme et la situation, ce qui lui donne trois divisions: la première dans laquelle il est ar-rondi et placé autour ou au milieu des sommets et en de-dans; la seconde où il est alongé et placé en dessus des som-mets en dehors; et enfin la troisième où il est placé entre les sommets et autour des sommets en dehors; 5.° les muscles qu'il nomme attaches et qui varient par la figure, la gran-deur et le nombre (en ne les considérant que sous ce der-nier rapport, il divise les conques en trois sections, à une at-tache, à deux attaches et à trois attaches); 6.° la nacre, ce qui forme trois sections, la première où la nacre est au moins en dedans, la seconde où la conque tire un peu sur la nacre en dedans, et enfin la troisième où il n'y a de nacre ni en dedans ni en dehors; 7.° le périoste qui peut être considéré comme n'étant pas sensible, comme assez fin, ou enfin comme très-épais.

Passant ensuite aux rapports par l'animal et admettant tou-jours la division première en limaçons et en conques, il envisage celui des premiers par cinq de ses parties principales; savoir :

1.° Les tentacules qu'il nomme cornes et qu'il considère par leur nombre, ce qui fournit la division des espèces, suivant qu'elles n'en ont aucun, ou qu'elles en présentent deux ou quatre, par leur forme conique ou cylindrique, avec ou sans renflement à leur origine, par leur situation à la racine ou à l'extrémité de la tête.

2.° Les yeux dont il considère l'absence ou l'existence; dans ce cas, leur situation sur la tête, au côté interne de la racine des tentacules, derrière les tentacules, vers leur côté interne, à l'origine des tentacules sur leur côté externe, au-dessus de la racine des tentacules à leur côté externe, au milieu des tentacules sur le côté interne, enfin au sommet des tentacules.

3.° La bouche qui peut être pourvue de deux mâchoires sans trompe ou d'une trompe sans mâchoires.

4.° La trachée, ou l'orifice respiratoire, formée par un trou simple situé sur l'un des côtés de l'animal, ou par un long tuyau qui sort vers le dos.

5.° Le pied qui n'est pas coupé par un sillon transversal à sa partie antérieure ou qui en a un.

Parmi les conques il n'envisage que quatre parties principales, savoir :

1.° Le manteau qui peut être divisé tout autour en deux lobes ou divisé seulement d'un côté, ou qui forme un sac ouvert seulement dans les deux extrémités opposées.

2.° La trachée ou tube qui peut être unique et comme une ouverture, double en manière d'ouverture, double en forme de tuyaux séparés et distincts, double en forme de tuyaux réunis.

3.° Le pied nul ou ne paroissant pas au dehors, ou paroissant au dehors.

4.° Les byssus ou fils qui existent dans quelques espèces ou n'existent pas dans d'autres.

Après cela Adanson décrit et figure les espèces de coquillages qu'il a observés au Sénégal, qu'il distribue en genres dans l'ordre suivant. Il ne fait que deux familles : les limaçons et les conques. La première est subdivisée en deux sections : l'une sous la dénomination de limaçons univalves, et l'autre sous celle de limaçons operculés. La première section comprend les genres suivans : Gondole ou *Cymbium*, Bulin, *Bulinus* (Physe des auteurs modernes), Coret, *Coretus* (Planorbe de Guettard), Piétin, *Pedipes* (Auricule, Lamck.), Limaçon, *Cochlea* (Bulime, Brug.), Lepas (Patelle des zoologistes modernes), dans lequel le premier, à ce qu'il nous semble, il a réuni les oscabrions; Ormier, *Haliotis*, Yet, *Yetus* (Voluta, Lamck.), Vis, *Terebra*, adopté par tous les auteurs suivans; Porcelaine, *Porcellana* (Olive des conchyliologistes modernes), Pucelage, *Cyprœa*, et Mantelet, *Peribolus*, qui est regardé, d'après Bruguières, comme établi sur de jeunes individus du genre Pucelage (1).

La section des limaçons operculés ne renferme que neuf genres, savoir: le Rouleau, *Strombus*, qui est le genre Cône des conchyliologues modernes; la Pourpre, *Purpura*, qui, outre les véritables pourpres de M. de Lamarck, comprend ses rochers et plusieurs autres genres; le Buccin, *Buccinum*; le Cérithe, *Cerithium*, adopté par tous les auteurs modernes; le Vermet, *Vermetus*; la Toupie, *Trochus*; le Sabot, *Turbo*; la Natice, *Natica*; la Nérite, *Nerita*; genres qui presque tous ont aussi été adoptés.

La famille des conques est également partagée en deux sections, les bivalves et les multivalves.

Dans la première, sont les genres Huître, *Ostrea*; Jataron, *Jataronus*, nommé par les modernes, Spondyle; Jambonneau, *Perna*, dans lequel il comprend des moules, des modioles, des avicules, des pinnes, et même des cardites de M. de Lamarck; Came, *Chama* qui renferme des vénus, des cythérées, des mactres, des cardites et des solens du même conchyliologiste; Telline, *Tellina*, analogue du genre Donace; Pétoncle, *Petunculus*, formé de bucardes, d'arches et des véritables pétoncles de M. de Lamarck; et Solen.

Dans la seconde il n'y a que deux genres, la Pholade et le Taret.

En terminant l'analyse de cet ouvrage important sur les mollusques conchylifères, on ne peut faire autrement que de remarquer que s'il n'est pas le premier en date pour l'établissement du principe dans la classification des coquillages, qu'il faut avoir égard à la fois à l'animal et à sa coquille, c'est au moins là que l'on trouve tous les moyens d'appliquer ce

---

(1) Dans cette analyse des ouvrages qui ont pour objet la classification des Mollusques, l'emploi des caractères italiques indique ordinairement les noms des genres nouveaux, proposés par chacun des auteurs, et quelquefois aussi les noms latins de genres anciennement adoptés.

principe, puisque toutes les parties de l'un et de l'autre y sont définies, dénommées, distinguées avec clarté et précision, de manière à pouvoir aisément fournir des caractères dans les différences qu'elles présentent. Il faut cependant convenir qu'Adanson ne s'est pas toujours servi avec succès des excellens matériaux qu'il avoit préparés d'une manière si convenable; en effet la distinction de ses genres est bien loin d'être complète, surtout dans les conques. Ses rapprochemens ne sont pas non plus fort naturels dans beaucoup de cas; c'est à lui cependant que l'on doit d'avoir senti les nombreux rapports qu'il y a entre la pholade et le taret; mais aussi c'est à lui que la science doit le rapprochement erroné des oscabrions et des patelles.

Un autre naturaliste françois auquel la science de la malacologie doit aussi l'introduction du même principe, mis en avant par Guettard et si bien soutenu par Adanson, est Geoffroy le médecin, de Paris. On trouve en effet dans son petit Traité des Coquilles terrestres et fluviatiles des environs de Paris, publié en 1766, la description des animaux qui les portent, et les caractères des genres peu nombreux qu'il contient sont également tirés de l'animal et de la coquille. Il ne parle que de cinq genres d'univalves parmi lesquels il n'y en a qu'un de nouveau, l'*Ancile*, adopté par tous les zoologistes modernes. Quoiqu'il ait établi à peu près les mêmes genres que Guettard, *Cochlea, Buccinum, Planorbis* et *Nerita*, il n'a pas été aussi heureux dans leur circonscription : ainsi il a confondu même les physes avec les planorbes, mais surtout dans son genre Nérite il a mis des cyclostomes terrestres, des cyclostomes aquatiques, le porte-plumet et de véritables nérites. Quant aux deux seuls genres de bivalves qu'il établit, ce sont les genres Came et Moule : dans le premier il place la cyclade des rivières, et dans le second une anodonte et une mulette.

Muller, le célèbre auteur de la Faune Danoise, fut le premier zoologi te étranger qui adopta le même principe dans son histoire des vers terrestres et fluviatiles; mais en général il n'introduisit dans la malacologie aucune idée nouvelle; et son système de classification, quoique plus complet que celui de Geoffroy, puisqu'il s'étend à tous les animaux conchyli-

fères, est encore extrêmement peu naturel et bien inférieur
à celui d'Adanson. Adoptant les divisions primaires d'univalves, de bivalves et de multivalves, auxquelles il donne le nom
de familles, il fait dans les univalves trois sections : dans la première, définie des testacés univalves, dont la coquille est percée d'outre en outre, il met les Oursins et les Dentales ; la seconde (testacés univalves dont l'ouverture est très-grande)
renferme les genres *Akera* , correspondant aux bulles des
zoologistes modernes , Argonauta, Bulla (Physe de Draparnaud), Buccinum (Limnée des modernes), *Carychium* , *Vertigo*,
qui ont été adoptés; Turbo , Helix , Planorbis , Ancylus, Patella et Haliotis ; enfin dans la troisième (testacés univalves,
operculés), il place les genres Tritonium (Buccinum, Linn.),
Trochus, Nerita , *Valvata*, qui a été adopté, et Serpula, probablement d'après l'animal du vermet d'Adanson.

Les testacés bivalves ne sont subdivisés qu'en deux sections,
d'après la charnière dentée ou non; dans la première il n'y
a qu'un genre nouveau , *Terebratula;* et dans la seconde il y
en a deux, Anomia et *Pecten* , séparé des ostrea.

Les multivalves comprennent les genres Chiton, Lepas et
Pholas.

Ainsi il est aisé de voir que , quoique Muller dans ses caractères de genres, en tire toujours quelques uns de l'animal , il
n'a rien ajouté dans la classification naturelle des malacozoaires
à ce qui avoit été fait avant lui, si ce n'est cependant l'établissement de quelques bons genres adoptés depuis.

C'est, à ce qu'il nous semble, à cette époque que l'on aperçoit
dans le *Systema Naturæ* de Linnæus, des changemens importans dans la distribution des animaux mollusques; comme il
va nous être facile de le montrer.

Dans les neuf premières éditions, c'est-à-dire, jusqu'en 1746,
dont la dernière ne forme encore qu'un volume in-8° de
236 pages, Linnæus paroît n'avoir pas encore employé la dénomination de mollusques; les animaux que nous nommons ainsi
étoient répartis, les espèces nues dans son ordre des zoophytes
de la classe des vers, et les espèces couvertes d'une coquille
formoient son ordre troisième de la même classe sous le nom
de testacés.

Parmi les premiers il ne distinguoit que les genres *Thethys* dans lequel il mettoit les holothuries; *Limax* et *Sepia* qu'il plaçoit tout près des hydres.

Parmi les seconds qu'il ne partageoit pas encore même en univalves et en bivalves, il caractérisoit les genres suivans : *Patella*, *Cochlea* dans lequel il renfermoit toutes les coquilles univalves turbinées ; *Cyprœa*, *Haliotis* et *Nautilus* pour ce qu'il a appelé depuis univalves; et sous le nom de *Concha*, il comprenoit tous les bivalves; il rangeoit cependant aussi dans ses testacés les ascidies sous le nom de *microcosmus*.

Quoique Linnæus ne distingue encore ses différens genres que par un très-petit nombre de caractères tirés de la coquille, il citoit cependant l'animal nu qu'il supposoit lui appartenir et qu'il avoit placé dans ses zoophytes, mais cela évidemment d'une manière accessoire.

Mais dans la dixième édition qui parut en 1758 , et où le premier volume qui contient le règne animal a déjà 821 pages, on trouve des augmentations assez considérables qui le furent encore plus dans la douzième, qu'on peut regarder comme ayant reçu la dernière main de son célèbre auteur; et dans laquelle en effet la partie qui appartient au règne animal forme 1327 pages : elle fut publiée de 1766 à 1768, c'est-à-dire plus de dix ans après l'ouvrage d'Adanson.

La classe des vers y est divisée en cinq sections : dans la seconde qui porte le nom de *Mollusca*, sont huit genres de véritables mollusques, *Ascidia*, *Limax*, *Aplysia*, *Doris*, *Tethis*, *Sepia*, *Clio* et *Scyllœa*; la troisième presque tout entière est consacrée aux *Testacea*, divisés en multivalves, bivalves et univalves.

La première de ces divisions contient trois genres : *Chiton*, *Lepas* et *Pholas*.

La seconde, quatorze, savoir : *Mya*, *Solen*, *Tellina*, *Cardium*, *Mactra*, *Donax*, *Venus*, *Spondylus*, *Chama*, *Arca*, *Ostrea*, *Anomia*, *Mytilus* et *Pinna*.

Enfin la troisième division, ou celle des univalves, est partagée en deux subdivisions suivant que la spire est régulière ou irrégulière : les genres qu'elle comprend sont les suivans : *Argonauta*, *Nautilus*, *Conus*, *Cyprœa*, *Bulla*, *Voluta*, *Buccinum*, *Strombus*, *Murex*, *Trochus*, *Turbo*, *Helix*, *Nerita*, *Haliotis*, *Patella*, et, par une singularité assez remarquable, le genre *Teredo*.

Dans les caractères de ces genres, Linnæus se borne cependant toujours à la citation d'un mollusque nu analogue; en sorte que si l'ouvrage d'Adanson a eu quelque influence sur les dernières éditions du *Systema Naturæ*, ce n'est que dans la division plus nombreuse des genres de coquilles, dans leur meilleure circonscription; mais il a réellement peu influé sur la partie des animaux : aussi trouve-t-on parmi les mollusques de Linnæus, les aphrodites, les térébelles, les lernées qui sont des animaux articulés, et les holothuries, les astéries, les oursins, et les méduses qui sont des radiaires. Dans ses testacés il y a aussi des rapprochemens inconvenans, comme celui des lepas et des chitons avec les pholades, mais surtout celui des dentales, des serpules, des sabelles avec les patelles dans les univalves, et cela avec les tarets qui sont ainsi le plus éloignés possible des pholades, celles-ci étant presque à une extrémité des testacés et ceux-là à l'autre; de manière qu'il faut penser que Linnæus qui paroît s'être toujours fort peu occupé des mollusques, puisqu'en effet on ne trouve dans ses Aménités aucune dissertation qui les ait pour sujet, ne connoissoit pas les ouvrages de Guettard et d'Adanson ou n'en sentoit pas l'importance. Quant aux coquilles, il venoit de créer une nomenclature, c'est-à-dire, de donner des noms courts, expressifs, quelquefois même trop, aux différentes parties dont il tiroit ses caractères; en un mot, il venoit de former son système de conchyliologie, que Murray, l'un de ses élèves, a commenté dans sa dissertation latine, intitulée : *Fundamenta testacologiæ*, publiée d'abord à part, et ensuite insérée dans le tome 8 des Aménités académiques.

Les zoologistes françois créateurs de la malacologie, n'avoient eu pourtant égard qu'aux parties extérieures des animaux des coquilles, et d'ailleurs ne parlèrent pas des mollusques nus.

Cependant l'impulsion donnée à son siècle dans toute l'Europe par le Système de Linnæus, et en France par les écrits de Buffon, fut cause que plusieurs naturalistes publièrent l'anatomie et la description d'un assez grand nombre d'animaux mollusques; c'est ce que firent Boadsh, Baster, Forskal, Fabricius, Muller, etc. En outre, l'application aux différentes parties de la zoologie des principes si heureusement imaginés pour la botanique par le célèbre Bernard de Jussieu et par Adanson,

changea peu à peu la manière d'envisager la classification •
animaux. Voulant les disposer de manière à rompre le moins de
rapports naturels, on sentit la nécessité de la connoissance de
leur structure intime, et Pallas peut être regardé comme le
chef de cette nouvelle école, que les naturalistes françois ont
soutenue avec tant de succès, et qui commence à se propager
dans le reste de l'Europe.

Ce fut en effet dans ses *Miscellanea Zoologica*, publiés en 1766,
que Pallas jeta en homme de génie le germe des améliorations
dont étoit susceptible la disposition méthodique des malacozoaires. On n'a besoin pour s'en convaincre que de lire ce
que ce grand observateur dit à l'article des Aphrodites, p. 73
et suiv.; il y montre que Linnæus, dans la disposition de ses
vers mollusques, s'est considérablement éloigné de la nature;
que sa subdivision des testacés, telle qu'elle étoit admise par
lui et par les conchyliologues de son temps, en ne considérant que la coquille et non les animaux, ne pouvoit être conservée, et qu'en général c'étoit à tort qu'il avoit séparé ces deux
ordres; aussi propose-t-il de réunir dans celui des univalves,
comme formant un ordre naturel, non seulement tous les
testacés univalves, mais encore les limaces (et sous ce nom il
comprend les doris, les thethys, les scyllées), ainsi que les
sèches, et peut-être, ajoute-t-il, les méduses, mais évidemment
à tort. Dans le second ordre il pense qu'on doit placer
tous les testacés bivalves (en y joignant le taret, comme il
se plait à avouer qu'Adanson l'avoit si judicieusement fait),
dont les ascidies lui paroissent l'analogue, et, pour mieux dire,
le type nu.

Cependant Bruguières, l'un des auteurs qui ont le plus contribué peut-être dans les derniers temps aux progrès de la
conchyliologie, convaincu avec raison des grands avantages
que le *Systema Naturæ* de Linnæus a apportés dans l'histoire
naturelle, n'a profité que d'une manière très-incomplète de ce
que la malacologie avoit acquis par les travaux des prédécesseurs de ce grand naturaliste; et même il l'a presque complètement imité. Ainsi il admet encore la division des vers mollusques et des vers testacés en deux ordres. Le premier, qu'il
partage en deux sections d'après l'absence ou la présence des
tentacules, réunit des animaux de types très-différens. En effet,

dans l'une avec les ascidies, les thethys et les biphores, genre nouveau, qui sont de véritables malacozoaires de classes différentes, il met les lernées et les mammaires sur lesquelles il étoit possible d'avoir quelques doutes; mais surtout il y joint les pédicellaires, qui sont des polypes, ainsi que les douves et les planaires, qui sont des animaux subarticulés. L'autre section est encore évidemment plus hétérogène, puisqu'avec les sèches, les clios, les doris, les aplysies, les limaces, il réunit la myxiné, qui est un poisson, et les holothuries, les béroés, les méduses, les physsophores, les actinies, et même les hydres, comme l'avoit fait Linnæus. Cependant il en ôte avec raison, pour en former un ordre distinct, les oursins et les étoiles de mer, qui pour celui-ci étoient encore des mollusques.

Son ordre des vers testacés est aussi à peu de chose près ce qu'il étoit dans Linnæus, avec la différence que les genres sont un peu plus multipliés et mieux définis. Cet ordre est encore partagé en trois sections, d'après le nombre des valves.

Dans la première, parmi les coquilles multivalves où il place les oscabrions, il réunit les genres Lepas (Linn.), divisé pour la première fois en deux, *Balane* et *Anatife;* Taret, *Fistulane,* genre nouveau; Pholade, *Char,* genre nouveau, mais imaginaire; et Anomie divisé en Anomie et en *Cranie.*

Les coquilles bivalves sont partagées en régulières et irrégulières; parmi les premières sont trois genres nouveaux, *Acarde,* genre peut-être imaginaire; *Placune* et *Perne,* qui faisoient partie du genre Ostrea de Linnæus. Parmi les secondes, il y a aussi plusieurs genres nouveaux, *Trigonie, Peigne* déjà séparé des huîtres par Muller et Poli, *Tridacne, Cardite* retirés du genre *Chama,* Linn., et *Térébratule,* contenant une division des anomies.

La section qui comprend les coquilles univalves est subdivisée en uniloculaires et en multiloculaires. Parmi les premières qui n'ont pas de spire régulière se trouvent encore les patelles, partagées pour la première fois en deux genres, *Patelle* et *Fissurelle,* et malgré les observations positives de Pallas, les genres Dentale, Serpule, *Siliquaire* établi pour la première fois, et *Arrosoir,* genre également nouveau que l'on regarde aujourd'hui comme voisin des tarets.

Parmi les univalves uniloculaires à spire régulière, on ne

voit rien d'aussi bizarre, et Bruguières suit toujours à peu près Linnæus; il resserre les bornes du genre Voluta en en retirant des espèces très-différentes, et il établit les dix nouveaux genres suivans dont plusieurs appartiennent réellement à Adanson : *Ovule*, séparé des porcelaines ; *Olive*, des volutes; *Pourpre*, *Casque* et *Vis*, des buccins; *Fuseau*, *Cérithe*, des murex ; *Bulime*, de trois ou quatre genres fort différens; *Helix*, *Bulle* et *Voluta*; *Planorbe*, retiré des hélices, et *Natice*, séparé des nérites.

Dans la division des univalves multiloculaires, à laquelle Linnæus paroît avoir peu pensé, et qui est due à Breynius, Bruguières établit trois genres, *Camérine*, *Ammonite* et *Orthocérate* qui tous faisoient partie du genre Nautilus de Linnæus.

Gmelin qui fit paroître son édition du *Systema Naturæ* de Linnæus, en 1789, c'est-à-dire à peu près au moment où Bruguières publioit la partie des vers de l'Encyclopédie, quoiqu'il ait pu consulter tous les auteurs que nous avons cités plus haut, n'étoit pas assez zoologiste pour en profiter d'une manière convenable : aussi n'a-t-il presque rien changé à la douzième édition de Linnæus. Son ordre des mollusques qui est divisé d'après la position de la bouche et la disposition des tentacules, renferme encore des genres un peu hétérogènes, mais peut-être un peu plus heureusement rapprochés. On y trouve aussi quelques coupes génériques nouvelles, comme les genres *Salpa* introduit par Forskal et que Bruguières avoit désigné de son côté sous le nom de biphore; *Dagysa*, qui ne diffère pas du précédent ; *Pterotrachea*, encore établi par Forskal et que les zoologistes françois nomment firole, *Lobaria* d'après Muller. Quant au genre *Glaucus* dont il donne le nom dans ses caractères de genres, il n'en parle réellement pas dans le corps de l'ouvrage. Ses subdivisions parmi les vers testacés offrent encore moins de différences avec celles du *Systema Naturæ* (12e édit.), et ce n'est que dans le nombre des espèces de chaque genre qu'il y a une très-grande augmentation.

Ce fut donc un médecin italien, M. Poli, qui le premier établit les genres de mollusques d'après l'animal seulement sans faire attention à la coquille. C'est en 1791 que parut le premier volume de son superbe ouvrage sur les testacés des Deux-Siciles. Il semble qu'il avoit réellement envisagé tous les animaux

mollusques nus ou testacés, comme on le voit dans sa préface,
où en effet il partage les mollusques en trois ordres : 1.° *Mollusca brachiata*, caractérisés parce qu'ils ont plusieurs bras à la
manière des hydres; il y place les sèches de Linnæus et le nautile, mais en outre les tritons et les serpules du même auteur,
qui n'ont certainement avec eux que des rapports extrêmement
éloignés, comme Pallas l'avoit très-bien senti; 2.° le second
ordre, sous la dénomination de *Mollusca reptantia*, a pour
caractères de marcher en rampant à la manière des limaçons
au moyen d'un large pied, et d'avoir constamment une tête et
des yeux; ce sont les univalves; 3.° enfin le troisième ordre,
sous la dénomination de *Mollusca subsilientia*, avec les caractères d'être pourvu d'un long pied, d'être fixé ou non aux
rochers, et de manquer constamment de tête et d'yeux, renferme les bivalves et les multivalves. C'est par ce dernier ordre
que M. Poli a commencé, aussi n'a-t-il encore publié que la
partie qui en traite (1). Il subdivise cet ordre en six familles,
d'après la considération de l'absence ou de l'existence du pied,
d'après la manière dont les lobes du manteau sont réunis et
forment des ouvertures qu'il nomme *trachées*. Ses genres sont
aussi établis sur des caractères de cette importance, aussi
sont-ils beaucoup moins nombreux, même que ceux de Linnæus.

La première famille, qui n'a ni trachée ni pied, renferme
les genres *Criopus* (anomia imperforata, Linn.), *Echion* (anomia
læva, squamula, Linn.), *Peloris* (ostrea edulis, cristata, Linn.),
et *Daphne* (arca Noæ et barbata, Linn.).

La seconde, qui n'a pas de trachées, mais bien un pied, ne
renferme que le genre *Axinea* (arca pilosa, Linn.).

La troisième, qui a une trachée abdominale sans pied, est
formée des genres *Argus* (pectines, spondyli), *Glaucus* (ostrea
lima, glacialis, Linn.).

La quatrième, qui a une trachée postérieure et un pied
unique, se compose des genres *Chimera* (pinna, Linn.), *Callitriche* (mytilus).

La cinquième, qui a une trachée unique et un pied, est

---

(1) D'après un prospectus rapporté par M. Savigny, il paroît que la
seconde partie du grand ouvrage de M. Poli est sous presse, et ne tardera
pas à être publiée, si même elle ne l'est déjà.

2.

formée par les genres *Loripes* (tellina lactea), *Limnœa* (mya pictorum, mytilus cygneus, anatinus, Linn.).

Enfin la sixième, dont le caractère est d'avoir deux trachées et un pied, renferme les genres *Hypogœa* (solen, pholas, tellina inæquivalvis, Linn.), *Peronœa* (tellina, Linn.), *Callista* (venus, Linn.), *Arthemis* (venus exoleta, Linn.), *Cerastes* (cardium, Linn.).

Quoiqu'il y ait une erreur assez forte dans ce système de malacologie à cause du rapprochement des tritons, des térébelles et des serpules dans l'ordre des *brachiata*, il n'en faut pas moins convenir qu'il a suffi pour mériter à M. Poli le nom de véritable fondateur de la classe des mollusques, *molluscorum classis verus fundator*, que lui a donné M. Meckel dans sa Dissertation sur les Ptéropodes; en effet, outre l'établissement des trois coupes principales, d'après l'appareil de la locomotion, on y trouve comme caractère secondaire l'absence ou la présence de la tête. Ajoutons que les familles de bivalves sont en général fort naturelles et qu'elles reposent sur la considération d'organes importans.

On y remarque aussi que la série dans laquelle les familles et même les genres sont disposés est en sens inverse de celle qui est aujourd'hui adoptée, si ce n'est par M. de Lamarck.

Pendant les dix ou douze années de la grande tourmente révolutionnaire, qui agita l'Europe, de 1789 jusqu'à la fin du règne de la terreur en France, on ne voit qu'un assez petit nombre de travaux de malacologie. Quelques journaux, et entre autres celui d'Histoire naturelle, dont Bruguière étoit rédacteur, contiennent cependant des faits et l'établissement de quelques genres nouveaux : c'est ainsi que le conchyliologiste françois ajouta à ceux qu'il avoit indiqués dans l'Encyclopédie parmi les bivalves, les genres *Unio* ou *Mulette* proposé par Retzius; *Anodontite* retiré des moules de Linnæus; et l'on voit en outre par les dessins qu'il avoit laissés avant d'entreprendre le voyage au retour duquel il a succombé, qu'il avoit conçu l'établissement des genres *Houlette*, *Lime*, séparés encore du grand genre *Ostrea*, Linn.; *Lucine*, *Capse*, *Pandore*, des tellines; *Lingule*, des patelles, et *Corbule*.

Tel étoit l'état de la malacologie à l'époque de 1796 où nous nous arrêterons un moment comme à une sorte de renaissance des sciences, du moins en France; Guettard et Adanson avoient démontré le principe que dans l'établissement des genres de coquillages, il faut avoir également recours à la forme des parties de l'animal et à celle de la coquille, parties dont Adanson nous avoit donné une excellente définition.

Linnæus avoit créé le langage conchyliologique et la conchyliologie artificielle.

Pallas avoit fait voir que dans la disposition générale des animaux de ce type, on ne devoit avoir égard que d'une manière très-secondaire à l'absence ou à la présence de la coquille, et en effet il avoit proposé de réunir dans un seul groupe les mollusques nus et les testacés.

Bruguière avoit donné au système conchyliologique de Linnæus une précision et un développement déjà fort remarquables, tandis que de son côté, Gmelin, par une compilation sans doute un peu indigeste, avoit cependant recueilli les nombreux matériaux qu'il falloit ensuite élaborer un à un, et par conséquent avoit au moins préparé le travail.

Enfin Poli avoit proposé une véritable méthode naturelle, décrit d'une manière beaucoup plus profonde l'organisation des mollusques multivalves et bivalves, et dans l'établissement de ses ordres et de ses genres, n'avoit considéré que l'animal lui-même, et peu ou point la coquille; en sorte qu'il étoit parvenu à l'excès contraire à celui que nous avons remarqué au commencement de cette histoire de la malacologie.

De 1789 à la fin du dix-huitième siècle, la malacologie étoit donc à peu près restée stationnaire; mais, en 1798, M. G. Cuvier (Tableau élémentaire de l'Histoire naturelle des animaux), sentant bien comme Guettard, Adanson, Geoffroy, Muller et Poli que la subdivision méthodique des mollusques, comme celle de tous les autres animaux, devoit reposer sur l'étude de l'organisation, proposa sa nouvelle classification. Il crut d'abord que toute la division des malacozoaires devoit monter d'un degré dans la série animale et précéder les entomozoaires ou animaux articulés extérieurement; une seconde innovation fut de réunir définitivement, comme l'avoit fait Pallas, sous le seul nom classique de mollusques, les vers mollusques de Linnæus, à ses vers testacés, c'est-à-dire, de ne considérer l'absence ou l'existence de la coquille que d'une manière très-secondaire; il en fit donc une classe distincte de ce grand groupe qu'il nommoit encore animaux à sang blanc, et qui devoit bientôt être connu par la dénomination d'animaux sans vertèbres, la caractérisa d'une manière nette et tranchée, ainsi que les trois autres, celles des insectes, des vers et des zoophytes, qu'il admit parmi les animaux sans squelette intérieur articulé. Prenant ensuite en considération la forme des mollusques, il les partagea en trois sections, les céphalopodes, les gastéropodes et les acéphales. Dans la première il plaça non seulement les sèches de Linnæus qu'il divisa en sèches proprement dites, et en poulpes, mais en outre les argonautes, en confondant encore la carinaire, les nautiles, et par analogie, les ammonites, orthocératites et camérines de Bruguières.

Sa section des gastéropodes, beaucoup plus nombreuse, étoit partagée en deux d'après l'ancienne considération de l'absence ou de la présence de la coquille. Les principaux genres de gastéropodes nus, étoient les limaces, les thethys, les aplysies, les doris de Linnæus que M. Cuvier commençoit à subdiviser en doris véritables, en tritonies et en *eolides*, les *phyllidies*, genre nouveau, enfin les scyllées. Tous ces genres étoient assez bien rapprochés, mais en outre M. Cuvier leur avoit réuni les thalides, nouveau genre de Bruguières, nommé depuis physale qui a dû prendre place près des médusaires, et les lernées.

Les mollusques gastéropodes testacés étoient partagés en cinq divisions, d'après la considération de la coquille.

Dans la première où la coquille est de plusieurs pièces, se trouvoit seul le genre Oscabrion dont M. Cuvier rapprochoit l'animal des phyllidies.

Dans la seconde où la coquille est d'une seule pièce, non spirale, étoient les patelles dont il ne faisoit encore qu'un seul genre.

Dans la troisième dont la coquille est d'une seule pièce en spirale, à bouche entière, sans échancrure ni canal, se trouvoient les haliotides, les nérites, les planorbes, les hélices, les bulimes, les bulles, les sabots et les toupies, ce qui faisoit un assemblage fort hétéroclite.

Dans la quatrième dont la coquille est d'une seule pièce en spirale, à bouche terminée par un canal, étoient les murex subdivisés à la manière de Bruguières, les strombes et les casques.

Enfin dans la cinquième dont la coquille est d'une seule

pièce en spirale, à ouverture échancrée par le bas, prenoient place les buccins avec l'indication des sous-genres, tonne, harpe, pourpre et vis ; les volutes avec l'indication des sous-genres, cymbium, volute et mitre établis depuis ; les olives, les porcelaines et les cônes.

Dans cette même méthode la section des mollusques sans tête ou acéphales est partagée d'après l'absence ou la présence de la coquille, celle d'un pied, l'égalité ou l'inégalité des valves et la disposition du manteau, c'est-à-dire en suivant la marche de Poli.

La première division des acéphales nus ne contient que les genre Ascidie et Salpa de Linnæus.

Dans toutes les autres l'acéphale est revêtu d'une coquille.

Dans la seconde dont l'animal est sans pied et la coquille inéquivalve, sont les genres Huître, Spondyle, Placune, Anomie, Peigne.

Dans la troisième où l'animal a un pied, ses valves égales et le manteau ouvert par devant, sont les genres Lime, Perne, Avicule, contenant encore les marteaux, Moule, Jambonneau, Anodontite, Unio, Telline, Bucarde, Mactre, Vénus, Came, comprenant les véritables cames qu'il dit devoir être rapprochées des huîtres, les tridacnes et les cardites de Bruguières, les arches.

Dans la quatrième dont l'animal a un pied, les valves égales, la coquille ouverte par les deux bouts, le manteau fermé par devant, M. Cuvier place les Solens en distinguant les espèces d'après la position de la charnière ; les Myes ; les Pholades et les Tarets, comprenant les fistulanes de Bruguières.

Dans la cinquième sont les acéphales testacés, sans pied, munis de deux tentacules charnus, ciliés, roulés en spirale, c'est-à-dire les térébratules, parmi lesquelles il confond encore l'Hyale (*anomia tridentata*) ; la Cranie qui lui paroît cependant devoir être plus voisine des véritables anomies ; la Lingule, genre établi par Bruguières sur la coquille ; l'*Orbicule*, genre établi par M. Cuvier sur la *patella anomala* de Muller, et que Poli long-temps avant avoit nommé *criopoderme*.

Dans la sixième enfin qui comprend les acéphales testacés munis d'une multitude de tentacules articulés et ciliés, rangés par paires, sont les anatifes et les balanites.

D'après l'analyse que je viens de donner du premier travail

de M. Cuvier sur les mollusques, on voit aisément, qu'établi sur les observations critiques de Pallas, comme il se plaît à l'avouer, il perfectionne encore ce que Poli avoit inventé; car il est évident que ses mollusques céphalopodes sont les *brachiata* de Poli; ses gastéropodes, les *repentia* de l'anatomiste italien, et enfin ses acéphales les *subsilientia* de celui-ci. On y trouve aussi les perfectionnemens que Bruguière avoit apportés successivement dans la distinction des genres, et que M. de Lamarck augmentoit alors chaque année dans le cours qu'il étoit chargé de faire au Jardin du Roi, érigé en 1794 en école spéciale d'histoire naturelle.

Ce ne fut cependant qu'en 1798 (le 11 floréal, an VI) que M. de Lamarck commença la publication de ses travaux sur les malacozoaires par un mémoire (Journ. d'Hist. nat., t. 1) sur la séparation du genre *Sepia*, Linn., en trois genres, Sèche, *Calmar* et *Poulpe*, appuyé autant que besoin sur ce que M. Cuvier avoit déjà donné de leur organisation.

Au commencement de l'année 1799 (21 frimaire, an VII), il lut à l'Institut et publia dans le même recueil son prodrome d'une nouvelle classification des coquilles, comprenant la rédaction appropriée des caractères génériques et l'établissement d'un grand nombre de genres nouveaux. Dans ce travail M. de Lamarck avoue qu'il a embrassé les principes et la manière de voir de Bruguière, en profitant des observations de M. Cuvier sur l'organisation des animaux, mais qu'il s'est vu obligé de resserrer encore davantage les caractères des genres, ce qui a nécessité d'en augmenter le nombre. En effet, il l'a porté d'un seul coup, de 61, qu'il étoit dans le tableau de l'Encyclopédie de Bruguière, à 123, ce qui fait 62 genres nouveaux.

Comme Bruguière, il divise encore les coquilles d'après le nombre de leurs valves, en univalves, bivalves et multivalves; mais il les range dans un ordre inverse.

Les univalves sont encore subdivisées, comme par Bruguière, en uniloculaires et en multiloculaires.

Dans les uniloculaires il abandonne un peu son prédécesseur et les partage en deux sections d'après la forme de l'ouverture versante, échancrée et canaliculée à sa base dans l'une, et entière dans l'autre.

Dans la première section il ajoute les genres suivans : *Ta-*

rière séparé des bulles, B.; *Ancille* différent du genre de ce nom de Geoffroy, et que depuis il a nommé ancillaire; *Mitre, Colombelle, Marginelle, Cancellaire, Turbinelle*, séparés des volutes, B.; *Nasse,* des pourpres, B.; *Harpe*, des buccins, B.; *Ptérocère, Rostellaire*, des strombes, B.; *Fuseau, Pleurotome, Fasciolaire*, des murex, B.; *Pyrule*, des bulles, B.

Dans la seconde il ajoute aux genres de Bruguière les suivans: *Cadran* séparé des toupies; *Monodonte, Pyramidelle, Cyclostome, Turritelle*, des sabots; *Janthine*, des hélices; *Agathine Limnée, Mélanie, Ampullaire, Auricule*, des bulimes; *Hélicine, Sigaret*, des hélices, Linn.; *Stomate*, des haliotides; *Crépidule, Calyptrée*, des patelles, B.; mais il y joint encore à la fin de cette section, comme Bruguière l'avoit fait, et malgré l'exemple de M. Cuvier, les genres Dentale, Siliquaire, Vermiculaire avec l'Arrosoir et l'Argonaute.

Quant à la division des univalves multiloculaires, M. de Lamarck ajoute encore les genres suivans: *Spirule, Orthocère*, qui ne sont que des démembremens du genre Ammonite ou Nautile; *Planorbite, Baculite* et *Orthocératite*, entièrement nouveaux.

Les coquilles bivalves sont aussi divisées, comme dans Bruguière, en irrégulières et en régulières.

Dans la première de ces divisions il n'établit que deux genres nouveaux, *Vulselle* et *Marteau*, démembrés des avicules, B., et il rapproche les anomies des cranies.

Dans la seconde il en forme un plus grand nombre; savoir : *Glycimère* séparé des myes; *Sanguinolaire*, des solens; *Cyclade*, des tellines; *Mérétrice* qu'il a changé depuis en *Cythérée*, des vénus; *Lutraire, Paphie, Crassatelle*, des mactres; *Isocarde*, des cardites; *Hippope*, des tridacnes; *Pétoncle, Nucule*, des arches; *Modiole*, des moules; *Calcéole, Hyale*, des anomies.

Quant aux multivalves qu'il divise en trois sections fort convenables, il ne propose de nouveau rien autre chose que d'en retirer les anomies et les cranies pour les porter parmi les bivalves irrégulières.

D'après cette analyse il est aisé de voir qu'entraîné par la direction de Bruguière, M. de Lamarck ne profita pas encore, comme il le pouvoit, des travaux de ses prédécesseurs pour l'établissement d'une méthode naturelle parmi les coquilles : il le fit bien davantage dans la première édition de son ouvrage intitulé : Animaux sans vertèbres, et publié en 1801. Mais avant d'en exposer l'analyse, il sera convenable de dire quelque chose du tableau des divisions de la classe des mollusques, que M. Cuvier publia en 1799 (28 ventose an VIII), à la fin du premier volume de ses Leçons d'anatomie comparée. On y voit qu'éclairé par le prodrome de M. de Lamarck, pour les genres de coquilles, M. Cuvier caractérise en outre d'une manière plus tranchée, les divisions qu'il avoit proposées dans son Tableau élémentaire. Par exemple, ses trois principales sections, des céphalopodes, des gastéropodes, et des acéphales, sont désignées comme des familles. Du reste, la première n'a subi aucun changement ; la seconde est aussi toujours divisée en nus et en testacés ; les gastéropodes nus ne contiennent plus les thalides et les lernées, mais ils se sont accrus de la *testacelle*, genre nouveau presque découvert par Faure-Biguet, et du sigaret, en sorte que cette section est encore assez hétéroclite. Les conchylifères sont encore comme dans le Tableau, avec cette légère différence, que M. Cuvier nomme *multivalves* la petite division qui contient les oscabrions, *conivalves* les patelles, et *spirivalves* toutes les autres coquilles univalves, toujours partagées en trois sections suivant que l'ouverture est entière, échancrée ou canaliculée.

L'ordre des acéphales est également à peu de différences près subdivisé comme dans le Tableau, d'abord en nus et en testacés. La première section contient, outre les ascidies et les biphores, les genres Firole et Thalide, rapprochement erroné. Les testacés sont plus nettement et plus naturellement partagés que dans le Tableau en quatre sections. La première, dont le manteau est ouvert par devant, est encore subdivisée en quatre d'après la considération de l'inégalité ou de l'égalité des valves, la forme du pied et l'existence des tubes, suivant la méthode de Poli. La première division, ou les inéquivalves, comprend les mêmes genres que le Tableau, et en outre sous le nom de *Lazarus* un nouveau genre probablement établi avec le *chama lazarus*, Linn., et alors placé à tort dans cette section ; la seconde, ou les équivalves, avec un pied propre à ramper, les anodontes et mulettes ; la troisième ou les équivalves, avec un pied propre à filer, les limes, pernes, avicules, moules ; et enfin la quatrième ou les équivalves, avec un pied le plus souvent impropre à filer, les vénus, tellines, bucardes, cames, arches. La seconde section, dans laquelle le manteau n'est ouvert qu'aux deux bouts, contient les mêmes genres que dans le Tableau. La troisième dont le manteau est ouvert par devant sans pied ni tube, et la quatrième où, avec des tentacules cornés articulés, il y a un tube en arrière du corps, renferment aussi les mêmes genres que le Tableau.

Dans la même année que l'ouvrage de M. Cuvier parut, c'est-à-dire en 1800, M. d'Audebard de Férussac père, qui n'étoit peut-être pas très au courant de la science, donna dans le troisième volume des Mémoires de la Société d'Emulation, un essai d'une méthode conchyliologique d'après la considération de l'animal et de son têt. Il y insiste sur la nécessité d'envisager à la fois l'un et l'autre dans l'établissement des familles et des genres; il introduit d'ailleurs quelques considérations nouvelles, comme celle de l'état complet ou incomplet de ce qu'il nomme le *cône spiral* dans la coquille, et le point d'attache du pied, sous le cou ou sous le ventre des gastéropodes. Il borne du reste l'application de sa manière de voir aux mollusques (qu'il nomme *musculites*) terrestres et fluviatiles : il les partage en deux sections comme Adanson, et les subdivise en ordres presque aussi nombreux que ses genres. Parmi ceux-ci il n'y en a qu'un de nouveau, qu'il nomme *helico-limax*, et qui fait le passage des limaces aux hélices; mais il y confond à tort les testacelles de Faure-Biguet. Le nom de *bulla* est appliqué au bulin d'Adanson, nommé physe par Draparnaud. Du reste il a suivi Adanson et Muller.

Dans l'ouvrage que M. de Lamarck publia en 1801, sous le titre d'Animaux sans vertèbres, on voit que ne se bornant plus aux coquilles, mais qu'envisageant comme M. Cuvier les animaux, il a suivi à peu près son exemple. Il l'imite d'abord en ceci, que la classe des mollusques est mise à la tête des animaux sans vertèbres; mais ensuite il s'en écarte assez souvent; ainsi sa première division des mollusques en deux ordres porte sur l'existence ou l'absence de la tête; d'où les mollusques *céphalés*, et les mollusques *acéphalés*, ce qui ne se trouve qu'implicitement dans le système de M. Poli, et dans celui de M. Cuvier.

Les céphalés sont ensuite partagés en deux sections comme dans la méthode de ce dernier, suivant qu'ils sont nus ou conchylifères.

Enfin les céphalés nus sont distribués en deux sous-divisions suivant le mode de locomotion.

Les premiers nagent librement dans les eaux, tels sont les animaux qui composent le genre Sepia, L., et dont M. de Lamarck a fait les trois genres Sèche, Calmar et Poulpe. Il place aussi dans la même section les lernées, les firoles et les clios.

Dans la sous-division des mollusques nus qui rampent, M. de Lamarck place à peu près les mêmes genres que M. Cuvier, et de plus les *dolabelles*, division des aplysies, l'*onchidie*, nouveau genre établi par Buchanan, et les oscabrions, qui cependant ne peuvent guère passer pour nus. Il en retire au contraire avec raison les thalides ou physales.

Les céphalés conchylifères sont partagés en trois sous-divisions principales d'après la forme de la coquille uniloculaire non spirale, uniloculaire spirale et multiloculaire.

Dans la première, aux patelles dont il sépare encore un nouveau genre sous le nom d'*Emarginule*, outre ceux des crépidules et des calyptrées qu'il avoit déjà établis dans son prodrome, il joint le genre *Concholepas*, espèce de pourpre, et par conséquent fort mal placé ici.

Dans la seconde on remarque une nouvelle coupe dont il n'avoit pas été question dans le prodrome, mais qui avoit été employée par M. Cuvier; elle porte sur l'échancrure, la tubulure ou l'intégrité de l'ouverture de la coquille. La division qui renferme les coquilles dont l'ouverture est entière ou sans canal, contient les mêmes genres disposés semblablement que dans le prodrome, avec la différence de l'établissement de quelques genres nouveaux, savoir: *Clavatule*, démembré des pleurotomes du prodrome, *Scalaire* et *Maillot* séparés de ses cyclostomes, *Carinaire*, des argonautes, et en outre *Volvaire*, genre entièrement nouveau, Testacelle de Faure-Biguet, et Vermiculaire d'après Adanson. La disposition des genres n'y est en général pas naturelle, et en effet on y trouve encore l'arrosoir, et même la siliquaire avant l'argonaute qui termine cette section. Les dentales en ont cependant été retirées.

Quant à la troisième sous-division des coquilles univalves en spirale, c'est-à-dire qui sont multiloculaires, elle n'offre de différences avec ce qu'elle est dans le Tableau, qu'en ce qu'un nouveau genre a été établi sous le nom d'*Hippurite* avec une espèce d'orthocératite.

Le second ordre de cette classe, où les mollusques acéphalés sont également divisés en espèces nues ou espèces conchylifères, comme dans la méthode de M. Cuvier.

Les acéphalés nus contiennent outre les deux genres Ascidie et Biphore, le genre Mammaire de Muller.

Dans la section des acéphales conchylifères, M. de Lamarck abandonne la classification des animaux pour celle des coquilles; il ne les divise cependant pas non plus en bivalves et en multivalves, comme il l'avoit fait dans son prodrome, mais il prend en première considération l'égalité ou l'inégalité des valves, ce qui le conduit à une autre disposition des genres. Dans la première de ses sous-divisions sont les genres Pinne, Moule, *Modiole*, Anodonte pour anodontite, Mulette, *Nucule*, genre nouveau divisé des arches, Pétoncle, Arche, *Cucullée* démembré du précédent, Trigonie, Tridacne, Hippope, Cardite, Isocarde, Bucarde, Crassatelle, Paphie, Lutraire, Mactre, *Pétricole*, genre nouveau établi avec des vénus lithophages, Donace, Mérétrice, Vénus; *Vénéricarde*, genre nouveau, Cyclade, Lucine, Telline, Capse, Sanguinolaire, Solen, Glycimère, Mye et Pholade, et par conséquent cinq genres nouveaux.

Dans la sous-division des inéquivalves qui ont deux valves ou davantage, dont les principales sont irrégulières, la disposition des genres est la suivante :

＋ Valve principale tubuleuse : Taret, Fistulane.

＋＋ Deux valves inégales opposées ou réunies en charnière, Acarde, *Radiolite*, genre nouveau, Came, Spondyle, *Plicatule*, genre nouveau établi avec une espèce de spondyle, L. et B.; *Gryphée*, genre nouveau démembré des huîtres; Huître, Vulselle, Corbule, Anomie, Cranie, Térébratule, Calcéole, Hyale, Orbicule et Lingule.

＋＋＋ Plus de deux valves inégales non articulées en charnière : Anatife et Balane.

Malgré cette marche d'un perfectionnement évident dans la classification des malacozoaires, quelques personnes, même

en France, ne crurent pas devoir encore abandonner le système de Linnæus, perfectionné par Bruguières: tel fut, par
exemple, M. Bosc dans les supplémens de Buffon, édition de
Deterville, 1802. Quoiqu'il sentît bien toute la valeur de ces
innovations, il adopta cependant encore les divisions de vers
mollusques pour les mollusques nus, et de vers testacés, pour
les espèces conchylifères ; et, dans chacune de ces divisions,
il suivit presque exactement Bruguières, en adoptant cependant les nouvelles subdivisions génériques établies par MM. Cuvier et de Lamarck. Il seroit donc inutile de montrer combien
cette méthode est peu naturelle, puisque nous l'avons fait
en parlant du système de Bruguières. Nous nous bornerons à
faire observer que M. Bosc, qui a eu souvent l'occasion d'étudier des mollusques vivans, a introduit plusieurs faits nouveaux
dans leur histoire naturelle, et qu'il a aussi établi quelques
genres ; tels sont les genres *Fodie*, très-voisin des ascidies,
si même il en diffère, *Oscane* placé auprès des patelles, et qui
pourroit bien être un animal d'un tout autre type, *Onguline, Erodone* et *Hiatelle*, adoptés de Daudin parmi les bivalves.

Quatre ou cinq ans après que MM. Cuvier et Lamarck eurent
fait paroître l'un après l'autre leur Système de Malacologie,
le premier, en publiant l'anatomie du *clio borealis*, en 1802,
fit observer que, cet animal n'ayant aucun des caractères de
ses céphalopodes et n'ayant pas non plus de pied propre à ramper comme ses gastéropodes, avec lesquels il offroit du reste
beaucoup de rapports, et près desquels il falloit le placer, il
conviendroit de changer ce nom de gastéropodes; il ne l'a
cependant pas fait parce qu'il trouva dans les objets recueillis
deux ans après, en 1804, par MM. Péron et Lesueur, l'animal
de l'hyale, et un autre dont il fit un nouveau genre sous la
dénomination de *Pneumoderme,* et comme ces animaux avoient
pour caractère commun de se mouvoir au moyen d'espèces
d'ailes placées de chaque côté du corps, il en fit un ordre
nouveau sous le nom de *ptéropodes*, dans lequel il plaça les
genres Clio, Pneumoderme et Hyale, en émettant le doute que
les firoles pouvoient aussi lui appartenir.

M. de Lamarck, de son côté, avoit aussi été conduit à l'établissement de quelques nouveaux genres, et entre autres, de

ceux qu'il a nommés Tubicinelle et Coronule séparés des balanes de Linnæus.

On trouve aussi dans le prodrome, publié en 1803, d'un grand travail de Draparnaud sur les mollusques terrestres et fluviatiles de France qui n'a paru qu'après sa mort, en 1808, les preuves d'une marche rationnelle et convenable à la malacologie, non seulement dans l'établissement ou l'adoption de quelques genres nouveaux comme *Vitrine*, *Ambrette*, *Clausilie*, *Physe* et *Valvée*, mais encore dans la manière dont il a proposé d'envisager les coquilles en général, et surtout les coquilles bivalves, comme si elles faisoient partie de l'animal marchant devant l'observateur. Il abandonna donc le premier la manière arbitraire dont Linnæus et ses nombreux sectateurs avoient placé les coquilles pour les décrire, et revint à celle que Réaumur avoit proposée dans son Mémoire sur le mouvement progressif des coquillages. (Acad. des Sc. 1711.) Son système de classification est du reste celui de M. Cuvier.

Le premier ouvrage qui put recueillir ces nouveaux travaux, fut l'Histoire Naturelle des mollusques, commencée à peine par Denys-Montfort, et exécutée en presque totalité par M. de Roissy, ouvrage qui fait partie de l'édition de Buffon, par Sonnini, et qui développa d'une manière fort convenable le système de malacologie de M. Cuvier. Les genres assez naturellement groupés en général, caractérisés soigneusement d'après l'animal et d'après la coquille, sont exactement ceux que M. de Lamarck avoit donnés dans ses Animaux sans vertèbres. Le peu de changemens qu'on y remarque consiste presque à proposer de remplacer les noms d'ancille et de galathée, l'un déjà employé par Geoffroy pour un genre de mollusques, par celui d'*anaulace*, et l'autre qui étoit déjà employé par les entomologistes, par celui d'*égérie*. Il croit aussi que le nom de paphie devroit être préféré à celui de crassatelle qui pourroit induire en erreur. Tout en admettant la classification de M. Cuvier, M. de Roissy pensoit, ce nous semble avec raison, que la section qui contient les anodontes ne devoit pas suivre immédiatement la seconde ou celle des huîtres, mais en être séparée par la section des espèces qui ont un pied propre à filer; enfin, contre l'opinion du même zoologiste, M. de Roissy croit que dans les biphores, l'ouverture que

M. Cuvier a regardée comme l'antérieure est la postérieure, *et vice versâ*, opinion de MM. Bosc , Péron, de Blainville, qui a été confirmée par les observations de MM. de Chamisso et Kuhl , faites sur la nature vivante.

On trouve encore dans cet ouvrage les premières idées développées de l'analogie des coquilles polythalames avec les céphalopodes, appuyées sur la connoissance de l'animal de la spirule que Péron et Lesueur venoient de rapporter, et que M. de Roissy avoit examiné. Il avoit également entrevu le passage des mollusques univalves aux bivalves par les patelles, quoiqu'il rangeât toujours celles-ci avec les phyllidies. Enfin c'est également M. de Roissy qui le premier a rapproché les arrosoirs des fistulanes , rapprochement qui depuis a été adopté par tous les zoologistes.

Un autre ouvrage général qui recueillit aussi ces nouveaux travaux est la Zoologie analytique de M. C. Duméril , publiée en 1806. Adoptant presque complètement la manière de voir de M. Cuvier, M. Duméril partage la classe des mollusques qu'il met encore avant les insectes, en cinq ordres, les céphalopodes, les ptéropodes, les gastéropodes, les acéphales et les *brachiopodes*.

L'ordre des céphalopodes ne contient aucune innovation.

Celui des ptéropodes est adopté absolument comme M. Cuvier venoit de l'établir.

Mais celui des gastéropodes offre une nouvelle division d'après une nouvelle considération, celle des organes de la respiration, en trois familles : les *dermobranches*, les *siphonobranches* et les *adelobranches*, qui correspondent à peu près aux trois divisions établies sur la considération de la coquille.

En effet, la famille des dermobranches dont le caractère est d'avoir les branchies extérieures en forme de lames et de panaches, renferme les gastéropodes nus de M. Cuvier, et en outre les patelles de Linnæus, c'est-à-dire les nouveaux genres de Bruguière et de M. de Lamarck, qui n'ont cependant pas les branchies de cette forme , non plus que les haliotides.

La seconde famille dont le caractère est d'avoir les branchies intérieures communiquant à l'extérieur par un simple trou est encore bien moins naturelle puisqu'elle renferme avec les limaces et les hélices qui respirent bien par un trou, tous les gastéropodes dont la coquille a son ouverture entière, ainsi que les aplysies, les sigarets dont la cavité branchiale s'ouvre par une large fente cervicale ou latérale.

La troisième famille est tout-à-fait naturelle, aussi renferme-t-elle tous les mollusques dont la coquille est échancrée ou canaliculée pour recevoir un tube.

L'ordre des acéphales ne forme qu'une seule masse sans distinction de familles, renfermant même les espèces nues.

Enfin celui des *brachiopodes* est dénommé pour la première fois comme ordre distinct, car il comprend les deux dernières sections d'acéphales de M. Cuvier, confondues fort à tort en un seul ordre, les lingules, les orbicules et térébratules différant considérablement des anatifes et des balanes, et sur un caractère également faux qui regarde comme analogues les véritables tentacules ciliés des premiers genres, et les appendices abdominaux articulés des deux derniers. L'anatomie que Poli avoit donnée d'un animal de chacun de ces groupes suffisoit cependant pour faire sentir ces différences.

En 1809, M. de Lamarck obligé par sa place de professeur de l'histoire naturelle des animaux sans vertèbres de suivre les progrès de la science et de réunir les nouveaux faits qu'elle avoit acquis, proposa une nouvelle distribution des malacozoaires, dans son ouvrage intitulé : Philosophie Zoologique. Divisant le règne animal en six degrés d'organisation, il plaça dans le quatrième, en allant de bas en haut, ou le troisième en allant en sens inverse, les animaux qui nous occupent en ce moment; mais il les partagea en deux classes, l'une à laquelle il laissa le nom de mollusques et l'autre qu'il désigna par la dénomination nouvelle de *cirrhipodes*.

La classe des mollusques est toujours subdivisée en deux ordres d'après la considération de la tête comme dans les premiers systèmes de M. de Lamarck; mais il adopte du reste les trois divisions proposées par MM. Cuvier et Duméril dans son ordre des céphalés, savoir, les céphalopodes, les gastéropodes et les ptéropodes.

Sa division des céphalopodes contient à la fois les espèces nues, les espèces conchylifères à coquille uniloculaire et celles qui ont une coquille multiloculaire, ce qui est comme dans le second système de M. Cuvier, avec cette différence que les conchylifères sont partagés en deux.

Les espèces nues portent le nom de *sépialées*, et en effet comprennent le genre *Sepia*, Linn., et ses subdivisions.

La seconde section nommée *argonautacées*, renferme les genres Argonaute et Carinaire.

Enfin la troisième, à têt multiloculaire, est divisée en trois familles, les *nautilacées* contenant les genres anciens, Nautile, Ammonite, Orbulite, Turrilite et Baculite, et le seul nouveau *Ammonocératite;* les lituolacées, nouvelle famille, composée des genres nouveaux, *Spirolinite, Lituolite*, et des genres anciens, Bélemnite, Hippurite, Orthocère et Spirule; les *lenticulacées*, famille également nouvelle, formée des nouveaux genres, *Miliolite, Gyrogonite, Rénulite, Discorbite, Lenticulite*, et des genres anciens Nummulite et Rotalite.

La division des gastéropodes est partagée en trois sections.

La première qui renferme les animaux dont le corps est en spirale et qui ont un siphon, est formée de quatre familles : les *enroulées*, contenant les genres Côue, Porcelaine, Ovule, Tarière, Olive et Ancille ; les *columellaires*, contenant les genres Volute, Mitre, Colombelle, Marginelle et Cancellaire ; les *purpuracées* renfermant les genres Nasse, Pourpre, *Monoceros*, Concholepas, Buccin, Eburne, Vis, Tonne, Harpe et Casque, dont un seul est nouveau ; les *canalifères* enfin composées des genres Strombe, Ptérocère et Rostellaire réunis ous le nom particulier d'*ailées*, et des genres Murex, Fuseau, Pyrule, Fasciolaire, Turbinelle, Pleurotome et Cérite.

La seconde, dont les animaux ont encore le corps en spirale, mais point de siphon, contient huit familles composées, 1.º les *calyptracées*, des genres Trochus, Cadran, Calyptrée et Crépidule; 2.º les *hétéroclites*, des genres Janthine, Bulle et Volvaire; 3.º les *turbinacées*, des genres Vermiculaire, Turritelle, Scalaire, *Dauphinule*, Monodonte, Turbo et *Phasianelle;* 4.º les *stomatacées*, des genres *Stomatelle*, Stomate et Haliotide; 5.º les *néritacées*, des genres Natice, Nérite, *Nacelle* et Néritine; 6.º les *auriculacées*, des genres Limnée, Mélanie, *Mélanopside* et Auricule; 7.º les *orbacées*, des genres Ampullaire, Planorbe, *Vivipare* et Cyclostome; enfin les *colimacées*, des genres Maillot, Agathine, *Amphibulime*, Bulime, Hélicine et Hélice.

La troisième, dont le corps est droit, réuni au pied dans toute ou presque toute sa longueur, ne contient que quatre familles qui renferment tous les gastéropodes nus; ce sont, 1.° les *limaciens* ou les genres Testacelle, Vitrine, Parmacelle, Limace et Onchidie; 2.° les *aplysiens* ou les genres Sigaret, Bullée, Dolabelle et Aplysie; 3.° les *phyllidiens* ou les genres Emarginule, Fissurelle, Patelle, Oscabrion, Phyllidie, Pleurobranche; enfin 4.° les *tritoniens* comprennent les genres Doris, Thethys, Tritonie, Scyllée, Eolide et Glaucus.

La dernière division des mollusques céphalés ou les ptéropodes ne comprend que trois genres, Pneumoderme, Clio et Hyale.

L'ordre des mollusques acéphalés dans ce nouveau système de malacologie n'est partagé qu'en petites familles qui sont au nombre de treize et qui paroissent assez bien correspondre aux genres de Bruguière et de Linnæus, aussi chacune d'elles en emprunte-t-elle ordinairement sa dénomination; ce sont les *ascidiens*, contenant les genres Mammaire, Biphore, Ascidie; les *pholadaires*, Arrosoir, Fistulane, Taret, Pholade; les *solénacées*, Saxicave, *Rupellaire*, Pétricole; les *myaires*, Mye, *Panope, Anatine*; les *mactracées*, Mactre, Lutraire, Crassatelle, Onguline, Erycine; les *conques*, Capse, Galathée, Cyclade, Lucine, Telline, Donace, Cythérée, Vénus et Vénéricarde; les *cardiacées*, Bucarde, Isocarde, Cardite, Hippope, Tridacne; les *arcacées*, Trigonie, Cucullée, Arche, Pétoncle et Nucule; les *naïades*, Anodonte, Mulette; les *camacées*, Pandore, Corbule, *Dicerate*, Came et *Ethérie*; les *byssifères*, Avicule, Marteau, Perne, Crénatule, Modiole, Moule, Pinne, Lime et Houlette; les *ostracées*, Peigne, Spondyle, Plicatule, Gryphée, Huitre, Vulselle, Placune, Anomie, Cranie, Calcéole et Radiolite; les *brachiopodes*, Orbicule, Térébratule et Lingule.

La nouvelle classe des cirrhipodes, convenablement établie, ne renferme que les genres Anatife, Balane, Coronule et Tubicinelle. On a pu voir comment, établi par M. Cuvier comme une simple division de ses acéphales, de même valeur que celle qui sépare les huitres des vénus, ce groupe d'animaux fut ensuite séparé des acéphales par M. Duméril, mais confondu à tort avec les brachiopodes, et comment successivement, mieux apprécié, il a fini par être regardé, avec raison, comme une sorte de classe intermédiaire aux animaux articulés et aux mollusques.

Dans ce nouveau système de malacologie, M. de Lamarck, tout en perfectionnant ce qu'il avoit fait jusqu'alors, avoit encore établi quelques rapprochemens peu naturels, comme les crépidules qui ne sont pas operculées avec les trochus ; sa section ou famille des hétéroclites l'étoit en effet beaucoup ; son groupe des auriculacées ne l'étoit pas peut-être beaucoup moins ; le genre Hélicine étoit aussi fort mal avec les hélices, puisqu'il est operculé ; le genre Sigaret étoit hétérogène avec les aplysies, la famille des phyllidiens comprenoit des genres de familles entièrement différentes et fort éloignées. En général il sembleroit que M. de Lamarck n'avoit pas encore porté suffisamment son attention sur l'opercule.

. La disposition des genres dans les familles d'acéphales contenoit beaucoup moins d'erreurs , quoique c'en soit une, à ce qu'il nous semble, de placer la famille des ascidiens à la tête de la classe, et celle des brachiopodes à la fin , et de ne pas considérer comme de valeur différente les caractères qui séparent ces deux groupes des autres acéphales, et ceux qui partagent, par exemple , les myaires des mactracées. Les genres Hippope et Tridacne n'étoient peut-être pas non plus à leur place.

Il n'y a donc rien d'étonnant que quelques années après cet ouvrage, M. de Lamarck, dans un prodrome de son Cours au Jardin des Plantes, en octobre 1812 , ait encore changé quelque chose à son système général de classification, et établi un assez grand nombre de genres nouveaux, et cela d'autant moins que dans cet intervalle, de nouveaux travaux particuliers de M. Cuvier, de Péron et Lesueur, etc. , vinrent apporter des matériaux mieux élaborés. Ces derniers venoient surtout de publier le prodrome d'un assez grand travail sur l'ordre des ptéropodes , établi par M. Cuvier, dans lequel ils rangeoient non seulement les clios, pneumodermes et hyales, mais encore définitivement les firoles, le glaucus, la carinaire, et trois genres nouveaux auxquels ils donnèrent les noms de *Phylliroé*, de *Cymbulie* et de *Callianire*. En partant du principe que, pour appartenir à ce groupe, il suffisoit que le mollusque eût des nageoires pour la locomotion, ils réunirent évidemment des animaux fort différens, les uns ayant réellement des nageoires paires et latérales, les autres n'en ayant que de médianes. Ils ne firent pas même cette distinction, et leur division de cet ordre en deux sections porta sur l'absence ou la présence d'un têt; en sorte que les genres Carinaire et Firole, qui n'en font peut-être qu'un, furent placés, l'un au commencement de l'ordre, et l'autre à la fin.

Avant de voir les perfectionnemens que la malacologie reçut par le prodrome de M. de Lamarck, nous devons dire quelque chose du système de conchyliologie de Denys de Monfort, publié en 1808 et 1810, parce que, quoiqu'il ne traite que des coquilles univalves, on ne peut nier, comme nous l'avons déjà dit à l'article CONCHYLIOLOGIE, qu'il n'ait rendu de véritables services à la science, d'abord en introduisant dans le système toutes les coquilles microscopiques observées par Soldani, Von Moll et Von Fichtel, et ensuite en proposant un grand nombre de genres de coquilles qui étoient sans doute bons, puisqu'ils ont été établis depuis sous des dénominations nouvelles.

Les divisions primaires de Denys de Montfort dans la conchyliologie, n'ont pas été établies sur l'animal; cependant il pense que certains mollusques testacés, comme les habitans de beaucoup de coquilles cloisonnées, et les argonautes, parmi les cloisonnées, doivent être rangés à côté des sèches; d'autres, comme ceux des cônes, des volutes, des hélices à côté des limaces; d'autres, tels que les serpules, les siliquaires, les tarets à côté des vers; d'autres, tels que les arrosoirs à côté des polypes; d'autres, tels que les balanes, les lingules, les anatifes à côté des crustacés; d'autres enfin comme les camérines, les rotalites à côté des vélelles et des méduses; opinions souvent fort erronées.

Sa première division des coquilles repose sur le nombre des valves d'où résultent des univalves, des bivalves et des multivalves, comme chez la plupart des anciens conchyliologues; mais ce en quoi il diffère, c'est qu'il partage la dernière section en deux : il laisse la dénomination de multivalves aux coquilles de plusieurs pièces réunies, sans laisser de solution de continuité entre elles, comme les pholades, les anatifes, etc., et il donne celle de *dissivalves* aux coquilles de plusieurs pièces, mais non cohérentes ni adhérentes les unes aux autres, comme les tarets, les fistulanes, les balanes, etc. Nous n'avons pas besoin de montrer combien cette nouvelle distinction est artificielle, puisqu'elle rompt non seulement les rapports naturels tirés de l'animal, mais même ceux tirés de la coquille.

Les coquilles univalves, les seules dont il ait publié la disposition méthodique, sont encore subdivisées en univalves cloisonnées et en univalves non cloisonnées. Le principe qui l'a guidé dans l'établissement des genres qu'il ne groupe pas en familles, c'est que chaque genre doit être assez nettement circonscrit, pour qu'il soit impossible d'avoir de doute sur la place d'une coquille; aussi les plus légères différences dans la forme de l'ouverture, la présence ou l'absence d'un ombilic suffisent pour l'établissement de ses genres. C'est ainsi que dans la seule section des univalves cloisonnées, de 13 genres qui existoient dans les conchyliologues les plus modernes, il en a fait 100, dont 87 nouveaux. Il faut cependant ajouter que parmi ces genres nombreux, il y en a beaucoup qui sont établis sur des corps organisés, fossiles ou microscopiques, que jusques-là on n'avoit osé classer. Parmi les univalves non cloisonnées, il y a 93 genres dont 42 nouveaux, en comptant, il est vrai, les tubes calcaires, ou même arénacés des chétopodes à tuyaux, qu'il place encore avec les véritables coquilles. Parmi ces genres, nous nous bornerons à citer les principaux, tels que les genres Cabochon, Pavois, Helcion, Cimbre, démembrés des patelles; Padolle, des haliotides; Laniste, Cyclophore, des cyclostomes; Eperon, Monodonte, Méléagre, des sabots; Fripier, Entonnoir, Tectaire, Bouton, Empereur, Cantharide; Télescope, des toupies; Polinice, Clithone, Théodoxe et Vélate, des nérites; Radix, des limnées; Scarabée, Actéon, Mélampe, des auricules; Gibbe, des maillots; Carocolle, Capraire, Ibère, Cépole, Polydonte, Straparolle, Acave, Tomogère, des hélices; Polyphème, des bulimes; Ruban, des agathines; Séraphe et Rhizoa, des bulles; Navette, Calpurne et Ultime, des ovules; Rouleau, Rhombe, Hermès[...]ndre, des cônes; Cymbe, des volutes; Minaret, des

mitres; Licorne, des pourpres; Perdrix, des tonnes; Héaume,
des casques; Alectrion et Sistre, des buccins; Hippocrène,
des rostellaires; Trophore, Phos, Carreau, Latire, Appole,
Crapaud, Aquile, Triton, Masque, Chicorée, Typhis et
Bronte, des rochers. Parmi ce grand nombre de genres nouveaux, il y en a déjà un certain nombre d'admis par M. de
Lamarck, comme nous allons le voir dans un moment.

Nous devrons aussi dire encore quelque chose d'une nouvelle édition du petit ouvrage de M. d'Audebard de Férussac,
dont nous avons parlé plus haut, et qui fut publié à Paris
par son fils en 1810; parce que, quoiqu'il soit encore borné
aux mollusques terrestres fluviatiles, il contient plusieurs
observations nouvelles. On y trouve en outre l'établissement
des genres *Septaire* pour une coquille patelloïde d'eau douce,
que Denys de Montfort avoit proposée de son côté sous le nom
de *cimbre*, et que M. de Lamarck a depuis appelée navicelle;
Mélanopside pour des animaux conchylifères fluviatiles qu'Olivier avoit nommés *mélanies*.

Ce seroit aussi le lieu de parler du Mémoire de M. Mégerle sur la classification des coquilles multivalves et bivalves,
dans laquelle, tout en suivant Linnæus, il proposoit un assez
grand nombre de genres démembrés de ceux de cet illustre
zoologiste; mais, comme nous l'avons dit à l'article de la conchyliologie, ce sont des genres rigoureusement établis sur la
coquille, et qui, quoique souvent correspondans à ceux qu'a-
voit proposés, ou qu'a proposés depuis M. de Lamarck, n'ont
cependant pas été adoptés; en sorte qu'il seroit inutile de nous
appesantir même à les énumérer.

Dans le prodrome de son Cours de 1812, M. de Lamarck
divise le règne animal en trois sections primaires auxquelles
il ne donne pas de noms : 1.º les animaux apathiques : 2.º les
animaux sensibles (ces deux divisions composant les animaux sans vertèbres); et 3.º les animaux intelligens ou vertébrés.

Les animaux que renferme la partie de la zoologie dont
nous faisons l'histoire, sont toujours partagés en deux classes
qui commencent la section des animaux sensibles, ou qui la
terminent, suivant M. de Lamarck; car il suit l'ordre de la gradation de l'organisation animale.

Les mollusques céphalés sont partagés en cinq sections : 1.° les *hétéropodes* 2.° les céphalopodes; 3.° les *trachélipodes* 4.° les gastéropodes et les ptéropodes.

Sous la dénomination nouvelle d'*hétéropodes*, M. de Lamarck range les genres Carinaire, Firole et Phylliroé, dont MM. Péron et Lesueur faisoient des ptéropodes, évidemment à tort, du moins pour les deux premiers ; et, par une manière de voir assez inexplicable, M. de Lamarck les regarde comme devant être à la tête des mollusques, et comme faisant une transition aux poissons, quoique rien dans leur organisation ne milite en faveur de cette opinion.

La section des mollusques céphalopodes, quoique divisée, comme dans le prodrome du Cours, en non testacés, testacés monothalames et testacés polythalames, contient un plus grand nombre de familles et de genres, du moins dans cette dernière section, car la première n'a éprouvé absolument aucun changement, et la carinaire est retirée de la seconde. Mais dans la troisième, la famille des nautilacées est partagée en deux, les *ammonées* et les nautilacées ; les ammonées renferment les genres dans lesquels les cloisons sont sinueuses ; les nautilacées, ceux où les loges ne s'étendent pas du centre à la circonférence, ce sont les genres Nautile, Nummulite, *Vorticiale*, *Sidérolite*, genres nouveaux, et Discorbe ; la famille des lenticulacées du prodrome est partagée en trois ; celle des *radiolées*, dont la coquille globuleuse, à spire centrale, a ses loges rayonnantes du centre à la circonférence, formée des genres *Placentule*, nouveau, Lenticulaire et Rotalie ; les *sphérulées*, dont la coquille est globuleuse, contenant les *mélonites*, genre nouveau, Gyrogonite et Miliolite ; les *cristacées*, dont la coquille semi-discoïde a la spire excentrique, formées des *orbiculines*, *cristellaires*, genres nouveaux, et des rénulites : la famille des lituolées du prodrome est aussi partagée en deux, suivant que la coquille est partiellement en spirale, ou tout-à-fait droite ; les *lituolées*, qui ont le premier caractère, ne renferment plus que les trois genres Lituole, Spiruline et Spirule ; les *orthocèrées*, qui ont le second, renferment, avec les hippurites, orthocères et bélemnites, un nouveau genre sous le nom de *Nodosaire*.

La section des céphalés gastéropodes est partagée, d'après

la considération de la différence dans l'attache du pied en deux sections de même ordre, et non plus en trois.

La première appelée *trachélipodes*, parce que le pied est attaché à la base inférieure du cou, contient les deux premières divisions des gastéropodes du prodrome, mais avec des différences dans le nombre, la disposition des familles et des genres. Le volvaire est reporté avec les columellaires; dans la famille des *purpurifères*, au lieu de purpuracées, les genres *Ricinule* et *Cassidaire*, sont établis l'un avec quelques espèces de pourpres, l'autre avec des espèces de casques. Les ailées sont nettement distinguées comme famille des canalifères où sont proposés deux nouveaux genres démembrés des rochers, *Ranelle* et *Struthiolaire;* mais c'est surtout dans la section des trachélipodes sans siphon et à coquille sans échancrure ni tube, que les changemens sont plus considérables; une première innovation fort importante, c'est qu'en général il n'y a plus de mélange de coquilles operculées et de coquilles inoperculées. Les turbinacées qui commencent perdent les genres Vermiculaire ou Vermet, Scalaire et Dauphinule, et gagnent les genres Toupie et Cadran, de la famille des calyptracées, qui passe parmi les gastéropodes proprement dits. Les Stomate et Stomatelle séparés, on ne sait pourquoi, des haliotides, constituent la nouvelle famille des *macrostomes;* les genres Vermet, Scalaire, Dauphinule forment celle des *Scalariens*, qui est aussi nouvelle. Une autre proposée nouvellement sous le nom de *plicacées*, comprend deux nouveaux genres *Pyramidelle* et *Tornatelle*. Le genre Janthine est resté seul dans une famille particulière; celle des néritacées contient les mêmes genres, avec cette différence que le nom de nacelle est changé en celui de *navicelle;* la famille des orbacées est remplacée par celle des *péristomiens*, qui ne contient que les genres Ampullaire, Valvée et Paludine; ainsi les genres Planorbe et Cyclostome en sont sortis, le premier avec raison, le second évidemment à tort; la famille hétérogène des auriculacées a été démembrée encore avec raison. Les genres Mélanie, Mélanopside et *Pirène*, genre nouveau, constituent celle des *mélaniens;* et les limnées réunies justement aux physes, aux planorbes, mais à tort aux conovules, forment la famille des *limnéens*, qui est la première des inoperculés respirant l'air;

vient enfin la dernière famille des trachélipodes, sous le nom de colimacées, et qui, outre les genres démembrés de l'*helix*, Linn., contient l'hélicelle, nouvelle subdivision du même genre, et malheureusement avec l'auricule, le vertigo, et surtout le cyclostome qui est operculé.

La division des gastéropodes proprement dits a éprouvé en général moins de changemens ; la famille des limaciens, qui la commence toujours, n'en a éprouvé aucun ; celle des laplysiens s'est accrue avec raison du genre Bulle et du genre nouveau *Acère*, établi par M. Cuvier, pour un animal que Muller avoit appelé depuis long-temps *lobaria ;* mais elle a conservé toujours à tort le sigaret. La famille des calyptraciens est passée dans cette division, et elle contient, outre les genres Calyptrée et Crépidule, qu'elle avoit dans le prodrome, les émarginules, fissurelles et *cabochons*, genre nouveau adopté de Denys de Montfort, c'est-à-dire toutes les espèces de patelles de Linnæus, qui ont de véritables branchies sur le cou, ce qui est un rapprochement très-naturel : il n'en est pas de même de celui qu'offre la famille des phyllidiens, puisqu'on y trouve toujours les genres Pleurobranche, Phyllidie, Oscabrion, Patelle, *Ombrelle*, nouveau genre encore démembré des patelles, Linn., et enfin Haliotide, il est vrai, avec un point de doute, c'est-à-dire qu'il n'y a pas un seul genre qui doive réellement appartenir à la même famille. Quant à celle des tritoniens, elle n'a pas éprouvé de changement, et le genre Glaucus y est même conservé convenablement malgré ce qu'en avoit dit Péron.

La section des mollusques ptéropodes n'offre non plus de différences avec ce qu'elle étoit dans le prodrome, qu'en ce qu'elle contient les genres Cléodore et Cymbulie, proposés par MM. Péron et Lesueur ; M. de Lamarck ayant fait, comme nous l'avons vu plus haut, une section particulière des genres Carinaire, Firole, Phylliroé, et repoussant avec raison le genre Callianire parmi les béroés.

Les subdivisions établies dans la classe des mollusques acéphalés ne diffèrent que fort peu de ce qu'elles sont dans le prodrome. On y voit cependant plus évidemment que M. de Lamarck prend en première considération le nombre des impressions musculaires, principe qu'il avoit posé dès 1807, d'où sa division des

acéphalés *monomyaires* et *dimyaires*. Il y a en outre une famille
et quelques genres nouveaux : ainsi, entre les pholadaires et
les solénacées, se trouve la famille des *lithophages* démembrée
de cette dernière, et qui comprend les genres Saxicave,
Pétricole et Rupellaire, avec un nouveau genre appelé *Rupi-*
cole par M. Fleuriau de Bellevue. On y trouve l'indication des
nouveaux genres *Clavagelle* parmi les pholadaires. *Donacille*
et *Cyprine*, dans la famille des conques, *Hiatelle* de Daudin
dans celle des cardiacées.

Vers la fin de 1814, nous publiâmes nos premières idées
sur la disposition méthodique des malacozoaires, dans laquelle
nous fîmes sentir la relation nécessaire qui existe entre la
coquille et les organes de la respiration. Nous en tirâmes le
nouveau caractère de la symétrie et de la non symétrie de ces
organes, ainsi que du corps protecteur, pour l'établissement
de ses ordres. En 1815 et 1816, nous donnâmes dans le Bulletin de la Société Philomathique, plusieurs mémoires dans
lesquels nous traitâmes successivement de nos quatre ordres
des ptérodibranches, polybranches, cyclobranches et inférobranches, en proposant quelques nouveaux genres.

Le premier ouvrage étranger dans lequel on abandonna le
système de Linnæus pour adopter plus ou moins complètement la manière de voir des zoologistes modernes, nous paroit
être celui de M. Oken. Dès l'année 1810, il avoit présenté à la
Société de Goettingue, un mémoire sur la connoissance des
mollusques hors de leurs coquilles, et sur une classification
naturelle établie sur cette connoissance ; mais, d'après l'extrait
qu'il en a seulement donné, on ne voit pas quelle étoit cette
classification naturelle. Ce n'est que dans son Manuel d'histoire
naturelle publié en 1815, que l'on peut s'en faire une idée.
Il faut d'abord faire observer qu'elle n'est pas tout-à-fait semblable dans le corps de l'ouvrage et dans le tableau général
des genres qui le précède. Ainsi dans le premier les animaux
du type des malacozoaires forment les trois derniers ordres de
la quatrième classe dont le premier est constitué par les vers
intestinaux, sous les noms de conques (*muscheln*), de limaçons
(*schnecken*), de poulpes (*kraken*). Il y est bien encore question des
oscabrions qui sont rangés comme Adanson et MM. Cuvier et
de Lamarck l'avoient fait ; mais les balanes et les anatifes sont

placés plus haut avec les lernées et les argules dans la seconde tribu de la troisième classe, entre les échinodermes et les vers à sang rouge ; car, dans cette distribution générale des animaux, les mollusques ont à peu près repris le rang qu'ils avoient dans l'école de Linnæus.

Dans le Tableau de la distribution des animaux qui précède le premier volume de Zoologie, les malacozoaires occupent la même place dans la série générale, c'est-à-dire qu'ils forment la troisième classe, mais ils la forment presque à eux seuls, car les vers intestinaux en ont été avec juste raison retirés; on y trouve cependant encore les lernées et les argules mêlés avec les balanes et les anatifes, entre les familles des anomies et des térébratules, qui finissent la classe et celle des biphores et des ascidies. Une autre différence, c'est que le système quaternaire est rigoureusement adopté pour toutes les divisions; ainsi il y a quatre ordres dans la classe entière, quatre tribus dans chaque ordre, quatre familles dans chaque tribu, et quatre genres dans chaque famille, ce qui a forcé M. Oken de diminuer considérablement le nombre de ceux-ci, mais, il paroît, assez arbitrairement. Comme il seroit trop long et même trop difficile de faire connoître les familles et leurs dénominations, nous nous bornerons à dire que le dernier ordre, sous le nom de *erdleche* ou de *gopeln*, contient les anomies, les térébratules, les lernées et les balanes, c'est-à-dire un assemblage d'animaux assez hétéroclites; le troisième, sous le nom de *muscheln*, le deuxième sous celui de *schnecken*, et enfin le premier sous la dénomination de *kraken*, sont composés à peu près comme dans les auteurs françois, et correspondent assez bien aux acéphales, aux gastéropodes et aux céphalopodes de M. Cuvier. On trouve cependant que M. Oken a fait passer dans son premier ordre, entre les familles qui ont une coquille multiloculaire et les sépiacées, les clios et genres voisins, sous le nom de clionées, le glaucus, sous celui de glaucinées, les firoles et genres voisins, sous la dénomination de ptérotrachéens, en y mettant le phyllirhoé, et enfin, ce qui est plus singulier, la cymbulie, et le clio boréal sont avec les argonautes et les sèches, dans la première famille, celle des sépiacées. Les autres familles sont en général plus naturelles, c'est-à-dire que les quatre genres qui composent chacune d'elles sont mieux rapprochés; il en est cependant encore plusieurs dans lesquelles les affinités ont été assez peu suivies; ainsi on trouve le genre Scalaire operculé aquatique marin, avec le genre Maillot inoperculé terrestre, le genre Valvée avec les natices, le genre Janthine avec la gondole séparé des volutes, les nasses et les vis, les phyllidies avec les oscabrions, les patelles dont il ne fait qu'un seul genre et l'haliotide, le sigaret avec les aplysies, les tridacnes et hippopes avec les véritables cames dans le même genre.

Dans ce système de malacologie de M. Oken, on trouve assez peu de genres nouveaux, et même en général il restreint assez ceux de M. de Lamarck; cependant on remarque un assez grand nombre de changemens de noms anciens. Parmi les acéphales on trouve *chœna* pour *gastrochœna*, *irus* pour *pandora*, *cardissa* pour *venericardia*, *glossus* pour *isocardium*, *axinœa* pour *pectunculus*, *arcinella* pour *cardita*, *lymnium* pour *unio*, *anodon* pour *anodonta*, *perna* pour *lithodoma*, *anonica* pour *avicula*, *tudes* pour *malleus*, *melina* pour *perna*, *glaucion* pour *lima* et *pedum* réunis; dans les céphalés on voit *clathrus* substitué à *scalaria*, *bullinus* à *physa*, *marsyus* à *auricula*, *pythia* à *bulimus*, *lucena* à *succinea*, *tricla* à *hyalœa*, etc.

Les genres nouveaux établis par M. Oken ne sont jamais que des démembremens, et même peu importans; tels sont parmi les acéphalés, les genres *Tethium* pour les ascidies pédonculées; *Aulus* pour quelques espèces de tellines; *Arthemis* de Poli pour la *venus exoleta*; *Trisis* pour l'*arca tortuosa* : parmi les céphalés, *Viber* pour le *strombus palustris*; *Peloronta* pour quelques espèces de nérites marines ombiliquées, comme la *nerita peloronta*; *Labio* pour une espèce de *sabot*; *Systrium* pour les harpes, tonnes, etc.; *Turbinellus* pour quelques espèces de volutes, et entre autres la *voluta musica*; *Dito*, *Themisto* pour plusieurs doris; *Lobaria*, de Muller, pour réunir les genres Acère, Cuv., *Doridium*, *Parthenope* de Meckel, et Bulle; *Actœon* pour l'*aplysia viridis* de M. Bosc; *Volvulus* pour la plupart des espèces de maillots; *Vortex* pour certaines hélices, et entre autres l'*helix lapicida*; *Ægle* pour le *pneumoderme capuchonné* de Péron, qui est un animal décrit à l'envers; *Kronjacht* pour le *clio helicina*, etc.

D'après cette analyse du Système de Malacologie de M. Oken,

on voit qu'il n'a introduit aucune considération nouvelle de classification, ni parmi les animaux ni parmi les coquilles, et que sa diminution et son augmentation des genres établis par ses prédécesseurs, se trouvent comme dominées par la subdivision quaternaire conçue *à priori*.

C'est aussi vers la même époque que M. Rafinesque-Schmaltz donna une esquisse des changemens qu'il proposoit dans la classification des malacozoaires dans son Précis de Somiologie, publié à Palerme en 1814. Malheureusement, par le peu qui existe dans ce Précis, il est impossible de se faire une idée de son système. On y trouve seulement l'indication plus que l'établissement de quelques genres de mollusques nus, et entre autres de l'*ocythoé* pour les poulpes dont la paire supérieure de tentacules est élargie par une membrane, de l'*hypterus*, très-voisin des firoles, du *stephylla*, rapproché des doris, de l'*armina* et du *sarcoptère*.

C'est également à cette époque que l'on peut rapporter les travaux plus importans de MM. Lesueur, Desmarest et Savigny, sur les mollusques aggrégés. Le premier en eut évidemment l'initiative en montrant que le pyrosome, genre qu'il avoit établi avec son ami Péron, n'étoit qu'un aggrégat de petits animaux. Eveillé par cette idée, il fut aussi conduit à s'assurer, avec M. Desmarest, qu'il en étoit de même des botrylles de Gærtner, résultat singulier auquel M. Savigny paroît être arrivé aussi de son côté en étudiant les alcyons, ce qui les lui avoit fait d'abord nommer à tort alcyons à double ouverture. Plus tard, reconnoissant sans doute son erreur, il étendit son travail à tous les mollusques aggrégés, et n'en fit plus des alcyons, mais y fit connoître un grand nombre d'espèces nouvelles pour lesquelles il établit presque autant de genres nouveaux qu'il seroit presque inutile d'énumérer.

En 1817, nous fîmes connoître avec un peu plus de développement que nous ne l'avions fait dans notre premier essai, la subdivision systématique que nous proposions dans le type des malacozoaires, en publiant notre prodrome de classification générale du règne animal. On y voit que l'organe dont nous avons tiré nos premières considérations après la forme générale non articulée ou subarticulée, est celui de la respiration, et en effet la dénomination de nos différens ordres est constamment tirée de cet organe, qui concorde, comme nous l'avons déjà dit, avec la forme de la coquille quand il y en a. Nous commençons par établir un sous-type distinct avec les animaux que nous regardons comme intermédiaires au type des entomozoaires et à celui des malacozoaires, et ce sous-type contient non seulement les anatifes et les balanes qui semblent avoir quelque chose des crustacés, mais encore les oscabrions, dont l'organisation rappelle, dans certains points, celle des chétopodes parmi les entomozoaires; rapprochement qui concorde assez bien avec celui de Linnæus. Parmi les véritables malacozoaires, notre première division en deux classes porte sur la présence ou l'absence de la tête, ce qui forme les *céphalophores* et les *acéphalophores*. La première classe est ensuite divisée en deux sections, suivant que l'organe respiratoire et le corps protecteur sont symétriques ou non, et chaque section est partagée en ordres d'après la position, la forme, et même la nature de l'organe respiratoire. La seconde classe ou celle des acéphalophores est aussi subdivisée en trois ordres encore d'après la disposition des organes de la respiration, d'où les noms de *palliobranches*, de *lamellibranches* et de *siphonobranches* remplacé depuis à cause du double emploi, par la dénomination de *salpingobranches*, ou mieux d'*hétérobranches*.

Nous avons fait en outre quelques rectifications et établi plusieurs nouveaux genres. Ainsi nous montrâmes dans notre premier mémoire sur les ptérodibranches, que le clio boréal avoit été mal caractérisé, que le pneumoderme capuchonné de Péron avoit été considéré à l'envers, et que le prétendu capuchon n'étoit que les appendices natatoires de la gorge dans le clio et dans le pneumoderme décrit par M. Cuvier; que les firoles, les carinaires rangées à tort dans cet ordre par Péron, avoient en outre été considérées par lui dans une situation également renversée, en sorte que la nageoire supposée dorsale dans ces animaux n'étoit autre chose qu'une sorte de pied analogue à celui des mollusques gastéropodes, mais ici comprimé en nageoire; que le glaucus avoit aussi été défini dans une position renversée, que c'étoit encore plus un véritable gastéropode.

Dans un second mémoire sur notre ordre des polybranches, et où nous faisons voir que doit être placé le genre Glaucus dont nous donnons la première description complète, nous établissons un nouveau genre sous le nom de *Laniogère*, pour un petit mollusque intermédiaire aux glaucus et aux cavolines.

Dans un troisième mémoire sur notre ordre des cyclobranches, et dans lequel nous réunissons les véritables doris et l'onchidie de Péron, dont on doit la découverte à celui-ci et la connoissance à M. G. Cuvier, nous établissons un genre intermédiaire que nous désignons à cause de cela par la dénomination d'*Onchidore*.

Enfin, dans un quatrième mémoire sur les inférobranches dont nous retirons les oscabrions, comme très-différens des phyllidies, nous établissons aussi un nouveau genre sous le nom de Linguelle.

Cependant M. Cuvier, continuant ses recherches anatomiques et zoologiques sur les mollusques céphalés, venoit de publier un ouvrage important sur ces animaux, dans lequel il réunissoit non seulement tous ses mémoires publiés successivement dans les Annales du Muséum depuis un assez grand nombre d'années, mais encore de nouveaux sur l'haliotide, les sèches, les crépidules, les cabochons, les fissurelles, etc. Le résultat général parut dans son ouvrage intitulé : *Le Règne animal distribué d'après son organisation*, publié en 1817.

Les subdivisions que M. Cuvier avoit établies sous la dénomination de chapitres ou d'ordres, sont ici élevées à l'importance de classes qui sont au nombre de six, *céphalopodes*, *ptéropodes*, *gastéropodes*, *acéphales*, *brachiopodes* et *cirrhipodes*; en sorte que les ptéropodes qui diffèrent si peu des gastéropodes, n'en forment pas moins une division de même degré que les acéphales dont l'organisation est au contraire si différente.

La classe des céphalopodes n'a du reste éprouvé d'autres changemens que l'introduction des genres de coquilles polythalames, établis par MM. de Lamarck et Denys de Montfort.

Celle des ptéropodes n'en a pas éprouvé davantage, si ce n'est l'établissement du genre *Limacine* que nous avions aussi proposé sous le nom de *Spiratelle* pour le *clio helicina*, Linn.

La classe des gastéropodes est subdivisée en sept ordres essentiellement d'après la nature et la position des organes de la respiration, mais aussi secondairement d'après une nouvelle considération, la réunion ou la séparation des sexes sur un ou deux individus, quoique M. Cuvier, dans ses généralités, eût dit que les variétés relatives à la génération se trouvent dans un même ordre, quelquefois dans une même famille.

L'ordre des nudibranches ne renferme que deux genres nouveaux, *Polycère* et *Tergipes*, tous deux démembrés des doris.

Les inférobranches ne renferment plus, et avec juste raison, ni les patelles, ni les oscabrions, mais seulement, comme nous l'avions proposé, les phyllidies, avec le genre nouveau *Diphyllidie*, qui paroît fort rapproché de notre genre *Linguelle*.

Les tectibranches n'ont éprouvé d'autre changement que l'établissement d'un nouveau genre, sous le nom de *Notarche*. Les bulles et les bullées sont réunies sous la dénomination générique d'acère, imaginée par Muller.

L'ordre des pulmonés est divisé en deux sections, suivant que les mollusques sont terrestres ou aquatiques. Dans la première section, les scarabes sont à tort placés entre les maillots et une petite subdivision nouvelle de ce même genre, que M. Cuvier nomme *Grenaille*, car l'animal des scarabes est tout semblable à celui des auricules, placé plus loin dans la section des pulmonés aquatiques. Dans celle-ci, outre ce genre et ses démembremens, se trouvent assez artificiellement réunies les onchidies de Buchanan, comprenant les espèces marines que M. Cuvier en a rapprochées peut-être à tort, suivant nous, avec les planorbes et les limnées.

L'ordre des pectinibranches, à peu de chose près divisé comme dans les tableaux des Leçons d'anatomie comparée, contient, et à juste raison, les cyclostomes terrestres qui ont cependant une véritable cavité pulmonaire, tout-à-fait conformée comme dans l'ordre précédent. On y remarque aussi le rapprochement artificiel sous tous les rapports des ampullaires, des mélanies, des phasianelles, avec les janthines, qui ne sont pas operculées, sous la dénomination générique de *Conchylium*.

L'ordre des scutibranches est nouveau ; il contient des genres assez artificiellement rapprochés, comme les haliotides, les stomates, les cabochons, les crépidules, les fissurelles, les émarginules et les septaires ou navicelles qui sont évidemment des nérites, et même les carinaires auxquelles M. Cuvier réunit les firoles, qui sont des animaux hermaphrodites.

Enfin le dernier ordre est également nouveau et artificiel: il porte le nom de *cyclobranches*, et contient les patelles symétriques de Linnæus, en y comprenant à tort les *pavois* de Denys de Montfort, qui sont de vraies émarginules, et les oscabrions.

La classe des acéphales est partagée en ordres, d'après la présence ou l'absence de la coquille.

Dans le premier, qui comprend les testacés, on remarque quelques innovations dans le rapprochement des genres en familles; ainsi dans la première, ou les ostracés, on voit réunis des genres qui ont une seule impression musculaire, et d'autres qui en ont deux, comme les arches et leurs subdivisions. La seconde, celle des mytilacés, renferme les moules proprement dites, parmi lesquelles M. Cuvier établit le nouveau genre *Lithodome*, les unios, les anodontes, les cardites, les vénéricardes, et même les crassatelles; la troisième, ou les *bénitiers*, est nouvelle, et ne contient que les genres Tridacne et Hippope. La quatrième, ou les cardiacés, renferme presque tous les autres genres de bivalves dont les valves closent également. On y remarque la création du nouveau genre *Corbeille*, l'adoption de celui des Loripèdes de Poli, et l'éloignement artificiel du genre Capse des donaces; enfin la cinquième et dernière famille, celle des *enfermés*, contient des genres dont la coquille est plus ou moins bâillante, parmi lesquels il n'y en a qu'un seul nouveau, *Byssomie*, formé avec une espèce de mollusque des mers du Nord, et le *Gastrochène* adopté de Spengler, mais trop éloigné des fistulanes dont il doit à peine être séparé.

Le second ordre des acéphales, ou celui des acéphales sans coquilles, ne contient rien de nouveau que le résultat des travaux de MM. Lesueur, Desmarest et Savigny, sur les mollusques aggrégés, sans cependant adopter tous les genres proposés par celui-ci.

La cinquième classe, ou les brachiopodes, n'offre non plus rien de nouveau que la singularité d'être placée après les ascidies.

Enfin la sixième, ou les cirrhopodes, formée des anatifes et des balanes, termine les mollusques, et fait convenablement le passage aux animaux articulés.

C'est un an après que M. de Lamarck a commencé la publication de la seconde édition de ses Animaux sans vertèbres, dans laquelle il put profiter, outre ceux des auteurs que nous venons de citer, d'un travail de M. le docteur Leach sur les nématopodes ou cirrhopodes, dans lequel celui-ci avoit analysé avec soin l'enveloppe calcaire des animaux de cette classe, et y avoit trouvé des caractères suffisans pour établir un assez grand nombre de genres nouveaux qui ont pu être adoptés.

Une première innovation qui ne paroît pas heureuse, parce qu'elle n'est réellement pas appuyée sur l'organisation, est d'avoir séparé des animaux, jusques-là regardés comme des mollusques, les espèces acéphales nues, ou les biphores et les ascidies simples ou complexes, que nous venons de voir M. Cuvier placer avant ses brachiopodes et ses cirrhopodes, et par conséquent avant tous les entomozoaires; M. de Lamarck en forme en effet une classe distincte à laquelle il donne le nom de *tuniciers*, et qu'il place immédiatement avant la première classe des actinozoaires, ce qui paroît convenable, mais si loin des mollusques qu'elle en est séparée par tous les animaux articulés, vers et insectes.

Les divisions que M. de Lamarck admet du reste dans cette classe, diffèrent un peu de celles que M. Cuvier et nous avions proposées successivement, après les travaux de MM. Lesueur, Desmarest et Savigny, puisqu'en partageant sa classe des tuniciers en deux ordres, les tuniciers aggrégés, ou les botyllaires, et les tuniciers libres ou ascidiens, il confond dans le premier les ascidies aggrégées avec les pyrosomes qui sont des biphores aggrégés, et, dans le second, les biphores simples avec les ascidies également simples. Du reste il admet la plus grande partie des genres que M. Savigny avoit cru devoir établir parmi les ascidies aggrégées, et qui ne sont que des divisions des distomes et des botrylles de Gærtner et de Pallas. Le genre Mammaire suit toujours les ascidies, quoiqu'imparfaitement connu, et on trouve en outre un nouveau genre sous la dénomination de *Bipapillaire*, qui ne l'est pas beaucoup mieux.

Dans le nouveau système de zoologie de M. de Lamarck, les autres animaux que nous comprenons dans le type des malacozoaires et dans le sous-type des malentozoaires ou mollusques articulés, sont répartis en trois divisions de même valeur ou classes, dont la première, celle des cirrhipèdes, est absolument comme dans le prodrome du Cours de 1812, avec cette différence que les genres primitifs Balane et Anatife de Bruguière, devenus des ordres, sont subdivisés en un plus grand nombre de genres nouveaux, d'après les travaux que M. Olfers, et surtout M. le Dr Leach venoient de publier à ce sujet.

La seconde classe est nouvelle, c'est-à-dire que celle des mollusques du prodrome est divisée en deux : l'une pour les mollusques bivalves ou acéphales, sous le nom de *conchifères*; et l'autre qui conserve seule la dénomination de *mollusques*, pour les anciens mollusques céphalés, qui ainsi constituent la troisième classe que M. de Lamarck forme avec tous les animaux dont nous parlons ici.

La principale subdivision de la classe des conchifères en deux ordres porte encore sur le nombre des muscles d'attaché et sur leurs impressions, considération que nous venons de voir abandonnée par M. Cuvier ; les autres sections sont établies sur celle de la régularité ou l'irrégularité de la coquille, sur sa clôture complète ou incomplète, sur la situation du ligament et sur la forme du pied de l'animal, qui est si variable. Il en résulte cependant une disposition des familles qui est assez naturelle, depuis les brachiopodes qui commencent avec raison la série, jusqu'aux tarets qui la finissent. On fera cependant sans doute l'observation que toutes les familles ne sont pas distinguées par des caractères de même valeur. Ainsi, entre les pectinides et les ostracées, la différence est si peu considérable qu'on pourroit très-bien les réunir en une seule famille, tandis que, entre les brachiopodes et les ostracées, elle est si grande, que M. Cuvier a cru devoir faire une classe des premiers. Au reste, analysons les principales divisions des conchifères de M. de Lamarck, en faisant l'observation que dans les caractères l'animal est toujours considéré comme la coquille dans la position artificielle imaginée par Linnæus.

Dans l'ordre des monomyaires, la famille des brachiopodes

n'offre pas de différences avec ce qu'elle étoit dans l'extrait du Cours.

Celle des *rudistes* est nouvelle; mais elle ne contient cependant presque que des genres anciens, et qui, étant pour la plupart fossiles, sont fort incomplètement connus, tels sont les genres Sphérulite, Radiolite, Calcéole et *Birostrite* qui est nouveau. Le genre *Discine*, également nouveau, appartient aux brachiopodes, et n'est en effet qu'une espèce d'orbicule, comme M. J. Sowerby l'a prouvé dans un mémoire récemment publié.

La famille des ostracées est considérablement réduite par la formation de celle des pectinides, qui comprend les genres anciens Houlette, Peigne, Lime, Plicatule, Spondyle, et les genres nouveaux *Plagiostome* et *Podopside*, tous deux établis sur des coquilles fossiles : l'un par M. Sowerby, et l'autre par M. de Lamarck.

Les *malléacées* forment aussi une nouvelle famille démembrée des byssifères, et qui renferme les genres Crénatule, Perne, Marteau, et Avicule, divisé en avicule proprement dite, et en *pintadine*, nouvelle dénomination imposée au genre créé par M. le D.ʳ Leach, pour les avicules régulières, comme l'avicule perle, sous le nom de *margarita*.

La famille des mytilacées se trouve ainsi réduite au genre Mytilus. Linn., et aux jambonneaux.

Celle des tridacnées est prise de M. Cuvier.

Dans l'ordre des dimyaires on trouve moins de changemens.

La famille des naïades contient cependant deux genres de plus : mais ce ne sont toujours que des démembremens, *Hyrie* des unios, et *Iridine* des anodontes.

Celle des *trigonées* est nouvelle, et formée de deux seuls genres, les trigonies et les *castalies*, genre nouveau établi sur une coquille de la collection de M. de Drée, dont M. de Lamarck faisoit anciennement une trigonie, et qu'après un examen attentif, nous avons reconnu pour n'être qu'une espèce d'unio, ce dont nous fîmes part à M. Valenciennes.

Les arcacées sont comme dans le prodrome, si ce n'est que les trigonies en ont été retirées.

La famille des cardiacées est dans le même cas, les genres Tridacne et Hippope en ayant été retranchés; il y a cependant un nouveau genre sous le nom de *Cypricarde*, démembré des cardites de Bruguière.

Les conques de l'extrait du Cours sont partagées en deux familles : l'une qui conserve ce nom, et l'autre sous celui de *nymphacés*, et qui se subdivise en deux coupes : la première ou nymphacés tellinaires pour les genres sans dents latérales, Capse, et *Crassine*, nouveau genre démembré des tellines; et les genres avec une ou deux dents latérales, Donace, Lucine, Corbeille, Telline, et *Tellinide*, nouvellement établi; la seconde, ou nymphacés solenaires, pour le genre Sanguinolaire, précédemment de la famille des solénacées, et deux nouveaux, *Psammotée* et *Psammobie*, démembrés des solens.

La famille des lithophages encore conservée renferme un nouveau genre sous le nom de *Vénérupe* pour le *Donax irus* de Linnæus, et espèces voisines, et perd au contraire les genres Rupellaire et Rupicole, qui sont supprimés.

Les corbulées constituent une famille nouvelle qui ne contient que les genres Corbule et Pandore.

Les mactracées renferment deux nouveaux genres, *Solemye* et *Amphidesme*, celui-ci en remplacement du genre Donacille de l'extrait du Cours.

Les solénacées ne contiennent plus que trois genres.

Parmi les pholadaires, je ne vois que le genre Gastrochæne de nouvellement introduit.

Enfin dans la famille des tubicolées, qui est nouvelle, se trouvent établis deux genres nouveaux, *Térédine*, avec quelques espèces de fistulanes, et *Cloisonnaire* avec le *solen arenarius* de Rumph.

La classe des mollusques proprement dits, ou celle des mollusques céphalés des premiers ouvrages de M. de Lamarck, est divisée dans le même nombre d'ordres disposés de la même manière que dans l'extrait du Cours.

Les ptéropodes n'offrent rien de nouveau.

Les gastéropodes, au contraire, ont subi quelques changemens : ils sont divisés en deux sections, les *hydrobranches* et les *pneumobranches*, d'après la nature de l'organe respiratoire.

La première contient, comme familles, les tritoniens, les phyllidiens, dont M. de Lamarck a retranché l'ombrelle et l'haliotide, mais parmi lesquels il laisse toujours les oscabrions avec plusieurs espèces desquels il fait son nouveau genre *Oscabrelle;* les *semi-phyllidiens*, nouvelle famille composée des genres Pleurobranche et Ombrelle, dont nous lui avons communiqué la description extérieure et anatomique de l'animal. Les calyptraciens dans lesquels est un nouveau genre *Parmophore*, institué par Denys de Montfort et par nous; les *bulliens*, division nouvelle des laplysiens qui ne contiennent plus que les genres Laplysie et Dolabelle.

La seconde section ne renferme que la famille des limacinés comme dans l'extrait.

L'ordre des trachélipodes est un peu autrement divisé que dans l'extrait du Cours. Les deux divisions principales portent le nom de *phytophages* et de *zoophages*, d'après leur nourriture habituelle présumée.

Dans la première sont les familles suivantes.

Les colimacés, divisés en deux sections comme dans l'extrait, d'après le nombre des tentacules. La première offre cependant deux genres nouveaux, *Carocolle* et *Anostome*, démembrés des hélices véritables, comme l'avoit fait Denys de Montfort, et le genre Hélicine, dont l'animal qui n'a que deux tentacules est operculé, et n'appartient pas à cette famille. La seconde section renferme toujours un genre operculé et un qui ne l'est pas.

La famille des limnéens est devenue naturelle, parce que le genre Conovule en a été retranché.

Celles des mélaniens, des péristomiens, des néritacées et des janthines sont comme dans l'extrait.

Il en est de même des macrostomes, si ce n'est que les haliotides y ont été placées avec les sigarets, des plicacés et des scalariens.

La famille des turbinacées contient deux genres nouveaux, *Roulette*, démembrement des trochus, et *Planaxe*, séparé des buccins.

Dans la seconde division des trachélipodes, on remarque encore moins de changemens que dans la première; les genres de la famille des canalifères sont cependant partagés en deux sections, d'après la présence ou l'absence d'un bourrelet au bord droit; et, dans la seconde, est une division générique nouvelle parmi les murex, sous le nom de *Triton;* les purpurifères sont aussi divisées en deux sections, d'après l'existence d'un petit canal ascendant, ou d'une simple échancrure à l'ouverture de la coquille, et contiennent le nouveau genre *Licorne*, adopté de Denys de Montfort, et le genre Cancellaire, passé de la famille des columellaires.

L'ordre des céphalopodes est absolument comme dans l'extrait du Cours, si ce n'est qu'il y a deux genres nouvellement établis, savoir : *Conilite* parmi les orthocères, et *Polystomelle* parmi les nautilacées, établis, le premier sur un corps fossile nouveau, et le second sur des coquilles microscopiques, décrites et figurées par Von Moll et Von Fichtel, et dont Denys de Montfort avoit fait plusieurs genres.

Enfin le dernier ordre, ou celui des hétéropodes, n'a pas éprouvé de changemens.

Ainsi, dans son nouvel ouvrage, résultat des travaux successifs et continuels de sa vie entière, et de ceux de ses contemporains, M. de Lamarck n'a peut-être pas apporté de considérations bien nouvelles dans la malacologie, et même semble plutôt y avoir introduit quelques vues erronées déduites *à priori*, plus que de la rigoureuse observation des faits ; mais il n'en a pas moins rendu un très-grand service à la science, en décrivant, ou au moins en caractérisant les espèces nombreuses de coquilles de son magnifique cabinet, service immense, surtout pour la conchyliologie, et qu'il est à regretter qu'il n'ait pas rendu encore plus utile en travaillant à la fois sur la collection du cabinet public, comme sur la sienne, ce que son malheureux état de cécité l'a sans doute empêché de faire.

Depuis l'époque où l'ouvrage de M. de Lamarck a été terminé, et même pendant qu'il se terminoit, les travaux de malacologie proprement dite, et surtout ceux de conchyliologie, ont continué non seulement en France, mais encore en Angleterre, en Allemagne, en Italie, et même dans les Etats-Unis d'Amérique.

Dans le cours de l'année 1820, l'Allemagne a vu paroître deux traités généraux sur les animaux mollusques, mais qui n'ont réellement pas avancé beaucoup la science.

Le premier est dû à l'excellent et infortuné Schweiger, assassiné dans le cours de ses voyages en Sicile ; il fait partie de son Manuel d'histoire naturelle des animaux sans vertèbres, non articulés. Il adopte exactement, comme il l'annonce lui-même, la classification de M. G. Cuvier, avec la seule différence qu'il suit l'ordre de composition croissante de MM. de Lamarck et Oken, et que les classes de M. Cuvier sont regardées comme des ordres d'une classe unique. Il propose aussi des noms latins nouveaux pour l'ordre des gastéropodes, devenu ici une famille comme tous les autres; ainsi le nom scutibranches est traduit par *aspidobranchiata*, pectinibranches par *ctenobranchiata*, pulmobranches par *cœlobranchiata*, tectibranches par *pomatobranchiata*, inférobranches par *hypobranchiata*, et enfin nudibranches par *gymnobranchiata*.

Du reste cet ouvrage ne contient absolument rien de neuf; les genres de M. de Lamarck, dont même il n'a pu connoître qu'une partie, sont entassés dans les divisions génériques de M. Cuvier.

Le second traité allemand sur les mollusques, publié en 1820, fait partie d'un manuel de zoologie par M. le D.ʳ Goldfuss, qui lui-même est contenu dans un manuel d'histoire naturelle à l'usage des cours, par le D.ʳ Schubert : c'est encore évidemment une compilation, mais dans laquelle cependant il y a quelques innovations, il est vrai, plutôt de place et de dénomination que de principes.

Sous le nom de mollusques qui forment sa 7.ᵉ classe du règne animal, le D.ʳ Goldfuss comprend tous les animaux dont il est question dans cet article, les place à la tête des animaux invertébrés, mais les étudie dans l'ordre de l'organisation croissante.

Il n'admet pas de classes, et ses premières divisions sont des ordres dont le caractère principal et la dénomination sont tirés très-rigoureusement de l'appareil de la locomotion, suivant le principe de Poli; ainsi il conserve celles de céphalopodes, ptéropodes, brachiopodes, gastéropodes et de cirrhipodes, aux divisions qui portent ces noms dans le système de M. Cuvier, et il substitue ceux de *pélécypodes*, d'*apodes*, pour désigner, le premier, les acéphales conchifères, et le second, les acéphales nus; il imagine en outre la dénomination de *crépidopodes*, probablement parce que le pied de ces animaux est en forme de semelle, pour un ordre nouveau qu'il forme avec les oscabrions.

Cette division, tirée rigoureusement d'un seul organe, seroit bonne en principe, si le caractère indiqué par la dénomination se trouvoit dans tous les animaux de l'ordre auquel elle est appliquée, mais malheureusement il n'en est pas ainsi : les huitres, par exemple, n'ont aucune trace de l'organe appelé pied dans les acéphales.

M. Goldfuss a aussi introduit quelques changemens dans la succession des ordres; ainsi, après les céphalopodes et les les ptéropodes, il place les brachiopodes avant les gastéropodes, on ne voit pas trop pourquoi. Son nouvel ordre des crépidopodes est après les gastéropodes terminés par la famille des anthobranches, qui correspond à l'ordre des cyclobranches de notre méthode; enfin les cirrhipodes sont presque à la fin de la classe, mais cependant avant les apodes ou acéphales nus, qui sont ainsi séparés des acéphales testacés.

On remarque enfin quelques différences dans le nombre, la disposition et les genres des familles qui subdivisent ses ordres des gastéropodes et des pélécypodes.

Dans le premier on trouve les familles suivantes dans cet ordre : 1.º les pectinibranches, très-naturelle et dont l'onchidie a été retranchée; 2.º les tectibranches; 3.º les pectinibranches, y compris le cyclostome terrestre; 4.º les siphonobranches, ordre établi par nous, et qui comprend ici le sigaret, on ne sait pourquoi; 5.º les scutibranches comme M. Cuvier; 6.º les cyclobranches pour les patelles et les phyllidies, par conséquent contre la manière de voir actuelle de MM. Cuvier, de Lamarck et la nôtre ; 7.º enfin les *anthobranches*, dénomination nouvelle, pour l'ordre que nous avons nommé cyclobranches.

Dans le second, qui correspond, comme il a été dit plus haut, aux acéphales conchifères, et immédiatement après l'ordre qui contient les oscabrions, on trouve d'abord les cardiacées dont les genres sont comme dans le système de M. Cuvier; les myacées qui correspondent aux enfermés de ce dernier; les mytilacées, également comme dans le règne animal; les arcacées comprenant les trigonies; les *avicules*, nouvelle famille pour les trois genres Avicule, Pinne et Crénatule; les tridacnes; les byssifères ne contenant que les genres Vulselle, Pinne et Crénatule ; et enfin les ostracées qui terminent l'ordre, après lequel vient celui des cirrhipodes ; et enfin le dernier, ou les apodes, qui ne contient rien de nouveau.

Parmi les travaux de malacologie publiés en Italie dans ces derniers temps et qui sont venus à notre connoissance, nous citerons un Mémoire approfondi de M. le professeur Ranzani à Bologne, sur les espèces du genre *Balanus* de Linnæus, dans lequel, sans considérer en aucune manière l'animal, il a établi un assez grand nombre de genres sur la structure de la coquille et de son opercule. On les trouvera analysés dans notre *Genera*. Nous ajouterons que dans les généralités de son Mémoire, le zoologiste italien propose de nouvelles dénominations pour les quatre sections qui sont généralement établies dans la classe des acéphales, et qu'il considère comme des ordres. Les deux premiers, qui ont des bras, sont réunis sous la dénomination commune d'*olenia*. Si ces bras sont cornés, ce sont les *ceratolena* (nématopodes) ; s'ils sont charnus, ce sont les *sarcolena* (brachiopodes). Les deux derniers, n'ayant pas de bras, sont les *anolena*, qui se divisent également en deux ordres, suivant qu'ils sont revêtus d'une coquille, *calyptranolena* (les conques, Lamck.), ou qu'ils sont nus, les *gymnanolena* (tuniciers, Lamck.). Cette division, imitée évidemment du système de M. Cuvier, induiroit en erreur, si l'on croyoit que les organes qui servent à la dénomination des deux premiers ordres, sont du même genre, les uns étant analogues des appendices locomoteurs qui accompagnent l'abdomen caudiforme des animaux articulés, et les autres des appendices tentaculaires qui accompagnent la bouche des lamellibranches.

Les naturalistes des Etats-Unis d'Amérique ont aussi commencé depuis cinq ou six ans à recueillir des matériaux fort intéressans pour la malacologie ; mais ils n'ont pas encore, que nous sachions du moins, publié d'ensemble sur cette science ; ainsi M. Say, par exemple, nous a fait connoître les animaux de plusieurs genres de coquilles dont nous n'avions aucune idée ; tel est celui de l'hélicine, du bulime gland, etc.

Nous devons aussi à M. Rafinesque la proposition d'un grand nombre de genres nouveaux établis quelquefois sur les animaux, et le plus souvent sur la coquille ; mais, quoiqu'il y en ait peut-être de bons, ils sont trop peu arrêtés pour qu'on puisse bien comprendre leurs caractères. Il semble cependant qu'il a poussé le principe établi par Denys de Montfort encore plus loin que lui : en effet, pour en donner un exemple, parmi les unios des conchyliologistes les plus récens, il trouve à former huit genres, en prenant pour caractère essentiel la forme de la charnière qui dans ce groupe varie pour chaque véritable espèce. On remarque cependant dans le tome V des Annales de Bruxelles un nouveau travail dans lequel il envisage les coquilles et l'animal : il contient les genres *Unio*, avec les sous-genres Elliptio, Leptodea, Euryna ; *Lampsilis*, *Metaptera*, *Truncilla*, *Obliquaria*, avec les sous-genres Plagiola, Ellipsaria, Quadrula, Rotundaria, Scatenaria, Sintoxia ; *Obovoria*, *Pleurobema*, *Amblema*, *Anodonta*, *Alasmidonta*, *Cyclus* : en tout, soixante-douze espèces et douze genres.

M. Lesueur, depuis son séjour aux Etats-Unis, a aussi publié dans ce pays plusieurs Mémoires de malacologie, dans lesquels il a fait connoître plusieurs genres tout-à-fait nouveaux, tels que les genres *Leachia*, *Onychia*, parmi les calmars dont il a découvert beaucoup d'espèces nouvelles ; *Firoloïde* et *Sagitelle*, parmi les firoles dont il a donné une anatomie détaillée qui manquoit à la science ; *Atlas*, *Atlante*, *Maclurite*, etc.

M. le D.ʳ Leach, dans une histoire générale des mollusques de l'Angleterre, qu'il préparoit, et qui étoit bien avancée lorsqu'une crue le maladie l'a presque tout-à-fait enlevé à la zoologie, auroit sans doute, à en juger par son beau travail sur les crustacés, ajouté beaucoup de faits nouveaux à la malacologie ; mais en outre il se proposoit, en suivant toujours le système de Denys de Montfort, d'établir un assez grand nombre de genres de coquilles, en général peu admissibles, s'il en faut juger du moins par quelques uns dont il a publié les caractères.

Deux autres zoologistes anglois ont aussi commencé à introduire dans leur pays la méthode naturelle de malacologie : l'un dans un article inséré dans le Journal de l'Institution royale en 1823, mais qui n'est presque qu'une traduction de la classification de M. de Lamarck ; et l'autre dans un système général complet, publié dans le cahier de mars 1821, du *London medical Repository*. Nous allons nous borner à donner l'extrait de ce système, dû à M. S. Ed. Gray, qui ne contient cependant guère d'autres innovations que dans les dénominations,

Ainsi les animaux dont nous parlons dans cet article sont partagés en sept classes, comme dans M. de Lamarck : 1.º les *anthiobrachiophora*, ou céphalopodes; 2.º les *gasteropodophora*, ou gastéropodes; 3.º les *gasteropterophora*, ou hétéropodes, Lamck.; 4.º les *stomatopterophora*, ou ptéropodes; 5.º les *saccophora*, ou tuniciers; 6.º les *conchophora*, ou conques; 7.º les *spirobrachiophora*, ou brachiopodes.

La première classe renferme trois ordres : le premier pour les poulpes sous le nom d'*anosteophora;* le second pour les sèches et calmars sous celui de *sepiæphora*, et le troisième pour les espèces testacées, sous la dénomination de *nautilophora*.

La seconde classe est d'abord partagée en trois sous-classes, *pneumobranchia, cryptobranchia* et *gymnobranchia*.

La première est formée de deux ordres. les *adelopneumona*, qui renferment dans trois sections les pulmonés terrestres à tentacules rétractiles, les pulmonés amphibiens à tentacules contractiles, et les pulmonés aquatiques à tentacules comprimés; et les *phaneropneumona* pour les genres Cyclostome, Hélicine et Olygira, qui sont la même chose.

La seconde sous-classe, beaucoup plus nombreuse, est partagée en neuf ordres : les *ctenobranchia*, divisés en six sections d'après une considération nouvelle, la forme de l'opercule, cartilagineux et vésiculeux dans la janthine; spiral et articulé avec la columelle dans les néritines et la navicelle; spiral et libre dans les genres Mélanie, Sabot, Toupie, Valvée, Cérite; annulaire à nucléus subcentral, spiral, régulier dans la paludine; annulaire à nucléus apicillaire, irrégulier dans les rochers, volutes, strombes, cônes; enfin nul comme dans les porcelaines, volvaire, etc. Les *trachelobranchia* renferment les genres Sigaret, Cryptostome, *Velutina*, genre nouveau établi avec une espèce de bulla de Linnæus; Cabochon, Stomate, Crépidule, Calyptrée, et *Mitrula* pour la *patelle chinoise;* les *monopleurobranchia* pour les genres Umbrelle, Pleurobranche et *Laminaria;* les *notobranchia* pour les aplysies et les bulles; les *chismatobranchia* pour les haliotides seulement; les *dicranobranchia* pour les genres Fissurelle, Parmophore, Emarginule, et *Diodora*, nouveau genre, pour la *patella apertura* de Montagu; les *cyclobranchia* pour les patelles proprement dites; les *polyplacophora* pour les oscabrions et les osca-brelles qu'il nomme *gymnoplax* et *crytoplax;* et enfin les *dipleurobranchia* pour les phyllidies.

La troisième sous-classe n'a que deux ordres, les *pygobranchia*, qui ne renferment que les doris, et les *polybranchia*, comme dans notre système.

La troisième classe de la méthode de M. Gray répond exactement à notre ordre des *nucleobranches*, et renferme de même le genre Argonaute.

La quatrième n'est divisée qu'en deux ordres : le premier sous le nom de *pterobranchia* pour les genres Limacine, Cléodore, Clio, Pneumoderme; et le second sous celui de *dactyliobranchia* pour le seul genre Hyale.

Dans la cinquième classe qui correspond aux tuniciers de M. de Lamarck, M. Gray établit trois ordres : le premier sous le nom d'*holobranchia*, pour les ascidies simples ou composées ; le second sous celui de *tomobranchia* pour le genre Pyrosome, et le troisième sous la dénomination de *diphyllobranchia* pour les biphores.

La sixième classe est partagée en six ordres, en prenant pour point de départ le nombre des impressions musculaires, et rigoureusement la forme du pied, et en tirant les dénominations de cette dernière considération, comme l'a fait M. le docteur Goldfuss : 1.º *cladopoda* pour les genres Pholade, Taret et Aspergille ; 2.º *leptopoda* pour les genres Mactre et Nucule; 3.º *phyllopoda* pour les genres Solen, Psammobie, Telline, Cyclade, Vénus, Bucarde, Tridacne, Chame, Pétoncle, Trigonie et Unio ; 4.º *pogonopoda* pour les genres Arche, Moule et Avicule ; 5.º *micropoda* pour les genres Peigne, Huitre et Anomie.

Enfin la septième classe de ce système correspond exactement aux brachiopodes de MM. Cuvier et de Lamarck.

D'après cette analyse, il est évident que M. Gray n'a introduit dans la science aucune autre considération nouvelle que celle de la forme de l'opercule, qu'il a un peu plus profondément étudié qu'on ne l'avoit fait jusqu'à lui; cependant, par une contradiction assez singulière, on trouve encore des rapprochemens d'animaux operculés avec d'autres qui ne le sont pas, comme dans sa sous-classe des *pneumobranchia*, où, il est vrai, il a imité M. de Lamarck. On trouve aussi réunis des mollusques monoïques et des hermaphrodites ; l'exagération des subdivisions est portée à l'excès ; les dénominations sont trop rigoureuses et généralement trop compliquées ; et même dans les mollusques céphalés, l'ordre naturel est considérablement interverti. Cela est encore plus manifeste pour les acéphalés où l'on voit, pour ne citer qu'un exemple, les démembremens du genre Arche de Linnæus , répartis dans trois ordres différens. M. Gray a en outre donné des dénominations nouvelles à quelques genres anciens, et il a proposé plusieurs genres nouveaux, par exemple : *Phytia* pour l'*auricula myosotis* de Draparnaud; *Bythinia* d'après le docteur Leach, pour quelques espèces de paludine; *Velutina* pour la *bulla velutina* de Muller; *Mitrula* pour la *patella chinensis*; *Diodora* pour la *patella apertura* de Montagu ; *Laminaria* pour quelques pleurobranches, etc.

Depuis la même époque, à laquelle M. de Lamarck a eu terminé la publication de son grand ouvrage, nous avons eu l'occasion d'observer aussi plusieurs malacozoaires que nous ont procurés MM. de Férussac, 'Marion de Procé, et surtout MM. Quoy et Gaimard, ce qui nous a permis de faire quelques rectifications dans notre système général de malacologie, d'apercevoir les liaisons qui existent entre plusieurs des divisions principales des animaux de ce type. C'est ainsi que nous avons fait connoître dans des mémoires insérés dans le Journal de Physique ou dans des articles de ce Dictionnaire, l'animal du scarabe, l'organisation de l'ampullaire, celle de la véronicelle, que M. de Férussac a nommée vaginule, les différentes espèces de calmars, d'aplysies, genres dont nous avons fait des monographies. Nous avons également publié une dissertation sur l'animal prétendu de l'argonaute, dans laquelle nous le rapportons au genre de poulpes, que M. Rafinesque, sans avoir pensé le moins du monde à ce rapprochement, avoit proposé sous le nom d'ocythoé, opinion qui a été adoptée par M. le docteur Leach, dans un Mémoire sur les Céphalopodes, inséré dans le Journal de Physique, et dans lequel il propose l'établissement de quelques genres nouveaux, *Eledone*, *Cranchia*, Say, etc., mais combattue par M. l'abbé Ranzani, dans le Recueil scientifique publié à Bologne.

M. de Férussac le fils, qui s'étoit jusque-là spécialement
occupé des mollusques terrestres et fluviatiles, dans le but
d'étendre et de continuer ce que son père avoit entrepris à
ce sujet, et qui en effet depuis quatre ou cinq ans a publié
un assez grand nombre de figures magnifiquement peintes et
gravées par MM. Huet, Bessa et Coutant, a voulu rattacher à
un système général de malacologie ses travaux particuliers
sur les mollusques terrestres et fluviatiles, dont il a à peine
commencé la publication. Pour cela, il a combiné le mieux
qu'il lui a été possible ce qui lui a convenu dans les travaux
de MM. Poli, Cuvier, de Lamarck et dans les nôtres, et ce
qu'il a puisé dans des conversations particulières, et il en
est résulté un système de classification qu'il a intercalé, sous
forme de table synoptique, dans les livraisons, malheureusement un peu incohérentes, des planches de ses peintres, et
qui attendent encore pour la plupart un texte explicatif.
Quoique ce système n'offre aucune considération bien nouvelle,
nous allons cependant en donner une courte analyse pour ne
pas laisser cette histoire de la malacologie incomplète.

Sous le nom de mollusques M. de Férussac comprend tous
les mêmes animaux que M. Cuvier; mais, avant de les partager en classes, il les divise en deux sections, les céphalés et les
acéphalés, d'après la considération de la tête. Dans la première,
il admet les mêmes classes que M. Cuvier. Ses céphalopodes
sont partagés en deux ordres sur le nombre des pieds ou tentacules, ou en *décapodes* et *octopodes*, d'après M. le D.ʳ Leach.
Ce qu'il y a de singulier, c'est que tous les genres de coquilles
polythalames qu'une analogie, souvent forcée, déduite de la
seule spirule, fait placer dans ce groupe, sont compris d'une
manière tranchée parmi les décapodes.

Les ptéropodes sont comme dans le système de M. Cuvier,
si ce n'est que le gastéroptère de Meckel, qui est évidemment
une espèce d'acère, y est rangé.

Les gastéropodes contiennent un nouvel ordre ajouté à ceux
de M. Cuvier. L'ordre des nudibranches est tout-à-fait comme
dans le système de ce zoologiste; celui des inférobranches
contient, outre les phyllidiens, les semi-phyllidiens de M. de
Lamarck, et entre autres, le genre Ombracule ou Gastro-
place, qui a tous les caractères des aplysies. Une autre sin-

gularité qu'offre cette famille, c'est que notre genre Linguelle est mis à la fin des pleurobranches, tandis qu'il
diffère à peine des véritables phyllidies. Après cet ordre
on en trouve un incertain, sous la dénomination de *cilio-
branches*, proposée transitoirement dans une note ajoutée
par nous à l'article de M. Lesueur, inséré dans le Journal
de Physique (1817), sous le nom d'Atlas, mais que depuis nous
avons reconnu être très-voisin du gastéroptère de M. Meckel,
dans l'ordre des monopleurobranches. Les tectibranches sont
comme dans l'ouvrage de M. Cuvier. Les pulmonés, que
M. de Férussac nomme pulmonés sans opercule, comprennent,
outre les genres connus, les genres *Onchis* formé avec les
onchidies marines, que nous avions déjà séparées des véritables onchidies de Buchanan, sous le nom de Péronie; *Vaginule*, qui ne diffère probablement pas de nos véronicelles
et peut-être pas même des onchidies; *Eumèle* et *Phylomique*,
genres incomplètement établis par M. Rafinesque, et qui
pourroient aussi n'être que des véronicelles; *Arion*, division
des limaces; *Plectrophore*, qui probablement ne renferme que
des testacelles; *Hélicarion*, pour une espèce de véritable
vitrine, dont la coquille est très-petite comparativement avec
l'animal; *Partule*, division artificielle des vertigos; et enfin,
sous le nom générique d'*Hélice*, toutes les espèces que jusqu'à M. de Férussac on avoit rangées dans ce genre et
dans les subdivisions successivement introduites par Bruguière, MM. de Lamarck, Draparnaud, Denys de Montfort, etc.; mais comme il a cru devoir donner de nouvelles
dénominations aux sections qu'il a établies dans son genre
Hélice, il en résulte à peu près le même inconvénient, de
n'avoir que des genres de coquilles. On trouvera à l'article
Hélice les caractères de ces divisions, dont cependant M. de
Férussac a retranché avec raison les auricules, pour en faire
avec quelques petits genres voisins, à notre imitation, une
famille intermédiaire aux limacinés et aux limnéens, qui, du
reste, sont comme dans l'ouvrage de M. de Lamarck.

Sous la dénomination de pulmonés à opercules, M. de Férussac établit un ordre particulier pour placer les cyclostomes
terrestres et les hélicines, en sorte qu'il rompt les rapports
naturels qui lient si étroitement ces animaux aux cyclostomes

aquatiques ou paludines, que M. Cuvier n'a pas cru pouvoir faire autrement que de les mettre dans la même famille.

Cet inconvénient est cependant moins grand que dans d'autres systèmes malacologiques, parce que l'ordre des pectinibranches commence par les cyclostomes aquatiques: cet ordre est du reste divisé en quatre sous-ordres, d'après la considération rigoureuse de l'opercule complet dans le premier, ce qui constitue les *pomastomes*; incomplet, ou s'enfonçant plus ou moins dans la coquille, dans le second, d'où le nom d'*hémipomastomes*, ou nul dans le troisième, d'où les *apomastomes*; et enfin un quatrième sous-ordre est établi pour les sigarets sous le nom d'*adelodermes*, d'après un caractère erroné, que le têt est caché dans le manteau, car il y a des espèces parfaitement sans coquille, et d'autres où la coquille est tout-à-fait extérieure. Dans le premier sous-ordre sont tous les genres à ouverture de la coquille non échancrée; dans le second ceux où elle est tubuleuse ou échancrée: et dans le troisième ceux dont l'ouverture est subéchancrée; mais en général M. de Férussac admettant, lorsque cela est possible, le principe de Guettard et d'Adanson, a plutôt diminué le nombre des genres qu'il ne les a augmentés, en conservant comme sous-genres ceux qui ne sont établis que sur la coquille, comme M. Cuvier et nous l'avons fait. La considération des yeux brièvement pédiculés, ou complètement sessiles parmi les genres du sous-ordre des pomastomes, lui sert comme considération nouvelle à la partager en deux familles: la première, celle des sabots, contient les genres Paludine, Turritelle, Vermet, Valvée, Natice et le genre Turbo de Linnæus, considéré comme sous-genre des paludines, sous le nom de *littorine*, et la seconde, celle des toupies, renfermant les genres Nérite, Ampullaire, Janthine, qui n'est cependant pas réellement operculé, Phasianelle, Toupie, *Pleurotomaire*, nouveau genre de M. Defrance, Scalaire, et Mélanopside, qui a cependant l'ouverture échancrée.

L'ordre des scutibranches est à peu près comme dans le système de M. Cuvier, mais un peu moins artificiel, parce que le parmophore a été rapproché des émarginules, comme nous l'avions fait; mais le genre Navicelle ou Septaire est toujours à tort dans cet ordre, ainsi que les firoles qui sont hermaphrodites.

Enfin le huitième et dernier ordre de la classe des gastéropodes, celui des cyclobranches, est comme dans l'ouvrage de M. Cuvier, et terminé par les oscabrions, probablement pour se rapprocher un peu de notre méthode, où nous avons placé ce groupe d'animaux dans une classe voisine de celle qui contient les anatifes et balanes.

M. de Férussac, en effet, commence sa section des mollusques acéphalés par la classe des cirrhopodes, dans laquelle il place les mêmes genres que M. de Lamarck; en sorte qu'il rompt tous les rapports naturels, puisque, de l'aveu de tous les zoologistes, ces animaux font un passage vers les animaux articulés.

Il place ensuite les brachiopodes dont il fait une classe, et où il range les cranies comme nous l'avions proposé.

Sa classe des lamellibranches tire son nom de notre système; les sections principales de M. Cuvier, les familles de M. de Lamarck, et les genres et sous-genres de celui-ci, ainsi que de Mégerle et de M. Rafinesque.

Enfin sa classe des tuniciers est entièrement imitée de M. de Lamarck, mais en admettant toutes les subdivisions de M. Savigny.

En faisant cette histoire de la malacologie depuis son origine jusqu'aujourd'hui, nous avons passé sous silence les travaux des naturalistes qui se sont bornés à l'établissement d'un petit nombre de genres, quelquefois sans même en chercher les rapports, et cela pour ne pas l'alonger presque inutilement. Il n'en est pas moins vrai de dire que ces travaux circonscrits ont été d'une utilité réelle à la science, comme on pourra s'en convaincre en lisant les deux Dissertations de M. Meckel, l'une sur les ptéropodes et l'autre sur le nouveau genre *Doridium;* le Catalogue des animaux et des coquilles de la mer Adriatique de M. Renieri; les Mémoires de MM. Donovan, Leach, Sowerby et de quelques autres naturalistes anglois, sur les coquilles et les mollusques de leur pays.

Nous devons peut-être aussi faire mention des naturalistes qui ont envisagé les coquilles fossiles, et qui, pour en faciliter la connoissance, et surtout l'application de la conchyliologie à la géologie, ont introduit un plus ou moins grand nombre de genres, presque toujours, il faut l'avouer, in-

5.

complétement caractérisés, comme MM. Sowerby, Defrance, et même Brongniart, Brard, etc.; mais ce genre de travaux ne peut que difficilement être rangé dans la malacologie proprement dite.

De la forme et de l'organisation des malacozoaires.

La forme du corps des animaux mollusques est extrêmement variable, quoiqu'il offre le caractère constant de n'être jamais articulé; ainsi le plus ordinairement ovale, plus ou moins alongé, convexe en dessus, plane en dessous, comme dans les doris, les limaces, etc., il est aussi quelquefois ovale et convexe également en dessus et en dessous, comme dans les sèches, alongé et subcylindrique, comme dans certains calmars, globuleux comme dans les poulpes; souvent il est comprimé plus ou moins fortement sur les côtés, comme dans les scyllées, et surtout dans presque tous les acéphales lamellibranches; il peut être aussi fort alongé, claviforme, comme dans les tarets et genres voisins. Dans beaucoup de céphalés, une grande partie du corps s'enroule comme la coquille, en spirale plus ou moins élevée et de différente forme : enfin il peut être assez bizarre pour que l'animal paroisse à peine symétrique à l'extérieur, comme cela se voit dans les ascidies et genres voisins, et même dans les biphores.

Un assez grand nombre de ces animaux offre une séparation bien nette entre la tête et le reste du corps, comme les poulpes; quelquefois elle est beaucoup moins marquée, comme dans les doris, etc.; et enfin dans toute une classe nommée à cause de cela acéphalés, cette séparation n'a plus lieu, et il n'existe plus de tête proprement dite.

La distinction de cou, de poitrine, d'abdomen et de queue est encore moins évidente, le corps ne formant qu'une masse simple ou subdivisée quelquefois dans la direction verticale, mais jamais dans celle longitudinale.

Le corps du malacozoaire n'est que très-rarement pourvu d'appendices locomoteurs proprement dits : mais quelquefois on remarque de chaque côté des expansions cutanées, plus ou moins étendues, qui servent à la locomotion; ce n'est que dans les mollusques articulés que la disposition des appendices prend une forme un peu analogue à ce qui a lieu dans les entomozoaires.

La peau qui enveloppe le corps des malacozoaires offre un caractère particulier dans sa mollesse, sa spongiosité, et surtout dans la manière dont le derme est confondu avec la fibre musculaire sous-jacente, en sorte qu'elle est contractile dans tous les points et dans toutes les directions. Ce derme peut du reste être tuberculeux ou très-lisse. Le réseau vasculaire y est en outre fort considérable. Le pigmentum colorant est aussi souvent assez vif; il est probable que la couche nerveuse peut également être assez complète, par la grande quantité de nerfs qui s'y rendent. Quant à l'épiderme, il est le plus souvent nul.

Si l'on en pouvoit juger par la grande quantité de mucosité qui est répandue en général à la superficie de la peau des malacozoaires, il faudroit croire que les cryptes muqueux y seroient fort nombreux ; mais il est souvent fort difficile d'en démontrer la présence. On trouve cependant des parties où les pores muqueux sont évidens, comme au bord épaissi du manteau qui constitue le collier des céphalés conchylifères, et probablement à la place qui forme des plis souvent nombreux dans le fond de la cavité respiratrice vers l'anus, et que l'on a désignés sous le nom de plis muqueux. Il sort en effet de ces endroits de la peau beaucoup plus de mucus que de tous autres.

On ne remarque jamais de véritables poils dans aucun animal de ce type : quelquefois cependant la partie muqueuse épidermique de la coquille se prolonge, pour ainsi dire, au dehors, et s'arrondit ou s'aplatit de manière à présenter un aspect pileux, comme cela se voit dans certaines espèces d'hélices et de bivalves.

Dans les oscabrions, cette disposition est quelquefois encore bien plus marquée sur la peau elle-même, et quelquefois dans certaines espèces on trouve des faisceaux de poils cornéocalcaires de chaque côté du corps.

Comme il arrive assez souvent que la peau des malacozoaires est plus grande qu'il ne faudroit pour entourer leur corps exactement, ou la masse des viscères, et que les replis qu'elle forme semblent l'envelopper comme notre corps l'est dans un manteau, l'on a généralisé ce nom de manteau (*pallium*), pour désigner la peau des mollusques, quoique réellement cette disposition n'existe pas toujours.

La disposition générale du manteau des mollusques offre un si grand nombre de différences qu'il seroit presque fastidieux de les énumérer; nous nous bornerons donc aux principales. Dans les poulpes, les sèches et les calmars il forme une sorte de bourse ou de gaîne fort épaisse, ouverte à la circonférence inférieure du cou, et c'est par cette ouverture que l'eau pénètre dans la cavité branchiale qu'il constitue. Dans les céphalés conchylifères la partie de la peau qui recouvre les viscères est excessivement mince; elle s'épaissit à mesure qu'on approche des bords du manteau, et forme autour du pédicule qui joint le pied à la masse viscérale une espèce d'anneau plus mince en arrière, beaucoup plus épais en avant, et auquel on donne souvent le nom de *collier*. C'est dans l'épaisseur de ce rebord libre du manteau que se trouvent en plus grande abondance les pores muqueux qui produisent la coquille, et ce sont ces bords au milieu desquels rentrent la tête et le pied de l'animal quand il veut chercher un abri complet dans sa coquille. L'étendue, la forme de l'ouverture du manteau sont toujours en rapport avec la grosseur du pédicule du pied : aussi, fort étroite dans les buccins et genres voisins qui constituent la famille des siphonobranches, et même dans celle des pulmobranches, où elle mérite réellement le nom de collier, elle est au contraire fort longue et fort étroite dans les cônes, les olives, les porcelaines, où elle est constituée par deux lobes plus ou moins inégaux, et qui peuvent quelquefois dépasser beaucoup l'ouverture de la coquille et se recourber sur elle de manière à l'envelopper totalement : enfin l'ouverture du manteau peut encore être ovale ou circulaire, comme dans les cervicobranches symétriques ou asymétriques. Dans les mollusques céphalés nus ou presque nus, le manteau fort épais dans toute son étendue, ou à peine un peu plus sur ses bords, ou en outre souvent couvert de tubercules, comme cela se voit dans les doris, les péronies, les tritonies, et même dans les limaces; les bords saillans dépassent cependant le pied de manière à ressembler à une espèce de grand bouclier.

Dans les mollusques acéphalés lamellibranches, dont le corps est ordinairement très-comprimé, le manteau constamment fort mince, si ce n'est vers ses bords, est divisé en deux grands lobes latéraux égaux ou un peu inégaux qui retombent de chaque côté du corps qu'ils comprennent entre eux et qu'ils dépassent souvent beaucoup. C'est une disposition assez analogue à celle des porcelaines, et c'est ici que cette partie de l'enveloppe mérite réellement le nom de manteau. Toujours réunis dans une plus ou moins grande étendue de la ligne dorsale, les lobes du manteau des lamellibranches peuvent être séparés dans tout le reste de leur étendue, comme dans les huîtres; à demi séparés, comme dans les mulettes, les bucardes, les vénus, ou bien réunis pour constituer une sorte de gaine ouverte seulement en avant et en arrière, comme dans les solens et beaucoup d'autres genres, ou enfin former un sac percé seulement de deux ouvertures postérieures, rapprochées comme dans les ascidies, ou plus ou moins distantes comme dans les biphores, où le manteau dans sa couche extérieure devient presque cartilagineux.

Les bords de l'ouverture du manteau des mollusques céphalés sont souvent simples, c'est-à-dire sans prolongemens, sans lobures, ni digitation, ni cirrhes tentaculaires, comme dans les sèches et genres voisins, mais il arrive souvent aussi que le bord supérieur s'avance un peu pour former une sorte d'abri pour la tête, comme dans les onchidies, et même dans les limaces, ou qu'il est prolongé considérablement par l'addition d'un appendice épais, musculaire, en forme de cornet ouvert inférieurement, mais pouvant constituer un tube complet plus ou moins alongé, et servant à l'introduction de l'eau dans la cavité branchiale : c'est ce que l'on voit dans tous les siphonobranches, dont l'ouverture de la coquille est échancrée ou siphonée.

On trouve un assez petit nombre d'espèces de mollusques de cette classe, dont les bords latéraux du manteau sont lobés ou digités ; mais il y en a un peu plus qui les ont garnis de franges ou de cirrhes tentaculaires; les cervicobranches, et surtout les patelles et les haliotides, sont les espèces qui offrent le plus ce caractère.

Mais c'est surtout dans la classe des acéphales que les cirrhes marginaux du manteau acquièrent le plus de développement pour la grandeur et le nombre. Dans les limes, par exemple, ce sont presque de petits tentacules cylindriques, formant un quadruple cordon autour des bords du manteau. Dans les peignes, les cirrhes, qui sont aussi grands et nombreux, sont entremêlés avec de petites plaques ovales, irisées en forme d'yeux, régulièrement espacées, et dont on ignore complètement l'usage.

Dans cette même classe d'animaux, les bords du manteau offrent aussi assez souvent des lobures ou digitations plus ou moins marquées, et dans les espèces où les lobes labiaux sont plus ou moins complètement réunis, ils le sont en arrière au moyen d'un ou deux tubes musculaires, entièrement contractiles, distans ou non, courts ou très-alongés, dont les orifices sont souvent garnis de cirrhes et affectent une disposition presque radiaire. Ces tubes servent, l'un, ou le ventral, à l'introduction des substances récrémentitielles ; l'autre, ou le dorsal, à la sortie des matières excrémentitielles. Dans les biphores, où ils sont si séparés qu'ils semblent aux deux extrémités du corps, l'un d'eux, le dorsal, est pourvu d'un appareil valvulaire.

Mais un caractère plus singulier de la peau d'un grand ombre de ces animaux, c'est que dans une partie de son épaisseur, et le plus souvent entre le réseau vasculaire et le pigmentum, se dépose une matière muqueuse, mêlée d'une plus ou moins grande quantité de substance crétacée, dont l'accumulation, le desséchement produisent un corps protecteur ou une coquille.

Dans l'article Conchyliologie, nous avons traité avec détails de la forme des coquilles et de celle de leurs différentes parties, afin d'en tirer les caractères de cette branche accessoire de la zoologie. En ce moment nous devons étudier ces corps sous les rapports de leur structure, de leur composition chimique, de la manière dont ils naissent, croissent, se modifient avec l'âge, et enfin de leur connexion avec l'animal.

Une coquille vraie est toujours composée de couches ou de lames mucoso-calcaires appliquées les unes en dedans des autres, la plus ancienne et la plus petite en dehors, et la plus nouvelle et la plus grande en dedans ; c'est ce que l'on voit évidemment dans les coquilles feuilletées, comme les huîtres, surtout, quand, par l'exposition à la chaleur, ou par la longue action de l'air, la matière muqueuse, qui lioit non seulement les molécules de chaque lame, mais encore celles des deux superposées, a été enlevée. Le bord des lames composantes, qui se voit à la face externe de la coquille, constitue ce qu'on nomme les stries d'accroissement.

Cette structure, la plus connue de toutes, est la structure feuilletée; mais il en est une autre qui en diffère, en ce que les couches composantes sont beaucoup mieux liées entre elles et leurs molécules calcaires plus rapprochées; telle est celle des coquilles des peignes et des patelles : aussi ces coquilles peuvent-elles être chauffées fortement sans se déliter, ce qui fait employer la première comme une espèce de plat dans nos cuisines.

Quelquefois, en même temps que les molécules calcaires se déposent en formant une des lames composantes, elles se correspondent ou se placent au-dessus les unes des autres dans toutes celles qui composent la coquille, et il en résulte la structure fibreuse dans laquelle la coquille se brise plus aisément dans la direction des fibres que dans celle des lames; c'est ce que l'on voit très-bien dans la coquille des jambonneaux.

On trouve quelques coquilles dans lesquelles ces deux structures peuvent alterner, c'est-à-dire qu'une partie de leur épaisseur est simplement feuilletée, et l'autre fibreuse, c'est la structure *fibro-lamelleuse*.

Une structure fort rapprochée de celle-ci est celle qu'on remarque dans les coquilles nacrées, univalves ou bivalves; la partie nacrée semble être toujours lamelleuse, et l'autre être fibreuse et plus ou moins oblique.

Quand une coquille est parvenue au degré de grandeur dont elle étoit susceptible, le derme de l'animal paroît produire une plus grande quantité de matière calcaire, et moins de matière muqueuse, et les molécules qui la composent ne se déposent plus par lames ou couches régulières; elles sont très-serrées, entassées, et prennent une *structure vitreuse* qui se polit de plus en plus avec l'âge par le frottement des parties du manteau, c'est ce que l'on remarque dans toutes les coquilles univalves à leur surface interne, et surtout près de l'ouverture, comme dans les casques, par exemple; mais c'est ce que l'on voit encore mieux dans les porcelaines et quelques genres voisins, où la coquille proprement dite, étant formée et fort mince, est épaissie en dehors par un dépôt plus ou moins épais, et souvent autrement coloré que ses couches, parce que dans la reptation ordinaire, l'animal pourvu de deux grands lobes latéraux à son manteau, l'enveloppe presque de toute part.

C'est de cette matière que se remplissent les trous qu'un accident a pu faire dans l'étendue d'une coquille, la partie postérieure de la spire de celles qui sont turriculées, ce qui force l'animal à l'abandonner, et même les tubes ou tuyaux calcaires que se forment certains animaux mollusques acéphalés bivalves, à une certaine époque de la vie. C'est enfin par cette matière de dépôt vitreuse que se rétrécit l'ouverture d'un assez grand nombre de coquilles univalves, et qu'elle prend souvent une tout autre forme que celle qu'elle avoit avant l'âge adulte de l'animal.

Cette partie de la coquille des mollusques offre cela de remarquable qu'elle est très-cassante dans toutes les directions, un peu à la manière du verre; c'est ce qui explique ce qu'on nomme la décollation de la spire dans plusieurs mollusques céphalés.

Il est fort rare que la coquille soit colorée dans ses couches composantes : elle est en effet dans le plus grand nombre de cas de couleur blanche; mais elle est au contraire quelquefois colorée dans quelques parties de sa surface interne, et presque toujours à l'externe.

Toute coquille qui est complètement dermale n'est jamais colorée, et cela se conçoit, le pigmentum étant resté à la partie de la peau qui la recouvre.

La coloration que l'on remarque quelquefois à la face interne, et ce n'est guère, ce nous semble, que dans les bivalves, appartient à la matière de dépôt, et paroit être produite par une imprégnation qui s'étend peu à peu en surface et en profondeur. Il est donc probable qu'elle est due à quelque humeur de l'animal, produite dans un organe dont le contact avec la coquille la teint de la couleur de cette humeur. Cela nous semble du moins certain pour la couleur jaune ou brune que l'on voit quelquefois dans les coquilles univalves; elle est certainement due au contact du foie. Celle de la janthine est dans le même cas, c'est une véritable coloration d'imprégnation qui paroit provenir de l'organe dépurateur.

Quant à la coloration nacrée ou irisée qui se remarque encore plus souvent à l'intérieur de coquilles univalves et bivalves, l'expérience de M. Brewster dont nous avons parlé à l'article Conchyliologie, met hors de doute qu'elle est due à la disposition mécanique des molécules, et non plus à une matière réellement colorante.

La coloration de la surface externe des coquilles est toute différente, et ne leur appartient réellement pas : elle est toujours extrêmement superficielle et produite par le pigmentum coloré du bord de la peau. Ce sont des molécules colorées qui se déposent au-dessus du dépôt calcaire, et qui sont d'une autre nature, puisqu'elles disparoissent avec le temps et par l'action de la chaleur· aussi la couleur est-elle d'autant plus vive que l'animal est plus jeune, et que la partie produite de la coquille est plus nouvelle. Nous devons à Réaumur des expériences qui prouvent qu'il n'y a que le limbe ou bord antérieur du manteau qui produise ainsi des molécules colorées; en effet, il est certain que la nouvelle pièce qui se forme pour remplir un trou fait dans un autre endroit de la coquille que son bord, est constamment blanche. On voit d'ailleurs que dans l'hélice némorale sur laquelle il a fait ses expériences, et dont la robe est agréablement zonée de noir sur un fond jaune, la partie du collier qui correspond aux zones noires, présente une teinte de cette couleur, en sorte que si l'on vient à casser une partie du bord de la coquille, le morceau qui est reproduit est noir vis-à-vis de la partie noire du limbe du manteau, et jaunâtre sur le reste. Quoiqu'on n'ait pas de preuves directes que cela soit ainsi pour toutes les autres coquilles qui sont colorées par zones décurrentes du sommet à la base, l'analogie permet de conclure que cela doit être ainsi, mais dans les espèces dont la coloration est par taches ovales, carrées, irrégulières, et surtout par bandes transverses dans la direction des stries d'accroissement, il faut convenir que l'analogie devient moins évidente, à moins que d'admettre avec Bruguière qu'il y a changement, déplacement, irrégulierement ou non, dans les parties du bord du manteau, qui produisent le dépôt coloré, phénomènes dont il est bien plus difficile de se rendre compte, et qui auroient besoin d'être soumis à de nouvelles observations.

Nous avons dit tout à l'heure que la coloration des coquilles est constamment superficielle : il en est cependant un groupe où, à une certaine époque, malgré l'existence de celle-ci, il y en a encore une profonde non visible, et toujours fort différente, non seulement dans l'espèce, mais encore dans la forme; ce sont les porcelaines et quelques olives. Bruguière a parfaitement expliqué ce fait. Pendant une assez longue durée de la vie, ces animaux sont revêtus, comme nous l'avons vu plus haut, d'une coquille fort mince, à bords non dentés, à spire visible, etc., et qui est surtout colorée à sa superficie comme le sont la plupart des coquilles; cette coloration, due aux bords du manteau, se fait peu à peu avec l'accroissement de la coquille; mais plus tard, peut-être, quand l'animal est adulte, les appendices cutanés qui, de chaque côté du corps, se relèvent sur le dos de la coquille, quand il rampe, déposent la matière crétacée, éburnée, qui l'épaisissent peu à peu, et en même temps une matière colorée qui offre constamment une tout autre disposition que la première. Il faut donc admettre que la face supérieure de ces lobes cutanés présente des espaces où le pigmentum est coloré, ce qui colore la matière cutanée qui s'en exhale; et comme, dans le développement de ces lobes, il est rare que ces espaces tombent justement sur les lieux de premiers dépôts, on conçoit comment cette nouvelle coloration, non seulement n'est jamais par bandes décurrentes, mais est toujours par taches assez irrégulières.

Nous avons déjà fait l'observation que la lumière semble avoir une influence de grande valeur dans la coloration des coquilles, puisque celles qui sont tout-à-fait intérieures ou déposées dans quelque grande loge du derme, sont toujours blanches, de même que celles des animaux qui vivent constamment dans des trous dont ils ne sortent pas; mais une autre preuve de ce fait, c'est que, dans certaines coquilles bivalves, qui vivent fixées plus ou moins horizontalement, la valve fixée est constamment blanche, et la supérieure est souvent colorée d'une manière très-vive. Les spondyles et un assez grand nombre de peignes en offrent des exemples. Il faut donc admettre ici qu'un lobe du manteau ne recevant pas l'action excitante de la lumière, ne produit pas de pigmentum coloré, au contraire de l'autre; ou mieux, que le pigmentum ne se colore que par cette action : en sorte que, si artificiellement on venoit à retourner une de ces coquilles, il y auroit un renversement dans la coloration des valves, comme cela a lieu pour les côtés de certains pleuronectes.

En général la coloration des coquilles est d'autant plus vive que les animaux dont elles proviennent sont plus exposés à l'action de la lumière. Les hélices, animaux terrestres, sont en effet ceux dont la coquille varie le plus en couleur; les tubicoles, parmi les bivalves, ont au contraire leur coquille constamment blanche. Olivi qui a fait des recherches à ce sujet, a remarqué également que les coquilles qui sont enveloppées par des éponges ou des alcyons, ou qui vivent dans le sable, ou même dans des lieux constamment ombragés, sont bien plus pâles que celles qui sont constamment à découvert dans des lieux bien exposés; la même coquille est même plus colorée dans ses parties découvertes que dans celles qui sont cachées.

On trouve presque toutes les espèces de couleur à la surface externe des coquilles, le plus communément cependant le brun et le fauve, le moins souvent le vert, et un grand nombre de systèmes de coloration, quelquefois uniformes, souvent piquetés ou tachetés, rayés longitudinalement ou verticalement.

Enfin, une dernière partie qui entre dans la composition des coquilles, est l'épiderme qui recouvre le pigmentum colorant, et que l'on nomme souvent *Drap marin* ou *Epiphlose*. C'est évidemment l'épiderme de la peau dans laquelle la coquille s'est déposée; cet épiderme est formé d'une matière muqueuse ou cornée desséchée; quelquefois produisant une couche plus ou moins épaisse et lisse à la surface de la coquille, et d'autres fois se relevant en lames ou en productions piliformes aplaties ou coniques et prolongées de manière à ressembler à des espèces de poils. Dans les bivalves, cette partie est de la même nature que le ligament, et elle enveloppe les valves quelquefois tout-à-fait comme dans les solens; c'est cette partie qui commence à se former dans l'accroissement d'une coquille univalve ou bivalve, que celle-ci doive rester avec un épiderme ou non.

D'après ce que nous venons de dire sur la structure de la coquille des malacozoaires, il est certain qu'elle est composée chimiquement de deux substances, 1.° d'une matière muqueuse animale, plus ou moins abondante, suivant l'âge du mollusque, la partie de la coquille analysée, et suivant sa structure; 2.° d'un sel calcaire beaucoup plus abondant en général, mais qui varie cependant en quantité, suivant l'âge des mollusques conchylifères. Quoique l'analyse des coquilles donnée par les chimistes soit fort incomplète, en ce qu'elle porte sur toutes leurs parties à la fois, sans distinction d'âge, on reconnoît cependant que les différences dans les résultats sont assez bien en rapport avec les différences de structure.

Les espèces qui contiennent en général le plus de matière animale, paroissent être celles qui ont la structure fibreuse et nacrée. Suivant M. Hatchett, elles sont formées de sous-carbonate de chaux et d'albumine coagulée. La nacre de perle elle-même est composée sur 100 parties de 66 du premier, et de 34 de la seconde.

Les coquilles d'huîtres contiennent beaucoup moins de matière animale, et cette matière ressemble davantage à une substance gélatineuse. M. Vauquelin y a trouvé, outre la matière organique, du sous-carbonate et du phosphate de chaux, du sous-carbonate de magnésie et de l'oxide de fer.

La coquille des patelles qui offre une structure lamelleuse fort serrée, se rapproche encore davantage dans sa composition chimique de celles dont la structure est en général vitrée. Celles-ci, d'après M. Hatchett, qui les nomme *coquilles porcelaines*, ne renferment qu'une très-petite quantité de matière azotée; on y trouve au contraire beaucoup de sous-carbonate de chaux, mais sans traces de phosphate et de sulfate de la même base.

D'après ce que nous venons de dire, il est évident que la coquille des animaux mollusques, matière mucoso-crétacée, n'est pas un endurcissement de la peau par le dépôt de molécules calcaires dans les mailles d'un tissu cellulaire, mais bien un dépôt d'une matière mucoso-calcaire, non pas cependant excrétée à la superficie de la peau, mais bien entre deux de ses parties, le réseau vasculaire et l'épiderme, et quelquefois même dans le derme lui-même; et en effet elle tient organiquement avec le reste de l'animal, et surtout avec la fibre musculaire ou contractile, tandis qu'un simple tube calcaire, comme celui qui existe dans les tubicoles, n'est réellement qu'un dépôt, qu'une exhalation tout-à-fait extérieure, aussi ne tient-il à aucune partie de l'animal; c'est ce point de relation de l'animal avec sa coquille qui constitue les empreintes de forme variable que l'on remarque en différens endroits de la coquille, et surtout dans les bivalves. Cette relation nécessaire ne permet donc pas de supposer qu'un animal mollusque conchylifère auquel on auroit enlevé sa coquille pût la reproduire, et encore moins qu'il pût la quitter lui-même, comme Bruguière l'a supposé pour les porcelaines. Elle ne permet cependant pas non plus d'admettre l'idée de Klein et de Bonnet, que la coquille s'accroît par intus-susception; en effet les expériences de Réaumur où il a montré qu'un trou fait à la coquille, ou dans une partie de sa spire ou même à son bord, ne se remplit pas par la circonférence, mais à la fois et indépendamment de la coquille elle-même, ont mis la chose hors de doute.

La forme de cette coquille, et même la prédominance de la matière animale sur la matière minérale, doivent donc être en rapport avec la forme de la peau ou du manteau et avec l'âge de l'animal : aussi les prolongemens tubuleux, épineux, lamelleux, que l'on remarque souvent à la surface d'une coquille, ne sont que des produits de prolongemens, de lobes, de lanières du manteau, de même que les sinus, les échancrures sont produites par la saillie habituelle, mais intermittente de quelque organe, comme du tube de la respiration, de la tête elle-même, de l'oviducte, etc.; mais, pour en bien comprendre la formation, il faut suivre les développemens d'un mollusque conchylifère, depuis le moment de son apparition dans l'œuf dont il est sorti jusqu'au *summum* de son accroissement, et de ce point jusqu'à la mort.

Tout animal mollusque, quelque grande et disproportionnée pour son corps que doive être sa coquille par la suite, a offert une disproportion inverse, c'est-à-dire que sa coquille que l'on aperçoit de très-bonne heure dans l'œuf a été d'abord beaucoup plus petite que le corps, et par conséquent étoit bien loin de pouvoir le contenir, à peu près comme cela se voit dans l'hélicolimace. Elle a également commencé par être presque entièrement membraneuse. Dans les premiers temps ses bords libres étoient donc réellement dans la peau elle-même, puisqu'ils n'atteignoient pas encore les limites du manteau. Par l'addition de nouvelles couches intérieures et par l'accroisssement de la quantité de molécules calcaires, la coquille s'est épaissie, solidifiée, mais en même temps elle s'est accrue de manière à ce que les bords de son ouverture ont atteint les limites du manteau, d'abord seulement dans l'état de repos ou de rétraction; cependant l'animal est sorti de l'œuf à peu près à cette époque, et son accroissement a continué; pour la recherche de sa nourriture, et en général des circonstances nécessaires à son développement, il a été obligé d'étendre les différentes parties de son manteau, et surtout les lobures, les lanières, digitations dont il est pourvu, et qui sont toujours plus grandes proportionnellement, et même plus nombreuses dans le jeune âge qu'à l'époque de décrépitude où elles tendent à disparoitre; c'est alors que les bords de l'ouverture de la coquille se sont étendus et ont dépassé ceux du manteau rétracté, que le dépôt de nouvelles couches augmentoit sans cesse, et d'autant plus que l'animal, par quelque circonstance, est forcé à se contracter, à se rétracter davantage. La coquille est devenue un abri, un organe protecteur d'autant meilleur, d'autant plus complet, que l'animal a approché davantage du *summum* de développement dont il étoit susceptible. Si les bords du manteau étoient simples, ceux de la coquille l'ont été de même; si, au contraire, ils se sont prolongés dans une direction quelconque pour faciliter quelque fonction, les bords de la coquille ont suivi ces prolongemens, et il en est résulté des prolongemens semblables dans la coquille. Il faut cependant admettre que les prolongemens du manteau avoient l'organisation nécessaire pour excréter avec la matière muqueuse que la peau des malacozoaires rejette toujours, une quantité suffisante de matière crétacée; sans cela, il seroit impossible d'expliquer pourquoi parmi les siphonobranches, il y a des espèces dont le tube cutané a produit un tube à la coquille comme dans les siphonostomes et seulement une échancrure, comme dans les entomostomes; c'est ainsi que l'on peut expliquer non seulement la formation du siphon et des épines quand il en a, mais encore celle des pointes ou découpures plus ou moins nombreuses du bord droit de l'ouverture d'une coquille, etc. En thèse générale, il est certain que les épines, tubercules et piquans d'une coquille, quelque solides qu'ils soient, ont d'abord été canaliculés; ceux dont le canal ou la scissure est en dedans, et c'est le plus grand nombre, ont été produits par des digitations du manteau, ceux dont la scissure est en dehors comme la corne des pourpres licornes, et les épines du corselet de la vénus dionée, paroissent au contraire l'avoir été par la concavité d'un appendice du manteau qui saille au dehors.

Mais ces lobures, ces découpures du manteau n'ont pas eu lieu, à ce qu'il paroît, à toutes les époques de la vie active de l'animal, et alors la coquille n'a pu être pourvue des découpures correspondantes ; c'est ce que l'on voit très-bien dans les ptérocères et genres voisins dont la coquille, dans le jeune âge, ressemble beaucoup à celle d'un cône. Il faut donc penser que dans ces genres le lobe latéral droit du manteau se dilate, s'élargit, et même quelquefois se digite d'une manière assez irrégulière avec l'âge, et c'est alors que la coquille offre l'aile ou les digitations qui les caractérisent. Il faut aussi nécessairement admettre que cette disposition du manteau diminue peu à peu à l'époque de la décrépitude, puisque les digitations de la coquille, d'abord évidemment canaliculées, se remplissent, se solidifient complètement, et que, comme nous l'avons vu sur un individu de ptérocère, il est vrai, conservé dans de l'esprit de vin, le lobe droit du manteau n'offre aucune trace de division aux endroits correspondans aux digitations devenues solides de la coquille.

Dans un assez grand nombre de mollusques, il paroît que la durée de la vie active dans l'époque de l'accroissement est sans interruption, ce qui, probablement, dépend de la réunion constante de circonstances favorables, et surtout dans la température et la nourriture ; et alors l'accroissement de la coquille plus ou moins lent est cependant uniforme jusqu'à ce qu'elle ait atteint le *summum* de son développement ; mais il en est aussi plusieurs autres dans lesquels, par l'intermittence des circonstances favorables, l'animal étant forcé de diminuer l'intensité de son activité vitale à de certaines époques de l'année ou de la durée de sa vie, la coquille offre des indices de ces intermittences périodiques dans le renflement, l'épaisissement du bord droit de l'ouverture dans les univalves, ou de tout le bord libre dans les bivalves, qui s'est conservé à des intervalles très-différens dans l'étendue du cône spiral et par l'état plus mince et lisse des intervalles. Ces intermittences sont-elles déterminées par celle de l'activité des organes digestifs ou par celle des organes générateurs? c'est ce qu'il est difficile d'assurer, mais ce que l'on pourroit admettre. On pourroit concevoir en effet que pendant l'activité génératrice, la congestion vitale portant sur les organes de la génération, diminueroit proportionnellement celle de la peau et de l'excrétion crétacée, et qu'alors l'accroissement de la coquille se feroit comme à l'ordinaire, d'où les espaces intermédiaires aux bourrelets; mais que lorsque cette congestion viendroit à cesser, elle se porteroit vers la peau, d'où une accumulation de matière calcaire au bord de l'ouverture, ce qui produiroit les bourrelets simples ou ramifiés, suivant la simplicité ou la subdivision des bords du manteau producteur. La rareté ou la fréquence de ces intermittences détermineroit le nombre et la distance des bourrelets, quelquefois très-serrés, comme dans les scalaires, les harpes et certaines espèces de vénus, ou très-espacés comme dans les murex triptères, les murex diptères, et les tritons où ces bourrelets dans l'accroissement de la spire se disposent régulièrement au nombre de trois, un de chaque côté, et un médio-dorsal, ou au nombre de deux, symétriques, un de chaque côté, ce qui donne à la coquille, considérée en général, une forme aplatie, ou au nombre de deux, non symétriques; mais il faut remarquer que ces bourrelets sont toujours formés de substance vitrée, et non lamelleuse.

Lorsque l'animal est parvenu au terme de sa croissance et dans des limites de grosseur assez variables, sa coquille est toujours terminée par un bourrelet ou un épaisissement dans les espèces dont nous venons de parler : mais même dans celles chez lesquelles les intermittences de l'accroissement ne sont pas aussi sensibles, et ne sont marquées que par de simples stries, la terminaison de l'accroissement est très-souvent indiquée par un bourrelet plus ou moins épais, quelquefois simple, quelquefois denticulé, et qui est également formé de substance vitrée; c'est aussi à cette époque que dans les univalves la substance vitrée de dépôt intérieur, et même extérieur, comme dans les porcelaines, s'accroit, s'épaissit, semble pour ainsi dire s'extravaser et tend à diminuer l'ouverture dont elle change aussi souvent beaucoup la forme, comme on le voit dans les véritables casques, les grimaces et certaines hélices, de manière quelquefois à réunir les deux bords et à former une espèce de péristome continu. L'orifice d'une coquille univalve est souvent encore modifié par la formation de dents, non-seulement au côté interne du bord droit, mais encore sur le bord gauche et sur la columelle elle-même : ces dents sont évidemment produites par des cannelures du manteau qui accompagnent le pédicule qui joint le pied de l'animal à la partie tortillée de son corps.

L'explication de la formation des sinus, entailles, échancrures, rentre tout-à-fait dans celle des tubercules, canaux, bourrelets et varices; avec cette différence que ces solutions de continuité dans le bord des univalves ou des bivalves, sont dues à ce qu'une partie saillante sort et rentre un grand nombre de fois, et ne persiste pas dans son exsertion : ainsi dans les coquilles univalves, l'échancrure antérieure de l'ouverture est due, comme nous avons déjà eu l'occasion de le faire observer, au tube formé par le bord du manteau; le sinus, qui se remarque quelquefois dans la partie antérieure du bord droit, comme dans les ptérocères, dans les strombes, résulte du passage de la tête; l'entaille médiane ou subpostérieure du même bord, et qui se trouve dans les pleurotomes, et dans beaucoup d'autres genres, se rapporte à la sortie de l'organe femelle de la génération ou de l'oviducte; peut-être même n'existe-elle que dans les individus femelles. Il est du moins certain que cette disposition ne s'est ainsi trouvée jusqu'ici que dans les espèces dioïques. Quant au sinus, quelquefois prolongé le long d'un éperon, et formant une sorte de gouttière, comme dans beaucoup de genres, il paroit dû à un prolongement ou repli du manteau, et peut-être aussi à l'organe de la génération.

Une autre considération, à laquelle donne lieu l'examen des coquilles, et dont il sera bon de dire quelque chose, est celle de l'empreinte musculaire; nous verrons plus loin que cette empreinte est due à la communication ou à l'adhérence de la fibre musculaire avec la coquille. Cette adhérence, si

6.

forte dans l'état de vie, l'est cependant très-peu après la mort. Consiste-t-elle en une simple application? cela est fort probable. Quoi qu'il en soit, les traces qui en restent sur la coquille sont toujours plus ou moins évidentes, et forment des stries très-fines et plus ou moins parallèles ou concentriques. Dans les univalves il n'y a presque toujours qu'une seule impression musculaire produite par le faisceau dorsal de la columelle, et qui indique fort bien sa forme. Peu ou point visible dans les spirivalves à cause de son enfoncement, elle le devient dans les espèces dont le dernier tour est fort grand, comme dans les concholepas, dans les haliotides, et même dans les argonautes, etc.; mais elle l'est surtout dans les espèces patelloïdes ou dont la coquille ne s'enroule pas. Sa forme est alors presque toujours en fer à cheval, ouvert en avant pour le passage de la tête de l'animal, et à branches plus ou moins inégales. Sur des espèces de patelles non symétriques de Linnæus, que je rapporte au genre Mouret d'Adanson, la branche droite du fer à cheval est partagée en deux par un espace lisse ou canal peu enfoncé, par où, sans doute, l'eau va aux branchies. Quelques autres espèces de véritables patelles ont leur impression musculaire comme lobée, ou étranglée d'espace en espace, et enfin des espèces non symétriques ont réellement deux impressions distinctes, le fer à cheval étant interrompu en arrière.

La coquille des malacozoaires acéphalés offre au contraire, beaucoup plus souvent, plusieurs impressions musculaires qu'une seule; elles sont plus profondes, et sont dues aussi bien à l'attache des fibres ligamenteuses qu'à celle des muscles.

Nous verrons plus loin que les premières qui ont tant d'analogie avec l'épiderme, n'en ont pas moins avec les fibres musculaires desséchées du byssus; aussi les impressions qu'elles laissent sur la coquille sont-elles absolument de même aspect; nous n'en avons observé encore que de deux sortes, l'une externe ou extéro-interne, plus ou moins alongée, occupant la partie dorsale des valves en arrière, et fort rarement en avant des sommets; l'autre, entièrement ou presque tout-à-fait interne, ordinairement arrondie sous les sommets, comme dans les mactres, les crassatelles, etc.

Les impressions produites par les fibres musculaires sont beaucoup plus nombreuses : on peut les diviser en celles des muscles adducteurs, des muscles rétracteurs du pied, de l'attache des bords du manteau, et enfin de l'attache des tubes.

L'impression des muscles adducteurs est quelquefois simple ou unique, centrale ou non, comme on le voit dans les ostracés et les subostracés et dans les pholades. Elle se subdivise quelquefois comme dans les anomies.

Elle paroît encore unique dans les mytilacés, mais, en y regardant attentivement, on voit, tout-à-fait en avant, une très-petite impression qui est le commencement de la double impression musculaire que l'on trouve dans presque tous les acéphalés lamellibranches, et dont une est buccale et l'autre anale. La forme, la proportion, et même la position de ces deux impressions varient beaucoup, et fournissent de bons caractères à la conchyliologie.

Les impressions des muscles rétracteurs du pied sont toujours beaucoup plus petites, et se confondent souvent, surtout les postérieures, avec celles des muscles adducteurs, où elles forment une sinuosité; elles sont nombreuses dans les mytilacés ; dans les conchacés, l'antérieure, seule distincte, remonte vers la charnière.

L'impression des bords du manteau, et celle de l'attache des tubes, constituent ce que nous nommons *impression abdominale;* l'une, descendant du muscle adducteur antérieur, suit la direction du bord de la coquille, dans une largeur et à une distance variables, et atteint ou dépasse l'impression de l'attache des tubes qui forme une excavation ou une sinuosité plus ou moins profonde, ouverte en arrière.

Quand une coquille est enfin parvenue à son plus grand degré de développement en étendue, les changemens qu'elle éprouve, toujours en rapport avec ceux de l'animal qui tend à se rétrécir lui-même, surtout dans les lobes de son manteau, ne consistent guère que dans son augmentation d'épaisseur, non pas par l'augmentation des couches qui la composent, mais par celle de la matière vitrée, et en accroissement de poids par la diminution de la quantité de substance organique en rapport inverse de l'inorganique. Les couches externes perdent de plus en plus les productions piliformes et le peu d'épiderme qu'elles pouvoient avoir ; les couleurs pâlissent, s'effacent, disparoissent ; les stries, les tubercules, les varices même, s'émoussent, s'usent, s'abaissent de plus en plus ; la coquille se couvre de dépôts terreux crétacés, et d'animaux qui s'y creusent des loges ; les prolongemens épineux et tuberculeux se remplissent, se solidifient ; au contraire, les sinus ordinaires se creusent, s'agrandissent : il s'en développe même quelquefois, surtout dans les individus femelles, où il n'y en avoit pas durant la plus grande partie de la vie, de manière à former des *pleurotomes* dans un grand nombre de genres. L'ouverture se rétrécit, l'extrémité postérieure de la cavité se remplit ou se cloisonne par l'avancement successif de l'animal, et la mort de celui-ci, arrivée par suite de la vie, détermine celle de la coquille. Cette coquille alors perd peu à peu la matière animale qu'elle contenoit, et finit par n'être plus composée que de carbonate de chaux, et par conséquent devient souvent très-friable. Le mouvement insensible qui se produit par les lois de l'attraction entre les molécules, les porte à se réunir sous une forme inorganique et à cristalliser, et alors les dépouilles coquillères des mollusques tendent plus ou moins à disparoître et à former des masses calcaires par leurs agglomérations, et surtout par celle de leurs morceaux ou détritus, ce qui constitue les formations de calcaire coquiller.

D'après ce que nous venons de dire, les coquilles offrent des différences assez considérables, suivant l'âge de l'animal auquel elles appartiennent, et ces différences portent souvent sur la forme de l'ouverture, et surtout sur celle du bord droit des coquilles univalves.

Elles offrent aussi des différences suivant les sexes, dans les groupes dioïques, c'est-à-dire où le sexe mâle est porté par un seul individu et le sexe femelle par un autre, comme nous le verrons plus loin.

Jetons auparavant un coup d'œil sur une autre production de la peau, dont l'usage est de rendre l'appareil protecteur encore plus complet, et que l'on désigne sous le nom d'opercule, parce qu'elle sert à fermer plus ou moins complètement l'ouverture de la coquille à son orifice même, ou plus ou moins profondément. Quelques auteurs, et entre autres Adanson, l'ont regardée comme l'analogue d'une des valves d'une coquille bivalve, mais évidemment à tort; car sa position, par rapport au corps de l'animal, n'indique aucune analogie. Les deux valves d'une bivalve sont placées, une de chaque côté de son corps, si ce n'est dans les palliobranches, tandis que dans les malacozoaires operculés, la coquille seule, dépendant du manteau, occupe constamment sa face dorsale, et l'opercule n'a jamais de connexion qu'avec la face dorsale supérieure du pied, quelquefois à l'angle de sa jonction avec le pédicule du corps, rarement à son extrémité postérieure, et le plus souvent dans sa partie moyenne (1). Il est évidemment le produit de la peau qui recouvre le pied; cette production est sans doute une excrétion de matière calcaire ou cornée; mais comment une surface plane, ovale ou circulaire produit-elle une matière qui s'enroule en spirale d'une manière souvent fort régulière, et en formant quelquefois un grand nombre de tours ? c'est une question à laquelle il me paroit réellement assez difficile de répondre, surtout peut-être parce que le sujet n'a pas été suffisamment étudié. On pourroit cependant en tirer de bons caractères de familles et de genres; car l'opercule diffère non seulement dans son point d'attache, dans sa grandeur, relativement avec celle de l'orifice de la coquille, mais encore dans sa forme, dans sa nature chimique et dans son mode d'adhérence.

Nous avons déjà vu quelles étoient les différences principales sous le rapport de son point d'attache.

Quant à sa grandeur, il est souvent assez développé pour fermer l'ouverture de la coquille à son orifice même, comme dans tous les cyclostomes, en s'appliquant presque sur les bords; mais quelquefois il l'est beaucoup moins, et il ne la clôt que lorsqu'il a été plus ou moins enfoncé dans la cavité spirale; c'est le cas de presque tous les siphonobranches; enfin il arrive aussi qu'il est presque rudimentaire, c'est-à-dire qu'il ne peut fermer qu'une très-petite partie de l'ou-

---

(1) On a bien dit quelque temps que l'opercule de la septaire ou navicelle étoit sous son pied: mais outre que cela n'est pas probable, l'analogie avec ce qui a lieu dans les nérites ne permet pas de l'admettre.

verture de la coquille, comme dans quelques pourpres, dans les strombes, et surtout dans les cônes.

Cette facilité avec laquelle l'opercule peut être rentré plus ou moins dans l'ouverture d'une coquille univalve, influe nécessairement sur sa forme générale ; en effet, quand il reste à l'orifice même appliqué dans le petit évasement formé par le péristome, il a constamment la forme de cette ouverture : aussi presque circulaire dans les cyclostomes, il est elliptique dans les ellipsostomes, demi-circulaire dans les hémi-cyclostomes ou nérites, etc. Dans les espèces où il s'enfonce dans la cavité spirale, il offre encore à peu près la forme de son orifice, mais il est beaucoup plus petit; enfin dans celles où il n'est que rudimentaire, il n'y a plus de rapports entre sa forme et celle de l'ouverture de la coquille.

Quant à sa forme spéciale, elle varie aussi d'une manière fixe pour chaque groupe bien naturel : ovale ou arrondi dans les coquilles de siphonostomes où il est toujours corné, il n'est pas formé en spirale; mais d'un côté on voit les stries d'accroissement qui ont commencé vers une des extrémités, et de l'autre un espace plus ou moins ovalaire, orné de stries subrégulières au milieu d'un rebord ou bourrelet lisse beaucoup plus large d'un côté que de l'autre.

Une autre forme est celle de l'opercule calcaire ou corné des anentomostomes : il offre en effet constamment un enroulement spiral dans un même plan, plus ou moins visible sur les deux faces, et constamment sur l'interne; mais le sommet de la spire varie beaucoup par son degré d'excentricité; aussi quelquefois tout-à-fait central, comme dans l'opercule corné des toupies, qui est formé de neuf à dix tours de spire, il l'est déjà beaucoup moins dans celui des sabots; et enfin dans les nérites il est complètement latéral. La coloration ou non de la face externe de ce genre d'opercules, la disposition des stries qui l'ornent, les sillons dont la face interne ou adhérente est souvent guillochée, peuvent encore fournir d'excellens caractères pour confirmer la distinction des genres et des espèces. Malheureusement cette partie de l'organisation des mollusques a été beaucoup trop négligée.

Cette même propriété d'être rentré ou non avec l'animal dans sa coquille, paroît aussi avoir quelque influence sur la nature

chimique, cornée ou calcaire, et sur l'épaisseur de l'opercule.
En effet, dans le premier cas, il est constamment corné, et
le plus souvent mince et flexible, surtout sur les bords, tandis
que dans le second il est souvent calcaire et fort épais. Il se
peut cependant qu'il soit simplement corné : aussi trouve-t-on
quelquefois dans le même genre naturel des anentomostomes,
des espèces qui ont un opercule corné, et d'autres un opercule calcaire ; ce qui n'a jamais lieu parmi les siphonostomes
et les entomostomes.

Enfin le dernier rapport sous lequel l'opercule peut varier,
c'est celui de l'adhérence : tous les opercules calcaires, et
même une partie des opercules cornés, paroissent adhérer
par toute leur surface interne ou inférieure, de manière à
ne laisser libre que leur circonférence : tandis que les opercules cornés de tous les entomostomes ne sont fixés à la peau
que par une petite partie de la même surface à leur base, et
sont libres dans tout le reste. C'est ce que l'on voit très-bien
dans les rochers, les buccins, les pourpres, etc. Dans les hémi-
cyclostomes, l'adhérence au pied se fait au moyen d'une ou
deux apophyses du bord antérieur ou droit, et l'opercule
semble s'articuler avec le bord interne de la coquille.

Il faut bien distinguer la pièce de l'enveloppe coquillère
dont nous venons de parler de l'épiphragme, parce que, s'il y
a quelque rapport d'usage, qui est de fermer complètement
l'ouverture de la coquille, il n'y en a aucun de structure, ni
même de position par rapport à l'animal. L'épiphragme ou
opercule temporaire, n'est en effet qu'une aggrégation de molécules calcaires desséchées, produites par les bords du manteau
ou le collier de certaines espèces d'hélices, quand elles ont retiré complètement leur tête et leur pied dans le manteau ; la
couche, plus ou moins épaisse, qui en résulte, n'adhère nullement à l'animal, et il peut en former successivement plusieurs, à mesure que les circonstances défavorables, comme
le froid, la grande sécheresse ou l'absence de nourriture qui
l'avoient forcé de rentrer dans sa coquille, se prolongent
davantage.

Après cette espèce de digression, dans laquelle nous avons
été obligés d'entrer, en regardant la coquille comme une dépendance de la peau ou du siége du sens du toucher, passons à

l'examen de l'appareil de ce sens, et successivement des autres.

L'appareil du sens du toucher dans les mollusques, consiste dans les tentacules ou dans les cirrhes tentaculaires dont les bords du manteau peuvent être garnis, et dont nous avons parlé plus haut. On peut encore ranger dans la même catégorie, certains appendices tentaculaires, quelquefois en forme de membrane frangée, comme dans les janthines, ou même de véritables tentacules aplatis, comme dans certaines espèces de sabots, de monodontes, de nérites, qui sont de chaque côté du pédicule du pied. Souvent ces appendices plus élargis servent à la natation, comme dans les aplysies, etc.

L'organe du goût, lorsque ce sens existe, est sans doute, comme dans les animaux supérieurs, à la partie inférieure de la cavité buccale où l'on remarque fréquemment un renflement lingual; mais il faut convenir que la peau qui revêt cette partie ne paroît pas beaucoup différer de ce qu'elle est à l'orifice même de la bouche et dans beaucoup d'autres parties du corps. Nous allons voir cependant que cette peau est souvent revêtue d'espèces de petits crochets cornés disposés symétriquement qui ont quelque analogie avec ceux qu'on observe à la superficie de la langue de certains mammifères, et qu'elle reçoit un grand nombre de nerfs.

Les mollusques acéphalophores n'ont aucune trace de ce renflement.

Le siége du sens de l'odorat qui paroît aussi n'exister que dans les mollusques céphalophores, n'est peut-être pas encore suffisamment déterminé, et en effet la nature de la peau des mollusques ayant en général dans sa structure quelque chose de la membrane olfactive des animaux vertébrés, plusieurs personnes ont pensé que les malacozoaires pouvoient odorer dans tous les points de leur peau; d'autres ayant admis en principe qu'une molécule odorante avoit besoin pour être sentie d'être suspendue dans un véhicule gazeux, ont cru qu'il n'y avoit que les espèces aériennes qui pussent odorer, et par conséquent que le siége de la fonction devoit être le bord de l'orifice respiratoire; mais alors où est-il dans les espèces aquatiques, qui sans doute sentent aussi bien que les autres? Enfin une autre opinion qui est la nôtre, c'est que c'est l'extrémité des tentacules véritables, ou de la première paire d'appen.

dices qui est l'organe d'olfaction. La peau y est en effet encore plus molle, plus lisse, plus délicate que dans aucun autre endroit, et le nerf qui s'y rend est plus considérable.

L'organe de la vision n'a pas donné lieu à autant d'opinions, parce que dans sa structure la relation de cause et d'effet est beaucoup plus évidente : il manque dans tous les molluscarticulés, de même que dans tous les acéphalophores; il est au contraire à peu près certain qu'il existe dans tous les céphalophores, les hipponices peut-être exceptées : mais il est susceptible de degrés de développement très-différens.

Les yeux de ces animaux ne sont jamais qu'au nombre de deux, disposés fort symétriquement, un de chaque côté de la tête ou de la partie antérieure du corps dans le cas où celle-là n'est que peu distincte.

On reconnoit dans la structure de ces yeux, des enveloppes fibreuse, vasculaire et nerveuse, à peu près comme dans les ostéozoaires; mais la cornée appartient seulement à la peau. On y voit aussi des humeurs et un cristallin bien distinct; quelquefois même il y a de petits muscles qui les peuvent mouvoir un peu dans une sorte d'orbite ou de cavité protectrice, comme cela a lieu dans les sèches et genres voisins; mais en général ces yeux seroient immobiles, si assez souvent ils n'étoient plus ou moins pédiculés, c'est-à-dire, portés à l'extrémité d'une sorte de tentacule analogue à celui de l'olfaction, comme cela se voit surtout dans la famille des limacinés, ce qui fait qu'ils peuvent être dirigés par l'animal dans un grand nombre de sens, ou par l'appendice olfactif luimême dans un point plus ou moins élevé de son étendue comme dans les buccins, les rochers, les strombes, etc. Dans le cas où ils sont sessiles, leur position varie beaucoup par rapport aux tentacules véritables, puisqu'ils peuvent leur être antérieurs, postérieurs, extérieurs ou intérieurs, ce qui fournit d'assez bons caractères à la zoologie.

L'organe de l'audition offre beaucoup moins de différences parmi les malacozoaires, et en effet on ne le trouve plus que dans les brachiocéphalés, poulpes, sèches et calmars, où il est réduit à un petit sac creusé à la partie latérale inférieure du cartilage céphalique, et qui n'a pas même de communication immédiate à l'extérieur.

De l'appareil de la locomotion.

Nous venons de voir en traitant de la structure de la peau des malacozoaires, que la fibre contractile n'est souvent pas distincte du derme proprement dit, d'où il est résulté que tous les points de cette peau sont susceptibles de se contracter dans tous les sens; c'est en effet une chose certaine que toutes les parties extérieures d'un mollusque et même les brancheis peuvent exécuter une foule de mouvemens vibratoires, mais cela ne produiroit guère qu'une sorte de locomotion partielle; la locomotion générale est déterminée par une véritable fibre musculaire distincte, visible à la face interne de la peau et se disposant en faisceaux ayant une forme et une direction déterminées; elle prend même quelquefois son point d'appui sur la partie solidifiée de la peau, mais il est cependant fort rare que cette partie puisse réellement servir à la locomotion, si ce n'est dans les molluscarticulés.

La disposition, le nombre et même la forme des muscles dans ce type d'animaux sont nécessairement en rapport avec leur forme générale. Ainsi toutes les fois qu'il y a une séparation bien tranchée entre la tête et le tronc, il y a des muscles supérieurs, des muscles latéraux et des muscles inférieurs, comme cela se voit dans les mollusques brachiocéphalés; mais dans tout le reste du tronc cette distinction n'a plus lieu. Les oscabrions sont dans un autre cas, chaque articulation du dos ayant ses muscles particuliers; mais ce ne sont déjà plus de véritables mollusques.

Le manteau qui enveloppe le corps des mollusques, quoique la couche musculaire qui le double ne forme pas de muscles distincts, ne présente donc de différences que dans l'épaisseur de cette couche en différens points de sa circonférence : ainsi quelquefois cette épaisseur est à peu près la même, d'où résulte une sorte de sac, comme dans les sèches et les poulpes; mais encore plus souvent elle est beaucoup plus grande à la partie inférieure du corps, où même les fibres, quoique longitudinales, éprouvent des intersections fréquentes, et il en résulte une sorte de disque musculaire plus ou moins épais auquel on donne le nom de *pied*.

Dans un assez grand nombre de cas cette espèce de pied s'étend dans toute la longueur du corps, ou mieux, de la masse des viscères qui est au-dessus, et il en résulte une sorte de semelle de forme un peu variable à l'aide de laquelle l'animal rampe, et qui occupe tout son ventre, d'où la dénomination de *repentia* ou de gastéropodes, que l'on a donnée aux limaces et genres voisins.

Mais on l'avoit également donnée à des espèces dans lesquelles la masse viscérale est pour ainsi dire sortie au-dessus de la masse du corps, en s'enroulant plus ou moins en spirale, d'où il est résulté que le pied ne contenant plus de viscères dans sa partie postérieure où il est libre, semble ne plus être attaché au corps qu'en avant ou en arrière de la tête, à la partie qu'on a pu regarder comme le cou, ce qui a valu à ces mollusques, le nom de trachélipodes; la plupart des mollusques céphalés conchylifères sont dans ce cas, surtout quand la coquille est fortement spirale et enroulée.

La grandeur proportionnelle et même la forme de ce pied varient beaucoup, quelquefois même dans des genres assez voisins : ainsi il est presque circulaire dans les patelles, ovale, et très-épais dans les haliotides, arrondi en avant, et aminci de chaque côté dans les rochers, buccins, etc. Il est auriculé de chaque côté dans quelques vis : dans un grand nombre de genres de l'ordre des cyclostomes, et même dans les cônes, il est coupé par un sillon transverse à son bord antérieur. Le pied de l'auricule piétin est partagé en deux talons par un large sillon transversal.

Toutes les espèces de mollusques céphalés sans coquilles sont éminemment gastéropodes; il n'en est pas de même des espèces conchylifères; elles ne sont pas nécessairement trachélipodes, quoique cela soit le plus ordinaire; mais ce qu'elles offrent de commun, c'est que la coquille est en communication musculaire avec ce pied, de manière à ce qu'il peut être rentré plus ou moins profondément, ainsi que la tête elle-même par un faisceau musculaire appelé muscle de la columelle, parce que dans les coquilles spirales, c'est à cette partie qu'ils s'attachent. La disposition de ce faisceau de muscles diffère beaucoup suivant la forme du pied, et surtout suivant celle de la coquille. Ainsi, par exemple, quand celle-ci est seulement recouvrante et non en spirale , comme dans les patelloïdes, le faisceau , dans son attache dorsale, forme une espèce de fer à cheval ouvert en avant ou en arrière, et la terminaison au pied a lieu dans presque toute sa circonférence; dans celles qui sont auriformes, comme dans les haliotides, le faisceau ne forme qu'une masse presque aussi large à son insertion qu'à sa terminaison au pied; dans celles dont la coquille est spirale turriculée , le faisceau commun est pointu à la columelle et se porte plus ou moins obliquement d'arrière en avant et de haut en bas, vers le milieu du pied, à peu près de manière à ce que par sa contraction , il ploie celui-ci en deux en le retirant dans la coquille; dans les espèces dont l'enroulement est latéral, comme dans les porcelaines, c'est au contraire une large bande musculaire qui s'insère longitudinalement à la columelle, et qui se termine de même au pied, de manière à ployer celui-ci dans sa longueur pour le retirer dans la coquille.

On peut aussi regarder comme faisant partie de ce faisceau musculaire, les muscles plus ou moins considérables qui se portent en avant pour se rendre aux appendices tentaculaires et oculaires, lorsque ces organes sont rétractiles à l'intérieur, comme cela a lieu dans les limacinés. Ils pénètrent en effet dans ces tentacules, et vont jusqu'à leur extrémité en entourant le nerf qui se rend aussi à l'organe.

Dans les espèces qui ont ces espèces de tentacules , et qui n'ont pas de coquille crustacée, et par conséquent dont le pied n'a pas ses muscles rétracteurs , on ne trouve pas moins les muscles rétracteurs des tentacules; mais leur origine se fait au-dessus de la cloison musculaire qui sépare la cavité viscérale de la cavité pulmonaire, réellement au même point à peu près que dans les espèces conchylifères.

C'est aussi du même point à peu près que part souvent le muscle rétracteur de l'organe excitateur quand il existe.

Enfin c'est aussi du faisceau musculaire de la columelle que naît le muscle rétracteur de l'opercule, lorsque cette partie existe, et auquel s'attache le siphon des espèces qui en sont pourvues.

Nous avons vu plus haut que quelques mollusques céphalés sont pourvus de chaque côté d'appendices locomoteurs assez

considérables , comme les calmars , les sèches , et généralement les ptéropodes. Dans ce cas ces appendices ont des muscles élévateurs ou abaisseurs qui se portent du dos ou du
ventre à leurs racines. Mais quand les appendices ne doivent
réellement pas servir à la locomotion, ils sont formés d'un
derme contractile, dans lequel il n'est pas possible de distinguer de véritables muscles.

Les mollusques acéphalés offrent une disposition d'organes
de la locomotion assez différente, et qui le paroît surtout
encore davantage quand on n'a pas bien saisi le passage des
céphalés aux acéphalés. Comme dans tous les mollusques en
général, toutes les parties de leur enveloppe branchiale ou
non, sont réellement contractiles; mais on remarque en outre
quelquefois des fibres musculaires distinctes, qui, des bords
plus ou moins épaissis du manteau, se vont fixer à la coquille
à peu de distance de sa circonférence ; de manière à pouvoir
les rentrer plus ou moins, et plus rarement des petits muscles
grêles qui, provenant des muscles adducteurs dont nous
allons parler, se dirigent dans les différens points de chaque
lobe du manteau. Dans le cas où celui-ci n'a que cette dernière espèce de muscles, la coquille n'offre pas d'empreinte
submarginale, et le manteau est considérablement rétractile ;
mais, dans le cas contraire, on voit très-bien une empreinte en
forme de lanière qui suit plus ou moins régulièrement le bord
de la coquille, descendant du muscle antérieur , et qui souvent
en arrière forme une grande flexuosité rentrée en dedans,
et qui indique assez bien la grandeur des prolongemens postérieurs et tubuleux du manteau. Dans cette dernière disposition, le manteau n'a de contractile que ce qui se trouve
entre son bord et cette ligne d'insertion.

L'on trouve souvent en outre que le milieu de l'abdomen
est occupé par une masse musculaire plus ou moins épaisse,
polymorphe, et qui, outre ses fibres contractiles intrinsèques,
a encore ses muscles extrinsèques. Cette masse a reçu le nom
de *pied*, comme celle qui occupe la partie inférieure des gastéropodes. De forme et de grandeur extrêmement variable,
au point que quelquefois il n'en existe aucune trace, comme
dans les huîtres, elle s'attache plus ou moins en avant, ce qui
dépend de la position habituelle de l'animal; mais en outre

elle peut se porter en différens sens par de véritables muscles qui, divisés en un plus ou moins grand nombre de faisceaux, se dirigent en différens points de la coquille, et surtout en avant, en arrière, et quelquefois dans l'espace intermédiaire, comme on le voit dans les moules, les anodontes, etc. Ce pied extensible ressemble quelquefois à une sorte de ventouse, comme dans les nucules; à une espèce de langue, comme dans les moules où il est canaliculé en arrière; à une hache, comme dans les vénus; à une sorte de pied humain, comme dans les cames; à une espèce de fouet, comme dans les loripèdes, etc. Outre ces muscles du pied, qui ont évidemment de l'analogie avec ceux que nous avons vus servir à la rétraction de celui de certains mollusques gastéropodes, et entre autres des patelles, il en est d'autres qui se portent transversalement, c'est-à-dire d'un côté à l'autre de l'animal, et dont chaque extrémité s'attache à l'une des valves, de manière, par leur contraction, à les rapprocher l'une de l'autre. Ce sont les muscles adducteurs; quelquefois ils ne forment qu'une seule masse rapprochée dans le milieu des valves; d'autres fois la masse tend à se subdiviser en deux ou trois; enfin, dans un grand nombre de cas, il y en a deux bien distincts, un antérieur, et l'autre postérieur, dont la forme et la proportion sont du reste assez variables. Ce sont les insertions de ces muscles aux valves de la coquille, qui forment ce qu'on nomme les impressions ou les attaches musculaires; de même que c'est celle des bords du manteau, qui forme au bord inférieur et postérieur de la coquille une ligne plus ou moins large, plus ou moins sinueuse, ou rentrée en arrière, dont la considération n'est pas sans importance en conchyliologie, et dont nous avons parlé plus haut en traitant de la coquille.

Dans l'appareil locomoteur des mollusques bivalves, on doit encore considérer le mode d'engrenage des pièces de leur coquille, ou leur système d'articulation, et surtout les ligamens qui servent, non seulement à les retenir dans un rapport déterminé, mais encore à agir comme antagonistes des muscles adducteurs. Nous avons traité du premier point à l'article CONCHYLIOLOGIE; quant au second ou aux ligamens, nous devons ajouter que, formés de substance cornée evidemment épidermique, ils sont composés de fibres transversales qui passent

d'une valve à l'autre, absolument comme les fibres contractiles des muscles adducteurs, et qui ont beaucoup de ressemblance avec celles qui constituent la partie desséchée des
byssus véritables et encore plus du pied tendineux de l'arche
de Noé et peut-être du tridacne. Les ligamens que l'on observe
dans la coquille des mollusques acéphalés, se peuvent distinguer en épidermique, en externe et en interne. Le ligament
épidermique est celui qui est formé par l'épiderme même des
valves, qui se continue en passant de l'une à l'autre, comme
dans les solens, et même dans les jambonneaux. Peut-être faut-
il ranger dans la même catégorie le ligament des arches et
genres voisins, celui que l'on voit dans quelques genres de conchacés en avant des sommets, comme dans les donaces, les tellines, les amphidesmes, etc. Le ligament externe est toujours
beaucoup plus épais, plus bombé, plus élastique : il occupe toujours le dos de la coquille en arrière des sommets. Enfin le ligament interne, simple ou multiple, est celui qui est plus en dedans que la ligne d'articulation. Ses fibres sont ordinairement
courtes et droites. Les mactres, les crassatelles, et même les
peignes, les pernes, etc., nous offrent un exemple de cette
espèce de ligament.

Une des singularités les plus remarquables qu'offrent les
mollusques acéphales, c'est que, dans plusieurs espèces, un
plus ou moins grand nombre des fibres des muscles adducteurs peuvent être attachées et s'agglutiner aux corps étrangers
de manière à servir de point d'appui extérieur pour l'animal ; c'est ce qui constitue le byssus dans les jambonneaux, les
moules, et le pied tendineux des tridacnes et certaines espèces
d'arches, etc., byssus qui n'est réellement pas formé, comme
quelques auteurs l'ont dit, d'une mucosité sécrétée par une
glande et filée dans une rainure du pied, mais qui n'est qu'un
assemblage de fibres musculaires desséchées dans une partie
de leur étendue, encore contractiles, vivantes à leur origine,
et qui même l'étoient dans toute leur longueur à l'époque où
elles ont été attachées.

Une autre singularité qui ne le seroit pas moins que la
précédente, si elle étoit hors de doute, c'est l'observation
de la marche ou du changement de place des muscles adducteurs, à mesure que l'animal grossit, ainsi que sa coquille.

En effet, si dans une coquille très-jeune, le muscle est sub-central, il faut nécessairement que, pour qu'il reste tel, quand la coquille est deux fois plus grande, il ait marché d'avant en arrière. On admet donc que dans une coquille spi-rivalve, le muscle semble descendre avec l'animal lui-même, de même que dans une coquille bivalve, une huître, par exemple, le muscle subcentral s'avance, non pas cependant qu'il se détache entièrement à la fois, mais parce qu'un rang antérieur de fibres se détache en même temps qu'un rang postérieur se produit. Mais s'il en étoit ainsi, on devroit trou-ver à une époque avancée de l'animal et de sa coquille une par-tie de l'empreinte qui seroit sans fibres musculaires, et, ce que nous n'avons jamais vu, dans les huîtres même, dont on peut observer un si grand nombre sous ce rapport, et encore moins dans les coquilles bivalves où il faudroit d'ailleurs qu'elle fût en sens inverse pour chaque muscle. Nous aimerions donc mieux admettre que les muscles croissent comme tout le reste de l'organisation dans toute leur circonférence, mais surtout du côté où la coquille s'accroît le plus, comme en arrière, ce qui a lieu dans les huîtres ; peut-être même faut-il penser que le muscle tout entier est jusqu'à un certain point détaché, lorsque la nouvelle couche d'accroissement se forme, et que c'est ainsi que sa marche apparente a lieu ; car l'épaisseur s'ac-croît également à l'endroit de l'attache des muscles, où les couches sont cependant en général plus serrées, ce qui fait que cette empreinte forme souvent un enfoncement, et que dans l'état fossile, cette partie se conserve plus long-temps que le reste.

L'appareil de la locomotion est encore plus différent dans les balanes et dans les anatifes. Dans les premiers, le manteau est fort mince, et ne présente de muscle qu'à son extrémité postérieure ou ouverte pour les mouvemens des pièces de l'opercule. Dans les seconds il offre en outre cette singularité qu'à son extrémité céphalique ou inférieure, à cause de la position de l'animal, il se prolonge en un tube fibro-contrac-tile, flexible, qui attache l'animal d'une manière fixe aux corps sous-marins ; il y a de plus un muscle adducteur entre les deux principales valves de la coquille.

Quant aux muscles de l'animal lui-même, ou du tronc et

de ses appendices, leur disposition rentre déjà un peu dans celle des entomozoaires.

Les oscabrions ont aussi dans l'ensemble de leur appareil locomoteur quelque chose des mollusques véritables, et quelque chose des entomozoaires. En effet, toute la partie inférieure du corps est occupée par une espèce de pied fort analogue à celui des patelles, des phyllidies, tandis que le dos, dans sa partie conchylifère, présente autant de doubles paires de muscles obliques, l'une à droite et l'autre à gauche, qu'il y a de pièces testacées.

DE L'APPAREIL DE LA COMPOSITION.

Cet appareil est complet dans tous les mollusques, c'est-à-dire qu'il est formé d'organes de digestion, de respiration et de circulation.

Des organes de la digestion.

La bouche ou l'orifice antérieur du canal intestinal est réellement toujours antérieure dans les mollusques même les plus déformés, comme les ascidies, etc., quoiqu'elle ne soit pas constamment terminale, et surtout visible; elle est en effet quelquefois tout-à-fait inférieure, comme dans les doris, les onchidies, les scyllées, les oscabrions, etc. Nous ne voyons pas qu'elle soit jamais supérieure.

Sa forme est extrêmement variable, ce qui dépend nécessairement de la disposition des lèvres qui la circonscrivent. Ces lèvres en effet offrent une forme très-différente dans les différens groupes. Ainsi, dans les sèches et genres voisins, c'est une sorte de voile circulaire, quelquefois double, percée dans son milieu et frangée dans la circonférence; dans les polybranches, les cyclobranches, les inférobranches, et même dans beaucoup de cervicobranches, elles forment un bourrelet épais, demi-circulaire, dans le milieu inférieur duquel est la bouche, et qui se prolonge quelquefois de chaque côté en une sorte d'appendice qui forme le tentacule labial. Dans plusieurs espèces de doris, dans les tritonies, etc., le bord antérieur de ce bourrelet labial se dilate, se frange et forme un voile membraneux plus ou moins étendu. D'autres fois on

7.

trouve que les lèvres se prolongent en une sorte de ventouse dans le fond de laquelle est la trompe, comme dans les cônes; enfin on remarque assez souvent qu'elles se prolongent de même, mais en acquérant une assez grande épaisseur, et il en résulte un mufle proboscidiforme, comme dans un grand nombre des espèces de la famille des cyclostomes, organe susceptible de se contracter ou de s'alonger, mais sans jamais pouvoir rentrer dans la cavité buccale, ce qui le distingue de la véritable trompe dont nous allons parler plus loin.

En dedans de ces lèvres contractiles par elles-mêmes dans tous leurs points, et quelquefois pourvues de quelques petits muscles spéciaux, se trouvent souvent des organes cornés ou calcaréo-cornés, auxquels on a donné à tort le nom de mâchoires; ce sont en effet de véritables dents produites de la peau qu'elles recouvrent, et dont la structure et le mode de formation sont tout-à-fait analogues.

Rarement il y a deux de ces dents agissant l'une sur l'autre verticalement, comme dans les sèches, ou horizontalement, comme dans les tritonies; alors elles sont entourées à leur base d'un muscle circulaire épais, qui les serre vigoureusement l'une contre l'autre, après qu'elles ont été écartées par l'action de muscles élévateurs de la supérieure, et abaisseurs de l'inférieure.

Dans un beaucoup plus grand nombre de cas il n'y a qu'une dent supérieure en forme de peigne courbé et dentelé sur le bord; elle est alors à peu près immobile, et la langue dont nous allons parler tout à l'heure agit sur elle. C'est ce que l'on voit dans tous les animaux de la famille des limacinés, de celle des limnées, des auricules, et même des patelles.

Dans un bien plus grand nombre encore, il n'y a aucune trace de véritables dents marginales, comme dans tous les mollusques céphalés, pourvus d'une trompe, et dans la classe tout entière des acéphalés.

A la face inférieure de la cavité buccale, il existe souvent dans les mollusques un renflement plus ou moins considérable, que l'on a comparé avec quelque raison à celui qui forme la langue dans les ostéozoaires; ce renflement est en effet régulier, symétrique, et reçoit une assez grande quantité de nerfs. Sa surface supérieure est le plus ordinairement

garnie de très-petits crochets cornés, dont la pointe est dirigée en arrière, et qui se disposent d'une manière fort symétrique. Ce sont encore des dépendances, des productions de
la peau, mais qui ne peuvent être comparées à cause de leur
disposition et de leur place aux dents marginales.

Cette espèce de langue n'est jamais exsertile en avant
qu'avec toute la masse buccale : mais elle se prolonge quelquefois d'une manière bien singulière en arrière dans l'intérieur de la cavité viscérale, en s'enroulant comme un ressort
de montre. En général sa disposition est différente suivant
celle des dents.

Dans les espèces qui ont deux dents opposées, comme les
poulpes et les sèches, la plaque linguale est assez peu saillante, peu mobile.

Dans celles qui ont une dent supérieure, le renflement
lingual est plus épais, plus mobile, mais beaucoup plus
court, et se porte aisément en avant par l'action de muscles
adducteurs ; c'est ce que l'on voit dans les limaces, les hélices,
les bulimes, les limnées, etc.

Dans des espèces qui n'ont pas de dents du tout à l'orifice
buccal, on trouve que la langue forme une longue bande
étroite, qui se prolonge en arrière dans la cavité abdominale,
en s'enroulant en spirale ; sa surface est hérissée d'un grand
nombre de petits crochets bi ou tricuspides, dirigés en arrière, et dont la solidité ou la résistance va toujours en dé-
croissant de la base à la pointe, où ils sont mous et fort
peu apparens. On trouve cette singulière langue dans les
porcelaines, dans les cônes, dans les patelles, et même dans
les oscabrions.

Enfin, dans un plus grand nombre d'espèces qui n'ont pas
non plus de dents proprement dites, on observe que, par
une disposition singulière de l'œsophage, il peut se prolonger
au dehors, ou rentrer dans la cavité buccale sous la forme
d'un organe cylindro-conique auquel on a donné le nom de
trompe : outre le derme musculeux qui compose cet organe,
et qui peut l'alonger ou le raccourcir, suivant que les fibres
longitudinales ou transverses agissent, on trouve à sa base
des muscles extrinsèques qui facilitent cette action : les uns
en la tirant en arrière, et les autres en la portant en avant.

Dans les espèces de mollusques qui sont pourvues de cette espèce de trompe, nous n'avons jamais vu de renflement lingual proprement dit, et par conséquent de crochets cornés ; mais assez souvent nous avons trouvé que ce renflement est remplacé par un double groupe de crochets placés à droite et à gauche, et qui sont plus ou moins profondément enfoncés dans la trompe, de manière à ce qu'ils ne deviennent marginaux que lorsqu'elle est fortement retournée ; c'est ce qui a lieu dans les buccins et genres voisins. Dans la vis maculée, qui a aussi une très-longue trompe, il n'y a aucune trace de ces crochets.

Nous avons remarqué quelques espèces de mollusques dont le palais est armé d'une plaque de dents cornées, comme la langue ; tels sont plusieurs monopleurobranches, et entre autres la bullée et l'ombracule.

Aucun mollusque acéphalé n'offre de traces de dents, ni de renflement lingual quelconque ; mais l'ouverture de la bouche de forme variable, quoique ordinairement fort grande et presque toujours inférieure, est accompagnée de deux lèvres le plus souvent simples, quelquefois frangées, qui se prolongent à leurs angles en appendices labiaux ou tentaculaires. Ces appendices de forme triangulaire et de grandeur très-variable, sont striés, surtout à leur face interne, de manière à ressembler un peu aux branchies, avec lesquelles leur connexion est souvent assez intime. Ils sont presque toujours très-mous et dirigés en arrière. Dans la nucule ils sont au contraire roides et dirigés vers la bouche, de manière à simuler des espèces de mâchoires.

L'appareil salivaire, qui manque également dans toute cette grande classe d'animaux, existe au contraire dans la plupart des céphalophores. Ordinairement simple, c'est-à-dire formé de chaque côté d'une glande salivaire unique, qui, commençant plus ou moins en arrière sur les côtés du canal intestinal, ou même libre dans la cavité viscérale, traverse l'anneau nerveux, pour s'ouvrir en un endroit un peu variable de la cavité buccale, quelquefois l'appareil salivaire est composé de deux glandes de chaque côté, l'une disposée comme celle que nous venons de décrire, et l'autre filiforme qui se prolonge souvent fort loin le long du canal intestinal. Les cônes en ont une tout-à-fait singulière, impáire, située dans la cavité viscérale, et dont le canal excréteur, extrêmement long et rentré, vient s'ouvrir à la base de la langue.

La réunion des organes dont nous venons de parler, constitue une masse plus ou moins considérable, ordinairement ovale, qui est quelquefois sensible à travers la peau, et le plus souvent indistincte. Cette masse buccale est entourée par un grand nombre de muscles qui peuvent la tirer en avant, la porter en arrière, et quelquefois faire agir la partie inférieure sur la supérieure.

On n'en trouve aucun indice dans les acéphales, et elle est très-forte dans beaucoup de genres de céphalés, surtout quand il y a une véritable mastication.

C'est presque toujours à la partie supérieure et postérieure de cette masse que commence le canal intestinal proprement dit par un œsophage dont le diamètre est toujours beaucoup plus étroit que le sien.

Le canal intestinal des malacozoaires, considéré en général, est composé d'une membrane muqueuse intérieure, le plus ordinairement formant des plis longitudinaux, et d'une couche musculaire plus ou moins distincte, mais évidemment contractile dans tous ses points. Son étendue, ses renflemens stomacaux, sa direction et ses circonvolutions paroissent du reste offrir un grand nombre de variations.

Ainsi l'on trouve quelquefois un œsophage long et étroit jusqu'à l'estomac, ou bien un œsophage fort large, fort grand, comme dans beaucoup de mollusques phytophages. L'on voit même, quoique plus rarement, une sorte de jabot distinct, comme dans quelques brachiocéphalés. Sa direction, quelquefois presque médiane, comme à son origine, est souvent de droite à gauche, de manière à se réunir à l'estomac de ce côté.

Le renflement stomacal, souvent simple et assez peu distinct, est au contraire dans un assez grand nombre d'espèces partagé en plusieurs poches ou loges. Quelquefois même l'une de ces poches a ses parois comprises entre deux muscles fort épais, presque comme dans le gésier des oiseaux ; les péronies, les limnées en ont une semblable. On trouve aussi dans plusieurs espèces, et entre autres, dans les monopleurobranches, que la membrane interne de l'estomac est armée de productions calcaréo-cornées, fort analogues dans leur structure et leur composition aux dents, et même à la coquille.

L'estomac des mollusques acéphales n'a pas ses parois distinctes ; de forme ordinairement assez irrégulière, il semble creusé dans le tissu même du foie qui l'enveloppe de toutes parts, et qui y verse la bile par des ouvertures ou des sinus nombreux, fort grands, dans lesquels on remarque des corps très-singuliers dont l'usage et le mode de formation sont complétement inconnus ; c'est ce qu'on nomme les *stylets crystallins*, parce qu'ils sont ordinairement en forme de stylets dont la pointe est dans les canaux, et qu'ils sont à peu près transparens.

Dans les malacozoaires céphalés où l'on n'a encore remarqué rien de semblable, le foie n'enveloppe jamais complétement l'estomac, et n'y adhère pas : il se porte même le plus souvent en arrière dans la partie la plus reculée de la masse viscérale, et à la pointe de la spire ; il est composé de lobes et de lobules, dont les derniers sont en forme de globules creux. De chacun de ces globules naît une radicule de vaisseaux biliaires qui, successivement réunis, constituent un ou trois ou quatre gros canaux qui s'ouvrent largement dans l'estomac lui-même, ou quelquefois dans le commencement de l'intestin. Cette structure du foie permet souvent qu'il soit insufflé avec la plus grande facilité. Cela est surtout évident dans les brachiocéphalés.

Le foie nous a toujours paru plus considérable dans les mollusques phytophages que dans les zoophages.

L'intestin proprement dit varie encore plus que l'estomac, dans son diamètre, le nombre et la forme de ses circonvolutions, dans sa direction et dans le point de sa terminaison.

Le plus ordinairement il forme ses circonvolutions entre les lobes du foie, dont il est souvent assez difficile de les séparer, et par conséquent les plus flexueuses d'entre elles sont dans la partie postérieure du corps de l'animal. Il s'en dégage assez souvent, en se portant dans la ligne médiane en dessous et en avant, ou en dessus et en arrière, mais souvent aussi en se portant de gauche à droite, ou en avant vers le côté antérieur et droit de l'animal, où se trouve l'anus.

Les malacozoaires acéphalés offrent moins de variations peut-être dans l'étendue, dans les circonvolutions, et surtout dans le mode de terminaison de l'intestin. En effet, après avoir formé une anse plus ou moins grande dans le foie, et quelquefois un sinus cœcal à la racine du pied, il remonte vers le dos de l'animal, se place dans la ligne médiane, et se dirige d'avant en arrière, où il se termine dans la cavité du manteau par un prolongement libre plus ou moins considérable, à l'extrémité duquel est l'anus.

La position de l'anus dans cette classe de mollusques est donc presque constamment la même, et il est à peu près toujours pédiculé : il n'en est pas de même de celui des mollusques céphalés ; en effet tantôt médian, inférieur et antérieur, comme dans les brachiocéphalés, il est quelquefois médian, postérieur, supérieur ou inférieur, comme dans les doris et les péronies ; enfin, dans le plus grand nombre de cas, il se trouve placé à droite, quelquefois tout-à-fait en avant comme dans les limaces, ou tout-à-fait en arrière comme dans les onchidies. Lorsqu'il est à gauche, c'est que l'animal et sa coquille sont sénestres. Les haliotides et l'ancile l'ont cependant de ce côté et s'enroulent de gauche à droite.

Des organes de la respiration.

Ces organes sont à peu près connus dans tous les véritables malacozoaires et dans tous les malentozoaires ; mais ils varient considérablement, non seulement sous le rapport de la forme et de la place qu'ils occupent sur l'animal, mais même sous celui de la structure.

En effet, sous ce dernier rapport, quoique, dans le plus grand nombre des mollusques, la partie de l'enveloppe extérieure, modifiée pour former l'organe de respiration, soit disposée en branchies, c'est-à-dire de manière que ce soit l'organe qui plonge dans le fluide ambiant, il arrive quelquefois qu'il y a une disposition contraire, et qu'elle forme une sorte de poche ou de cavité dans laquelle pénètre le fluide ambiant, ce qui constitue un organe pulmonaire ou aérien ; et alors les vaisseaux afférens et efférens tapissent la face interne de cette cavité. Cette disposition a lieu dans les différentes espéces de mollusques qui vivent habituellement dans l'air; mais ces mollusques peuvent réellement appartenir à diverses familles. Le plus grand nombre cependant appartient à celles des limacinés et des limnéens; mais il y en a aussi dans la famille des cyclostomes, dans celle des cyclobranches, et même, suivant nous, dans celle des cervicobranches; car nous croyons que les patelles véritables respirent par un poumon , et non par des branchies.

La forme des organes de la respiration varie encore bien davantage; en effet, dans les mollusques aériens, c'est toujours une cavité plus ou moins ovalaire; mais dans les aquatiques, l'organe peut être simple ou multiple; il peut être formé d'espèces d'arbuscules ramifiés , comme dans les tritonies; de petites houppes, comme dans les scyllées; de lames, ou de lanières, comme dans les cavolines et les éolides; de pyramides triangulaires, fort grandes, une de chaque côté, comme dans les poulpes et les sèches, ou très-petites et nombreuses, comme dans les phyllidies et même les oscabrions, qui en sont cependant si différens; d'espèces de peignes plus ou moins alongés, . comme dans le très-grand nombre des céphalés spirivalves, dans les genres démembrés des patelles , etc.; de grandes lames semicirculaires, comme dans la plupart des acéphalés; ou enfin d'un réseau , comme dans les ascidies, ou d'une longue frange , comme dans les biphores.

La situation de l'organe respiratoire offre peut-être encore plus de variations que sa forme; ainsi, dans un assez grand nombre d'espèces, il est extérieur et ne peut alors être constitué que par des branchies; c'est ce que l'on voit dans tous les genres que M. Duméril a nommés à cause de cela dermobranches, M. Cuvier nudibranches, et même dans les inférobranches. Cette disposition seroit encore plus évidente dans les ptéropodes, s'il étoit certain que les branchies formassent un réseau à la surface des appendices natatoires; dans tous les autres, l'organe respiratoire est plus ou moins intérieur, mais plus dans les pulmonés que dans les autres genres, où il peut être presque extérieur, comme dans certains monopleurobranches et cervicobranches. Dans les brachiocéphalés, les branchies sont contenues dans le sac formé par le manteau.

Dans tous les acéphales, les branchies sont entre le manteau qui les cache et le corps.

La place qu'occupe l'organe que nous examinons varie aussi d'une manière notable; ainsi il est quelquefois à la partie supérieure et postérieure du corps, comme dans les doris, les péronies. et même dans les testacelles; il est d'autres fois de chaque côté du dos, comme dans les scyllées, les éolides, les tritonies; dans d'autres espèces il passe en dessous tout autour du rebord du manteau, entre le pied et celui-ci, comme dans les phyllidies, les ombracules, et même un peu dans les oscabrions: assez rarement l'organe respiratoire est de chaque côté du corps, dans le sac formé par le manteau, comme dans les brachiocéphalés, ou seulement sur le côté droit comme dans tous les monopleurobranches; enfin le plus ordinairement c'est à la partie antérieure et supérieure de l'origine du dos et du dos lui-même que se voit l'organe de la respiration, comme dans le plus grand nombre des mollusques céphalés, pulmonés ou branchifères, et même dans les dentales.

Dans tous les mollusques acéphalés conchifères, c'est de chaque côté du corps. entre lui et le manteau, que sont les deux grands lobes semilunaires, qu'on regarde généralement comme les branchies de ces animaux.

Dans l'ordre des acéphalés nus, l'organe respiratoire est dans une sorte de tube qui de la partie postérieure du corps conduit à la bouche.

Quant à la structure des branchies des mollusques céphalés, elle rappelle assez bien celle de ces organes dans les poissons. Que ce soient des espèces de lames triangulaires rangées comme des dents de peigne sur un axe commun, ou des espèces de tubercules irrégulièrement ramassés à la manière de granulations, la peau qui les constitue est considérablement amincie, quoiqu'elle conserve sa faculté contractile. On y injecte très-bien les vaisseaux principaux afférens, dont les ramifications souvent très-fines vont se réunir dans un tronc principal efférent qui se dirige pour sortir de l'organe en sens inverse du vaisseau afférent. La saillie de ces peignes branchiaux ou de ces tubercules est quelquefois peu considérable, et quand ils peuvent être renversés dans une cavité, comme dans certains doris, et surtout dans l'onchidore, ils indiquent le passage vers les organes pulmonaires que l'on observe dans certains groupes de mollusques, comme dans les péronies et même dans les hélices et les limaces. Alors l'organe n'est plus réellement composé que par un réseau vasculaire assez grossier, dont la couche externe semble formée par les anastomoses nombreuses de l'artère respiratoire et l'interne par celles dont la réunion constitue la veine.

Les branchies des acéphalophores sont composées un peu différemment ; ce sont, dans le plus grand nombre de cas, deux paires, plus ou moins inégales, de lames semilunaires, verticalement placées entre l'abdomen et les lobes du manteau, et appliquées l'une contre l'autre. Séparées ou réunies plus ou moins dans l'étendue de leur bord inférieur, celle d'un côté est jointe à sa correspondante de l'autre, dans une partie plus ou moins considérable de son bord supérieur ou dorsal ; mais elle est attachée sur les côtés du ventre par son extrémité antérieure, l'autre étant souvent libre. Chacune de ces quatre branchies est elle-même formée de deux lames qui laissent entre elles un espace libre, divisé en un grand nombre de loges verticales ouvertes au bord dorsal, par des cloisons triangulaires nombreuses ; ces lames sont constituées par deux couches de vaisseaux parallèles, verticaux, réunis par d'autres vaisseaux transverses ; l'une de ces couches est formée par les ramifications de l'artère branchiale, et l'autre par celles de la veine. Ces ramifications se réunissent dans deux gros troncs qui bordent le dos de la lame branchiale, et qui sont en communication, l'un avec l'oreillette de son côté, et l'autre avec le système veineux du reste du corps.

Dans les lingules et genres voisins, il paroît que les branchies sont un peu différentes dans leur structure et dans leur position, puisqu'elles sont en forme de peigne appliquées à la face interne de chaque lobe du manteau.

Dans les acéphales nus, l'appareil branchial est encore plus anomal ; en effet, dans les ascidies, il est formé par un réseau à mailles quadrangulaires qui tapisse la cavité du tube récrémentitiel jusqu'à la bouche, et, dans les biphores, c'est une espèce de lame étroite, presque libre et obliquement dirigée de l'ouverture du siphon récrémentitiel à la bouche.

Les nématopodes ont leur appareil respiratoire rapproché

de ce qu'il est dans les entomozoaires, s'il est certain qu'il soit formé par de petits organes triangulaires attachés à la racine des premières paires d'appendices, comme le pense M. Cuvier. On pourroit aussi concevoir que les filamens qui hérissent ces appendices en tiendroient lieu, et alors ces appendices pourroient être considérés comme des branchies de lamellibranches décomposées.

Les polyplaxiphores ou oscabrions, ont leur système respiratoire formé, presque comme dans les phyllidies, de petites lames riangulaires placées sous les rebords du manteau.

D'après la structure, la forme, et même la position de l'organe respiratoire, l'appareil au moyen duquel le fluide ambiant est amené au contact de l'enveloppe cutanée modifiée a dû nécessairement être ifférent.

Il n'y en avoit pas besoin quand les branchies étoient extérieures, soit sur le dos, soit sous le rebord du manteau.

Quand au contraire elles sont devenues intérieures, comme le poumon, il a fallu quelque modification particulière dans les bords de la cavité qui les contient, et même dans la coquille qui la recouvre ou la protège; c'est ai si que dans un grand nombre d'espèces pectinibranches, le bord antérieur du manteau s'est prolongé en un tube plus ou moins long, tandis que d'autres n'ont qu'une sorte d'auricule inférieure en place de ce tube, ou n'offrent qu'une large fente qui conduit dans la cavité branchiale. Les pulmonés n'ont qu'un trou percé dans le rebord épaissi du manteau.

Dans presque tous les acéphales, l'eau n'arrive aux branchies que par l'ouverture formée par les deux lobes du manteau qui sont souvent prolongés en arrière par l'addition d'un tube contractile fort long, distinct ou réuni à celui de l'anus, comme nous l'avons vu plus haut.

Des organes de la circulation.

Dans tous les malacozoaires cet appareil est complet, quoique le système centripète rentrant ou absorbant ne soit formé que par des veines.

Ces vaisseaux ont leurs parois extrêmement minces, et souvent tellement confondues avec le tissu des parties, surtout dans les enveloppes dermoïdes, qu'il est souvent assez difficile de les apercevoir, et même qu'elles n'existent réellement que par la membrane interne comme dans les bivalves. Elles offrent quelquefois cette singularité, qu'elles sont percées d'orifices béans, assez grands, du moins dans la cavité viscérale, ainsi que cela se voit fort bien dans les aplysies. On trouve aussi qu'elles sont quelquefois hérissées d'espèces de petits corps spongieux, plongeant aussi dans la cavité viscérale, par exemple dans les poulpes.

Comme dans les animaux de types plus élevés, les veines naissent sans doute en partie de la continuité des artères et en partie du tissu même des organes, mais elles ne constituent jamais que deux systèmes, l'un qui revient de tout le corps et l'autre de l'organe spécial de la respiration, c'est-à-dire qu'il n'y a pas de système de la veine-porte. Les radicules veineuses du système général du corps après s'être réunies successivement en troncs de plus en plus gros, distingués cependant quelque temps en ceux des viscères et ceux de l'enveloppe sensible et contractile, arrivent vers l'organe respiratoire, et suivant qu'il est simple ou complexe, symétrique ou non symétrique, se comportent un peu différemment ; en effet, dans le premier cas toutes les veines du corps se réunissent en un seul gros tronc qui, le plus ordinairement, sans l'intermédiaire d'un renflement musculeux ou d'un cœur, se change de suite en artère pulmonaire ou branchiale ; dans le second cas, au contraire, les veines se réunissent en deux troncs principaux qui se subdivisent en autant d'artères branchiales qu'il y a de branchies. Au point de cette transformation, il n'y a jamais de véritable cœur ou d'organe d'impulsion ; mais dans tous les brachiocéphalés, et même dans un petit nombre d'espèces de céphalés, et peut-être dans les acéphalés, on trouve en cet endroit un sinus veineux auquel on a quelquefois donné le nom de cœur, mais qui ne peut être désigné ainsi, car il n'a rien de musculaire. Quoi qu'il 'en soit, l'artère branchiale ou pulmonaire, simple ou multiple, se ramifie d'une manière plus ou moins régulière, suivant la forme de l'organe respiratoire, dans la peau modifiée qui le constitue.

C'est des extrémités capillaires de l'artère branchiale, subdivisée dans l'organe respiratoire, que naît le second système veineux; après que les rameaux, disposés comme ceux des artères, se sont successivement réunis en branches de plus en plus grosses, il en résulte enfin un gros tronc qui sort de l'organe respiratoire et qui se rend dans un cœur aortique situé d'une manière différente suivant la position et la symétrie des branchies.

Le cœur des mollusques, dans le plus grand nombre de cas, situé dans le dos, au-dessus du canal intestinal si ce n'est, à ce qu'il nous semble, dans les brachiocéphalés où il est inférieur, comme dans les ostéozoaires, est placé à égale distance de chaque organe respirateur quand celui-ci est pair, ou obliquement à gauche et rarement à droite quand il est impair. Ce cœur n'est pas contenu dans un véritable péricarde, mais dans une loge musculaire de l'espèce de diaphragme qui sépare la cavité viscérale de celle des branchies; il est du reste formé d'une oreillette, quelquefois double quand celles-là sont symétriques et latérales, comme dans les brachiocéphalés et les acéphales conchifères, et d'un ventricule.

· L'oreillette, de forme très-variable, ordinairement ovale, quelquefois triangulaire, a ses parois fort minces ; on observe cependant à l'intérieur quelques cordons musculaires qui la traversent : il ne paroît pas qu'il y ait de valvule à l'entrée de la veine branchiale ou pulmonaire dans cette oreillette.

Sa communication avec le ventricule se fait par une sorte de pédicule ou de rétrécissement, souvent assez long, comme dans les calmars par exemple, et au moyen d'un orifice étroit, ordinairement transverse, situé entre deux replis de la face interne du ventricule, mais sans valvules proprement dites, un peu comme l'intestin grêle s'ouvre dans le cœcum dans l'espèce humaine.

Le ventricule, en général beaucoup plus gros, est aussi de forme ainsi que de direction très-variables. Ses parois sont toujours beaucoup plus épaisses que celles de l'oreillette, et l'on distingue très-bien les faisceaux musculaires transverses qui le forment, entre deux desquels est l'orifice auriculo-ventriculaire.

C'est de sa pointe ou de l'une des extrémités de son grand diamètre que sort le système artériel ou centrifuge, le plus ordinairement par un seul tronc, mais quelquefois aussi par deux, comme cela se voit fort bien dans les calmars.

Les artères des mollusques ont évidemment leurs parois plus épaisses, plus résistantes que les veines ; elles jouissent d'une grande élasticité, et dans les plus grands de ces animaux que nous avons disséqués, comme dans la gondole, elles semblent d'un tissu gélatineux, analogue à de la colle-forte sans trace de fibres.

Leur distribution est trop variable pour qu'on puisse rien dire de général ; cependant le plus ordinairement il y a deux troncs principaux, un antérieur et l'autre postérieur ; le premier fournit des branches à la tête et à ses différentes parties, à l'œsophage, et même aux organes antérieurs de la génération, tandis que le second, qui a plus de ressemblance avec le trépied cœliaque, envoie ses ramifications à l'estomac, au reste de l'intestin, au foie et aux organes sécréteurs de la génération.

Dans les mollusques acéphalés l'appareil circulatoire offre quelques différences avec ce qu'il est dans les céphalés ; les veines de chaque branchie se réunissent dans une oreillette latérale, placée de chaque côté et après un rétrécissement souvent fort sensible, chacune des deux oreillettes s'ouvre dans le ventricule qui est situé dans la ligne médio-dorsale ; celui-ci est ordinairement fusiforme ; mais ce qu'il offre de plus remarquable, c'est qu'il semble traversé par le rectum, parce que dans sa largeur il se recourbe autour de cet intestin, de manière à ce que les deux extrémités de son diamètre transverse paroissent se toucher. Du reste de ce ventricule naissent deux aortes : une postérieure plus petite qui passe sous le rectum et donne des rameaux aux parties postérieures du corps, et une antérieure bien plus considérable qui se porte jusqu'au muscle adducteur antérieur, fournit des rameaux à l'estomac, au foie, au pied et aux autres parties environnantes ; se recourbe en bas par une branche anastomostique qui suit le bord du manteau pour aller se réunir à un rameau semblable de l'aorte postérieure, forme un grand arc, dont les branches inférieures vont aux tentacules du bord du manteau, tandis que les autres, plus considérables, remontent et se distribuent à toutes ses parties.

Les radicules veineuses du ventre et de toutes les parties antérieures du corps se réunissent en deux gros troncs qui sortent de la région hépatique au-dessous du rectum, et après avoir reçu par plusieurs radicules deux veines qui ont suivi le bord de chaque lobe du manteau, elles s'ouvrent à l'extrémité antérieure d'une espèce d'oreillette ou de réservoir veineux placé longitudinalement au-dessous du cœur dans la ligne dorsale. Ce réservoir reçoit par son extrémité postérieure deux autres veines assez grosses, qui ont ramassé le sang des parties postérieures du corps, et même des bords du manteau.

Ce sinus médian, qui est entouré d'un organe brun dont nous parlerons plus loin à l'article de la dépuration urinaire, paroît aussi en recevoir un assez grand nombre de vaisseaux, ou bien ces vaisseaux naissent et vont se distribuer à cet organe, tandis qu'un bien plus grand nombre va se réunir dans les artères branchiales; celles-ci sont au nombre de deux, une de chaque côté; elles sont considérables et placées longitudinalement le long du bord supérieur des lames branchiales; plus grosses au milieu, elles diminuent de diamètre et finissent en pointe à l'extrémité à mesure qu'elles ont fourni des artères aux branchies; celles-là forment deux plans, l'un pour la face interne du feuillet externe, et l'autre pour la face externe de l'interne des branchies, descendent verticalement en diminuant jusqu'au bord du feuillet, et fournissent des branches longitudinales anastomostiques nombreuses, en sorte qu'il en résulte un réseau à mailles carrées. De ce même réseau naissent, par une disposition contraire, les veines branchiales, dont le réseau occupe sur chaque feuillet la face opposée au réseau artériel, et elles se réunissent dans autant de grosses veines longitudinales qu'il y a de lames branchiales, du moins en avant, où elles sont parfaitement séparées au bord supérieur; car en arrière il n'y en a que trois, la médiane étant commune aux deux lames internes, qui sont réunies; la veine branchiale externe se change en une espèce de sinus ou de longue oreillette avec laquelle la veine externe communique par plusieurs pédicules veineux; et cette oreillette, après s'être rétrécie, s'ouvre elle-même dans le ventricule.

Les palliobranches paroissent avoir les oreillettes encore plus distinctes que les acéphalés ordinaires, et c'est probablement ce qui a fait admettre qu'ils avoient deux cœurs.

32.

8

Les huîtres ont aussi le cœur placé différemment et n'occupant pas le dos de l'animal, mais la partie antérieure du muscle central.

Dans les acéphalés nus il occupe à peu près la même place que dans les conchifères, mais il est peut-être moins symétrique (1).

Il l'est bien complètement dans les nématopodes, et surtout dans les polyplaxiphores dont le ventricule occupe la partie postérieure du dos avec une grande oreillette bien symétrique de chaque côté.

DE L'APPAREIL DE DÉCOMPOSITION.

Comme dans les animaux des types supérieurs, cet appareil se forme de deux appareils secondaires, celui de la dépuration urinaire et celui de la génération.

Appareil de la dépuration urinaire.

Cet appareil, en général fort simple, paroit exister dans tous les malacozoaires qui ont été suffisamment examinés ; il accompagne toujours la terminaison du canal intestinal : dans les céphalés on le trouve quelquefois décrit sous les noms d'organe de la glu ou de sac calcaire, et dans les acéphalés, sous celui d'organe pulmonaire.

Dans les premiers il consiste en un organe sécréteur impair, non symétrique, de forme très-variable, souvent situé aux environs de l'organe de la respiration, faisant saillie dans l'intérieur de la cavité qui le contient : il en naît un canal excréteur qui après un trajet plus ou moins long, souvent accompagnant le rectum, vient se terminer à l'extérieur par un orifice arrondi, sessile, à peu de distance de l'anus.

Dans la classe des acéphalés l'organe dépurateur est pair ou au moins symétrique ; il est situé également de chaque côté

---

(1) Nous ne comprenons réellement pas trop ce que MM. de Van Hasselt et Kuhl disent de l'appareil circulatoire des biphores, dans lesquels ils admettent qu'il n'y a qu'un seul système de vaisseaux, le vaisseau artériel n'étant pas séparé du système veineux, quoiqu'il y ait un cœur bien évident.

du rectum au-dessous de lui, en avant du muscle adducteur postérieur, et en arrière de la connexion des lobes branchiaux ; sa couleur est ordinairement d'un vert foncé ; sa forme est plus ou moins cylindrique, sa structure est celluleuse ou vasculaire, et il reçoit une grande quantité de vaisseaux artériels et surtout veineux. Il paroît que le canal excréteur n'est pas suffisamment connu ; l'organe est cependant contenu dans une poche ouverte par un très-petit orifice dans la partie supérieure et antérieure de la cavité branchiale, selon M. Bojanus, ce qui l'a porté à penser que cet organe est un véritable poumon, ceux que jusqu'ici l'on a regardés comme les branchies, n'étant, suivant lui, que des organes de dépôt pour les œufs ; suivant Méry, cet orifice est en arrière et sous le rectum, ce qui paroît davantage dans l'analogie.

Appareil de la génération.

Cet appareil, que l'on connoît plus ou moins complètement dans tous les animaux de ce type, est souvent fort compliqué, et d'autres fois réduit à ce qu'il y a de plus simple. En effet, quelquefois composé de la partie femelle seulement, comme cela se voit dans tous les acéphalés et dans quelques céphalés, ce qui fait qu'alors tous les individus d'une espèce sont semblables ; il se trouve aussi un assez grand nombre de mollusques chez lesquels les deux sexes sont distincts, mais portés par le même individu, d'où il résulte qu'ils sont encore tous semblables ; enfin il y en a aussi plusieurs dans lesquels les sexes sont séparés sur des individus différens, ce qui constitue dans la même espèce des individus femelles et des individus mâles.

L'appareil femelle de la génération, dans le cas où il existe seul, n'est formé que par un ou deux organes sécréteurs ou ovaires, situés un peu différemment dans les acéphalés que dans les céphalés ; de cet ovaire il part un canal ou oviducte qui, après s'être quelquefois renflé dans une partie de son étendue, se dirige en avant ou en arrière, et se termine d'un côté ou de l'autre, mais beaucoup plus souvent à droite qu'à gauche.

Dans les acéphalés, l'ovaire peut être unique dans son

origine, et pouvant, par ses accroissemens successifs, s'é-tendre dans toutes les parties du manteau qu'il dédouble, mais qui étoit situé d'abord en avant ou en arrière de l'ab-domen, paroît toujours se prolonger par deux oviductes distincts qui se placent en se dirigeant d'avant en arrière de chaque côté de l'abdomen, où ils se terminent par un ori-fice arrondi, à l'extrémité d'un prolongement flottant, plus ou moins alongé, situé entre la seconde lame branchiale et le corps. Avant cette terminaison, l'oviducte contient à une certaine époque une humeur laiteuse, blanche, dans une sorte de dilatation peu considérable. Quelques auteurs, et entre autres Méry et M. Bojanus, ajoutent à cette partie essen-tielle de l'appareil générateur des bivalves, les organes que nous avons décrits plus haut sous le nom de branchies, et qu'ils re-gardent comme des réservoirs pour les œufs.

Dans les céphalés monoïques, comme les patelles, les ha-liotides, etc., l'ovaire est toujours unique et d'un seul côté; il en est de même de l'oviducte qui se dirige constamment d'arrière en avant, quelquefois à gauche, le plus souvent à droite où il se termine par un tube fort court dans la cavité respiratoire.

La disposition que constitue la réunion des deux sexes dis-tincts sur le même individu, ne se trouve que chez les malaco-zoaires céphalophores, et seulement dans un certain nombre.

La partie femelle est en général formée par un ovaire unique, situé postérieurement dans le foie; il en part un premier oviducte qui naît par des ramifications, comme dans le foie, celles du canal biliaire; d'abord très-fin, son diamètre s'accroît; il se fléchit, se pelotonne d'une ma-nière plus ou moins serrée, s'approche de la partie mâle, entre dans une connexion intime avec elle, et enfin s'ouvre dans un second oviducte beaucoup plus large, à parois épaisses plissées, sécrétant une matière visqueuse abon-dante, et qui est quelquefois désigné sous le nom de matrice; près de sa terminaison médiate ou immédiate à l'extérieur, on remarque souvent celle d'un canal plus ou moins long, provenant d'une vessie ovale ou sphérique, contenue dans la grande cavité viscérale, et dont on ignore entièrement l'usage. Seroit-ce une sorte de prostate?

La partie mâle se compose aussi d'un organe sécréteur ou testicule, situé le plus ordinairement sur la gauche et en avant de l'ovaire. Le canal déférent qui en naît après une connexion intime avec le premier oviducte suit le trajet du second contre lequel il s'accole d'une manière plus ou moins serrée, forme quelquefois une sorte d'épidydyme par ses nombreux replis, puis se change en un canal cylindrique, à parois épaisses, musculeuses; celui-ci se dirige vers une espèce d'organe excitateur, à la base duquel il se termine dans le plus grand nombre de cas. Cet organe n'est qu'une espèce de long tentacule creux, contractile dans tous ses points, de forme extrêmement variable, même dans les espèces du même genre, et qui, rentré le plus ordinairement dans l'intérieur de la cavité viscérale, à l'aide d'un muscle rétracteur, peut aussi, par la disposition de fibres annulaires musculaires, se dérouler en dehors comme un doigt de gant.

Au point où le canal déférent se termine, on trouve quelquefois un amas d'organes cylindroïdes ou d'espèces de cœcums creux, en nombre variable, et qui, successivement réunis à leur base, finissent par s'ouvrir par un seul orifice : on leur a donné le nom de *vésicules séminales*.

Enfin dans un certain nombre de mollusques hermaphrodites on remarque un autre organe encore voisin de la terminaison extérieure de l'appareil mâle; il consiste en une poche musculo-muqueuse, en forme de vessie, qui produit et contient dans son intérieur un corps solide, cornéo-crétacé, en forme de dard ou de poignard; ce corps peut sortir par l'orifice de la poche qui est situé près de celui du reste de l'appareil mâle.

Malgré la connexion intime qui existe entre les deux parties de l'appareil génital de ces mollusques hermaphrodites dans leur trajet, elles peuvent se terminer à des distances plus ou moins considérables l'une de l'autre, quoique toujours au côté droit; ainsi dans quelques espèces, la terminaison de l'organe femelle est tout-à-fait en arrière, et celle de l'organe mâle en avant plus ou moins proche du tentacule de ce côté, comme dans les véronicelles et les onchidies; dans quelques autres, l'éloignement est moins grand ; plusieurs les ont réunies dans le même tubercule extérieur,

comme les doris, les tritonies, etc.; enfin dans tous les pulmobranches ces terminaisons se font dans une sorte de vestibule
commun, à la racine du tentacule droit, de manière que dans
l'état d'inaction on ne voit qu'un seul orifice à l'extérieur;
mais dans l'acte de l'accouplement, la poche vestibulaire se
renverse, et les deux terminaisons deviennent apparentes.

La troisième disposition de l'appareil génital des malacozoaires constitue la division ou l'isolement de chaque sexe
sur un individu distinct, ce qui forme des individus femelles
et des individus mâles; chaque appareil est du reste à peu
près conformé selon la disposition précédente; on trouve
cependant peut-être plus souvent dans le sexe femelle le renflement du second oviducte faisant l'office de matrice; et
dans le sexe mâle on remarque que les vésicules séminales
sont quelquefois remplacées par un renflement unique situé
vers la fin du canal déférent; enfin une autre différence,
c'est que l'organe excitateur, quand il existe, ne semble jamais être rétractile à l'intérieur, mais seulement contractile,
en sorte qu'il est toujours plus ou moins visible au côté droit
et antérieur de l'animal, quelquefois recourbé dans la cavité
branchiale.

Du produit des organes de la génération.

Celui du sexe mâle, quand il existe, paroît toujours être
un fluide d'un blanc visqueux; mais en général il est peu
connu; on ne sait pas même d'une manière positive s'il est
versé en une seule fois, ou peu à peu, et dans quelle partie de
l'organe femelle. Le produit du sexe femelle l'est beaucoup
davantage, et constitue toujours un véritable œuf, composé
d'enveloppes, d'une masse vitelline et d'un germe placé sur
cette masse qui sans doute en fait partie.

La forme des œufs des mollusques ne laisse pas que d'offrir
un assez grand nombre de différences, étant quelquefois sphériques, comme ceux des limaces; ovalaires, comme ceux d'un
grand nombre d'espèces, ou même plus ou moins longuement
pédiculés, comme ceux de plusieurs buccins.

Les enveloppes adventives, ordinairement d'abord visqueuses pour déterminer l'adhérence de l'œuf, passent ensuite à l'état corné ou muqueux concrété, et quelquefois même

à l'état cretacé, de manière qu'elles ressemblent assez bien à l'enveloppe calcaire d'un œuf d'oiseau ; c'est ce que l'on voit dans plusieurs mollusques terrestres, comme les bulimes, les agathines.

Les enveloppes propres sont peu connues ; mais il est probable qu'elles ne diffèrent pas beaucoup de celles des œufs d'animaux plus élevés.

On ne connoit pas beaucoup davantage la forme et la disposition du germe, si ce n'est quand il est assez développé pour ressembler presque complétement aux parens qui lui ont donné naissance. On voit seulement que ce germe est contenu d'abord dans une loge ou excavation superficielle d'un véritable vitellus qui communique comme de coutume avec le canal intestinal, peut-être même tout près de la bouche, comme nous avons cru le voir dans l'œuf des sèches. Ce vitellus est évidemment une matière muqueuse ou gélatineuse, concrescible par l'alcool, translucide et peu épaisse dans l'état frais.

Le développement du germe dans l'intérieur de l'œuf des mollusques est si complet, que le petit animal qui en sort ressemble presque entièrement à ses parens ; aussi arrive-t-il souvent que ce développement a lieu dans quelque partie de la mère, et cela dans les céphalés comme dans les acéphalés ; ce qui fait qu'elle les rejette à l'état vivant, et alors ces mollusques sont dits vivipares : tous les acéphalés paroissent être dans ce cas.

La disposition des œufs pondus par les malacozoaires à l'extérieur est aussi assez variable : ainsi quelquefois ils sont placés et attachés un à un sur les corps sous-marins, comme dans un assez grand nombre de mollusques céphalés ; mais d'autres fois ils sont réunis entre eux de manière à former des masses plus ou moins considérables, et qui ressemblent plus ou moins à des grappes de raisin, surtout quand les œufs sont de couleur noire, comme ceux des sèches. Souvent encore ils sont réunis par une substance gélatineuse dans laquelle ils sont plongés, comme ceux des limnées, des planorbes, des aplysies ; d'autres fois plusieurs de ces œufs sont renfermés dans des espèces d'enveloppes cornées, empilées comme des cosses les unes à la suite des autres, disposition que l'on trouve dans des espèces de fuseaux.

DE L'APPAREIL D'IRRITATION OU DU SYSTÈME NERVEUX.

Cet appareil, comme on a pu le voir dans les caractères du type, offre une disposition assez particulière : il se compose cependant toujours d'une partie centrale ou cerveau, situé au-dessus du canal intestinal ; de ganglions pour les organes des sens spéciaux, quand il y en a, ainsi que pour l'appareil de la locomotion ; de quelques ganglions viscéraux ; enfin de filets conducteurs ou de nerfs dont la structure est quelquefois singulière en ce qu'ils ont une enveloppe fibreuse, plus grande que le cordon nerveux, de manière à permettre, dit-on, leur injection, ce qui nous paroît fort douteux.

La disposition générale, et surtout la proportion des parties du système nerveux, sont fort différentes dans les deux classes de malacozoaires, et surtout dans celles du sous-type des malentozoaires.

Dans les mollusques céphalés, le cerveau, composé de deux parties similaires plus ou moins grosses, plus ou moins réunies en une seule par une sorte de commissure, est quelquefois contenu dans une espèce de crâne ou de loge cartilagineuse qui sert d'appui à la fibre contractile ; mais dans un très-grand nombre de cas il est à peine recouvert de tissu cellulaire et placé à l'origine de l'œsophage, en arrière de la masse buccale, en sorte qu'il en suit les mouvemens.

Avec ce cerveau communiquent le ganglion de l'organe de la vision, qui est toujours placé immédiatement derrière le bulbe de l'œil, ainsi que celui de l'audition quand il y en a, et il en part les différens nerfs qui se rendent aux tentacules ainsi qu'aux lèvres.

Outre la communication plus ou moins serrée qu'il y a au-dessus de l'œsophage entre les deux parties du cerveau, il y en a une autre inférieure qui passe sous l'œsophage, ce qui constitue une sorte d'anneau, que celui-là traverse.

Le système nerveux de l'appareil sensitif et locomoteur n'est formé que par un seul ganglion situé de chaque côté, quelquefois assez loin du cerveau, avec lequel il communique toujours par un cordon, et le plus souvent si près de cet organe, qu'il semble réellement en faire partie ; dans les deux

Cas, c'est toujours de lui que partent les filets plus ou moins nombreux qui se rendent à toutes les parties de l'enveloppe musculo-cutanée, et surtout à celles qui servent essentiellement à la locomotion générale, comme au pied des gastéropodes et des trachélipodes, au sac des brachiocéphalés, aux ailes des ptéropodes, etc.

Les ganglions viscéraux ne paroissent être qu'au nombre de deux : l'un qui appartient essentiellement à l'organe excitateur mâle est situé ordinairement près de l'orifice par où il sort, et il fournit des filets à l'organe ainsi que celui de communication avec le cerveau ; l'autre ganglion viscéral est plus constant ; il est ordinairement placé vers le renflement stomacal, et les filets nerveux qu'il fournit sont également de deux sortes, les uns qui vont au canal intestinal et les autres qui remontent et vont communiquer avec le cerveau par l'intermédiaire de l'anneau œsophagien.

Il n'est pas besoin de dire que le développement des différentes parties de ce système nerveux est proportionnel à celui des organes auxquels elles appartiennent, et que par conséquent il l'est beaucoup plus dans les brachiocéphalés qui sont à la tête de la classe que dans les patelles qui sont à la fin.

Cette observation convient également au système nerveux des malacozoaires acéphalés ; en effet, chez eux il est si peu développé, que long-temps on n'en a pas aperçu l'existence. Le cerveau n'est plus qu'un double ganglion, ou mieux, qu'une sorte de cordon aplati situé toujours au-dessus de l'œsophage. Il paroît qu'il n'y a pas de filets qui formeroient autour de celui-ci un véritable anneau, comme dans les céphalophores. De cette espèce de cerveau il part bien deux longs cordons, mais ils se portent beaucoup plus en arrière et vont établir la communication entre cet organe et le ganglion de la locomotion qui se trouve au-dessous du muscle adducteur et postérieur, et qui en effet en reçoit des filets, de même que le manteau et les tubes quand il y en a.

Voici comment nous avons vu le système nerveux dans la moule commune, où il nous a paru plus évident que dans aucune autre espèce d'acéphales : il est composé de trois paires de ganglions. La première, la plus antérieure, est certainement placée sous l'œsophage, ou mieux, sous le muscle rétracteur antérieur du pied, en partie recouverte par le bord postérieur de la réunion de la seconde paire de tentacules labiaux. Les ganglions qui la constituent sont de forme triangulaire et de couleur blanche opaque. Ils fournissent, 1.° un filet transversal très-fin, qui leur sert de commissure entre eux; 2.° plus en arrière, un rameau plus gros qui se distribue au muscle adducteur antérieur et aux appendices labiaux, et, 3.° enfin, en arrière, un très-gros filet qui se porte en dehors, s'applique sur la membrane du foie, traverse obliquement le muscle rétracteur antérieur du pied, suit les côtés de l'abdomen au-dessus de la terminaison de l'ovaire, et va se réunir au ganglion postérieur.

La seconde paire de ganglions, la seule qui puisse être regardée comme à peu près supérieure au canal intestinal, est placée au-dessus du muscle rétracteur antérieur du pied, appliquée immédiatement sur lui, au-dessous du foie, contre lequel elle est collée. C'est un ganglion géminé ou divisé en deux parties latérales par un sillon médian, d'une consistance plus molle, d'un aspect plus pulpeux que les deux autres paires. On en voit sortir en avant un filet très-fin qui va peut-être se joindre au ganglion antérieur, ce que nous ne voulons pas assurer; et, en arrière, un autre filet qui se rend aux muscles de l'abdomen.

La troisième paire de ganglions est tout-à-fait en arrière, au-dessous et un peu en dehors, à la partie antérieure du muscle adducteur postérieur. Celui d'un côté est séparé de celui de l'autre par toute l'épaisseur du muscle. Ils fournissent, 1.° un filet de commissure transverse très-fin; 2.° en arrière, un filet plus gros qui pénètre dans le muscle lui-même; 3.° de leur angle externe et postérieur deux filets qui se portent en arrière, probablement aux bords du manteau. Enfin leur angle antérieur et externe reçoit le gros cordon d'anastomose du ganglion antérieur.

Le système nerveux des molluscarticulés offre une disposition toute différente dans les deux classes qui composent ce sous-type.

Dans les polyplaxiphores ou oscabrions, il se rapproche davantage de ce qu'il est dans les malacozoaires céphalophores, avec cette différence que les deux ganglions locomoteurs latéraux sont remplacés par deux espèces de cordons qui sui-vent les côtés du dos, et qui fournissent des filets à chaque espèce d'articulations.

Dans les nématopodes ou balanes, on trouve presque complètement la disposition qui existe dans les entomozoaires, le système nerveux de la locomotion ayant passé au-dessous du canal intestinal, et se composant d'autant de petits ganglions qu'il y a d'articulations à la partie caudiforme du corps.

PHYSIOLOGIE DES MALACOZOAIRES.

L'intelligence des malacozoaires, d'abord assez évidente dans les premières espèces, comme les poulpes, qui usent de ruses pour atteindre et saisir leur proie vivante, décroît très-rapidement, et sans doute arrive à son minimum dans celles dont tous les mouvemens se bornent à l'ouverture et à la fermeture des valves de leur coquille, comme les huîtres, et qui recueillent leur nourriture sous forme de molécules disassociées et déjà presque à l'éclat fluide.

La sensibilité générale, ou le sens du toucher, est au contraire toujours très-grande dans presque tous les animaux de ce type; mais elle l'est surtout sur les bords du manteau qui sont souvent garnis d'organes tentaculaires d'une sensibilité exquise; c'est ce que l'on voit très-bien au collier des céphalés conchylifères que forme la partie antérieure des bords du manteau, et encore mieux à la circonférence des deux lobes de celui de tous les acéphalés; aussi une secousse un peu forte imprimée à l'eau dans laquelle se trouvent des huîtres, par exemple, suffit pour leur faire fermer leur coquille. Ce sens est déjà moins délicat dans un certain nombre d'espèces dont l'enveloppe extérieure, étant toujours à découvert, est plus ou moins tuberculeuse, et il devient presque obtus dans celles dont l'enveloppe s'est plus ou moins solidifiée, comme dans certaines ascidies et dans les biphores.

Les sensations spéciales sont assez souvent en rapport inverse de développement avec la sensation générale du toucher; ainsi le sens du goût est probablement nul dans toute la classe des acéphalés, et il est probable qu'il n'est pas très-fin dans l'autre classe.

Il en est à peu près de même du sens de l'odorat; il paroît en effet que les acéphalés n'odorent pas, tandis qu'il est certain que les céphalés, et surtout les espèces qui vivent dans l'air, jouissent d'une faculté olfactive assez forte, puisqu'on voit les limaces et les hélices rechercher telle ou telle plante et être évidemment attirées par son odeur au milieu de la plus profonde obscurité. Il seroit curieux de savoir si en coupant la première paire de tentacules à l'un de ces animaux, il pourroit encore choisir aussi bien qu'ils le font, les fruits les plus voisins de la maturité.

Le sens de la vision si étendu, si vif dans les poulpes et les sèches, doit être déjà beaucoup diminué dans le très-grand nombre des céphalés, d'abord si l'on en juge d'après la structure de l'organe, mais même d'après les faits; aussi une limace, une hélice semblent ne voir qu'infiniment peu ; du moins elles n'aperçoivent pas plus tôt le doigt qu'on en approche avec les tentacules oculaires qu'avec les autres. Les porcelaines, d'après ce qu'en dit Adanson, se servent fort bien de leurs yeux qui, il est vrai, sont plus grands, mieux conformés que ceux des autres céphalés.

Il n'y a pas de vision dans aucun des mollusques acéphalés.

Ils ne jouissent pas davantage de la faculté d'entendre ; mais le plus grand nombre des céphalés est dans le même cas, et il n'y a que les sèches et les poulpes qui peuvent sentir le bruit autrement que par la secousse de toutes les parties du corps.

La faculté de changer ses rapports avec les corps extérieurs étant en général en raison directe de la sensibilité, il est évident que la locomotion des malacozoaires doit être généralement peu active, peu étendue, et même souvent presque nulle.

Les brachiocéphalés, étant les mollusques qui ont les facultés sensoriales les plus étendues, sont aussi ceux qui se meuvent avec le plus de vitesse, et dans toutes les directions; les acéphalés, et surtout les derniers, comme les ascidies, sont justement à l'extrémité opposée ; et en effet ils vivent fixés sur les corps immergés.

On remarque cependant parmi les mollusques plusieurs espèces de locomotion : un certain nombre nagent à l'aide de nageoires ou d'espèces d'appendices paires dont leur corps est pourvu, comme les calmars, les sèches, les ptéropodes en général, et plusieurs monopleurobranches, à peu près comme le font les poissons avec leurs nageoires pectorales. Ces organes leur servent même quelquefois à sortir de l'eau et à s'élancer plus ou moins loin dans l'air ; c'est ce qui est certain pour les calmars. On le dit même pour certaines espèces de bivalves qui se servent alors des valves de leur coquille comme d'espèce d'ailes, avec lesquelles elles prennent leur point d'appui sur l'eau.

Une autre espèce de natation est celle qui est exécutée par une nageoire impaire médiane, ou par un pied très-comprimé, et par conséquent par des mouvemens alternatifs à droite et à gauche, comme cela se voit dans les firoles et dans les carinaires : mais, dans ce cas, le mouvement ne paroît jamais avoir lieu que dans une situation renversée, c'est-à-dire, le dos en bas et le ventre en haut.

Enfin il en est une troisième plus singulière, et qui se rencontre dans les premières espèces du type et dans les dernières ; elle est exécutée par la contraction de l'enveloppe, qui chasse ainsi le fluide dont elle a été remplie dans sa dilatation, d'où il résulte un mouvement de translation souvent assez vif. Les sèches, les calmars et les biphores se meuvent ainsi.

Quelques mollusques voguent à la surface des eaux, poussés qu'ils sont par le courant ou par le vent, les uns à l'aide d'une espèce de vessie hydrostatique, comme les janthines, et d'autres en déployant une sorte de voile formée par le rebord du manteau ou par quelque appendice élargi, même en ramant avec d'autres, comme on le dit des poulpes de l'argonaute. Dans le premier cas, il paroît que l'animal est constamment a la surface de l'eau ; car il ne peut rentrer sa vessie, qui est subcartilagineuse ; dans le second, le poulpe peut, dit-on, à volonté développer sa voile et ses rames, ou bien les reployer dans la coquille qui lui sert de nacelle, et plonger plus ou moins profondément. Mais cette manœuvre ingénieuse est-elle hors de doute ?

Il n'y a peut-être que les poulpes qui exécutent une sorte de marche, au moyen des longs appendices qui couronnent leur tête, mais alors ils ont la bouche en bas et le tronc en haut. Il paroît qu'ils peuvent aussi rouler sur eux-mêmes au fond de la mer avec une grande vélocité, et sans se fixer par leurs tentacules, comme l'a observé M. Desmarest.

Le piétin d'Adanson et quelques autres espèces d'auricules, et même les cyclostomes terrestres font aussi des espèces de pas en prenant un point d'appui sur la partie antérieure du pied ou sur le mufle avancé, et en rapprochant la postérieure ou le pied tout entier à la fois.

Un beaucoup plus grand nombre rampe à la surface du sol, soit à terre, soit dans les eaux, au moyen du pied ou du disque musculaire dont leur ventre est pourvu; mais cette sorte de reptation ne ressemble nullement à la reptation des reptiles; c'est plutôt une sorte de glissement du pied, produit par des ondulations extrêmement fines de tous les petits faisceaux longitudinaux qui le composent, et qui se succèdent du premier au dernier; chacun étant alternativement point d'appui, ou point fixe pour le suivant. Il en résulte que ce mode de locomotion dans lequel l'animal touche l'une après l'autre toutes les éminences, toutes les anfractuosités du sol sur lequel il se meut, est en général fort lent. Cependant les espèces dont le pied est large, épais, étendu, et n'a pas de coquille à traîner, et surtout dans lequel les fibres contractiles distinctes ont une direction fasciculaire évidente, comme les limaces, les hélices, etc., s'éloignent avec une rapidité encore plus grande qu'on ne seroit porté à le croire au premier aspect. D'autres, au contraire, dont le pied est cependant fort large, comme les patelles, les haliotides, rampent si lentement, et changent si rarement de place, que quelques personnes ont admis à tort qu'elles ne le faisoient jamais; elles peuvent en outre adhérer avec une très-grande force par la viscosité de leur pied et par le vide qu'il peut faire en totalité ou par petites fossettes.

Les cabochons, et surtout les hipponyces, restent fixés aux corps sur lesquels ils sont tombés en naissant; aussi leur pied est-il à peine musculaire et ressemble-t-il beaucoup au muscle en fer à cheval du dos, servant d'attache à la coquille.

Les scyllées, dont le pied est extrêmement étroit, et comme canaliculé, ne peuvent se mouvoir que le long des tiges et des pédoncules des plantes, et c'est toujours en glissant.

Un assez grand nombre d'espèces peuvent aussi ramper à

la surface de l'eau, en prenant pour point d'appui une légère couche de ce fluide; mais alors elles sont obligées de le faire dans une situation renversée, c'est-à-dire la coquille en bas, et la surface inférieure du pied en haut; c'est ce que l'on voit dans les limnées, les planorbes, les paludines, les glaucus, les doris, les théthys, etc. La théorie de ce mouvement est du reste absolument la même que celle de la reptation des gastéropodes ordinaires.

On trouve rarement ce dernier mode de locomotion dans les mollusques acéphalés; cependant, d'après ce que m'a rapporté M. Mathieu, qui a beaucoup observé les mollusques pendant son séjour à l'Ile-de-France, un petit mollusque bivalve dont M. de Lamarck a fait sa psammobie orangée, rampe ainsi; les deux valves de sa coquille très-étalées sur son dos, et les bords du manteau les dépassant de toutes parts.

On peut concevoir quelque chose d'analogue dans les nucules, du moins d'après la disposition de leur pied.

Le mouvement de cette classe de mollusques est souvent borné à l'ouverture peu considérable des valves et à leur occlusion complète.

La première circonstance est la position naturelle ou de repos de l'animal; et en effet ce n'est qu'alors qu'il peut recevoir l'eau qui lui apporte la nourriture, surtout quand son manteau n'est pas pourvu de tubes extensibles; elle est produite par la disposition du ligament de la charnière dont les fibres perpendiculaires à chaque valve sont tiraillées ou comprimées, suivant leur position en dehors ou en dedans du point d'appui, lorsqu'on cherche à faire toucher les deux valves. Leur fermeture est au contraire entièrement active, c'est-à-dire due à la contraction des fibres des muscles adducteurs, qui sont les antagonistes du ligament. Willis, et dernièrement M. le D.ʳ Leach, ont pensé que dans les huîtres, une partie du muscle central adducteur étoit formée de substance élastique, antagoniste de l'autre partie qui seule seroit contractile; mais cela paroît assez douteux.

La famille des palliobranches contient plusieurs genres dans lesquels, au lieu de ligament, les deux valves de la coquille sont réunies à leur sommet par un long tube élastique qui est fixé aux corps sous-marins, et qui pourroit même bien être un peu contractile ; cependant l'animal n'a pas d'autre mouvement que ceux d'ouverture et de fermeture de sa coquille , comme les autres acéphalés.

Dans les espèces fixées immédiatement par la coquille ou par un tube, tels sont les seuls mouvemens permis ; il n'y a donc pas de translation, quelque petite qu'elle soit. Dans toutes les autres il y en a une, quoiqu'à des degrés très-différens : ainsi plusieurs espèces sont presque dans le même cas que celles dont nous venons de parler, c'est-à-dire qu'elles sont fixées, mais c'est avec un certain degré de mobilité ; ce sont celles dont l'attache se fait par des fibres musculaires desséchées, ou par un byssus, comme quelques espèces de peignes, les limes, les crénatules, et surtout les moules, les jambonneaux. Dans ce cas, il paroit que les filamens d'attache sont fixés aux corps solides, au moyen du pied canaliculé dont ces animaux sont pourvus, et qui en effet paroit très-extensible, très-long , etc. Ils ne peuvent se détacher eux-mêmes, mais il leur est possible de s'attacher de nouveau quand ils l'ont été.

Les arches, et même les tridacnes, peuvent aussi se fixer aux corps solides par une sorte d'agglutination de leur pied, un peu comme les espèces byssifères, mais en masse, non pas fibre à fibre ; aussi se pourroit-il que par l'accroissement de l'animal, il se détachât naturellement ; c'est du moins ce que nous fait présumer l'observation que nous avons faite, que la coquille des tridacnes perd, en grossissant, la grande ouverture præcardinale qu'elle a , étant petite, et par laquelle passe le faisceau musculaire.

Dans le plus grand nombre de cas, les mollusques acéphalés n'étant pas adhérens, peuvent changer de place. Il se meuvent à l'aide de leur pied : les uns cependant se bornent à un mouvement d'ascension ou de descente dans le trou qu'ils habitent, qu'il soit creusé dans une pierre , dans le sable ou dans la vase ; leur pied attaché plus antérieurement que dans les autres espèces, sort plus ou moins, s'alonge et prend son point d'appui sur le fond de la loge. C'est ce qui a lieu dans tous les pyloridés, et même peut-être un peu dans les tubicoles.

Tous les autres mollusques bivalves, quoique souvent ils vivent

encore plus ou moins enfoncés dans la vase ou dans le sable, peuvent en sortir à leur volonté, et même changer tout-à-fait de
place, et par conséquent se mouvoir complètement. Quelques
uns le font en sautant, presque comme s'ils étoient poussés par
un ressort. Pour cela leur pied très-étendu, est ployé dans sa longueur, et subitement redressé. C'est ce mode singulier de locomotion qui avoit fait généraliser la dénomination de *subsilientia*, ou de sauteurs, à tous les acéphalés, par M. Poli, mais
évidemment à tort; car si la plupart des animaux de la famille des conques peuvent ainsi sauter, les submytilacés, les
arcacés, etc., ne le peuvent pas, et semblent réellement ramper avec leur pied; à plus forte raison les espèces qui n'ont
qu'un rudiment de cet organe, ou qui n'en ont même pas du
tout.

Les polyplaxiphores se meuvent en rampant avec leur pied
abdominal, à peu près comme les patelles. Quant aux nématopodes, il n'y en a aucune espèce qui jouisse de la faculté de
changer de place en totalité; les appendices de leur abdomen
caudiforme peuvent sortir hors de la coquille, et se mouvoir
dans l'eau, mais, à ce qu'il paroit, pour déterminer un courant
de ce fluide dans l'intérieur du manteau de l'animal, et pour
saisir les petits animaux qui passent à sa portée.

Le mode de nutrition des malacozoaires nous est en général beaucoup moins connu que celui de leur locomotion.

Un très-petit nombre peuvent saisir leur proie avant de
l'introduire dans la cavité buccale; ce sont les brachiocéphalés.
Pour cela, les singuliers appendices dont leur tête est pourvue s'enlacent, s'attachent, d'une manière serrée, à l'aide des
ventouses qui les garnissent, à l'animal vivant qu'ils doivent
engloutir.

Les mollusques dont l'orifice buccal est garni de dents,
paroissent pouvoir saisir et mâcher leur nourriture avec elles;
quand il n'y en a qu'une en haut, elle sert de point d'appui
sur laquelle agit le renflement lingual dans sa partie antérieure, ce que l'on voit très-bien dans les limaces, les hélices
et genres voisins.

On ne connoit pas aussi bien le mode d'action de la trompe
dans les mollusques qui en sont pourvus : on croit cependant
que les dents dont elle est souvent armée à son extrémité,

3a.   9

quand elle est déroulée suffisamment, peuvent servir à tarauder la coquille des autres mollusques, à y faire un trou par lequel cette trompe va ensuite déchirer ou sucer leurs parties molles ; mais cela est-il hors de doute ?

Quelques espèces qui n'ont qu'une sorte de langue spirale, comme les patelles, et même les oscabrions : comment s'en servent-elles ? c'est ce qu'on ignore.

On ne sait pas beaucoup davantage comment les acéphalés saisissent leur nourriture. Il paroît même qu'elle doit être à l'état presque moléculaire, suspendue dans l'eau que les appendices buccaux font parvenir jusqu'à la bouche ; car il n'y a aucun indice d'appareil masticateur ni salivaire.

Les palliobranches, à l'aide de leurs longs appendices labiaux, doivent mieux saisir la nourriture, puisqu'ils peuvent les sortir de la coquille et les agiter en tous sens. Les ascidies et les biphores n'ayant aucune trace d'appareil à la bouche doivent être dans un cas entièrement opposé.

La déglutition, du moins dans les céphalés, doit se faire comme dans les animaux plus élevés.

Quant à la digestion qui doit aussi présenter à peu près les mêmes phénomènes, il est probable qu'elle est assez lente ; cependant les limaces, les hélices, les seuls mollusques que nous puissions un peu étudier, mangent beaucoup dans la saison favorable, ce qui fait supposer une certaine activité digestive.

Elle est sans doute augmentée par l'action de la bile qui doit être abondante, si l'on en juge d'après la grosseur du foie, la quantité de vaisseaux qu'il reçoit, et la grosseur des canaux hépatiques. En effet le fluide biliaire est souvent versé dans l'estomac lui-même, ou à l'orifice pylorique.

S'il est certain que dans les acéphalés l'aliment soit pris à l'état moléculaire, ou tout au plus composé d'animaux microscopiques, la digestion doit être facile et ne doit avoir besoin de l'action de la bile que d'une manière très-secondaire. Le foie dans ce groupe d'animaux paroît en effet fort peu considérable ; mais à quoi servent les stylets crystallins que nous avons vus remplir les énormes pores biliaires ouverts dans l'estomac ? C'est ce qu'il est à peu près impossible de dire.

Les résidus de la digestion ou les fèces sont connus un peu

davantage, du moins physiquement; et il est assez remarquable qu'il en existe dans les mollusques acéphalés, comme dans les autres, ce qui prouve que leurs alimens ont encore quelque consistance.

Quant au chyle, produit principal de cette fonction, il est sans doute absorbé dans le canal intestinal par les radicules veineuses; mais nous ne le connoissons pas.

La théorie de la fonction de la respiration paroît être aussi à peu près la même que dans les types d'animaux plus élevés. On sait en effet que les mollusques absorbent l'oxigène de l'air dans lequel on les retient : mais est-ce seulement par l'organe de la respiration ? Cela n'est pas probable, l'enveloppe générale étant par sa nature si absorbante; mais comme cet organe contient une bien plus grande quantité de vaisseaux que toute autre partie, l'absorption aérienne doit y être beaucoup plus forte.

On sait aussi par expérience que les espèces qui sont pourvues d'une cavité pulmonaire meurent au bout de peu de temps, après qu'elles ont été retenues à une certaine profondeur sous l'eau, sans qu'il leur fût possible de remonter à sa surface; et qu'au contraire les espèces à branchies ne peuvent vivre long-temps à l'air libre, surtout quand les branchies sont à découvert : car lorsqu'elles sont internes, l'animal le peut quelque temps, à cause de l'eau qui les humecte, et qui s'évapore difficilement (1).

Le mécanisme par lequel le fluide ambiant est amené au contact du fluide à élaborer, ou du sang, est en général assez simple.

Dans les espèces dont les branchies sont extérieures, comme les tritonies, les scyllées, les phyllidies, etc., il suffit à l'animal de nager pour respirer.

Celles au contraire qui ont l'organe respiratoire formé par les parois mêmes d'une cavité, comme les pulmobranches, ou contenu dans la cavité, comme presque tous les autres mollusques céphalés, le fluide ambiant (l'air ou l'eau) est introduit ou chassé par la dilatation ou la contraction de la cavité et de son orifice

------

(1) Nous avons en effet gardé vivante pendant l'automne plus d'un mois et demi hors de l'eau une grosse huître pied de cheval.

simple ou tubuleux ; et ces deux effets sont facilités dans toutes les espèces, et surtout dans celles qui sont pourvues d'une coquille, par l'extension ou la contraction donnée à la partie antérieure du corps où est l'appareil, et par son avancement dans la partie la plus large de la coquille. Mais, dans aucun cas, il n'y a de régularité dans l'inspiration et l'expiration. Il n'en existe pas même chez les brachiocéphalés où l'eau introduite dans la cavité du manteau où sont les branchies, sert en même temps à la locomotion.

Les malacozoaires acéphalés, qui tous sont aquatiques, offrent à peu près tous le même mode de respiration ; les appendices labiaux dont la bouche est pourvue, paroissent, par leurs mouvemens continuels, déterminer une sorte de courant dans l'eau où l'animal est plongé. On le distingue très-bien surtout dans les espèces dont l'extrémité postérieure du manteau est prolongée en deux tubes plus ou moins longs ; l'eau entre par l'inférieur et sort par le supérieur. Il en est de même dans les ascidies, et peut-être aussi dans les biphores. C'est lors de la traversée du fluide dans la cavité branchiale que les effets de la respiration ont lieu.

On soupçonne que ces effets sur le sang qui remplit les artères branchiales ou pulmonaires, sont analogues à ce qu'ils sont dans les animaux plus élevés ; mais c'est ce que l'on ne sait pas positivement, parce qu'il n'y a aucune différence physique entre le sang veineux et le sang artériel des malacozoaires. C'est toujours une sorte de sanie ou de fluide légèrement visqueux, de couleur blanche ou plus ou moins bleuâtre, dans laquelle nagent des globules ovulaires.

La marche du sang dans les veines paroît être à peu près aussi lente que dans les artères ; aussi n'y a-t-il pas dans celles-ci de véritables pulsations, quoique le cœur offre des mouvemens évidens et réguliers de systole et de diastole. Ces mouvemens sont cependant en général assez lents : on les voit aussi bien dans les acéphalés que dans les céphalés.

Si l'on pouvoit admettre sans restriction ce que MM. Kuhl et Van-Hasselt disent de la circulation dans les biphores, elle seroit fort singulière, puisque le sang, selon eux, ne coule pas toujours du cœur à l'aorte pour se répandre de là dans les diverses parties du corps, mais qu'après avoir coulé ainsi pendant quelque temps on le voit s'arrêter tout à coup et prendre une direction justement opposée par les veines et leurs anastomoses.

La manière dont se fait la nutrition dans les malacozoaires à l'aide de l'absorption externe et interne, et surtout avec le sang parvenu dans le tissu le plus intime des parties, ne nous est pas plus connue que dans les autres classes d'animaux.

Ce qui paroit certain, c'est que l'accroissement général est fort lent, et que l'animal peut supporter un jeûne extrêmement prolongé, surtout quand il peut se mettre complètement a l'abri des circonstances extérieures, et par conséquent lorsqu'il est revêtu d'une coquille, comme on le voit dans les hélices dont la coquille est épaisse. Il ne trouve cependant pas de secours pour cela dans une accumulation préalable de graisse, car cette substance n'existe jamais dans les mollusques : ce que l'on nomme ainsi dans les huîtres paroît n'être qu'un état particulier de l'ovaire.

Les malacozoaires semblent cependant jouir de la faculté de reproduire en assez peu de temps, du moins lorsque l'ensemble des circonstances est favorable, quelques parties extérieures de leur corps. C'est ce qui est aisé à concevoir pour des lobes du manteau ou de l'enveloppe générale, les appendices buccaux, etc. Cela l'est déjà beaucoup moins pour les tentacules olfactifs, et surtout pour les oculaires dont l'organisation devient bien plus compliquée; mais cela est tout-à-fait inconcevable pour la tête tout entière, y compris le cerveau, et cependant des expérimentateurs l'assurent, comme on a pu le voir par l'analyse de ce qui a été fait à ce sujet, et que nous avons rapporté à l'article des Hélices, parce que c'est principalement sur ces animaux que les expériences ont été faites.

Les fonctions de décomposition ou d'exhalation dans les mollusques sont à peu de chose près ce qu'elles sont dans les animaux plus élevés.

L'exhalation générale, toujours plus abondante dans les espèces aériennes que dans les aquatiques, paroît être peu connue : peut-être cependant est-elle plus passive qu'active.

Les exhalations spéciales qui constituent les excrétions et les sécrétions sont assez abondantes.

Nous avons déjà parlé de celle qui forme la coquille dans les espèces qui en sont pourvues, ainsi que de celles des glandes salivaires et du foie, dont les produits sont employés à la digestion. Nous n'avons donc plus à dire quelque chose que des excrétions de dépuration urinaire et génitale.

Le produit de l'excrétion de dépuration urinaire paroît beaucoup varier dans sa quantité et dans ses propriétés physiques et chimiques. Nous devons à M. Jacobson la découverte du purpurate de chaux dans la matière sécrétée par le rein des hélices; nous n'avons pas encore d'analyse chimique de celle qui forme la pourpre, et que produit cet organe dans presque tous les mollusques de l'ordre des siphonobranches. Nous ne nous rappelons pas non plus que l'encre de la sèche, qui paroît être un produit d'un organe analogue, ait été examinée par les chimistes. En général nous savons peu de chose sur cette espèce d'excrétion.

La fonction de la génération ne nous est pas plus connue dans son essence que dans les animaux plus élevés, et nous savons même assez peu de chose sur son mode.

L'appareil mâle dans les espèces monoïques et dioïques produit un fluide spermatique assez peu connu, même dans ses propriétés physiques. Nous ignorons ce qu'il est d'abord au moment où il vient d'être sécrété, et quels changemens il éprouve dans le cas où il est conservé dans quelque organe de dépôt.

Dans certaines espèces il paroît exister un autre fluide produit par une espèce de prostate, appelée vésicules séminales dans les mâles, et vessie dans les femelles; mais nous ignorons également sa nature et ses usages.

Dans les mollusques hermaphrodites ou les acéphalés, il paroît même que le fluide séminal n'existe pas, à moins cependant que d'admettre, comme quelques auteurs l'ont voulu, qu'une partie de l'ovaire, ou mieux de l'oviducte lui-même, le sécrète, et que les germes produits par la femelle, en le traversant, en soient imprégnés.

Le produit de l'appareil femelle nous est mieux connu, il est vrai, plutôt dans la série de ses développemens que dans son origine. On sait que, formant de petits grains d'abord presque imperceptibles, composés d'une enveloppe renfermant un fluide, le germe y apparoît, sans que l'on connoisse bien complètement comment l'œuf est constitué. Cet œuf reçoit a une époque variable de sa marche dans l'oviducte, mais toujours avant la production de ses membranes adventives, l'action du sperme introduit dans l'organe, ou dans l'individu femelle, et absorbé. La vie individuelle de chaque œuf est alors commencée : il tend à être rejeté au dehors, reçoit les enveloppes qui doivent le défendre contre quelque action défavorable extérieure, et suit ses développemens. Combien de temps conserve-t-il sa faculté d'évolution? quelles sont les circonstances qui peuvent la lui faire perdre ou la prolonger? C'est ce que nous ignorons à peu près. Nous savons cependant, d'après les expériences de M. Werlich sur les œufs de la limace agreste, que la dessiccation presque complète ne peut la détruire.

Les œufs des mollusques subissent leur développement le plus souvent à l'extérieur, et complètement indépendans de leur mère ; mais dans un certain nombre de mollusques céphalés, ce développement a lieu dans une partie de l'oviducte, à laquelle on a donné le nom de matrice, comme dans les paludines et dans plusieurs sabots, ce qui a fait appeler ces mollusques vivipares ou ovovivipares ; mais cela paroît être constant dans tous les acéphalés, avec cette différence que le dépôt s'en fait souvent dans les cellules qui forment les deux parois dont se compose chaque lame branchiale ; ils y entrent par les ouvertures qui sont au bord dorsal extérieurement, et ils en sortent par celles qui sont en arrière dans le tube excrémentitiel.

A la suite d'une série de reproductions plus ou moins répétées, et dont le nombre nous est inconnu, le mollusque tend à sa décomposition générale, ou à sa mort. Nous ignorons complètement la durée de sa vie naturelle ; mais il est probable qu'elle est assez longue, si nous en jugeons du moins par la durée de son accroissement, et parce qu'il vit dans des circonstances peu variables. Cependant nous n'avons aucune donnée positive à ce sujet, et il faut convenir qu'il est assez difficile d'en avoir.

Quant à la durée de la coquille et aux changemens qu'elle est susceptible d'éprouver par l'action de l'air et dans le sein de la terre, cela dépend beaucoup de sa structure, de sa solidité, de sa grosseur, et de quelques circonstances accessoires.

Si elle est exposée à l'action de l'air et aux vicissitudes de la température et de l'humidité, elle perd d'abord ses couleurs qui s'altèrent très-promptement (les ferrugineuses résistent le plus), et elle devient d'une couleur blanche ordinairement terne. La matière animale se détruit et disparoît peu à peu; les lames composantes n'étant plus liées s'exfolient, surtout par l'alternative du froid et du chaud, et bientôt, par cette action continuée, les lames elles-mêmes se résolvent en une sorte de poussière calcaire qui est entraînée par les courans d'eau.

La structure particulière de la coquille, son âge, et même sa grosseur et son épaisseur facilitent ou arrêtent plus ou moins sa décomposition terreuse.

Si au contraire les coquilles mortes sont, par des circonstances particulières, enfoncées dans le sable, dans la vase où elles ont vécu, et où elles ont été encroûtées d'un dépôt crétacé qui se fait en plus ou moins grande quantité dans toutes les eaux douces ou salées, mais surtout dans les premières, ou enfin si par l'action des courans elles sont accumulées, brisées ou non dans quelques localités des mers ou des lacs; comme dans ces différens cas elles sont mises à l'abri des vicissitudes de la température et de l'humidité, leur décomposition est infiniment plus lente et leurs couleurs se conservent bien plus long-temps. Les fibres cornées des ligamens se conservent quelquefois un grand nombre de siècles (1), et à plus forte raison leur structure lamelleuse ou fibreuse, au point qu'elles n'ont souvent perdu aucune des parties qui servent de caractères génériques et même spécifiques; enfin quand les couleurs ont disparu, ainsi que le gluten animal, elles arrivent à un point où, blanches et happant à la langue, elles peuvent ainsi résister un nombre d'années qu'il est impossible de calculer. Cependant à la longue la pression déterminée par les dépôts nouveaux qui les recouvrent, tend à les briser, à en rapprocher les molécules; la diminution et la disparition de la matière animale qui retenoit la substance inorganique dans

---

(1) M. Defrance possède dans sa riche collection une coquille bivalve fossile des collines subapennines qui est encore pourvue de son ligament presque entier.

des formes pour ainsi dire accidentelles pour elle , et déterminées par la vie, tout facilite la tendance que ces molécules
ont à se rapprocher, suivant les lois simples du règne inorganique (1); la coquille tend donc à disparoître tout-à-fait par
l'enlévement successif des molécules calcaires qui la constituent; mais comme sa cavité s'étoit remplie par la pression en
tous sens des molécules terreuses ou argileuses qui l'entou-
roient, lorsque le véritable têt a disparu , elle est pour ainsi
dire représentée et prolongée dans le temps par ce qu'on
nomme son moule qui traduit toutes les formes de sa cavité.
Il est également possible de concevoir, ce qui arrive en effet,
que les molécules calcaires, quoiqu'ayant obéi aux lois de la
cristallisation, conservent elles-mêmes la forme de la coquille ;
la structure dans ce cas est perdue , mais non la forme , ce
qui constitue une coquille spathifiée, et prolonge, à ce qu'il
nous semble , presque d'une manière indéfinie , la preuve de
l'existence de l'être organisé à travers la série des siècles , jusqu'à ce qu'enfin elle se fonde , pour ainsi dire , par la pression continuelle, par le mouvement moléculaire des parties
qui l'entourent dans la roche elle-même qu'elle contribue à
former.

Les maladies des mollusques sont sans doute peu nombreuses,
mais certainement elles sont très-peu connues, du moins quant
à l'animal lui-même : doit-on regarder comme telle cette altération particulière qu'offrent les huîtres quand elles passent
à la verdeur? C'est ce qui n'est rien moins que certain. Cependant, en faisant l'observation que les huîtres qui passent à cet
état vivent dans une sorte d'eau stagnante, qu'elles restent en
général plus petites, moins charnues, etc., ne pourroit-on pas
admettre que le vibrion particulier auquel elles doivent leur
couleur verte, d'après les observations de M. Gaillon, ne les
nourrit qu'incomplètement, et que l'eau à moitié douce, peu
renouvelée, dans laquelle elles sont, n'excite pas assez leur
activité organique?

Les maladies des coquilles sont peut-être plus nombreuses
et plus connues. La première est la chute ou brisure de la

____

(1) M. De Bournon a en effet observé depuis long-temps que la subs-
tence calcaire de l'opercule des sabots cristallise en rhomboïdes.

pointe de la spire. On l'observe dans plusieurs espèces d'univalves, et entre autres, dans le bulime décollé. Quoique cela n'ait lieu que dans des coquilles de forme turriculée, cependant ce ne peut être cette circonstance seule qui détermine cette brisure, puisque la très-grande partie des coquilles de cette forme ne l'offre pas. Il est plus probable que cela tient à ce que l'animal croissant très-vite abandonne promptement le commencement de la spire, et que la matière vitreuse déposée pour remplir la cavité abandonnée, est plus cassante et moins lamelleuse.

L'espèce d'altération qu'on remarque aux sommets ou crochets d'un grand nombre des coquilles bivalves fluviatiles, qui composent les genres Unio et Anodonte, a peut-être quelque analogie avec ce que nous venons de voir dans les univalves; mais cela n'est pas certain: et en effet plusieurs auteurs ont pensé que cette espèce de carie, qui semble ronger d'une manière irrégulière, non seulement le sommet, mais même les natèces des unios, et cela souvent assez profondément, étoit due à l'action destructive d'animaux qui se nourrissent de mollusques. Quoi qu'il en soit, on sait que cette carie augmente en largeur et en profondeur avec l'âge, et que les unios de tous les pays offrent ce singulier caractère.

Une autre maladie des coquilles, et peut-être même de l'animal, est celle qui produit les perles. On a observé depuis long-temps que la matière nacrée qui les forme est tout-à-fait analogue à celle qui revêt la face interne de beaucoup d'univalves et d'un certain nombre de bivalves: aussi a-t-on vu qu'elles pouvoient être produites par une sorte d'extravasation de cette matière qui prend une forme plus ou moins régulière (1): on a même cru qu'on pourroit forcer le mollusque à en produire, si l'on faisoit un trou de dehors en dedans à la coquille; parce qu'alors, pour boucher ce trou, il seroit forcé d'y accumuler de la matière nacrée. C'est en effet ce que Linnæus a démontré pour les unios des rivières de Suède: en sorte qu'il avoit ainsi créé une espèce de perlière artificielle; mais, outre ces espèces de perles, rarement grosses et régulières, et qui portent toutes l'indice d'un pédicule d'at-

---

(1) M. de Bournon pense qu'une perle contient toujours un corps étranger dans son intérieur.

tache plus ou moins gros, il paroît qu'il s'en produit dans l'animal lui-même, et probablement dans l'épaisseur de son manteau, et que même c'est de cette source que sortent le plus communément les perles les plus grosses et les plus belles qui nous viennent de l'Inde. Dans ce cas il est évident que cela provient d'une véritable maladie de l'animal : quelle est-elle? C'est ce que nous ignorons.

Les anomalies ou difformités des coquilles sont de deux sortes : les unes sont assez bien explicables, et les autres ne le sont pas.

On peut d'abord placer dans la première catégorie la grosseur relative qu'une même espèce peut atteindre dans le cours de son accroissement; et en effet on trouve dans certains genres des individus qui, quoique complets, sont beaucoup plus petits que d'autres ; cela est sans doute dû à une différence dans la quantité de nourriture, soit dans la même localité, soit dans une localité différente, comme on le voit parmi les insectes hexapodes : aussi ne doit-on pas admettre l'idée de Bruguière, que cette différence, souvent remarquable dans les porcelaines, nécessite que l'animal change de coquille, un peu comme les insectes le font de leur épiderme.

Il faut aussi mettre dans la même catégorie les doubles bourrelets qui se forment dans certains individus univalves, après que, parvenus à l'état adulte, le bourrelet normal est produit : cela tient sans doute à une surexcitation dans les forces vitales déterminée par quelque circonstance locale.

Nous devrons également y ranger la forme artificielle que peuvent prendre certaines coquilles bivalves minces, et dont la valve inférieure adhère dans toute son étendue; non seulement celle-ci prend la forme du corps sur lequel elle s'applique, mais la valve supérieure suit la forme de l'inférieure. Cette observation faite sur les anomies et due à M. Defrance, s'explique en ce que la valve supérieure a dû suivre la forme du corps qui lui-même a été modifié par celle de la valve inférieure moulée sur le corps étranger.

Une anomalie à peu près inexplicable est le degré d'élévation de la spire dans les univalves : en effet on sait que la même espèce offre sous ce rapport des différences qui, quoique contenues dans des limites assez bornées, n'en sont pas moins très-évidentes; mais il arrive quelquefois qu'elles sortent considérablement de la limite déterminée pour une espèce, en ce que les tours de spire s'éloignent, s'alongent dans le sens vertical, et sont bien loin de se toucher, ce qui fait ressembler la coquille à un escalier, ou à la scalaire précieuse, ce qui a conduit à donner le nom de variété scalaire aux individus ainsi anomaux. On n'en connoît encore d'exemple, si nous ne nous trompons, que dans les hélices vigneronne et des jardins.

Mais la monstruosité la plus inexplicable des coquilles, et même des animaux mollusques, est celle dans laquelle il y a renversement dans la position des viscères, et par conséquent dans leur terminaison qui, au lieu de se faire à droite, se fait à gauche. La coquille ayant suivi ce renversement, s'enroule alors de droite à gauche, et elle constitue la variété que l'on désigne par la dénomination de sénestre ou de gauche. Il est évident que toutes les espèces peuvent être susceptibles de ce renversement, et offrir cette variété. Il y a cependant des genres où elle est beaucoup plus commune, au point de servir de caractère; telles sont les physes, les planorbes; dans beaucoup d'autres genres on en trouve des exemples, mais cela est bien plus rare; et enfin il en est qui n'en ont pas encore offert, comme les porcelaines, les cônes.

On admet que les coquilles bivalves sont aussi quelquefois susceptibles de ce renversement : cela peut se concevoir; mais nous n'en connoissons pas d'exemple bien avéré.

Nous ne croyons pas qu'on ait encore un fait positif qui prouve ce renversement dans les mollusques symétriques nus ou conchylifères, quoique cela ne dût pas plus étonner que pour les non-symétriques. Mais comment cela se fait-il? C'est sans doute ce que nous ignorerons long-temps. La prédominance constante du côté droit sur le côté gauche dans tous les animaux pairs, permet d'apercevoir pourquoi l'enroulement de la masse viscérale se fait dans le cas normal de gauche à droite; dans le cas contraire, le côté gauche, par anomalie, seroit-il plus fort que le droit? C'est ce qu'il n'est pas permis d'assurer. Il faut se contenter de remarquer que cette singulière anomalie se retrouve chez des animaux bien plus élevés, et chez l'homme lui-même.

HISTOIRE NATURELLE DES MALACOZOAIRES.

On trouve des mollusques dans tous les milieux : en effet il y en a qui paroissent vivre presque constamment sous terre, comme les testacelles, mais cela est rare ; un plus grand nombre vivent dans l'air à la surface de la terre, comme les limaces, les hélices, etc. Quelques uns sont jusqu'à un certain point amphibies, c'est-à-dire qu'ils sont aériens par l'organe de respiration, et cependant vivent dans l'eau qu'ils quittent rarement, comme les limnées et les planorbes ; enfin la très-grande partie des malacozoaires vit constamment dans l'eau douce ou salée, courante ou stagnante, tels sont, par exemple, tous les acéphalophores sans distinction. Les eaux de la mer Morte, quoique si fortement bitumeuses, contiennent des mollusques conchylifères vivans. On en trouve aussi dans des eaux thermales : par exemple le *turbo thermalis*, espèce de paludine sans doute, vit dans celles d'Abano, dont la température est de 40° R., tandis que le clio boréal paroît ne pouvoir quitter les mers polaires.

Y a-t il quelques caractères qui indiquent cette différence des milieux qu'habitent les mollusques? Cela est certain pour les espèces aquatiques ou terrestres, puisque l'organe de la respiration a une structure particulière.

Mais cela ne peut plus avoir lieu pour les espèces entièrement aquatiques dont les branchies n'offrent rien de différent qu'elles doivent agir dans l'eau douce ou dans l'eau salée. La coquille seule fourniroit-elle des signes caractéristiques de la nature du séjour de l'animal? Non, en tant que l'on considère cette coquille en elle-même ; mais jusqu'à un certain point, lorsqu'on compare les coquilles d'animaux marins avec celles d'animaux d'eaux douces ou terrestres, comme on a pu le voir à notre article CONCHYLIOLOGIE.

Les espèces qui se trouvent habituellement dans l'eau salée, peuvent-elles finir par vivre dans l'eau douce, et *vice versâ*? Cette question à laquelle on a attaché une grande importance en géologie, semble fort pouvoir être résolue par l'affirmative en consultant l'analogie. En effet on sait d'une manière indubitable que certains poissons quittent les eaux de la mer pour les eaux fluviatiles, et d'autres celles-ci pour celles-là, comme les anguilles, et cela presque subitement: pourquoi les mollusques ne pourroient-ils pas en faire autant? Aucun fait positif ne prouve cependant cette possibilité, du moins pour la même espèce (1). Car il n'en est pas de même pour les genres: on sait en effet que des espèces du même genre peuvent vivre dans les eaux douces, et d'autres dans les eaux salées. On connoit, par exemple, une espèce de véritable moule dans le Danube, et plusieurs cérites qui se trouvent également dans l'eau douce. Mais si les espèces de mollusques ne peuvent subitement passer de l'eau salée dans l'eau douce, et de celle-ci dans celle-là, ne le peuvent-elles pas graduellement? Ne voit-on pas en effet dans certains étangs qui ne communiquent que rarement avec la mer, et dont les eaux pluviales diminuent peu à peu la salure, des mollusques véritablement marins y vivre, et paroître y exercer toutes leurs fonctions? Le fait est certain, et M. Beudant a obtenu par l'expérience les mêmes résultats: mais est-il également certain que les animaux habitués à vivre dans l'eau salée, et qui se trouvent ainsi forcés par des circonstances naturelles ou artificielles, à vivre dans l'eau presque douce, ou tout-à-fait douce, puissent s'y reproduire? C'est ce qui n'est pas encore hors de doute. Le fait observé par M. de Fréminville, qui a vu des mollusques marins et fluviatiles vivant à la fois dans les eaux peu salées du golfe de Livonie, est cependant en faveur de cette opinion, et encore plus celui de M. Nilson, qui rapporte dans son Histoire des Mollusques de Suède, que sur les bords de la mer de Norwége, dans des lieux où il n'y a pas d'embouchure de rivière, il a trouvé des unios, des anodontes et des cyclades vivant pêle-mêle avec des vénus, des bucardes et des cythérées.

Les mollusques aquatiques, marins ou fluviatiles, ne vivent pas non plus absolument dans les mêmes circonstances; ceux-ci peu nombreux n'offrent cependant pas beaucoup de

---

(1) Adanson dit positivement dans son Mémoire sur les Tarets (Acad. des Sc., année 1789), que pendant la moitié de l'année le Niger ne roule que des eaux douces, et que cependant on y trouve des tarets, des pholades, pétoncles, balanes, tellines, qui dans les autres six mois vivent dans les eaux salées.

différences sous ce rapport, quoique les uns restent fixés à la
surface du sol, comme les huîtres, telles sont les éthéries, d'a-
près la découverte de M. Caillaud ; d'autres adhèrent aux
corps submergés par un byssus, comme la moule du Danube ; d'autres se meuvent dans la vase et à sa surface comme
les unios et les anodontes ; et enfin d'autres y vivent plus profondément, et s'y meuvent encore, comme les cyclades ; mais
jamais on n'a remarqué de mollusques fluviatiles des autres
familles, et surtout des espèces de palliobranches, de pyloridés, d'hétérobranches, encore moins du sous-type des molluscarticulés.

Les circonstances de la vie des mollusques marins sont
beaucoup plus variables : ainsi la plupart vivent sur les bords
de la mer, sur les rochers, dans les lieux de remous et à l'embouchure des fleuves, ce qui constitue les espèces littorales ;
mais il en est un certain nombre d'autres qui paroissent n'exister
qu'à des distances plus ou moins considérables du rivage et à de
grandes profondeurs, ce qui les a fait distinguer sous le nom
de mollusques pélagiens. Les térébratules paroissent être dans
ce cas, et l'on suppose que les nautiles, les ammonites y sont
encore davantage ; en effet les calmars, les sèches et les spirules,
dont on les rapproche, sont des animaux de haute mer.

On trouve ensuite que d'après leur mode de locomotion,
les uns vivent en nageant ou en flottant presque continuelle-
ment à la surface ou dans l'intérieur des eaux, ou en rampant sur les rochers au milieu des varecs qui les recouvrent
ou qui s'en séparent en masse, ou en s'y attachant d'une manière fixe par leur coquille ou par un byssus, ou enfin enfoncés plus ou moins profondément dans des éponges, dans la
vase, dans le sable, dans les rochers, dans des madrépores,
dans d'autres coquilles, et même dans des pierres non calcaires (1), ainsi que dans le bois mort ou vivant.

Les espèces qui vivent dans les éponges sont dans le cas des
moules, etc., que l'on trouve dans les trous de rochers ; mais
comme la substance dans l'excavation de laquelle elles ont

___

(1) Olivi dit positivement avoir vu deux fois des pholades dans un morceau de lave compacte.

été accidentellement placées augmente tant qu'elle est vivante, il en résulte qu'elles finissent par en être complètement enveloppées, au point sans doute d'être pour ainsi dire étouffées.

Les mollusques qui vivent dans la vase, dans le sable, ou même dans les terres argileuses, agissent réellement pour s'y enfoncer à mesure qu'ils augmentent de grosseur, et il est évident que c'est mécaniquement et au moyen de leur pied ; quant à ceux qui séjournent dans des substances dures, comme dans les pierres calcaires, les madrépores, les coquilles, on a cru que leur enfoncement successif étoit dû à un suc corrosif, à un acide qui pourroit dissoudre la pierre calcaire ; mais outre que cela n'est rien moins que prouvé, comme on a pu le voir à l'article Lithophage, le fait observé par Olivi et par Spalanzani, de pholades dans des morceaux de lave, celui des tarets dans le bois vivant, ne permettent pas d'adopter cette opinion.

Les mollusques terrestres offrent, comme on le pense bien, beaucoup moins de variations dans les circonstances de leur séjour. En général c'est dans les lieux humides et plus ou moins aquatiques qu'on en trouve le plus ; mais il en est aussi qui semblent davantage rechercher les lieux secs et exposés au soleil, comme certaines espèces d'hélices.

Quelques personnes ont même été jusqu'à croire que plusieurs espèces étoient fixées à des terrains de nature minéralogique particulière ; mais cela ne paroît pas probable.

Ce qu'il y a de plus certain, c'est que les mollusques terrestres dans les pays où la prolongation de quelque circonstance défavorable, comme le froid ou la sécheresse, les force de suspendre leur activité vitale, sont obligés de s'y soustraire, et pour cela s'enfoncent plus ou moins dans la terre, dans les anfractuosités des corps, et entrent ainsi dans une sorte de torpeur analogue à celle des marmottes ; c'est ce qui fait que l'on trouve quelquefois dans le même endroit une grande quantité de ces animaux, ou de leurs dépouilles, qui ont pu s'y accumuler par la suite des siècles.

L'étude raisonnée des malacozoaires est encore si peu avancée, que nous savons peu de chose sur leur nombre total et sur leur répartition dans les différentes parties du monde : on peut dire d'une manière générale qu'aucune partie de la terre n'est dépourvue de mollusques marins, terrestres, lacustres ou fluviatiles, et que la proportion des espèces de ces divisions est en rapport avec celle de l'étendue des mers, des continens, des lacs et des fleuves.

On peut aussi assurer que presque toutes les familles existent dans les différentes zones du globe, mais que les genres et les espèces de quelques unes sont beaucoup plus nombreux dans une zone que dans l'autre; ainsi il nous paroit que partout il existe des poulpes, des sèches et des calmars. Il est difficile d'en assurer autant pour les genres de coquilles polythalames; et en effet les deux seuls dont on connoisse un peu l'animal, la spirule et l'argonaute, appartiennent à la zone torride. Les genres de siphonobranches se trouvent aussi dans toutes les latitudes, mais il est plusieurs des subdivisions qu'on a établies dans les coquilles de cet ordre, qui n'appartiennent qu'aux régions intertropicales; tels sont les pleurotomes, les tonnes, les harpes, les vis, les mitres, les strombes, les cônes, les olives, les porcelaines et les ovules, genres dont on connoît à peine une espèce dans nos mers du Nord, et deux ou trois dans notre Océan et la Méditerranée. Le nombre des subdivisions génériques de coquilles dont il nous manque des espèces dans l'ordre des asiphonobranches, est beaucoup moins considérable. ou bien elles sont représentées l'une par l'autre, iant elles diffèrent peu entre elles. Nous possédons aussi tous les genres des familles qui composent l'ordre des pulmobranches, et ils se trouvent répandus sur toute la terre seulement dans des proportions un peu différentes; ainsi les espèces de la famille des auriculacés sont beaucoup plus rares et plus petites dans nos climats que dans ceux de la zone torride. Il en est de même des agathines et des bulimes, démembremens du genre des hélices (1). Les limnées paroissent au contraire plus nombreuses et même plus grosses dans nos climats que dans les pays chauds, ce qui n'a pas lieu pour les planorbes ni pour les physes. Nous n'avons pas d'espèces d'onchidies ou de véronicelles, qui semblent représenter dans les climats chauds les limaces de notre zone (2), comme nos tes-

----

(1) M. Leach cite une assez grosse agathine de la baie de Baffin.

(2) On connoît cependant des limaces des deux extrémités de l'Afrique et de la Nouvelle-Hollande.

tacelles remplacent les parmacelles de la zone torride. Dans toutes les autres familles nues ou conchylifères, on peut presque généraliser la même observation, en ajoutant que les espèces des mêmes genres sont bien plus nombreuses, et surtout bien plus grosses dans les régions équatoriales que dans les régions polaires, et surtout que dans les nôtres.

Dans la classe des acéphalophores, on peut également arriver au même résultat; dans l'ordre des palliobranches, les lingules ne se rencontrent que dans l'Inde; on trouve des térébratules, des orbicules et des cranies dans tous les pays. Cela est encore plus évident pour les huîtres qui sont abondamment répandues partout. Il n'en est pas de même des tridacnes qui ne sont encore connues que dans l'Archipel indien; les peignes, les limes, sont de toutes les mers; les vulselles, les pernes, les crénatules paroissent n'appartenir qu'aux mers des pays chauds; les moules, les avicules irrégulières même, sont de toutes les mers. Il en est de même de presque toutes les subdivisions génériques de la famille des arcacés et de celle des submytilacés; les trigonies, de celle des camacés, n'ont encore été trouvées vivantes que dans la zone australe: on a observé des espèces de tous les genres de conques dans toutes les mers; mais quelquefois un de ces genres est représenté par un autre fort voisin; ainsi nos cyclades paroissent dans l'Inde être des cyrènes, etc. Il nous semble aussi qu'il y a des vénus saxicaves dans toutes les mers; il en est de même des mactres. Les myes paroissent plutôt appartenir aux mers du Nord, de même que les pandores et les solens à bords droits et parallèles (1); les solens ovales sont plutôt des climats méridionaux. On trouve des pholades partout, et peut-être des tarets de même, tandis que les fistulanes, les clavagelles et les arrosoirs sont presque constamment des zones équatoriales.

Les ascidies simples ou aggrégées existent aussi sous toutes les zones, mais cependant toujours plus nombreuses et plus développées dans les équatoriales que dans les polaires. Cela est encore plus évident pour les biphores qui ne commencent même à se montrer que dans les mers des régions tempérées.

---

(1) M. le docteur Leach a cependant figuré une espèce de solen très-rapprochée du SOLEN VAGINA, et qui vient de Ceilan.

La classe des polyplaxiphores a des espèces dans toutes les mers, mais bien plus nombreuses et bien plus grosses dans celles des pays chauds que dans les autres.

Il en est à peu près de même de celles de la classe des né-matopodes.

Ainsi l'on peut donc dire des familles, des genres et des es-pèces de malacozoaires acéphalophores, ce que nous avons dit des céphalophores, que, quoique plus nombreux et d'une dimension plus grande sous les zones équatoriales, les genres sont représentés dans toutes, sauf un petit nombre d'ex-ceptions que l'on peut même raisonnablement espérer voir diminuer de plus en plus, à mesure qu'on aura mieux étudié ce type d'animaux. Quant aux espèces, le nombre en devra aussi beaucoup diminuer à mesure qu'on cherchera davan-tage en quoi consiste la différence des véritables espèces, et que l'on saura jusqu'à quel point les individus sont modifiés par l'ensemble des circonstances locales dans lesquelles ils vivent.

Les mollusques se nourrissent de toutes sortes de substances, c'est-à-dire de substances animales ou végétales, dans tous les états, vivantes ou mortes, fraîches ou putréfiées; mais cha-que espèce, chaque genre même, et moins certainement cha-que famille se borne à l'une ou l'autre de ces nourritures.

Tous les cryptodibranches connus se nourrissent d'animaux vivans qu'ils déchirent, qu'ils brisent peut-être, mais qu'ils ne mâchent probablement pas.

Les siphonobranches paroissent aussi être tous carnassiers; mais il est probable qu'ils avalent rarement leur proie tout en-tière, qu'ils la sucent, l'attirent dans leur trompe armée ou non, mais qu'ils ne la mâchent pas, puisqu'ils n'ont pas d'or-ganes destinés à une véritable mastication.

Les asiphonobranches semblent être généralement moins carnassiers, peut-être même ne le sont-ils pas du tout, ou prennent-ils indifféremment leur nourriture animale ou vé-gétale à l'état de putréfaction. Ils semblent en effet se servir de leur mufle proboscidiforme non armé, plutôt pour avaler les matières végétales pourries que pour les mâcher; cela est certain du moins pour les cyclostomes terrestres.

Les pulmobranches sont au contraire certainement le plus souvent phytophages, et ils mâchent ou coupent la substance dont ils font leur nourriture par petits morceaux qu'ils avalent aussi peu à peu; en effet nous avons vu que leur bouche est toujours armée d'une dent supérieure coupante et dentelée à laquelle s'oppose la masse linguale. On rapporte cependant que la testacelle avale des vers de terre tout entiers en les tirant peu à peu dans son canal intestinal.

Les chismobranches, les monopleurobranches sont probablement dans le même cas que les asiphonobranches, puisqu'ils n'ont pas de dents à la bouche.

Les aporobranches ou ptéropodes nous paroissent aussi devoir ne pas mâcher leur proie, mais la sucer ou la prendre à l'état de décomposition par la même raison.

On en peut dire autant des cyclobranches, des inférobranches, et même des polybranches, quoique dans ce dernier ordre il y ait quelques genres, tels que ceux des tritonies et des scyllées, dans lesquels il y a deux mâchoires agissant latéralement comme des branches de ciseaux, et qui, par conséquent, doivent au moins couper leur nourriture.

Quant aux nucléobranches, il paroit qu'ils se nourrissent de petits animaux; les cervicobranches sont peut être dans le même cas, mais il est plus probable que leur nourriture doit aussi se composer de matières en décomposition.

Dans toute la classe des acéphalophores cela est encore plus nécessaire, puisque la bouche de ces animaux, entièrement molle dans toutes ses parties, ne pourroit avoir la moindre action sur des corps de la plus foible solidité : aussi est-il probable qu'ils se nourrissent de particules animales et peut-être même végétales, résultat de la décomposition d'êtres de l'un ou de l'autre de ces règnes, et qui sont entrainés avec le fluide qui entre dans la cavité du manteau pour la respiration; il se pourroit aussi que leur nourriture fût composée des animalcules innombrables que le microscope fait apercevoir dans l'eau où vivent ces animaux, et qui sont d'une mollesse extrême. Les nucules se nourriroient-elles de substances plus solides, comme on pourroit le supposer, d'après la disposition de leurs appendices labiaux?

D'après la nature de l'aliment et l'état sous lequel ils le saisissent, il est évident que les moyens que les mollusques emploient pour l'atteindre doivent être très-différens.

Les espéces qui, comme les brachiocéphalés, et même les
testacelles, se nourrissent de proie vivante fugitive, sont
obligées ou de la poursuivre quand elles en ont les moyens,
comme les séches et les calmars, ou de l'attendre en embuscade
pour se jeter subitement dessus; c'est le cas des poulpes parmi
les premiers, et peut-être de la testacelle.

Celles qui au contraire mangent des animaux vivans, mais
immobiles, se fixent, s'attachent dessus, percent leurs enveloppes de quelque nature qu'elle soit, à l'aide des crochets
dont leur trompe est armée, et par conséquent n'ont pas
beaucoup de peine à trouver leur proie qui souvent même
est immobile.

Les mollusques qui se nourrissent de substances animales
ou végétales en décomposition, les cherchent sans doute guidés
essentiellement par l'odorat, et n'ont pas besoin de grands efforts
pour les atteindre.

Il en est de même de ceux qui, comme la très-grande partie
des limacinés, composent leur nourriture de substances végétales vivantes et plus ou moins solides; il ne s'agit que de les
chercher et de les couper par petits morceaux.

Enfin pour les espéces dont la nourriture consiste en molécules déjà désunies ou en corps microscopiques suspendus
dans les fluides où elles vivent, il n'y a plus besoin de recherches, de préhension quelconque: il suffit à l'animal de produire dans l'eau un mouvement presque circulatoire de ce
fluide qui doit apporter avec lui la substance nutritive, et
probablement d'avaler cette substance et le véhicule à la
fois.

Les rapports d'un plus ou moins grand nombre d'individus
d'une espèce de mollusques n'indiquent jamais la moindre
apparence de société même parmi les espèces les plus élevées,
comme les poulpes et les séches, mais seulement un ensemble de
circonstances favorables à leur propagation, à leur multiplication, à leur nourriture, ou enfin à leur conservation pendant la saison de torpeur.

Le mode de reproduction et quelquefois un courant du fluide
qu'ils habitent, ou l'époque peu éloignée de leur sortie de l'œuf,
peuvent aussi déterminer la réunion d'un assez grand nombre
de mollusques; c'est ainsi que parmi les bivalves, et surtout dans

les espèces fixées, on rencontre souvent des bancs immenses en longueur, en largeur, et même en épaisseur, qui ne sont composés que d'individus de la même espèce ; ce que l'on voit surtout pour les huîtres et les moules, et même pour les jambonneaux. Aussi sont-ce les coquilles que l'on trouve le plus fréquemment fossiles et en place. Les espèces qui vivent enfoncées dans le sable, la vase, les pierres, le bois, sont presque dans le même cas ; mais cependant les circonstances n'étant pas si favorables à leur accumulation, les individus sont en général moins nombreux. Plus les espèces deviennent mobiles, moins grandes sont les accumulations d'individus, si ce n'est lorsque quelques unes des causes rapportées ci-dessus viennent à agir. Ainsi, peu de temps après que les œufs d'une seule et même portée sont éclos, on trouve réunis les petits animaux qui en sont sortis, et qui doivent se séparer par la suite. Quand les circonstances extérieures nécessitent que l'animal entre en torpeur, alors souvent un assez grand nombre d'individus se rassemble dans les mêmes trous, les mêmes anfractuosités, parce qu'ils y trouvent le même abri ; quelquefois la direction du vent ou de l'eau détermine aussi une réunion nombreuse d'individus, comme cela se voit pour les espèces marines ou lacustres qui nagent à la surface de l'eau, telles que les janthines, les limnées, les planorbes ; et même les salpas ou biphores. Les circonstances de repos, de tranquillité, d'abondance de nourriture, déterminent aussi l'accumulation des mollusques dans certains lieux. Ainsi dans les anses, sur les côtés des embouchures de rivières, du côté surtout abrité du vent ordinaire, dans les fonds sablonneux où la main de l'homme ne traîne pas ces instrumens destructeurs des animaux marins en général connus sous le nom de dragues, de chaluts, on est souvent étonné de la quantité de mollusques qu'on y trouve, tandis que dans des lieux fort voisins dans la même mer, mais où rien n'est favorable, on en rencontre à peine. Un seul accident peut aussi déterminer ces réunions ; ainsi l'on voit souvent en mer flotter des débris de vaisseaux qui sont comme fleuris, tant ils sont couverts d'anatifes ou de balanes : l'œuf d'un seul individu bien attaché a suffi pour produire tous les autres.

Mais les réunions les plus singulières des individus d'une

même espèce de mollusques, sont celles dans lesquelles ils se greffent par les côtés de leur enveloppe extérieure de manière à former un tout, une sorte d'animal composé. On n'en voit cependant d'exemples que dans les acéphales les plus informes, parmi les ascidiens et les salpiens; ces réunions plus ou moins intimes semblent n'être que la continuation, ou mieux, la fixité de la disposition qu'avoient dans l'ovaire de l'animal les individus qui les forment; il semble alors qu'il y ait une espèce de société forcée, puisqu'il résulte quelquefois de l'action de chaque individu un concours pour une action générale et utile à tous; c'est du moins ce qui paroît exister dans les botrylles, et peut-être dans les pyrosomes.

Le mode de reproduction des malacozoaires a aussi nécessairement une influence marquée sur le rapprochement des individus, mais il est évident que cela ne peut avoir lieu que dans les espèces chez lesquelles les deux sexes sont distincts sur un même individu, ou sur des individus différens; ici les rapports qui en résultent sont bien plus intimes.

On connoît assez peu la manière dont ces rapports s'établissent entre les individus de sexes différens, c'est-à-dire, dans la section des malacozoaires dioïques.

On le sait davantage dans celle des malacozoaires monoïques, c'est-à-dire dont les deux sexes sont réunis sur chaque individu, ce qui constitue l'hermaphrodisme insuffisant, parce qu'on a pu l'observer dans les limaces et les hélices, espèces qui peuvent le plus aisément être exposées à nos observations. Plus ou moins de temps après que ces animaux sont sortis de l'état de torpeur, ce qui dépend de la chaleur atmosphérique et de l'abondance de nourriture qu'ils ont pu se procurer, tous les individus parvenus à l'âge adulte qui n'est pas ici celui du plus grand développement, éprouvent un gonflement de tout l'appareil génital à la suite de l'irritation et de la sécrétion de l'ovaire et du testicule. Ces individus se cherchent alors, se rapprochent, se caressent, s'essaient réciproquement par des moyens différens pour s'assurer s'ils sont au même degré d'énergie génitale; alors le rapprochement devient plus intime, le spasme s'empare des deux individus qui tendent à s'accoupler, les organes excitateurs se déroulent en dehors, s'enlacent réciproquement, se couvrent d'une humeur spermatique abondante, et sont introduits dans l'oviducte de la partie femelle. Le rapport immédiat qui en résulte dure un temps toujours fort long, mais un peu variable, et lorsque l'action réciproque du fluide spermatique de l'un a eu lieu sur les germes de l'autre, l'éréthisme décroît peu à peu, l'organe excitateur rentre quoique fort lentement dans le corps de l'animal, et après un laps de temps qui nous est inconnu, chaque individu va de son côté déposer ses œufs dans des lieux favorables à leur développement.

Le plus souvent dans les mollusques monoïques les rapports génitaux n'ont lieu qu'entre deux individus, comme dans les limaces et les hélices, mais quelquefois il faut qu'il y en ait au moins trois, la disposition des organes ne permettant pas l'accouplement réciproque de deux seulement. Dans ce cas, celui du milieu pâtit comme femelle, avec le premier qui agit sur lui comme mâle, et agit comme tel avec le troisième qui le supporte comme femelle; et, comme d'autres individus peuvent aussi s'ajouter à la suite des trois premiers, il en résulte des cordons souvent fort longs dans lesquels tous les individus intermédiaires au premier et au dernier agissent à la fois dans les deux sexes, tandis que celui-là agit seulement comme mâle, et celui-ci seulement comme femelle. Ce système d'accouplement se remarque dans toutes les espèces de la famille des limnées.

Les mollusques hermaphrodites ou qui ne sont pourvus que d'un seul sexe femelle, se suffisant à eux-mêmes, n'ont jamais besoin de rapports avec d'autres individus de leur espèce; aussi y en a-t-il un assez grand nombre qui ne peuvent changer de place. A une certaine époque de l'année, ordinairement vers le milieu du printemps dans nos climats, l'ovaire se gonfle, s'étend, s'accroît sous l'aspect d'une substance d'un blanc jaunâtre qui épaissit beaucoup le corps de l'animal, et qui n'est qu'un amas innombrable de germes perceptibles seulement au microscope. Avant que d'être rejetés ou déposés dans des expansions de l'ovaire, quelques auteurs rapportent qu'une humeur laiteuse, sécrétée sans doute par une partie de l'oviducte, se répand sur les œufs, et produit l'effet de la liqueur séminale du mâle dans les mollusques monoïques ou dioïques; mais, quoi qu'il en soit, les œufs s'accroissent, éclosent dans les oviductes qui contiennent ainsi de petits animaux déjà revêtus de leur coquille; ils en sortent soit en rompant les parois même de l'oviducte, comme quelques auteurs le disent, soit par la terminaison des ovaires entre les lobes du manteau, comme cela est beaucoup plus probable. Plus souvent les œufs, ou mieux les petits animaux qui ont été déposés à l'état d'œufs dans les réservoirs formés par les branchies, en sortent par la fente dorsale et postérieure qui s'ouvre dans le tube excrémentitiel.

La forme sous laquelle le produit de la génération femelle fécondée apparoît à l'extérieur, varie beaucoup même dans les genres des familles bien naturelles. Le nombre paroît toujours être assez bien en rapport avec la grandeur de l'espèce, c'est-à-dire que les plus grosses sont celles qui produisent le moins et les plus petites le plus; il semble aussi que les espèces vivipares produisent moins que les autres, et peut-être les terrestres moins que les aquatiques.

Dans la section des dioïques, le plus souvent c'est à l'état d'œufs, mais quelquefois aussi c'est à l'état de petits vivans comme dans la paludine et dans plusieurs petites espèces de sabots, ainsi que Ginnani l'avoit observé le premier, et que l'a confirmé miss Warn.

Les œufs paroissent être toujours muqueux ou cornés, et jamais réellement à enveloppe calcaire.

Quelquefois tous ceux qui sont pondus par un individu forment une seule masse libre, flottante, dans laquelle ils sont réunis de manières très-différentes, comme on le voit dans les œufs de poulpes, de sèches, de calmars, de plusieurs espèces de buccins, etc.; mais d'autres fois ils sont déposés un à un et attachés sur les corps marins par une sorte de pédicule; c'est ce qui a lieu pour des espèces de buccins ou de pourpres, et probablement de beaucoup d'autres genres. Les femelles des mollusques ovovivipares ne rejettent leurs petits que peu à peu, pendant toute la belle saison et à mesure qu'ils se complètent, comme nous l'apprenons des observations de miss Warn.

Dans la section des monoïques, il y a aussi des espèces vivipares (les partules de M. de Férussac paroissent être dans ce cas); mais le plus grand nombre est ovipare.

Les œufs, le plus ordinairement muqueux ou cornés, sont quelquefois, dans les espèces terrestres, revêtus d'une coque calcaire, ce qui les fait ressembler aux œufs d'oiseaux ou de reptiles. Ils semblent être toujours sessiles, souvent séparés, ou seulement ramassés en tas, mais aussi quelquefois réunis au moyen d'une matière glaireuse qui en fait un tout, comme ceux des limnéens, ou des bandes gélatineuses, comme ceux des doris et genres voisins.

On ne sait pas trop comment les germes des mollusques hermaphrodites céphalés sortent du corps de leur mère. Mais il paroît que ceux de tous les malacozoaires acéphalés naissent à l'état vivant et un à un.

Il n'y a qu'un très-petit nombre de mollusques qui paroissent prendre quelque soin du produit de leur génération : on le dit des poulpes; mais cela n'est rien moins que certain. Adanson nous rapporte que la femelle de la volute gondole recueille ses petits pendant quelque temps dans le pli de son pied; la femelle de la paludine ovipare les porte aussi pendant quelques jours sur sa coquille, et probablement au fur et à mesure qu'ils sortent de son oviducte.

Quant aux œufs, il est certain que l'animal les place souvent d'une manière convenable, comme cela se voit dans les buccins qui en ont de pédonculés. La janthine, qui paroit toujours flottante, en entoure sa coquille; les limaces, les hélices les cachent dans des anfractuosités, sous des pierres, à l'humidité et à l'abri du soleil. L'ocythoé de l'argonaute paroît les placer constamment dans le fond de la coquille qu'il habite.

Il n'y auroit rien d'étonnant que les moules attachassent leurs petits avec leur pied canaliculé.

Les balanes, etc., pourroient fort bien aussi en faire autant à l'aide de la longue trompe qui termine leur oviducte.

Tous les autres mollusques les rejettent à peu près au hasard, et c'est à la viscosité qui les entoure qu'est probablement due la faculté qu'ils ont de s'attacher aux corps submergés, et par suite l'avantage de se trouver placés dans la position convenable à leur espèce.

Ces œufs paroissent jouir d'une force de vitalité assez grande, puisqu'ils peuvent être desséchés sans perdre leur faculté de développement. Ce n'est en effet que par là qu'on peut expli-

quer le fait observé par Adanson au Sénégal, d'une petite
espèce de bulin ou de physe, qui chaque année est extrêmement abondante dans les marécages formés par l'eau des pluies
qui tombent en juin, juillet, août et septembre, quoique ces
marais soient ensuite desséchés pendant cinq à six mois, et
pour ainsi dire brûlés par le soleil le plus ardent; fait qui se
trouve parfaitement en rapport avec l'expérience de M. Leechs
sur le dessèchement réitéré des œufs de la limace agreste, sans
perdre la propriété de se développer.

Les rapports des animaux de ce type avec les autres animaux ne leur sont en général pas favorables, c'est-à-dire qu'ils
ont bien plus souvent à les fuir qu'à les rechercher. En effet,
quoiqu'il y en ait un certain nombre qui soient zoophages,
il en est peu qui attaquent des animaux des classes supérieures;
peut-être même n'y a-t-il que les brachiocéphalés qui soient
dans ce cas, puisqu'ils se nourrissent de crustacés et de poissons. Toutes les autres espèces zoophages n'attaquent que
des animaux de leur classe, et surtout de la classe des acéphalés qui se meuvent assez difficilement : aussi peut-on dire,
d'une manière générale, que le type des malacozoaires n'a
qu'une foible action sur les types précédens, tandis qu'au
contraire ceux-ci ont sur lui une action destructive considérable. En effet un certain nombre de mammifères aquatiques,
comme les cétacés, les morses, mais surtout les oiseaux qui
habitent les eaux, les amphibiens, les poissons même, recherchent avec plus ou moins d'avidité les mollusques nus ou conchylifères, brisent la coquille de ces derniers et les dévorent.
Aussi ce groupe d'animaux ne paroît-il échapper à la destruction que par les lieux qu'ils habitent, et par l'immensité
de leur multiplication.

M. Mielzinsky a observé dernièrement que le mollusque de
l'hélice némorale paroît être la proie d'un hexapode à l'état
de larve, insecte dont il a cru devoir former un genre nouveau, nommé, à cause de ses habitudes, *cochleoctone*, mais
que M. le professeur Desmarest a montré n'être que celle du
drilus flavescens d'Olivier, ou PANACHE JAUNE de Geoffroy, dont
on ne connoissoit jusqu'alors que le mâle, et dont le *cochleoctone* est la femelle.

L'espèce humaine, dans ses rapports avec les malacozoaires,

en tire aussi beaucoup plus d'avantages, qu'elle n'en éprouve de dommages.

Nous voyons en effet qu'un assez grand nombre d'espèces de mollusques font partie de sa nourriture, non seulement chez les peuples sauvages ou à demi sauvages, mais même chez les peuples civilisés. Les nations sauvages qui vivent sur les bords de la mer, font un grand usage des mollusques dans leur nourriture, comme nous l'apprenons d'Adanson, pour les peuplades qui habitent l'Afrique occidentale, de Molina pour celles du Chili, de Péron pour celles de la Nouvelle-Hollande, de Forster pour celles des îles de la mer du Sud, etc. Mais même dans nos pays civilisés, les mollusques font souvent une grande partie de la nourriture des habitans de nos rivages maritimes, surtout dans les endroits où la population est généralement pauvre, et où certains jours de la semaine ou de l'année sont consacrés par l'abstinence religieuse, comme en Grèce, en Italie, surtout dans les Etats de Naples et dans quelques parties de la France.

La nourriture que l'homme tire des animaux du type des malacozoaires, en général assez agréable au goût, est en outre souvent assez profitable, et même excitante; mais elle est quelquefois assez dure et même indigeste, surtout lorsqu'elle est retirée des parties musculaires qui composent le pied, et qu'on la fait trop cuire.

Les bivalves paroissent être en général plus estimés et d'une saveur plus agréable que les univalves, parce qu'ils ont une moins grande quantité de fibres musculaires. En effet, dans les premiers, les plus recherchés sont ceux dont la masse abdominale est nulle ou peu considérable, comme les huîtres, les moules, les lithodomes ou dails, les pholades, et surtout les tarets, d'après l'observation de Rédi, qui les dit beaucoup plus délicats que les huîtres.

Comme la masse qui compose le corps de ces animaux, surtout quand on les mange crus, contient une quantité plus ou moins grande d'eau de mer, qui agit souvent comme purgatif, il n'est pas étonnant que l'homme éprouve souvent un effet de cette nature, quand il mange un nombre un peu considérable de ces animaux; mais il est prouvé que, dans certaines circonstances à peu près inappréciables, et même sur certains individus, l'effet est beaucoup plus intense, et suivi d'accidens souvent fort graves, comme on peut le voir aux articles HUÎTRE et MOULE.

La préparation que l'homme fait subir aux mollusques dont il se nourrit, est souvent nulle, c'est-à-dire qu'il les mange, non seulement crus, mais même vivans; c'est ce qu'il fait surtout pour les huîtres et quelques genres voisins; mais bien plus souvent il les fait cuire complètement dans l'eau de mer, ou dans une eau salée artificielle, comme cela a lieu pour tous les mollusques céphalés, et même pour une partie des acéphalés, tels que les peignes, les moules, les bucardes, les vénus, etc. D'autres fois la cuisson s'opère dans du beurre, de la graisse fondue, ou de l'huile; c'est ce que l'on fait en France, en Italie, et surtout en Grèce, pour le manteau frais ou desséché des calmars et des sèches. Les nations sauvages leur font subir une autre préparation; elles les dessèchent à l'action de la fumée, ce qu'on nomme *boucaner*, ou même seulement en les exposant à un air chaud et sec; et souvent les mollusques ainsi préparés deviennent des objets de commerce, susceptibles d'être transportés, comme Molina nous le rapporte d'une espèce d'ascidie aggrégée qu'il a nommée *pyura*.

Mais ce n'est pas seulement comme objets de nourriture que les malacozoaires peuvent être utiles à l'homme. Quelques uns, en petit nombre à la vérité, lui fournissent des matériaux de vêtemens: tels sont les piannes-marines ou les jambonneaux dont les filamens, qui constituent leur byssus, sont employés, de temps immémorial, par les habitans des rives de la Méditerranée, et surtout par ceux de la Sicile, à former des tissus aussi remarquables par la beauté et la fixité de leur couleur naturelle, que par leur légèreté et leur propriété de retenir la chaleur.

La demi-transparence qu'offrent les valves du genre Placune, est cause que les habitans de la Chine et des Philippines, les emploient pour garnir leurs fenêtres, ou pour remplacer les carreaux de vitres.

La propriété dont jouissent certaines parties de coquilles univalves et bivalves, de réfléchir les rayons lumineux en les décomposant, ce qui caractérise la nacre irisée, les a fait employer comme objets de parure ou d'ornement.

C'est ainsi que nous recherchons une disposition maladive de cette partie développée, soit au contact de la coquille, soit dans le tissu même de l'animal, et qui accidentellement prend avec une couleur plus ou moins blanche, plus ou moins transparente, une forme *régulière* globuleuse, ovale ou de poire, ce qui constitue les PERLES. (Voyez ce mot.) Nous enlevons aussi artificiellement de ces coquilles des morceaux plus ou moins épais de la nacre; et, suivant leur forme plane ou courbe, épaisse ou mince, nous en faisons l'ornement d'une multitude d'instrumens, des tables et des panneaux de meubles, enfin des bijoux à l'usage des femmes, notamment les pendans d'oreilles en coques qui sont formés avec des cloisons du fond de la coquille de l'argonaute.

Nous avons déjà fait remarquer que l'espèce humaine tire encore des animaux du type des mollusques plusieurs objets utiles à l'art de la peinture et à celui de la teinture; en effet s'il n'est pas absolument prouvé que l'encre de la Chine soit formée avec la matière déposée dans la vessie d'espèces de cryptodibranches, cela est au moins certain pour la sépia qui a même reçu ce nom de ce qu'on obtient cette matière colorante si finement et si également divisée, des sèches de nos pays.

Il n'est pas moins hors de doute que les anciens extrayoient la belle couleur pourpre dont ils teignoient les vêtemens presque exclusivement consacrés aux princes, d'une espèce de mollusques subcéphalés de la famille des pourpres qui habitoit les bords de la Méditerranée, surtout vers les rivages de Tyr, et qu'il seroit sans doute aisé de retrouver ou de remplacer par quelques espèces de nos mers, comme l'ont proposé Réaumur, Templeman et plusieurs autres auteurs; mais la petite quantité de cette couleur que l'on retiroit de chaque individu, et par conséquent la grande difficulté de la teinture, ont dû porter à abandonner cet emploi des mollusques, surtout quand on a eu trouvé à remplacer la pourpre par la couleur également belle que fournissent en abondance le kermès et la cochenille.

Nous ne nous arrêterons pas long-temps à exposer les propriétés thérapeutiques que l'ancienne médecine attribuoit à certaines parties des mollusques, parce que le temps ne les a pas respectées et les a à peu près détruites successivement. La seule peut-être qui ait résisté est celle de calmant, d'adoucissant dans les maladies de poitrine, que l'on cherche encore dans l'emploi des bouillons de limaces et d'hélices, qui, cependant, n'est rien moins que spécifique; et enfin la propriété légèrement purgative des huîtres, des peignes, mangés crus, et probablement, comme il a été dit plus haut, à cause de l'eau de mer qu'ils contiennent.

D'après ce qui vient d'être dit, il est évident que le type des mollusques n'a d'utilité bien certaine que comme nourriture, mais aussi on va voir que ces animaux nous nuisent encore moins qu'ils ne nous sont utiles.

Les poulpes sont peut-être les seules espèces qui par leur instinct carnassier puissent nous nuire sous le rapport de notre nourriture animale. Il est en effet bien connu qu'ils causent beaucoup de tort aux pêcheurs de crustacés par la grande destruction qu'ils font de ces animaux, parce que, comme eux, ils habitent les endroits rocailleux.

Notre nourriture végétale éprouve des pertes indubitablement plus grandes par la voracité des limaces et des hélices qui habitent nos champs et nos jardins; mais c'est un inconvénient proportionnel au développement de notre industrie agricole ou horticole qui accumule dans un petit espace les substances dont ces animaux sont le plus friands.

Nos habitations en pleine terre ne paroissent éprouver aucun dommage de la part des mollusques; mais il n'en est pas de même de nos constructions sur les bords de la mer ou de celles qui sont destinées à flotter à sa surface. Les vénus lithophages, et surtout les dails ou moules lithophages et les pholades, pour se loger dans les pierres qui constituent nos digues, les percent dans tous les sens; et, quoique cela ne soit jamais très-profondément, elles peuvent cependant en hâter la destruction.

Cela est beaucoup plus évident pour les tarets qui choisissent le bois pour y creuser leur demeure; les pays qui ont employé dans la construction des digues qui les mettent à l'abri des invasions de la mer, des pilotis de bois, les ont, au bout d'un assez petit nombre d'années, vus tellement percés au-dessous du niveau de l'eau, qu'il a fallu les renouveler. Les vaisseaux qui séjournent long-temps dans les ports et dans les bassins sont aussi exposés à l'action destructive de ces animaux, surtout, à ce qu'il paroit, dans les mers des pays chauds; enfin il n'est pas jusqu'aux arbres vivans dont les racines ou la tige sont submergées qui ne puissent être attaqués par les tarets, comme Adanson le rapporte des mangliers des bords du Niger, au Sénégal.

Les différens avantages ou dommages que les mollusques peuvent occasionner à l'espèce humaine ont dû la déterminer à imaginer quelques moyens d'augmenter les uns et de diminuer les autres.

C'est dans la première catégorie que doivent être rangés, 1.° l'art d'élever les hélices dans des lieux favorables à leur développement, de leur fournir abondamment les substances qui leur servent de nourriture habituelle, et même celles dont l'usage produit en eux certaines qualités recherchées, comme il paroît que les Romains l'avoient fait; 2.° l'art de parquer les huîtres, c'est-à-dire d'introduire dans les lieux choisis dans lesquels on les place, une certaine quantité d'eau douce provenant de la pluie ou d'une rivière, de la laisser en stagnation afin que les huîtres perdent l'âcreté, la dureté qu'elles avoient en sortant de la mer, et même que par le développement d'une espèce de vibrion, comme l'a démontré M. Gaillon, dans cette espèce d'eau stagnante, ces mollusques en même temps qu'ils s'attendrissent encore davantage, prennent avec la couleur verte une saveur piquante plus ou moins poivrée; 3.° l'art de disposer les moules dans des lieux également déterminés, d'y faciliter leur développement et leur multiplication.

Il faut aussi rapporter à cette première division les moyens que l'homme a inventés pour découvrir, saisir, ramasser et conserver les espèces de mollusques qui peuvent lui être utiles.

Il en est peu qui puissent se prendre dans des filets fixes ou mobiles : les sèches et les calmars sont peut-être les seuls mollusques dans ce cas, parce qu'ils nagent en pleine eau à la manière des poissons. Quelques espèces peuvent être presque pêchées à la ligne; telles sont les olives, d'après ce que nous a appris M. Mathieu, dans les parages de l'Ile-de-France.

Les espèces fixées ou presque immobiles, peuvent être recueillies à la main quand elles sont à la surface des corps que la mer découvre dans ses mouvemens journaliers, mensuels ou annuels, comme les patelles, les haliotides, et même les moules et les ascidies; mais quand c'est à une profondeur telle que dans les marées les plus basses, jamais elles ne sont à découvert, alors on est obligé de les détacher avec des râteaux à dents de fer ou avec une espèce de grattoir de même substance derrière lequel est un sac ou gros filet qui les reçoit, c'est ce que l'on fait pour les huîtres du moins dans nos pays; car dans ceux où elles s'attachent aux branches des mangliers, il suffit de couper celles-ci pour emporter souvent plusieurs centaines d'huîtres à la fois.

Les mollusques qui s'enfoncent dans la vase ou dans le sable, n'ont besoin que de fourches ou de crochets plus ou moins longs pour être atteints et enlevés; quelquefois même en ayant soin de remarquer le trou creusé dans le sable par lequel ces animaux communiquent avec l'eau, quand il en est recouvert et en y mettant un peu de sel, l'action de cette substance les fait sortir en partie hors de leur retraite; c'est ce qui a lieu pour les solens.

Enfin pour obtenir les espèces qui vivent dans les rochers, ou même dans le bois, comme leur corps est conique ainsi que leurs loges, la partie la plus large étant en arrière, il faut briser la pierre ou le bois qui les contient.

Pour diminuer les désavantages que les mollusques peuvent nous causer, il est évident qu'il faut aussi les rechercher, les saisir, dans le but de les détruire, ou bien rendre moins nombreuses et moins favorables les circonstances qui peuvent en favoriser le développement et la multiplication, ou enfin envelopper les corps que certaines espèces peuvent creuser, de substances inattaquables ou les remplacer par celles qui ne le sont pas; ces deux dernières indications sont remplies en couvrant de lames de cuivre ou d'autres substances la partie submergée des pilotis ou des vaisseaux, ou en les construisant avec certaines espèces de bois qui jouissent de la propriété de n'être pas attaqués par les mollusques xylodomes.

Les rapports des malacozoaires avec les végétaux ne sont que d'utilité pour eux, puisqu'un assez grand nombre d'espèces s'en nourrissent comme nous l'avons vu plus haut, et même que quelques uns peuvent s'y creuser une loge ou un abri.

Enfin les rapports des mollusques avec le règne minéral, et

par conséquent avec la masse de la terre qu'il contribue à former, ne sont pas sans intérêt; car, sans chercher ici à résoudre la question physiologique de savoir si les mollusques conchylifères empruntent au règne inorganique la matière calcaire qui compose leur coquille, ou s'ils la forment de toutes pièces, il est cependant certain qu'ils produisent au moins des changemens à la surface de la terre en accumulant dans des endroits plus que dans d'autres cette matière, et par conséquent qu'ils en changent la physionomie ou la structure superficielle dont l'étude constitue la géognosie.

La manière dont se fait cet accroissement est toute différente, suivant que les mollusques dont proviennent les coquilles étoient fixés, ou ne l'étoient pas, vivoient enfoncés dans la vase, dans le sable, ou étoient libres à la superficie des roches ou du sol. Ainsi les huîtres dans nos pays, les pintadines ou avicules régulières dans les pays chauds, ainsi que les spondyles et plusieurs autres bivalves, forment par leur accumulation des bancs plus ou moins étendus, des couches plus ou moins épaisses, horizontales, où les coquilles sont encore aujourd'hui dans la même position où elles ont vécu anciennement, et presque sans mélange de corps étrangers. Quoique cela soit moins évident pour les bucardes, les tellines, les lutraires, les myes, etc., et tous les genres de bivalves qui vivent verticalement enfoncés dans le sable ou dans la vase, on voit cependant que ces coquilles doivent former aussi des espéces de couches, parce que les individus nouvellement nés sont déposés par leurs parens au-dessus d'eux-mêmes, en sorte que ceux-ci s'enfonçant dans le sable à mesure qu'ils grossissent, dépriment leurs parens, et successivement les individus qui sont au-dessous d'eux, de manière à les éloigner assez de la surface du sol, pour que leurs tubes ne puissent plus atteindre l'eau, ce qui les fait mourir. Alors leurs coquilles, verticales, quand l'animal étoit vivant, s'inclinent peu à peu, deviennent horizontales, se remplissent de la substance dans laquelle elles étoient enfoncées, résistent à la pression des couches accumulées, de manière quelquefois à rester bien entières avec toutes leurs aspérités, ou sinon se brisent, se cassent en se disposant par lits plus ou moins purs de toute autre coquille, ou même de substance étrangère. C'est ce

que l'on voit très-bien dans les alluvions formées à l'embouchure actuelle de nos grands fleuves, ou dans les anses
des rivages de nos mers, où les courans se font peu sentir, ce qui fait présumer par analogie qu'aux endroits de nos
continens où l'on trouve de semblables accumulations, il
y avoit autrefois une embouchure de rivière, ou quelque
gorge où les eaux formoient un remous. Les autres mollusques
vivant librement au fond des eaux douces et salées, sans s'enfoncer dans le sable ou la vase qui en fait le fond, ou qui ne
s'enfoncent que dans la partie mobile, abandonnent à leur
mort leurs coquilles; celles-ci roulées, culbutées, pendant
plus ou moins long-temps, contre les rochers et les saillies du
sol, par les mouvemens des ondes, se brisent, se réduisent à
l'état fragmentaire plus ou moins fin, et sont alors entraî-
nées dans la direction habituelle des courans, des vents, et
accumulées le long des rivages, surtout dans les baies, sur une
étendue et à une hauteur souvent considérables. Les couches
qui en résultent sont ainsi entièrement composées de fragmens
plus ou moins gros de coquilles souvent roulées, qui ont par
conséquent perdu leurs aspérités, et de genres souvent très-différens, ce qui dépend un peu des localités. L'on remarque aussi
que dans la structure de ces couches, les fragmens se sont en
général déposés d'après les lois de pesanteur spécifique, et
qu'ils sont peu ou point entremêlés de vase ou d'autres substances étrangères; les coquilles entières qui ont échappé à
l'action destructive des courans, étant remplies jusqu'au fond
de détritus ou de sable coquiller. On voit un bel exemple de
cette espèce d'augmentation de nos continens dans plusieurs
points de la vaste baie qui est entre le cap la Hêve et la pres-
qu'île du Cotentin, et surtout du côté de celle-ci. Ce sont
ces dépôts qui, dans la suite des temps, par l'action long-temps
continuée de la pression des couches supérieures, ainsi que par
la tendance de la matière inorganique ainsi pressée et brisée,
à cristalliser, se solidifieront de plus en plus, et se converti-
ront en roches calcaires, qui finiront elles-mêmes par ne plus
offrir de traces de leur ancienne disposition organique.

Des principes de classification des malacozoaires.

Les principes généraux de la distinction des espèces de mollusques et de leur classification, afin d'en faciliter la connoissance, sont absolument de même sorte que ceux qui sont appliqués aux autres types du règne animal. La facilité que l'on a eue de recueillir et de conserver les coquilles ou les enveloppes des animaux, la beauté de forme et de couleur qui les distingue souvent, et surtout la considération qu'elles existent seules dans la composition de certaines couches de la terre, a fait penser quelquefois que non ; mais c'étoit véritablement à tort. Ainsi le principe par excellence que c'est l'ensemble de l'organisation qui doit servir de guide au malacologiste, et que ce sont les organes extérieurs qui doivent la traduire et fournir les caractères distinctifs, est admissible dans cette partie de la zoologie, comme dans toute autre. Mais comme l'ensemble de l'organisation est quelquefois assez rigoureusement traduit par la coquille, et que celle-ci est évidemment une des parties extérieures les plus saillantes, et dont on a le plus besoin dans l'application accessoire à la géologie, il en est résulté que l'on a pu se tromper dans l'application du principe et croire que l'on pourroit arriver à la classification méthodique des mollusques par la considération seule de la coquille ; ce qui nous paroît une erreur.

La considération du séjour, et encore moins celle de la patrie, ne doivent avoir aucune importance dans la classification des mollusques, parce qu'elles ne fournissent jamais de caractères qui soient inscrits sur l'animal ou sur sa coquille.

Celle de l'espèce de nourriture ne le doit pas beaucoup davantage, parce que, quoiqu'il soit possible de concevoir une certaine corrélation d'organes visibles avec la structure de l'appareil digestif plus ou moins modifié pour telle ou telle substance alimentaire, cependant cela n'a jamais lieu : aussi trouve-t-on des espèces essentiellement carnivores, comme les testacelles, auprès d'espèces herbivores, comme les limaces.

L'existence ou l'absence d'un corps protecteur est d'une importance évidemment déjà plus grande, puisque c'est un caractère tout-à-fait apparent ; cependant il est aisé de voir

que quoique le nombre des exceptions soit assez peu considérable, il est vrai de dire que dans le même genre on peut
trouver des espèces conchylifères, et d'autres complètement
nues, telles sont les bulles, par exemple, les aplysies, les
sigarets, etc.

La forme particulière du corps dont la partie viscérale,
faite en un tortillon plus ou moins élevé, est encore de
moindre importance.

Les appendices, les lobes, les cirrhes, qui bordent le manteau,
n'importent pas non plus beaucoup à considérer, si ce n'est
peut-être dans les lamellibranches, chez lesquels la considération des lobes tubuleux, qui prolongent en arrière le
manteau, présente des caractères de valeur réelle.

La distinction complète, incomplète ou nulle de la tête
du reste du corps, conduit à des divisions de premier ordre
dans le type des malacozoaires, mais c'est un caractère qui
n'est pas toujours bien tranché.

Le nombre, la forme, la position des appendices tentaculaires qui accompagnent la tête, ont peut-être quelque
chose de plus constant encore, et par conséquent de plus
essentiel à étudier pour l'établissement d'une classification
parmi les mollusques. On trouve cependant quelquefois des
espèces d'anomalies inexplicables : telle est celle des cary-
chiums, chez lesquels les véritables tentacules disparoissent
peu à peu, tandis que tous les animaux de la même famille
les ont fort évidens.

La position des yeux est aussi digne de quelque considération, mais moins peut-être que les tentacules. On trouve en
effet des genres de la même famille, ou même des espèces
des mêmes genres, qui ont des yeux subpédonculés, et d'autres
qui les ont sessiles.

La forme, la position de l'organe principal de locomotion,
c'est-à-dire du pied et des appendices natateurs, donnent lieu
à des considérations d'une valeur encore plus grande dans la
classification des malacozoaires; et, comme les caractères qu'on
en tire sont bien évidemment extérieurs, il n'est pas étonnant qu'on les ait employés si souvent et avec beaucoup d'a-
vantages.

Un meilleur caractère peut-être, sous le rapport de son importance, mais qui paroît malheureusement plus difficile à observer, ce qui sans doute a empêché de l'employer, est celui qu'on peut tirer de l'armature de la bouche, soit à son orifice, soit dans son intérieur, puisqu'elle est en rapport avec l'espèce de nourriture.

Un autre encore préférable, parce que le plus ordinairement il concorde assez bien avec la forme de la coquille, se tire de la position, de la forme symétrique ou non, et même de la structure des organes de la respiration; mais malheureusement, quoique ces organes soient le plus souvent à peu près extérieurs, il faut une certaine habitude pour employer ce caractère avec avantage.

Enfin la partie de l'organisation des malacozoaires qui paroît jusqu'ici offrir le caractère d'une plus grande valeur, est celle qui constitue l'appareil de la génération, composé des deux sexes partagés sur des individus différens, ou réunis sur un seul individu, ou enfin formé d'un seul sexe femelle. Malheureusement encore ce caractère est entièrement anatomique, et par conséquent difficilement applicable en zoologie.

Enfin la considération de la coquille seule ne doit pas être regardée absolument comme de nulle valeur, ou comme inutile, surtout si l'on envisage successivement les différences suivant leur degré d'importance : 1.° le nombre de pièces qui entrent dans sa composition univalve, subbivalve ou operculée, bivalve, tubivalve et multivalve; 2.° la position sur le corps de l'animal, dorsale comme dans tous les céphalés, dorsale et ventrale comme dans un petit nombre de céphalés et d'acéphalés, ou enfin bilatérale comme dans tous les lamellibranches; 3.° les indices de ses rapports avec l'appareil respiratoire, c'est-à-dire l'existence d'une échancrure ou d'un tube à l'extrémité antérieure de l'ouverture dans les univalves, ou d'un bâillement plus ou moins considérable de l'extrémité postérieure dans les bivalves; 4.° les indices de ses rapports avec le système musculaire de l'animal, ce qui constitue l'impression musculaire, simple dans la très-grande partie des univalves, mais seulement visible dans les patelloïdes et les otidés, plus ou moins complexe dans les bivalves, et formée, comme nous l'avons vu plus haut, par une, deux, ou même plusieurs empreintes des muscles adducteurs, une, deux ou un plus grand nombre d'empreintes des muscles rétracteurs du pied, par la ligule abdominale, indice de l'attache des bords du manteau, et enfin en arrière par celle des tubes de la respiration; 5.° la forme symétrique ou non, ce qui entraîne la similitude ou la dissemblance des pièces dans les bivalves; 6.° la forme de l'ouverture dans les univalves, la manière dont chaque bord et la columelle, ou son dépôt vitreux, contribuent à la former ou à la modifier; 7.° le système ligamenteux et d'engrenage des deux pièces d'une coquille bivalve, c'est-à-dire la position et la forme du ligament, celles de la charnière et des dents qui la composent, en faisant l'observation que chaque véritable espèce a un système d'engrenage particulier; 8.° la considération de l'existence ou de l'absence d'un opercule dans les univalves, de sa structure, de sa forme, etc.; 9.° la forme totale de la coquille, la proportion de la spire et de l'ouverture dans les univalves, la direction de celle-là, et dans les bivalves la proportion des deux côtés de chaque valve, la direction des sillons qui en labourent la superficie, le système de coloration, de couverture épidermique, etc.

D'après cet examen rapide du degré d'importance relative des caractères que peuvent offrir les différentes parties de l'organisation des mollusques, et d'après l'observation qu'il est souvent utile d'envisager leurs dépouilles ou corps protecteurs à part; quoique cette partie soit réellement peu importante, on devra, autant que possible, prendre pour base de la classification la forme générale du corps, la distinction plus ou moins complète ou nulle de la tête, et l'organe qui ensuite modifie le plus la coquille, c'est-à-dire celui de la respiration; toutefois en faisant observer que la même forme de coquille peut quelquefois, quoique rarement, se représenter dans des genres assez différens : telle est, par exemple, la forme des haliotides qui existe dans les pulmobranches, dans les chismobranches et dans les otidés; il en est de même de la forme patelloïde et turriculée, etc.

Ce sont ces principes qui nous ont guidés dans la classification du type des véritables malacozoaires, et des malentozoaires ou molluscarticulés, que nous avons suivie dans les différens articles de ce Dictionnaire; mais, pour mieux en faire concevoir l'ensemble, pour réunir à la fois les avantages de la forme alphabétique et ceux du système, nous allons la présenter tout à la fois sous forme d'un *genera* qui nous paroît manquer à la science, et que nous avions exécuté depuis plus de sept ans pour l'Encyclopédie d'Edinbourg, d'après la prière de notre ami M. le D.' Leach, auquel nous l'avions envoyé, et qui paroît l'avoir égaré. Depuis ce temps nous avons toujours travaillé à le perfectionner. Nous avons cherché à ne rien oublier des travaux des malacologistes et des conchyliologistes les plus récens, en indiquant tous les genres qu'ils ont établis comme de simples subdivisions parmi les espèces des genres à peu près admissibles. On en trouvera cependant encore un plus grand nombre que ne devroit le permettre notre principe, qu'un genre n'est bon que lorsqu'il est établi sur des différences d'organisation, concordantes avec des différences dans les mœurs, et traduites par des caractères extérieurs ; mais ici il a fallu faire fléchir un peu la règle pour se rendre plus utile, et surtout parce qu'on ne connoît pas encore suffisamment tous les animaux des coquilles.

Mais, avant de passer à l'exposition de ce système de classification dont nous venons de présenter les principes jusqu'à la formation des genres et des sous-genres, voyons un peu quels sont ceux qui peuvent servir à la distinction des espèces, partie de la science la plus difficile dans tous les types de la série animale, mais plus encore ici que dans aucune autre, à cause de l'emploi que l'on a voulu faire de la coquille seule pour cette distinction.

L'espèce dans un point quelconque de la série animale ne peut être déterminée d'une manière certaine, que par des différences dans quelque partie de l'appareil de la génération, et surtout dans ses parties accessoires, quoiqu'il puisse y en avoir de concordantes ou non dans d'autres appareils. Les différences de cette seconde sorte ne sont jamais aussi essentielles; à plus forte raison quand elles ne se remarquent que dans des parties auxquelles le nom d'organes ne peut pas même convenir, qui ont un usage, mais pas de fonctions comme les coquilles. Ce principe s'applique d'une manière rigoureuse à la distinction de l'espèce parmi les malacozoaires. Toutes les véritables espèces que nous avons

pu examiner dans un genre bien naturel et très-nombreux,
comme celui des hélices, par exemple, nous ont toujours offert
quelque différence dans l'appareil de la génération, à plus
forte raison les individus d'une même espèce, quand les sexes
sont séparés, comme cela se voit dans tous les rochers, les
buccins, etc. : aussi, dans ce dernier cas, les différences ne se
bornent pas à l'animal, mais s'étendent à la coquille qui est
toujours plus grosse, plus renflée dans les femelles que dans les
mâles. Nous nous sommes également assurés, comme Adanson,
le seul auteur qui ait réellement envisagé la distinction des
espèces des mollusques d'une manière convenable, l'avoit
depuis long-temps observé, que même des parties de l'animal, comme des lobes, des appendices du manteau varient
en plus ou en moins avec l'âge, et par conséquent la coquille;
et que les différences de celle-ci ne se bornent pas à la couleur,
à l'état lisse ou rugueux, à l'épaisseur, à la grandeur, au développement des varices, cordons, tubercules, mais qu'elles
s'étendent à la forme de l'ouverture et à la proportion des
parties.

Si le sexe et l'âge ont une influence évidente pour déterminer des différences sur l'animal mollusque, et par suite
sur sa coquille, il n'est pas moins évident que des circonstances inappréciables peuvent agir moins profondément sans
doute, c'est-à-dire peu sur l'animal, mais bien sur la couleur, sur la grandeur et sur la proportion des parties de la
coquille; c'est ce dont on a des preuves certaines pour des
espèces dont on peut voir à la fois un très-grand nombre
d'individus, l'hélice némorale, la limnée stagnale, la petite
pourpre de nos côtes (*buccinum lapillus*), la néritine de nos
rivières, la patelle vulgaire, l'huître comestible, la moule
édule, la mulette des peintres, plusieurs espèces de bucardes, la vénus treillisée et plusieurs autres espèces sont
dans ce cas, c'est-à-dire qu'on trouve dans la même localité
des individus qui diffèrent les uns des autres par tous les
caractères de la coquille, que nous avons énumérés plus
haut.

A plus forte raison pourrons-nous concevoir que l'ensemble
des circonstances jusqu'à un certain point appréciables, qui
constituent les localités, et qui ont agi depuis un temps fort

long, auront pu se faire sentir d'une manière presque fixe
sur une succession d'individus de la même espèce, et déterminer sur les coquilles des différences dans la grandeur, la
proportion, les couleurs, le système de coloration, et même
dans l'état de la superficie, lisse ou rugueux, surtout lorsqu'on
les comparera à d'autres individus de la même espèce, vivant depuis une longue suite de siècles dans des localités
différentes. Ces différences ne constituent donc réellement,
à ce qu'il nous semble, que de simples variétés fixes, d'autant plus dissemblables que les localités seront plus éloignées,
et que l'on pourra, si l'on veut, décorer du nom d'espèces
locales, mais qui ne sont pas réelles; et en effet, quand on
vient à rassembler ces prétendues espèces d'un grand nombre
de localités différentes, on trouve qu'elles passent les unes
aux autres d'une manière tout-à-fait insensible. M. Defrance,
qui a eu occasion de faire les mêmes remarques pour la distinction des coquilles fossiles, s'enquiert pour savoir si une
espèce est véritable, si celle dont elle se rapproche le plus se
trouve à la fois avec elle dans la même localité. Quoique cette
règle ne soit pas encore très-rigoureuse, cependant elle peut
aider dans un sujet aussi difficile et aussi important pour la géologie. L'étude minutieuse des espèces vivantes peut seule
fournir des moyens analogiques pour diminuer la difficulté, et
par conséquent fournir aux géologues les moyens de résoudre
les problèmes d'analogie de formations dont ils s'occupent
dans la structure des terrains secondaires et tertiaires.

*Système de classification du type des Malacozoaires,
et du sous-type des Malentozoaires.*

I. *MALACOZOAIRES.* (MALACOZOARIA.)

Animaux pairs, symétriques, dont le corps, à peine distinct de la tête, et sans aucune autre trace d'articulations ni d'appendices locomoteurs ou membres, est recouvert par une peau molle, contractile dans tous ses points, à laquelle on donne le nom de *manteau,* quelquefois soutenue et défendue par une partie solide plus ou moins calcaire (*coquille ou corps protecteur*), développée dans son intérieur ou presque à sa surface.

Système nerveux de la locomotion formé par un seul ganglion latéral ou sublatéral au canal intestinal.

Canal intestinal à deux ouvertures.

Appareil de la respiration spécialisé et essentiellement aquatique, rarement aérien.

Circulation complète; un système veineux; un cœur aortique à la base du système artériel ou centrifuge.

Génération ovipare, dioïque, monoïque ou hermaphrodite.

Observation. Tous les animaux de ce type sont essentiellement aquatiques, un petit nombre seulement sont terrestres.

CLASSE PREMIÈRE.

CÉPHALOPHORES. CEPHALOPHORA.

Tête bien distincte du reste du corps et pourvue de tous les organes des sens spéciaux, et entre autres d'yeux très-grands.

Corps ovale, subcylindrique ou conique, nu ou caché dans une coquille univalve, constamment inoperculée et polythalame.

Bouche antérieure terminale armée d'une paire de dents cornées, agissant verticalement l'une sur l'autre, et entourée d'appendices tentaculaires nombreux de forme un peu variable.

Anus médian et antérieur.

Organes de la respiration branchiaux, pairs, symétriques, constamment? cachés.

Sexes séparés sur des individus différens.

Observation. Cette classe de mollusques, du moins d'après ceux que nous connoissons, renferme les espèces de ce type les plus élevées dans toutes les parties de l'organisation, et qui en effet jouissent de toutes les facultés animales, de bien voir, d'entendre, de se mouvoir avec rapidité, de poursuivre et de saisir leur proie, etc.

ORDRE PREMIER. — CRYPTODIBRANCHES. (1)
CRYPTODIBRANCHIATA.

(Genre SEPIA, Linn.)

Corps enveloppé et en partie libre dans un manteau fort épais en forme de sac, largement ouvert à son bord antérieur, sans aucune trace de disque musculaire abdominal ou de pied; nu et pouvant contenir ou non dans sa partie dorsale un corps protecteur de nature et de forme un peu variables.

Tête très-grosse, pourvue de quatre ou cinq paires de longs appendices tentaculaires coniques, attachés par leur base à une sorte de crâne qui enveloppe le cerveau, et garnis de suçoirs servant à la préhension.

Bouche tout-à-fait antérieure, armée d'une paire de grosses dents, cornées, en forme de bec de perroquet, et jouant verticalement l'une sur l'autre.

Anus inférieur, médian, antérieur et caché.

Organes de la respiration formés par deux grandes branchies symétriques, latérales et cachées également dans le sac.

Terminaison des organes de la génération s'ouvrant dans la même partie.

Une sorte d'entonnoir sous le cou, ouvert en avant, communiquant en arrière avec le sac et servant de canal éjaculateur à tous les organes qui s'y terminent.

FAMILLE I. — *OCTOCÈRES*. OCTOCERATA.

Appendices tentaculaires au nombre de huit ou de quatre paires seulement, dont le bord des ventouses est musculaire.

-----

(1) Ou *Brachiocéphalés*, ou *Céphalopodes.*

Poulpe. *Octopus.*

Corps plus ou moins globuleux, sans expansion natatoire du manteau, ni corps protecteur dorsal.

A. Espèces dont les tentacules sont fort longs, réunis à la base par une membrane, et garnis de ventouses dans toute leur longueur sur un double rang.

Ex. Le Poulpe commun. *Octopus vulgaris.* Enc. méth., p. 76, f. 1-2.

B. Espèces dont les tentacules à peu près conformés comme dans la section précédente, ne sont garnis que d'un seul rang de ventouses.
(G. Eledone, Leach.)

Ex. Le P. musqué. *O. moschatus.* Lamck., Soc. d'hist. n., pl. 2.

C. Espèces dont les tentacules, généralement plus courts, sont libres à la base, et dont la paire supérieure est bordée vers son extrémité par une sorte de membrane.　　　(G. Ocythoé, Rafin.)

Ex. Le P. de l'Argonaute. *O. Argonautæ.* J. de Ph. Juin 1818. Fig. 1 (1).

Fam. II. — *DÉCACÈRES.* Decacerata.

Appendices tentaculaires au nombre de dix ou de cinq paires, dont quatre à peu près disposées comme dans la famille précédente, quoique plus courtes, et la cinquième hors de rang entre la bouche et la racine des troisième et quatrième paires externes, beaucoup plus longue, pédonculée, et garnie de ventouses, seulement sur une portion élargie et terminale; celles-là armées de quelques parties cornées sur leur bord.

Corps de forme variable, mais toujours pourvu de quelques expansions latérales natatoires et d'une pièce solide dans le dos.

Calmar, *Loligo.*

Corps ordinairement alongé, cylindrique, mais quelquefois sub-globuleux, les nageoires n'occupant que très-rarement toute la longueur de ce corps ou du sac, et le plus souvent bornées à une petite

---

(1) Nous n'admettons pas la manière de voir des naturalistes qui pensent que le poulpe qu'on trouve souvent dans la coquille de l'Argonaute en soit le constructeur.

partie de cette longueur. La pièce solide dorsale de forme un peu variable, mais toujours flexible et cornée.

A. Espèces dont le corps est globuleux, déprimé; le bord supérieur du sac non distinct; les nageoires circulaires, petites, comme pédonculées, distantes et latérales; la pièce dorsale extrêmement grêle.

(Les Sépioles, G. *Sepiola*, Leach.)

Ex. Le Calmar Sépiole. *Loligo Sepiola*. Enc. m., pl. 77, f. 95.

B. Espèces dont le corps est plus alongé, sacciforme, avec le bord dorsal du sac non distinct; les nageoires circulaires, encore plus petites, pédiculées, se touchant presque à leur origine sur le dos; la pièce dorsale inconnue. (G. Cranchia, Leach.)

Ex. Le C. de Cranch. *Loligo Cranchii*. J. de Ph. Mai 1818. Fig. 2.

C. Espèces dont le corps est plus alongé, subcylindrique; le bord dorsal du sac bien séparé et presque droit; les nageoires grandes, triangulaires, terminales, latérales, et formant à elles deux un grand triangle rectangle dont la base est en avant; la pièce dorsale étroite et en forme d'épée à trois tranchans; les appendices tentaculaires assez longs; les appendices brachiaux fort longuement pédonculés et armés de ventouses en forme de griffes alongées.

(Les C. à griffes. G. *Onychoteuthis*, Lichtenst.)

Ex. Le C. de Banks. *L. Banksii*. J. de Phys. *Ibid*. Fig. 5.

D. Espèces dont le corps est à peu près de la même forme, ainsi que les nageoires, mais dont la pièce dorsale est plus plate et généralement plus large en avant qu'en arrière, où elle se termine par une petite pointe excavée; les appendices tentaculaires et brachiaux en général plus courts; les ventouses garnies quelquefois de dents ou de crochets dans une partie plus ou moins considérable de leur circonférence, mais jamais de véritables griffes. (Les C. flèches.)

Ex. Le C. Flèche. *L. Sagitta*. Enc. mét., pl. 7, fig. 1, 2.

E. Espèces dont le corps, à peu près de même forme, a ses nageoires moins terminales, triangulaires, mais disposées de manière que les deux réunies forment un rhombe; le bord libre du manteau fort prolongé en pointe dans la ligne médiane supérieure, par la saillie de la pièce dorsale, qui est toujours plus étroite en avant et élargie en arrière en forme de plume; les appendices tentaculaires et brachiaux à peu près comme dans la section D; mais les ventouses moins souvent à crochets. (Les C. plumes. G. *Pteroteuthis*. Nob.)

Ex. Le C. commun. *L. vulgaris*. Lister, Anat., t. IX, f. 1.

F. Espèces dont le corps ovale, déprimé, est pourvu de nageoires étroites dans toute la longueur du corps, comme dans les sèches, mais dont la pièce dorsale est comme dans les calmars plumes, quoique beaucoup plus large.   (Les C. sèches. G. *Sepioteuthis*. Nob.)

Ex. Le C. Sèche. *L. sepiacea.* (1) Nouv. esp. non fig.

Sèche, *Sepia.*

Corps ovale, déprimé, bordé de chaque côté, dans toute sa longueur, par une nageoire étroite, tout-à-fait latérale, et soutenue dans le dos par une pièce calcaire, ovale, épaisse, lamelleuse, bombée dans les deux sens et terminée postérieurement par une portion un peu recourbée avec une pointe ou sommet médian ; les appendices comme dans le genre précédent, mais plus épais ; les ventouses à bords cornés non dentés.

Ex. La S. officinale. *Sepia officinalis.* E. m., pl. 76, f. 5, 6, 7.

ORDRE SECOND. — POLYTHALAMACÉS.
Polythalamacea.

Corps contenu en plus ou moins grande partie dans la première loge d'une coquille polythalame, ou la renfermant tout entière.

Observation. Ce n'est évidemment que par une analogie, souvent même forcée, que l'on range les animaux qui forment les coquilles de cet ordre dans la classe des Malacozoaires céphalophores, car on ne connoît, et encore même fort incomplètement, que ceux de la spirule et du nautile flambé.

Cette observation est surtout fort juste pour les deux premières familles, les *spirulacés* et les *nummulacés*, car il est fort probable que ces corps sont tout-à-fait intérieurs et appartiennent à des animaux très-différens des véritables cryptodibranches.

Nous rangeons les genres de coquilles qui constituent cet ordre d'après le degré de déroulement du cône spiral, d'abord tel que l'on ne peut apercevoir de spire à l'extérieur, et finissant par être tout-à-fait droit.

---

(1) Nous n'avons pas osé faire entrer d'une manière définitive dans ce système les genres *Loligopsis* et *Leachia*, établis, l'un par M. de Lamarck, et l'autre par M. Lesueur, pour des espèces de cette famille, qui avec quatre paires seulement d'appendices tentaculaires, auroient des nageoires à leur sac comme les calmars, parce que cette combinaison nous paroît douteuse, et surtout parce que ces espèces ne sont connues que sur des figures et des observations incomplètes.

Fam. I. — *SPHÉRULACÉS*. Spherulacea.

Animal entièrement inconnu, contenant probablement dans sa partie dorsale un corps calcaire plus ou moins spiroïdal.

Miliole. *Miliola.*

Coquille ovale globuleuse, ou même quelquefois assez alongée, à loges transversales entourant l'axe et se recouvrant alternativement les unes les autres. Ouverture très-petite, orbiculaire, à l'extrémité du dernier tour.

A. Espèces subglobuleuses.

 Ex. La Miliole trigonule. *Miliola trigonula.* Enc. m., pl. 469, f. 2, *a b c.*

B. Espèces déprimées et transverses. (G. Pollontes. D. M.)

 Ex. La M. des pierres. *M. saxorum.* Enc. m., pl. 466, f. 5, *a b c.*

Mélonie. *Melonia.*

Coquille presque microscopique, subglobuleuse, cellulée, à spire centrale, et à tours de spire très-serrés, s'enveloppant de manière qu'il n'y a pour ouverture qu'une série transverse de pores; les cloisons nombreuses non perforées.

A. Espèces dont les pores des cellules terminales sont visibles.

 Ex. La Mélonie sphérique. *Melonia spherica.* Enc. m., pl. 459, f. *a b c d e f.* (1)

B. Espèces dont l'ouverture des cellules terminales est cachée.
     (G. Borélie. D. M.)

 Ex. Le M. sphéroïde. *M. spheroidea.* Enc. m., pl. 469, f. *g h.*

Saracenaire. *Saracenaria.*

Coquille presque microscopique, ovale, cellulée, avec une sorte

---

(1) M. de Lamarck place encore dans cette famille le genre des *Gyronites*; mais il est généralement admis aujourd'hui, d'après la remarque de M. Léman, que ces petits globules qu'on trouve dans les terrains d'eau douce ne sont que des moules de graines de Chara.

de carène sinueuse dans son milieu, d'où partent des stries obliques, indices des cloisons intérieures, peu nombreuses, qui en divisent la cavité en deux rangs de loges ; aucune trace d'ouverture extérieure.

Ex. La Saracenaire d'Italie. *Saracenaria italica.* Defr., pl. du Dict., Fossiles.

Observ. Ce genre vient d'être établi par M. Defrance pour un petit corps crétacé fossile en Italie, dont les rapports naturels sont assez difficiles à établir.

Textulaire. *Textularia.*

Coquille submicroscopique, pyramidale, avec le sommet pointu et la base arrondie, offrant à l'extérieur de chaque côté une ligne anguloso-sinueuse, étendue du sommet à la base, vers laquelle tombent un peu obliquement des sillons, indices des cloisons qui partagent la cavité en loges assez nombreuses empilées sur deux rangs, les unes au-dessus des autres ; aucune trace d'ouverture extérieure.

Ex. La Textulaire Sagittule. *Textularia Sagittula.* Defr., pl. du Dict., Fossiles.

Observ. Ce genre, fort voisin du précédent, ne renferme encore qu'une seule espèce, également fossile en Italie.

Fam. II. — *PLANULACÉS.* Planulacea.

Animal entièrement inconnu, même par analogie.

Coquille très-déprimée, non spirale, cloisonnée, celluleuse, ayant les cloisons visibles à l'extérieur par des sillons qui augmentent de longueur du sommet à la base ; des cellulosités marginales.

Rénuline. *Renulina.*

Coquille très-aplatie, semi-discoïde, operculiforme, équilatérale, sillonnée des deux côtés par une série de cannelures concentriques sur le même plan, augmentant de la première, qui entoure un sommet mamelonné, à la dernière, formant le bord libre, percé d'autant de pores qu'il y a de cannelures.

32.

A. Espèces dont le bord terminal est arrondi ; celui du sommet plus ou moins excavé.

Ex. La Rénuline operculaire. *Renulina opercularia.* Lamck., Enc. mét. , pl. 465, f. 8.

B. Espèces dont le bord terminal est plus ou moins anguleux , et le sommet non enfoncé et saillant.   (G. Frondiculaire, Defrance.)

Ex. La R. aplatie. *R. complanata.* Defr. , Dict. des Sc. nat., pl., Fossiles.

Observat. Ce genre ne contient encore que trois espèces, toutes les trois fossiles, l'une de la première section , et les deux autres de la seconde. Je les ai examinées dans la collection de M. Defrance.

PÉNÉROPLE. *Peneroplis.*

Coquille très-aplatie, un peu courbée dans sa longueur, ou même subspirée au sommet, sillonnée transversalement des deux côtés par des stries, indices des cloisons, augmentant rapidement de la première à la dernière, qui est marginale et percée d'une rangée longitudinale de trous ou de pores.

A. Espèces triangulaires, presque droites , ou à peine courbées dans leur longueur.   (G. Planulaire, Defrance.)

Ex. La Pénérople Oreille. *Peneroplis Auris.* Defr., Dict. des Sc. nat. , pl., Foss.

B. Espèces spirées au sommet.

Ex. La P. dilatée. *P. dilatata.* D. M. , Von Ficht., t. 16, f. *d f.*

Observ. Ce genre ne renferme que trois espèces ; nous avons vu celle de la première section dans la collection de M. Defrance, elle est fossile. Les deux de la seconde, figurées par Von Fichtel, ont été rapportées par M. de Lamarck à son genre Cristellaire.

Fam. III. — *NUMMULACÉS.* Nummulacea.

Animal entièrement inconnu, contenant probablement dans sa partie dorsale et verticalement placée, une coquille ou corps crétacé discoïde ou lenticulaire, ne laissant voir à l'extérieur aucune trace des tours de la spire entièrement intérieure et partagée en un grand nombre de petites loges ou cellules séparées par des cloisons sans siphon.

Nummulite. *Nummulites.*

Coquille lenticulaire, bombée sur les deux faces, amincie sur les bords, et n'offrant à l'extérieur aucune trace de spire, ni même d'ouverture.

A. Espèces lisses.

Ex. La Nummulite lisse. *Nummulites lævigata.* Ann. du M. v. 5, n.º 1, f.º 8.

B. Espèces tuberculées. (G. Licophre. D. M.)

Ex. La N. Lentille. *N. Lenticulus.* Ficht., tab. 17, fig. *a b.*

Observ. M. Defrance fait de l'espèce de la seconde section un genre de polypiers.

Hélicite. *Helicites.*

Coquille discoïde, tranchante sur les bords, convexe sur les deux faces, du centre desquelles partent à l'extérieur des stries rayonnantes jusqu'à la circonférence, sans trace de spire extérieure ni d'ouverture.

A. Espèces seulement striées. (G. Rotalite. D. M.)

Ex. L'Hélicite rayonnée. *Helicites radiatus.* Ficht., tab. 7, f. 9.

B. Espèces striées et tuberculeuses. (G. Égéone. D. M.)

Ex. L'H. perforée. *H. perforatus.* Ficht., tab. 7, fig. *h.*

Observ. M. de Lamarck paroît regarder les corps crétacés de ce genre comme des espèces de nummulites. Ses rotalites paroissent différer notablement du genre que Denys de Montfort a nommé de même.

Sidérolite. *Siderolites.*

Coquille discoïde subrégulière, bombée et finement tuberculeuse sur les deux faces; amincie et lobée irrégulièrement sur les deux bords, n'offrant à l'extérieur aucune trace de spire, et rarement une ouverture sublatérale et assez irrégulière.

A. Espèces lobées à leur circonférence d'une manière irrégulière.
  (G. Tinopore. D. M.)

Ex. La Sidérolite de Spengler. *Siderolites Spengleri.* Ficht., tab. 15, fig. *i k.*

B. Esp. lobées d'une manière presque régulière. (G. Sidérolite. D. M.)

Ex. La S. calcitrapoïde. *S. calcitrapoïdes*, E. m., pl. 470, f. 4, *a k.*

ORBICULINE. *Orbiculina.*

Coquille discoïde ou subdiscoïde; lenticulaire, à sommet excentrique, tranchante sur les bords; la spire un peu visible; le dernier tour enveloppant et cachant tous les autres; son bord, libre ou terminal, percé d'un grand nombre de pores.

A. Espèces à sommet mamelonné. (G. Ilote. D. M.)

Ex. L'Orbiculine numismale. *Orbiculina numismalis.* Enc. m., pl. 468, f. 1, *a b c d.*

B. Espèces à sommet non mamelonné et non ombiliquées. (G. Hélénide. D. M.)

Ex. L'O. uncinée. *O. adunca.* Enc. m., pl. *id.*, f. 2, *a b c.*

C. Espèces à sommet ombiliqué. (G. Archidie. D. M.)

Ex. l'O. anguleuse. *O. angulata.* Enc. m., pl. 468, f. 3, *a b c.*

PLACENTULE. *Placentula.*

Coquille discoïde, sublenticulaire, également convexe sur les deux côtés, à cloisons visibles à la surface, et rayonnante du centre à la circonférence; ayant une ouverture visible, linéaire, rayonnante sur l'un seulement ou sur les deux côtés.

A. Espèces dont l'ouverture n'existe que sur un des côtés et dont le sommet est central. (G. Éponide. D. M.)

Ex. La Placentule pulvinée. *Placentula pulvinata.* Enc. m., pl. 466, f. 9, *a b c d.*

B. Espèces dont l'enroulement spiral est apparent, et l'ouverture sur les deux côtés. (G. Florilie. D. M.)

Ex. La P. rayonnante. *P. asterisans.* E. m., pl. 405, f. 10, *a b c.*

Observ. M. de Lamarck a aussi nommé ce genre *Pulvinule* dans les planches de l'Encyclopédie méthodique.

VORTICIALE. *Vorticialis.*

Coquille discoïde, lenticulaire, ou renflée, et plus ou moins mamelonnée sur chaque centre; la circonférence carénée; spire non visible, le dernier tour enveloppant tous les autres, mais débordant un peu l'avant-dernier de manière à former une ouverture fort étroite ; cloisons nombreuses, cellulées.

A. Espèces à centres très-mamelonnés ; l'ouverture linéaire.
(G. Cellulie. D. M.)

Ex. La Vorticiale craticulée. *Vorticialis craticulata*. Enc. m. pl. 470, f. 1, *a b c*.

B. Espèces à centres très-mamelonnés ; l'ouverture linéaire percée d'un grand nombre de pores. (G. Théméone. D. M.)

Ex. La V. crépue. *V. crispa*. Ficht., tab. 4, fig. *D E F*.

C. Espèces à centres moins mamelonnés ; la carène denticulée ; l'ouverture un peu plus grande. (G. Sporulie. D. M.)

Ex. La V. marginée. *V. marginata*. Enc. m., pl. 470, f. 3, *a b*.

D. Espèces à centres subombiliqués ; l'ouverture encore plus grande.
(G. Andromède. D. M.)

Ex. La V. strigilée. *V. strigilata*. Enc. m., pl. 470, f. 2, *a b*.

Fam. IV. — *NAUTILACÉS*. Nautilacea.

Animal incomplètement connu d'après celui du nautile.

Coquille plus ou moins discoïde, comprimée, enroulée verticalement et bien symétriquement dans le même plan ; le dernier tour beaucoup plus grand que les autres, qu'il cache entièrement, et dépassant l'avant-dernier de manière à pouvoir former constamment une ouverture grande, ovale, toujours modifiée cependant par le retour de la spire.

Les cloisons unies dans le plus grand nombre des cas, percées d'un ou plusieurs trous.

Lenticuline. *Lenticulina*.

Coquille lenticulaire subdiscoïde, comprimée ; le centre lisse ou le plus souvent mamelonné ; les cloisons peu nombreuses, visibles à l'extérieur et rayonnantes du centre à la circonférence.

A. Espèces à dos non caréné, sans mamelon ni ombilic.

Ex. La Lenticuline rotulée. *Lenticulina rotulata*. Ann. du Mus. v. 8, pl. 62, f. 11.

B. Espèces à dos non caréné; les centres mamelonnés; les cloisons simples avec un siphon étoilé à la dernière.   (G. Patrocle. D. M.)

Ex. La L. dissidente. *L. querelans*. Ficht., t. 12 , f. *g h*.

C. Espèces à dos non caréné; les cloisons simples, la dernière ouverte en croissant contre le retour de la spire. (G. Nonione. D. M.)

Ex. La L. soufflée. *L. incrassata*. Ficht., tab. 4, fig. *a b c*.

D. Espèces à dos non caréné; la dernière cloison entière et ovale.
(G. Macrodite. D. M.)

Ex. La L. cucullée. *L. cucullatus*. D. M., t. I, pag. 238.

E. Espèces à dos caréné armé; les centres mamelonnés; les cloisons simples; la dernière triangulaire, percée à l'angle dorsal d'une ouverture pyriforme.   (G. Robule. D. M.)

Ex. La L. tranchante. *L. cultrata*. N. Calcar. Ficht., t. 13, f. *e f g*.

F. Espèces à dos caréné; la dernière cloison ovale, alongée, percée par une fente dans toute sa longueur.   (G. Lampadie. D. M.)

Ex. La L. Trithème, *L. Trithemus*. N. C. Ficht., t. 12, f. *d e f*.

G. Espèces à dos carené armé; la dernière cloison percée d'un trou subdorsal.   (G. Pharame. D. M.)

Ex. La L. perlée. *L. margaritacea*. N. C. Ficht., t. 11, f. *i k*.

H. Espèces à dos carené; les centres ombiliqués; la dernière cloison enfoncée et percée par un siphon.   (G. Anténore. D. M.)

Ex. La L. diaphane. *L. diaphanea*. D. M., t. 1, p. 70.

I. Espèces à dos caréné; les centres mamelonnés; la dernière cloison enfoncée, percée par un siphon.   (G. Clisiphonte. D. M.)

Ex. La L. Molette. *L. Calcar*. Buff. Sonnini, pl. 47, f. 4.

K. Espèces carénées; les centres mamelonnés; la dernière cloison percée en avant par une rimule étoilée.   (G. Rhinocure. D. M.)

Ex. La L. Araignée. *L. araneosa*. D. M., t. 1, p. 234.

L. Espèces carénées, armées; la dernière cloison triangulaire et percée par une rimule étoilée.   (G. Hérione. D. M.)

Ex. La L. rostrée. *L. rostrata*. Ficht., t. 12, f. *a b c*.

M. Espèces carénées, armées; la dernière cloison presque marginale et percée de trois trous en avant d'une rimule au centre.
(G. Sphinctérule. D. M.)

Ex. La L. membrée. *L. costata*. Ficht., t. 3, f. *g h i*.

POLYSTOMELLE. *Polystomella.*

Coquille discoïde, subcarénée, mais non armée; les centres ordinairement ombiliqués ou subombiliqués, les cloisons simples, assez nombreuses, formant à l'extérieur des stries rayonnantes du centre à la circonférence; la dernière plus ou moins enfoncée et percée d'un nombre variable de trous ou de crénelures.

A. Espèces qui ont la dernière cloison marginale et percée de six trous dans la ligne médiane.   (G. Géopone. D. M.)

Ex. La Polystomelle planulée. *Polystomella planulata*. Ficht., t. 10, f. *e f g*.

B. Espèces dont la dernière cloison est percée de trois paires de trous latéraux, renfermant entre eux trois stigmates en triangle et dentelée en scie contre le retour de la spire.   (G. Pélore. D. M.)

Ex. La P. ambiguë. *P. ambigua*. Ficht., t. 9, f. *d e f*.

C. Espèces dont les cloisons sont percées par un seul trou presque dorsal.   (G. Elphide. D. M.)

Ex. La P. soufflée. *P. macellus*. Ficht., t. 10, f. *h i k*.

D. Espèces très-aplaties, tranchantes à la circonférence; l'ouverture bordée par une lame étroite; un seul siphon dorsal. (G. Phonème. D. M.)

Ex. La P. tranchante. *P. Vortex*. Ficht., vol. 11, f. *d i*.

E. Espèces dont la dernière cloison est pleine et seulement crénelée vers le retour de la spire.   (G. Chrysole. D.M.)

Ex. La P. perlée. *P. margaritacea*. Ficht., pl. 19, f. *g h j*.

F. Espèces ombiliquées dont la dernière cloison est percée d'une fente semilunaire contre le retour de la spire.   (G. Mélonie. D.M.)

Ex. Le P. étrusque. *P. etrusca*. Ficht., pl. 2, f. *a b c*.

NAUTILE. *Nautilus.*

Animal ayant le corps arrondi et terminé en arrière par un filet tendineux ou musculaire qui s'attache dans le siphon dont les cloisons de la coquille sont percées; le manteau ouvert obliquement et se prolongeant en une sorte de capuchon au-dessus de la tête pourvue d'appendices tentaculaires comme digités et entourant l'ouverture de la bouche.

Coquille discoïde assez peu comprimée, à dos arrondi ou sub

caréné, ombiliquée ou non, mais jamais mamelonnée; les cloisons simples, non visibles à l'extérieur; la dernière profondément enfoncée et percée d'un ou deux siphons.

A. Espèces non ombiliquées; le dos arrondi; l'ouverture ronde; un seul siphon subcentral.

Ex. Le Nautile flambé. *Nautilus Pompilius*. Enc. mét., pl. 471, f. 3, *a b*.

B. Espèces non ombiliquées, à dos caréné et l'ouverture anguleuse.
(G. Angulithe. D. M.)

Ex. Le N. triangulaire. *N. triangularis*. D. M., t. 1, p. 6.

C. Espèces ombiliquées, à dos arrondi; un seul siphon.
(G. Océanie. D. M.)

Ex. Le N. ombiliqué. *N. umbilicatus*. Favan., pl. 7, lit. *D I*.

D. Espèces ombiliquées, à dos arrondi, à deux siphons.
(G. Bisiphite. D. M.)

Ex. Le N. à deux siphons. *N. bisiphites*. D. M. t. 1, p. 54.

ORBULITE. *Orbulites.*

Coquille absolument de même forme que celle des nautiles ombiliqués, mais ayant des cloisons sinueuses et percées d'un seul siphon.

A. Espèces non ombiliquées, à cloisons peu sinueuses.
(G. Aganide. D. M.)

Ex. L'Orbulite encapuchonné. *Orbulites cucullata*. D. M., t. 1, p. 31.

B. Espèces ombiliquées à cloisons beaucoup plus tourmentées; le siphon marginal. (G. Pélaguse. D. M.)

Ex. L'O. épaisse. *O. crassa*. D. M., t. 1, p. 62.

FAM. V. — *AMMONACÉS*. AMMONACEA.

Animal complètement inconnu.
Coquille à parois extrêmement minces, cloisonnée, discoïde, et plus ordinairement comprimée, non carénée, à spire enroulée complètement du sommet à la base dans une direction verticale et d'arrière en avant, de manière que tous les tours sont visibles; le

dernier beaucoup plus grand que tous les autres, mais ne modifiant que fort peu l'ouverture; un ou plusieurs siphons.

AMMONITE. *Ammonites.*

Coquille discoïde plus ou moins comprimée; les tours de spire plus ou moins évidens; l'ouverture à bords un peu évasés; les cloisons constamment sinueuses.

Ex. L'Ammonite tuberculée. *Ammonites tuberculata.*

Observations. Les espèces de ce genre ne sont encore connues qu'à l'état fossile, et même presque toujours à l'état de moule. D'où il résulte qu'elles ne sont représentées que par des assemblages de noyaux moulés dans les concamérations qui ne donnent aucun des caractères extérieurs.

La disposition de ces espèces, qui sont très-nombreuses, est donc extrêmement difficile; elle ne peut porter ou que sur la gradation de complication de la sinuosité des cloisons, ou mieux encore sur la progression croissante de l'apparence des tours de spire qui commencent par n'être aperçus que dans une sorte de grand ombilic, pour se montrer de plus en plus, au point qu'ils finissent par paroître passer aux spirules, dans lesquelles ils ne se touchent plus, ou enfin sur l'existence et la forme de la carène simple, double, quadruple, tuberculeuse ou non.

Nous avons fait ici un renversement dans les dénominations imaginées par Denys de Montfort pour distinguer les ammonacés à cloisons sinueuses et ceux à cloisons simples; en effet il a employé celle de simplegade pour les premiers, et celle d'ammonie pour les seconds; mais comme le nom d'ammonite est généralement employé pour les cornes d'Ammon, nous avons cru ne pas devoir suivre rigoureusement ce conchyliologiste.

SIMPLEGADE. *Simplegas.*

Coquille discoïde, comme dans les véritables ammonites, mais dont les cloisons sont simples et non sinueuses.

A. Espèces renflées vers l'ouverture, qui est très-grande, et à dos arrondi. (G. AMMONIE. D. M.)

Ex. Le Simplegade flambé. *Simplegas virgatus.* D. M., t. 1, p. 75.

B. Espèces très-aplaties; le dos arrondi; l'ouverture petite.
(G. Planulite. D. M.)

Ex. Le S. gauffré. *S. undulosus.* D. M., t. 1, p.

C. Espèces très-aplaties; le dos arrondi; mais de forme générale ovale.
(G. Ellipsolite. D. M.)

Ex. Le S. cordonné. *S. funatus.* D. M., t. 1, p, 86.

D. Espèces très-aplaties, à dos caréné; l'ouverture anguleuse.
(G. Amalté. D. M.)

Ex. Le S. perlé. *S. margaritaceus.* D. M., t. 1, p. 90.

Discorbite. *Discorbites.*

Coquille discoïde, en spirale, dont tous les tours sont visibles, contigus, peu serrés, au point que l'ouverture est à peine modifiée; les cloisons assez nombreuses, visibles à l'extérieur, et les loges renflées.

Ex. La Discorbite vésiculaire. *Discorbites vesicularis.* E. m., pl. 466, f. 7, *a b c.*

Fam. VI. — *TURRICULACÉS.* Turriculacea.

Animal complètement inconnu.
Coquille mince, cloisonnée, laissant un moule composé d'un grand nombre d'articulations, s'enroulant en spire turriculée, dont tous les tours sont bien visibles; l'ouverture arrondie, non modifiée; un siphon subcentral.

Turrilite. *Turrilites.*

Coquille turriculée, à sommet pointu; l'ouverture arrondie; les articulations réunies entre elles par des surfaces sinueuses.

Ex. La Turrilite costulée. *Turrilites costulata.* D. M., t. 1, p. 118.

Fam. VII. — *TURBINACÉS.* Turbinacea.

Animal inconnu.
Coquille plus ou moins turbinée, non symétrique, ou enroulée de manière à ce qu'un côté forme une base aplatie, et que l'autre

est plus ou moins relevé au sommet; ouverture non symétrique; les cloisons simples et entières.

ROTALITE. *Rotalites.*

Coquille orbiculaire, conoïde ou turbinée d'un côté, aplatie, rayonnée en dessous par l'apparence des cloisons de l'autre; l'ouverture marginale trigone et renversée.

A. Espèces dont le sommet est petit et simple.

Ex. La Rotalite trochidiforme. *Rotalites trochidiformis.* E. m., pl. 466, f. *a b.*

B. Espèces dont le sommet est gros et mamelonné; l'ouverture lancéolée.   (G. STORILLE. D. M.)

Ex. La R. Storille. *R. Storillus.* D. M., t. 1, pag. 131.

C. Espèces enroulées en forme de turban, à bords arrondis; les cloisons très-obliques.   (G. CIDAROLLE. D. M.)

Ex. La R. Cidarolle. *R. Cidarollus.* Sold., Polyth., t. 36, v. 168.

D. Espèces dont les tours de spire, et par conséquent la base, sont carénés, et l'ouverture triangulaire, régulièrement modifiée par le retour de la spire.   (G. CORTALE. D. M.)

Ex. La R. Cortale. *R. Cortalus.* Soldan., t. 86, var. 162, *x.*

CIBICIDE. *Cibicides.*

Coquille trochoïde, très-aplatie, et ombiliquée avec les cloisons visibles et rayonnantes du centre à la circonférence; d'un côté conique, mais non spirée de l'autre; l'ouverture linéaire de toute la hauteur de ce côté.

Ex. Le Cibicide glacé. *Cibicides refulgens.* Sold., Test., pl. 46, f. 170.

FAM. VIII. — *CRISTACÉS.* CRISTACEA.

Animal entièrement inconnu.

Coquille ordinairement fort aplatie, symétrique, si ce n'est peut-être au sommet, qui est excentrique et spiré; le dernier tour presque droit, beaucoup plus grand que les autres, qui sont très-peu nombreux; l'ouverture variable, mais non modifiée; les cloisons toujours visibles à l'extérieur.

Linthurie. *Linthuris.*

Coquille assez comprimée, à dos caréné, et dont le bord terminal présente une ouverture fort étroite, fort longue, avec une rimule étoilée à sa partie antérieure.

Ex. Le Linthurie Casque. *Linthuris Cassis.* Enc. m., pl. 467, f. 3, *a b c d.*

Oréade. *Oreas.*

Coquille peu comprimée, semi-discoïde, subcarénée; l'ouverture grande, ovale, fermée par la derniere cloison marginale, bombée et sans siphon ni rimule.

Ex. L'Oréade auriculaire. *Oreas auricularis.* E. m., pl. 467, f. 7, *a b c.*

Crépiduline. *Crepidulina.*

Coquille ovale, alongée, à sommet spiré fort petit; le dernier tour très-grand, ovale, presque droit dans toute son étendue; l'ouverture très-ample, ovale, fermée par un diaphragme de même forme.

A. Espèces dont la cloison terminale est percée en avant par un siphon étoilé. (G. Astacole. D. M.)

Ex. La Crépiduline Astacole. *Crepidulina Astacolus.* Ficht., pl. 19, f. *g h i.*

B. Espèces dont la cloison terminale est fendue dans son milieu, et dont le dos n'est pas caréné. (G. Cancride. D. M.)

Ex. La C. Auricule. *C. Auricula.* Ficht., pl. 2, fig. *d e f.*

C. Espèces dont la cloison terminale est entière et le dos caréné. (G. Périple. D. M.)

Ex. La C. alongée. *C. elongata.* Soldan., Test., var. 190, *bb* 4.

Observat. Les trois dernières divisions génériques, qui me paroissent susceptibles d'être adoptées, sont réunies dans un seul genre (*cristellaire*) par M. de Lamarck.

Fam. IX. — *LITUACÉS.* Lituacea.

Animal à peu près inconnu, si ce n'est dans la spirule.

Coquille polythalame ou cloisonnée, symétrique, enroulée dans une plus ou moins grande partie de son étendue, mais constamment droite vers sa partie terminale, de manière que l'ouverture n'est jamais modifiée par l'avant-dernier tour. Les cloisons simples ou sinueuses, percées par un siphon.

* *A cloisons sinueuses.*

AMMONOCÉRATITE. *Ammonoceratita.*

Coquille conique, arquée, formant à peine un demi-tour; les cloisons sinueuses; un seul siphon marginal ne perçant pas les cloisons.

Ex. L'Ammonocératite glossoïde. *Ammonoceratita glossoidea.* (non figuré.)

HAMITE. *Hamites.*

Coquille fort alongée, longuement conique, à coupe circulaire, droite ou recourbée dans une partie variable de sa longueur; le bord des cloisons sinueux; siphon marginal.

A. Espèces dont le bord des cloisons n'est pas sinueux.

Ex. L'Hamite comprimée. *Hamites adpressus.* Sow., Min. Conch., pl. 61.

B. Espèces dont le bord des cloisons est sinueux.

Ex. L'H. cylindrique. *H. cylindricus.* Def., pl. du Dict., Foss.

Observ. C'est un genre qui n'est connu que par des moules incomplets, que l'on rencontre assez fréquemment dans les couches anciennes à bélemnites et à ammonocératites. M. Sowerby en figure une douzaine d'espèces.

** *A cloisons simples.*

SPIRULE. *Spirula.*

Animal ayant le corps alongé, cylindrique, terminé en arrière par deux lobes latéraux qui cachent en partie la coquille; tête pourvue de cinq paires d'appendices tentaculaires, dont deux plus longs, à peu près comme dans les sépiacés (1).

______

(1) D'après une lettre écrite dernièrement par M. de Fréminville à

Coquille bien symétrique, longitudinalement enroulée 'dans presque toute sa longueur ; le cône spiral conique, régulier, circulaire ; les tours de spire bien évidens ; les cloisons simples, concaves, percées par un seul siphon.

A. Espèces dont les tours de spire ne se touchent pas, et dont le siphon est inférieur.

Ex. La Spirule de Péron. *Spirula Peronii.* E. m., pl. 465, f. 5, *a b.*

B. Espèces dont les tours de spire ne se touchent pas ; le dernier droit et très-long ; le siphon médian.　　　　(G. Hortole. D. M.)

Ex. La S. Crosse. *S. convolvans.* D. M. , t. 1, p. 282.

C. Espèces dont les tours de spire sont contigus ; le siphon médian.
　　　　(G. Spiroline de Lamck. Lituite. D. M.)

Ex. La Sp. cylindracée. *Sp. cylindracea.* Enc. m., pl. 466, fig. 2, *a b.*

Lituole. *Lituola.*

Coquille subsymétrique, partiellement en spirale ; la partie spirée à tours contigus ; la partie terminale ou droite fermée par un diaphragme percé de plusieurs trous.

Ex. La Lituole nautiloïde. *Lituola nautiloides.* E. m., pl. 463, fig. 6.

Scaphite. *Scaphites.*

Coquille à parois très-épaisses, ovale, naviforme, enroulée et finement striée dans presque toute sa longueur ; ouverture et cavité très-étroites, circulaires ; les cloisons fort petites et très-reculées.

Ex. La Scaphite égale. *Scaphites æqualis.* Sowerby, pl. du Dict., Fossiles.

Observ. Ce genre n'est encore connu qu'à l'état fossile.

M. Brongniart, il paroîtroit que l'animal de la spirule seroit tout différent de cette description , que nous devons à Péron. Cependant M. de Roissy qui a vu l'individu rapporté par celui-ci, nous a confirmé la caractéristique que nous venons de donner.

Ichthyosarcolithe. *Ichthyosarcolithes.*

Coquille enroulée circulairement, comprimée ou à coupe ovale, à cloisons simples, obliques, en forme de deux cônes ou cornets, laissant un moule composé d'articulations inégales, ovales, aplaties, imbriquées comme les muscles épais et triangulaires du corps des poissons; siphon marginal indiqué par un sinus latéral du moule.

Ex. L'Ichthyosarcolithe triangulaire. *Icthyosarcolithes triangularis.* Desmarets, Journ. de Phys., juillet 1817.

Observ. Ce genre paroît ne renfermer encore que l'espèce qui lui a servi de type.

Fam. X. — ORTHOCÈRÉS. Orthocerata.

Animal tout-à-fait inconnu.

Coquille conique ou un peu comprimée, droite ou un peu arquée, sans autre indice d'enroulement; les cloisons sinueuses ou simples percées d'un siphon.

Tous les genres de cette famille ne contiennent que des espèces fossiles, ne sont que des moules plus ou moins incomplets, aussi sont ils en général assez mal établis.

* *A cloisons sinueuses.*

Baculite. *Baculites.*

Coquille droite, plus ou moins comprimée, conique, très-alongée; à cloisons irrégulièrement espacées, sinueuses, et percées par un siphon marginal.

A. Espèces dont l'ouverture est ronde?

Ex. La Baculite de Faujas. *Baculites Faujasii.* Fauj., Foss., Mont. de Saint-Pierre de Maëstr., pl. 21, fig. 2-3.

B. Espèces dont l'ouverture est ovale.　　　(G. Tiranite. D. M.)

Ex. La B. de Knorr. *B. Knorrii*, Knorr, Suppl., pl. XII, f. 1-5.

** *A cloisons simples.*

ORTHOCÈRE. *Orthoceras.*

Coquille droite ou à peine courbée, conique, partagée en un assez petit nombre de loges renflées par des cloisons transverses plus étroites et percées par un siphon central ou marginal.

A. Espèces dont la superficie est finement striée dans toute la longueur.

Ex. L'Orthocère Rave. *Orthoceras Raphanus.* Enc. m., pl. 465, fig. *a b c.*

B. Espèces dont la superficie est lisse et les loges plus renflées.
(G. NODOSAIRE. Lamck.)

Ex. L'O. Radicule. *O. Radicula,* Enc. m., pl. 465, fig. 4, *a b c.*
C. Espèces coniques, courbées dans plusieurs sens, ou dont les loges polygones sont presque séparées par le siphon. (G. RÉOPHAGE. D. M.)

Ex. L'O. queue de scorpion. *O. scorpiurus.* Sold., Test., p. 162 *k.*

D. Espèces dont les cloisons ou les loges sont renflées en forme de barillet.
(G. MOLOSSE. D. M.)

Ex. L'O. grêle. *O. gracilis.* Blum., *Archæol.*, tab. 2, fig. 6.

Observ. Ce genre, qui n'est caractérisé que sur des moules intérieurs, et dont on ne connoît pas la coquille, ne contient qu'un assez petit nombre d'espèces. Faut-il en rapprocher le corps organisé fossile, dont M. Sowerby a fait son genre *Amplexus*, et qui se compose d'une série d'articulations courtes, dentelées régulièrement sur leurs bords, dont l'ensemble ressemble tellement à quelques coraux que M. Sowerby l'a nommé A. coralloïde, *A. coralloides*; il est figuré dans les planches de fossiles du Dictionnaire.

CONILITE. *Conilites.*

Coquille droite ou légèrement arquée, à parois fort minces; la cavité remplie dans toute son étendue par une succession de cloisons simples, augmentant de la première à la dernière, qui est à une assez grande distance de l'ouverture; siphon central ou marginal.

A. Espèces dont le noyau ou l'alvéole est subséparable.

Ex. Le Conilite pyramidal. *Conilites pyramidalis.* Lamck. (non fig.)

B. Espèces droites, coniques, dont les cloisons paroissent adhérentes.
(G. Achéloïte. D. M.)

Ex. Le C. acheloïte. *C. achelois.* Knorr, Suppl., t. IV, f. 1.

C. Espèces un peu courbées en corne. (G. Amimome. D. M.)

Ex. Le C. éléphantin. *C. elephantinus.* Knorr, Suppl., t. IV, f. 2.

Observ. Peut-être faut-il encore rapprocher de ce groupe, ou considérer comme une série de cloisons d'une espèce du genre suivant, le fossile dont Denys de Montfort a fait son genre *Raphanistre?* malheureusement il paroît n'avoir été encore vu que par ce naturaliste.

Conulaire. *Conularia.*

Coquille épaisse, striée finement en travers, de forme conique; droite ou presque droite, à sommet obtus, solide dans la plus grande partie de sa base, creusée et partagée en un assez petit nombre de loges par des cloisons simples dans le reste de sa longueur; siphon inconnu.

Ex. La Conulaire de Sowerby. *Conularia Sowerbii.* Defr., Dict. des Sc. nat., Fossiles.

Bélemnite. *Belemnites.*

Coquille conique ou un peu comprimée, droite ou à peine courbée dans toute sa longueur ou à l'extrémité; creusée à sa base seulement par une petite cavité conique, dans laquelle sont empilées des cloisons simples, concaves, percées par un siphon central ou marginal dont l'ensemble constitue l'*alvéole.*
(G. Callirhoé. D. M.)

A. Espèces tout-à-fait droites, coniques, et dont le tube ou fourreau est entier au sommet.

Ex. La Bélemnite subconique. *Belemnites subconica.* Enc. mét., pl. 461, f. 5.

B. Espèces tout-à-fait droites, coniques, mais terminées au sommet par un pore étoilé. (G. Cétocine. D. M.)

Ex. La B. unie. *B. glabra.* Knorr, t. II, S. 11, pl. 1, f. 4.

C. Espèces droites, coniques, terminées au sommet par un pore étoilé entouré d'un cercle de petits tubercules. (G. Acame. D. M.)

Ex. La B. multiforée. *B. multiforata.* Knorr, *loc. cit.*, f. 1, 2, 3.

32.

13

D. Espèces droites, élargies et comprimées vers l'extrémité ; le tube lisse.   (G. Hibolite. D. M.)

Ex. La B. Fer-de-lance. *B. hastata*. D. M., 1, p. 387.

E. Espèces droites, élargies et comprimées vers·l'extrémité ; le tube poreux et carié.   (G. Porodrague. D. M.)

Ex. La B. poreuse. *B. porosa*. D. M., 1, p. 390.

F. Espèces plus ou moins courbes dans leur longueur ; le tube terminé par un pore au sommet avec une ouverture étroite, alongée au-dessous.   (G. Paclite. D. M.)

Ex. La B. biforée. *B. biforata*. Knorr, *loc. cit.*, f. 7.

G. Espèces moins courbes; le tube entier au sommet, et comme carré à la superficie.   (G. Thalamule. D. M.)

Ex. La B. polimite. *B. polimitus*. Knorr, Suppl., t. IV, f. 8-9.

CLASSE DEUXIÈME.

PARACÉPHALOPHORES. Paracephalephora.

Tête souvent assez peu distincte du reste du corps, mais toujours pourvue de quelques organes des sens.

Corps de forme très-variable, nu ou protégé par une coquille univalve ou subbivalve, c'est-à-dire inoperculée ou operculée, et toujours monothalame.

Bouche presque toujours armée de dents labiales ou linguales. L'anus rarement médian et postérieur, le plus souvent plus ou moins antérieur sur le côté droit.

Organes de la respiration variables pour la position, ainsi que pour la forme générale, et même pour la structure.

Appareil de la génération formé de deux sexes distincts sur deux individus, réunis sur un seul, ou ne consistant que dans le sexe femelle, ce qui constitue des mollusques dioïques, monoïques et hermaphrodites.

SOUS-CLASSE I.

PARACÉPHALOPHORES DIOIQUES, Paracephalophora dioica.

Sexes séparés sur des individus différens, ou l'espèce étant composée de mâles et de femelles.

Observ. Aucun mollusque de cette sous-classe n'est sans coquille ; tous sont aquatiques, mais peuvent très-bien vivre quelque temps hors de l'eau.

Ils ne sont pas absolument tous operculés, mais il n'y a d'opercule que dans cette sous-classe.

La coquille de l'individu femelle est constamment plus grosse, plus renflée, moins pointue à la spire que celle de l'individu mâle.

Section I. — *Organes de la respiration, et corps protecteur ou coquille non symétrique, et presque constamment contournée en spirale de gauche à droite.*

ORDRE PREMIER. — SIPHONOBRANCHES.
Siphonobranchiata.

Organes de la respiration constamment formés par une ou deux branchies pectiniformes, situées obliquement sur la partie antérieure du dos, et contenues dans une cavité dont la parois supérieure est pourvue d'un canal tubiforme plus ou moins alongé et attaché à la columelle.

Fam. I. — *SIPHONOSTOMES.* Siphonostomata.

(Genre Murex, Linn.)

Coquille de forme variable ; l'ouverture constamment prolongée en avant par un tube (1) plus ou moins long, ou échancrée.

Corps ovale, spiral en dessus, enveloppé dans un manteau dont le bord droit est garni de lobes ou laciniures en nombre et de forme variables, pourvu en dessous d'un pied ovale, assez court, et sous-trachélien.

Tête avec des yeux situés en général à la base externe de tentacules longs, coniques, contractiles et rapprochés.

Bouche pourvue d'une longue trompe extensible, armée de denticules crochus en place de langue, mais sans dent supérieure.

Anus au côté droit dans la cavité branchiale.

---

(1) Nous ferons observer ici une fois pour toutes que dans la détermination des parties de la coquille, nous la supposons toujours dans sa position naturelle sur l'animal marchant devant l'observateur la tête en avant.

Organes de la respiration formés par deux peignes branchiaux inégaux.

Terminaison de l'oviducte dans les femelles au côté droit, à l'entrée de la cavité branchiale. Celle du canal déférent à l'extrémité d'un appendice excitateur long, aplati, contractile, situé au côté droit du cou.

Coquille ordinairement ovale, à spire variable ; l'ouverture petite, prolongée en avant par un canal plus ou moins long, très-peu ou point échancré.

Un opercule corné à élémens lamelleux et comme imbriqués commençant à une extrémité.

Observ. Tous les animaux de cette famille connus jusqu'ici sont carnassiers et marins.

Les divisions génériques ou subgénériques qu'on y a établies le sont beaucoup plus sur la coquille que sur l'animal, aussi sont-elles pour la plupart artificielles, et en général fort difficiles à caractériser d'une manière qui ne laisse aucun doute.

Nous suivrons en général dans leur disposition la dégradation du canal de la coquille.

★ *Pas de bourrelet persistant au bord droit.*

PLEUROTOME. *Pleurotoma.*

Animal du Rocher. D'Argenv., Zoomorph., pl. 4, fig. *B.* (Voyez les caractères de la famille.)

Coquille fusiforme, un peu rugueuse, à spire turriculée ; ouverture ovalaire, petite, terminée par un canal droit plus ou moins long ; avec le bord droit tranchant et plus ou moins entaillé.

Opercule corné.

A. Espèces sur lesquelles l'entaille est un peu en arrière du milieu du bord et dont le tube est plus long.

Ex. Le Pleurotome Tour-de-Babel. *Pleurotoma babylonia.* E. m., pl. 439, f. 1, *a b.*

B. Espèces sur lesquelles l'entaille est tout-à-fait contre la spire et dont le tube est court. (G. CLAVATULE. Lamck.)

Ex. Le P. auriculifère. *P. auriculifera.* E. m., pl. 439, f. 10, *a b.*

Observ. M. de Lamarck caractérise vingt-trois espèces vivantes dans ce genre. On n'en connoît pas encore dans nos mers, et cependant il y en a déjà plus de trente espèces fossiles décrites.

Rostellaire. *Rostellaria.*

Animal entièrement inconnu.

Coquille subdéprimée, turriculée, à spire élancée, pointue ; ouverture ovale par l'excavation assez grande du bord columellaire ; le bord droit se dilatant avec l'âge, et ayant un sinus contigu au canal pointu qui termine la coquille en avant.

Opercule ?

A. Espèces dont le bord droit est digité.

    Ex. La Rostellaire Bec-arqué. *Rostellaria curvirostris*. E. m., pl. 411, f. 1, *a b*.

B. Espèces dont le bord droit dilaté n'est pas denté.
                           (G. Hippocrène. D. M.)

    Ex. La R. macroptère. *R. macroptera*. Brand., Foss. Hampt., pl. 6, f. 76.

    Observ. M. de Lamarck place ce genre auprès des strombes. Il y désigne six espèces, dont une seule est d'Europe, et dont trois sont fossiles.

Fuseau. *Fusus.*

Animal tout-à-fait inconnu.

Coquille épidermée, rugueuse, fusiforme ou renflée au milieu et prolongée en arrière par la spire, et surtout en avant par le canal ; ouverture ovale, à bord columellaire droit ou presque droit ; l'extérieur tranchant.

Opercule ovalaire corné.

A. Espèces turriculées ou subturriculées, non ombiliquées.

    Ex. Le Fuseau Quenouille. *Fusus Colus*. Enc. mét., pl. 423, f. 2.

B. Espèces subturriculées et ombiliquées.   (G. Latire. D. M.)

    Ex. Le F. aurore. *F. filosus*. Enc. mét., pl. 429, f. 5.

C. Espèces subturriculées et à tube échancré notablement à l'extrémité.

    Ex. Le F. articulé. *F. articulatus*. Enc. m., pl. 416, f. 1, *a b*.

D. Espèces à tours de spire arrondis, renflés.

Ex. Le F. d'Islande. *F. islandicus.* Enc. mét., pl. 129, f. 2.

E. Espèces muricoïdes.

Ex. Le F. muricien. *F. muriceus.* Enc. m., pl. 428, f. 5, *a b.*

F. Espèces buccinoïdes.

Ex. Le F. buccinien. *F. buccineus.* Enc. m., pl. 427, f. 3, *a b.*

Observ. Ce genre, évidemment artificiel, contient dans M. de Lamarck trente-sept espèces vivantes, dont trois ou quatre seulement sont des mers du Nord, la plupart des autres étant de celles des Grandes-Indes, et trente-sept fossiles, presque toutes de France.

Pyrule. Pyrula.

Animal entièrement inconnu.

Coquille pyriforme par l'abaissement de la spire ; le canal conique fort long ou médiocre, quelquefois un peu échancré ; ouverture ovale, assez grande ; le bord columellaire assez excavé, entier et tranchant.

Opercule?

A. Espèces subfusiformes, la spire étant un peu élevée.

Ex. La Pyrule carnaire. *Pyrula carnaria.* Enc. m., pl. 434, fig. 3, *a b.*

B. Espèces à tube long et assez étroit ; la spire très-courte.

Ex. La P. Tête-plate. *P. Spirillus.* Enc. m., pl. 437, f. 4, *a b.*

C. Espèces à tube long et assez étroit ; mais gauches et avec l'indice d'un pli à la columelle.   (G. Carreau. D. M.)

Ex. La P. sinistrale. *P. perversa.* Enc. mét., pl. 433, f. 4, *a b.*

D. Espèces plus ventrues et plus minces.

Ex. La P. Figue. *P. Ficus.* Enc. mét., pl. 432, fig. 1.

E. Espèces ventrues, à tube court ; ouverture fort grande et évasée, sensiblement échancrée.   (Les P. pourpres.)

Ex. La P. Mélongène. *P. Melongena.* E. m., pl. 435, f. *a b c d e.*

F. Espèces encore plus courtes ; l'ouverture très-évasée ; le bord droit subailé.   (Les P. néritoïdes.)

Ex. La P. raccourcie. *P. abbreviata.* E. m., pl. 436, f. 2, *a b.*

Observat. Vingt-huit espèces vivantes, dont une seule des mers du Nord, et six fossiles, composent ce genre.

FASCIOLAIRE. *Fasciolaria.*

Animal entièrement inconnu.

Coquille fusiforme ou subfusiforme; à spire médiocre; ouverture ovale, alongée, presque symétrique, terminée par un tube droit, assez long; le bord externe tranchant; le bord columellaire avec deux ou trois plis obliques.

A. Espèces fusiformes non tuberculeuses.

Ex. La Fasciolaire Tulipe. *Fasciolaria Tulipa.* Enc. mét., pl. 431, f. 2.

B. Espèces fusiformes tuberculeuses.

Ex. La F. Robe-de-Perse. *F. Trapezium.* E. m., pl. 431, f. 3, *a b.*

C. Espèces turriculées tuberculeuses.

Ex. La F. filamenteuse. *F. filamentosa.* E. m., pl. 424, fig. 5.

Observat. Des huit espèces vivantes caractérisées par M. de Lamarck une seule est de la Méditerranée, les autres sont pour la plupart de l'Océan indien. On n'en connoît encore que sept espèces fossiles.

TURBINELLE. *Turbinella.*

Animal incomplètement connu d'après le Labarin d'Adanson et d'Argenv., Zoomorph., pl. 3, f. *E.*

Coquille le plus ordinairement turbinée, mais aussi quelquefois turriculée, rugueuse, épaisse; la spire de forme un peu variable; ouverture alongée, terminée par un canal droit, souvent assez court; le bord gauche presque droit et formé par une callosité qui cache la columelle; celle-ci ayant deux ou trois plis inégaux presque transverses; le bord droit entier et tranchant.

A. Espèces fusiformes et presque lisses.

Ex. La Turbinelle Rape. *Turbinella Rapa.* E. m., pl. 431 *bis*, fig. 1.

B. Espèces turbinacées et hérissées.

Ex. La T. Aigrette. *T. pugillaris.* Enc. mét., pl. 431 *bis*, f. 3.

C. Espèces turriculées subfusiformes.

Ex. La T. étroite. *T. Infundibulum.* Enc. mét., pl. 424, f. 2.

Observ. Des vingt-trois espèces caractérisées par M. de Lamarck toutes celles dont on connoît la patrie sont des mers équatoriales ou australes. On n'en a pas encore trouvé de fossiles.

** *Un bourrelet persistant au bord droit.*

COLOMBELLE. *Columbella.*

Animal incomplètement connu, d'après le Siger d'Adanson ; les yeux placés beaucoup au-dessous du milieu des tentacules.

Coquille épaisse, turbinée, à spire courte, obtuse ; ouverture étroite, alongée, terminée par un canal très-court, subéchancré, rétrécie par un renflement au côté interne du bord droit et par quelques plis à la columelle.

Un opercule corné fort petit.

Ex. La Colombelle commune. *Columbella mercatoria.* Enc. méth., pl. 375, fig. 4, *a b.*

Observ. Ce genre, qui renferme dix-huit espèces dans M. de Lamarck, toutes des mers des pays chauds, seroit peut-être mieux placé parmi les angyostomes operculés.

TRITON. *Triton.*

Animal bien connu (Voyez les caractères de la famille.)

Coquille ovale à spire et canal droit, médiocre, plus ordinairement rugueuse, garnie de bourrelets rares, épars et conservés en rangées longitudinales ; ouverture subovale, alongée, terminée par un canal court, ouvert ; le bord columellaire moins excavé que le droit, et couvert par une callosité.

Opercule corné, ovale, arrondi et assez grand.

A. Espèces les plus lisses, à cordons peu ou point marqués outre celui du bord droit.

Ex. Le Triton émaillé. *Triton variegatum.* Enc. m., pl. 421, f. 2, *a b.*

B. Espèces plus hérissées, dont l'ouverture est plus évasée et terminée par un canal plus ou moins ascendant. (G. BAIGNOIRE. D. M.)

Ex. Le T. Baignoire. *T. lotorium.* Enc. m., pl. 415, f. 3.

C. Espèces à spire plus courte, toujours .très-tuberculeuses, le plus souvent ombiliquées ; un sinus à la jonction postérieure des deux bords,
(G. Aquille. D. M.)

Ex. Le T. cutacé. *T. cutaceum.* Enc. m., pl. 414, f. 2, *a b.*

D. Espèces semblables à celles de la section *C*, mais dont l'ouverture est fortement rétrécie par une callosité et des dents irrégulières.
(G. Masque. D. M.)

Ex. Le T. grimaçant. *T. Anus.* Enc. m., pl. 415, f. 3, *a b.*

E. Espèces dont l'ouverture est évasée, calleuse, non dentée ; le canal court, droit ; le bord droit seul garni d'un bourrelet.
(G. Struthiolaire. Lamck.)

Observ. Sur trente et une espèces vivantes une ou deux au plus sont de nos mers, et sur trois fossiles, une a son analogue reconnu.

Ranelle. *Ranella.*

Animal inconnu.
Coquille ovale, comme déprimée par la conservation de chaque côté d'un bourrelet longitudinal ; ouverture ovale presque symétrique par l'excavation du bord columellaire, terminée en avant par un canal court, souvent un peu échancré ; un sinus à la réunion postérieure des deux bords.

A. Espèces non ombiliquées. (G. Crapaud. D. M.)

Ex. La Ranelle granuleuse. *Ranella granulata.* E. m., pl. 413, f. 15, *a b.*

B. Espèces ombiliquées. (G. Apolle. D. M.)

Ex. La R. Grenouillette. *R. Ranina.* E. m., pl. 412, f. 2, *a b.*

Observ. On connoît quatorze espèces vivantes de ce genre, dont deux de nos mers, et une seule fossile.

Rocher. *Murex.*

Animal bien connu. (Voy. les caractères de la famille.)
Coquille ordinairement ovale ; la spire constamment assez peu élevée, hérissée de bourrelets longitudinaux, transversaux ou de varices ; ouverture petite, bien ovale, et symétrique par l'excavation du bord gauche formé par une .lame appliquée sur la colu-

melle, terminée en avant par un canal médiocre, quelquefois très-long et fermé ; le bord droit plus ou moins garni de varices.

Opercule corné complet, ovale, presque circulaire.

A. Espèces à tube fort long et épineux. (Les Bécasses épineuses.)

Ex. Le Rocher Forte-épine. *Murex Crassispina.* Mart. 3, t. 113, f. 1052-1054.

B. Espèces à tube fort long et sans épines.   (G. Bronte. D. M.)

Ex. Le R. Tête de bécasse. *M. Haustellum.* Mart. 3, t. 115, f. 1066.

C. Espèces à trois varices.   (Les R. Triptères.)

Ex. Le R. acanthoptère. *M. acanthopterus.* E. m., pl. 417, f. 2, *a b.*

D. Espèces à trois varices ramifiées.   (G. Chicoracé. D. M.)

Ex. Le R. Chicorée brûlée. *M. adustus.* Mart. 3, t. 105, f. 990-991.

E. Espèces qui ont un plus grand nombre de varices ou de bourrelets ; le tube presque fermé.

Ex. Le R. échidné. *M. melanomathos.* E. m., pl. 415, f. 2, *a b.*

F. Espèces subturriculées.

Ex. Le R. turriculé. *M. lyratus.* E. m., pl. 438, f. 4, *a b.*

G. Espèces subturriculées ; le tube fermé ; un tube percé vers l'extrémité postérieure du côté droit et persistant sur les tours de spire.
                (G. Typhis. D. M.)

Ex. Le R. tubifère. *M. pungens.* Brug., J. d'H. N. 2, pl. 11, f. 3.

H. Espèces plus globuleuses ; la spire et le canal plus courts, très-ouvert ; l'ouverture subévasée.   (Les R. Buccinoïdes.)

Ex. Le R. Rape. *M. vitulinus.* E. m., pl. 419, f. 1, *a b.*

I. Espèces qui ont un pli oblique très-antérieur à la columelle, et un ombilic.   (G. Phos. D. M.)

Ex. Le R. Lime. *M. senticosus.* E. m., pl. 419, f. 3, *a b.*

Observ. Parmi les soixante-six espèces vivantes caractérisées par M. de Lamarck, dont on connoît la patrie, il y en a de toutes les mers : seize de l'Océan indien, cinq d'Amérique méridionale, deux d'Afrique, et cinq ou six des mers d'Europe. Parmi les quinze espèces fossiles de France, il n'y a pas de véritable analogue.

Fam. II. — *ENTOMOSTOMES*. Entomostomata.

(Genre Buccinum. Linn.)

Animal spiral dont le pied, plus court que la coquille, est arrondi en avant; le manteau sans lanières, et pourvu en avant de la cavité respiratrice d'un long canal toujours à découvert, dont il se sert comme d'une sorte d'organe de préhension.

Tête pourvue d'une seule paire de tentacules noirâtres portant les yeux sur un renflement de la moitié de leur base.

Bouche armée d'une trompe, comme dans la famille précédente, sans dent labiale.

Organes de la respiration, de la génération, comme dans cette même famille.

Coquille de forme très-variable, dont l'ouverture très-grande ou très-petite est sans canal évident, ou avec un canal très-court, brusquement recourbé en dessus, mais toujours plus ou moins profondément échancré en avant.

Un petit opercule corné onguiforme, de même structure que dans la famille précédente.

Observ. Cette famille diffère évidemment fort peu de celle des siphonostomes, tant pour l'animal que pour la coquille.

Les espèces qu'elle renferme ne sont pas absolument toutes marines; un très-grand nombre cependant le sont; quelques unes vivent à l'embouchure des fleuves, et un très-petit nombre sont tout-à-fait fluviatiles. Aucune n'est lacustre.

Les sections subgénériques que les conchyliologues y établissent d'après la considération seule de la coquille, sont disposées d'après le plus grand rapprochement des siphonostomes, c'est-à-dire du plus grand alongement du tube de la coquille, et ne sont guère plus nettement circonscrites que dans la famille précédente.

Nous les disposerons aussi en petits groupes d'après la forme générale de la coquille, en allant de la plus turriculée à la plus patelloïde.

★ *Les E. turriculés.*

Cérite. *Cerithium.*

Animal très-alongé; le manteau prolongé en canal à son côté gauche, mais sans tube distinct; le pied court, ovale, avec un sillon marginal antérieur; la tête terminée par un mufle probos-

cidiforme, déprimé; tentacules très-distans, grossièrement anne-
lés, renflés dans la moitié inférieure de leur longueur et portant
les yeux au sommet de ce renflement; bouche terminale en fente
verticale sans dent labiale, et avec une langue fort petite; une
seule branchie longue et étroite.

Coquille plus ou moins turriculée, tuberculeuse; ouverture
petite, ovale, oblique; le bord columellaire fort excavé, calleux;
le bord droit tranchant, et se dilatant un peu avec l'âge.

Opercule corné, ovale, arrondi, subspiral et strié à sa face
externe, enfoncé et rebordé à l'interne.

A. Espèces qui ont évidemment un petit canal fort court et recourbé
obliquement vers le dos.

Ex. La Cérite Buire. *Cerithium Vertagus*. E. m., pl. 443, f. 2, *a b*.

B. Espèces qui ont encore un plus petit canal, mais tout droit, et un
sinus bien formé à la réunion postérieure des deux bords.

(Les C. Chenilles.)

Ex. La C. Chenille. *C. Aluco*. E. m, pl. 443, f. 5, *a b*.

C. Espèces dont l'ouverture est divisée en trois par la fermeture du
tube court antérieur, et celle de l'échancrure postérieure.

(G Triphore ou Tristome, Deshayes.)

Ex. La C. Tristome *C. Tristoma*, non figurée.

D. Espèces qui ont encore un petit canal droit, dont les tours de
spire sont plats et rubannés, avec un ombilic profond; deux plis décurrens à la columelle, et un au bord droit.   (G. Nérinée. Defr.)

Ex. La C. Nérinée. *C. Nerinea*, pl. du Dict., Fossiles.

E. Espèces qui n'ont pas de canal, mais une simple échancrure, et
dont le bord droit se dilate fortement avec l'âge.

(G. Potamide. Brong. Pyraze. D. M.)

Ex. La C. Cuiller. *C. palustre*. S. Mart. 4, t. 156, f. 1472.

F. Espèces dont l'ouverture sans canal est peu échancrée en avant
comme en arrière, l'échancrure étant remplacée par un sinus; le bord
columellaire courbé dans son milieu; le bord droit ne se dilatant pas.

(G. Priène. Lamck.)

Ex. La C. de Madagascar. *C. madagascariense*. E. m., pl. 458,
f. 2, *a b*.

Observ. Ce genre contient cinquante-six espèces vivantes, caractérisées par M. de Lamarck. La plupart sont marines; plusieurs autres sont de l'embouchure des fleuves, et quelques unes

sont tout-à-fait lacustres. On n'en compte qu'une dans nos mers, tandis qu'on en trouve plus de cent fossiles en France et en Italie. Le genre Nérinée de M. Defrance pourroit bien être mieux placé auprès des pyramidelles. J'ai observé l'animal des cérites noduleuse, raboteuse et ratissoire.

MÉLANOPSIDE. *Melanopsis.*

Animal bien connu, moins spiral que dans les cérites ; le canal du manteau plus court, mais du reste peu différent.

Coquille ovale ou à peine subturriculée ; l'ouverture ovale, sans trace de tube, mais échancrée antérieurement, sans sinus postérieur ; le bord columellaire calleux, et assez profondément excavé.

Opercule corné assez complet.

A Espèces subturriculées.

Ex. La Mélanopside à côtes. *Melanopsis costata.* De Fer., Monogr., pl. I, f. 14 et 15.

B. Espèces ovales.

Ex. La M. buccinoïde. *M. buccinoidea. Ibid.*, pl. I, f. 1-11, et II, fig. 1-4.

C. Espèces renflées.

Ex. La M. de Boué. *M. Bouei. Ibid.*, pl. *id.*, f. 9-10.

Observ. Les espèces vivantes de ce genre, que M. de Lamarck place près des mélanies, paroissent être plutôt fluviatiles que marines, au contraire des cérites. On en distingue aussi plus de fossiles que de vivantes.

PLANAXE. *Planaxis.*

Animal entièrement inconnu.

Coquille solide, ovale-conique, sillonnée transversalement ; ouverture ovale, oblongue, un peu échancrée en avant ; columelle aplatie et tronquée antérieurement ; bord droit sillonné ou rayé en dedans et épaissi par une callosité.

Opercule?

Ex. La Planaxe sillonnée. *Planaxis sulcata.* Lamck., Conch., p. 980, f. 39.

Observ. Ce genre, fort incomplètement connu, ne contient dans M. de Lamarck que deux espèces vivantes, l'une de l'Inde, l'autre de l'Amérique méridionale.

ALÈNE. *Subula.*

Animal spiral très-élevé ; le pied très-court, rond ; la tête avec des tentacules extrêmement petits, triangulaires, portant les yeux au sommet ; une longue trompe labiale sans crochets, au fond de laquelle est la bouche, également inerme.

Coquille non épidermée, turriculée, à spire pointue ; les tours de spire lisses, rubannés ; ouverture ovale, petite, largement échancrée en avant ; le bord externe mince, tranchant ; l'interne ou columellaire chargé d'un bourrelet oblique à son extrémité.

Un opercule ovale, corné, à élémens lamelleux, comme imbriqués.

Ex. L'Alène maculée. *Subula maculata.* E. m., pl. 402, f. 1, *a b*, pour la coquille, et Atlas du Voyage du capitaine Freycinet, pour l'animal.

Observ. La considération de l'animal rapporté par MM. Quoy et Gaimard m'a forcé d'établir ce genre, dont la coquille avoit été jusqu'ici confondue avec les vis ; j'y range toutes les espèces dont la coquille est très-élevée ; la spire très-pointue, les tours rubannés, et par conséquent le plus grand nombre des vingt-quatre espèces vivantes caractérisées par M. de Lamarck, et qui presque toutes appartiennent aux mers de l'Inde et de l'Australasie. On n'en a encore reconnu qu'une espèce fossile.

*** Les E. turbinacés, ou dont la spire est médiocrement alongée, rarement subturriculée.*

VIS. *Terebra.*

Animal spiral assez élevé ; le pied ovale avec un sillon transverse antérieur, et deux auricules latérales ; la tête bordée d'une petite frange ; tentacules cylindriques terminés en pointe, et fort distans ; yeux peu apparens à l'origine et au côté externe des tentacules ; bouche sans trompe ; le tube de la cavité respiratrice très-long.

Coquille non épidermée, ovalaire, à spire aiguë, assez peu élevée, ou subturriculée ; ouverture large, ovale, fortement échancrée en avant ; la columelle chargée d'un bourrelet oblique à son extrémité.

Opercule nul.

Ex. La Vis Miran. *Terebra buccinoidea.* Adans., Sénég., pl. 4.

Obs. Nous ne laissons dans ce genre, qui devroit peut-être passer dans la famille des entomostomes non operculés, que les espèces de vis de M. de Lamarck, qui, par leur forme générale, ont quelque ressemblance avec les buccins, comme sa vis buccinée, parce que nous supposons que l'animal ressemble à celui du miran d'Adanson, qui en est le type, et qui diffère beaucoup de celui des vis subulées, dont nous proposons de faire le genre Alène.

Les espèces de ce genre paroissent aussi n'appartenir qu'aux mers des pays chauds ; on doit y rapporter la vis scalarine fossile de Parnes.

ÉBURNE. *Eburna.*

Animal entièrement inconnu.

Coquille ovale ou alongée, lisse ; la spire aiguë, ses tours comme fondus, adoucis ; ouverture ovalaire, alongée, plus évasée, et largement échancrée en avant ; le bord droit entier ; la columelle calleuse, postérieurement ombiliquée, subcanaliculée à sa partie externe ou gauche.

Opercule ?

Ex. L'Eburne alongée. *Eburna glabrata.* E. m., pl. 401, f. 1, *a b.*

Observ. Ce genre, qui a évidemment des rapports avec certaines espèces de buccins, ne renferme encore que cinq espèces vivantes des mers de l'Inde ; une seule est de l'Amérique méridionale.

On n'en connoît pas encore de fossiles.

BUCCIN. *Buccinum.*

Animal bien connu (Voyez les caractères de la famille).

Coquille à peine épidermée, ovale, alongée ; la spire médiocrement élevée ; ouverture oblongue, ovale, échancrée, et quelquefois subcanaliculée antérieurement ; le bord droit épais, non bordé ; la columelle simple, et presque à découvert.

Un opercule corné complet.

A. Espèces lisses, à spire assez élevée ; l'ouverture plus large en avant.

(Les B. ÉBURNÉS.)

Ex. Le Buccin Agathe. *Buccinum Achatinum.* E. m., pl. 4, f. *a b.*

B. Espèces plus ou moins tuberculeuses, dont les bords de l'ouver-

ture sont séparés en arrière par un sinus étroit assez profond ; le droit
denté en avant.   (G. ALECTRION. D. M.)

Ex. Le B. tuberculeux. *B. papillosum.* E. m., pl. 400 , f. 5, *a b.*

C. Espèces ovales, un peu renflées et subcarénées sur les tours de
spire.

Ex. Le B. glacial. *B. glaciale.* E. m. , pl. 399 , f. 3, *a b.*

D. Espèces courtes, renflées, subglobuleuses.   (Les B. NASSOÏDES.)

Ex. Le B. ventru. *B. ventricosum.* E. m. , pl. 394, f. 4, *a b.*

E. Espèces à peu près de même forme, avec une large callosité au
bord interne.   (G. NASSE. Lamck.)

Ex. Le B. Casquillon. *B. arcularia.* E. m. , pl. 394 , f. 1, *a b.*

F. Espèces anomales.   (G. CYCLOPE. D. M.)

Ex. Le B. neritoïde. *B. neriteum.* E. m. , pl. 394, f. 9, *a b.*

Observ. On trouve des buccins dans toutes les mers ; parmi les
cinquante-huit espèces caractérisées par M. de Lamarck, il y en a
en effet sept ou huit de nos mers, et deux nasses.

Les espèces fossiles ne sont encore qu'au nombre de quatorze ;
dont une ou deux avec analogue.

*** *Les E. ampullacés,* ou *dont la coquille est en général
globuleuse.*

HARPE. *Harpa.*

Animal inconnu.

Coquille ovale, bombée, assez mince, garnie de côtes longitudinales parallèles, et formées par la conservation du bourrelet du
bord droit ; la spire très-courte, pointue ; le dernier tour beaucoup plus grand que tous les autres ensemble ; ouverture grande,
ovalaire, largement échancrée en avant ; le bord droit très-excavé,
et épaissi par un bourrelet extérieur ; la columelle lisse , et terminée en pointe antérieurement.

Opercule ?

Ex. La Harpe ventrue. *Harpa ventricosa.* Enc. m., pl. 404,
fig. 1, *a b.*

Observ. Les huit espèces de coquilles que M. de Lamarck distingue dans ce genre, paroissent venir toutes des mers de l'Océan
indien. On en connoît deux fossiles dans nos pays.

Tonne. *Dolium.*

Animal de la pourpre, d'après Adanson.

Coquille subglobuleuse très-ventrue, mince, cerclée par des cannelures décurrentes; la spire fort courte; le dernier tour beaucoup plus grand que tous les autres ensemble; ouverture oblongue, très-ample par la grande excavation du bord droit, qui est crénelé dans toute sa longueur; columelle torse.

Opercule inconnu.

A. Espèces non ombiliquées.

Ex. La Tonne Pelure-d'oignon. *Dolium olearium.* E. m., pl. 403, f. 1.

B. Espèces subombiliquées. (G. Perdrix. D. M.)

Ex. La T. Perdrix. *D. Perdix.* Mart., Conch., 3, t. 117, f. 107, et 1080.

Observ. Quoique la plus grande partie des sept espèces de coquilles de ce genre, suivant M. de Lamarck, soient des mers équatoriales et de l'Inde, il en existe une dans la Méditerranée. On n'en connoît pas encore de fossiles.

Cassidaire. *Cassidaria.*

Animal des buccins et des pourpres, d'après Adanson.

Coquille subglobuleuse, ventrue, tuberculeuse ou cannelée, à spire courte et pointue; ouverture longue, ovalaire, subcanaliculée en avant; le bord droit, s'évasant en dehors, et rebordé; la columelle recouverte par une large callosité lisse, se réunissant en arrière au bord droit.

Opercule corné.

Ex. Le Cassidaire échinophore. *Cassidaria echinophora.* E. m., p. 405, f. 3, *a b.*

Observ. Cinq espèces de toutes les mers, sauf de celle du Nord, six fossiles, dont deux analogues.

Casque. *Cassis.*

Animal des buccins.

Coquille ovalaire bombée, subenroulée, à spire très-peu saillante; ouverture longue, ovale, quelquefois fort étroite, terminée en avant par un canal très-court, échancré et recourbé oblique-

32.

14

ment vers le dos ; le bord droit plus ou moins concave , rebordé en dehors, et souvent denté en dedans ; la columelle couverte par une large callosité, et dentelée dans toute sa longueur.

Opercule corné.

A. Espèces dont l'ouverture est longue et le bord externe presque droit.

 Ex. Le Casque tuberculeux. *Cassis tuberosa*. E. m., pl. 406 et 407, f. 1.

B. Espèces dont l'ouverture est subovale et le bord externe excavé.

 Ex. Le C. flambé. *C. flammea*. Enc. m. , pl. 406, f. 3.

Observ. Des vingt-cinq espèces établies par M. de Lamarck, deux ou trois au plus sont de la Méditerranée : toutes les autres habitent les mers équatoriales, et surtout les mers de l'Inde. On n'en a encore trouvé que cinq fossiles.

RICINULE. *Ricinula.*

Animal presque tout-à-fait semblable à celui des buccins et des pourpres, d'après la ricinule horrible que nous avons observée ; le manteau pourvu d'un véritable tube ; pied beaucoup plus large et comme auriculé en avant , la tête semi-lunaire, avec des tentacules coniques, portant les yeux au milieu de leur côté externe ; organe excitateur mâle très-grand, recourbé dans la cavité branchiale.

Coquille ovale ou subglobuleuse, épaisse, et hérissée de pointes ou de tubercules , à spire écrasée ; ouverture étroite, alongée, échancrée, et quelquefois subcanaliculée antérieurement ; le bord droit tranchant, souvent denté intérieurement , et digité à son côté externe ; le bord gauche plus ou moins calleux , et quelquefois denté.

Opercule corné, ovale, transverse, à élémens peu imbriqués.

A. Espèces à canal évident en avant et en arrière de l'ouverture.

 Ex. La Ricinule digitée. *Ricinula digitata*. E. m., pl. 395, fig. 7, *a b*.

B. Espèces sans canal et hérissées d'épines.

 Ex. La R. muriquée. *R. horrida*. E. m. , pl. 395 , fig. 1, *a b*.

C. Espèces sans canal et tuberculeuses. (G. Sistre. D. M.)

 Ex. La R. Mûre. *R. Morus*. E. m., pl. 395, f. 6, *a b*.

Observ. Ce genre est évidemment artificiel ; ainsi, il renferme une espèce qui est un véritable rocher ; d'autres sont fort rapprochées de certaines espèces de turbinelles ; en effet, elles ont deux ou trois plis transverses à la columelle ; enfin il en est qui ne diffèrent guère des véritables pourpres.

Des neuf espèces de ce genre toutes celles dont on connoît la patrie, viennent des mers de l'Inde. On n'en a pas encore découvert de fossiles.

CANCELLAIRE. *Cancellaria.*

Animal des pourpres, d'après Adanson.

Coquille ovale ou globuleuse assez bombée, rugueuse ; la spire médiocre, aiguë ; ouverture ovalaire, élargie, échancrée, et quelquefois subcanaliculée antérieurement ; le bord droit évasé, concave, tranchant ; le bord gauche ou columellaire presque droit, et marqué dans son milieu de deux ou trois plis.

Opercule corné.

Ex. La Cancellaire réticulée. *Cancellaria reticulata.* E. m., pl., 375, f. 3, *a b.*

Observ. Ce genre n'est pas tout-à-fait ici ce qu'il est selon M. de Lamarck ; nous en retirons les espèces dont l'ouverture est évidemment canaliculée, comme la C. lime, qui nous paroît devoir rester parmi les rochers ou les turbinelles turriculées.

Des douze espèces de coquilles vivantes de ce genre, celles dont on connoît la patrie sont des mers de l'Inde et du Sénégal.

On en distingue sept espèces fossiles.

POURPRE. *Purpura.*

Animal peu alongé, élargi en avant ; le manteau à bords simples, et pourvu d'un tube distinct ; le pied fort large, elliptique, très-avancé, subbilobé en avant, et portant à la face dorsale de sa partie postérieure un large opercule ; tête large peu distincte ; tentacules antérieurs très-rapprochés à la base, subcylindriques, et portant les yeux aux deux tiers de leur longueur, beaucoup plus renflés que le reste ; bouche inférieure cachée par la grande avance du pied ; deux branchies pectiniformes presque parallèles, la droite bien plus grande que la gauche. Le reste semblable aux buccins.

Coquille ovale, épaisse, le plus souvent tuberculeuse ; spire courte ; le dernier tour beaucoup plus grand que tous les autres

14.

réunis ; ouverture ovale très-évasée, terminée en avant par un canal court, oblique, et échancré à son extrémité ; le bord columellaire presque droit , et chargé d'une callosité pointue en avant.

Opercule corné plat, presque semicirculaire, à stries peu marquées, et transverses ; le sommet en arrière.

A. Espèces dont le bord droit, tout près de l'échancrure, est armé d'une corne conique, aiguë, plus ou moins recourbée.

(G. Licorne , *Monoceros*. D. M.)

Ex. La Pourpre tuilée. *Purpura imbricata*. E. m., pl. 396 , fig. 1, *a b*.

B. Espèces dont le bord droit est sans corne, et dont l'ouverture est médiocrement évasée. (Les P. buccinoïdes.)

Ex. Là P. à teinture. *P. Lapillus*. Penn., Zool. Br., 4, pl. 72, f. 89.

C. Espèces sans corne, et dont l'ouverture est très-évasée.

(Les P. patulées.)

Ex. La P. antique. *P. patula*. Martini, Conch. , 3, tab. 69, fig. 758-759.

D. Espèces ventrues, tuberculeuses.

Ex. La P. néritoïde. *P. neritoides*. Martini, Conch., 3, t. 100, f. 959-962.

Observ. Les cinq espèces de pourpres licornes paroissent être de l'Amérique méridionale. On n'en connoît pas de fossiles.

Des cinquante espèces de pourpres ordinaires vivantes , il n'y en a que quatre de nos mers ; une seule est connue à l'état fossile, et c'est l'analogue du *P. Lapillus*, si commun sur nos côtes.

*** *Les E. patelloïdes; c'est-à-dire dont la coquille est en totalité fort large, fort plate, à spire peu marquée, sans columelle.*

CONCHOLÉPAS. *Concholepas*.

Animal entièrement inconnu.

Coquille large, rude, ovalaire, à spire fort petite, non saillante, en forme de crochet marginal ; ouverture très-grande, ovale, évasée, échancrée antérieurement ; les bords réunis ; le droit ou externe assez épais, garni de dents, dont les deux qui limitent l'échancrure sont un peu plus grandes que les autres ; impression musculaire visible et presque en fer à cheval.

Opercule corné, rudimentaire.

Ex. Le Concholépas du Pérou. *Concholepas peruvianus.* Favan., Conch., pl. 4, fig. H. 2.

Observ. Ce genre singulier n'est composé que d'une seule espèce de l'Amérique méridionale.

Fam. III. — *ANGYOSTOMES.* Angyostomata.

Animal peu différent de celui des familles précédentes; le pied fort grand, sousventral; et se ployant longitudinalement pour rentrer.

Coquille dont l'ouverture plus ou moins échancrée antérieurement, est en général fort étroite, mais toujours beaucoup plus longue que large; le bord columellaire droit, ou presque droit.

Opercule rudimentaire dans un certain nombre, et entièrement nul dans d'autres.

* *Un opercule.*

Strombe. *Strombus.*

Animal spiral. Le pied assez large en avant, comprimé en arrière; le manteau mince, formant un pli prolongé en avant, d'où résulte une sorte de canal; tête bien distincte; bouche en fente verticale à l'extrémité d'une trompe, pourvue dans la ligne médiane inférieure d'un ruban lingual garni d'aiguillons recourbés en arrière, un peu comme dans les buccins; les appendices tentaculaires, cylindriques, gros et longs, portant à leur extrémité épaissie les yeux, et en dedans les véritables tentacules cylindriques, obtus, et plus petits que les pédoncules oculaires.

Anus et oviducte se terminant fort en arrière.

Coquille épaisse, subenroulée, diconique ou renflée au milieu, et terminée en cône en avant comme en arrière; ouverture fort longue, étroite, terminée en avant par un canal plus ou moins alongé; et recourbé; les bords droits, parallèles; l'externe se dilatant avec l'âge, offrant en arrière une gouttière au point de son attache à la spire, et en avant un sinus plus postérieur que le canal, par où passe la tête de l'animal.

Opercule corné, long et étroit, à élémens comme imbriqués.

A. Espèces dont le bord externe se dilate beaucoup avec l'âge, et offre des digitations en nombre variable. (G. Ptérocère. Lamck.)

Ex. Le Strombe Araignée. *Strombus Chiragra.* Rumph., Mus.,

t. 35, f. A B C, pour la coquille; et Quoy et Gaimard, pour l'animal. Atlas du Voy. de l'Uranie.

B. Espèces dont le bord externe est épais et peu ou point dilaté.

Ex. Le S. Oreille-de-Diane. *S. Auris Dianæ*. E. m., pl. 409, fig. 3, *a b*.

C. Espèces dont le bord droit n'est pas dilaté et est fort mince, ce qui les fait beaucoup ressembler aux cônes.

(Les Strombes non adultes.)

Observ. Toutes les espèces de la première section, au nombre de sept, suivant M. de Lamarck, viennent de l'Océan indien. On n'en connoît pas de fossiles.

Celles de la seconde (52) viennent aussi, pour la plupart, de la mer des Indes. Quelques unes sont des mers équatoriales.

On n'en a encore découvert qu'une seule espèce fossile.

Cone. *Conus.*

Animal alongé, fort comprimé, involvé; le manteau mince, ne débordant pas le pied assez petit, ovale, alongé, plus large en avant, où il est bordé par un sillon transverse; tête assez distincte; tentacules cylindriques, portant les yeux près de leur sommet, qui est sétacé; la bouche au fond d'une assez longue trompe labiale, faisant l'office de ventouse; une langue assez courte, quoique saillante dans la cavité viscérale, et hérissée de longs crochets styliformes sur deux rangs.

Coquille couverte d'un périoste membraneux, épaisse, solide, de forme conique; le sommet du cône en avant, la spire peu ou point saillante; ouverture longitudinale fort étroite, versante à son extrémité antérieure; le bord externe droit, tranchant; l'interne également droit, avec des plis obliques à sa partie antérieure.

Opercule très-petit et corné, spiré, à sommet terminal.

A. Espèces coniques, à spire saillante, non couronnée de tubercules.

Ex. Le Cône flamboyant. *Conus Generalis*. E. m., planch. 325, fig. 1, 2, 3, 4.

B. Espèces coniques, à spire couronnée, saillante ou aplatie.

(G. Rhombe. D. M.)

Ex. Le C. impérial. *C. imperialis*. E. m., pl. 319, fig. 1.

C. Espèces un peu alongées, ovalaires; la spire assez saillante, pointue, non couronnée.　　　(G. Cylindre. D. M.)

Ex. Le C. Drap d'or. *C. Textile*. E. m., pl. 344, fig. 5, *a*.

D. Espèces subcylindriques, la spire apparente et couronnée.

(G. Rouleau. D. M.)

Ex. Le C. Brocard. *C. Geographus*. E. m., pl. 322, fig. 12.

E. Espèces alongées, cylindriques; la spire saillante; l'ouverture comme dans le genre Térébelle, c'est-à-dire anguleuse en arrière.

(G. Hermes. D. M.)

Ex. Le C. Nussatelle. *C. Nussatella*. E. m., pl. 342, fig. 8 et 9.

Observ. Ce genre, dans lequel M. de Lamarck définit cent-quatre-vingt-une espèces vivantes, est un exemple remarquable de la variété des couleurs, ainsi que des formes dans la même. Aussi ces prétendues espèces sont-elles plutôt de cabinet que réelles, comme l'a dit Adanson. Quoi qu'il en soit, extrêmement multipliées dans les mers australes, elles diminuent peu à peu à mesure qu'on s'approche des nôtres, au point qu'il n'y en a plus plus que trois ou quatre dans la Méditerranée, et aucune dans les mers du Nord. On en trouve cependant neuf ou dix fossiles dans nos pays.

**** *Point d'opercule*.**

TARIÈRE. *Terebellum*.

Animal tout-à-fait inconnu.

Coquille mince, luisante, subcylindrique, enroulée, pointue en arrière, comme tronquée en avant; ouverture longitudinale, triangulaire, à bords entiers; la columelle tronquée et prolongée au-delà de l'ouverture.

A. Espèces dont la spire est visible et l'ouverture plus courte que la coquille. (Les TARIÈRES.)

Ex. La Tarière subulée. *Terebellum subulatum*. Enc. m., pl. 360, fig. 1, *a b*.

B. Espèces dont la spire est presque entièrement cachée par l'enroulement des tours de spire, et dont l'ouverture est presque aussi longue que la coquille. (Les OUBLIES. G. Seraphe. D. M.)

Ex. La T. Oublie. *T. convolutum*. E. m., pl. 360, fig. 2, *a b*.

Observ. Ce genre ne contient que trois espèces, dont une seule vivante, de l'Inde, et deux fossiles.

Olive: *Oliva.*

Animal ovale, involvé; le manteau assez mince sur ses bords et prolongé aux deux angles de l'ouverture branchiale en une ligule tentaculaire, et en avant par un long tube branchial; pied fort grand, ovale, subauriculé et fendu transversalement en avant; tête petite, avec une trompe labiale? tentacules rapprochés et élargis à la base, renflés dans leur tiers médian et subulés dans le reste de leur étendue; yeux très-petits, externes sur le sommet du renflement; branchie unique, pectiniforme; anus sans tube terminal; organe excitateur mâle fort gros et exserte.

Coquille épaisse, solide, lisse, ovale, alongée, subcylindrique; les tours de la spire, très-petits, séparés par un canal; ouverture longue, étroite; le bord columellaire renflé antérieurement par un bourrelet, et strié obliquement dans toute sa longueur.

Opercule corné, fort petit, d'après d'Argenville, nul d'après ce que nous avons vu sur un petit individu.

A. Espèces ovales, à spire à peine saillante.

Ex. L'Olive ondée. *Oliva undata.* E. m., pl. 364, fig. 7, *a b.*

B. Espèces un peu plus alongées, à spire plus saillante.

Ex. L'O. littérée. *O. litterata.* E. m., pl. 362, fig. 1, *a b.*

C. Espèces plus élancées, à spire fort saillante.

Ex. L'O. subulée. *O. subulata.* E. m., pl. 368, fig. 6, *a b.*

Observ. Les espèces de ce genre sont sans doute dans le cas de celles du genre Cône, beaucoup trop multipliées; M. de Lamarck en caractérise soixante-deux vivantes, dont une seule paroît être de la Méditerranée. Toutes les autres viennent des mers australes et équatoriales.

Ancillaire. *Ancillaria.*

Animal tout-à-fait inconnu.

Coquille lisse, ovale, oblongue, pointue en arrière, élargie et comme tronquée en avant; ouverture ovale, alongée, peu profondément, mais largement échancrée en avant; la columelle chargée antérieurement d'un bourrelet calleux et oblique; la lèvre droite obtuse.

A. Espèces à spire assez élevée, et bucciniformes.

Ex. L'Ancillaire buccinoïde. *Ancillaria buccinoïdes*. E. m., pl. 393, fig. 1, *a b*.

B. Espèces à spire presque nulle.

Ex. L'A. Cannelle. *A. cinnamomœa*. E. m., pl. 393, f. 8, *a b*.

Observ. Ce genre pourroit devoir être rapproché des éburnes. M. de Lamarck en compte quatre espèces vivantes, probablement des mers australes, et cinq fossiles.

MITRE. *Mitra*.

Animal entièrement inconnu.

Coquille turriculée, subfusiforme et ovale; la spire constamment pointue au sommet; l'ouverture petite, triangulaire, plus large et fortement échancrée en avant; le bord externe tranchant, presque droit, toujours plus long que le columellaire, qui est formé par une callosité fort mince, et marqué de plis obliques parallèles, dont les antérieurs sont les plus courts.

Opercule nul?

A. Espèces élancées, turriculées, côtelées; l'ouverture très-étroite, longue, subcanaliculée, avec un pli.   (G. MINARET. D. M.)

Ex. La Mitre rubanée. *Mitra tæniata.* E. m., pl. 373, fig. 7, *a b*.

B. Espèces turriculées, à tours de spire larges, adoucis; l'ouverture évasée en avant.   (Les M. TARIÈRES.)

Ex. La M. épiscopale. *M. episcopalis*. E. m., pl. 369, fig. 2 et 4.

C. Espèces subovalaires, à spire plus courte, ordinairement tuberculeuse.

Ex. La M. à petites zones. *M. microzonias*. E. m., pl. 374, fig. 8, *a b*.

D. Espèces ovales, à spire très-courte, et ordinairement treillisées.   (Les M. OLIVAIRES.)

Ex. La M. Dactyle. *M. Dactylus*. E. m., pl. 372, fig. 5, *a b*.

Observ. Il se pourroit que les espèces de la section première dussent passer près des pleurotomes.

Des quatre-vingts espèces vivantes signalées par M. de Lamarck, près des trois quarts sont des mers australes ; une seule est de la Méditerranée, une seule des mers du Nord.

On en connoît déjà vingt-deux fossiles dans nos pays.

Volute. *Voluta.*

Animal ovale, enroulé, pourvu d'un pied fort large, débordant de toutes parts la coquille, et se ployant longitudinalement pour y rentrer ; tête bien distincte ; tentacules assez courts, et triangulaires ; les yeux grands, tout-à-fait sessiles, et situés un peu en arrière ; une trompe épaisse, garnie de dents en crochets à son extrémité ; deux branchies pectiniformes ; anus sessile.

Coquille ovale, plus ou moins ventrue ; les premiers tours de la spire arrondis en mamelon ; ouverture en général beaucoup plus longue que large, fortement et obliquement échancrée en avant ; le bord droit un peu courbe en dehors, entier et mousse ; le bord columellaire légèrement excavé, et garni de grands plis plus ou moins obliques, et un peu variables en nombre avec l'âge.

A. Espèces alongées et subturriculées.

Ex. La Volute magellanique. *Voluta magellanica.* E. m., pl. 385, fig. 1, *a b.*

B. Espèces ovales et plus ou moins tuberculeuses.
(Les V. muricinées. G. *Turbinellus.* Oken.)

Ex. La V. impériale. *V. imperialis.* E. m., pl. 382, fig. 1.

C. Espèces ovales et couronnées.

Ex. Le V. fauve. *V. fulva.* E. m., pl. 182, fig. 3, *a b.*

D. Espèces ovales, bombées, ventrues.
(Les Gondolières, G. *Cymbium.* D. M.)

Ex. La V. éthiopienne. *V. ethiopica.* E. m., pl. 387, fig. 2.

Observ. Nous avons caractérisé l'animal de ce genre d'après une volute éthiopienne conservée dans l'alcool ; mais nous ne voudrions pas assurer qu'il ne différât pas dans les autres sections.

Toutes les espèces vivantes de ce genre, qui sont au nombre de quarante-cinq à peu près, appartiennent aux mers de l'hémisphère austral et de la zone torride ; on en connoît cependant déjà au moins vingt espèces fossiles dans nos pays.

MARGINELLE. *Marginella.*

Animal comme dans le genre précédent, et encore mieux comme dans le suivant, d'après Adanson.

Coquille lisse, polie, ovale-oblongue, un peu conique; à spire courte et mamelonnée; ouverture assez étroite, un peu ovalaire, par une légère courbure du bord droit, qui est renflé ou rebordé en dehors, à peine échancrée en avant; le bord columellaire marqué de trois plis bien espacés et obliques.

A. Espèces à ouverture moins longue que la coquille, et à spire apparente.   (G. MARGINELLE. Lamck.)

Ex. La Marginelle neigeuse. *Marginella glabella.* E. m., pl. 377, f. 6, *a b.*

B. Espèces à ouverture aussi longue que la coquille, à spire nulle et quelquefois enfoncée ou ombiliquée.

Ex. La M. Bobi. *M. lineata.* E. m., pl. 377, f. 4, *a b.*

C. Espèces qui sont encore plus involvées; l'ouverture encore plus étroite et plus longue; des plis à la partie antérieure du bord columellaire; le bord externe mince.   (G. VOLVAIRE. Lamck.)

Ex. La M. Grain de riz. *M. Oryza.* E. m., pl. 374, f. 6, *a b.*

Observ. M. de Lamarck caractérise dans ces deux genres vingt-sept espèces vivantes, et quatre fossiles; les premières viennent principalement des mers du Sénégal, et de l'Océan indien.

PÉRIBOLE. *Peribolus.*

Animal ovale, involvé; le pied elliptique, très-grand, plus large en avant, où son bord offre un sillon transverse; le manteau débordant à droite et à gauche la coquille, sur les côtés de laquelle il peut se recourber, et ne formant qu'un canal respiratoire très-court; tête petite, distincte, portant deux tentacules assez longs, très-aigus, et les yeux à la partie externe de leur base; la bouche pourvue d'une trompe.

Coquille fort mince, involvée, ovale; la spire extrêmement petite; ouverture ovale, alongée, le bord droit tranchant; le bord columellaire avec une sorte de long pli vers son milieu.

Ex. Le Péribole Potan. *Peribolus Andansonii.* Adanson, Sénég., pl. 5.

Obs. Bruguière, et par suite tous les conchyliologistes, ont regardé ce genre comme établi sur de jeunes individus de cyprées ; mais Adanson dit positivement qu'il a vu des jeunes et des adultes de son potan.

Porcelaine. *Cypræa.*

Animal ovale, alongé, involvé, gastéropode, ayant de chaque côté un large lobe appendiculaire un peu inégal du manteau, garni en dedans d'une bande de cirrhes tentaculaires, et qui peut se recourber sur la coquille et la cacher ; la tête pourvue de deux tentacules coniques fort longs ; les yeux à l'extrémité d'un renflement qui en fait partie ; le canal respiratoire du manteau fort court, ou mieux nul et formé par le rapprochement de l'extrémité antérieure de ses deux lobes ; orifice buccal transverse, à l'extrémité d'une espèce de cavité, dans le fond de laquelle est la véritable bouche entre deux lèvres verticales et épaisses ; un ruban lingual hérissé de denticules et prolongé dans l'abdomen. Anus à l'extrémité d'un petit tube tout-à-fait en arrière de la cavité branchiale ; organe excitateur mâle linguiforme, communiquant par un sillon avec l'orifice du canal déférent.

Coquille ovale, convexe, fort lisse, involvée ; la spire tout-à-fait postérieure, très-petite, souvent cachée par une couche calcaire déposée par les lobes du manteau ; ouverture longitudinale très-étroite, un peu arquée, aussi longue que la coquille, à bords intérieurement dentés ou non dans toute leur étendue, et échancrée à chaque extrémité.

A. Espèces dont les deux bords de l'ouverture sont dentés.

Ex. La Porcelaine Exanthême. *Cypræa Exanthema.* E. m., pl. 349, fig. *a b c d e.*

B. Espèces dont le bord droit est le seul denté ; un tubercule au dos de chaque ouverture.   (G. Calpurne. D. M.)

Ex. La P. verruqueuse. *C. verrucosa.* E. m., pl. 357, f. 5, *a b.*

C. Espèces dont la coquille est fort mince, et les bords de l'ouverture non dentés.   (Les C. non adultes.)

Observ. Les espèces de ce genre, déterminées seulement par la coquille, paroissent extrêmement nombreuses, puisque M. de Lamarck en caractérise soixante-huit vivantes. Mais il faut observer qu'il est probable que si l'on pouvoit le faire d'après l'animal, le nombre en seroit considérablement diminué.

Il faut aussi faire l'observation que ces coquilles diffèrent souvent beaucoup avec l'âge, d'abord en épaisseur, puis en ce que les bords sont minces, tranchans, à peine dentés, si ce n'est l'interne, et enfin quelquefois en contour ; cela tient à ce que les lobes du manteau, en se recourbant sur la coquille primitive pendant la reptation de l'animal, déposent de nouvelle matière calcaire. Il ne faut cependant pas admettre l'hypothèse de Bruguière, que ces animaux peuvent abandonner complètement leur coquille pour en former une nouvelle.

Des soixante-huit espèces que M. de Lamarck établit dans ce genre, il n'y en a que trois qui soient de nos mers, dont une seule de celle de la Manche ; toutes les autres sont de l'Inde et de la zone torride, tandis qu'il en décrit déjà dix-huit fossiles.

Nous avons caractérisé l'animal de ce genre d'après des individus de la cyprée tigre rapportés par MM. Quoy et Gaimard, de l'expédition du capitaine Freycinet. Il est figuré avec soin dans leur Atlas.

Ovule. *Ovula.*

Animal presque en tout semblable à celui des cyprées.

Coquille de la même forme que dans les cyprées ; les deux extrémités de l'ouverture subéchancrées, et plus ou moins prolongées en tube.

A. Espèces qui ont le bord droit denté ; le tube de chaque extrémité bien évident.

Ex. L'Ovule oviforme. *Ovula oviformis*. E. m. , pl. 358, f. 1, *a b.*

B. Espèces qui n'ont aucun bord denté, dont les tubes sont peu marqués, et dont le corps de la coquille est cerclé par une carène mousse.

(G. Ultime. D. M.)

Ex. L'O. gibbeuse. *O. gibbosa*. E. m., pl. 457, f. 4, *a b.*

C. Espèces dont le bord droit n'est pas épaissi ni denté, et dont chaque extrémité est prolongée en un long tube droit qui s'accroît avec l'âge.

(G. Navette. D. M.)

Ex. L'O. birostre. *O. birostris*. E. m. , pl. 357, f. 1, *a b.*

Observ. Les espèces de ce genre, au nombre de douze, sont encore, à l'exception de deux, des mers de la zone torride et de l'Inde. On n'en connoît encore que deux fossiles, dont une analogue. Nous avons observé l'animal de l'ovule oviforme, rapporté par MM. Quoy et Gaimard. Il est figuré dans leur Atlas.

ORDRE SECOND. — ASIPHONOBRANCHES.
ASIPHONOBRANCHIATA.

Les organes de la respiration constamment formés par une ou deux branchies pectiniformes, situées obliquement sur la partie antérieure du dos, et contenues dans une cavité dont la paroi supérieure ne se prolonge pas en tube, mais qui offre quelquefois un appendice ou lobe inférieur qui en remplit l'office.

Coquille de forme extrêmement variable ; ouverture constamment entière, et toujours complètement operculée , c'est-à-dire fermée par un opercule corné, et le plus souvent calcaire , proportionnel à cette ouverture.

Fam. I.— *GONIOSTOMES*. Goniostomata.

(Genre Trochus. Linn.)

Animal spiral, ayant les côtés du corps souvent ornés d'appendices digités ou lobés, et pourvu d'un pied court, arrondi à ses deux extrémités ; la tête munie de deux tentacules plus ou moins alongés, portant les yeux sur un renflement de leur base externe, et souvent assez distincts pour rendre l'œil subpédonculé ; bouche sans dent supérieure , mais pourvue d'un ruban lingual en spirale ; l'anus à droite dans la cavité branchiale qui renferme une ou deux branchies inégales en forme de peigne ; les organes de la génération se terminant sur l'individu femelle à droite, dans la cavité branchiale, et sur l'individu mâle par une sorte de languette triangulaire soutenue par un petit osselet.

Coquille subplanorbique ou trochiforme ; la spire élevée, quelquefois surbaissée , et plus ou moins carénée à son dernier tour, ce qui forme une base plate, circulaire ; ouverture médiocre, déprimée, souvent presque quadrangulaire, à bord externe ou droit tranchant, anguleux, ou plié dans son milieu.

Opercule corné, circulaire, à sommet submédian, enroulé régulièrement en spirale ; les tours de spire étroits et nombreux.

Observ. Toutes les espèces de cette famille sont phytophages, marines, et vivent sur les rochers à découvert sur les bords de la mer.

Cadran. *Solarium*.

Animal inconnu.

Coquille orbiculaire, enroulée presque dans le même plan ou planorbique ; la spire du côté droit très-surbaissée ; un grand ombilic conique, et à bords denticulés à l'entrée ; ouverture non modifiée par le dernier tour de spire, qui est tout-à-fait plat ; point de columelle.

Opercule inconnu.

A. Espèces bien carénées dans leur circonférence et dont l'ouverture est bien carrée.

Ex. Le Cadran strié. *Solarium perspectivum.* E. m., pl. 446, f. 1, *a b.*

B. Espèces subcarénées ou à carène double ; l'ouverture subarrondie.

Ex. Le C. bigarré. *S. variegatum.* E. m., pl. 446, f. 6, *a b.*

Observ. Ce genre, dans l'ouvrage de M. de Lamarck, renferme sept espèces vivantes, la plupart des mers australes, dont une se trouve aussi dans la Méditerranée, et huit espèces fossiles.

Toupie. *Trochus.*

Animal bien connu, tel qu'il est caractérisé pour la famille.

Coquille épaisse, ordinairement nacrée, trochoïde, quelquefois surbaissée, d'autres fois assez élancée, et pointue au sommet, tranchante ou carénée à sa circonférence, ombiliquée ou non ; ouverture déprimée, anguleuse ou subanguleuse, à bords désunis, le droit tranchant ; la columelle arquée, torse, et souvent saillante en avant.

Opercule corné, mince, à tours de spire nombreux, étroits, croissans un peu du centre à la circonférence.

A. Espèces tout-à-fait calyptriformes par la grande saillie de la carène ou de la circonférence, son excavation et la petitesse de la cavité spirale formée par une lame septiforme.   (G. Entonnoir. D. M.)

Ex. La Toupie concave. *Trochus concavus.* Chemn., Conch., f. 1620 et 1621.

B. Espèces ombiliquées, à spire fort déprimée, agglutinante ; la base fort élargie et comme excavée par la grande saillie de l'angle du bord droit qui s'avance bien au-delà du bord columellaire arrondi.

                                        (G. Fripière. D. M.)

Ex. La T. agglutinante. *T. agglutinans.* Chemn., Conch., 5, t. 172, f. 1688 et 1690.

C. Espèces ombiliquées, à spire très-déprimée, tranchantes et radiées à leur circonférence par la conservation d'un canal anguleux du milieu du bord droit. (G. Eperon. D. M.)

Ex. La T. impériale. *T. imperialis.* Chemn., Conch., 5, t. 173. f. 1714.

D. Espèces orbiculaires, déprimées, luisantes, subcarénées; l'ouverture subdéprimée et demi-ronde, avec une large callosité sur l'ombilic. (G. Roulette. Lamck.)

Ex. La T. rose. *T. roseus.* Chemn., Conch., 5, t. 166, f. 1601, *h.*

E. Espèces non ombiliquées, coniques, à base plate et circulaire; la columelle tordue; l'ouverture très-anguleuse.

Ex. La T. nilotique. *T. niloticus.* E. m., pl. 444, f. 1, *a b.*

F. Espèces non ombiliquées, coniques, élevées, à base plate et circulaire; la terminaison de la columelle fortement tordue, mais dépassée par le bord, paroissant échancrée par l'avance d'un pli interne décurrent. (G. Tectaire. D. M.)

Ex. La T. Obélisque. *T. Obeliscus.* Chemn., Conch., 5, t. 160, f. 1511-2512.

G. Espèces non ombiliquées, non nacrées, coniques, très-élevées; les tours de spire nombreux, à stries décurrentes; l'extrémité de la columelle fortement tordue et dépassant l'origine du bord. (G. Télescope. D. M.)

Ex. La T. Télescope. *T. Telescopium.* Chemn., Conch., 5, t. 160, f. 1507-1508.

H. Espèces non ombiliquées, coniques, à base oblique; l'ouverture grande, peu anguleuse; la columelle tordue et formant une espèce de dent à sa terminaison. (G. Cantharide. D. M.)

Ex. La T. Iris. *T. Iris.* Chemn., Conch., 5, t. 161, f. 1522 et 1623.

Observ. Ce genre renferme un grand nombre d'espèces (soixante-neuf dans les *Anim. sans vert.*), répandues dans toutes les mers; mais cependant toujours beaucoup plus grosses et plus nombreuses dans celles des Indes et de la zone torride que dans les nôtres.

Le nombre des espèces fossiles est de neuf.

Fam. II, — *CRICOSTOMES.* Cricostomata.

(Genre Turbo. Linn.)

Animal un peu variable plutôt cependant sous le rapport de la forme et de la proportion de quelques parties extérieures, que sous celui de l'ensemble de l'organisation, semblable en général à celle des toupies.

Coquille également variable dans sa forme générale, mais dont l'ouverture toujours à peu près circulaire, est complètement fermée par un opercule calcaire ou corné, à tours de spire peu nombreux, et à sommet sublatéral.

Observ. Cette famille est réellement à peine distincte de la précédente ; et en effet le genre *Trochus* de Linnæus se fond par des nuances insensibles dans son genre *Turbo* ; aussi n'est-ce que dans le but de faire concorder le système conchyliologique linnéen avec celui des auteurs modernes, que nous avons cru devoir l'établir.

Les animaux de cette famille paroissent être tous phytophages ; un petit nombre respire l'air en nature, et la plupart des espèces aquatiques sont marines.

SABOT. *Turbo.*

Animal presque en tout semblable à celui des toupies ; les côtés du corps pouvant être ornés d'appendices tentaculaires, différens de nombre et de forme ; tête proboscidiforme ; tentacules grêles, sétacés ; yeux souvent subpédonculés ; bouche sans dent labiale, mais pourvue d'un ruban lingual fort long, enroulé en spirale, et contenu dans la cavité abdominale ; un sillon transversal au bord antérieur du pied ; deux peignes branchiaux.

Coquille épaisse, nacrée à l'intérieur, déprimée, conique, ou subturriculée, ombiliquée ou non, peu ou point carénée à sa circonférence ; ouverture ronde ou peu déprimée ; le milieu du bord externe non coudé, mais quelquefois échancré dans quelque point de son étendue ; les bords rarement réunis par une callosité ; la columelle arquée, rarement tordue, et quelquefois terminée par une forte dent à son point de jonction avec la continuation du bord columellaire.

Opercule calcaire ou corné ; la spire visible du côté externe dans ceux-ci, et du côté interne dans ceux-là, l'externe souvent épaissi et guilloché.

A. Espèces subturriculées, à ouverture oblique ; columelle excavée, sans dents ; opercule corné.

Ex. Le Sabot blanchâtre. *Turbo albescens.* (Nouvelle espèce non figurée.)

B. Espèces subtrochoïdes, à spire assez basse ; les bords évidemment

32.

désunis; la columelle tordue, terminée par un grand pli oblique, denti-
forme; un large ombilic. (G. Bouton. D. M.)

Ex. Le S. de Pharaon. *T. Pharaonis*. E. m., pl. 447, f. 7, *a b*.

C. Espèces moins trochoïdes, subglobuleuses, ombiliquées ou non,
à tours de spire arrondis; la columelle terminée par une dent.
(G. Monodonte. Lamck. Labio. Oken.)

Ex. Le S. Bouche. *T. Labio*. E. m., pl. 447, f. 1, *a b*.

D. Espèces plus ou moins globuleuses, dont la columelle presque
droite offre seulement un petit arrêt à sa jonction avec le bord.

Ex. Le S. Fraise. *T. fragarioides*. Chemn., Conch., 5, t. 166,
f. 1584.

E. Espèces dans lesquelles l'ouverture est oblique, la columelle se
fondant tout-à-fait dans sa continuation avec le bord, et qui ne sont
pas ombiliquées.

Ex. Le S. rugueux. *T. rugosus*. Chemn., Conch., 5, t. 180,
f. 1781-1785.

F. Espèces qui, avec les mêmes caractères, ont l'ombilic toujours à
découvert. (G. Méléagre. D. M.)

Ex. Le S. Pie. *T. Pica*. Chemn., Conch., 5, pl. 176, f. 1750
et 1751.

G. Espèces dans lesquelles le bord columellaire assez droit termine
la coquille en avant.

Ex. Le S. Bouche-d'argent. *T. argyrostomus*. Chemn.,
Conch., 5, t. 177, f. 1758-1759.

H. Espèces dont le bord columellaire forme une avance encore plus
grande, et dont la spire est tout-à-fait plate.

Ex. Le S. couronné. *T. coronatus*. E. m., pl. 448, f. 2, *a b*.

I. Espèces dont l'ouverture est parfaitement ronde dans la direction
de l'axe; l'opercule corné. (G. Littorine. De Férussac.)

Ex. Le S. littoral. *T. littoralis*. Chemn., Conch., 5, t. 185,
f. 1852, nos 1-18.

J. Espèces dont l'ouverture est un peu hemicirculaire et la spire latérale, aplatie; l'opercule corné.

Ex. Le S. néritoïde. *T. neritoides*. Chemn., ibid., f. 1854,
nos 1-11.

Observ. M. de Lamarck caractérise vingt-trois espèces vivantes de monodontes ; point de fossiles ; trente-quatre espèces vivantes de sabots, et quatre fossiles. Il y a des espèces de toutes les mers. Il y en a dix ou douze des nôtres, dont un seul monodonte.

Le caractère tiré de l'opercule pourra servir à confirmer les sections de ce genre.

DAUPHINULE. *Delphinula.*

Animal inconnu.

Coquille épaisse, nacrée à l'intérieur, subdiscoïde ou conique ; les tours de spire arrondis, hérissés, ne se touchant quelquefois pas dans le sens longitudinal, d'où résulte un grand ombilic ; ouverture ronde ou subtrigone, non modifiée, à bords complètement réunis, et souvent évasés.

Opercule calcaire, tuberculeux extérieurement.

Ex. La Dauphinule laciniée. *Delphinula laciniata.* E. m., pl. 451, f. 1, *a b.*

Observ. Ce genre ne renferme dans l'ouvrage de M. de Lamarck que quatre espèces vivantes, toutes de l'Océan indien, et sept espèces fossiles de France.

TURRITELLE. *Turritella.*

Animal spiral ; le pied découpé à sa circonférence, et bordé en avant par un bourrelet ridé transversalement ; tentacules longs, très-fins vers leur extrémité, assez gros à la base, et portant les yeux sur un renflement ; la tête bordée d'un voile ou frange, garnie de filets ; une trompe à la bouche. (*D'après d'Argenville.*)

Coquille turriculée, non nacrée, assez mince, striée suivant la décurrence de la spire, très-pointue, et à tours nombreux ; ouverture arrondie ; les bords désunis en arrière ; le droit extrêmement mince, et légèrement sinueux vers son milieu.

Opercule corné.

Ex. La Turritelle Tarière. *Turritella Terebra.* E. m., pl. 449, f. 5, *a b,* pour la coquille, d'Argenv., Zoomorph., pl. 4, f. F, pour l'animal.

Observ. Les treize espèces vivantes caractérisées par M. de Lamarck, sont des mers de l'Inde, des côtes de Guinée, ou de celles de l'Amérique ; mais aucune n'a été remarquée dans nos mers. On en trouve cependant douze fossiles dans notre France seulement.

Proto. *Proto.*

Animal inconnu.

Coquille turriculée, alongée, à tours de spire nombreux, renflés ou gibbeux, avec une bande décurrente à la suture, comme dans les alènes; ouverture oblique, ronde, évasée, à bords désunis; le droit tranchant, commençant en arrière bien plutôt que le gauche, qui est très-évasé.

Opercule?

Ex. Le Proto Alène. *Proto terebralis.* Defrance; pl. du Dict., Fossiles.

Observ. Ce genre établi par M. Defrance dans sa collection, paroît ne contenir encore qu'une espèce vivante.

Scalaire. *Scalaria.*

Animal spiral; le pied court, ovale, inséré sous le cou; deux tentacules terminés par un filét, et portant les yeux à l'extrémité de la partie renflée; une trompe? l'organe excitateur mâle très-grêle.

Coquille subturriculée; les tours de spire plus ou moins serrés, et garnis de côtes longitudinales interrompues, formées par la conservation successive du bourrelet de l'ouverture, qui est petite, parfaitement ronde, et à bords réunis.

Opercule corné, mince, grossier, en spirale discoïde.

A. Espèces dont les tours de spire sont contigus.

Ex. La Scalaire commune. *Scalaria communis.* E. m., pl. 451, f. 3, *a b*, pour la coquille, et Plancus, Conch., t. 5, f. 7-8, pour l'animal.

B. Espèces dont les tours de spire ne se touchent dans aucun sens, ou qui sont disjoints.　　　　(G. Acyonée. Leach.)

Ex. La S. précieuse. *S. pretiosa.* E. m., pl. 451, f. 1, *a b*.

Observ. Des sept espèces vivantes que caractérise M. de Lamarck, une seule est de nos mers, où elle est fort commune. Il en définit cinq fossiles.

Vermet. *Vermetus.*

Animal vermiforme, conique, subspiral; le manteau bordé par

un bourrelet circulaire à l'endroit où soit la partie postérieure du corps; pied cylindrique avec deux longs filets tentaculaires à sa racine antérieure, et un opercule rond, corné à son extrémité; tête peu distincte; deux petits tentacules triangulaires, aplatis, portant les yeux au côté externe de leur base; une petite trompe' exsertile et garnie à son extrémité de plusieurs rangs de crochets; orifice de l'organe respiratoire en forme de trou, percé au côté droit du bourrelet du manteau, d'après Adanson.

Coquille conique mince, enroulée en spirale d'une manière plus ou moins serrée, libre ou adhérente par le sommet; ouverture droite, circulaire, à péristome complet et tranchant.

Opercule corné et complet.

Ex. Le Vermet lombrical. *Vermetus lumbricalis.* Adans., Sénég., t. 11, f. 1, pour la coquille et l'animal.

Observ. Adanson décrit encore des espèces qui appartiennent évidemment à ce genre; quant à celles dont parle additionnellement Daudin, ce sont, sans doute, des tubes de nématopodes, puisqu'ils sont fixés à plat, et qu'ils sont ouverts au sommet, comme le sont constamment les tubes de ce groupe d'animaux.

VALVÉE. *Valvata.*

Animal spiral; le pied trachélien, bilobé en avant; la tête bien distincte, prolongée en une sorte de trompe; les tentacules fort longs, cylindracés, obtus, très-rapprochés; les yeux sessiles au côté postérieur de leur base; branchie unique, longue, pectiniforme, plus ou moins exsertile hors de la cavité, largement ouverte, et pourvue à droite de son bord inférieur d'un long appendice simulant un troisième tentacule.

Coquille subdiscoïde ou conoïde, ombiliquée, à tours de spire arrondis, le sommet mamelonné; ouverture ronde, ou à peine anguleuse, non modifiée par le dernier tour; les bords complètement réunis, tranchans; le commencement du gauche plus mince, plus adhérent que dans les paludines.

Opercule complet, corné, à élémens concentriques et circulaires.

Ex. La Valvée piscinale. *Valvata piscinalis.* Drap., Moll., pl. 1, f. 14.

Observ. Draparnaud caractérise quatre espèces vivantes dans ce genre; M. de Férussac en annonce dix, toutes d'Europe; aucun auteur n'en mentionne d'autres pays, ni de fossiles.

Cyclostome. *Cyclostoma.*

Animal spiral, trachélipode; la tête proboscidiforme, portant deux tentacules cylindriques, mousses et renflés à l'extrémité, grossièrement contractiles; les yeux sessiles au côté externe de leur base; la bouche à l'extrémité d'une sorte de mufle; les organes de la respiration formés par un réseau vasculaire tapissant la partie supérieure de la cavité cervicodorsale, et communiquant à l'extérieur par une large fente; terminaison de l'appareil mâle par un appendice fort gros simulant un troisième tentacule.

Coquille plus ou moins élevée, à tours de spire arrondis; le sommet mamelonné; l'ouverture ronde ou presque ronde; les bords réunis circulairement et réfléchis, le gauche ayant son origine bien détachée de la spire.

Opercule calcaire complet, non spiral; le sommet subcentral.

A. Espèces dont la spire est médiocrement élevée.

    Ex. Le Cyclostome élégant. *Cyclostoma elegans.*

B. Espèces dont la spire est très-élevée et puppiforme.

    Ex. Le C. fascié. *C. fasciata.* E. m., pl. 461, f. 7.

C. Espèces trochoïdes et ombiliquées.   (G. Cyclophore. D. M.)

    Ex. Le C. trochiforme. *C. Volvulus.* E. m., pl. 461, f. 5, *a b.*

D. Espèces très-déprimées et planorbiques.

    Ex. Le C. planorbule. *C. planorbula.* E. m., pl. 461, f. 3, *a b.*

Observ. Des vingt-cinq espèces caractérisées dans ce genre par M. de Lamarck, il n'y en a que deux d'Europe; les autres dont la patrie est connue, sont de l'Archipel américain, des Indes et de l'Afrique.

On en distingue six espèces fossiles.

Les *C. patulum* et *truncatum* nous paroissent n'être que des espèces de rissoaires.

Paludine. *Paludina.*

Animal spiral; le pied trachélien, ovale, avec un sillon marginal antérieur; tête proboscidiforme; tentacules coniques, obtus, contractiles, dont le droit est plus renflé dans le mâle, et percé d'un trou pour la sortie de l'organe excitateur ; les yeux portés sur un renflement formé par le tiers basilaire des tentacules ; bouche sans dent, mais pourvue d'une petite masse linguale hérissée ; anus à l'extrémité d'un petit tube au plancher de la cavité respiratrice ; organes de la respiration, formés par trois rangées de filamens branchiaux ; la cavité largement ouverte avec un appendice auriforme inférieur à droite et à gauche ; l'organe mâle de la génération cylindrique, très-gros, renflant quand il est rentré ; le tentacule droit et sortant par un orifice situé à sa base.

Coquille épidermée conoïde, à tours de spire arrondis ; le sommet mamelonné ; ouverture médiocre, ordinairement un peu plus longue que large, à bords réunis toujours tranchans ; le commencement du bord gauche immédiatement collé contre le dernier tour de spire.

Opercule corné, complet ou marginal, non spiral, à élémens concentriques.

A. Espèces à ouverture à peu près ronde.

Ex. La Paludine vivipare. *Paludina vivipara*. Drap., Moll., pl. 1, f. 16.

B. Espèces à ouverture plus ou moins ovale.

Ex. La P. coupée. *P. decisa*. Say, Encycl. am. art. concholog., pl. 2, f. 6.

Observ. Ce genre ne contient encore que sept espèces définies, dont cinq sont de France ; mais il en existe plusieurs autres de l'Amérique septentrionale. On en connoît une de l'Inde et une d'Afrique.

Les espèces à ouverture ovale subturriculée, comme la paludine de Virginie de M. Say, font évidemment le passage aux mélanies.

On n'en a pas encore distingué de fossiles.

FAM. III. — *ELLIPSOSTOMES*. ELLIPSOSTOMATA.

Coquille de forme variable, le plus ordinairement lisse ; l'ouverture ovale longitudinalement et quelquefois transversalement, fermée complètement par un opercule calcaire ou corné.

MÉLANIE. *Melania*.

Animal spiral ; le pied sous-trachélien, ovale, frangé dans sa circonférence; deux tentacules filiformes; les yeux à la partie externe de leur base, d'après Bruguière; le reste inconnu.

Coquille épidermée, ovale, oblongue, à spire assez pointue, souvent subturriculée; ouverture ovale à péristome discontinu; le bord externe tranchant et s'évasant en avant par la fusion de la columelle dans le bord columellaire.

Opercule corné mince et complet, subspiral, à élémens subradiés en dehors, rebordé en dedans.

A. Espèces de forme subturriculée.

Ex. La Mélanie Tiare. *Melania amarula.* E. m., pl. 458, f. 6, *a b.*

B. Espèces turriculées.

Ex. La M. étranglée. *M. coarctata.* E. m., *ib.*, f. 5, *a b.*

Observ. Ce genre ne renferme encore que des espèces fluviatiles; M. de Lamarck n'en caractérise que seize; mais M. de Férussac en annonce plus de vingt : il paroît qu'elles viennent de l'Inde, des deux Amériques et d'Afrique. On n'en connoît pas encore d'Europe, et cependant on en distingue déjà douze espèces fossiles; il est vrai qu'il est fort douteux que ce soient de véritables mélanies.

Rissoaire. *Rissoa.*

Animal spiral; le pied trachélien, court, rond; tentacules coniques, latéraux et distans, portant les yeux au côté externe de la base; un mufle proboscidiforme.

Coquille oblongue ou turriculée, non ombiliquée, le plus souvent garnie de côtes longitudinales; ouverture entière, ovale, oblique, évasée, sans canal, ni dents, ni plis; les deux bords réunis ou presque réunis; le droit renflé et non réfléchi.

Opercule calcaire ou corné, rentrant profondément, spiré, à spire latérale.

A. Espèces turriculées et côtelées.

Ex. La Rissoaire aiguë. *Rissoa acuta.* Fréminville, Monog., Nouv. Bull. Soc. ph., tom. 4, n.º 76, pl. 1, fig. 4.

B. Espèces subturriculées et côtelées.

Ex. La R. à côtes. *R. costata. Id.*, *ib.*, fig. 1.

C. Espèces subturriculées, parfaitement lisses.

Ex. La R. hyaline. *R. hyalina. Id.*, *ib.*, fig. 6.

D. Espèces subglobuleuses.

Ex. La R. cancellée. *R. cancellata. Id.*, *ib.*, fig. 5.

Observ. Ce genre, évidemment assez artificiel, devra cependant être adopté provisoirement pour y placer un assez grand nombre de coquilles marines dont l'ouverture ovale est bien rigoureusement entière, élargie en avant, rétrécie en arrière, et qui sont le plus souvent garnies de côtes longitudinales. Nous avons caractérisé l'animal d'après un individu envoyé par miss Warn à M. Defrance, et qui nous semble devoir former une nouvelle espèce de ce genre, intermédiaire aux sabots à opercule corné et aux paludines.

PHASIANELLE. *Phasianella.*

Animal spiral; le pied ovale trachélien; un appendice orné de filamens sur chaque flanc; tête bordée en avant par une espèce de voile formé par une double lèvre bifide et frangée; deux tentacules alongés, coniques; les yeux portés sur des pédoncules plus courts, et situés à la partie externe de leur base; bouche entre deux lèvres verticales, subcornées; un ruban lingual hérissé et prolongé en spirale dans la cavité abdominale; anus tubuleux au bord antérieur et droit de la cloison branchiale; branchies formées par deux peignes placés un au-dessus, l'autre au-dessous d'une cloison qui partage la cavité branchiale en deux. (*D'après M. G. Cuvier.*)

Coquille assez épaisse, ovale, lisse, sans épiderme, à spire pointue; ouverture ovale, plus large en avant qu'en arrière, à bords désunis, le droit tranchant; la columelle se fondant un peu avec le bord gauche, et offrant intérieurement une callosité longitudinale.

Opercule calcaire, ovale, oblong, légèrement spiré à l'une de ses extrémités.

A. Espèces ovales, striées transversalement.

Ex. La Phasianelle angulifère. *Phasianella angulifera.* Lister, Conch., t. 583, f. 37 et 38.

B. Espèces ovales, lisses.

   Ex. La P. bulimoïde. *P. bulimoides*. E. m., pl. 449, f. 1, *a b c*.

C. Espèces turriculées, lisses, à spire courbée.

   Ex. La P. infléchie. *P. inflexa*, non figurée.

Observ. Des dix espèces vivantes que M. de Lamarck signale dans ce genre, il n'y en a aucune de nos côtes; elles viennent des mers de la Nouvelle Hollande et de l'Amérique méridionale. L'espèce qui constitue la division C vient des mers de l'Ile-de-France, et nous a été donnée par M. le colonel Mathieu. On en connoît déjà deux espèces fossiles.

AMPULLAIRE. *Ampullaria*.

Animal renflé, globuleux, spiral; le pied ovale, court, avec un sillon transverse à son bord antérieur; la tête large; tentacules supérieurs fort longs, coniques, très-pointus; les yeux situés à leur base externe, et portés sur un pédoncule très-sensible; bouche verticale située entre deux lèvres disposées en fer à cheval, et formant une espèce de mufle; point de dent supérieure; un ruban lingual hérissé, mais non prolongé dans la cavité abdominale; la cavité respiratrice fort grande, partagée en deux par une cloison horizontale incomplète.

Coquille mince, globuleuse, ventrue, ombiliquée; la spire très-courte; le dernier tour beaucoup plus grand que tous les autres ensemble; ouverture ovalaire plus longue que large, à bords réunis; la lèvre extérieure tranchante, sans callosité.

Opercule corné, rarement calcaire, mince, ovalaire, non spiré, à élémens concentriques, à sommet submarginal inférieur, dépassant obliquement le bord droit de l'ouverture, mais collé contre le gauche.

A. Espèces normales ou dextres.

   Ex. L'Ampullaire Idole. *Ampullaria rugosa*. E. m., pl. 457, f. 2.

B. Espèces sénestres.

   Ex. L'A. olivacée. *A. guinaica*. E. m., pl. 457, f. 1, *a b*.

C. Espèces sénestres, dont l'ombilic très-grand est caréné en spirale,
(G. LANISTE. D. M.)

   Ex. L'A. carénée. *A. carinata*. Oliv., Voyag., pl. 31, f. 7, *a b*.

Observ. Ce genre est évidemment intermédiaire aux paludines et aux natices. Les espèces vivantes qu'on y range, probablement toutes fluviatiles, sont au nombre de onze dans l'ouvrage de M. de Lamarck; toutes celles dont on connoît la patrie viennent des rivières d'Afrique, de l'Inde et de l'Amérique méridionale. On n'en connoît pas encore en Europe ni dans l'Amérique septentrionale.

Des douze espèces fossiles indiquées par M. de Lamarck comme dépendantes de ce genre, un petit nombre lui appartient réellement, ou au moins peut lui être rapporté plutôt qu'aux natices.

AMPULLINE. *Ampullina.*

Animal entièrement inconnu.

Coquille épaisse, globuleuse, à spire très-courte, pointue; le dernier tour bien plus grand que tous les autres réunis; ouverture semicirculaire, évasée au côté droit, anguleuse au côté gauche; lèvre extérieure tranchante, mais renversée; une callosité peu épaisse, couvrant le retour de la spire, et s'élargissant pour remplir l'ombilic.

Opercule calcaire, non spiré, ou à élémens concentriques, de forme semicirculaire, solidifié en dehors par un bourrelet marginal et une apophyse médiane.

Ex. L'Ampulline striée. *Ampullina striata*. De Bv. (Non fig.)

Observ. Nous avons établi ce genre pour une coquille unique de la collection du Muséum de Paris, et qui paroît provenir de celle du stathouder. Elle ressemble tellement à une hélice de la division des hélices *némorales*, que si elle n'étoit pas operculée, on auroit pu la ranger dans ce genre; mais l'existence d'un opercule et sa structure en forment un genre distinct. Peut-être faut-il en rapprocher les ampullaires fossiles ou marines de M. de Lamarck, qui sont assez nombreuses.

HÉLICINE. *Helicina.*

Animal globuleux, subspiral; le pied simple avec un sillon marginal antérieur; tête proboscidiforme; le mufle bilabié au sommet, et plus court que les tentacules, qui sont filiformes et qui portent les yeux à la partie externe de leur base, sur un tubercule; les organes de la respiration comme dans les cyclostomes terrestres; la cavité branchiale communiquant avec l'extérieur par une large fente.

Coquille subglobuleuse ou conoïde, à spire basse un peu déprimée; ouverture demi-ovale, modifiée par le dernier tour de spire; le péristome tranchant ou un peu réfléchi en bourrelet; le bord gauche élargi à sa base en une large callosité qui recouvre entièrement l'ombilic, et se joignant obliquement avec la columelle, qui est torse et un peu saillante.

Opercule corné, complet, à élémens concentriques.

A. Espèces dont la coquille est parfaitement lisse et le bord droit tranchant. (G. Roulette. Lamck.)

Ex. L'Hélicine linéolée. *Helicina lineolata.* Fav., Conch., pl. 12, f. *g.*

B. Espèces à coquille finement striée, dont le bord droit est renversé en bourrelet. (G. Olygira. Say.)

Ex. L'H. Néritelle. *H. Neritella.* Lister, Conch., t. 61, f. 59.

Observ. On pensera sans doute que c'est à tort que nous réunissons en un seul genre des coquilles terrestres et des coquilles marines; mais elles se ressemblent tant, qu'il est réellement difficile de ne pas le faire, surtout quand on ne connoît pas l'animal des roulettes. Au reste nous avons déjà caractérisé ce genre plus haut.

PLEUROCÈRE. *Pleurocerus.*

Animal incomplètement connu, ayant la tête proboscidiforme; deux tentacules latéraux, subulés, aigus; les yeux à leur base externe.

Coquille ovale ou pyramidale; ouverture oblongue; la lèvre extérieure mince; l'interne collée contre la columelle, qui est lisse et torse, sans ombilic.

Opercule corné ou membraneux.

A. Espèces dont l'ouverture est seulement oblongue.

Ex. Le Pleurocère oblong. *Pleurocerus oblongus.*

B. Espèces dont l'ouverture est aiguë aux deux extrémités, et dont l'antérieure se prolonge en une longue pointe aiguë. (G. Oxytrème. Rafin.)

Ex. Le Pl. aigu. *P. acutus.*

Observ. Nous n'avons vu ni l'animal, ni la coquille de ce genre, proposé par M. Rafinesque; peut-être n'est-ce que la paludine coupée de M. Say?

Fam. IV. — *HÉMICYCLOSTOMES.* Hemicyclostoma.

(Genre Nerita. Linn.)

Animal presque globuleux, subspiral ; le pied épais, très-grand, presque circulaire ; le manteau mince entier ou crénelé sur ses bords, formant une grande cavité branchiale ; tête aplatie, sémilunaire, échancrée en avant ; tentacules coniques, longs ; les yeux portés sur de courts pédoncules à leur base externe, ou sessiles.

Coquille plus ou moins globuleuse, épaisse, aplatie en dessous ; la spire très-courte ; ouverture grande, sémilunaire, bien entière ; le bord externe très-excavé ; l'interne ou le columellaire droit, tranchant et septiforme.

Opercule corné ou calcaire subspiré, le sommet tout-à-fait à l'une des extrémités, implanté par des dents plus ou moins marquées, quelquefois dans un lobe particulier du pied, et enfoncé jusqu'au bord columellaire, sur lequel il semble articulé.

Natice. *Natica.*

Animal ovale, subenroulé ; pied profondément et transversalement bilobé en avant, et portant en arrière sur un lobe appendiculaire un opercule corné ou calcaire ; tête pourvue de longs tentacules sétacés, aplatis et auriculés à la base ; yeux sessiles au côté externe de la racine des tentacules ; bouche armée d'une dent labiale, sans langue spirale.

Coquille lisse et non épidermée, ampullacée, assez mince ; la spire évidente quoique basse, ombiliquée ; le bord columellaire non denté, et plus ou moins calleux ; le bord droit mince et non denté à l'intérieur.

Opercule calcaire ou corné, à spire latérale, sans apophyses à sa base.

A. Espèces dont l'ombilic est bordé antérieurement par une sorte de colonne calleuse ; l'opercule calcaire.

Ex. La Natice flammulée. *Natica Canrena.* E. m., pl. 453, f. 1, *a b.*

B. Espèces dont l'ombilic est bien à découvert, et l'opercule corné.

Ex. La N. Marron. *N. castanea.* (Non figurée.)

C. Espèces dont l'ombilic est entièrement recouvert par une large callosité et la spire mamelonnée ; l'opercule corné (G. Polinice. D. M.)

Ex. La N. Mamelle. *N. Mamilla.* E. m., pl. 453, f. 5, *a b.*

Observ. Toutes les espèces de natices véritables, connues jusqu'ici, sont marines ; elles sont presque toutes des mers équatoriales et australes. On en trouve cependant une communément
dans nos mers, et même dans la Manche. M. de Lamarck n'en
caractérise que trente-une espèces ; mais il paroît qu'il en existe
davantage dans les cabinets.

On n'en connoît encore que trois espèces fossiles, du moins
dans les environs de Paris.

Nérite. *Nerita.*

Animal globuleux ; pied circulaire, épais, sans sillon en avant
ni lobe pour l'opercule en arrière, avec un muscle columellaire
bipartite ; tentacules coniques ; yeux subpédonculés à leur côté
externe ; bouche sans dent labiale, mais avec une langue denticulée,
prolongée dans la cavité viscérale ; une seule et unique grande
branchie pectiniforme ; l'organe excitateur mâle auriforme, au
côté droit, en avant du tentacule de ce côté.

Coquille épaisse, semiglobuleuse, à spire peu ou point saillante, non ombiliquée ; ouverture sémilunaire ; le bord droit denté
ou non denté à l'intérieur ; le gauche tranchant oblique, denté ou
non denté ; impression musculaire double, en fer à cheval incomplet.

Opercule constamment calcaire subspiral ; le sommet tout-à-
fait marginal à son extrémité gauche ; une ou deux apophyses d'adhérence musculaire à son bord antérieur.

* Le bord droit denté. (G. Nérite. Lamck.)

A. Espèces avec une seule dent médiane au bord gauche.

(G. Peloronta. Oken.)

Ex. La Nérite saignante. *Nerita Peloronta.* Enc. mét., pl. 454,
f. 2, *a b.*

B. Espèces avec deux dents.

Ex. La N. Grive. *N. exuvia.* E. m., pl. 454, fig. 1, *a b.*

C. Espèces avec trois ou quatre dents.

Ex. La N. versicolore, *N. versicolor.* E. m., pl. 454, f. 7, *a b.*

** Le bord droit non denté. (G. Néritine. Lamck.)

D. Espèces moins épaisses, à bord droit tranchant, l'opercule très-
oblique. (G. Néritine. Lamck.)

Ex. La N. parée. N. *fluviatilis.* Drap., Moll., pl. 1, f. 3, 4.

E. Espèces dont le bord columellaire est denté, et qui sont pourvues d'épines.   (G. Clithon. D. M.)

    Ex. La N. Longue-épine. *N. Corona.* Chemn., Conch., 9, t. 124, f. 1083-1084.

F. Espèces à bord columellaire denté; les deux extrémités du bord droit se prolongeant beaucoup au-delà de l'ouverture, et formant avec la callosité qui recouvre le bord columellaire des sortes d'auricules produites par le lobe tentaculaire de l'animal.

    Ex. La N. auriculée. *N. auriculata.* E. m., pl. 455, f. 6, *a b.*

G. Espèces calyptroïdes, à sommet supérieur vertical, spiré; le dernier tour formant toute la base de la coquille, et occupé en dessous par une large callosité qui recouvre quelquefois toute la spire.

                                         (G. Velate. D. M.)

    Ex. La N. perverse. *N. perversa.* Chemn., Conch., 9, t. 114, f. 975-976.

H. Espèces patelloïdes, alongées, non symétriques, à sommet dorsal et non spiré.   (G. Pileolus. Sowerby.)

    Ex. La N. de Hauteville. *N. altavillensis.* Sow., Pl. du Dict. des Sc. nat., Foss.

Observ. Ce genre est formé d'espèces marines et d'espèces fluviatiles, ce qui a porté M. de Lamarck à le subdiviser en deux, d'après la considération de l'épaisseur de la coquille, plus grande dans les premières, et des denticules du bord droit tout-à-fait nuls dans les secondes.

Nous avons fait l'observation que les espèces sont encore plus aisées à distinguer par le guillochis de la face externe de l'opercule que par tout autre caractère. Nous avons observé nous-mêmes une espèce de ce genre, rapportée par MM. Quoy et Gaimard, et figurée dans l'Atlas zoologique du Voyage de l'Uranie, planche 75, fig. 6 et 7.

M. de Lamarck compte dix-sept espèces de nérites marines, qui sont toutes des mers équatoriales et australes, et soixante-onze nérites fluviatiles ou marines, dont deux seulement sont d'Europe et les autres d'Amérique et d'Asie.

On ne connoît que deux nérites fossiles et deux piléoles.

Navicelle. *Septaria*.

Animal ovale, non spiral, tout-à-fait gastéropode; pied elliptique, fort grand, à bords minces, subpapillaires, assez avancés antérieurement, sans sillon marginal, réellement trachélien, mais attaché de chaque côté dans toute sa partie postérieure à la masse viscérale, de manière à former entre elle et lui une sorte de cavité ouverte transversalement en arrière; tête fort large, sémilunaire; tentacules coniques, contractiles, très-distans; yeux subpédonculés à la racine externe de ces tentacules; bouche longitudinale, grande, sans dent supérieure; une langue à crochet prolongé postérieurement dans la cavité viscérale, et fendue à son origine antérieure, simulant ainsi deux lèvres ou mâchoires longitudinales; anus à l'extrémité d'un tube flottant à droite au plafond de la cavité branchiale; une seule grande branchie pectiniforme oblique; l'orifice de l'oviducte dans la cavité branchiale; celui du canal déférent à la racine, et en dessous de l'organe excitateur situé en avant du tentacule droit.

Coquille épidermée, patelloïde, à sommet non spiré, presque médian ou symétrique, abaissé plus ou moins obliquement sur le bord postérieur; point de columelle; le bord columellaire remplacé par une sorte de petite cloison tranchante, avec un sinus à son extrémité gauche.

Impression musculaire formant une sorte de fer à cheval ouvert en avant et interrompu en arrière.

Opercule calcaire mince, quadrilatère, avec une dent subulée et latérale au bord postérieur adhérent, tranchant sur les autres bords, appliqué à la face dorsale du pied, et caché dans la cavité que celui-ci forme avec la masse viscérale.

Ex. La Navicelle elliptique. *Septaria elliptica*. E. m., pl. 456, f. 1, *a b c d*.

Observ. Ce genre ne renferme que trois espèces fluviatiles des îles de l'Archipel indien. Nous avons observé soigneusement l'animal d'après deux individus rapportés par MM. Quoy et Gaimard qui l'ont figuré, d'après nos dessins, dans l'Atlas zoologique du Voyage de l'Uranie, pl. 75.

Fam. V. — *OXYSTOMES.* Oxystomata.

Les bords de la coquille très-tranchans et la columelle pointue.

Janthine. *Janthina.*

Animal de forme ovale, spiral, pourvu d'un pied circulaire concave, en forme de ventouse, accompagné d'une masse vésiculaire, subcartilagineuse, et de chaque côté d'espèces d'appendices natatoires; tête fort grosse; tentacules subulés, peu contractiles; les yeux portés au-dessous de l'extrémité d'assez longs pédoncules situés au côté externe des tentacules, et paroissant en faire partie; bouche à l'extrémité d'un mufle fort gros, proboscidiforme, entre deux lèvres verticales, subcartilagineuses, garnies d'aiguillons qui se continuent jusqu'à la base d'un petit renflement lingual; organes de la respiration formés par deux peignes branchiaux; l'ovaire se terminant dans la cavité respiratoire; l'organe excitateur mâle assez petit et non rétractile.

Coquille subglobuleuse, fort mince, bombée; la spire basse, latérale, pointue, à tours subcarénés; ouverture grande, subanguleuse, fortement modifiée par le dernier tour de spire à bords désunis; le gauche entièrement formé par la columelle qui termine la coquille en avant; le bord droit tranchant, souvent échancré dans son milieu.

Opercule anomal formé par une masse vésiculaire attachée sous le pied?

A. Espèces dont le bord droit est très-échancré.

Ex. La Janthine petite. *Janthina exigua.* E. m., pl. 456, f. 2, *a b.*

B. Espèces dont le bord droit est peu ou point échancré.

Ex. La J. fragile. *J. fragilis.* Enc. mét., pl. 456, fig. 1, *a b*, pour la coquille, et Ann. du Mus., vol. xi, pag. 123, pour l'animal.

Observat. Il se pourroit que l'échancrure du bord droit ne se trouvât que dans la coquille des individus femelles.

On ne connoît que trois ou quatre espèces dans ce genre, toutes des mers des pays chauds; la plus commune se trouve cependant jusque dans la Manche. On a dit à M. Desmarest que la masse vésiculaire n'est qu'un sac contenant les œufs, ce qui est plus que douteux, car tous les individus en sont pourvus, et sir Everard Home les a vus entourant la coquille.

32.   16

- SOUS-CLASSE II.

PARACÉPHALOPHORES MONOIQUES, Paracephalophora monoica.

Les deux sexes distincts, mais portés sur les mêmes individus, nécessitant un véritable accouplement, d'où résulte la similitude de tous les individus de la même espèce.

Bouche armée d'une dent supérieure, avec une petite masse linguale peu ou point hérissée.

Coquille à ouverture constamment entière et sans opercule.

Section I. — *Organes de la respiration et corps protecteur, quand il existe, non symétriques.*

ORDRE PREMIER. — PULMOBRANCHES. Pulmobranchiata.

Organes de la respiration rétiformes ou aériens, tapissant le plafond de la cavité située obliquement de gauche à droite, sur l'origine du dos de l'animal, et communiquant avec le fluide ambiant par un petit orifice arrondi, percé au côté droit du bord renflé du manteau.

Tous ces animaux sont plus ou moins disposés à respirer l'air en nature ; la plupart sont terrestres ; quelques uns vivent sur le bord des eaux douces et quelquefois sur le rivage des mers ; aucun ne s'enfonce dans la vase, si ce ne sont les limnacés pendant la saison rigoureuse ; tous sont phytophages. On en connoît dans toutes les parties de la terre.

Fam. I. — *LIMNACÉS*. Limnacea.

Corps de forme très-variable ; deux tentacules éminemment contractiles, portant des yeux sessiles au côté interne de leur base.

Coquille mince, à bord externe constamment tranchant.

Observ. Les animaux de cette famille se trouvent toujours dans les eaux douces stagnantes ou courantes, souvent à leur surface, et quelquefois dans leur profondeur.

La coquille présente des formes extrêmement variables.

LIMNÉE. *Limnæa.*

Animal ovalé, plus ou moins spiral ; les bords du manteau

épaissis sur le cou ; le pied grand, ovale ; la tête pourvue de deux tentacules triangulaires, aplatis, auriformes ; les yeux sessiles au côté interne de ces tentacules ; bouche avec deux appendices latéraux considérables, et armée d'une dent supérieure ; l'orifice de la cavité pulmonaire en forme de sillon, percé au côté droit, et bordé inférieurement par une sorte d'appendice auriforme pouvant se plier en gouttière ; orifices des organes de la génération distans ; celui de l'oviducte à l'entrée de la cavité pulmonaire ; celui de l'organe mâle sous le tentacule droit.

Coquille ovale, turriculée ou conique, mince, lisse, à spire pointue ; ouverture ovale d'avant en arrière, à bords désunis, le droit tranchant, le gauche avec un pli très-oblique au point de jonction de la columelle avec le reste du bord.

A. Espèces subturriculées, à bord droit épaissi.

Ex. La Limnée leucostome. *Limnæa leucostoma*. Drap., Moll., pl. 3, fig, 3-4.

B. Espèces ovales.

Ex. La L. stagnale. *L. stagnalis*. Drap., Moll., pl. 2, f. 58-59.

C. Espèces dont la spire est courte, l'ouverture très-évasée et les tentacules plus larges que longs.   (G. Radis. D. M.)

Ex. La L. auriculaire. *L. auricularia*. Drap., Moll., pl. 2, fig. 28-29.

D. Espèces dans lesquelles il se fait un dépôt détaché de la columelle avec un ombilic oblique entre deux.   (G. Omphiscole. Rafin.)

Ex. Plusieurs espèces fluviatiles et lacustres.

Observ. Les espèces de ce genre sont fort difficiles à distinguer : on en indique au moins quinze ou seize vivantes, essentiellement d'Europe et de l'Amérique septentrionale (1) ; deux seules sont de l'Inde. On n'en connoît pas encore d'Afrique ni de l'Amérique méridionale, la *L. columna*, Lamck., étant une espèce d'agathine.

---

(1) Nous n'avons pas pu faire entrer dans ce *genre* les genres *Leptoris, Espiphylla, Cyclemis, Lomastoma*, proposés ou très-imparfaitement caractérisés par M. Rafinesque dans le Journal de Physique, parce qu'il nous a été impossible de nous en faire une idée suffisante ; il paroît cependant que ce sont des espèces de limnacés.

S'il étoit constant que les espèces de ce genre établies par les géologues, et entre autres par MM. de Lamarck, Brard, Brongniart, Sowerby et de Férussac, fussent véritables, on en compteroit au moins vingt fossiles seulement en France.

Puyse. *Physa.*

Animal presque en tout semblable aux limnées ; les tentacules subconiques ou sétacés, élargis à la base ; le manteau digité ou simple sur ses bords, et pouvant se recourber et recouvrir presque entièrement la coquille.

Coquille souvent sénestre, ovale, oblongue ou globuleuse, parfaitement lisse ; ouverture ovale, rétrécie postérieurement ; le bord droit tranchant avancé au-dessous du plan du bord gauche ; la columelle se tordant obliquement et s'élargissant pour se joindre à la partie antérieure du bord columellaire.

A. Espèces subturriculées, sans pli à la columelle.

Ex. La Physe des mousses. *Physa hypnorum*. Drap., Moll., pl. 5, fig. 12-13.

B. Espèces ventrues.

Ex. La P. des fontaines. *P. fontinalis*. Drap., *ibid.*, f. 8-9.

Observ. Ce genre ne renferme encore que six espèces dans les ouvrages des conchyliologues les plus récens ; mais il en contient plusieurs autres de l'Amérique septentrionale, et même d'Afrique, car le Bulin d'Adanson en est une espèce.

Il paroît qu'on n'en a pas encore trouvé de fossiles.

Planorbe. *Planorbis.*

Animal comprimé, fortement enroulé ; le manteau simple, le pied ovale ; tentacules filiformes, sétacés, fort longs ; bouche armée supérieurement d'une dent en croissant, et inférieurement d'une plaque linguale presque exsertile, et garnie de petits crochets.

Coquille mince, souvent sénestre, discoïde, ou enroulée presque dans le même plan vertical ; la spire nullement saillante et tout-à-fait latérale, en sorte que la coquille est creuse ou enfoncée de chaque côté ; ouverture petite, transverse, à bords tranchans non réfléchis, désunis par le dernier tour de spire qui la modifie.

A. Espèces non carénées.

Ex. Le Planorbe corné. *Planorbis corneus.* E. m., pl. 460, f. 1, *a b.*

B. Espèces carénées.

Ex. Le P. caréné. *P. carinatus.* E. m., pl. 460, f. 2, *a b.*

Observ. Ce genre contient environ vingt espèces, dont onze de France; il y en a aussi en Afrique, dans les deux Amériques; on n'en connoît pas encore de l'Inde.

On en a nommé quatre ou cinq fossiles.

Fam. II. — *AURICULACÉS.* Auriculacea.

Animal spiral, à tentacules subcylindriques, renflés au sommet, grossièrement contractiles, ayant les yeux placés à leur base interne; une dent supérieure opposée à une langue à crochets.

Coquille épaisse, solide; ouverture plus ou moins ovalaire, toujours plus large, arrondie en avant, et rétrécie par quelques dents ou au moins par quelques gros plis columellaires.

Observ. Les animaux de cette famille sont phytophages, et habitent constamment les rivages de la mer; quelquefois même ils sont recouverts momentanément par les eaux.

Piétin. *Pedipes.*

Animal connu d'après Adanson. Corps ovalaire, subspiral; le pied partagé en deux talons par un large sillon transversal; tête pourvue de deux tentacules cylindriques verticaux, ayant les yeux sessiles placés à leur côté interne; l'armature de la bouche comme dans les planorbes.

Coquille épaisse ovoïde, subinvolvée; la spire très-courte; le dernier tour beaucoup plus grand que les autres réunis; ouverture longue, ovale ou linéaire; les bords non réunis; l'externe mince, tranchant, denticulé intérieurement; un ou deux gros plis décurrens à la columelle, dont l'un sert à séparer les deux parties du pied.

A. Espèces dont la spire pointue a un seul pli columellaire.

(G. Tornatelle. Lamck.)

Ex. Le Piétin fascié. *Pedipes tornatilis.* E. m., pl. 452, f. 3, *a b.*

B. Espèces dont la spire est pointue avec deux plis à la columelle.

Ex. Le P. d'Adanson. *P. Adansonii*. Adans., Sénég., t. 1, f. 4.

C. Espèces conoïdes, la spire tout-à-fait plate.
(G. Conovule. Lamck.)

Ex. Le P. coniforme. *P. coniformis*. E. m., pl. 459, f. 2, *a b*.

Observ. En réunissant ici toutes les espèces d'auricules à bord externe tranchant, on peut en porter le nombre au moins à dix vivantes, dont six tornatelles et quatre auricules pour M. de Lamarck.

Auricule. *Auricula*.

Animal dont le pied est indivis.

Coquille épaisse, solide, plus ou moins lisse, ovale, oblongue, à spire courte et obtuse; ouverture entière. oblongue, élargie et arrondie en avant, se rétrécissant beaucoup en arrière; les bords désunis; le droit constamment épaissi et rebordé en dehors; le gauche ou columellaire offrant presque constamment une ou plusieurs dents ou gros plis décurrens sur la columelle.

A. Espèces dont le bord columellaire offre trois gros plis, et dont le côté interne du bord droit est denticulé dans toute sa longueur.
(G. Scarabé. D. M.)

Ex. L'Auricule Aveline. *Auricula Scarabœus*. Chemn., Conch., 9, t. 156, f. 1249-1253.

B. Espèces dont la columelle a deux plis décurrens et une dent en arrière.   (G. Carychium. Mull. Phitia, Gray.

Ex. L'A. Pygmée. *A. Myosotis*. Drap., Moll., pl. 5, f. 16-17.

C. Espèces qui n'ont que deux plis décurrens à la columelle.

Ex. L'A. de Midas. *A. Midœ*. E. m., pl. 460, f. 6, *a b*.

D. Espèces dont la columelle n'a qu'un seul pli.

Ex. L'A. de Silène. *A. Sileni*. E. m., pl. 460, f. 4, *a b*.

E. Espèces dont les bords sont sans plis ni dents.

Ex. L'A. burinée. *A. lineata*. Drap., Moll., pl. 5, f. 20-21.

Observ. Nous avons observé l'animal de l'auricule aveline et de l'auricule pygmée.

Le nombre des espèces vivantes de ce genre, ainsi circonscrit, est de onze ou douze, dont trois fort petites d'Europe ; les autres sont des rivages, et surtout des îles des Archipels indien et américain.

M. de Lamarck en caractérise sept fossiles ; mais il en est qui sont de véritables piétins ; les espèces turriculées ne sont certainement pas de ce genre.

PYRAMIDELLE. *Pyramidella.*

Animal inconnu.

Coquille lisse, non épidermée, conique, alongée ou subturriculée ; ouverture ovale d'arrière en avant ; le bord externe tranchant, denté intérieurement ; l'interne entièrement formé par la columelle saillante antérieurement, plissée, élargie sur l'ombilic, qu'elle laisse plus ou moins à découvert.

Ex. La Pyramidelle dentée. *Pyramidella dolabrata.* Enc. in., pl. 452, fig. 2, *a b.*

Observ. Ce genre, dont on ne connoît pas malheureusement l'animal, ne renferme encore que cinq espèces vivantes des mers de l'Inde et de l'Amérique. On n'en connoît pas de fossiles.

FAM. III. — *LIMACINÉS.* LIMACINEA.

(Genre HELIX. Linn.)

Animal de forme très-variable ; la tête pourvue de deux paires de tentacules complètement rétractiles à l'intérieur ; la postérieure plus longue, portant les yeux à son extrémité ; une dent à la lèvre supérieure ; la masse linguale petite et couverte d'une peau hérissée de dents microscopiques.

Coquille de forme aussi variable que le corps de l'animal, rarement subampullacée, souvent normale, ovale ou globuleuse, quelquefois turriculée, puppacée ou discoïde, presque constamment sans épiderme, rarement velue, à sommet toujours mousse ; ouverture ronde, sémilunaire, ovale ou anguleuse, mais jamais échancrée.

Observ. Tous les animaux de cette famille sont terrestres. Tous se nourrissent de substances végétales.

> * *Le bord antérieur du manteau renflé en bourrelet et non en bouclier ; une coquille.*

AMBRETTE. *Succinea.*

Animal bien connu, tout semblable à celui de l'hélice, mais pouvant à peine être contenu dans sa coquille.

Coquille fort mince, translucide, ovale oblongue, à spire conique, aiguë ; formée d'un très-petit nombre de tours ; ouverture très-grande, ovale, oblique ; les bords désunis ; le droit constamment tranchant ; le gauche également tranchant, arqué dans toute son étendue, et formé par la columelle.

A. Espèces à ouverture très-grande.　　(G. AMPHIBULIME. Lamck.)

Ex. L'Ambrette Capuchon. *Succinea cucullata.* De Fér., Moll., pl. 11, fig. 14-15.

B. Espèces plus alongées, à ouverture beaucoup moins grande.

Ex. L'A. amphibie. *S. amphibia.* De Fér., *loc. cit., ibid.,* fig. 4-10.

Observ. Les animaux de ce genre ne vivent pas dans l'eau, mais en habitent constamment les bords humides. On n'en connoît encore que trois espèces vivantes, dont deux de nos pays, et l'autre de l'Amérique méridionale.

BULIME. *Bulimus.*

Animal bien connu, et tout-à-fait semblable à celui de l'hélice.

Coquille ovale, oblongue, quelquefois subturriculée ; le sommet de la spire obtus, et le dernier tour beaucoup plus grand que tous les autres pris ensemble ; ouverture ovale oblongue, les bords désunis ; le droit rebordé en dehors dans les adultes ; le columellaire lisse, avec une inflexion dans son milieu, c'est-à-dire au point de jonction de la columelle avec la partie du péristome qui le forme.

A. Espèces ovales, ou de forme ordinaire.

Ex. Le Bulime hémastome. *Bulimus hæmastomus.* Chemn., Conch., 9, t. 119, fig. 1022-1023.

B Espèces ventrues.

Ex. Le B. ventru. *B. ventricosus.* Drap., Moll., pl. 4, f. 31-32.

C. Espèces turriculées.

Ex. Le B. calcaire. *B. calcareus.* Chemn., Conch., 9, t. 135, fig. 1226.

D. Espèces sénestres.

Ex. Le B. Citron. *B. Citrinus.* Chemn., Conch., 9, t. 111, fig. 228-231.

E. Espèces qui sont un peu ombiliquées. (G. BULIMULE. Leach.)

Ex. Le B. trifascié. *B. trifasciatus.* Leach, Miscell., 1, pl. 41.

Observ. C'est un des genres les plus généralement répandus; on en connoît, en effet, des espèces dans toutes les parties du monde; dans les pays chauds comme dans les pays froids. Celles des premiers sont toujours plus grosses; elles sont en général plus communes dans les îles et sur les rives de la mer que dans l'intérieur des terres.

M. de Lamarck en compte cinquante-quatre espèces vivantes, dont il faut retrancher le bulime de Lyonet, qui est évidemment une espèce de maillot, et quinze fossiles; mais, parmi celles-ci, n'y a-t-il pas plusieurs mélanies ou rissoaires? Cela nous paroît fort probable.

AGATHINE. *Achatina.*

Animal certainement semblable à celui de l'hélice.

Coquille de forme assez variable, mais en général subturriculée; le sommet mamelonné; ouverture un peu variable, à bord droit constamment tranchant; le bord columellaire assez fortement excavé, entièrement formé par la columelle, dont l'extrémité antérieure est constamment ouverte et tronquée.

A. Espèces ovales, subventrues.

Ex. L'Agathine Zèbre. *Achatina Zebra.* Chemn., Conch., 9, t. 118, f. 1014.

B. Espèces conoïdes, dont l'ouverture est presque ronde, assez courte, avec un cal transversal dans son intérieur.

(G. RUBANE. *Liguus.* D. M.)

Ex. L'A. Ruban. *A. Virginiæ.* De Fér., Moll., pl. 118, f. 3-4.

C. Espèces subturriculées, et dont le dernier tour s'atténue en avant.

(G. Polyphème. D. M.)

Ex. L'A. Gland. *A. Glans.* Chemn., Conch., 9, tom. 117, fig. 1009-1910.

D. Espèces évidemment turriculées.   (Les Aiguilles.)

Ex. L'A. columnaire. *A. columnaris.* E. m., pl. 459, f. 5, *a b.*

Observ. M. de Lamarck compte dix-neuf espèces dans ce genre, dont deux fort petites sont d'Europe; les autres appartiennent aux contrées chaudes des deux continens.

Il paroît qu'on n'en a pas encore trouvé de fossiles.

Nous connoissons l'animal de plusieurs espèces de forme ordinaire. M. Say nous a donné la description de l'agathine gland, d'après laquelle il paroît que ses tentacules sont fléchis subitement à l'extrémité, et que les appendices labiaux sont très-grands. Nous avons observé dans l'animal de l'agathine zèbre, une sorte d'interruption du collier, au point de jonction du côté droit et du côté gauche, ainsi qu'une saillie du muscle columellaire qui détermine la troncature de la columelle de la coquille. Cet animal a été rapporté par MM. Quoy et Gaimard.

Clausilie. *Clausilia.*

Animal comme dans les hélices, mais dont la première paire de tentacules est fort courte.

Coquille cylindracée, alongée, un peu renflée au milieu; à sommet mousse; le dernier tour plus petit que le précédent; ouverture petite, ovale, à péristome continu et rebordé; au moins un pli postérieur à la columelle, s'augmentant avec l'âge assez pour se séparer, et formant à l'angle postérieur de l'ouverture un sinus arrondi pour la place de l'orifice pulmonaire.

Ex. La Clausilie ridée. *Clausilia rugosa.* Drap., Moll., pl. 4, fig. 12-20.

Observ. Ce genre ne contient encore que douze espèces vivantes, dont la plupart sont d'Europe, et surtout des bords de la Méditerranée. On en connoît cependant déjà plusieurs de l'Archipel américain.

Maillot. *Puppa.*

Animal tout-à-fait comme dans les clausilies, et dont la première paire de tentacules est encore plus courte.

Coquille cylindracée, alongée ou subglobuleuse, ordinairement renflée au milieu ; le sommet obtus ; les tours de spire nombreux, presque égaux ; le dernier plus petit que le pénultième ; ouverture ronde ou ovale, à bords presque égaux, évasés, rebordés ; un ou deux plis au bord columellaire, et des dents en nombre variable au bord droit.

A. Espèces cylindracées.

Ex. Le Maillot Momie. *Puppa Mumia*. Mart., Conch., 4, t. 153, f. 1439, *a b*.

B. Espèces ovales ou presque sphériques.   (G. Grenaille. Cuv.)

Ex. Le M. Baril. *P. Dolium*. Drap., Moll., pl. 3, f. 43.

C. Espèces cylindracées, dont le dernier tour, dans son état adulte, fait subitement à gauche une inflexion gibbeuse. (G. Gibbe. D. M.)

Ex. Le M. bossu. *P. lyonetianus*. Chemn., Conch., 5, t. 160, f. 1513, *a b*.

D. Espèces ovales ou plus ou moins sphériques ; l'ouverture grande ; les tentacules véritables ponctiformes.   (G. Vertigo. Mull.)

Ex. Le M. Mousseron. *P. muscorum*. Drap., Moll., pl. 3, f. 26-27.

E. Espèces de même forme, mais qui produisent leurs petits vivans.
   (G. Partule. De Fér.)

Ex. Le M. Partule. *P. Partula*.

Observ. Les espèces de ce genre sont assez nombreuses ; M. de Lamarck en caractérise vingt-sept, sans y comprendre le maillot bossu, dont il fait un bulime, ainsi que la plupart des vertigos et les partules ; elles sont en général peu grosses, et souvent très-petites.

La plupart sont d'Europe ; quelques unes viennent de l'Amérique. On n'en a pas encore caractérisé de l'Inde ni d'Afrique ; il y en a cependant ; car nous en avons reçu de M. Mathieu, de l'Ile-de-France.

On n'en a pas encore découvert de fossiles.

TOMOGÈRE. *Tomogerus.*

Animal non observé, mais probablement peu différent de celui des hélices.

Coquille subglobuleuse, un peu déprimée, et subcarénée dans sa circonférence, non ombiliquée; ouverture arrondie, à péristome continu par une callosité, rebordée, dentée, et ouverte vers le dos de la coquille.

Ex. Le Tomogère déprimé. *Tomogerus depressus.* Chemn., Conch., 9, t. 109, f. 919-920.

Observ. Ce genre a été établi par Denys de Monfort. M. de Lamarck, qui le nomme Anostome (*Anostoma*), en décrit deux espèces, l'une et l'autre très-probablement des Grandes-Indes.

HÉLICE. *Helix.*

Animal de forme un peu variable; le manteau formant à son bord libre une espèce d'anneau ou de collier épais, surtout en avant, et partagé peu profondément en deux lèvres; pied ovale, plane, lisse en dessous, bombé et granuleux en dessus, joint à la masse viscérale par un pédicule souvent étroit; tête assez distincte; les tentacules antérieurs bien évidens et renflés au sommet; les postérieurs fort longs; bouche en fente verticale pourvue de deux lobes labiaux, d'une sorte de dent marginale et d'une masse linguale ovale et assez petite; anus sessile au bord de l'orifice pulmonaire; cavité respiratrice très-grande, oblique, s'ouvrant par un orifice arrondi, percé dans le collier vers l'angle postérieur de jonction de ses deux moitiés; l'orifice commun des organes de la génération au côté droit et plus ou moins en arrière du tentacule olfactif de ce côté.

Coquille de forme extrêmement variable, ordinairement globuleuse, quelquefois ventrue, conoïde, assez souvent planorbique, mais jamais turriculée; sommet constamment mousse et arrondi; ouverture oblique, ordinairement médiocre, mais quelquefois fort grande ou très-petite, toujours modifiée par le retour de la spire, ovale, sémilunaire, plus large que longue; les bords désunis en arrière, souvent presque égaux; la columelle n'entrant que fort peu dans la formation de l'interne.

* La circonférence de la coquille constamment carénée ou sub-carénée à tout âge. (G. Carocolle. Lamck.)

A. Espèces discoïdes ou planorbiques, ombiliquées, avec l'ouverture dentée.

Ex. L'Hélice Labyrinthe. *Helix Labyrinthus.* Chemn., Conch., 11, t. 208, f. 2048.

B. Espèces discoïdes, subombiliquées, à bords tranchans, plus convexes en dessous qu'en dessus. (G. Ibère. D. M.)

Ex. L'H. scabre. *H. gualteriana.* De Fér., Moll. terr., pl. 67, fig. 1.

C. Espèces discoïdes, très-ombiliquées, à bords épaissis, mais non dentés.

Ex. L'H. de Madagascar. *H. madagascariensis. Id., ib.,* pl. 25, fig. 5-6.

D. Espèces discoïdes, non ombiliquées; l'ouverture simple. (G. Carocolle. D. M.)

Ex. L'H. lèvre blanche. *H. albilabris. Id., ibid.,* pl. 43, f. 1-2.

E. Espèces conoïdales, c'est-à-dire à spire conique assez élevée, la base plate; l'ouverture carrée, à bords tranchans.

Ex. L'H. élégante. *H. elegans.* Drap., Moll., pl. 5, f. 1-2.

** La circonférence de la coquille non carénée, si ce n'est quelquefois dans le jeune âge.

F. Espèces conoïdales; les tours de spire arrondis.

Ex. L'H. conoïde. *H. conoidea.* Drap., Moll., pl. 5, f. 7-8.

G. Espèces ventrues.

Ex. L'H. naticoïde. *H. naticoides. Id., ibid.,* pl. 5, f. 26-27.

H. Espèces subglobuleuses, non ombiliquées; le péristome épaissi.

Ex. L'H. vigneronne. H. *Pomatia. Id., ibid.,* pl. 5, f. 20.

I. Espèces semi-globuleuses, non ombiliquées, avec une légère inflexion à l'endroit de la jonction de la columelle, avec le péristome. (G. Acave. D. M.)

Ex. L'H. némorale. *H. nemoralis. Id., ibid.,* pl. 6, f. 3-5.

K. Espèces subdéprimées, subombiliquées, à bord tranchant, épaissi en dedans par un bourrelet.

Ex. L'H. chartreuse. *H. carthusiana. Id., ibid.,* pl. 6, f. 55.

L. Espèces plus ou moins déprimées, planorbiques; les bords de l'ouverture épaissis, calleux et même dentés. (G. Hélicelle. Lamck.)

Ex. L'H. Planorbe. *H. obvoluta.* Id., *ibid.*, pl. 7, f. 27-29.

M. Espèces déprimées, planorbiques, rudes ou velues, plus ou moins largement ombiliquées, à péristome tranchant.   (G Zonite. D. M.)

Ex. L'H. Peson. *H. Algira.* Id., *ibid.*, pl. 7, f. 38-39.

N. Espèces déprimées, planorbiques, plus ou moins largement ombiliquées; les bords tranchans, mais toujours minces et luisans.

Ex. L'H. luisante. *H. nitida. Id.*, *ibid.*, pl. 8, f. 23-25.

Observ. Les espèces de ce genre sont excessivement nombreuses. M. de Lamarck en caractérise cent vingt-cinq en tout; c'est-à-dire cent sept hélices et dix-huit carocolles; mais il est certain que le nombre en est bien plus considérable. Tous les conchyliologues se sont efforcés d'établir quelques coupes pour faciliter la connoissance des espèces, mais aucun n'est parvenu à quelque chose de satisfaisant. Denys de Monfort a commencé par en faire huit ou dix genres; M. Oken en a proposé aussi quelques uns; M. Rafinesque nous paroît n'avoir guère fait que changer les noms de ceux de Denys de Monfort; mais c'est M. de Férussac qui s'est le plus complètement occupé de ce groupe d'animaux et de leurs coquilles. Dans le but que nous nous étions proposé de rassembler dans ce *conspectus* tous les genres de mollusques ou de coquilles établis à tort ou à raison par les auteurs précédens, nous avons essayé de faire concorder tous les noms de ces genres; mais il nous a été impossible d'y réussir. Nous nous sommes donc bornés à établir des coupes comme indication des formes les plus tranchées, et nous y avons rapporté les genres des conchyliologues quand nous l'avons pu.

On trouve des hélices dans toutes les parties de la terre, dans les lieux les plus secs comme sur le bord des eaux.

On n'a encore décrit que deux ou trois espèces fossiles analogues.

⋆⋆ *Le bord antérieur du manteau élargi en une espèce de bouclier; coquille nulle ou presque membraneuse.*

Vitrine. *Helicolimax.*

Animal tout-à-fait gastéropode; les tentacules véritables fort courts; la partie antérieure du manteau élargie en bouclier, avancée jusqu'aux tentacules, et pourvue à droite d'un appendice spatuliforme trilobé, qui peut recouvrir la plus grande partie de la coquille ; un lobe spatuliforme à la partie postérieure du manteau.

Coquille proportionnellement fort petite, extrêmement mince, pellucide, presque membraneuse, ovale ou subglobuleuse, à spire très-courte, dont le dernier tour est énorme ; ouverture très-grande, sémilunaire ; les bords tranchans, désunis ; le gauche très-excavé, et se prolongeant intérieurement jusqu'au sommet.

A. Espèces dont le pied n'est pas tronqué en arrière.

Ex. La Vitrine transparente. *Helicolimax pellucida*. Drap., Moll., pl. 8, f. 34-37.

B. Espèces dont le pied est tronqué en arrière, avec un sinus profond.
(G. Hélicarion. De Férussac.)

Ex. La V. d'Australasie. *V. australasia. Helicarion Freycineti*. Quoy et Gaimard, Voy. de l'Uranie, Atlas zoologique, pl. 67, fig. 1.

Observ. Ce genre ne renferme que trois ou quatre espèces, qui n'ont encore été observées qu'en Europe, et une bien plus grande du port Jackson.

Testacelle. *Testacella*.

Animal ellipsoïde, alongé, gastéropode ; le pied non distinct, couvert dans toute son étendue par un derme épais, si ce n'est à sa partie postérieure, où il est protégé par une très-petite coquille extérieure auriforme, très-déprimée, à sommet incliné en arrière, non spiré ; ouverture ovale, fort grande ; le bord gauche tranchant, un peu roulé en dedans, surtout en arrière.

L'orifice pulmonaire arrondi, tout-à-fait postérieur, et sur le côté droit du sommet de la coquille ; l'anus tout près de cet orifice.

Ex. La Testacelle Ormier. *Testacella haliotidea*. Cuv., Ann. du Mus., 5, pl. 29, f. 6-7.

Observ. Ce genre paroît ne contenir encore qu'une seule espèce assez commune dans toute l'Europe.

Parmacelle. *Parmacella*.

Animal ovalaire, déprimé ; assez peu bombé en dessus ; largement gastéropode; couvert d'une peau épaisse formaut, dans le tiers moyen du dos, un disque charnu ovale, à bords libres en avant, dont la partie postérieure coutient une coquille fort petite, très-plane, en écusson; orifice pulmonaire au bord droit et postérieur du disque; l'anus du même côté, sous le bord libre de la même partie; orifice de la génération unique, en arrière du tentacule droit.

A. Espèces dont la queue n'est pas carénée et dont la coquille est subspirale.

Ex. La Parmacelle de Taunay. *Parmacella Taunaisi*, et *Parmacella Palliolum*. Fér., Moll. terr., pl. 7, f. 1-3.

B. Espèces beaucoup plus déprimées; la queue carénée; la coquille scutiforme.

Ex. La P. d'Olivier. *P. Olivieri*. Cuv., Ann. du Mus., 5, pl. 29, f. 12-13.

Observ. On ne connoît encore que deux espèces dans ce genre, l'une de l'Amérique méridionale, et l'autre de la Perse.

LIMACELLE. *Limacella*.

Corps alongé, subcylindrique, pourvu d'un pied aussi long et aussi large que lui, dont il n'est séparé que par un sillon; enveloppé dans une peau épaisse formant à la partie antérieure du dos une sorte de bouclier protecteur de la cavité pulmonaire, dont l'orifice est à son bord droit; les orifices de l'appareil générateur distans; celui de l'oviducte à la partie postérieure du côté droit, et communiquant par un sillon avec la terminaison de l'organe mâle située à la racine du tentacule droit.

Ex. La Limacelle d'Elfort. *Limacella elfortiana*. (Non figurée.)

Observ. Cette combinaison de caractères nous paroît si anomale, que nous doutons réellement que nous ayons bien observé le mollusque sur lequel nous avons établi ce genre.

LIMACE. *Limax*.

Corps ovale-oblong, complètement gastéropode; la peau partout fort épaisse, mais surtout à la partie antérieure du dos, où elle forme un écusson plus ou moins circonscrit, ou bouclier coriace, contenant dans son épaisseur un rudiment de coquille plus ou moins évident ; cavité pulmonaire située au-dessous de l'écusson, et ayant son orifice plus ou moins avancé sur le bord droit ; anus au bord postérieur de cet orifice ; terminaison des organes de la génération par une ouverture commune située à la racine du tentacule antérieur droit.

A. Espèces chez lesquelles l'orifice pulmonaire est très-antérieur ; la queue carénée, et le rudiment de coquille plus évident.

(Les L. GRISES.)

Ex. La Limace grise. *Limax cinereus.* De Fér., Moll. terr., pl. 4, pl. 8 A, fig. 1, et pl. 8 D, fig. 5.

B. Espèces dont l'orifice pulmonaire est plus postérieur ; la queue non carénée, creusée à son extrémité d'un sinus aveugle, et le rudiment de coquille granuleux.   (Les L. ROUGES. G. ARION. De Fér.)

Ex. La L. rouge. *L. rufus. Id., ibid.,* pl. 1-3.

C. Espèces dont le bouclier n'est pas distinct, et dont les tentacules oculaires sont en massue, les autres latéraux et oblongs.

(G. PHILOMIQUE. Raf.)

Ex. La L. oxyure. *L. oxyurus.* (Non figurée.)

D. Espèces dont le bouclier n'est pas distinct, et dont les deux paires de tentacules sont cylindriques, presque sur le même rang, les plus petits entre les grands.   (G. EUMÈLE. Rafin.)

Ex. La L. nébuleuse. *L. nebulosus.* (Non figurée.)

Observ. On ne connoît encore qu'un assez petit nombre d'espèces de véritables limaces, et elles sont toutes répandues dans l'hémisphère septentrional des deux continens. Il en existe cependant aux deux extrémités de l'Afrique, et MM. Quoy et Gaimard en décrivent dans la Zoologie du Voyage de l'Uranie, qui proviennent de la Nouvelle-Hollande.

Les phylomiques et les eumèles de M. Rafinesque ne sont peut-être que des onchidies, cependant la disposition des couleurs et la forme carénée de la partie postérieure du corps des premiers pourroient faire soupçonner que ce sont des limaces grises.

ONCHIDIE. *Onchidium.*

Corps alongé, très-étroit et très-extensible ; le manteau débordant le pied de toutes parts, et formant une sorte de capuchon

32.

au-dessus du cou et de la tête; quatre tentacules contractiles seulement; les plus longs, supérieurs et postérieurs, oculifères au sommet; les plus courts, antérieurs et inférieurs, aplatis et comme bifurqués à l'extrémité; la bouche très-grande, armée supérieurement d'une grande dent demi-circulaire; anus caché, et s'ouvrant dans un long canal de la cavité respiratrice, dont l'orifice arrondi est au côté droit et tout-à-fait postérieur du corps; terminaisons des organes de la génération à droite, et fort distantes l'une de l'autre; celle de l'oviducte vers le milieu du rebord inférieur du manteau, et celle de l'appareil mâle à la racine du tentacule droit.

A. Espèces tout-à-fait lisses.   (G. VÉRONICELLE. Blainv.)

Ex. L'Onchidie lisse. *Onchidium læve*. Blainv. Vaginule de Taunay. De Fér., Moll. terrestr., pl. 8 A, fig. 7.

B. Espèces tuberculeuses.

Ex. L'O. du Typha. *O. Typhæ*. Buchan., Soc. linn., t. 5, p. 132.

Observ. Décidément, nous rapportons à ce genre le mollusque dont nous avions fait le genre Véronicelle, et à plus forte raison celui que M. de Férussac a nommé Vaginule, parce qu'il nous semble impossible d'admettre ce que dit Buchanan que son onchidie du Typha a les sexes séparés, et parce que le rudiment de coquille que nous avons cru voir dans notre véronicelle lisse n'étoit peut-être qu'une simple apparence.

On ne connoît encore dans ce genre que trois ou quatre espèces qui sont à demi aquatiques, et d'eau douce; toutes des parties chaudes des deux continens.

Quant aux espèces marines que M. Cuvier y a rapportées, elles constituent notre genre Péronie, de l'ordre des cyclobranches.

ORDRE SECOND.—CHISMOBRANCHES. Chismobranchiata.

Organes de la respiration aquatiques, branchiaux ou pectinés, situés à la partie antérieure du dos, dans une grande cavité communiquant avec le fluide ambiant par une large fente oblique et antérieure.

Bouche sans dent, mais pourvue inférieurement d'un long ruban lingual.

Coquille nulle, intérieure ou extérieure, très-déprimée; à ouverture très-grande, entière, sans columelle.

Observ. Cet ordre n'est composé que d'un petit nombre de genres tous marins, et probablement herbivores.

CORIOCELLE. *Coriocella.*

Corps elliptique fort déprimé, ayant les bords du manteau très-minces, échancrés en avant, débordant largement de toutes parts le pied ovale, très-petit, et la tête peu distincte; deux tentacules cachés sous le bouclier, assez gros, courts, contractiles; les yeux à la base externe de ces tentacules; le dos peu bombé, sans trace de coquille extérieure ni intérieure.

Ex. La Coriocelle noire. *Coriocella nigra.* Blainv. (Non fig.)

Observ. Ce genre nouveau ne contient encore qu'une espèce des mers de l'Ile-de-France. Elle est de notre collection.

SIGARET. *Sigaretus.*

Corps ovale, plane en dessous, largement gastéropode; les bords du manteau verticaux, minces, dépassant le corps de toutes parts, échancrés en avant; le manteau assez bombé en dessus, et solidifié par une coquille plus ou moins épaisse, interne, incolore, très-déprimée, à spire courte, peu élevée, latérale; ouverture très-évasée, entière, le bord gauche replié et tranchant; deux impressions musculaires latérales très-loin de se réunir.

A. Espèces dont la coquille est fort mince et lisse.

Ex. Le Sigaret convexe. *Sigaretus convexus.* Blainv.

B. Espèces dont la coquille est épaisse, solide, spirale.

Ex. Le S. déprimé. *S. haliotideus.* Martini, Conch., 1, t. 16, f. 151-154.

Observ. On ne connoît encore qu'un petit nombre d'espèces de ce genre, à peu près de toutes les mers.

CRYPTOSTOME. *Cryptostoma.*

Corps glossoïde, formé en très-grande partie par un pied fort long, très-épais, plus étroit en avant, canaliculé de chaque côté, et débordant beaucoup de toutes parts la masse tortillée des viscères, qui est fort petite, peu convexe en dessus, et recouverte dans son tiers médian par une coquille intérieure, en tout semblable à celle des sigarets proprement dits; bouche très-petite, cachée sous le rebord antérieur et supérieur du pied, vers laquelle convergent ses quatre sillons; deux tentacules comprimés et appendiculés à leur base; yeux? un seul grand peigne branchial; anus au coté droit du bord libre du manteau.

Ex. Le Cryptostome de Leach. *Cryptostoma Leachii.* Blainv. (Non figuré.)

Observ. Nous connoissons deux espèces de ce genre, toutes deux de l'Inde; peut-être quelques espèces de sigarets de M. de Lamarck lui appartiennent-elles?

Oxynoé. *Oxinoe.*

Corps gastéropode à grande coquille dorsale, antérieure, bulliforme, à spire simple; ventre ou pied étroit, à branchies marginales, striées transversalement; manteau élargi en deux ailes latérales; deux tentacules non rétractiles.

Ex. l'Oxinoé olivâtre. *Oxinoe olivacea.* Rafin., Journal de Physique.

Observ. Nous ne connoissons ce genre que par le peu qu'en dit M. Rafinesque, et nous ne le plaçons ici que parce que ce naturaliste assure qu'il ne diffère du sigaret que parce que la coquille est extérieure. Cependant si les branchies sont disposées comme il le dit (ce qui est un peu douteux), la différence seroit beaucoup plus grande.

Stomatelle. *Stomatella.*

Animal inconnu.

Coquille très-déprimée, orbiculaire ou oblongue, extérieure, nacrée intérieurement; ouverture très-grande, ovale, plus longue que large; le bord droit évasé, dilaté, ouvert.

A. Espèces presque orbiculaires.

Ex. La Stomatelle imbriquée. *Stomatella imbricata.* Enc. mét., pl. 450, f. 2, *a b.*

B. Espèces ovales, alongées.

Ex. La S. Auricule. *S. Auricula.* E. m., pl. 450, f. 1, *a b.*

Observ. En ne laissant dans ce genre que les stomatelles imbriquée et sillonnée de M. de Lamarck, il est évident qu'il ne pourroit être séparé des sigarets que par la nacre de l'intérieur de la coquille. Quant aux deux autres espèces, sont-elles aussi de ce même genre?

VELUTINE. *Velutina.*

Animal ovale, assez bombé, à peine spiral; le bord du manteau simple en avant et double dans toute sa circonférence; la lèvre interne plus épaisse et tentaculaire; pied petit, ovale, avec un sillon marginal antérieur; tête épaisse; tentacules gros, obconiques, distans, avec un petit voile frontal entre eux; yeux noirs, sessiles au côté externe de la base de ces tentacules; bouche grande, à l'extrémité d'une sorte de mufle; la cavité respiratrice grande, sans trace de tube, et contenant deux peignes branchiaux inégaux, obliques, attachés au plancher; orifice de l'ovaire à la base de l'organe excitateur mâle, situé à la racine du tentacule droit; attache musculaire en fer à cheval, fort mince en arrière, ouverte en avant.

Coquille extérieure épidermée, patelliforme, à spire petite, latérale, sans columelle; ouverture grande, à bords presque réunis, l'un et l'autre tranchans; le droit se réunissant au gauche par un dépôt calcaire lamelleux.

Ex. La Velutine capuloïde. *Velutina capuloidea.* Mull., Z. D., 5, t. 101, f. 1-4.

Observ. Nous avons établi ce genre sur un individu pourvu de sa coquille, que nous devons à la générosité de M. Defrance.

Nous n'en connoissons encore qu'une espèce des côtes d'Angleterre, et qui est très-probablement la même que celle dont parle Muller sous le nom de *Bulla velutina*, et que M. de Lamarck a regardée à tort comme analogue de son sigaret déprimé.

M. Gray a aussi proposé ce genre sous le même nom.

Peut-être certains cabochons lui appartiennent-ils?

ORDRE TROISIÈME. — MONOPLEUROBRANCHES.
Monopleurobranchiata.

Organes de la respiration branchiaux, situés au côté droit du corps, et mis à couvert plus ou moins complètement par une partie du manteau operculiforme, dans laquelle se développe souvent une coquille plane ou plus ou moins involvée, à ouverture très-grande et constamment entière; tentacules nuls, rudimentaires ou auriculiformes.

Fam. I. — *SUBAPLYSIENS.* Subaplysiacea.

Deux ou quatre appendices tentaculaires à la tête.
Les orifices des organes de la génération peu ou point distans entre eux, et sans sillon extérieur intermédiaire.

Berthelle. *Berthella.*

Corps ovale assez bombé en dessus, les bords du manteau le dépassant de toutes parts, et se recourbant en bas dans le repos, de manière à cacher complètement la tête et le pied; celui-ci large et ovale, mais beaucoup moins que le manteau; une espèce de voile au bord antérieur de la tête, prolongé de chaque côté en une sorte d'appendice fendu latéralement; les deux auricules tentaculiformes occipitales fendues et striées intérieurement à leur terminaison et fort rapprochés à leur base amincie; yeux sessiles, placés sur la racine postérieure des tentacules; une seule branchie pectiniforme latérale, attachée en avant, et en grande partie libre en arrière; la terminaison des organes de la génération dans un gros tubercule unique situé avant la racine de la branchie.

Ex. La Berthelle poreuse. *Berthella porosa.* (Blainv.)

Observ. Nous avons établi ce genre pour un joli mollusque des côtes d'Angleterre que nous devons à l'amitié de M. le D.ᵣ Leach, et dont Donavan faisoit une espèce de bulle, *Bulla plumula.*

Pleurobranche. *Pleurobranchus.*

Corps ovale ou subcirculaire très-mince, très-déprimé, comme formé de deux disques appliqués l'un sur l'autre; l'inférieur ou

pied beaucoup plus large, et débordant de toutes parts le supérieur, échancré en avant comme en arrière, et contenant dans son
milieu une coquille fort mince; la tête entre les deux disques, et
à moitié cachée par le supérieur; deux paires d'appendices tentaculaires; les antérieurs à chaque angle de la tête; les postérieurs
unis à leur racine, plats et fendus; les yeux sessiles au côté externe de la base des antérieurs; bouche cachée, transverse; une
seule grande branchie latérale profondément cachée, et adhérente
dans toute sa longueur; la terminaison de l'oviducte à la racine
postérieure de l'organe excitateur mâle, qui est long et filiforme;
l'anus tout-à-fait en arrière de la branchie, à l'extrémité d'un
assez long appendice flottant.

Coquille grande, bien formée, à bords membraneux, ovale,
concave inférieurement, convexe en dessus; les bords tranchans
réunis; le sommet subspiré tout-à-fait postérieur.

Ex. Le Pleurobranche de Péron. *Pleurobranchus Peronii.*
Cuv., Ann. du Mus., tom. 5, pl. 18, f. 1-2.

Observ. Quoique nous citions comme type de ce genre l'animal observé par M. Cuvier, nous l'avons cependant caractérisé d'après un
mollusque de notre collection, qui est probablement une espèce
distincte.

Pleurobranchidie. *Pleurobranchidium.*

Corps assez épais, ovale alongé, plat, et formé en dessous par
un large disque musculaire plus étendu en arrière qu'en avant,
bombé en dessus, sans autre indice d'opercule ou de manteau
qu'une petite bande étroite au milieu du côté droit; tête très-grosse,
peu séparée du corps; deux paires de tentacules auriformes; les
antérieurs à l'extrémité d'un bandeau musculaire transverse, frontal; les postérieurs un peu plus en arrière, et fort séparés l'un de
l'autre; orifice buccal à l'extrémité d'une sorte de masse probosci-
dale et entre deux lèvres verticales; une seule branchie médiocre,
latérale, adhérente dans toute sa longueur, et parfaitement à
découvert; la terminaison des organes de la génération dans un
tubercule commun; l'orifice de l'appareil dépurateur à la racine
antérieure de la branchie; anus au milieu de la longueur de
celle-ci.

Aucune trace de coquille.

Ex. Le Pleurobranchidie de Meckel. *Pleurobranchidium Meckeli.* Meckel, Fragm. d'Anat. comp., tom. 1, pl. 5, fig. 33-40.

Observ. Nous avons nous-mêmes caractérisé ce genre sur deux individus envoyés par M. Meckel : ce mollusque nous paroît être le pleurobranche baléarique de Delaroche et le genre Cyanogaster de M. Rudolphi.

Fam. II. — *APLYSIENS*. Aplysiacea.

Le corps non divisé, ou formant une seule masse molle charnue ; quatre appendices tentaculaires constamment bien distincts, aplatis, auriformes ; bouche en fente verticale, avec deux plaques labiales latérales subcornées et une langue cordiforme hérissée de denticules ; yeux sessiles entre les deux paires de tentacules ; les branchies couvertes par une sorte d'opercule ; les orifices de l'appareil générateur plus ou moins distans, et réunis entre eux par un sillon extérieur.

Coquille nulle ou incomplète, constamment interne.

Aplysie. *Aplysia*.

Corps épais, charnu, ovale, pourvu en dessous d'un pied assez mince, de chaque côté d'un appendice natatoire, en dessus et en arrière d'une sorte de bouclier operculaire, solidifié à l'intérieur par un rudiment de coquille plus ou moins calcaire et régulière, recouvrant la cavité de la branchie ; deux paires d'auricules tentaculaires fendues, l'une labiale, et l'autre occipitale ; les yeux très-petits, sessiles entre elles deux.

A. Espèces dont les appendices latéraux sont fort larges, divisés en arrière et abaissés.

Ex. L'Aplysie dépilante. *Aplysia depilans*. Blainv., Monog., Journ. de Phys., tom. 96, de juin 1823, fig. 1.

B. Espèces dont les appendices plus étroits sont réunis et relevés en arrière.

Ex. L'A. vulgaire. *A. vulgaris. Id., ibid.*, fig. 8.

C. Espèces dont les appendices sont fort larges, et qui n'ont que deux tentacules, en arrière desquels sont les yeux.   (G. Actéon. Oken.)

Ex. L'A. verte. *A. viridis*. Bosc, Vers, t. 1, pl. 2, f. 4.

D. Espèces alongées, à queue subulée ; les quatre tentacules longs et grêles ; la cavité branchiale subdorsale , sans opercule ou coquille.

Ex. L'A. de Brongniart. *A. Brongniartii*, Blainv., *ibid*, fig. 12.

Observ. Ce genre ne renferme encore qu'un assez petit nombre d'espèces, presque toutes de nos mers. Celle de la troisième section est de l'Amérique septentrionale ; elle est bien mal connue. MM. Quoy et Gaimard en ont rapporté plusieurs des mers de l'hémisphère austral.

Dolabelle. *Dolabella.*

Corps mou, charnu, alongé, subcylindrique, renflé et aplati en arrière par la réunion des appendices natatoires qui sont fort courts ; le pied plus distinct et plus épais que dans les aplysies ; les organes de la respiration contenus dans une sorte de cavité dorsale à ouverture supérieure ovale, presque symétrique, et formée par la réunion des lobes du manteau.

Coquille rudimentaire tout-à-fait plate, subspirale, élargie en forme de doloire, à sommet calleux et très-épais.

Ex. La Dolabelle calleuse. *Dolabella Rumphii*. Cuv., Ann. du Mus., 5, pag. 437, pl. 29, f. 1-4.

Observ. Ce genre, extrêmement voisin du précédent, ne contient que deux espèces, dont une est établie sur la coquille seulement. Toutes deux sont des mers de l'Inde.

Bursatelle. *Bursatella.*

Corps subglobuleux, offrant inférieurement un espace ovalaire circonscrit par des lèvres épaisses indiquant le pied, supérieurement une fente ovalaire à bords épais, symétriques, formée par la réunion complète des appendices natatoires du manteau, et communiquant dans une cavité où se trouvent une très-grande branchie libre et l'anus ; quatre tentacules fendus, ramifiés, outre deux appendices buccaux.

Aucune trace de coquille.

Ex. La Bursatelle de Leach. *Bursatella Leachii*. (Blainv.)

Observ. Nous ne connoissons encore qu'une espèce de ce genre ; elle est fort grosse et des mers de l'Inde.

NOTARQUE. *Notarchus.*

Corps globuleux; le pied comme dans le genre précédent; quatre tentacules fendus dans une partie de leur longueur, sans appendices labiaux prolongés; une très-petite branchie latéro-supérieure, presque externe, ou seulement protégée par un petit repli du manteau, sans coquille intérieure.

Ex. Le Notarque de Cuvier. *Notarchus Cuvieri.* G. Cuvier, Règn. anim., pl. XI, f. 1.

Observ. Ce genre, extrêmement voisin du précédent, ne contient aussi qu'une seule espèce de l'Ile-de-France.

ELYSIE. *Elysia.*

Corps très-mou, déprimé, rhomboïdal, avec des lobes natatoires latéraux; pied alongé, terminé à son extrémité par un tubercule creux; tentacules auriformes, le droit plus gros que le gauche, et d'où sort l'organe mâle sous la forme d'un filet très-fin; yeux sessiles situés au-dessous des tentacules; bouche fendue longitudinalement, et pourvue de deux paires de filets tentaculaires; l'anus percé dans le tubercule creux qui termine le pied; branchies situées à l'origine du dos, et formées par de petites lames disposées en fer à cheval.

Ex. L'Elysie timide. *Elysia timida.* Risso, Journ. de Phys., t. 87, p. 376.

Observ. Ce genre ne renferme encore qu'une espèce observée dans la Méditerranée par M. Risso, et qu'il rapporte au genre Notarque de M. Cuvier, mais évidemment à tort, si la description qu'il en donne est exacte. Il est vrai qu'il est permis de douter un peu de la singulière terminaison de l'anus et de celle de l'organe mâle.

FAM. III. — *PATELLOIDES.* PATELLOIDEA.

Corps déprimé, aplati, couvert par une large coquille extérieure, non symétrique et patelloïde.

OMBRELLE. *Ombrella.*

Corps ovalaire, très-déprimé, pourvu inférieurement d'un pied fort épais et très-large, coupé obliquement en dessus, dépassant beaucoup les bords à peine marqués du manteau, et dont l'extrémité antérieure offre une ouverture en forme d'entonnoir, au fond de laquelle sont deux tentacules foliacés et la bouche; les autres tentacules supérieurs et enroulés en cornet lamelleux à l'intérieur; les branchies formées de folioles assez nombreuses, disposées en un cordon qui occupe la partie antérieure et droite du sillon du pied; l'anus à la partie postérieure; les orifices des organes de la génération très-rapprochés.

Coquille extrêmement déprimée ou tout-à-fait plate, non symétrique, à bord irrégulier et à sommet à peine marqué.

Ex. L'Ombrelle de l'Inde. *Ombrella indica.* Lamck., Chemn., Conch., 10, t. 169, f. 1643-1646.

Observ. C'est le genre que nous avons désigné dans le Dictionnaire sous le nom de *Gastroplax,* parce que le seul individu que nous avons vu avoit sa coquille, probablement par artifice, collée ou attachée sous le pied. M. de Lamarck caractérise deux espèces d'ombrelles, l'une de l'Inde et l'autre de la Méditerranée.

SIPHONAIRE. *Siphonaria.*

Corps ovale, subdéprimé; la tête subdivisée en deux lobes égaux, sans tentacules ni yeux évidens; les bords du manteau crénelés; une branchie en forme de membrane carrée dans le sinus formé à droite entre le pied et le manteau.

Coquille patelloïde, elliptique, à sommet bien marqué, un peu gauche et postérieur; une espèce de canal ou de gouttière sur le côté droit; impression musculaire en fer à cheval; le lobe droit partagé en deux par le canal.

Ex. La Siphonaire Mouret. *Siphonaria Mouretus.* Adans., Sénégal, t. 2.

Observ. Quoique Adanson ait placé cet animal parmi les patelles (*Lepas*), il est évident que ce doit être un genre de l'ordre des monopleurobranches; les divisions de la tête étant sans doute les auricules tentaculaires. Nous le rapprochons sans aucun doute des espèces de patelles dont M. Sowerby a fait dernièrement son genre *Siphonaria*, et dont nous connoissons déjà trois à quatre espèces.

TYLODINE. *Tylodina.*

Corps gastéropode, à petite coquille dorsale extérieure, membraneuse, ovale, patelliforme, sans spire, à sommet calleux; quatre tentacules, dont les deux postérieurs éloignés des antérieurs et plus grands qu'eux; branchie dorsale sous la coquille à droite; anus à la droite du cou.

Ex. La Tylodine pointillée. *Tylodina punctulata.* Rafinesque, Journal de Physique.

Observ. Nous ne connoissons ce genre que d'après le peu qu'en dit M. Rafinesque; mais il nous paroît probable qu'il appartient à cette famille.

FAM. IV.—*ACÈRES.* AKERA.

Corps plus ou moins globuleux, gastéropode, divisé en deux parties, dont l'antérieure est souvent pourvue de lobes latéraux; la tête peu distincte, sans tentacules, ou à tentacules rudimentaires. Coquille nulle, interne ou externe.

BULLE. *Bulla.*

Corps ovale oblong, épais, obtus aux deux extrémités, formé de deux parties; la postérieure entièrement recouverte par la coquille, avec les bords du manteau épaissis en avant, mais surtout en arrière au côté gauche, où il forme un lobe bordant son ouverture; l'antérieure plus considérable, pourvue à droite et à gauche d'un élargissement natatoire du pied, pouvant se recourber et envelopper tout le corps; tête peu distincte, avec des appendices labiaux peu considérables; deux yeux sessiles bien distincts, et en arrière d'eux une paire de tentacules en forme de bride extrêmement basse, se prolongeant sur les parties latérales du cou. Coquille interne ou externe, ovalaire, involvée, à ouverture très-grande, à sommet ombiliqué.

Ex. La Bulle Hydatide. *Bulla Hydatis.* Enc. mét., pl. 361, fig. 1, *a b.*

Observ. Nous avons caractérisé ce genre sur plusieurs individus qui nous ont été envoyés du Havre encore vivans par M. le Dr Surriray, et qui pourroient bien appartenir à l'espèce que M. de Lamarck a nommée bulle cornée. Nous y rapportons, quoique avec doute, les espèces vivantes que M. de Larmarck caractérise dans ce genre, et qui proviennent de toutes les mers, ainsi que les quatre fossiles de Grignon.

BULLÉE. *Bullea.*

Corps ovale, oblong, subinvolvé, obtus aux deux extrémités; la partie postérieure et le bord gauche du manteau épaissis et formant une sorte de second pied qui se place dans l'ouverture de la coquille; une espèce de bouclier tentaculaire rugueux sur la tête, avec deux lobes latéraux plus ou moins longs en arrière; le pied épais sans appendices latéraux natatoires.

Coquille interne ou externe, ovale, involvée plus ou moins complètement, ce qui rend l'ouverture ou très-large ou plus ou moins étroite.

A. Espèces dont la coquille est intérieure et fort incomplètement involvée, sans spire ni columelle.

Ex. La Bullée plancienne. *Bullea aperta.* Mull., Zool. Dan., 3, et 101, f. 1-5.

B. Espèces dont la coquille est intérieure et fort incomplètement involvée, avec une columelle à spire rentrée.

Ex. La B. Ampoule. *B. Ampulla.* E. m., pl. 358, f. 3, *a b.*

C. Espèces dont la coquille est intérieure; les lobes latéraux cirrheux plus développés.

Ex. La B. de Férussac. *B. Ferussac.* Quoy et Gaimard, Voyage de l'Uranie, Atlas zoologique, pl. 66, f. 10-12.

Observ. Nous caractérisons ce genre un peu différemment que M. de Lamarck, qui l'a établi, et qui n'y place que les acères, dont la coquille est intérieure. Comme nous prenons en première considération l'animal, nous distinguons sous le nom de bullée les espèces qui, avec une coquille extérieure ou intérieure, ont le pied plus épais, non dilaté en appendices natatoires, et qui ont en effet d'autres mœurs que les bulles qui nagent fort bien et rampent fort mal. Nous avons observé les trois espèces conservées dans l'alcool.

Lobaire. *Lobaria*.

Corps moins déprimé; ovale, subglobuleux, paroissant divisé en quatre parties, une antérieure pour la tête et le thorax, une de chaque côté pour les appendices natatoires, recourbés et adhérens, et une postérieure pour les viscères.

Point de coquille, même rudimentaire, à la face supérieure de la partie postérieure du corps.

Ex. La Lobaire charnue. *Lobaria carnosa*. Cuv., Ann. du Mus., 16, pl. 1, f. 15-16.

Observ. Ce genre ne renferme encore qu'une espèce de nos mers, peut-être en faudra-t-il rapprocher le petit mollusque incomplète-ment connu dont MM. Quoy et Gaimard ont fait leur genre Trip-tère, et qui est figuré dans l'Atlas zoologique du Voyage de l'U-ranie, pl. 66, f. 6.

Sormet. *Sormetus*.

Corps alongé, semicylindrique, largement gastéropode, sans traces de tentacules; bouche ronde, marginale; l'appareil de la respiration communiquant avec le fluide ambiant par un petit orifice arrondi, situé au côté droit et protégé par une petite coquille ovale, déprimée, subsymétrique, à sommet à peine indiqué, et à bords repliés en dedans.

Ex. Le Sormet d'Adanson. *Sormetus Adansonii*. Sénég., pl. 1.

Observ. Ce genre est établi sur un animal assez incomplètement connu d'après une figure et une description d'Adanson.

Gastéroptère. *Gasteroptera*.

Corps divisé en deux parties; la postérieure globuleuse, ne tenant presque que par un pédoncule à l'antérieure; celle-ci fort petite, élargie de chaque côté en une grande expansion musculaire ovale transversalement, un peu échancrée en avant et en arrière, ce qui la rend comme bilobée et remplaçant le pied, servant à la natation; la branchie latérale tout-à-fait à découvert.

Ex. Le Gastéroptère de Meckel. *Gasteroptera Meckeli*. Meck., Ptéropod.

Observ. Ce genre est établi sur un joli mollusque des mers de Sicile; aussi est-il probable que c'est le même que celui qui a été proposé par M. Rafinesque sous la dénomination de *Sarcoptère.*

Atlas. *Atlas.*

Corps partagé en deux parties réunies par une sorte de pédoncule, à peu près comme dans le genre précédent; la postérieure ovalaire; l'antérieure dilatée circulairement, et ciliée sur ses bords, mais pourvue d'un très-petit pied distinct en dessous, et d'une paire de très-petits tentacules auriformes en dessus; l'anus au milieu du côté droit de la masse postérieure; les organes de la respiration inconnus, ainsi que la terminaison de ceux de la génération.

Ex. L'Atlas de Péron. *Atlas Peronii.* Lesueur, Journ. de Phys., vol. 85, pl. 2, fig. 2.

Observ. Ce genre, dont nous devons la connoissance à M. Lesueur, n'est pas entièrement connu; il nous semble cependant qu'il doit appartenir à la même famille que le gastéroptère; car la terminaison de l'anus nous porte à croire que la branchie doit en être voisine, et non pas formée par les cils qui bordent le disque, comme le croit M. Lesueur.

SECTION II. — *Organes de la respiration, et le corps protecteur, quand il existe (ce qui est assez rare), symétriques.*

ORDRE PREMIER. — APOROBRANCHES.
Aporobranchiata.

Corps de forme un peu variable, mais constamment pourvu d'appendices natatoires pairs et latéraux, sans pied proprement dit; organes de la respiration souvent peu évidens.

Fam. I. — *A. THÈCOSOMES.* Thecosomata.

Hyale. *Hyalæa.*

Corps subglobuleux, formé de deux parties distinctes; la postérieure ou abdominale large, déprimée, bordée de chaque côté d'une double lèvre du manteau, quelquefois prolongée,

contenue dans une coquille ; l'antérieure céphalo-thoracique ,
dilatée de chaque côté en aile ou nageoire arrondie ; tête non
distincte, pourvue de deux tentacules contenus dans une gaîne
cylindrique ; ouverture buccale, avec deux appendices labiaux
décurrens sous le pied ; anus à la partie postérieure de la double
lèvre du manteau au côté droit ; branchie en forme de peigne, sur
le même côté ; terminaison de l'oviducte à l'endroit de séparation
des deux parties du corps ; celle de l'organe mâle tout-à-fait antérieure, en dedans et en avant du tentacule droit.

Coquille extérieure fort mince, transparente, symétrique,
bombée en dessous, plane en dessus, fendue sur les côtés pour le
passage des lobes du manteau, ouverte en fente en avant pour celui
du céphalo-thorax, et tronquée au sommet.

Ex. L'Hyale tridentée. *Hyalæa tridentata*. Lamck.; Cuv.,Ann.
du Mus., 4, p. 22, fig. 59.

Observ. Ce genre, dont nous avons publié une monographie dans le
Journal de Physique et dans ce Dictionnaire, renferme déjà cinq à
six espèces ; toutes paroissent être des pays chauds.

CLÉODORE. *Cleodora*.

Corps alongé, conique, plus ou moins déprimé ; partagé en
deux parties, comme dans l'hyale ; deux tentacules, deux yeux et
deux ailes natatoires à l'antérieure ; la postérieure conique , contenue et adhérente dans une sorte d'étui gélatineux à ouverture
antérieure fort grande, et non échancrée latéralement.

A. Espèces déprimées.

Ex. La Cléodore de Browne. *Cleodora Brownii*. Pér. Lesueur ,
Ptérop., Ann. du Mus., vol. 15, pl. 3 , fig. 14.

B. Espèces coniques, non déprimées.   (G. VAGINULE. Daud.)

Ex. La C. de Bordeaux.

Observ. Nous avons observé une espèce vivante de cléodore,
l'animal et la coquille. C'est un genre peu distinct de l'hyale.

CYMBULIE. *Cymbulia*.

Corps alongé, subcylindrique, pourvu en arrière d'un filament
d'attache, et de chaque côté d'une large expansion natatoire ;
deux yeux, une trompe ?

Coquille ou étui cartilagineux, transparent, conique dans sa partie postérieure où adhère l'animal, et se prolongeant en dessus en un long demi-cylindre creux, sous lequel l'animal peut se mettre à l'abri.

Ex. La Cymbulie de Péron. *Cymbulia Peronii*, Lamck., Pér. et Lesueur, Ann. du Mus. 15, pl. 3, fig. 9, 10, 11.

Observ. La définition que nous donnons de ce genre est toute différente de celle de Péron et Lesueur; mais nous avons vu l'animal sur lequel il est établi, et l'autopsie comme l'analogie ne nous permettent pas de douter qu'ils ne se soient trompés dans la description et la figure de ce mollusque, ainsi que dans ses rapports avec sa coquille.

Pyrgo. *Pyrgo.*

Animal entièrement inconnu.

Coquille presque microscopique, sphéroïdale, régulière, formée de deux pièces ou valves presque séparables, égales, se joignant dans toute leur circonférence, si ce n'est en avant, où est une petite ouverture étroite, transversale.

Ex. La Pyrgo lisse. *Pyrgo lœvis.* Defr., Pl. du Dict., Fossiles.

Observ. Ce genre, établi par M. Defrance, qui le range parmi les sphérulacés, ne contient encore qu'une seule espèce fossile.

Fam. II. — *GYMNOSOMES.* Gymnosomata.

Corps de forme alongée, subconique, complètement nu; deux faisceaux de suçoirs tentaculaires à la bouche; point de dent à la lèvre supérieure; une petite plaque linguale hérissée de denticules.

Clio. *Clio.*

Corps libre, nu, plus ou moins alongé, un peu déprimé, aminci en arrière, sans autres nageoires que les appendices latéraux; tête bien distincte, pourvue de six tentacules longs, coniques, rétractiles, séparés en deux groupes de trois chacun, et pouvant entièrement être cachés dans une espèce de prépuce portant lui-même un petit tentacule à son côté externe; bouche tout-à-fait terminale et verticale; yeux sessiles, presque supères; une sorte de ventouse ou de rudiment de pied sous le cou, entre la racine des nageoires; anus et terminaison des deux parties de l'appareil générateur dans un tubercule unique, situé au côté droit, à la jonction de la nageoire au tronc; organes de la respiration?

A. Espèces dont les tentacules sont bien connus.

Ex. Le Clio boréal. *Clio borealis.* Pall., Spicil. zool., 10, t. 1, fig. 18, 19, et Pl. du Dict. des Sc. nat.

B. Espèces sans tentacules? et dont le renflement céphalique est séparé du tronc par une sorte de thorax plus étroit, bien distinct.

(G. Cliodite. Quoy et Gaimard.)

Ex. Le C. Caducée. *C. Caduceus.* Voyage de l'Uranie, Atlas zoolog., pl. 66, fig. 1.

Observ. Nous avons caractérisé ce genre d'après nos propres observations. La figure de Pallas que nous citons est la moins mauvaise de toutes celles qu'on a données du clio boréal; mais elle est encore fort inexacte.

Quant à l'espèce qui forme la seconde section de ce genre, elle est trop incomplètement connue pour qu'on puisse assurer ce que c'est. Il en est peut-être de même du clio austral de Bruguière.

Pneumoderme. *Pneumoderma.*

Corps libre, subcylindrique, un peu aminci en arrière, renflé en avant, et divisé en deux parties : l'une postérieure ou abdominale plus grosse, ovale et étroite en arrière; l'autre antérieure ou céphalo-thorax bien plus petite, formée par un petit appendice ou pied médian, accompagnée à droite et à gauche par un appendice natatoire; bouche à l'extrémité d'une sorte de trompe rétractile, ayant à sa base un faisceau de suçoirs tentaculaires, et pouvant se cacher dans une espèce de prépuce qui porte en dehors deux petits tentacules; anus à droite et un peu avant les branchies extérieures en forme d'H, placées à la partie postérieure du corps; orifice des organes de la génération dans un tubercule commun situé à la racine de la nageoire du côté droit.

Ex. Le Pneumoderme de Péron. *Pneumoderma Peronii.* Lamck., Cuv., Ann. du Mus., 4, p. 228, pl. 59.

Observ. Nous avons caractérisé ce genre, dont la découverte est due à Péron, sur plusieurs individus bien conservés, rapportés par

MM. Quoy et Gaimard de l'expédition du capitaine Freycinet. Il ne contient qu'une espèce de l'Australasie.

FAM. III. — *PSILOSOMES*. Psilosomata.

Corps très-comprimé latéralement, et en forme de lame.

PHYLLIROÉ. *Phylliroe.*

Corps libre, nu, très-comprimé ou beaucoup plus haut qu'épais, terminé en arrière par une sorte de nageoire verticale; céphalo-thorax petit, et pourvu d'une paire d'appendices natatoires, triangulaires, comprimés, et simulant des espèces de longs tentacules ou de branchies; bouche subterminale, en fer à cheval, avec une trompe courte rétractile; anus au côté droit du corps; orifice des organes de la génération unique du même côté, et plus antérieur que l'anus; organes de la respiration?

Ex. Le Phylliroé Bucéphale. *Phylliroe Bucephalum.* Péron et Lesueur, Ann. du Mus., pl. 1, f. 1-3.

Observ. Nous avons observé cet animal sur l'individu de notre collection, qui a été découvert dans la Méditerranée par MM. Péron et Lesueur; nous n'avons pu trouver les branchies, et cependant nous ne croyons pas que les appendices locomoteurs en servent.

ORDRE SECOND. — POLYBRANCHES.

POLYBRANCHIATA.

Organes de la respiration branchiaux, en forme de lanières ou d'arbuscules nombreux, disposés symétriquement, et à l'extérieur de chaque côté du corps.
Corps toujours nu.

FAM. I. — *TETRACÈRES*. Tetracerata.

Deux paires de tentacules, l'une frontale et l'autre occipitale; yeux sessiles en arrière de celle-ci; la peau lisse; les branchies en forme de lanières ou de cirrhes.

18.

Glaucus. *Glaucus.*

Corps lacertiforme, alongé, conique, avec un rudiment de pied à sa face inférieure, se prolongeant en arrière en une sorte de queue, et des espèces d'appendices digités, disposés par paires sur les côtés et servant à la natation; tête assez grosse, quoique peu distincte; deux paires de tentacules extrêmement courts; bouche subterminale; anus au tiers postérieur du côté droit; la terminaison des organes de la génération dans un tubercule commun, au tiers antérieur du même côté.

Ex. Le Glaucus de Forster. *Glaucus Forsteri.* Péron et Lesueur, Ann. du Mus., 15, pl. 3, f. 9.

Observ. On ne connoît encore qu'une espèce bien distincte dans ce genre, et presque de toutes les mers; elle a toujours été assez incomplètement figurée et décrite à l'envers, le pied en haut.

Laniogère. *Laniogerus.*

Corps à peu près de même forme que dans le genre précédent, épais et plus large en avant, plus étroit et plus mince en arrière, gastéropode, pourvu de chaque côté d'une série de lames molles, finement pectinées, divisée en deux parties; bouche et tentacules comme dans les glaucus, ainsi que la terminaison des appareils de la digestion et de la génération.

Ex. Le Laniogère d'Elfort. *Laniogerus elfortianus.* Blainv., Pl. du Dict.

Observ. Nous avons établi ce genre d'après un individu de la collection du Muséum britannique.

Tergipède. *Tergipes.*

Corps conique, claviforme, avec un pied encore assez peu sensible, comme dans les genres précédens, pourvu en dessus d'espèces de branchies tentaculiformes en petit nombre, et disposées sur deux rangs; les deux paires de véritables tentacules de longueur un peu variable.

A. Espèces dont les deux paires de tentacules sont fort courtes.

Ex. Le Tergipède lacinulé. *Tergipes lacinulatus.* Enc. méth., pl. 82, f. 5-6.

B. Espèces qui les ont plus longues.

Ex. Le T. de Tilésius. *T. Tilesii.* Voyage de Krusenstern, fig. 29-30.

Observ. Nous ne connoissons cet animal que par analogie et par ce qu'en a dit Forskal.

CAVOLINE. *Cavolina.*

Corps alongé, limaciforme, avec un pied épais et propre à ramper; tête bien distincte; deux paires de tentacules fort alongés, outre deux appendices labiaux; organes de la respiration formés par un grand nombre de cirrhes coniques disposées par anneaux ou par bandes dans toute la longueur du dos.

Ex. La Cavoline Pèlerine. *Cavolina Peregrina.* Brug., E. m., pl. 85, f. 4.

Observ. Nous en avons observé une très-petite espèce rapportée par MM. Quoy et Gaimard du voyage de l'Uranie.

EOLIDE. *Eolida.*

Corps ovale, oblong, limaciforme, gastéropode; tête distincte; quatre ou deux tentacules supérieurs, outre deux labiaux; branchies formées par un très-grand nombre de petites écailles molles, flexibles, imbriquées de chaque côté du dos; l'anus et la terminaison des organes de la génération à peu près comme dans les genres précédens, mais beaucoup plus rapprochés, et entre les deux paires de tentacules.

Ex. L'Eolide de Cuvier. *Eolida Cuvierii.* E. m., pl. 82, f. 12.

Observ. Ce genre est évidemment fort voisin du précédent, et pourroit sans inconvénient lui être réuni. Nous en avons examiné plusieurs espèces. Il y en a dans toutes les mers.

FAM. II. — *DICÈRES.* DICERATA.

Deux tentacules supérieurs rétractiles dans une sorte de gaîne située à leur base; un voile membraneux plus ou moins étendu au-dessus de la bouche; organes de la génération et anus distans au côté droit; organes de la respiration en forme d'arbuscules extérieurs.

Scyllée. *Scyllæa.*

Corps alongé, très-comprimé, convexe à son côté supérieur, et pourvu d'un pied étroit et canaliculé à l'inférieur; tête distincte, avec deux grands tentacules auriformes fendus au côté externe; bouche fendue entre deux lèvres longitudinales, et armée d'une paire de dents latérales sémilunaires fort grandes; organes de la respiration en forme de petites houppes répandues irrégulièrement sur des appendices pairs de la peau.

Ex. La Scyllée pélagienne. *Scyllæa pelagica.* Cuv., Ann. du Mus., 6, pl. 61, f. 1-3-4.

Observ. On ne connoît encore qu'une espèce de ce genre, fort commune dans l'Océan atlantique. MM. Quoy et Gaimard (Atl. zoolog. du Voyage de l'Uranie, pl. 66, fig. 13) en ont fait figurer une nouvelle des mers de l'Australasie sous le nom de Scyllée fauve.

Tritonie. *Tritonia.*

Corps limaciforme, bombé dans les deux sens en dessus, plane et pourvu d'un large disque musculaire propre à ramper en dessous; deux tentacules supérieurs rétractiles dans une sorte d'étui; une grande lèvre ou voile circulaire frontal; bouche armée d'une paire de grandes dents latérales, tranchantes et denticulées sur les bords; branchies en forme de panaches ou d'arbuscules rangés symétriquement de chaque côté du corps.

Ex. La Tritonie de Homberg. *Tritonia Hombergii.* Cuv., Ann. du Mus., 1, pl. 31, f. 1-2.

Observ. C'est un genre bien rapproché des scyllées, et qui renferme quatre ou cinq espèces de nos mers, mais assez mal connues.

Théthys. *Thethys.*

Corps ovale, déprimé, bombé en dessus, plane en dessous, et pourvu d'un large pied dépassant de toutes parts le dos étroit et sans rebord; deux tentacules supérieurs fort longs, à la partie antérieure desquels est un tube contractile; bouche à l'extrémité d'un petit tube sans dents ni langue hérissée? au milieu d'un large voile frontal frangé dans tout son bord; branchies alternativement inégales, et disposées sur une seule ligne de chaque côté du dos.

Ex. La Théthys léporine. *Thethys leporina.* Cuv., Ann. du Mus., 12, pl. 24.

Observ. Ce genre ne contient encore qu'une ou deux espèces de la Méditerranée.

ORDRE TROISIÈME — CYCLOBRANCHES.
Cyclobranchiata.

Organes de la respiration branchiaux, en forme d'arbuscules plus ou moins développés, rassemblés symétriquement auprès de l'anus, qui est situé dans la ligne médiane de la partie postérieure du corps; la peau nue, et plus ou moins tuberculeuse.

Doris. *Doris.*

Corps ovale plus ou moins déprimé; le pied et la tête débordés de tous côtés par les bords du manteau; quatre tentacules, dont deux supérieurs, contractiles dans une cavité, et deux inférieurs sous le rebord du manteau; bouche à l'extrémité d'un petit tube charnu sans dents, mais avec une masse linguale hérissée de denticules considérables; les branchies en forme d'arbuscules saillans disposés en cercle plus ou moins complet, au-devant de l'anus médian et supérieur; organes de la génération se terminant au tiers antérieur du côté droit, dans un tubercule commun.

A. Espèces dont le bord antérieur du manteau est divisé en plusieurs lanières symétriquement disposées.   (G. Polycère. Cuv.)

Ex. La Doris cornue. *Doris cornuta.* Mull., Zool. Dan., 1, pl. 145, 1-2-3.

B. Espèces dont le bord antérieur du manteau est indivis.

1.º Le corps prismatique.

Ex. La D. lacérée. *D. lacera.* Cuv., Ann. du Mus., 4, pl. 1, fig. 1.

2.º Le corps très-bombé en dessus.

Ex. La D. verruqueuse. *D. verrucosa. Ib.*, *idem*, pl. 1, f. 4-5-6.

3.° Le corps extrêmement déprimé.

Ex. La D. Semelle. *D. Solea.* Cuv., Ann. du Mus., 4, pl. 2, f. 1-2.

Observ. Ce genre dont M. Cuvier a donné dans les Annales du Muséum une monographie que nous avons complétée dans ce Dictionnaire, renferme déjà vingt espèces assez bien connues et répandues dans toutes les mers où elles vivent sur les rochers.

ONCHIDORE. *Onchidoris.*

Corps ovalaire, bombé en dessus; le pied ovale, épais, dépassé dans toute sa circonférence par les bords du manteau; quatre tentacules comme dans les doris, outre deux appendices labiaux; organes de la respiration formés par des arbuscules très-petits, disposés circulairement, et contenus dans une cavité située à la partie postérieure et médiane du dos; anus également médian à la partie inférieure et postérieure du rebord du manteau; les orifices des organes de la génération très-distans et réunis entre eux par un sillon extérieur occupant toute la longueur du côté droit.

Ex. L'Onchidore de Leach. *Onchidoris Leachii.* Blainv., Pl. du Dict.

Observ. Nous avons établi ce genre sur un mollusque de la collection du Muséum britannique, dont on ignoroit la patrie.

PÉRONIE. *Peronia.*

Corps elliptique, bombé en dessus; le pied ovale, épais, dépassé dans toute sa circonférence par les bords du manteau; deux tentacules inférieurs seulement, déprimés, peu contractiles, et deux appendices labiaux; organe respiratoire presque rétiforme ou pulmonaire, dans une cavité située à la région postérieure du dos, et s'ouvrant à l'extérieur par un orifice arrondi, médian, percé à la partie inférieure et postérieure du rebord du manteau; anus médian situé au-devant de l'orifice pulmonaire; orifices des organes de la génération très-distans, celui de l'ovaire tout-à-fait à l'extrémité postérieure du côté droit, se continuant par un sillon jusqu'à la racine de l'appendice labial de ce côté, celui de l'organe excitateur fort grand, presque médian, à la partie antérieure de la racine du tentacule du même côté.

Ex. La Péronie de l'Isle-de-France. *Peronia mauritiana.* Blainv., Cuv., Ann. du Mus., 5, pl. 6.

Observ. Ce genre renferme les onchidies marines de M. Cuvier; nous en connoissons déjà quatre ou cinq espèces, toutes de l'hémisphère austral.

ORDRE QUATRIÈME- — INFÉROBRANCHES.
INFEROBRANCHIATA.

Organes de la respiration branchiaux, et disposés en forme de lamelles sous le rebord saillant du manteau; corps toujours nu, ovale, et plus ou moins tuberculeux.

PHYLLIDIE. *Phyllidia.*

Corps ovale, oblong, assez bombé; tête cachée comme le pied, par le bord du manteau; quatre tentacules, les deux supérieurs rétractiles dans une cavité qui est à leur base; les deux inférieurs buccaux; bouche sans dent supérieure; une masse linguale denticulée; lames branchiales tout autour du rebord inférieur du manteau, si ce n'est en avant; anus à la partie postérieure et médiane du dos; orifices des organes de la génération dans un tubercule commun au quart antérieur du côté droit.

Ex. La Phyllidie pustuleuse. *Phyllidia pustulosa.* Cuv., Ann. du Mus., t. 5, pl. 18, f. 1.

Observ. Les espèces de ce genre paroissent n'avoir encore été trouvées que dans la mer des Indes.

LINGUELLE. *Linguella.*

Corps ovale, très-déprimé; le manteau débordant le pied de toutes parts, si ce n'est en avant; tête découverte.

Lamelles branchiales obliques, et n'occupant que les deux tiers postérieurs du rebord inférieur du manteau.

Anus inférieur situé au tiers postérieur du côté droit; les orifices des organes de la génération dans le même tubercule, au tiers antérieur du même côté.

Ex. La Linguelle d'Elfort. *Linguella Elfortii.* Blainv., Pl. du Dict.

Observ. Nous avons établi ce genre sur un mollusque bien conservé de la collection du Muséum britannique, dont on ignoroit la patrie. Nous supposons que c'est le même que le genre Diphyllidie de M. Cuvier.

Il est aussi probable que le genre établi par M. Rafinesque sous le nom d'*Armina*, et qu'il caractérise ainsi : *Corps oblong, déprimé; bouche nue, rétractile; les flancs lamelleux; l'anus à droite*, ne diffère pas beaucoup de notre linguelle, puisque M. Rafinesque lui-même le rapproche des phyllidies; mais c'est ce qu'il est impossible d'assurer.

ORDRE CINQUIÈME. — NUCLÉOBRANCHES.
Nucleobranchiata.

Organes de la respiration en forme de lanières symétriques groupées avec les organes digestifs, dans une petite masse (*nucleus*) située à la partie supérieure et ordinairement postérieure du dos; la peau nue, épaisse, comme gélatineuse.

Coquille symétrique plus ou moins enroulée longitudinalement ou d'arrière en avant, et fort mince.

Fam. I. — *NECTOPODES.* Nectopoda.

Un pied abdominal, comprimé en nageoire arrondie.

Firole. *Pterotrachea.*

Corps fort alongé, plus ou moins fusiforme, hyalin, et comme gélatineux; tentacules rudimentaires remplacés par des espèces d'épines cartilagineuses; yeux sessiles, grands, derrière une cornée transparente bombée de la peau; la bouche à lèvres verticales à l'extrémité d'une longue trompe, et armée à l'intérieur de deux rangées latérales de longs crochets recourbés, cornés, serrés de manière à simuler une paire de mâchoires latérales par leur réunion; le nucléus tout-à-fait à découvert, et enveloppé par une membrane gélatineuse; la terminaison du canal intestinal et des organes de la génération dans un tubercule à gauche, vers le nucléus.

A. Espèces dont le corps se prolonge bien au-delà du nucléus et se termine par une petite nageoire horizontale, bifurquée. (G. Firole.)

Ex. La Firole couronnée. *Pterotrachea coronata.* Enc. mét., pl. 81, f. 1.

B. Espèces dont le corps se termine presque brusquement en arrière du nucléus par une sorte de queue très-courte non bifurquée.

(G. Firoloïde. Lesueur.)

Ex La F. de Desmarest. *F. desmarestiana*. Lesueur, Journ. de l'Acad. des Sc. nat. de Philad., t. 1, pl. 11, f. 1.

C. Espèces dont le corps est fort alongé, aminci aux deux extrémités.

(G. Sagitelle. Lesueur.)

Observ. Ce genre ne contient encore que des animaux marins et carnassiers, essentiellement des mers des pays chauds. M. Lesueur, qui les a le plus étudiés, compte six espèces de firoles, trois de firoloïdes, et une de sagitelle; mais il est probable qu'elles sont trop multipliées.

Il faut sans doute rapporter à ce genre celui que M. Rafinesque a nommé *Hyptère*. Peut-être cependant devra-t-il être conservé comme une sous-division pour les espèces qui, outre la nageoire comprimée sous le ventre, ont en avant deux appendices sous la poitrine, comme la firole de Forskal.

Carinaire. *Carinaria.*

Corps alongé, prolongé en arrière du nucléus en une véritable queue bordée à son extrémité par une nageoire verticale; tête assez distincte; deux tentacules longs et coniques; deux yeux sessiles; les organes de la respiration et le nucléus entièrement enveloppés par un manteau à bords lobés et tapissant une coquille symétrique fort mince, un peu comprimée, sans spire, mais dont le sommet est un peu recourbé en arrière; ouverture ovale et bien entière; l'anus sous le bord du manteau.

Ex. La Carinaire de la Méditerranée. *Carinaria mediterranea.* Pér. et Lesueur, Ann. du Mus., t. 15, pl. 2, f. 15.

Observ. Nous avons caractérisé ce genre d'après l'individu qui a servi aux observations de MM. Péron et Lesueur; on n'en connoît encore que trois espèces, dont une des mers d'Afrique et de la Méditerranée, et une troisième beaucoup plus grande de l'Océan austral.

Fam. II. — *PTÉROPODES.* Pteropoda.

Un appendice aliforme de chaque côté du corps, et servant à la natation.

Coquille symétrique, très-mince, transparente, enroulée longitudinalement ou d'arrière en avant.

ATLANTE. *Atlanta.*

Corps conchylifère comprimé, spiral en arrière, pourvu en avant d'une paire d'appendices ou de nageoires foliacées assez grandes; tête peu distincte; deux tentacules en avant d'yeux fort gros, comme pédiculés et situés à leur base; bouche à l'extrémité d'une longue trompe; anus à l'extrémité d'un tube très-grand, dirigé en avant; les organes de la génération et de la respiration incomplètement connus.

Coquille très-mince, diaphane, fortement carénée, à ouverture largement échancrée supérieurement, et à bords tranchans.

Ex. L'Atlante de Péron. *Atlanta Peronii.* Lesueur, Journ. de Physique, t. 85, pl. 2, f. 1.

Observ. Nous ne connoissons ce genre que d'après la description et l'excellente figure données par M. Lesueur dans le recueil cité. Il ne renferme encore que l'espèce qui lui sert de type, et qui a été trouvée dans la mer Atlantique.

SPIRATELLE. *Spiratella.*

Corps conique, alongé, mais enroulé longitudinalement, élargi en avant, et pourvu de chaque côté d'un appendice aliforme subtriangulaire, arqué; bouche à l'extrémité de l'angle formé par deux lèvres inférieures; branchies en forme de plis, à l'origine du dos; anus et organes de la génération inconnus.

Coquille papyracée, très-fragile, planorbique, subcarénée, enroulée un peu obliquement, de manière à être profondément et largement ombiliquée d'un côté; spire un peu saillante, et pointue de l'autre; ouverture grande, entière, non modifiée, élargie à droite et à gauche; le péristome tranchant.

Ex. La Spiratelle limacine. *Spiratella limacina.* Scoresby, Pêches de la baleine, t. 2, pl. 5, f. 7.

Observ. Nous avons tiré les caractères de ce genre surtout de l'ouvrage de M. Scoresby. Il est établi sur un animal presque microscopique des mers arctiques, dont M. Cuvier a fait son genre *Limacine,* adopté par M. de Lamarck.

Argonaute. *Argonauta.*

Animal tout-à-fait inconnu.

Coquille naviculaire, symétrique, fort mince, comprimée, à carène double ou carrée, enroulée longitudinalement dans le même plan; le dernier tour beaucoup plus grand que tous les autres pris ensemble, et renfermant la spire; ouverture très-grande, entière, symétrique, carrée en avant, un peu modifiée en arrière par le retour de la spire, et pourvue de chaque côté d'une espèce d'auricule à bords épais et lisses; les bords tranchans.

Ex. L'Argonaute papyracée. *Argonauta Argo.* Martini, Conch., 1, t. 17, f. 157.

Observ. La considération de cette coquille, sa comparaison avec celle des genres précédens, la forme du corps des poulpes comparée avec celle de sa cavité, ne permettent pas de penser que les espèces de ce genre de mollusques qu'on y trouve en soient les constructeurs, et portent au contraire à penser que son animal est voisin des spiratelles et des atlantes. MM. Cuvier et de Lamarck sont cependant d'une opinion contraire.

M. Oken, dans les notes qu'il a publiées dans *l'Isis* (n.° 9, 1823), p. 459, pl. 16, f. 1-2, donne la description et la figure, il est vrai, très-incomplète de l'animal de l'argonaute, qui, dit-il, a été rapporté du port Jackson par l'expédition du capitaine Freycinet. On y voit que ce mollusque seroit pourvu de deux paires d'appendices foliacés, une antérieure et une postérieure, et que ce seroit au milieu de la racine de cette dernière que seroit une bouche grande, ronde et tout-à-fait inférieure. Quoique M. Oken pense que cet animal est de la famille des sépiacés, il nous semble que l'on pourroit mieux voir dans la première paire d'appendices des tentacules, et dans la seconde, des organes de natation un peu, comme cela a lieu dans l'atlante de Péron; mais il est encore plus certain que cet animal n'est autre chose qu'un petit poulpe du genre Ocythoé, mal conservé et surtout très-mal vu par M. Oken, sans doute à travers les parois d'un bocal. Nous nous sommes positivement assurés de ce fait.

M. de Lamarck distingue trois espèces de coquilles de ce genre, dont une de la Méditerranée, et les deux autres de l'Océan des Grandes-Indes.

SOUS-CLASSE III.

PARACÉPHALOPHORES HERMAPHRODITES. Paracephalophora hermaphrodita.

(Genre Patella. Linn.)

Appareil de la génération formé par un seul sexe distinct (le sexe femelle); tous les individus semblables, et se suffisant à eux-mêmes dans la reproduction.

Coquille toujours simple, recouvrante, très-rarement un peu enroulée, symétrique ou non; constamment sans traces d'opercule.

Section I. — *Les organes de la respiration et la coquille symétriques.*

ORDRE PREMIER. — CIRRHOBRANCHES.

Cirrhobranchiata.

Organes de la respiration en forme de longs filamens nombreux, portés par deux lobes radicaux au-dessus du cou.

Coquille subtubuleuse, un peu conique dans toute sa longueur et ouverte aux deux extrémités.

Genre Dentale. *Dentalium.*

Corps alongé, conique, subvermiforme, enveloppé dans un manteau fistuleux dans le tiers antérieur, et terminé par un bourrelet percé dans son milieu par un orifice à bords frangés; pied tout-à-fait antérieur, proboscidiforme, terminé par un appendice conique, reçu dans une sorte de calice à bords festonnés; tête distincte, ovale, à bouche terminale au milieu d'une lèvre digitée; une paire de mâchoires latérales et formées chacune de deux petites coques ovales garnies de pointes; anus terminal et percé dans une espèce de pavillon pouvant sortir de la coquille; organes de la génération?

Coquille régulière, symétrique, subfistuleuse, légèrement courbée dans le plan longitudinal, conique. s'atténuant insensiblement en arrière, et ouverte aux deux extrémités par deux orifices arrondis.

A. Espèces dont le tube est strié ou côtelé longitudinalement.

Ex. La Dentale éléphantine. *Dentalium elephantinum.* D'Argenville, Conch., t. 5, f. H, et Zoomorph., t. 1, f. H.

B. Espèces dont le tube n'offre que des stries d'accroissement.

Ex. La D. lisse. *D. Entalis.* D'Argenville, Conch., tom. 3, fig. KK.

Observ. La seule forme régulière, symétrique, de la coquille de ce genre, suffisoit réellement pour montrer qu'il ne pouvoit être placé parmi les chétopodes, quoiqu'elle fût percée aux deux extrémités, comme dans tous les tubes des animaux de ce groupe; mais il étoit absolument nécessaire de recourir à l'animal qui l'habite pour décider quels étoient ses rapports naturels. C'est M. Deshayes qui nous paroît avoir observé le premier celui de la dentale lisse, et c'est sur des individus qui ont servi à ses observations que nous avons pris les caractères exposés ci-dessus, qui nous font penser que les dentales doivent former un ordre distinct dans le type des mollusques paracéphalophores. L'animal est en effet pourvu d'un manteau avec un collier ouvert pour le passage du pied et de la tête; son corps entièrement mou n'offre aucune trace d'articulations et encore moins de crochets ou faisceaux de soies qui se remarquent dans tous les chétopodes, depuis les aphrodites jusqu'aux lombries; sa tête est bien distincte, quoiqu'elle n'ait pas de tentacules proprement dits; le bord labial est digité dans sa circonférence d'une manière fort régulière; la bouche est armée, à l'intérieur, de mâchoires vraiment fort singulières; l'estomac est aussi pourvu de crochets cornés bruns, disposés comme ceux du renflement lingual de beaucoup de mollusques. Le pied, qu'on pourroit au premier abord croire être l'analogue de l'espèce de tentacule proboscidiforme qui ferme le tube des serpules, n'occupe pas la même place, puisque dans les dentales il est réellement inférieur, symétrique, quoiqu'il se prolonge en avant, de manière à beaucoup dépasser la tête, tandis que l'organe proboscidiforme des serpules n'est qu'un véritable tentacule, quelquefois recouvert d'une pièce calcaire, et qui s'est beaucoup développé, son congénère étant resté rudimentaire : aussi est-ce un organe pair inséré sur le côté dorsal de l'animal. La structure de ces deux organes est également toute différente : le pied des dentales est entièrement musculeux, et nullement creux, comme s'en est assuré M. Deshayes; il offre même des muscles rétracteurs bien distincts qui vont s'attacher tout-à-fait en arrière à l'extrémité postérieure de la coquille, disposition qui ne se remarque pas dans le tentacule des spirorbes. Les branchies situées au-dessus du cou de l'animal, dans le fond de la cavité formée par le manteau, sont bien paires et symétriques. Leur composition, et même un peu leur disposition, ont plus évidemment quelques rapports avec ces organes dans les amphitrites ; mais ces rapports sont encore plus apparens que réels, comme M. Deshayes pourra sans doute s'en convaincre par un examen ultérieur plus complet ; et d'ailleurs on ne peut nier que ces branchies ne ressemblent beaucoup à celles des mollusques nucléobranches et des cervicobranches symétriques. Quant à la terminaison du canal intestinal par un anus médian et tout-à-fait postérieur, correspondant à l'orifice terminal de la coquille, il est évident qu'aucun mollusque connu jusqu'ici n'offre ce caractère (car à l'orifice dont le sommet des fissurelles est percé, correspond une ouverture du manteau et non l'anus véritable), tandis que tous les chétopodes le présentent constamment d'une manière plus ou moins manifeste. Malheureusement les organes de la circulation et ceux de la génération des dentales ne sont pas suffisamment connus. M. Deshayes ayant remarqué que des individus ont l'extrémité postérieure du corps terminée par un empâtement, tandis que d'autres ne l'ont pas, a pu être porté à croire que ce seroit quelque différence de sexes ; mais cela n'est pas probable, d'autant plus que, dans les uns comme dans les autres, la partie postérieure du corps étoit remplie de corps granuleux qui ressembloient beaucoup à des œufs. Espérons que les nouvelles observations de M. Deshayes le mettront à même de confirmer ou de détruire le rapprochement que nous faisons des dentales avec les carinaires et les patelles, rapprochement déjà fait par le génie incommensurable de Linnæus.

ORDRE II. — CERVICOBRANCHES. Cᴇʀᴠɪᴄᴏʙʀᴀɴᴄʜɪᴀᴛᴀ.

Organes de la respiration dans une grande cavité située au-dessus du cou, et s'ouvrant largement en avant ; tête assez distincte, avec deux tentacules coniques, contractiles ; yeux sessiles à leur base externe.

Fᴀᴍ. I. — *RÉTIFÈRES.* Rᴇᴛɪꜰᴇʀᴀ.

Organes de la respiration en forme de réseau, au plafond de la cavité branchiale.

Pᴀᴛᴇʟʟᴇ. *Patella.*

Corps plus ou moins circulaire, conique en dessus, plane en dessous, et pourvu d'un large pied ovale ou rond, épais, dépassé dans toute sa circonférence par les bords du manteau, qui sont plus ou moins frangés; une série complète de plis membraneux, verticaux, dans la ligne de jonction du manteau avec le pied.

Coquille ovale ou circulaire, à sommet droit ou plus ou moins recourbé en avant; la cavité simple, plus ou moins profonde; le bord bien complet, et tout-à-fait horizontal; une empreinte musculaire étroite, formant un fer à cheval ouvert en avant.

A. Espèces dont le sommet est obtus, vertical, presque médian, et qui sont coniques.

Ex. La Patelle commune. *Patella vulgata*. Martin., Conch., 1, t. 5, f. 38.

B. Espèces un peu moins coniques et dont le sommet est un peu plus antérieur, avec une légère inclinaison en avant.

Ex. La P. rouge-dorée. *P. deaurata*. Chemn., Conch., 10, t. 168, f. 1616, *a b*.

C. Espèces ovales, alongées, comprimées sur les côtés, ayant le sommet subantérieur bien marqué et crochu.

Ex. La P. en bateau. *P. compressa*. Martin., Conch., 1, t. 12, f. 106.

D. Espèces dont le sommet subantérieur est très-peu marqué, et qui sont tout-à-fait plates ou déprimées.

Ex. La P. scutellaire. *P. scutellaris*.

E. Espèces déprimées, dont le sommet est à peine indiqué, et beaucoup plus étroites en avant qu'en arrière.

Ex. La P. en cuiller. *P. cochlearia*. Fav., Conch., t. 79, f. B.

F. Espèces ovales, à sommet bien marqué, évidemment incliné en avant et submarginal; le bord un peu convexe au milieu.

(G. Helcion. D. M.)

Ex. La P. pectinée. *P. pectinata*. Born., Mus., t. 18, f. 7.

G. Espèces ovales, minces, nacrées, à bord festonné; le sommet encore plus marginal, évident et collé sur le disque.

Ex. La P. cymbulaire. *P. cymbularia*. (Non figurée.)

Observ. Ce genre est extrêmement nombreux en espèces répandues dans toutes les mers, mais bien plus dans celles des pays chauds, où elles sont aussi beaucoup plus grandes. M. de Lamarck n'en caractérise que quarante-cinq; mais il convient qu'il en existe un bien plus grand nombre; et en effet Gmelin en indique déjà deux cent trente-six, en comprenant, il est vrai, les crépidules, les calyptrées, les cabochons, les fissurelles, les émarginules, les ancyles, les stomatelles, les lingules, les argonautes, l'orbicule, et même le concholepas, qu'on a successivement séparés de ce genre. On connoît malheureusement un assez petit nombre d'espèces d'une manière complète, c'est-à-dire avec l'animal.

Il y en a quelques espèces fossiles.

Fam. II. — *BRANCHIFÈRES*. Branchifera.

Les organes de la respiration formés par deux grands peignes branchiaux égaux.

Fissurelle. *Fissurella.*

Corps ovalaire ou subcirculaire, conique en dessus, avec un pied large, épais, dépassé dans toute sa circonférence par les bords épaissis et frangés d'un manteau percé à sa partie supérieure par un orifice ovale, communiquant dans la cavité branchiale; tête, yeux et tentacules comme dans les patelles.

Coquille simple, conique, recouvrante, percée dans le sommet vertical un peu antérieur, ou plus ou moins avant lui par un orifice en rapport avec celui du manteau; empreinte musculaire en fer à cheval ouvert en avant.

A. Espèces dont la partie moyenne des bords de l'ouverture est plus excavée, de manière à ce que, mises sur un plan, elles ne le touchent que par les extrémités.   (Les F. en bateau.)

> *Ex.* La Fissurelle en bateau. *Fissurella nimbosa.* Martini, Conch., 1, t. 11, f. 91-92.

B. Espèces plus déprimées, comme ployées dans la longueur, de manière à ce que, mises du côté de l'ouverture sur un plan, ce sont les extrémités qui se relèvent en formant une espèce de canal.
(Les F. en chapeau.)

> *Ex.* La F. rose. *F. rosea.* Martin., Conch., 1, t. 12, f. 105.

C. Espèces coniques, à bords horizontaux.

> *Ex.* La F. cancellée. *F. græca. Idem, ibid.,* f. 98-100.

Observ. M. de Lamarck ne caractérise que dix-neuf espèces dans ce genre, dont une seule fossile; mais il est certain qu'il en existe beaucoup d'autres dans les collections. Le plus grand nombre vient de l'Océan des Indes et de celui des Antilles; deux sont de la Méditerranée.

On pourra peut-être distribuer les espèces de ce genre d'après la forme de la pièce operculaire soudée, dans laquelle le trou est percé, et d'après la forme et la position de ce trou.

ÉMARGINULE. *Emarginula.*

Corps ovale, gastéropode; le manteau garni de tentacules très-fins dans la circonférence, et fendu plus ou moins profondément en avant, pour la communication avec une cavité branchiale fort grande, et dont les branchies sont bien distinctes.

Coquille conique recouvrante, à sommet entier, surbaissé en arrière, fendue, ou plus ou moins échancrée à son bord antérieur ou même à son dos; empreinte musculaire en fer à cheval, ouverte en arrière, et plus épaisse à son origine.

A. Espèces dont l'entaille est au milieu du dos de la coquille, et bien loin d'atteindre le bord. (G. RIMULE. Defr.)

Ex. L'Émarginule de Blainville. *Emarginula Blainvillii.* Defrance, Pl. du Dict., Foss.

B. Espèces comprimées, dont le bord antérieur est profondément fendu et le sommet très-marqué. (LES ENTAILLES.)

Ex. L'É. treillisée. *E. Fissura.* Mull., Zool. Dan., tab. 24, f. 7-9.

C. Espèces plus comprimées, dont le bord antérieur est seulement plié en gouttière, et le sommet encore bien évident.

Ex. L'É. échancrée. *E. emarginata.*

D. Espèces très-déprimées; le sommet peu marqué, prémédian, avec une petite échancrure.

Ex. L'É. déprimée. *E. depressa.*

Observ. Ce genre ne contient dans l'ouvrage de M. de Lamarck que deux espèces, une vivante dans nos mers, et l'autre fossile; mais il en existe davantage dans les cabinets, surtout en y faisant entrer les espèces seulement échancrées, et les rimules dont il existe une ou deux espèces vivantes sur les côtes d'Angleterre. L'une d'elles nous paroît être la *Patella apertura* de Montagu, dont M. Gray fait son genre *Diodora.*

PARMAPHORE. *Parmaphorus.*

Corps épais, ovale, alongé, peu bombé en dessus, et couvert dans une plus ou moins grande partie du dos, par une coquille à bords cachés par un repli de la peau; le manteau dépassant tout le corps; tentacules épais, coniques, avec yeux saillans à leur base externe.

Coquille alongée, très-déprimée; le sommet bien postmédial, peu marqué, et évidemment incliné en arrière; ouverture aussi grande que la coquille; les bords latéraux droits et parallèles, le postérieur arrondi, l'antérieur tranchant et subéchancré au milieu; empreinte musculaire large, en ovale très-alongé, à peine ouverte en avant.

Ex. Le Parmaphore alongé. *Parmaphorus elongatus.* Chemn., Conch., 11, t. 719, f. 1918.

Observ. Ce genre, que nous avons les premiers caractérisé nettement, ne contient encore que deux espèces vivantes, toutes deux des mers de la Nouvelle-Hollande, et deux fossiles de nos environs.

SECTION II. — *Organes de la respiration et coquille non symétriques.*

ORDRE PREMIER.—SCUTIBRANCHES. SCUTIBRANCHIATA.

Organes de la respiration constamment aquatiques, et recouverts par une coquille subspirée, ou simplement recouvrante.

FAM. I. — *OTIDÉS.* OTIDEA.

Organes de la respiration situés sur la gauche de l'animal.

HALIOTIDE. *Haliotis.*

Corps ovalaire très-déprimé, à peine spiral en arrière, pourvu d'un large pied doublement frangé dans sa circonférence; tête déprimée; tentacules un peu aplatis, connés à la base; yeux portés au sommet de pédoncules prismatiques situés au côté externe des tentacules; manteau fort mince, profondément fendu au côté gauche; les deux lobes pointus, formant par leur réunion une sorte de canal pour conduire l'eau dans la cavité branchiale située à gauche, et renfermant deux très-longs peignes branchiaux inégaux.

Coquille nacrée, recouvrante, très-déprimée, plus ou moins ovale, à spire très-petite, fort basse, presque postérieure et latérale; ouverture aussi grande que la coquille, à bords continus; le droit mince, tranchant; le gauche aplati, élargi et tranchant; une série de trous complets ou incomplets, parallèles au bord gauche, servant au passage des deux lobes pointus du manteau; une seule large impression musculaire médiane et ovale.

A. Espèces dont le disque est arrondi en avant et percé d'une série de trous.

Ex. L'Haliotide commune. *Haliotis tuberculata*. Adans., Sénég., pl. 2, f. 1. (La coquille et l'animal.)

B. Espèces dont le disque, outre la série de trous, est relevé par une grosse côte parallèle, creusée intérieurement, et dont le bord antérieur est plus ou moins irrégulier., (G. Padolle. Leach.)

Ex. L'H. canaliculée. *H. canaliculata*. Martini, Conch., 1, t. 14, f. 140.

C. Espèces dont le disque n'est pas percé, mais creusé dans sa longueur d'un canal décurrent.

Ex. L'H. douteuse. *H. dubia*. Lamck. (Non figurée.)

D. Espèces dont le disque n'est pas percé, et qui offrent les deux gouttières à la fois, mais assez rapprochées, de manière à laisser en dehors une côte décurrente entre elles. (G. Stomate. Lamck.)

Ex. L'H. imperforée. *H. Phymotis*. E. m., pl. 450, f. 5, *a b*.

Observ. Il existe des espèces d'haliotides dans toutes les mers. M. de Lamarck en caractérise quinze des trois premières sections et deux de la quatrième. Il paroît qu'on n'en connoît point de fossiles.

ANCYLE. *Ancylus*.

Corps ovale, conique, presque droit, un peu courbé en arrière, avec un pied ovale assez grand; manteau à bords minces, non tentaculaires, ne dépassant pas la tête, qui est à découvert et fort grosse; deux tentacules gros, cylindriques, grossièrement contractiles, et ayant à leur côté externe un appendice foliacé; bouche tout-à-fait inférieure, et percée au milieu d'une masse buccale considérable, prolongée de chaque côté en une sorte d'appendice ; anus au côté gauche ; branchies latérales dans une sorte de cavité située au milieu du côté gauche de l'animal, entre le pied et le manteau, et fermée par un appendice operculaire.

Coquille ovale, recouvrante, simple, presque symétrique ; sommet pointu, comprimé, bien distinct, courbé en arrière et un peu à droite, mais non marginal ; les bords de l'ouverture entiers et évasés.

Ex. L'Ancyle fluviatile. *Ancylus fluviatilis.* Draparn., Moll., pl. 2, f. 25-27.

Observ. Nous ne connoissons pas encore suffisamment l'organisation des ancyles pour assurer positivement leur place ; et nous ne les rapprochons des haliotides que par la similitude dans la position des branchies.

Ce sont des animaux d'eau douce ; il paroît qu'on n'en a encore observé que dans nos pays. M. Desmarest en a décrit une espèce fossile dans le nouveau Bulletin de la Société philomathique, t. IV, p. 10.

FAM. II. — *CALYPTRACIENS.* CALYPTRACEA.

Les branchies de forme un peu variable, mais toujours situées au-dessus de l'origine du dos.

Coquille plus ou moins conique, peu ou point spirée, à bords complètement réunis.

CRÉPIDULE. *Crepidula.*

Corps plus ou moins déprimé, ovale, à peine spiral dans la partie postérieure de la masse des viscères ; manteau fort mince, sans tentacules marginaux ; pied peu épais, surtout en arrière, trachélien ou se portant fortement en avant par une partie distincte auriculée de chaque côté ; tête bombée, bordée antérieurement par une lèvre bifide, de chaque bifurcation de laquelle part une petite membrane décurrente allant se terminer au point de jonction du corps et du pied ; deux tentacules presque cylindriques, gros, obtus, peu contractiles, portant les yeux à leur tiers inférieur ; cavité branchiale fort grande, oblique de gauche à droite, s'ouvrant largement et contenant une petite branchie pectinée à gauche, et à droite un faisceau de longs filamens branchiaux.

Coquille irrégulière, de forme très-variable, déprimée ou comprimée, à sommet bien marqué, presque droit ou contourné, mais toujours abaissé sur le bord postérieur; cavité très-grande, partagée en deux parties par une cloison horizontale qui se place entre la masse des viscères et la partie postérieure du pied; bords irréguliers; impression musculaire en fer à cheval.

A. Espèces à coquille épaisse, toute plate, à sommet non spiré.

Ex. La Crépidule voûtée. *Crepidula fornicata*. Martini, Conch., t. 13, f. 129-130.

B. Espèces à peu près de même forme, mais très-minces et épidermées.

Ex. La C. Garnot. *G. Garnotus*. Adans., Sénég., pl. 2.

C. Espèces presque rondes, à sommet subspiré.

Ex. La C. subspirée. *C. subspirata*.

Observ. On ne peut pas nier que quelques espèces de coquilles de la famille des hémicyclostomes n'aient beaucoup de rapports avec les espèces de la première section de ce genre; mais il suffira, pour les distinguer, de faire observer que dans celles-ci il y a une véritable cloison ou diaphragme au-dessus du bord, tandis que dans les navicelles c'est le bord columellaire lui-même qui est un peu élargi et tranchant, outre qu'il est toujours un peu échancré à son extrémité droite.

Calyptrée. *Calyptræa*.

Corps ovale ou suborbiculaire, plus ou moins déprimé, non spiral; manteau fort mince, sans tentacules ou cirrhes marginaux; pied subcirculaire, très-peu épais, surtout en avant, où il dépasse davantage son pédoncule; tête bien découverte, large, déprimée, bifurquée en avant avec une bande marginale de chaque côté du cou; tentacules latéraux distans, très-grands, triangulaires, fort minces, pointus à l'extrémité, et portant les yeux sur un léger renflement du milieu de leur bord externe ou postérieur; cavité branchiale fort grande, oblique de gauche à droite, s'ouvrant largement en avant, et contenant une branchie décomposée formée de longs filamens roides et exsertiles; anus à l'extrémité d'un petit tube flottant dans la cavité branchiale; un seul muscle d'insertion subcentral.

Coquille subrégulière, conique; le sommet vertical plus ou moins postérieur; ouverture subcirculaire, à bords irréguliers;

cavité profonde, contenant vers le sommet une languette verticale en fer à cheval, ou roulée en cornet plus ou moins spiral;
impression musculaire de forme variable sur la languette.

A. Espèces dont la languette est en fer à cheval, ouvert en avant.

Ex. La Calyptrée équestre. *Calyptræa equestris.* Martini,
Conch., 1, t. 13, f. 117-118.

B. Espèces dont la languette est en cornet.

Ex. La C. Éteignoir. *C. Extinctorium.*

Observ. Ce genre ne contient encore que quatre espèces vivantes
bien définies dans l'ouvrage de M. de Lamarck, quoique le nombre
en soit plus considérable. L'une est de la Méditerranée, et les autres
des mers de l'Inde. Nous avons caractérisé l'animal de ce genre d'a-
près une espèce de la Manche que M. Deshayes a bien voulu soumettre à notre observation. On en connoît déjà deux espèces fossiles en France.

CABOCHON. *Capulus.*

Animal conique, quelquefois subspiral; les tentacules, le pied
et les branchies comme dans les crépidules.

Coquille épidermée, irrégulière, conique, à sommet plus ou
moins incliné, et tordu en arrière vers le bord postérieur; ouverture arrondie, à bords irréguliers; cavité profonde, conique, avec
une empreinte musculaire en fer à cheval ouvert en avant, et à
branches un peu inégales.

A. Espèces à sommet peu marqué et non incliné.

Ex. Le Cabochon conique. *Capulus conicus.*

B. Espèces à sommet bien marqué et un peu tortillé.

Ex. Le C. Bonnet-Chinois. *C. hungaricus.* Martini, Conch., 1,
t. 12, f. 107-108.

C. Espèces subspirales.

Ex. Le C. tortillé. *C. intorta.* (Pl. du Dict.)

Observ. Les espèces de ce genre, que M. de Lamarck nomme
Pileopsis, ont été assez peu étudiées, et il se pourroit même que
quelques unes dont on n'a observé que la coquille ne lui appar-
tinssent pas. On en distingue quatre espèces vivantes et autant de
fossiles. Les premières viennent des mers des pays chauds.

HIPPONYCE. *Hipponyx.*

Animal ovale ou subcirculaire, conique ou déprimé; le pied fort mince, un peu épaissi vers ses bords, qui s'amincissent et s'élargissent à la manière de ceux du manteau, auxquels ils ressemblent complètement; tête globuleuse portée à l'extrémité d'une espèce de cou, de chaque côté duquel est un tentacule renflé à la base, et terminé par une petite pointe conique; yeux sur le renflement tentaculaire; bouche avec deux petits tentacules labiaux; anus au côté droit de la cavité cervicale; oviducte terminé dans un gros tubercule à la racine du tentacule droit; le muscle d'attache en fer à cheval, et aussi marqué en dessus qu'en dessous.

Coquille conoïde ou déprimée, à sommet conique ou peu marqué; ouverture à bords irréguliers; une empreinte musculaire en fer à cheval à la coquille; une empreinte de même forme sur le corps qui lui sert de support, et quelquefois à la surface d'un support lamelleux distinct du *substratum.*

A. Espèces déprimées, à sommet peu marqué, sans support distinct.

Ex. L'Hipponyce radiée. *Hipponyx radiata.* Quoy et Gaimard, Voyage de l'Uranie, Atlas zoologique, pl. 69, fig. 1-5.

B. Espèces coniques, à sommet bien marqué et avec un support distinct.

Ex. L'H. Corne-d'abondance. *H. Cornucopia.* Defr., Pl. du Dict., Foss.

Observ. Ce genre, dans lequel nous rattachons aux coquilles fossiles observées par M. Defrance une coquille vivante avec son animal rapportée par MM. Quoy et Gaimard, renferme les derniers des mollusques subcéphalés, qui en effet finissent par se fixer sur la pierre où ils sont tombés à l'état de germe. Le support nous paroît donc une conséquence de l'âge ou d'un degré plus avancé de cette fixation.

NOTRÊME. *Notrema.*

Animal mutique, se fixant comme les patelles; tête alongée, tronquée; yeux sessiles.

Coquille formée de trois valves inégales; la première plus grande, ovale, patelliforme, arrondie, convexe et perforée au sommet ; la seconde petite, latérale, inférieure, et servant de support ; la troisième operculiforme, et servant à fermer la perforation de la première.

Ex. Le Notrême patelloïde. *Notrema patelloïdes.* Rafin.

Observ. Nous ne connoissons ni l'animal ni la coquille en nature ou figurés sur lesquels ce genre singulier est établi par M. Rafinesque. Il nous semble seulement qu'on peut s'en faire une idée, en supposant une hipponyce à support distinct, et dont le sommet seroit fermé par une sorte d'opercule analogue peut-être à la pièce qui forme l'ouverture des fissurelles.

CLASSE TROISIÈME.

ACÉPHALOPHORES. Acephalophora.

Tête non distincte du reste du corps, et dépourvue de tout appareil de sensations spéciales.

Corps de forme peu variable, le plus ordinairement comprimé, et enveloppé dans un manteau plus ou moins partagé en deux lobes ; assez rarement nu, le plus souvent compris entre les deux pièces d'une coquille bivalve.

. Bouche grande, constamment cachée, sans aucune trace d'organe de mastication ou de dents.

Organes de la respiration toujours branchiaux ou aquatiques, et cachés.

Appareil de la génération formé par le sexe femelle seulement, ou hermaphrodisme suffisant, d'où résulte la similitude de tous les individus d'une même espèce.

Observ. Tous les animaux de cette classe sont essentiellement aquatiques.

Un très-grand nombre sont marins, peu sont lacustres et fluviatiles.

Tous se nourrissent d'animaux microscopiques ou de substances animales, à l'état presque moléculaire.

ORDRE PREMIER. — PALLIOBRANCHES (1). Palliobranchiata.

Branchies appliquées à la face interne des lobes du manteau.

---

(1) Ou Brachiopodes.

Bouche pourvue d'une paire de longs appendices ciliés, extensibles au dehors des bords du manteau, et simulant des espèces de bras; la terminaison du canal intestinal antérieure.

Corps plus ou moins comprimé, compris entre les deux pièces d'une coquille bivalve, l'une supérieure, et l'autre inférieure, s'ouvrant en avant et s'articulant en arrière.

TRIBU I. — *Coquille symétrique.*

LINGULE. *Lingula.*

Animal déprimé, ovale, un peu alongé, compris entre les deux lobes d'un manteau fendu dans toute sa moitié antérieure ou céphalique, et portant des branchies pectinées adhérentes à la face interne; bouche simple, ayant de chaque côté un long appendice tentaculaire cilié dans tout son bord externe, et se rétractant en spirale dans la coquille.

Coquille épidermée, subéquivalve, équilatérale, déprimée, alongée, tronquée en avant, le sommet étant médian et postérieur; sans trace de ligament, mais portée à l'extrémité d'un long pédoncule fibro-gélatineux, qui la fixe verticalement aux corps sous-marins; impression musculaire multiple.

Ex. La Lingule anatine. *Lingula anatina.* E. m., pl. 250, f. 1, *a b c.*

Observ. On ne connoît encore qu'une espèce de ce genre; elle vient de l'Océan des Moluques. Nous l'avons observée dans la collection du Muséum britannique.

TÉRÉBRATULE. *Terebratula.*

Animal déprimé, circulaire ou ovale, plus ou moins alongé, avec deux longs tentacules labiaux pectinés, comme dans le genre précédent.

Coquille mince, équilatérale, subtriangulaire, inéquivalve; l'une des valves plus grande, plus bombée que l'autre, prolongée en arrière par une sorte de talon quelquefois recourbé en crochet, et percé par un trou rond à son extrémité, plus souvent encore échancré plus ou moins largement par une fente de forme variable; la valve opposée ordinairement plus petite, plus plate, quelquefois operculiforme, portant à l'intérieur un système de

support variable par sa forme et sa complication dans chaque
véritable espèce, mais toujours composé au moins d'une partie
médiane dont la base est aux condyles articulaires, et l'extrémité
plus ou moins libre, simple ou bifurquée, et souvent en outre de
de deux branches latérales grêles qui réunissent la branche de la
partie médiane avec sa base.

Charnière bornée, condyloïde, en ligne droite, et formée par
deux surfaces articulaires obliques d'une valve placée entre les
saillies de l'autre.

Une sorte de ligament tendineux sortant par l'échancrure de la
coquille, et la fixant aux corps marins.

A. Le sommet de la grande valve percé d'un trou rond, bien circonscrit.

1. Les valves triangulaires à bord antérieur droit.

Ex. La Térébratule digone. *Terebratula digona*. Enc. méth.,
pl. 240, f. 3, *a b*.

2. Les valves arrondies à leur bord antérieur.

Ex. La T. globuleuse. *T. globosa*. E. m., pl. 239, f. 2.

3. Les valves relevées ou comme échancrées dans la ligne moyenne.

Ex. La T. sanguine. *T. sanguinea*. Leach, Zool. Miscell., 1,
p. 33.

4. Espèces comme bilobées, striées du sommet à la circonférence, et
difformes dans la jonction du bord des valves.

Ex. La T. difforme. *T. difformis*. E. m., pl. 242, f. 5, *a b c*.

5. Les valves comme trilobées par la saillie de la partie moyenne.

Ex. La T. ailée. *T. alata*. E. m., pl. 245, f. 2, *a b*.

B. Le sommet ou le talon de la grande valve profondément échancré
jusqu'au bord de l'articulation; l'échancrure arrondie.

1. Les valves arrondies à leur bord antérieur.

Ex. La T. rouge. *T. rubra*. Pall., Miscell., pl. 14.

2. Les valves subbilobées par l'échancrure apparente du bord antérieur.

Ex. La T. Tête-de-Serpent. *T. Caput Serpentis*. E. m., pl. 246,
f. 7, *a f*.

C. L'échancrure du talon de la grande valve marginale, triangulaire, et alongée d'avant en arrière, ou du sommet à l'articulation.

1. Les valves arrondies.

Ex. La T. Lyre. *T. Lyra.* E. m., pl. 243, f. 1, *a b c.*

2. Les valves subbilobées.

Ex. La T. à gouttière. *T. canalifera.* E. m., pl. 244, f. 5, *a b.*

3. Les valves arrondies; une cloison médiane de la grande valve, se plaçant entre deux de la petite, ce qui, dans le moule en relief, produit cinq pièces distinctes, trois pour une valve et deux pour l'autre.

(G. PENTASTÈRE. Sowerby.)

Ex. La T. Pentastère. *T. Pentastera.* Sowerby, Min. Conch.

D. L'échancrure du talon marginale, triangulaire, mais bien plus large transversalement que d'avant en arrière; la ligne d'articulation tout-à-fait droite.

1. La petite valve pourvue dans sa partie médiane d'un support droit aplati, bifurqué à son extrémité libre; une cloison de l'autre valve pénétrant dans cette bifurcation.   (G. STRYGOCÉPHALE. Defr.)

Ex. La T. de Burtin. *T. Burtini.* Defr., Pl. du Dict., Foss. lingul., f. 1-1 *c.*

2. Les parties latérales du support formées par un filament très-fin contourné en spirale, de manière à constituer deux masses creuses, coniques, qui remplissent presque toute la coquille.

(G. SPIRIFÈRE. Sowerby.)

Ex. La T. spirifère. *T. spirifera.* E. m., pl. 246, f. 1, *a b.*

E. La valve supérieure operculiforme ou très-plate, le système de support tendant à disparoître.

1. La valve supérieure très-plate.   (G. MAGAS.)

Ex. La T. petite. *T. Magas.* Pl. du Dict., Foss.

2. La valve supérieure très-excavée en dessus; le sommet de l'inférieure non percé et divisé en deux parties similaires, par un sillon médian bien prononcé.   (G. PRODUCTUS. Sowerby.)

Ex. La T. géante *T. gigantea.* Min. Conch., pl. 320.

Observ. Le peu de connoissance que l'on a de ces animaux et de leur coquille à l'état vivant, et encore plus de celles fossiles, n'a pas permis de partager ce genre nombreux en sections certaine-ment naturelles. On a cru devoir, pour y parvenir, se servir de la forme de l'ouverture dont est percée la grande valve, plutôt que celle des parties du support, parce qu'il est certain qu'il n'y a pas une espèce vivante connue qui n'offre dans ces parties une forme différente, et que la considération du mode d'adhérence conduit peu à peu aux palliobranches irréguliers.

M. de Lamarck caractérise quarante-neuf espèces de térébra-tules, dont douze vivantes et trente-sept fossiles; mais il convient qu'il y en a un bien plus grand nombre.

Il paroît qu'il en existe actuellement dans toutes les mers, à de grandes profondeurs; mais les espèces fossiles dans nos pays sont bien plus nombreuses.

THÉCIDÉE. *Thecidea.*

Animal entièrement inconnu, mais très-probablement peu dif-férent de celui de l'orbicule.

Coquille symétrique équilatérale, régulière, très-inéquivalve, et assez semblable aux térébratules des dernières sections; une valve creuse, à crochet recourbé, entier, sans échancrure, et adhérent; l'autre plate, operculiforme, sans trace de support.

Charnière longitudinale; articulation par deux condyles écar-tés, comme dans les térébratules.

Ex. La Thécidée rayonnée. *Thecidea radiata.* Defrance, Pl. du Dict., Foss.

Observ. Ce genre, établi par M. Defrance, renferme une espèce vivante de la Méditerranée et plusieurs espèces fossiles.

STROPHOMÈNE. *Strophomena.*

Animal tout-à-fait inconnu.

Coquille régulière symétrique, équilatérale, subéquivalve; une valve plate et l'autre un peu excavée; articulation droite, trans-verse, offrant à droite et à gauche d'une subéchancrure médiane, un bourrelet peu considérable, crénelé ou dentelé transversale-ment; aucun indice de support.

Ex. Le Strophomène rugueux. *Strophomena rugosa.* Rafin., Lingul., f. 2-2 *a.*

Observ. Ce genre, proposé par M. Rafinesque, ne contient encore que des espèces fossiles.

PLAGIOSTOME. *Plagiostoma.*

Animal tout-à-fait inconnu.

Coquille assez épaisse, régulière, libre, subéquivalve, subauriculée; les deux valves presque également bombées et l'une et l'autre pourvues d'un sommet distinct recourbé au milieu d'une surface plane, avec une grande échancrure triangulaire au milieu; articulation transverse, droite, par deux condyles latéraux et distans.

Ex. Le Plagiostome épineux. *Plagiostoma spinosa.* Brongn., Géogn. Par., pl. 4, fig. 1.

Observ. Ce genre nous paroît composé d'espèces hétérogènes, dont les unes sont de la famille des térébratules, et les autres, comme le plagiostome de Mantell, sont toutes différentes. Aussi M. Defrance fait-il de ces dernières un genre distinct sous le nom de PACHITE. Elles ne sont connues qu'à l'état fossile.

DIANCHORE. *Dianchora.*

Animal entièrement inconnu.

Coquille mince, adhérente, régulière, symétrique, équilatérale, subauriculée, inéquivalve; une valve creuse en dedans, bombée en dehors, l'autre plate; articulation par deux condyles bien distans.

Ex. Le Dianchore strié. *Dianchora striata.* Sow., Min. Conch., pl. 80.

Observ. C'est encore un genre qui n'est connu qu'à l'état fossile.

PODOPSIDE. *Podopsis.*

Animal entièrement inconnu.

Coquille assez épaisse, régulière, symétrique, équilatérale, inéquivalve, adhérente immédiatement par l'extrémité de la valve la plus courte; l'autre terminée par un sommet pointu un peu recourbé et médian; articulation très-angulaire, au moyen de deux condyles très-écartés.

Ex. Le Podopside tronqué. *Podopsis truncata.* Brongn., Géogn. Par., pl. 5, fig. 2, *a b c.*

Observ. C'est un genre composé d'espèces fossiles.

Tribu II. — *Coquille non symétrique, irrégulière, constamment adhérente.*

Orbicule. *Orbicula.*

Corps très-comprimé, arrondi; le manteau ouvert dans toute sa circonférence; deux appendices tentaculaires ciliés, comme dans les lingules et les térébratules.

Coquille orbiculaire, très-comprimée, inéquilatérale, très-inéquivalve; la valve inférieure très-mince, adhérente, imperforée; la supérieure patelloïde, à sommet plus ou moins incliné vers le côté postérieur.

A. Espèces dont la valve adhérente n'est nullement percée.

Ex. L'Orbicule lisse. *Orbicula lœvis.* Sowerby, Trans. Soc. Linn., t. 13, pl. 26, f. 1, *a b c d.*

B. Espèces dont la valve adhérente est réellement percée et pourvue d'une apophyse médiane et comprimée.   (G. Discine. Lamck.)

Ex. L'O. de Norwége. *O. norwegica.* Sowerby, Trans. Linn., t. 13, pl. 26, f. 2, *a b c d e f.*

Observ. Ce genre paroît ne contenir que deux à trois espèces vivantes de nos mers.

Cranie. *Crania.*

Animal à peu près inconnu, mais pourvu de deux appendices tentaculaires ciliés, comme les orbicules.

Coquille irrégulière, orbiculaire, inéquivalve; la valve inférieure presque plane, et marquée à l'intérieur de quatre impressions musculaires souvent très-profondes, et dont les deux subcentrales sont assez rapprochées pour paroître n'en former qu'une; la valve supérieure patelliforme, plus ou moins bombée, avec les quatre impressions musculaires assez saillantes.

Ex. La Cranie masquée. *Crania personata.* Sowerby, Trans. Linn., t. 13, pl. 26, f. 3, *a b c d.*

Observ. On connoît une espèce vivante dans ce genre, qui paroît être de toutes les mers, et trois ou quatre fossiles.

ORDRE SECOND. — RUDISTES. Rudista.

Animal complètement inconnu.

Coquille épaisse, grossière, extérieurement irrégulière, formée de deux valves très-inégales, sans charnière, ni ligament, ni impression musculaire.

Sphérulite. *Spherulites.*

Animal?

Coquille orbiculaire, inéquilatérale, inéquivalve, irrégulièrement foliacée à l'extérieur; la valve inférieure agariciforme, hémisphérique, déprimée, avec un sommet médian percé d'un trou en dessous; la supérieure presque tout-à-fait plane, operculaire; charnière? non marginale, formée sur la valve inférieure par quatre cavités non symétriques, deux internes rapprochées et sillonnées, deux externes fort larges et profondes, correspondantes à quatre éminences ou dents extrêmement fortes, linguiformes, de la valve supérieure; une crête médiane s'avançant du bord antérieur de chaque valve vers les deux parties médianes de la charnière.

Ex. La Sphérulite agariciforme. *Spherulites agariciformis.* Delameth.ᵉ, J. de Phys., t. 61, pl. 396, et Pl. du Dict., Foss.

Observ. On ne connoît encore qu'une espèce de ce genre à l'état fossile, commune à l'île d'Aix. Il est très-probable que cette coquille étoit fixée par un ligament tendineux inséré dans le trou du sommet de la grande valve.

Radiolite. *Radiolites.*

Animal?

Coquille irrégulière, striée du sommet à la circonférence, inéquivalve; la valve inférieure turbinée, conique, beaucoup plus grande que la supérieure, qui est plate, ou convexe, ou conique et operculiforme; intérieur inconnu.

Ex. La Radiolite rotulaire. *Radiolites rotularis.* E. m., pl. 172, f. 1.

Observ. Les radiolites, dont on distingue trois espèces, ne sont connues qu'à l'état fossile.

Birostrite. *Birostrites.*

Animal?

Coquille épaisse, ostracée, inéquivalve; les valves coniques, élevées, presque droites ou courbées en forme de cornes, mais inégales, l'inférieure étant beaucoup plus longue que la supérieure, et s'inclinant en sens inverse.

A. Espèces dont l'une des valves enveloppe l'autre par sa base.

Ex. La Birostrite inéquilobe. *Birostrites inæquiloba.* (Non figurée.)

B. Espèces dont les deux valves sont de circonférence égale et courbées en sens inverse. (G. Iodamie. Defr.)

Ex. La B. Duchatel. *B. Duchateli.* Defr., Pl. du Dict., Foss,

Observ. C'est encore un genre qui n'est connu qu'à l'état fossile, et même le plus souvent par des moules.

Calcéole. *Calceola.*

Animal?

Coquille épaisse, solide, symétrique ou équilatérale, très-inéquivalve; valve inférieure beaucoup plus grande, triangulaire, plate d'un côté, convexe de l'autre, creusée assez peu profondément; ouverture oblique, à bords tranchans, l'un droit subdenté, l'autre arqué; valve supérieure semiorbiculaire, en forme d'opercule, ayant à son bord droit articulaire un tubercule de chaque côté d'une fossette médiane.

A. Espèces à bords droits et non plissés.

Ex. La Calcéole sandaline. *Calceola sandalina.* Knorr, Petrif., 3, Suppl., t. ix, *d f,* 5-6.

B. Espèces à bords plissés.

Ex. La C. hétéroclite. *C. heteroclita.* Defr., Pl. du Dict.

Observ. Les deux espèces qui constituent ce genre ne sont connues qu'à l'état fossile.

ORDRE TROISIÈME. — LAMELLIBRANCHES. Lamellibranchiata.

Branchies en forme de grandes lames semicirculaires, disposées symétriquement, au nombre de deux paires, de chaque côté du corps, entre l'abdomen et le manteau ; bouche grande, transverse, entre deux lèvres, terminées par des appendices subbranchiaux ; anus médian et postérieur.

Coquille constamment formée de deux pièces ou valves placées de chaque côté du corps, et jouant plus ou moins l'une sur l'autre au moyen d'un ligament et de muscles adducteurs.

Fam. I. — *OSTRACÉS*. Ostracea.

(Genre Ostrea. Linn.)

Lobes du manteau entièrement séparés et libres dans presque toute leur circonférence, si ce n'est vers le dos ; abdomen caché par la réunion des lames branchiales dans toute la ligne médiane, et sans prolongement musculaire ou pied.

Coquille plus ou moins grossièrement lamelleuse, irrégulière, inéquivalve, inéquilatérale, sans appareil régulier d'articulation, et avec une seule empreinte musculaire subcentrale.

Anomie. *Anomia*.

Animal très-comprimé ; les bords du manteau très-minces, non adhérens, et garnis en dehors d'une rangée de filamens tentaculaires ; le muscle adducteur épais, divisé en trois portions, dont la plus grande passe en partie à travers une échancrure de la valve inférieure, et contient souvent une pièce calcaire ou osselet adhérent aux corps marins.

Coquille adhérente, irrégulière, inéquivalve, inéquilatérale, ostracée ; valve inférieure un peu plus plate que la supérieure, divisée au sommet en deux branches échancrées, dont le rapprochement forme un grand trou ovale, et dont l'une, épaisse, élargie, donne attache au ligament ; valve supérieure plus grande, plus bombée, avec une excavation ovale sous le sommet pour l'autre attache d'un ligament court et épais.

Une impression musculaire subcentrale divisée en trois.

A. Espèces qui sont pourvues d'un osselet.

Ex. L'Anomie Pelure-d'ognon. *Anomia Ephippium*. E. m., pl. 170, f. 6-7.

B. Espèces sans osselet et fixées par la valve elle-même.

Ex. L'A. Ecaille. *A. squamata*.

Observ. Les espèces de ce genre, fort difficiles à caractériser, ne sont qu'au nombre de neuf dans l'ouvrage de M. de Lamarck; mais il paroît qu'il en existe davantage. On ne connoît encore bien que celles de nos mers. La minceur des coquilles et leur application immédiate sur le corps auquel elles adhèrent, leur en donnent souvent la forme, comme l'a observé le premier M. Defrance. C'est peut-être ce qui fait les anomies radiées.

PLACUNE. Placuna.

Animal entièrement inconnu.

Coquille libre, subirrégulière, fort mince, presque entièrement translucide, plate, subéquivalve, subéquilatérale, un peu auriculée; charnière buccale tout-à-fait interne, formée sur la valve supérieure, la plus petite, par deux crêtes alongées, inégales, obliques, convergentes au sommet, au côté interne desquelles s'attache un ligament en V, allant se fixer dans deux fossettes peu profondes, également convergentes de la valve inférieure; qui est plus bombée; une seule impression musculaire subcentrale assez petite.

Ex. La Placune vitrée. *Placuna Placenta.* E. m., pl. 173, f. 1-2.

Observ. Les trois espèces vivantes que l'on connoît dans ce genre viennent des mers de l'Inde; une espèce fossile se trouve en France.

HUÎTRE. Ostrea.

Corps comprimé, plus ou moins orbiculaire; les bords du manteau épais, non adhérens ou rétractiles, et pourvus d'une double rangée de filamens tentaculaires courts et nombreux; les deux paires d'appendices labiaux triangulaires et alongés; un muscle subcentral bipartite.

Coquille irrégulière, inéquivalve, inéquilatérale, grossièrement feuilletée; la valve droite ou inférieure adhérente, plus grande, plus profonde; son sommet se prolongeant avec l'âge, en une sorte de talon; la valve gauche ou supérieure plus petite, plus ou moins operculiforme; charnière buccale édentule; ligament subintérieur, court, inséré dans une fossette cardinale, oblongue, croissant avec le sommet.

Impression musculaire unique et subcentrale.

A. Espèces rondes et non plissées.

Ex. L'Huître comestible. *Ostrea edulis.* E. m., pl. 184, f. 7-8.

B. Espèces longues et non plissées.

    Ex. L'H. étroite. *O. virginica*. E. m., pl. 179, f. 1-5.

C. Espèces rondes et plissées.

    Ex. L'H. imbriquée. *O. imbricata*. E. m., pl. 186, f. 2.

D. Espèces longues et fortement plissées.

    Ex. L'H. Crête-de-coq. *O. Crista galli*. E. m., pl. 186, f. 2-3.

Observ. Les espèces de ce genre sont très-difficiles à distinguer, et surtout à caractériser; M. de Lamarck en désigne quarante-huit vivantes et trente-trois fossiles; mais il dit lui-même qu'il y en a bien davantage.

On trouve des huîtres dans toutes les mers, à peu de distance des rivages, adhérentes à plat sur des corps étrangers, ou les unes sur les autres. On n'en connoît pas encore de véritablement fluviatiles ou lacustres; mais il y en a qui se trouvent assez haut dans l'embouchure des fleuves.

GRYPHÉE. *Gryphœa*.

Animal entièrement inconnu.

Coquille plus finement lamelleuse que celle des huîtres, libre ou peu adhérente, subéquilatérale, très-inéquivalve; la valve inférieure très-concave, à sommet plus ou moins recourbé en crochet; la supérieure operculiforme, et beaucoup plus petite; charnière édentule; ligament inséré dans une fossette alongée et arquée; une seule impression musculaire, comme dans les huîtres.

A. Espèces dont le sommet de la valve inférieure est subvoluté.

    Ex. La Gryphée Gondole. *Gryphœa Cymbium*. E. m., pl. 189, f. 1-2.

B. Espèces dont le sommet de la valve inférieure n'est pas voluté.
                    (G. PACHYTE, Defr.)

    Ex. La G. podopsidée. *G. podopsidea*.

Observ. On ne connoît encore qu'une espèce vivante dans la première division de ce genre; les onze autres désignées sont fossiles; quant à la seconde, nous y plaçons les espèces de podopsides non symétriques, dont M. Defrance a fait son genre *Pachyte*.

Fam. II. — *SUBOSTRACÉS*. Subostracea.

(Genre Ostrea. Linn.)

Le manteau ouvert dans presque toute sa circonférence, rétractile dans tous ses points, et non adhérent; les branchies non réunies dans toute la ligne médiane, de manière à laisser visible l'abdomen, qui est pourvu d'un rudiment de pied souvent canaliculé, avec le rudiment d'un byssus.

Coquille d'un tissu serré, subsymétrique, toujours plus ou moins auriculée, à charnière subcompliquée; une seule impression musculaire subcentrale, sans trace de ligule abdominale.

SPONDYLE. *Spondylus.*

Corps médiocrement comprimé, pourvu inférieurement d'un rudiment de pied sans byssus; manteau ouvert dans toute sa partie inférieure et supérieure; bouche entourée de lèvres très-épaisses et frangées.

Coquille solide, adhérente, assez régulière, plus ou moins hérissée, subauriculée, inéquivalve; la valve droite ou inférieure, fixée, beaucoup plus excavée que l'autre, et ayant en arrière, au sommet, une facette triangulaire qui s'agrandit et s'alonge avec l'âge; charnière céphalique longitudinale, pourvue sur chaque valve de deux fortes dents intrantes dans des fossettes correspondantes; ligament court, à peu près médian, en grande partie extérieur, et s'enfonçant dans le talon de la valve inférieure; impression musculaire unique et subdorsale.

Ex. Le Spondyle Pied-d'âne. *Spondylus gœderopus.* E. m., pl. 190, f. 1, *a b.*

Observ. On trouve des espèces de ce genre dans toutes les mers des pays chauds, et même dans la Méditerranée, mais surtout dans celle des Indes. On en connoît quatre ou cinq espèces fossiles dans nos pays, et une de l'Amérique méridionale.

PLICATULE. *Plicatula.*

Animal inconnu.

Coquille solide, adhérente, subirrégulière, inauriculée, inéquivalve, pointue au sommet, arrondie et subplissée en arrière;

la valve inférieure sans talon ; charnière des spondyles ; ligament tout-à-fait intérieur, inséré dans une fossette médiane.

Ex. La Plicatule en crête. *Plicatula cristata.* E. m., pl. 194, f. 3.

Observ. Ce genre, fort peu différent des spondyles, renferme cinq espèces vivantes des mers d'Amérique et de l'Inde, et six espèces fossiles de France.

Hinnite. *Hinnites.*

Animal entièrement inconnu.

Coquille épaisse, solide, subrégulière, auriculée, subéquilatérale, inéquivalve ; la valve inférieure très-excavée, avec une espèce de talon ; la supérieure plate ; charnière complètement édentule ; ligament inséré dans une fossette en partie intérieure et en partie extérieure ; une seule impression abdominale.

Ex. L'Hinnite de Cortesi. *Hinnites Cortesianus.* Defrance, Dict. des Sc. nat.

Observ. C'est un genre qui ne renferme qu'une espèce fossile du Plaisantin.

Peigne. *Pecten.*

Corps plus ou moins comprimé, orbiculaire ; le manteau garni d'un seul cordon de papilles tentaculaires, et de petits disques oculiformes, perlés, pédonculés, régulièrement espacés entre eux ; un rudiment de pied canaliculé et un byssus ; bouche entourée d'appendices charnus, irrégulièrement ramifiés.

Coquille libre, régulière, mince, solide, équivalve, équilatérale, auriculée, à bord céphalique droit ; les sommets contigus ; charnière sans dents ; une membrane ligamenteuse dans toute la longueur de la charnière, outre un ligament court, épais, presque tout-à-fait interne, qui remplit une fossette triangulaire sous le sommet ; une seule impression musculaire subcentrale.

A. Espèces très-inéquivalves ; la valve gauche étant très-plate.

(Les Pèlerines.)

Ex. Le Peigne de Saint-Jacques. *Pecten Jacobæus.* E. m., pl. 209, f. 2, *a b.*

B. Espèces équivalves, non bâillantes. (Les Soles.)

Ex. Le P. Sole. *P. Pleuronectes.* E. m., pl. 208, f. 3.

C. Espèces dont les deux valves sont presque également bombées, la droite ayant son oreille inférieure plus courte que la correspondante de la gauche, de manière à produire une sorte d'échancrure.

Ex. Le P. Cerise. *P. gibbus.* E. m., pl. 210, f. 3.

D. Espèces qui sont striées parallèlement à leur bord.

Ex. Le P. orbiculaire. *P. orbicularis.* Sowerby, Conch. Min., pl. 186.

Observ. Ce genre contient des espèces dans toutes les mers du pôle boréal au pôle austral, à peu près comme celui des huîtres ; de même que dans ce dernier genre on en connoît aussi beaucoup de fossiles. M. de Lamarck en caractérise vingt-six et cinquante-neuf vivantes.

Houlette. *Pedum.*

Animal inconnu.

Coquille subtriangulaire, inéquilatérale, inéquivalve, à sommets arrondis, inégaux, écartés ; la valve droite élargie à son bord inférieur et postérieur, échancrée en avant, la gauche ne l'étant pas ; charnière sans dents, antérieure ou buccale ; ligament inséré dans une fossette oblique se prolongeant en dehors jusqu'aux sommets.

Ex. La Houlette spondyloïde. *Pedum spondyloideum.* E. m., pl. 178, f. 1-4.

Observ. On ne connoît encore qu'une seule espèce de ce genre : elle vient des mers de l'Inde.

Lime. *Lima.*

Corps médiocrement comprimé ; un appendice abdominal byssifère ; les bords du manteau garnis de cirrhes tentaculaires sur plusieurs rangs ; bouche entourée d'une lèvre fort épaisse et frangée.

Coquille ovale, plus ou moins oblique, presque équivalve, sub-auriculée, régulièrement bâillante à la partie antérieure du bord inférieur ; les sommets antérieurs et écartés ; charnière buccale longitudinale, sans dents ; ligament arrondi, presque extérieur, inséré dans une excavation de chaque valve ; impression musculaire centrale partagée en trois parties bien distinctes.

Ex. La Lime glaciale. *Lima glacialis.* E. m., pl. 206, f. 3.

Observ. Des six espèces que M. de Lamarck caractérise dans ce genre, il y en a au moins une de la Méditerranée; les autres viennent de l'Inde, d'Amérique, et de l'Australasie; on en connoît déjà cinq à six fossiles.

Fam. III. — *MARGARITACÉS.* Margaritacea.

Le manteau ouvert dans toute sa circonférence, non adhérent, mince sur ses bords, et se prolongeant en lobes assez irréguliers, surtout en arrière; le corps très-comprimé; un pied canaliculé et souvent un byssus peu développés; un seul muscle adducteur subcentral, outre les muscles rétracteurs du pied.

Coquille irrégulière, inéquivalve, inéquilatérale, noire ou cornée; charnière buccale, presque nulle ou sans dents; le ligament variable.

Une grande impression musculaire subcentrale.

Vulselle. *Vulsella.*

Corps alongé, comprimé; le manteau très-prolongé en arrière et bordé de deux rangs de tubercules papillaires très-serrés; un pied abdominal médiocre, proboscidiforme, canaliculé, sans byssus; bouche transversale très-grande, avec des appendices labiaux triangulaires, très-développés; les branchies étroites, très-longues, réunies dans presque toute leur étendue.

Coquille subnacrée, irrégulière, aplatie, alongée, subéquivalve, inéquilatérale, à sommets antérieurs, distans, recourbés en en bas; charnière buccale, édentule; ligament indivis, épais, inséré dans une excavation arrondie, creusée dans une apophyse assez saillante de chaque valve.

Impression musculaire subcentrale assez grande, et deux très-petites tout-à-fait en avant.

Ex. La Vulselle lingulée. *Vulsella lingulata.* E. m., pl. 178, f. 4.

Observ. M. de Lamarck cite six espèces vivantes de ce genre, toutes de l'Océan indien ou de l'Australasie, et une fossile à Grignon. Nous avons observé l'animal de l'espèce citée.

Marteau. *Malleus.*

Animal à peu près inconnu, mais probablement fort voisin de celui des vulselles, et certainement byssifère, avec un seul muscle adducteur.

Coquille subnacrée, irrégulière, subéquivalve, inéquilatérale, le plus souvent très-auriculée en avant, et prolongée en arrière dans son corps, de manière à offrir un peu la forme d'un marteau; sommets tout-à-fait antérieurs ou buccaux assez inférieurs; entre eux et l'auricule inférieure, une échancrure oblique pour le passage du byssus; charnière linéaire fort longue, buccale, édentule; ligament simple, triangulaire, inséré dans une fossette conique, oblique, en partie extérieure.

Une impression musculaire subcentrale assez grande.

A. Espèces à peine auriculées.

Ex. Le Marteau vulsellé. *Malleus vulsellatus*. E. m., pl. 177, f. 15.

B. Espèces uniauriculées.

Ex. Le M. normal. *M. normalis*. E. m., pl. 177, f. 16, *a b*?

C. Espèces biauriculées.

Ex. Le M. vulgaire. *M. vulgaris*. E. m., pl. 177, f. 12.

Observ. Les six espèces que M. de Lamarck caractérise dans ce genre, appartiennent aux mers de l'Inde et de l'Australasie; il paroît qu'on n'en connoît pas dans celles du nouveau continent, et encore moins dans celles d'Europe. On n'en a pas non plus découvert de fossiles.

PERNE. *Perna.*

Corps très-comprimé; le manteau prolongé en arrière en une sorte de lobe, et frangé à son bord inférieur seulement; un appendice abdominal? un byssus; un seul muscle adducteur.

Coquille irrégulière, très-comprimée, subéquivalve, de forme assez variable, bâillante à la partie antérieure de son bord inférieur; le sommet très-petit; charnière droite, verticale, buccale, édentule; ligament multiple, et inséré dans une série de sillons longitudinaux et parallèles; une impression musculaire subcentrale.

A. Espèces alongées et auriculées.

Ex. La Perne Bigorne. *Perna Isogonum*. E. m., pl. 176, f. 1.

B. Espèces alongées, subauriculées ou inauriculées.

Ex. La P. Vulselle. *P. Vulsella*. Loc. cit., 175, f. 1.

C. Espèces rondes, peu ou point auriculées, très-nacrées.

•*Ex.* La P. sellaire. *P. Ephippium. Loc. cit.,* 176, f. 2.

Observ. Les dix espèces vivantes que M. de Lamarck distingue, paroissent ne se trouver que dans les mêmes mers que les marteaux. Il y a cependant quelques raisons de croire qu'il en existe aussi dans les mers d'Amérique. On en trouve une espèce fossile en France, dans des terrains assez anciens, et une en Virginie.

CRÉNATULE. *Crenatula.*

Animal inconnu, mais probablement fort peu différent de celui des pernes.

Coquille irrégulière, très-aplatie, subrhomboïdale, subéquivalve, bâillante en arrière, à sommet antérieur; charnière longitudinale, dorsale, édentule; ligament submultiple, ou renflé d'espace en espace, et inséré dans une série de fossettes arrondies correspondantes, du bord dorsal; impression musculaire unique, subcentrale.

Ex. La Crénatule mytiloïde. *Crenatula mytiloides.* Ann. du Mus., vol. 3, pl. 2, f. 3-4.

Observ. Parmi les six ou sept espèces reconnues de ce genre, il y en a des mers de tous les pays chauds, mais surtout encore de l'Australasie.

INOCÉRAME. *Inoceramus.*

Animal entièrement inconnu.

Coquille épaisse, subrégulière, subéquivalve, subéquilatérale, triangulaire, pointue aux sommets, qui sont plus ou moins recourbés obliquement l'un contre l'autre, élargie et arrondie en arrière; charnière latérale formée par une série de fossettes oblongues, servant sans doute à l'attache d'un ligament multiple; impression musculaire inconnue.

Ex. L'Inocérame concentrique. *Inoceramus concentricus.* Brongn., Géogn. Par., pl. 6, f. 2, *a b.*

Observ. C'est un genre que l'on ne connoît encore qu'à l'état fossile, et qui n'est que très-incomplètement établi; son *facies* le rapproche des ostracés, et surtout des gryphées, dont la charnière l'éloigne.

Catille. *Catillus.*

Animal entièrement inconnu.

Coquille fibreuse, assez plate, ou peu profonde, fort mince, arrondie, subéquivalve, subéquilatérale, à sommets subspirés; charnière buccale, droite, formée par un grand nombre de petites cavités pour l'attache du ligament qui a dû être multiple; impression musculaire inconnue.

Ex. Le Catille de Cuvier. *Catillus Cuvieri.* Brong., Géogn. Paris., 2ᵉ édit., pl. IV, f. 10, et mieux Cat. de Lamarck, Pl. du Dict., Fossiles.

Observ. C'est un genre qui est établi par M. Brongniart (*loc. cit.*) d'une manière incomplète sur des coquilles fossiles que l'on avoit confondues à tort avec celles qui constituent le genre précédent.

Pulvinite, *Pulvinites.*

Animal entièrement inconnu.

Coquille mince, ovale, équivalve, subéquilatérale, à sommets bien marqués et à peine inclinés en avant; charnière composée par huit ou dix dents un peu divergentes du sommet et séparées par autant de fossettes pour les ligamens; impressions musculaires inconnues.

Ex. La Pulvinite d'Adanson. *Pulvinites Adansonii.* Defr., Pl. du Dict., Fossiles.

Observ. C'est encore un genre qui n'est connu qu'à l'état fossile, et qui a été établi par M. Defrance. Il ne contient qu'une seule espèce.

Gervillie. *Gervillia.*

Animal entièrement inconnu.

Coquille très-alongée, étroite, solénoïde, équilatérale, très-inéquilatérale, bâillante en avant, peut-être pour le passage d'un byssus; le sommet antéro-dorsal peu marqué; charnière anomale, formée de plusieurs dents, dont les postérieures sont longitudinales; ligament multiple inséré dans deux ou trois fosses coniques; une seule impression abdominale assez antérieure.

Ex. La Gervillie solénoïde. *Gervillia solenoïdea.* Defrance, Pl. du Dict., Fossiles.

Observ. Ce genre, établi par M. Defrance, ne contient encore qu'une espèce fossile, trouvée dans le département de la Manche.

AVICULE. *Avicula.*

Corps très-comprimé; manteau fendu dans toute sa circonférence, si ce n'est le long du dos, et garni à son bord libre d'un double rang de cirrhes tentaculaires très-courts; pied assez petit, canaliculé; un byssus; bouche entourée de lèvres frangées outre ses deux paires d'appendices labiaux; un gros muscle adducteur presque postérieur, et deux paires de petits muscles rétracteurs du pied.

Coquille feuilletée ou non, toujours nacrée, subéquivalve, de forme subrégulière, mais assez variable, à sommets antérieurs, surbaissés, avec une petite échancrure en avant, quelquefois inégalement et obliquement auriculée; charnière bucco-dorsale, édentule ou avec une ou deux petites dents rudimentaires; ligament plus ou moins extérieur et contenu dans un sillon, quelquefois élargi vers le sommet; une impression musculaire postérieure fort grande, et une antérieure extrêmement petite.

A. Espèces peu obliques, presque rondes, nacrées, très-épaisses, avec les auricules presque égales, fort peu saillantes, sans dents à la charnière.   (G. MARGARITA. Leach. PINTADINE. Lamck.)

Ex. l'Avicule Mère-Perle. *Avicula margaritifera.* Enc. mét., pl. 177, f. 1-4.

B. Espèces ovales, obliques, et dont les auricules sont très-développées, surtout la supérieure; une dent à la charnière.

Ex. L'A. macroptère. *A. macroptera.* Gualt., t. 94, f. *A.*

Observ. Les espèces de la première subdivision, qui sont au nombre de deux, sont des mers de l'Inde et de l'Amérique méridionale; des treize vivantes de la seconde, il n'y en a qu'une de la Méditerranée, les autres sont des mers des pays chauds dans les deux continens. On en connoît deux ou trois espèces fossiles en France.

FAM. IV. — *MYTILACÉS.* MYTILACEA.

Manteau adhérent vers les bords, fendu dans toute sa partie inférieure, avec un orifice distinct pour l'anus, et une indication de l'orifice branchial par l'épaississement plus considérable des bords postérieurs du manteau ; un pied linguiforme canaliculé, avec un byssus en arrière à sa base ; deux muscles adducteurs, dont l'antérieur très-petit, outre les deux paires de muscles rétracteurs du pied.

Coquille régulière, équivalve, souvent épidermée ou cornée, à charnière édentule et ligament dorsal linéaire.

Moule. *Mytilus.*

Corps ovale, assez bombé; le manteau ouvert dans sa moitié inférieure seulement, et dans sa partie postérieure terminé par une fente ovale à bords frangés; appendice abdominal linguiforme, canaliculé, avec un byssus en arrière à sa base et plusieurs paires de muscles rétracteurs; bouche à lèvres simples; deux muscles adducteurs, dont l'antérieur très-petit.

Coquille d'un tissu serré, alongée, plus ou moins ovalaire, quelquefois subtriangulaire, équivalve, à sommets antérieurs plus ou moins courbes, un peu échancrée inférieurement; charnière entièrement édentule, ou avec deux très-petites dents rudimentaires; ligament dorsal, linéaire, subintérieur, inséré dans un sillon étroit et fort long; deux impressions musculaires, dont l'antérieure fort petite, outre celles des muscles rétracteurs.

A. Espèces dont le sommet n'est pas tout-à-fait à l'extrémité antérieure de la coquille, et qui sont plus ou moins triangulaires; le byssus toujours très-développé.　　　　　　　　　(G. Modiole.)

** Lisses.*

Ex. La Moule des Papous. *Mytilus papuana.* E. m., pl. 319, f. 2.

*** Striées longitudinalement.*

Ex. La M. sillonnée. *M. sulcata.* E. m., pl. 220, f. 2.

**** Striées aux deux extrémités seulement.*

Ex. La M. discordante. *M. discors.* E. m., pl. 204, f. 5, *a b.*

B. Espèces dont le sommet n'est pas tout-à-fait antérieur, et dont la forme est presque complètement cylindrique et arrondie aux deux extrémités; le byssus nul dans l'âge adulte.　　(G. Lithodome. Cuv.)

Ex. La M. lithophage. *M. lithophagus.* E. m., pl. 221, f. 6-7.

C. Espèces dont le sommet est tout-à-fait terminal, antérieur, et

qui sont plus ou moins comprimées et subtriangulaires ; le byssus grossier et très-développé.

* Lisses.

Ex. La M. comestible. *M. edulis.* E. m. , pl. 218, f. 2.

** Radiées ou striées.

Ex. La M. crénelée. *M. crenatus.* E. m., pl. 217, f. 3.

Observ. Ce genre renferme un assez grand nombre d'espèces de
toutes les mers ; M. de Lamarck caractérise vingt-trois modioles
vivantes et cinq fossiles, trente-cinq moules vivantes et deux fossiles ; mais il est indubitable qu'il en existe un bien plus grand
nombre même dans les collections.

Les moules et les modioles vivent toujours à découvert, attachées par les filamens de leur byssus aux corps sous-marins ; les
lithodomes s'enfoncent dans les pierres calcaires, dans les coquilles
et dans les madrépores.

Quoique la plupart des espèces de moules et de modioles n'existent que dans les eaux de la mer, il est certain qu'il y en a quelques unes d'eau douce.

M. Brongniart a distingué dans sa Géognosie des environs de
Paris une coquille fossile sous le nom de *mytiloides gubiatus*, à
cause de sa forme extérieure, qui a quelque chose de celle des
moules, figurée pl. 3, f. 4 de cet ouvrage ; mais c'est un genre non
caractérisé, et qui, d'après les observations de M. Sowerby, est
établi sur une espèce de catille.

Jambonneau. *Pinna.*

Corps ovale alongé, assez épais, enveloppé dans un manteau
fermé en dessus, ouvert en dessous, et surtout en arrière, où il
forme quelquefois une sorte de tube garni de cirrhes tentaculaires ;
un appendice abdominal flagelliforme, subsillonné, et un byssus
très-considérable ; bouche pourvue de lèvres doubles outre les
deux paires d'appendices labiaux ; un seul gros muscle adducteur
évident.

Coquille subcornée, fibreuse, cassante, régulière, équivalve,
longitudinale, triangulaire, pointue antérieurement où est le
sommet qui est droit, élargie et souvent comme tronquée en arrière ; charnière dorsale, longitudinale, linéaire, édentule ; ligament marginal occupant presque tout le bord dorsal de la coquille ;

une seule impression musculaire très-large en arrière; un indice de l'antérieure dans le sommet de la coquille.

A. Espèces bien closes et arrondies à l'extrémité postérieure.

Ex. Le Jambonneau écailleux. *Pinna squamosa.* E. m., pl. 200, f. 2.

B. Espèces bâillantes à l'extrémité postérieure qui est comme tronquée.

Ex. Le J. Eventail. *P. Flabellum.* Enc. mét., pl. 199, f. 4?

Observ. Les espèces de ce genre ne sont encore qu'au nombre de quinze vivantes et une fossile; il y en a dans toutes les mers, mais surtout dans celles des pays chauds. Elles vivent dans les enfoncemens vaseux des rivages de la mer, fixées ou non au moyen de leur byssus.

FAM. V. — *POLYODONTES.* POLYODONTA.

(Genre ARCA, Linn.)

Manteau entièrement ouvert dans toute sa circonférence, si ce n'est vers le dos, sans aucune trace de modifications pour former des orifices particuliers, mais adhérent dans tout l'intervalle compris entre les muscles adducteurs, et plus ou moins prolongé en arrière; abdomen pourvu d'un pied de forme un peu variable, mais toujours très-considérable.

Coquille épaisse, régulière, équivalve; charnière anomale, dorsale, similaire, et formée sur chaque valve par une série *præ* et *post* apiciale de petites dents plus ou moins lamelleuses, plus ou moins verticales et engrenantes; deux impressions musculaires bien distinctes et réunies par une ligule abdominale fort étroite, parallèle au bord de la coquille.

Observ. Tous les animaux de cette famille vivent dans la mer à peu de distance des rivages.

ARCHE. *Arca.*

Corps épais, de forme un peu variable; abdomen pourvu d'un pied pédonculé, comprimé, propre à adhérer, et fendu dans sa longueur; manteau garni d'un simple rang de cirrhes et un peu prolongé en arrière; les tentacules buccaux fort petits et très-grêles.

Coquille un peu diversiforme, mais le plus ordinairement alongée, et plus ou moins oblique à l'extrémité postérieure, très-souvent fort inéquilatérale ; les sommets plus ou moins distans et un peu recourbés en avant ; charnière anomale droite, ou un peu courbée, longue et formée par une ligne de dents courtes, verticales, décroissantes des extrémités au centre : ligament extérieur, large, presque autant avant qu'après le sommet ; deux impressions musculaires réunies par une ligule abdominale, marginale, peu marquée.

A. Espces naviculaires ; la charnière complètement droite ; le pied tendineux et adhérent.   (Les NAVICULES.)

Ex. L'Arche de Noé. *Arca Noæ.* E. m., pl. 303, f. 1, *a b c.*

B. Espèces bistournées, closes ; la charnière complètement droite.
(Les BISTOURNÉES. G. TRISIS, Oken.)

Ex. L'A. bistournée. *A. tortuosa.* E. m., pl. 305, f. 1, *a b.*

C. Espèces naviculaires ; la charnière complètement droite, les dents terminales beaucoup plus longues et plus obliques que les autres.
(G. CUCULLÉE. Lamck.)

Ex. L'A. auriculifère. *A. auriculifera.* E. m., pl. 304, f. 1, *a b c.*

D. Espèces à charnière droite, non échancrées ou non bâillantes inférieurement, et dont le muscle n'est pas adhérent.

Ex. L'A. barbue. *A. barbata.* E. m., pl. 309, f. 1.

E. Espèces bien closes, de forme moins alongée, plus pectinoïdes ; la charnière droite.   (Les RHOMBOÏDES.)

Ex. L'A. rhomboïde. *A. rhombea.* E. m., pl. 307, f. 3, *a b.*

F. Espèces ovales, alongées, un peu arquées dans leur longueur, un peu bâillantes inférieurement, à sommets peu distans ; le ligament presque intérieur ; la ligne dentaire un peu arquée.

Ex. L'A. mytiloïde. *A. mytiloidea.*

Observ. M. de Lamarck distingue trente-sept espèces vivantes et neuf fossiles dans ce genre, outre trois espèces également fossiles de cucullées. Parmi les premières il y en a de toutes les mers.

PÉTONCLE. *Pectunculus.*

Corps arrondi, plus ou moins comprimé ; le manteau sans cirrhes ni tubes ; le pied sécuriforme et fendu à son bord inférieur et antérieur ; les appendices buccaux linéaires.

32.

Coquille orbiculaire, équivalve, subéquilatérale ; les sommets presque verticaux et plus ou moins distans ; charnière formée sur chaque valve d'une série assez nombreuse de petites dents disposées en une ligne courbe interrompue quelquefois sous le sommet ; ligament comme dans les arches, mais ordinairement beaucoup moins large.

A. Espèces renflées, plus ou moins lisses et velues.

Ex. Le Pétoncle flammulé. *Pectunculus pilosus.* E. m., pl. 310, f. 1, *a b c* ?

B. Espèces lenticulaires, plus comprimées, pectinées et plus ou moins rugueuses.

Ex. Le P. pectiniforme. *P. pectiniformis.* E. m., pl. 311, f. 5.

Observ. Ce genre renferme dans l'ouvrage de M. de Lamarck vingt-neuf espèces vivantes de toutes les mers, et douze environ de fossiles.

Nucule. *Nucula.*

Corps subtriquètre ; manteau ouvert dans sa moitié inférieure seulement, à bords entiers, denticulés dans toute la longueur du dos, sans prolongemens postérieurs ; le pied fort grand, mince à sa racine, élargi en un grand disque ovale, dont les bords sont garnis de digitations tentaculaires ; les appendices buccaux antérieurs assez longs, pointus, roides et appliqués l'un contre l'autre comme des espèces de mâchoires ; les postérieurs également roides et verticaux.

Coquille plus ou moins épaisse, subtriquètre, équivalve, inéquilatérale, à sommets contigus et tournés en avant ; charnière similaire formée par une série nombreuse de dents très-aiguës, pectinées, disposées en une ligne brisée sous le sommet ; ligament interne, court, inséré dans une petite fossette oblique de chaque valve ; deux impressions musculaires.

A. Espèces dont le bord est entier.

Ex. La Nucule rostrée. *Nucula rostrata.* E. m., pl. 309, f. 7, *a b.*

B. Espèces dont le bord est crénelé.

Ex. La N. nacrée. *N. margaritacea.* E. m., pl. 311, f. 3, *a b c.*

Observ. M. de Lamarck caractérise six espèces vivantes, et quatre fossiles dans ce genre; des premières, trois sont de nos mers, et les autres des mers australes.

Nous avons observé l'animal de la nucule nacrée.

Fam. VI. — *SUBMYTILACÉS*. Submytilacea.

Le manteau presque comme dans les mytilacés, c'est-à-dire adhérent et fendu dans toute sa partie inférieure, avec un orifice distinct pour l'anus, et un commencement de tube pour la respiration, par une disposition particulière de son extrémité postérieure, qui est garnie de papilles tentaculaires; une large masse charnue abdominale pour la locomotion, sans byssus à sa base; deux impressions musculaires distinctes.

Coquille libre, subnacrée, régulière, équivalve; charnière dorsale, lamelleuse; ligament externe; deux impressions musculaires avec l'impression abdominale qui les réunit, non excavée en arrière.

Observ. Les animaux de cette famille sont plus ou moins lutricoles et erratiques au moyen de leur pied.

* Espèces épidermées, nacrées (toutes étant d'eau douce).
(Les Limnoconques. G. Limnoderme. Poli.)

Axodonte. *Anodonta*.

Corps large, peu comprimé ou assez épais, plus ou moins ovalaire; le manteau à bords épais, simples ou frangés, ouvert dans toute sa circonférence, si ce n'est vers le dos; un orifice ovalaire distinct pour l'anus; une espèce de petit tube incomplet et garni de deux rangées de cirrhes assez alongés pour la cavité respiratrice; pied lamelliforme et tranchant.

Coquille ordinairement assez mince, régulière, close, équivalve, inéquilatérale; sommet antérodorsal; charnière complètement édentule avec une lame postapiciale; ligament externe, dorsal et postapicial; deux impressions musculaires bien marquées, outre celles des muscles rétracteurs.

A. Espèces minces, ovales, très-alongées, inauriculées; la charnière fort longue, linéaire, crénelée dans toute sa longueur.
(G. Iridine. Lamck.)

Ex. L'Anodonte exotique. *Anodonta exotica*. E. m., pl. 204 *bis*, f. 1, *a b*.

B. Espèces ovales, à charnière arquée, sans trace d'auricule.

Ex. L'A. rougeâtre. *A. rubens*. E. m., pl. 201, f. 1, *a b*.

C. Espèces ovales, alongées, à charnière droite, et auriculées en arrière seulement.

Ex. L'A. des Cygnes. *A. cygnea*. Draparn., Moll., pl. 11, fig. 6.

D. Espèces ovales ou arrondies, auriculées en avant comme en arrière du sommet.

Ex. L'A. trapéziale. *A. trapeziälis*. E. m., pl. 205, f. 1, *a b*.

E. Espèces beaucoup plus auriculées avec une lame alongée, bien plus saillante à la charnière.   (G. Dipsas. Leach.)

Ex. L'A. Dipsade. *A. Dipsas*. Leach, Mel. Zool., t. I, pl. 1.

Observ. Le nombre des espèces de ce genre est de quinze dans l'ouvrage de M. de Lamarck; mais il est certain qu'il en existe davantage. On en connoît dans les eaux douces de tous les pays, surtout dans l'Amérique septentrionale. Nous en possédons au moins trois espèces.

Mulette. *Unio*.

Animal entièrement semblable à celui des anodontes.

Coquille ordinairement fort épaisse, nacrée intérieurement, épidermée, rongée aux sommets, qui sont dorsaux et subantérieurs ; charnière dorsale formée, outre une longue dent lamelleuse sous le ligament, d'une double dent præcardinale plus ou moins comprimée et dentelée irrégulièrement sur la valve gauche, simple sur la valve droite ; ligament et impression musculaire comme dans les anodontes.

A. Espèces obliques, dont le corselet est dilaté et relevé en crête saillante, ce qui les rend comme auriculées ou aviculaires,

         (G. Hyrie. Lamck.)

Ex. La Mulette ridée. *Unio corrugata*. Enc. mét., pl. 247, f. 2, *a b*.

B. Espèces ovales, peu ou point auriculées.

1. Ovales, subauriculées.

Ex. La M. sinuée. *U. sinuata*. E. m., pl. 248, f. 1, *a b*.

2. Ovales, non auriculées.

Ex. La M. des Peintres. *U. Pictorum.* E. m., pl. 248, f. 4.

3. Rondes ou presque rondes.

Ex. La M. suborbiculée. *U. suborbiculata.*

C. Espèces courtes, subtriquètres, dont les dents lamelleuses et præ-apiciales sont plus prononcées, plus régulières et toutes striées perpendiculairement à leur longueur.   (G. CASTALIE. Lamck.)

Ex. La M. ambiguë. *U. ambigua.*

Observ. Les espèces de ce genre deviennent tous les jours plus nombreuses : en effet on en trouve dans tous les pays, mais surtout dans l'Amérique septentrionale. M. de Lamarck en caractérise plus de cinquante, mais il convient qu'elles sont en général fort difficiles à distinguer; à plus forte raison, les subdivisions génériques qu'on a voulu établir dans ce genre, d'après la forme générale de la coquille et celle des dents præapiciales, comme l'a fait M. Rafinesque. On passe en effet par des nuances presque insensibles des espèces dont les dents sont à peine apparentes, jusqu'à celles où elles deviennent presque régulières comme dans la mulette ambiguë, que nous croyons avoir été le premier à rapprocher de ce genre, contradictoirement avec M. de Lamarck qui alors en faisoit une trigonie.

Nous pensons même que par la suite on découvrira des espèces qui établiront le passage entre les anodontes et les mulettes, en sorte que ces deux genres devront être réunis.

** Espèces sans épiderme évident, non nacrées et plus ou moins pectinées (Toutes sont marines.)

CARDITE. *Cardita.*

Animal semblable à celui des limnoconques, d'après Poli.

Coquille épaisse, solide, équivalve, plus ou moins inéquilatérale; sommet dorsal, toujours très-recourbé en avant; charnière similaire, formée par deux dents obliques, une courte cardinale ou apiciale, et l'autre postapiciale, longue, lamelleuse et arquée; ligament alongé, subextérieur et enfoncé; deux impressions musculaires bien distinctes, réunies par une ligule abdominale, étroite, semicirculaire.

A. Espèces alongées, un peu échancrées ou bâillantes au bord inférieur ; le sommet presque céphalique ; le ligament caché.

(Les Mytilicardes.)

Ex. La Cardite Grosse-côte. *Cardita crassicosta.* Adans., Sénég., pl. 15, f. 8.

B. Espèces ovales, à bord inférieur presque droit ou un peu bombé, crénelé et complètement fermé.　　　　(Les Cardiocardites.)

Ex. La C. Ajar. *C. Ajar.* Adans., Sénég., pl. 16, f. 2.

C. Espèces presque rondes ou suborbiculaires, à bord inférieur arrondi, denticulé, de plus en plus équilatérales ; les deux dents plus courtes et plus obliques.　　　　(G. Vénéricarde. Lamck.)

Ex. La C. à côtes plates. *V. planicosta.* Ann. du Mus., vol. 9, pl. 31, fig. 10.

D. Espèces alongées, très-inéquilatérales ; le sommet presque céphalique et recourbé en avant ; deux dents cardinales courtes, divergentes, outre la dent lamelleuse ; ligament très-long, peu ou point saillant ; impression abdominale quelquefois un peu rentrée en arrière.

(G. Cypricarde. Lamck.)

Ex. La C. de Guinée. *C. guinaica.* E. m., pl. 234, f. 2.

Observ. D'après l'exemple de Poli, il est évident que ce genre, et ses subdivisions, doivent être rapprochés de celui des mulettes, dont cet auteur ne fait même qu'un seul et unique genre ; il n'est cependant pas certain que parmi les cypricardes, il n'y ait quelques espèces qui dussent passer parmi les vénus lithodomes, car l'impression abdominale est quelquefois excavée en arrière ? Quoi qu'il en soit, M. de Lamarck définit vingt-cinq espèces de cardites, dont une seule fossile, onze vénéricardes, toutes fossiles, à l'exception d'une seule, et sept cypricardes dont quatre vivantes des mers des pays chauds, et trois fossiles de France.

Les espèces de ce genre vivent, à ce qu'il paroît, à découvert sur les rochers.

Fam. VII. — *CAMACÉS.* Camacea.

Manteau ouvert à sa partie inférieure médiane seulement, pour le passage d'un pied de forme variable, mais toujours comprimé à sa base ; les bords du manteau adhérens et finement frangés, réunis en arrière par une bande transverse, percée de deux orifices distincts, garnis de tentacules rayonnés.

Coquille de forme variable, régulière ou irrégulière, libre ou adhérente, à deux empreintes musculaires, réunies par une ligule peu marquée, sans échancrure postérieure; charnière anomale.

* Coquille irrégulière.

CAME. *Chama.*

Corps suborbiculaire, terminé supérieurement par une sorte de crochet; manteau fort peu ouvert; pied terminé à son extrémité par une partie beaucoup plus étroite que la base; lobes supérieurs des branchies fort courts.

Coquille irrégulière, adhérente, inéquivalve, inéquilatérale, à sommets plus ou moins contournés en spirale, surtout pour la valve adhérente; charnière dissemblable, grossière, formée par une seule dent lamelleuse, arquée, subcrénelée, postcardinale, s'articulant dans un sillon de même forme; ligament extérieur, postapicial, un peu enfoncé; deux impressions musculaires, grandes et assez distantes.

A. Espèces dont les sommets tournent de gauche à droite.

Ex. La Came feuilletée. *Chama Lazarus.* E. m., pl. 196, f. 4-5.

B. Espèces dont les sommets tournent de droite à gauche.

Ex. La C. Arcinelle. *C. Arcinella.* E. m., pl. 197, f. 4, *a b.*

Observ. Parmi les dix-sept espèces vivantes que M. de Lamarck caractérise dans ce genre, il y en a de toutes les mers, si ce n'est de celle du Nord; mais elles sont beaucoup plus nombreuses dans l'Océan austral. On en connoît déjà huit espèces fossiles dans la France et l'Italie.

DICÉRATE. *Diceras.*

Animal complètement inconnu.

Coquille irrégulière, inéquivalve, inéquilatérale, à sommets très-saillans, presque régulièrement contournés en spirale; charnière dissemblable, formée par une grande dent épaisse, concave sur la plus grande valve; ligament inconnu.

Ex. La Dicérate ariétine. *Diceras arietina.* Favanne, Conchyl., pl. 80, f. S.

Observ. Ce genre, assez incomplètement connu, ne renferme que l'espèce fossile qui lui a servi de type.

ETHÉRIE. *Etheria.*

Animal inconnu.

Coquille adhérente, irrégulière, épaisse, très-nacrée, inéquivalve, inéquilatérale ; les sommets subcéphaliques, épais, peu évidens dans une espèce de talon, se prolongeant avec l'âge ; charnière édentule, calleuse, irrégulière, épaisse ; ligament longitudinal subdorsal, en partie extérieur et se prolongeant en pointe dans l'intérieur de la coquille. Deux impressions musculaires oblongues, irrégulières, l'une supérieure et subpostérieure, l'autre inférieure et antérieure, avec une impression abdominale marginale

A. Espèces qui ont une callosité oblongue à la partie antérieure de la coquille.

Ex. L'Ethérie elliptique. *Etheria elliptica.* Lamck., Ann. du Mus., 10, pl. 29 et 31, fig. 1.

B. Espèces sans callosité.

Ex. L'E. sémilunaire. *E. semilunata.* Lamarck, Ann. du Mus., pl. 32, fig. 1-2.

Observ. Quoique la coquille de ce genre ait bien évidemment deux impressions musculaires, nous croyons cependant qu'il devoit plutôt être placé dans la famille des margaritacés que dans celle des camacés, comme le fait M. de Lamarck, à cause de la structure extérieure et intérieure ; mais, d'après ce que nous a dit M. Deshayes, l'impression abdominale indiquant la disposition des lobes du manteau, il ne peut plus y avoir de doute. Quoi qu'il en soit, ce genre n'est encore composé que de quatre espèces vivantes, deux de chaque section ; les premières sont certainement fluviatiles, d'après la découverte de M. Caillaud, et les deux autres marines.

** Coquille régulière.

TRIDACNE. *Tridaena.*

Corps assez épais ; les bords renflés et lobés du manteau adhérens et réunis dans presque toute la circonférence, de manière à n'offrir que trois ouvertures ; la première en bas et en avant pour la sortie d'un pied susceptible d'adhérer ; la seconde en haut et en arrière pour la cavité branchiale ; la troisième beaucoup plus petite au milieu du bord dorsal, ou supérieur pour l'anus ; deux paires d'appendices labiaux extrêmement grêles et presque filiformes ; un très-gros muscle adducteur médian et presque dorsal, analogue du postérieur des autres bivalves, et un autre beaucoup plus petit, très-peu distinct vers l'extrémité antérieure de l'animal.

Coquille épaisse, solide, assez grossière, régulière, triangulaire, plus ou moins inéquilatérale et placée sur les côtés de l'animal, de manière que le dos de celui-ci correspond au bord ventral de celle-là, et *vice versâ*, et que l'extrémité buccale soit du côté du ligament, et *vice versâ*; les sommets inclinés en arrière; charnière dissemblable tout-à-fait en avant d'eux; une dent lamelleuse præcardinale et deux dents latérales écartées sur la valve gauche, correspondantes à deux dents lamelleuses præcardinales, et à une latérale écartée de la valve droite; ligament antérieur, alongé; une grande impression musculaire submédiane, presque marginale et souvent peu sensible; une autre antérieure beaucoup plus petite, moins marquée et peu distincte de l'impression abdominale.

A. Espèces dont la coquille est plus alongée, plus inéquilatérale; le côté antérieur étant plus long que le postérieur; la lunule largement ouverte dans le jeune âge pour le passage d'un pied adhérent?

Ex. La Tridacne Bénitier. *Tridacna Gigas*. E. m., pl. 235, f. 1.

B. Espèces plus équilatérales; le côté antérieur plus court que le postérieur, et formant une vaste lunule tout-à-fait pleine; les sommets recourbés en avant, et la dent postcardinale unique sur les deux valves.

(G. Hippope. Lamck.)

Ex. La T. Hippope. *T. Hippopus*. E. m., pl. 256, f. 2, *a b*.

Observ. L'observation que nous avons faite que les tridacnes adultes ont la lunule complètement fermée, ne nous permet d'abord guère de conserver le genre Hippope, et ensuite nous porte à croire que ces animaux que nous avons observés sur deux individus rapportés par MM. Quoy et Gaimard, n'adhèrent pas toujours. Nous regardons l'espèce de byssus, par lequel ils le font, comme une dépendance du pied, ce qui a lieu aussi dans certaines arches; et alors l'animal des tridacnes ne diffère de celui des cames que par un singulier retournement dans sa coquille, qui même peut être dû à sa suspension; le muscle unique, en apparence, est l'analogue du postérieur; l'anus passant certainement au-dessus; il se trouve près de l'extrémité antérieure une petite impression qui représente l'antérieur. Quoi qu'il en soit, toutes les espèces vivantes de ce genre, qui sont au nombre de sept dans l'ouvrage de M. de Lamarck, sont de l'Océan indien. Il y en a une fossile en Normandie.

ISOCARDE. *Isocardium.*

Corps fort épais; les bords du manteau finement papillaires, séparés dans la partie inférieure moyenne seulement, et réunis en arrière par une bande transverse, percée de deux orifices, entourée de papilles radiaires; pied petit, comprimé, tranchant; les appendices buccaux ligulés.

Coquille libre, régulière, très-bombée, équivalve, très-inéquilatérale, à sommets divergens, fortement recoubée en avant et en dehors, en spirale commençante; charnière dorsale, longue, similaire, formée de deux dents cardinales aplaties et d'une autre lamelleuse, écartée en arrière du ligament; ligament dorsal extérieur, divergent vers les sommets en avant; impressions musculaires très-distantes et assez petites.

Ex. L'Isocarde globuleuse. *Isocardium Cor.* E. m., pl. 232, f. 1, *a b c d.*

Observ. L'espèce qui sert de type à ce genre est vivante dans nos mers; deux autres viennent des mers de l'Inde; une quatrième est fossile.

TRIGONIE. *Trigonia.*

Animal entièrement inconnu.

Coquille subtrigone ou suborbiculaire, épaisse, régulière, équivalve, inéquilatérale, à sommets peu proéminens, peu recourbés, antérodorsaux; charnière complexe, dorsale, dissemblable; deux grosses dents oblongues jointes anguleusement sous le sommet, fortement sillonnées sur la valve droite, pénétrant dans deux excavations de même forme, également sillonnées, de la valve gauche; ligament postapicial; deux impressions musculaires distinctes, et non réunies par une ligule.

A. Espèces trigones.

Ex. La Trigonie noduleuse. *Trigonia nodulosa.* Enc. m., pl. 237, f. 2, *a b.*

B. Espèces suborbiculaires ou radiées.

Ex. La T. pectinée. *T. pectinata.* Ann. du Mus., pl. 67, f. 2.

Observ. Parmi les seize espèces que M. de Lamarck définit dans ce genre, il n'y en a qu'une seule vivante; toutes les autres sont fossiles et communes dans les terrains d'ancienne formation.

Fam. VIII. — *CONCHACÉS*. Conchacea.

Manteau fermé en avant, en dessus et en arrière où il est prolongé par deux tubes plus ou moins longs, extensibles, séparés ou réunis ; abdomen constamment pourvu d'un pied de forme un peu variable, servant à la locomotiou.

Coquille presque toujours régulière, entièrement close, équivalve ; les sommets recourbés en avant ; charnière dorsale complète, c'est-à-dire, avec engrenage et ligament ; celui-ci extérieur ou intérieur, court et bombé ; deux impressions musculaires distinctes, réunies inférieurement par une ligule plus ou moins large, et très-souvent infléchie ou rentrée en arrière.

Observ. Tous les animaux de cette famille vivent enfoncés plus ou moins profondément dans le sable ou dans la vase, mais ils peuvent encore en sortir quelquefois.

Tribu I. — *Les conchacés régulières à dents latérales écartées.*

Bucarde. *Cardium.*

Corps assez bombé ; le manteau bordé de cirrhes tentaculaires dans toute sa partie inférieure et plus ou moins cannelé en dehors ; les tubes réunis, médiocres et pourvus de cirrhes à l'extrémité ; bouche transverse, très-large, à appendices labiaux médiocres ; pied très-grand, cylindrique, coudé, se portant assez en avant ; branchies épaisses, assez petites, surtout les lames externes ; les internes réunies dans toute leur longueur.

Coquille bombée, équivalve, subcordiforme (lorsqu'elle est vue antérieurement), ordinairement côtelée du sommet à la circonférence ; les sommets bien évidens, à peine recourbés en avant ; charnière complexe, similaire, formée de deux dents cardinales, obliques, coniques, et de deux dents latérales écartées sur chaque valve ; ligament dorsal, postérieur et très-court.

A. Espèces plus ou moins bâillantes et à côtes aussi larges que les cannelures.

Ex. La Bucarde exotique. *Cardium exoticum.* E. m., pl. 292, f. 1, *a b c.*

B. Espèces non bâillantes et dont les côtes sont aussi larges que les cannelures.

Ex. La B. tuberculée. *C. tuberculatum.* E. m., pl. 300, f. 1.

C. Espèces non bâillantes, à côtes beaucoup plus larges que les cannelures.

Ex. La B. Sourdon. *C. edule.* E. m., pl. 312, f. 2.

D. Espèces lisses ou presque lisses.

Ex. La B. lisse. *C. lœvigatum.* E. m., pl. 300, f. 2.

E. Espèces dont le côté antérieur est très-court et presque tout-à-fait plat.   (G. Hémicarde. Cuv.)

Ex. La B. Soufflet. *C. Hemicardium*, E. m., pl. 295, f. 2, *a b c.*

Observ. Les animaux de ce genre vivent enfoncés assez peu profondément dans le sable, sur les rivages de la mer : on n'en connoît pas encore d'eau douce. Parmi les quarante-huit espèces que M. de Lamarck définit, il y en a de toutes les mers ; on n'a cependant pas encore observé d'espèces vivantes de la dernière forme dans celles d'Europe. Les espèces fossiles sont aussi assez nombreuses, quoique M. de Lamarck n'en définisse que quatorze.

DONACE. Donax.

Corps assez comprimé, triangulaire ; le bord libre du manteau garni d'un rang de tentacules plus gros et plus longs en arrière ; pied très-large, comprimé et pointu en avant ; appendices buccaux, presque aussi grands que les lames branchiales, dont la paire externe est beaucoup plus petite que l'interne ; le muscle adducteur antérieur, plus grand que l'autre ; les tubes bien distincts.

Coquille subtrigone, plus longue que haute, équivalve, très-inéquilatérale ; le côté postérieur étant beaucoup plus court que l'antérieur ; les sommets presque verticaux ; charnière complexe, similaire ; deux dents cardinales sur les deux valves ou sur une seulement ; une ou deux dents latérales écartées sur chaque valve ; ligament postérieur, court et bombé ; deux impressions musculaires, arrondies, réunies par une ligule abdominale, étroite et fortement excavée en arrière.

A. Espèces ovales, dont le côté postérieur est subtronqué, et le corselet plus ou moins caréné.

Ex. La Donace grimaçante. *Donax ringens.* E. m., pl. 260. f. 3, *a b.*

B. Espèces dont le côté postérieur est tronqué, et qui sont sillonnées du sommet à la base.

Ex. La D. denticulée. **D. *denticulata*.** E. m., pl. 262, f. 7, *a b c.*

C. Espèces plus ovales, à corselet moins caréné et de couleur radiée.

Ex. La D. tronquée. *D. truncata.* **D. *truncatus*.** Chemn.. Conch., 6, t. 26, f. 253-254.

D. Espèces plus alongées, subépidermées; la dent latérale antérieure subeffacée.

Ex. La D. des Canards. **D. *anaticum*.** Faun. Franç.

E. Espèces de même forme à peu près, épidermées; les dents latérales presque complètement effacées; les cardinales réduites à une grosse dent subbifide à droite, se plaçant entre deux fort minces à gauche.

(G. CAPSE. Lamck.)

Ex. La D. lisse. *D. lævigata.* E. m., pl. 231, f. 2, *a b c.*

Observ. Les donaces vivent comme les bucardes, enfoncées peu profondément dans le sable, le côté court en haut : on en connoît dans toutes les parties du monde. M. de Lamarck en caractérise vingt-sept espèces vivantes.

Il n'y a peut être pas deux véritables espèces qui aient absolument la même charnière.

TELLINE. *Tellina.*

Animal entièrement semblable à celui des donaces, mais plus comprimé, et en général plus alongé, et à tubes beaucoup plus longs.

Coquille de forme un peu variable, le plus souvent striée longitudinalement et très-comprimée, équivalve, plus ou moins inéquilatérale; le côté antérieur presque toujours plus long et plus arrondi que le postérieur, qui offre constamment un pli flexueux au moins à son bord inférieur; les sommets peu marqués; charnière similaire; une ou deux dents cardinales; deux dents latérales écartées avec une fossette à leur base dans chaque valve; ligament postérieur, bombé, assez grand, outre un præapicial fort petit; impressions musculaires arrondies; la ligule abdominale fort étroite et très-profondément rentrée en arrière.

A. Espèces subtriquètres.

Ex. La Telline bimaculée. *Tellina bimaculata.* E. m., pl. 290, f. 9.

B. Espèces alongées, mais dont le côté postérieur est plus court et plus étroit que l'antérieur.

Ex . La T. radiée. *T. radiata.* E. m., pl. 289, f. 2.

C. Espèces ovales ou suborbiculaires, et presque équilatérales.

Ex. La T. Rape. *T. scobinata.* E. m., pl. 291, f. 4, *a b c d.*

D. Espèces équilatérales, assez alongées, presque sans pli flexueux; deux dents cardinales, divergentes, et deux dents latérales écartées dont l'antérieure peu éloignée du sommet.   (G. Tellinide. Lamck.)

Ex. La T. de Timor. *T. timorensis.* Pl. du Dict., Conchacés.

Observ. Les tellines, qui diffèrent si peu des donaces, vivent comme elles enfoncées dans le sable, mais plus profondément. Les espèces sont nombreuses, surtout dans les mers des pays chauds; on en trouve cependant au moins dix espèces dans celles d'Europe, sur cinquante-quatre vivantes caractérisées par M. de Lamarck; le nombre des fossiles déjà connues est de dix ou douze.

Lucine. *Lucina.*

Animal à peu près inconnu, ou seulement d'après le loripède de Poli.

Coquille comprimée, régulière, orbiculaire, subéquilatérale, à sommets assez saillans, dirigés en avant; la lunule et le corselet indiqués, et souvent relevés en crête; charnière similaire, mais variable; deux dents cardinales divergentes, peu marquées, et quelquefois tout-à-fait effacées; deux dents latérales écartées avec une fossette à la base, mais aussi quelquefois tout-à-fait nulles; ligament postérieur plus ou moins enfoncé; deux impressions musculaires, dont l'antérieure étroite et longue, réunies par une ligule abdominale souvent fort large, sans échancrure ou excavation postérieure.

A. Espèces lenticulaires, striées concentriquement; la lunule et le corselet indiqués en relief; les dents de la charnière variables et quelquefois nulles.   (Les L. Phacoïdes.)

Ex. La Lucine de la Jamaïque. *Lucina jamaicensis.* E. m., pl. 284, f. 2, *a b c.*

B. Espèces de même forme ; la lunule et le corselet non saillans.

(G. LORIPÈDE. Poli.)

Ex. La L. lactée. *L. lactea.* E. m., pl. 386, f. 1, *a b c.*

C. Espèces lenticulaires, pectinées ou rayonnées du sommet à la base.

Ex. La L. rude. *L. scabra.* E. m., pl. 285, f. 5, *a b c.*

D. Espèces lenticulaires ou ovalaires, avec indice ou non de la lunule, et dont le ligament oblique est entièrement caché.

(G. AMPHIDESME. Lamck.)

Ex. La L. pellucide. *L. pellucida.* E. m., pl. 286, f. 1, *a b c.*

E. Espèces assez épaisses, ovales, un peu alongées, presque équilatérales, sans pli indicateur du corselet ; les dents cardinales et latérales bien marquées ; l'empreinte musculaire antérieure, arrondie.

(G. FIMBRIA. Megerle ; CORBEILLE. Cuv.)

Ex. La L. renflée. *L. fimbriata.* E. m., pl. 386, f. 3, *a b c.*

Observ. Ce genre est plus aisé à caractériser par la forme générale de la coquille orbiculaire, comprimée, que par le système dentaire qui s'efface quelquefois entièrement. Il comprend dans l'ouvrage de M. de Lamarck vingt espèces de lucines, seize espèces d'amphidesmes et trois espèces de corbeilles.

CYCLADE. *Cyclas.*

Corps ovale, épais ; les bords du manteau simples ; les tubes courts et réunis ; le pied large, comprimé à sa base, et terminé par une sorte de jambe ou d'appendice.

Coquille épidermée, ovale ou suborbiculaire, régulière, équivalve, inéquilatérale ; les sommets obtus, contigus ou tournés en avant ; charnière similaire, complexe, formée par un nombre un peu variable de dents cardinales, et par deux dents latérales écartées, avec une fossette à la base ; ligament extérieur, postérieur et bombé ; deux impressions musculaires, distantes, réunies par une ligule abdominale peu marquée, et sans excavation postérieure.

A. Espèces suborbiculaires ; les dents cardinales un peu variables, toujours fort petites et quelquefois nulles ; les sommets non écorchés.

(G. CORNEA, et PISUM. Megerle.)

Ex. La Cyclade des rivières. *Cyclas rivicola.* E. m., pl. 302, f. 5, *a b c.*

B. Espèces subtrigones, ou ovales alongées; les sommets écorchés plus antérieurs; trois dents cardinales dont les deux postérieures sont bifides.　　　　　　　　　　　　　　　(G. Cyrène. Lamck.)

* Dents latérales dentelées. (G. Corbicula. Megerl.)

Ex. La C. cerclée. *C. fluminea.* Chemn., Conch., 6, t. 3o, f. 3o2-3o3.

** Dents latérales entières.

Ex. La C. de Ceylan. *C. zeylanica.* E. m., pl. 3o2, f. 4, *a b.*

C. Espèces subtrigones; deux dents cardinales sillonnées sur une valve, trois sur l'autre, celle du milieu plus grosse et calleuse.　　　　　　　　　　　　　　　(G. Galathée. Lamck.)

Ex. La C. à rayons. *C. radiata.* E. m., pl. 25o, f. 1.

Observ. Toutes les espèces de ce genre vivent dans les eaux douces, enfoncées dans la vase. On n'en connoît pas encore des deux dernières sections en Europe, la plupart venant de l'Inde; mais toutes les parties du monde en renferment de la première. M. de Lamarck compte onze espèces de la première section, onze de la seconde, dont une fossile, et une seule de la troisième.

Cyprine. *Cyprina.*

Animal épais, ovale; pied comprimé, falciforme, géniculé; la partie coudée tranchante et denticulée; le manteau fermé en arrière, et percé de deux ouvertures ovales à bords cirrheux, sans véritables tubes. (*D'après Othon Fabricius.*)

Coquille épidermée, épaisse, régulière, substriée longitudinalement, subcordiforme, équivalve, inéquilatérale, à sommets très-fortement recourbés en avant et souvent contigus; charnière épaisse, subsimilaire, formée par trois dents cardinales peu convergentes, et par une dent latérale écartée, postérieure, quelquefois obsolète; ligament fort épais, bombé, porté par des callosités nymphales grandes, arquées, précédées par une fossette plus ou moins profonde, creusée immédiatement en arrière des sommets; impressions musculaires subcirculaires, bien distantes, réunies par une ligule étroite, marginale, peu ou point sinueuse en arrière; l'impression du muscle rétracteur antérieur du pied, grande et réunie avec celle de l'adducteur.

Ex. La Cyprine d'Islande. *Cyprina islandica* E. m., pl. 3o1, f. 1, *a b.*

Observ. Ce genre, pour ainsi dire, intermédiaire aux cyclades et aux vénus, ne renferme encore qu'une espèce vivante parmi les huit que M. de Lamarck caractérise.

MACTRE. *Mactra.*

Corps ovale, assez épais; les bords du manteau épaissis, lisses ou sans papilles tentaculaires, augmentés en arrière de deux tubes peu distincts, assez longs; bouche petite, ovale; appendices labiaux médiocres, étroits; lames branchiales très-petites et réunies dans leur longueur entre elles et avec celles du côté opposé; pied ovale, tranchant, très-long, en soc de charrue.

Coquille souvent assez mince et épidermée, de forme triangulaire, quelquefois un peu bâillante en arrière, équivalve, inéquilatérale; les sommets protubérans et à peine courbés en avant; charnière complexe et subsimilaire; une dent cardinale pliée en gouttière, en avant d'une fossette arrondie sur chaque valve; dents latérales, peu écartées, minces, lamelleuses et intrantes; ligament extérieur, petit; un ligament tout-à-fait intérieur dans la fossette; deux impressions musculaires réunies par une ligule marginale, étroite, assez peu rentrée en arrière.

A. Espèces dont les dents cardinales sont presque nulles par l'agrandissement de la fossette du ligament.

Ex. La Mactre géante. *Mactra gigantea.* E. m., pl. 259, f. 1.

B. Espèces dont toutes les dents sont fort grandes, laminaires et non striées.

Ex. La M. Lisor. *M. stultorum.* E. m., pl. 256, f. 2, *a b.*

C. Espèces épaisses, solides, sans épiderme; les dents latérales finement striées; le manteau percé de deux ouvertures presque sans tubes.

Ex. La M. solide. *M. solida.* E. m., pl. 358, f. 1.

D. Espèces dont les dents latérales sont presque nulles.

Ex. La M. trigonelle. *M. trigonella.* E. m., pl. 259, f. 2, *a b c?*

E. Espèces très-épaisses, solides, striées longitudinalement; les dents cardinales nulles ou presque nulles; les latérales fort épaisses, très-rapprochées, relevées; un ligament externe outre l'interne.

Ex. La M. épaisse. *M. crassa.* Nouv. esp. du Brésil, rapportée par MM. Quoy et Gaimard.

32.

Observ. Les mactres vivent enfoncées dans le sable, à une petite distance des rivages de toutes les mers. M. de Lamarck en caractérise déjà trente-trois espèces vivantes, dont une seule a son analogue fossile. Parmi les vingt-sept espèces que Gmelin met dans ce genre, il y en a quatre qui appartiennent au genre Lutraire.

ERYCINE. *Erycina.*

Animal inconnu.

Coquille un peu plus longue que haute, subtrigone, régulière, équivalve, inéquilatérale, peu ou point bâillante; les sommets bien marqués et un peu inclinés en avant; charnière subsimilaire; deux dents cardinales inégales, convergentes au sommet, et laissant une fossette entre elles; deux dents latérales peu écartées, lamelleuses et intrantes; ligament intérieur dans la fossette; deux impressions musculaires arrondies.

Ex. L'Erycine cardioïde. *Erycina cardioïdes.* Dict. des Sc. nat., Planch., f. 7.

Observ. Ce genre ne renferme encore qu'une espèce vivante, trouvée sur le sable, à la Nouvelle-Hollande; il y en a plusieurs fossiles en France, mais elles me paroissent bien hétérogènes.

Tribu. II. — *C. régulières, sans dents latérales écartées.*

CRASSATELLE. *Crassatella.*

Animal inconnu.

Coquille ordinairement épaisse, striée longitudinalement, denticulée, régulière, subtrigone, équivalve, inéquilatérale, à sommets bien marqués et évidemment tournés en avant; lunule et corselet bien distincts; charnière fort large, subsimilaire, formée par deux dents cardinales, divergentes, séparées par une large fossette; ligament presque tout-à-fait intérieur, et inséré dans cette fossette; deux impressions musculaires, arrondies, distantes, réunies par une ligule marginale, sans trace de sinuosité postérieure; l'impression du muscle rétracteur distincte.

Ex. La Crassatelle polie. *Crassatella glabrata.* E. m., pl. 257, f. 3.

Observ. Ce genre offre cela de remarquable, que toutes les espèces vivantes qu'il contient, et qui sont déjà au nombre de onze, n'existent que dans les mers de l'Australasie, tandis que nous en possédons au moins sept à l'état fossile en France.

VÉNUS. *Venus.*

Animal ovale ou arrondi, ordinairement assez peu comprimé; les bords du manteau onduleux et garnis de cirrhes tentaculaires sur un seul rang; pied considérable, comprimé, tranchant, du reste diversiforme; les tubes médiocrement alongés et presque constamment réunis; bouche petite, sémilunaire; les appendices labiaux assez petits; les branchies larges, courtes, libres ou non réunies, ni entre elles, ni avec celles du côté opposé.

Coquille solide, épaisse, régulière, parfaitement équivalve et close, plus ou moins inéquilatérale; les sommets bien marqués, s'inclinant en avant; charnière subsimilaire; deux, trois ou même quatre dents cardinales, plus ou moins rapprochées, et convergentes vers le sommet; ligament épais, souvent arqué, bombé, et extérieur; deux impressions musculaires, distantes, réunies par une ligule étroite, excavée plus ou moins profondément en arrière, ou plus ou moins large et arrondie postérieurement; une troisième petite en avant de l'antérieure pour le muscle rétracteur antérieur du pied.

* La dent médiane profondément divisée en deux, l'antérieure plus avancée. (CYTHÉRÉE. Lamck.)

A. Espèces minces, triangulaires, bombées, à sommets très-marqués; les bords tranchans, sans lunule distincte. (Les V. MACTROÏDES.)

Ex. La Vénus tumescente. *Venus læta.* E. m., pl. 266, f. 4, *a b.*

B. Espèces épaisses, subtrigones; les bords du corselet carénés, sans lunule distincte.

Ex. La V. pétéchiale. *V. petechialis.* E. m., pl. 268, f. 5, *a b,* et f. 6.

C. Espèces lenticulaires, à stries concentriques, sans dent antérieure sous la lunule qui est très-enfoncée; la ligule abdominale profondément et anguleusement excavée en arrière; le pied de l'animal sémilunaire. (G. ARTHEMIS. Poli.)

Ex. La V. exolète. *V. exoleta.* E. m., pl. 279, f. 5.

D. Espèces lenticulaires, radiées ou subpectinées, sans dent latérale postérieure ; la lunule et le ligament très-enfoncés ; l'empreinte musculaire antérieure, étroite et descendante ; la ligule marginale peu marquée et non rentrée postérieurement. (Les V. lucinoïdes.)

Ex. La V. tigerrine. *V. tigerrina.* E. m., pl. 277, f. 4, *a b.*

E. Espèces épaisses, solides, plus ou moins comprimées, ovales, côtelées, pectinées sur les bords ; les impressions musculaires réunies par une large ligule non sinueuse.

Ex. La V. pectinée. *V. pectinata.* E. M., pl. 271, f. 1, *a b.*

F. Espèces épaisses, solides, subtrigones, striées longitudinalement ; les empreintes réunies par une ligule étroite non sinueuse.

Ex. La V. épaisse. *V. crassa.* E. m., pl. 271, f. 6, *a b.*

G. Espèces épaisses, solides, à peu près lisses, ou ovales-alongées, de couleur radiée ou litturée ; l'impression abdominale formant en arrière une excavation assez profonde. (Les Mérétrices.)

Ex. La V. fauve. *V. chione.* E. m., pl. 266, f. 1, *a b.*

** La dent médiane bifide, ou trois dents cardinales seulement.
(G. Vénus. Lamck.)

H. Espèces de forme alongée, subrhomboïdales, striées, à bord non denticulé ; les trois dents de la charnière très-rapprochées et très-foibles.

Ex. La V. croisée. *V. decussata.* E. m., pl. 283, f. 4.

I. Espèces subrhomboïdales, profondément treillisées ; les dents très-épaisses, le ligament entièrement caché ; les crochets très-marqués ; le bord denticulé.

Ex. La V. Corbeille. *V. Corbis.* E. m., pl. 276, f. 4, *a b.*

K. Espèces épaisses, solides, orbiculaires ou suborbiculaires avec des stries ou mieux des lames concentriques ; les dents fort épaisses ; le bord denticulé.

Ex. La V. bombée. *V. puerpera.* E. m., pl. 278, f. 1, *a b.*

L. Espèces cardioïdes ou radiées du sommet à la base, épaisses, solides.

Ex. La V. rudérale. *V. granulata.* E. m., pl. 272, f. 3, *a b.*

M. Espèces triquètres, cunéiformes, épaisses, solides, striées longitudinalement, denticulées ; les bords du corselet carénés ; deux grosses dents obliques à la charnière; les tubes de l'animal fort courts et distincts.   (G. Triquètre. Blainv.)

Ex. La V. crénulaire. *V. flexuosa.* E. m. , pl. 266, f. 6, *a b*.

N. Espèces solides, cordiformes, comprimées, à sillons longitudinaux; bords denticulés; dents épaisses, fort peu saillantes: le corselet long et étroit.

Ex. La V. Chambrière. *V. Casina.* Chemn., Conch., 6, t. 29, f. 301.

O. Espèces solides, épaisses, suborbiculaires, subéquilatérales; deux très-grosses dents divergentes sur une valve et deux très-inégales sur l'autre; les impressions musculaires réunies par une ligule sans sinuosité postérieure.   (G. Crassine. Lamck.)

Ex. La V. crassatellée. *V. dammoniensis*, Montagu.

P. Espèces épidermées, striées, comprimées, ovales; les sommets peu proéminens; deux dents bifides sur la valve droite, et une seule entière sur la gauche.   (G. Macoma. Leach.)

Ex. La V. fragile. *V. tenuis.*

Q. Espèces orbiculo-triangulaires, à sommets saillans; une forte dent bifide à la valve droite, intrante entre deux divergentes entières de la gauche.   (G. Nicania. Leach.)

Ex. La V. de Banks. *V. Banksii.*

Observ. Ce genre, circonscrit par Linnæus, est tellement nombreux en espèces, que la plupart des conchyliologues se sont efforcés d'y établir des coupes secondaires; mais il faut convenir qu'en n'ayant égard rigoureusement qu'à la charnière, ils sont encore bien loin d'avoir réussi à en faciliter la connoissance. Nous ne prétendons pas avoir beaucoup mieux fait; cependant nous avons tâché d'indiquer les différentes formes types que l'on peut rencontrer parmi les vénus, et nous les avons caractérisées par la considération de plusieurs parties de la coquille et des animaux. Pour ceux-ci, nous n'avons malheureusement pas vu celui de chaque forme distincte; mais il paroît fort probable qu'il n'y a entre eux que d'assez foibles différences. Nous savons cependant déjà que les tubes très-souvent réunis, sont aussi quelquefois séparés, comme dans la V. Méroé, et dans la V. flexueuse, et nous savons aussi que le pied, le plus ordinairement triangulaire, tranchant, sillonné inférieurement, est quelquefois sémilunaire, sans sillon; quant aux coquilles, on a pu voir que, dans la division des vénus proprement dites, l'impression abdominale a toujours une excavation posté-rieure, médiocrement profonde, tandis que dans celle des cy-thérées, quelquefois elle est excessivement profonde, comme dans les arthémides de Poli, et quelquefois il n'y en a pas de traces, comme dans les sections E. et F., et même dans la section des vénus lucinoïdes; et cependant celles-là ont tout-à-fait la charnière des cythérées. Nous ne connoissons pas les coquilles qui ont servi à l'établissement des deux derniers genres de M. Leach.

Tribu III. — *C. irrégulières.*

Animal comme dans les tribus précédentes.

Coquille plus ou moins irrégulière, quelquefois inéquivalve; le plus souvent vivant dans les pierres.

Observ. Cette section est évidemment artificielle, du moins pour l'enveloppe coquillère, car il n'est pas probable que les ani-maux diffèrent beaucoup. Ce sont toujours d'assez petites co-quilles plus ou moins irrégulières, sans doute à cause des lieux où elles vivent habituellement.

VÉNÉRUPE. *Venerupis.*

Animal inconnu, mais très-probablement fort rapproché de ce-lui des vénus.

Coquille plus ou moins irrégulière, subtrigone, striée ou rayonnée, équivalve, très-inéquilatérale; le côté antérieur plus court et arrondi; le postérieur subtronqué; les sommets bien mar-qués; charnière assez régulière, plus ou moins dissemblable, for-mée par des dents cardinales, grêles, étroites, un peu variables en nombre sur chaque valve; ligament très-foible, extérieur; deux impressions musculaires bien distinctes, ovales, réunies par une impression abdominale, étroite et très-profondément sinueuse en arrière; l'impression du muscle rétracteur antérieur, comme dans les vénus.

A. Espèces striées longitudinalement; dents cardinales au nombre de deux, quelquefois de trois à droite et de trois à gauche.

Ex. La Vénérupe lamelleuse. *Venerupis Irus.* E. m., pl. 262, f. 4.

B. Espèces ovales, trigones, rayonnées, ou striées du sommet à la circonférence ; deux dents cardinales sur chaque valve dont une au moins est bifide. (G. Ruperelle. Fl. de Bell.)

Ex. La V. Ruperelle. *V. Ruperella.* (Non fig.)

C. Espèces ovales, trigones, rayonnées ; deux dents sur une valve et une sur l'autre. (G. Pétricole. Lamck.)

Ex. La V. lamelleuse. *V. lamellosa.*

Observ. Si l'on avoit rigoureusement égard au système d'engrenage des espèces de vénus térébrantes, on seroit forcé d'en faire autant de genres qu'il y a d'espèces. Des dénominations proposées pour quelques uns de ces genres, nous avons choisi celle de vénérupe pour les réunir, parce qu'elle indique très-bien que ce sont des vénus de rocher. On en connoît de vivantes de toutes les mers, et quelques unes fossiles.

Coralliophage. *Coralliophaga.*

Animal inconnu.
Coquille ovale, alongée, finement radiée du sommet à la base, cylindrique, équivalve, très-inéquilatérale ; les sommets dorsaux très-antérieurs et peu marqués ; charnière subsimilaire ; deux petites dents cardinales, dont une est subbifide, au-devant d'une sorte de dent lamelleuse, sous un ligament extérieur assez foible ; deux impressions musculaires, petites, arrondies, distantes, réunies par une impression abdominale, étroite, et assez excavée en arrière.

Ex. La Coralliophage carditoïde. *Coralliophaga carditoidea.* Enc. méth., pl. 234, f. 5, *a b.*

Observ. Nous établissons ce genre avec quelques espèces de coquilles vivantes que M. de Lamarck place parmi ses cypricardes, et qui nous paroissent être rapprochées des vénus. M. Deshayes nous a fait remarquer des coquilles de l'espèce que nous citons comme type, et qui avoient modifié leur forme, de manière à ressembler à une modiole lithodome, dans laquelle elles avoient vécu.

Clotho. *Clotho.*

Animal inconnu.
Coquille ovale, subrégulière, striée longitudinalement, équivalve, subéquilatérale ; charnière formée par une dent bifide, recourbée en crochet, un peu plus grande sur une valve que sur l'autre ; ligament externe.

Ex. La Clotho de Faujas. *Clotho Faujasii.* Ann. du Mus., tom. 9, pl. 17, fig. 4-6.

Observ. Ce genre a été établi sur une coquille fossile trouvée par M. Faujas, dans des coquilles de cypricardes, encore dans la pierre où elles ont vécu. Nous ne l'avons pas observée nous-mêmes.

CORBULE. *Corbula.*

Animal inconnu.

Coquille assez solide, un peu irrégulière et trigone, inéquivalve, plus ou moins inéquilatérale, arrondie et élargie en avant, amincie et prolongée en arrière; les sommets très-marqués; charnière anomale, formée par une grosse dent cardinale conique, recourbée avec une fossette à sa base, pour la place de la dent de l'autre valve; ligament fort petit; deux impressions musculaires assez peu distantes, avec une impression abdominale assez peu rentrée en arrière, mais indiquant que l'animal doit être pourvu de tubes.

A. Espèces régulières.

Ex. La Corbule sillonnée. *Corbula sulcata.* E. m., pl. 230, f. 1, *abc.*

B. Espèces irrégulières et lithodomes.

Ex. La C. australe. *C. australis.* (Pl. du Dict.)

Observ. Ce genre paroît être intermédiaire aux vénus du sousgenre Triquètre, aux crassatelles et aux myes. Les espèces qu'il renferme, médiocres ou petites, sont aujourd'hui au nombre de treize, dont neuf toutes vivantes dans les mers australes, à l'exception d'une des mers d'Angleterre, et quatre fossiles de Grignon. La C. australe, d'après ce que nous a fait observer M. Deshayes, est une vénérupe.

SPHÈNE. *Sphæna.*

Animal inconnu.

Coquille mince, subrégulière, alongée, subrostrée, comprimée, inéquivalve, très-inéquilatérale; les sommets peu marqués; charnière formée sur la valve gauche d'une sorte de dent plate, élargie, horizontale, se plaçant dans une excavation correspondante de la valve droite, et qui échancre évidemment son rebord; deux impressions musculaires assez peu distantes; impression abdominale arrondie en arrière; ligament?

Ex. La Sphène de Birgham. *Sphæna Birghami.*

Observ. Nous avons trouvé ce genre indiqué dans la collection de M. Defrance pour une petite coquille vivante, qui semble intermédiaire aux corbules et aux pandores : peut-être seroit-il mieux placé auprès de ces dernières.

Onguline. *Ungulina.*

Animal inconnu.

Coquille verticale ou sublongitudinale, un peu irrégulière, non bâillante, équivalve, subéquilatérale, à sommets un peu marqués et écorchés; charnière dorsale, formée par une dent cardinale, courte et subbifide, au-devant d'une fossette oblongue, divisée en deux par un étranglement, dans laquelle s'insère un ligament subintérieur; deux impressions musculaires, alongées; impression abdominale inconnue.

Ex. L'Onguline transverse. *Ungulina transversa.* (Pl. du Dict.)

Observ. C'est un genre que nous connoissons beaucoup trop incomplètement pour assurer ses véritables rapports : il ne contient encore que deux espèces dont on ignore la patrie.

Fam. IX. — *PYLORIDÉS.* Pyloridea.

Corps comprimé, de plus en plus cylindrique, le manteau de plus en plus fermé et prolongé en arrière par deux longs tubes ordinairement distincts, avec une ouverture antérieure et inférieure pour le passage d'un pied fort petit et ordinairement conique; branchies étroites, libres et prolongées dans le tube.

Coquille régulière, rarement irrégulière, presque toujours équivalve, bâillante aux deux extrémités; charnière incomplète; les dents s'effaçant peu à peu; ligament interne ou externe; deux impressions musculaires distinctes, réunies par une impression abdominale très-flexueuse en arrière.

Observ. Tous les animaux de cette famille vivent enfermés, presque sans jamais changer de place, dans la vase, le sable, la pierre calcaire, toujours dans une position verticale, la bouche en bas et l'anus en haut.

Toutes leurs coquilles, ordinairement blanches et épidermées, n'offrent presque jamais de stries du sommet à la base, mais seulement des stries d'accroissement.

La division principale que nous y établissons, pour faciliter la connoissance des espèces, est, jusqu'à un certain point, artificielle, du moins pour le rapprochement des genres; cependant on ne peut pas dire qu'elle rompe de véritables rapports naturels.

La tendance à disparoître du système d'engrenage fait qu'en s'en tenant rigoureusement à sa considération, on pourroit faire autant de genres que d'espèces.

Tribu I. *Ligament interne.*

PANDORE. *Pandora.*

Corps très-comprimé, assez alongé, en forme de fourreau par la réunion des bords du manteau et sa continuation avec les tubes réunis et assez courts; pied petit, plus épais en avant, et sortant par une fente encore assez grande du manteau; branchies pointues en arrière et prolongées dans le tube.

Coquille régulière, alongée, très-comprimée, inéquivalve, inéquilatérale; la valve droite tout-à-fait plate, avec un pli, indice du corselet; sommets très-peu marqués; charnière anomale, formée par une dent transverse, cardinale sur la valve droite, intrante, dans une cavité correspondante de la gauche; ligament interne, oblique, triangulaire, inséré dans une fosse peu profonde, à bords un peu saillans sur chaque valve; deux impressions musculaires arrondies, sans trace d'impression abdominale.

Ex. La Pandore rostrée. *Pandora rostrata.* E. m., pl. 250, fig. 1, *a b c.*

Observ. On ne connoît encore que deux espèces dans ce genre; elles sont toutes deux des mers d'Europe. L'animal ressemble assez à celui des solens pour que Poli les ait mises dans le même genre Hypogée.

ANATINE. *Anatina.*

Animal inconnu.

Coquille fort mince, translucide, fragile, ovale-alongée, très-bâillante, équivalve, très-inéquilatérale; le côté antérieur arrondi, beaucoup plus long que le postérieur; les sommets assez reculés; charnière édentule; ligament interne attaché dans chaque valve sur une apophyse en cuilleron, horizontale, excavée, et soutenue par une lame oblique et décurrente dans l'intérieur de la coquille.

A. Espèces inéquivalves.

Ex. L'Anatine myale. *Anatina myalis*. (Non figurée.)

B. Espèces équivalves, régulières.

Ex. L'A. subrostrée. *A. subrostrata*. E. m., pl. 228, f. 3, *a b*.

C. Espèces équivalves, térébrantes.   (G. Rupicole. Fl. de Bell.)

Ex. L'A. rupicole. *A. rupicola*. (Non fig.)

Observ. Ce genre, dont malheureusement nous ne connoissons pas l'animal, ne contient encore que dix espèces à l'état vivant, et de toutes les mers ; trois sont de celles d'Europe : elles vivent dans le sable. M. Defrance en possède une fossile. M. Deshayes nous a fait faire l'observation que l'anatine trapézoïdale a une dent mobile sur la valve droite, et se logeant dans l'angle formé par le cuilleron.

THRACIE. *Thracia*.

Animal inconnu.

Coquille mince, bombée, ovale, peu alongée, inéquivalve, la valve droite plus bombée que la gauche, inéquilatérale, à sommets bien marqués, un peu recourbés en avant, charnière dissemblable ; une échancrure anguleuse un peu profonde, et en avant une callosité nymphale étroite pour un ligament externe sur la valve droite correspondante à un cuilleron ou avance plus prononcée, et deux plis obliques de la valve gauche ; deux impressions musculaires petites, distantes ; l'antérieure très-abaissée et réunie à la postérieure par une ligule abdominale assez rentrée en arrière.

A. Espèces qui n'ont qu'un cuilleron sur une valve.

Ex. La Thracie corbuloïde. *Thracia corbuloidea*.

B. Espèces qui ont un cuilleron sur chaque valve.

Ex. La T. pubescente. *T. pubescens*. Leach. *Mya pubescens*. Linn.

Observ. Nous avons caractérisé ce genre d'après une coquille de la collection de M. Deshayes, dont il nous a dit que M. Leach faisoit son genre Thracie. Il est évident qu'il est intermédiaire aux corbules, aux anatines et aux myes.

MYE. *Mya*.

Animal subcylindrique, enveloppé dans un manteau percé

seulement d'un trou antérieur et inférieur pour le passage d'un pied fort petit et conique; les tubes très-considérables, et complètement réunis; bouche médiocre, ovale, à lèvres simples; les appendices labiaux très-petits; lames branchiales également fort peu considérables; l'externe très-courte, l'interne réunie à celle du côté opposé.

Coquille entourée d'un épiderme épais qui se prolonge sur les tubes et les bords du manteau de l'animal, du reste médiocrement solide, à bords minces, tranchans; les [sommets très-peu marqués; charnière dissemblable; un ou deux plis cardinaux obliques, divergens, en arrière d'un cuilleron horizontal, sur la valve gauche, correspondant à une fossette également horizontale et cardinale de la valve droite; ligament interne entre la fossette et le cuilleron; deux impressions musculaires distantes, l'antérieure longue, étroite, se continuant avec celle du muscle rétracteur antérieur; la postérieure arrondie; l'impression abdominale étroite et fortement excavée en arrière.

A. Espèces régulières.

Ex. La Mye des sables. *Mya arenaria*. E. m., pl. 229, f. 1, *a b*.

B. Espèces irrégulières, dans lesquelles la fossette de la valve droite est bordée de saillies assez fortes.   (G. Erodone. Daudin.)

Ex. La M. Erodone. *M. Erodona*. Bosc, Hist. des Coq., vol. 2, pl. 6, f. 1.

Observ. Ce genre ne contient qu'un assez petit nombre d'espèces (quatre), dont deux de nos mers. Ce sont des animaux qui vivent profondément enfoncés dans le sable.

LUTRICOLE. *Lutricola*.

Corps ovale, très-comprimé ou subcylindrique; le manteau fermé dans la moitié seulement de son bord inférieur; pied petit, peu saillant au-delà de la masse abdominale; les tubes longs, distincts ou réunis.

Coquille ovale ou alongée, régulière, équivalve, plus ou moins inéquilatérale, quelquefois à peine bâillante, à bords constamment simples et tranchans; les sommets peu marqués; charnière subsimilaire, formée par deux très-petites dents cardinales divergentes, quelquefois effacées au-devant d'une large fosse triangulaire; ligament double, l'externe postérieur assez petit, l'interne beaucoup plus épais, et inséré dans des fossettes ; deux impressions musculaires bien distinctes, et réunies par une impression abdominale très-profondément sinueuse en arrière.

A. Espèces ovales ou orbiculaires, presque équilatérales, très-comprimées, peu bâillantes ; charnière similaire ; le ligament interne inséré dans la fossette d'un cuilleron vertical ; deux tubes distincts.

(G. LIGULE. Leach.)

★ Sans stries longitudinales.

Ex. La Lutricole comprimée. *Lutricola compressa.* E. m., pl. 13, f. 1.

★★ Des stries du sommet à la base.

Ex. La L. rugueuse. *L. rugosa.* E. m., pl. 234, f. 2, *a b.*

B. Espèces oblongues, subcylindriques, très-bâillantes ; deux dents cardinales très-fortes ; le cuilleron du ligament vertical.

(G. LUTRAIRE. Lamck.)

Ex. La L. solénoïde. *L. solenoides.* Gualt., t. 90, f. 1, 2.

Observ. Les espèces de ce genre sont pour la plupart de nos mers ; en effet, sur onze vivantes, trois seulement sont de l'Océan indien. Il y en a une fossile dans les faluns de la Touraine.

Tribu II. — *Ligament externe et bombé.*

PSAMMOCOLE. *Psammocola.*

Animal inconnu.

Coquille ovale-alongée, régulière, peu bâillante, équivalve, subinéquilatérale ; les sommets bien indiqués et un peu inclinés en avant ; un angle souvent peu marqué sur le côté postérieur ou le plus long ; charnière à engrenage assez incomplet ; une ou deux petites dents cardinales sur chaque valve ; ligament extérieur très-bombé, à cause de la grande saillie des callosités nymphales ; deux impressions musculaires bien distinctes, réunies par une impression abdominale étroite, profondément excavée en arrière, et prolongée assez fortement au-delà.

A. Espèces à peine bâillantes, striées du sommet à la base, avec deux dents intrantes, obliques, divergentes sur chaque valve, mais plus grosses à gauche.

(Les P. CAPSOÏDES.)

Ex. La Psammocole vespertinale. *Psammocola vespertinalis.* E. m., pl. 231, f. 3, *a b c.*

B. Espèces plus bâillantes, striées longitudinalement ; les dents de la charnière beaucoup plus effacées.   (G. Psammobie. Lamck.)

Ex. La P. vergettée. *P. virgata*. E. m., pl. 377, f. 5.

C. Espèces de même forme ; une seule dent cardinale sur chaque valve ou sur une seule.   (G. Psamotée, Lamck.)

Ex. La P. violette. *P. violacea*. (Pl. du Dict.)

Observ. Ce genre que nous proposons renferme, dans l'ouvrage de M. de Lamarck, dix-huit espèces dans la première section, et huit dans la seconde. Il y en a dans toutes les mers. Il est pour ainsi dire intermédiaire aux tellines et à certaines espèces de solens.

Solételline. *Soletellina*.

Animal inconnu.

Coquille ovale-oblongue, comprimée, à bords tranchans, l'un et l'autre courbes, équivalve, subéquilatérale, beaucoup plus large et arrondie à l'extrémité céphalique qu'à l'autre qui est plus ou moins atténuée et subcarénée ; les sommets submédians assez peu saillans ; charnière formée par une ou deux très-petites dents cardinales ; ligament épais, bombé et porté sur des callosités nymphales très-relevées ; deux impressions musculaires, arrondies, distantes ; impression abdominale très-sinueuse en arrière.

Ex. La Solételline rostrée. *Soletellina radiata*. E. m., 336, f. 1.

Observ. Ce genre de coquilles, établi pour placer convenablement quatre ou cinq espèces de solens de M. de Lamarck, ne diffère que fort peu des psammocoles.

Sanguinolaire. *Sanguinolaria*.

Animal inconnu.

Coquille ovale, un peu alongée, très-comprimée, à peine bâillante, équivalve, subéquilatérale, également arrondie aux deux extrémités, sans indice de carène postérieure ; les sommets un peu indiqués ; charnière formée par une ou deux dents cardinales rapprochées sur chaque valve ; ligament saillant, bombé ; deux impressions musculaires arrondies, distantes, réunies par une impression abdominale étroite et fortement sinueuse en arrière.

Ex. La Sanguinolaire Soleil-couchant. *Sanguinolaria occidens*. E. m., pl. 226, f. 2, *a b*.

Observ. Ce genre, assez peu distinct des précédens, ne contient qu'un petit nombre d'espèces. M. de Lamarck n'en caractérise que quatre qui viennent des mers des pays chauds et de l'Australasie.

Solécurte. *Solecurtus.*

Animal inconnu.

Coquille ovale, alongée, équivalve, subéquilatérale, à bords presque droits et parallèles; les extrémités également arrondies et comme tronquées; les sommets très-peu marqués; charnière édentule ou formée par quelques petites dents cardinales rudimentaires; ligament saillant, bombé, porté sur des callosités nymphales épaisses; deux impressions musculaires, distantes, arrondies; l'impression abdominale étroite, profondément sinueuse en arrière, et se prolongeant bien au-delà de la sinuosité.

A. Espèces plates, minces, avec une barre intérieure, décurrente obliquement du sommet au bord abdominal.

Ex. Le Solécurte radié. *Solecurtus radiatus.* E. m., pl. 225, f. 2.

B. Espèces plus cylindriques, sans barre intérieure.

Ex. Le S. rose. *S. strigilatus.* E. m., pl. 224, f. 3.

C. Espèces encore plus alongées et subcylindriques.

Ex. Le S. Gousse. *S. Legumen.* E. m., pl. 223, f. 3.

Observ. Quoique ce genre de coquilles passe évidemment aux solens véritables, il nous semble cependant que les espèces qui s'y rangent offrent un facies assez particulier, et même des caractères assez tranchés, surtout dans la position de la charnière et dans la forme des impressions musculaires et du manteau, pour mériter d'être distinguées. Il contient dix à douze espèces réparties à peu près dans toutes les mers.

Solen. *Solen.*

Corps cylindroïde; fort alongé, le manteau en forme de canal ouvert aux deux extrémités, clos dans le reste de son étendue par un épiderme épais qui l'entoure.

Coquille équivalve, extrêmement inéquilatérale; les sommets étant tout-à-fait au commencement de la ligne dorsale et à peine indiqués; une ou deux dents à la charnière; ligament bombé assez

long; deux impressions musculaires fort éloignées; l'antérieure
très-longue et étroite; la postérieure subanguleuse; l'impression
abdominale droite fort longue, et terminée en arrière par une
courte bifurcation.

A. Espèces un peu courbes dans leur longueur; le sommet non terminal.

Ex. Le Solen Coutelet. *Solen Cultellus.* E. m., pl. 225, f. 4,
a b.

B. Espèces droites ou à peine courbes; le sommet terminal.

Ex. Le S. Gaîne. *S. Vagina.* E. m., pl. 222, f. 1, *a b c*.

Observ. Nous ne conservons plus dans ce genre ainsi défini que
les espèces que M. de Lamarck a placées dans ses deux premières
sections des solens. Elles sont au nombre de neuf vivantes, et il y
en a dans toutes les mers. Son *Solen pygmæus*, dont M. Leach se
proposoit de former un genre sous le nom de *Biapholius*, nous
paroît n'être autre chose que la *Mya arctica* de Gmelin, espèce
du genre Hiatelle.

On connoît déjà cinq espèces de solécurtes et un véritable solen
à l'état fossile ; M. de Lamarck considère ce dernier comme une
simple variété de son *Solen Vagina.*

SOLÉMYE. *Solemya.*

Animal inconnu.

Coquille couverte d'un épiderme épais qui la clôt de toutes parts
si ce n'est aux extrémités, régulière, assez épaisse, ovale, alongée,
à bords droits et parallèles, également arrondie à ses deux bouts ;
les valves égales, très-inéquilatérales; le côté antérieur beaucoup
plus long que le postérieur ; les sommets peu marqués et très-
postérieurs; charnière subsimilaire, formée par une dent cardinale, dilatée, comprimée et un peu recourbée en dessus; ligament
subextérieur inséré sur la dent et presque à l'extrémité postérieure
de la coquille; deux impressions musculaires petites, arrondies,
écartées, sans impression abdominale visible.

Ex. La Solémye de la Méditerranée. *Solemya mediterranea.*
Lamck., E. m., pl. 225, f. 4.

Observ. Ce genre, qui paroît au premier aspect fort rapproché
des solens, en diffère surtout par la singulière disposition du
ligament placé sur le côté court de la coquille, et ne contient en-

core que deux espèces vivantes, l'une de nos mers et l'autre de l'Australasie.

PANOPÉE. *Panopœa.*

Animal inconnu.

Coquille régulière, ovale, alongée, bâillante aux deux extrémités, équivalve, inéquilatérale; le sommet peu marqué et antérodorsal; charnière assez complète, similaire, formée par une dent cardinale conique en avant d'une callosité courte, comprimée, ascendante; ligament extérieur attaché sur la callosité; deux impressions musculaires réunies par une impression abdominale profondément sinueuse en arrière.

Ex. La Panopée d'Aldrovande. *Panopœa Aldrovandi.* Chemn., Conch., 6, t. 3, f. 25.

Observ. Ce genre ne contient encore que deux espèces, l'une vivante et l'autre fossile en Italie. Nous avons vu la fossile, et il n'y a qu'une dent sur la valve droite, pénétrant dans une excavation de la gauche. C'est une coquille qui a beaucoup de l'aspect d'une mye.

GLYCIMÈRE. *Glycimera.*

Animal inconnu.

Coquille épidermée, un peu irrégulière, alongée, bâillante aux deux extrémités, équivalve, très-inéquilatérale; les sommets peu marqués; charnière édentule; une callosité longitudinale; ligament extérieur porté par des nymphes fort saillantes; deux impressions musculaires assez distinctes; impression abdominale?

Ex. La Glycimère épaisse. *Glycimera incrassata.* Chemn., Conch., 11, t. 198, f. 1934.

Observ. Ce genre, que Daudin a nommé *Cyrtodère*, contient des coquilles dont on ignore complètement l'origine et la patrie. Il se pourroit même, comme le fait observer M. de Roissy, qu'on y plaçât des espèces fluviatiles, peut-être du genre Anodonte. M. de Lamarck ne caractérise que deux espèces vivantes de glycimère des mers du Nord, et une fossile de Grignon; mais Daudin compte six espèces de cyrtodère.

SAXICAVE. *Saxicava.*

Animal alongé, subcylindrique; le manteau fermé de toutes

parts, prolongé en arrière par deux tubes longs, épais, à peine séparés à l'extérieur, et percé inférieurement et en avant par un orifice arrondi pour le passage d'un pied très-petit et canaliculé; bouche très-grande; appendices labiaux petits; lames branchiales libres; la paire externe beaucoup plus courte que l'interne.

Coquille épaisse, épidermée, un peu irrégulière, alongée, cylindroïde, obtuse aux deux extrémités; les sommets peu marqués; charnière édentule ou avec une très-petite dent rudimentaire; ligament extérieur assez bombé; deux impressions arrondies assez peu éloignées pour les muscles adducteurs; deux ou trois autres irrégulières pour les muscles rétracteurs du tube, sans trace d'impression abdominale.

Ex. La Saxicave australe. *Saxicava australis.* (Non fig.)

Observ. Ce genre, qui diffère réellement fort peu du précédent, est caractérisé d'après l'animal et la coquille, que nous devons à MM. Quoy et Gaimard, de l'expédition du capitaine Freycinet. Il ne renferme que des espèces lithodomes de nos mers et de l'Australasie.

Byssomye. *Byssomya.*

Animal plus ou moins alongé, subcylindrique, prolongé en arrière par un long tube bifurqué seulement à son extrémité; un trou à la partie inféreure et antérieure du manteau, pour le passage d'un petit pied conique, canaliculé, et d'un byssus situé à sa base postérieure; deux forts muscles adducteurs.

Coquille souvent irrégulière, fortement épidermée, oblongue, grossièrement striée en long, équivalve, très-inéquilatérale, obtuse, et plus large en avant, comme rostrée en arrière; les sommets très-peu marqués; charnière édentule ou avec un rudiment de dent sous le corselet; ligament extérieur assez long; deux impressions musculaires distantes et arrondies.

Ex. La Byssomye pholadine. *Byssomya pholadis.* Mull., Zool. Dan., 3, pl. 87, f. 1-3.

Observ. Ce genre, très-distinct en considérant l'animal, comme M. G. Cuvier l'a bien senti en l'établissant, ne diffère cependant que fort peu, pour la coquille, des saxicaves. Aussi M. de Lamarck en fait-il une espèce de ce genre; elle vit en effet dans les fissures de rochers, avec les moules, et attachée par son byssus; mais quelquefois elle s'enfonce dans le sable, les petites pierres, les racines de fucus, et même dans le millepore polymorphe ; alors elle n'a plus de byssus, suivant l'observation d'O. Fabricius.

RHOMBOÏDE. *Rhomboides.*

Corps rhomboïdal, alongé, assez comprimé ; deux tubes distincts en arrière ; une fente assez large à la partie antérieure et inférieure du manteau, pour la sortie d'un petit pied conique et d'un byssus dont les filets sont élargis à l'extrémité.

Coquille rhomboïdale, un peu irrégulière, striée en longueur, équivalve, très-inéquilatérale ; les sommets très-distincts et très-antéro-dorsaux ; charnière formée par deux petites dents cardinales ; ligament externe, postérieur, assez saillant ; deux impressions musculaires arrondies.

Ex. Le Rhomboïde rugueux. *Rhomboides rugosus.* Poli, t. 2, p. 21, tab. xv, f. 13.

Observ. Nous établissons ce genre pour un petit mollusque bivalve de la Méditerranée, que Poli a décrit et figuré sous *le nom d'hypogæa barbata,* et qu'il rapporte au *mytilus rugosus* de Gmelin. L'animal est assez semblable à la byssomye ; mais la coquille est toute différente, et seroit du genre Pétricole de M. de Lamarck ; elle n'est cependant pas térébrante, l'animal vivant fixé par son byssus aux rochers. Ce genre seroit peut-être mieux parmi les vénus irrégulières.

GASTROCHÈNE. *Gastrochæna.*

Coquille ovale ; les bords du manteau fermés de toutes parts, et réunis sous l'abdomen par une large plaque ovale, à l'extrémité antérieure de laquelle est une petite masse arrondie, dont la partie médiane forme le pied ; tubes longs et réunis dans toute leur longueur.

Coquille fort mince, oblique, ovale, cunéiforme, équivalve, très-inéquilatérale, extrêmement bâillante dans toute sa partie inférieure et antérieure, et sans doute n'enveloppant que très-incomplètement l'animal ; les sommets tout-à-fait en avant de la ligne dorsale, et assez marqués ; charnière édentule ; contact articulaire droit, linéaire ; ligament externe longitudinal ; deux impressions musculaires distantes, avec une impression abdominale peu marquée, mais assez sinueuse en arrière.

23.

Un tube ou enveloppe calcaire générale dans quelques circonstances.

A. Espèces dont la coquille est lisse et sans tube distinct.

Ex. Le Gastrochène de Spengler. *Gastrochœna Spengleri*. Act. nov. Dan.

B. Espèces dont la coquille est plus alongée, striée du sommet à la base et contenue dans un tube extérieur fort long et distinct.

Ex. Le G. Massue. *G. Clava*.[Enc. m.él, pl. 219, f. 4, *a b*, d'après Spengler.

Observ. L'animal du gastrochène a évidemment les plus grands rapports avec celui des saxicaves; mais comme il n'est pas entièrement contenu dans sa coquille, il y supplée souvent en se formant un tube artificiel collé contre les parois de la cavité qu'il habite dans les pierres calcaires. Ce tube n'offre donc qu'un caractère accidentel, et alors feroit des espèces ou même des individus qui en sont pourvus, des fistulanes dans la définition qu'en a donnée M. de Lamarck; aussi M. Deshayes a-t-il proposé de supprimer le genre Gastrochène; nous croirions plutôt convenable de ne pas admettre le genre Fistulane, d'abord parce qu'il est fondé sur la présence d'un tube, et ensuite parce qu'il a été établi bien postérieurement au genre Gastrochène de Spengler, mais nous préférons le restreindre, comme on le verra plus loin. En réunissant ainsi les espèces caractérisées d'après la véritable coquille, qu'il y ait un tube extérieur ou non, il existe déjà plusieurs espèces de gastrochènes connues, soit à l'état vivant dans les mers des pays chauds, soit à l'état fossile dans nos pays. Peut-être le gastrochène massue, mieux connu, devra-t-il former un petit genre distinct.

CLAVAGELLE. *Clavagella*.

Animal entièrement inconnu.

Coquille ovale, assez peu alongée, striée longitudinalement, un peu irrégulière, fortement bâillante en avant, mais surtout en arrière, et n'enveloppant l'animal que très-incomplètement; du reste équivalve et inéquilatérale; les sommets bien marqués, antéro-dorsaux; charnière un peu variable; ligament extérieur; deux impressions musculaires bien marquées, distantes; impression abdominale assez fortement sinueuse en arrière.

Un tube calcaire subcylindrique, entourant plus ou moins complètement la coquille, et terminé en arrière par un seul orifice.

A. Espèces dont le tube laisse à découvert les deux valves dans toute leur partie antérieure.

Ex. La Clavagelle tibiale. *Clavagella tibialis.* Ann. du Mus., vol. 12, pl. 43, f. 8.

B. Espèces dont le tube saisit une des valves et laisse l'autre entièrement libre dans son intérieur.

Ex. La C. hérissée. *C. echinata. Ibid.,* f. 9.

Observ. Nous ne connoissons malheureusement ce genre que d'une manière très-incomplète, les descriptions et les figures données par les auteurs ne portant guère que sur le tube et sur la manière dont il enveloppe la véritable coquille; cependant, d'après les observations de Brocchi, et surtout d'après l'inspection d'un moule de la clavagelle tibiale de la collection de M. Deshayes, il se pourroit que ce genre fût tout-à-fait artificiel, et qu'il dût être reporté parmi les vénus irrégulières. Il est du moins certain que les caractères de ce genre, tels que M. de Lamarck les établit, ne conviennent rigoureusement qu'à sa clavagelle hérissée.

ARROSOIR. *Aspergillum.*

Animal entièrement inconnu.

Coquille ovale, peu alongée, striée longitudinalement, équivalve, subéquilatérale, fortement bâillante dans tout son contour, ne pouvant recouvrir qu'une petite partie du dos de l'animal, sur lequel elle est sans doute appliquée; entièrement adhérente, et plus ou moins confondue avec les parois d'un tube calcaire assez épais, conique, claviforme, ouvert à son extrémité amincie, et terminé à l'autre par un disque convexe percé par un grand nombre de trous arrondis subtubuleux, et par une rimule au centre.

A. Espèces dont la circonférence du disque du tube est bordée par une fraise.

Ex. L'Arrosoir de Java. *Aspergillum javanum.* Martin., Conch., 1, t. 1, f. 7.

B. Espèces dont la circonférence du disque est sans fraise.

Ex. L'A. de la Nouvelle-Zélande. *A. Novæ Zelandiæ.* Favann., Conch., pl. 79, f. F.

Observ. Quoiqu'on aperçoive plusieurs rapports entre ce genre et l'espèce hérissée du genre précédent, il faut cependant convenir

qu'il est assez difficile de se faire une idée de l'animal de l'arrosoir, et surtout des organes qui sortent et forment les épines tubu-
leuses du disque, à moins que de supposer que ce seroient les filamens d'une espèce de byssus ou du pied lui-même qui 'serviroient
à attacher le mollusque aux corps sous-marins; alors on pourroit admettre qu'il se tient dans le sable, attaché à un grand
nombre de ses grains, dans une situation plus ou moins verticale;
la petite extrémité de son tube en haut et la tête en bas.

Fam. X. — *ADESMACÉS*. Adesmacea.

Corps ovale, alongé, subcylindrique ou vermiforme; le manteau
complètement fermé et tubuleux, ouvert en avant pour le passage
d'un petit pied court, très-peu saillant à la surface de la masse
abdominale, et terminé en arrière par deux siphons souvent fort
courts, mais toujours réunis en un seul tube; bouche médiocre, à lèvres simples, et appendices labiaux peu considérables;
branchies lamelleuses, longues, aiguës, se prolongeant dans le
tube, et libres à leur extrémité.

Coquille ordinairement ovale oblongue, quelquefois comme tronquée, constamment blanche, non ou très-rarement épidermée, équivalve, inéquilatérale, ne pouvant jamais recouvrir tout le corps de
l'animal, tant elle est bâillante à ses deux extrémités; charnière sans
engrenage ni véritable ligament corné; une impression musculaire
unique, quelquefois avec une impression abdominale fortement
sinueuse en arrière.

Quelques parties calcaires accessoires, servant à augmenter l'é-
tendue de la coquille.

Pholade. *Pholas.*

Corps épais, assez peu alongé, subcylindrique ou conique; le
manteau ouvert à sa partie inférieure et antérieure (pour le passage d'un pied court, large, aplati à sa base) et formant en-dessus
un lobe qui déborde les sommets.

Coquille mince, subtransparente, finement striée, ovale alongée, équivalve, inéquilatérale; les valves ne se touchant qu'au
milieu de leurs bords; les sommets peu marqués et cachés par une
callosité produite par l'expansion des lobes dorsaux du manteau;
charnière édentule; une sorte d'appendice comprimé, recourbé, ou
de cuilleron en dedans du sommet de chaque valve; ligament nul,

remplacé par le repli du manteau qui déborde les sommets, et à la surface duquel se développent souvent quelques pièces calcaires accessoires; un seul muscle adducteur plus ou moins postérieur, avec une impression abdominale profondément sinueuse en arrière, et conduisant à la partie antérieure de la coquille.

A. Espèces alongées, cunéiformes; l'empreinte musculaire presque médiane; trois pièces accessoires dorsales.

Ex. La Pholade Dactyle. *Pholas Dactylus.* E. m., pl. 168, f. 4-2.

B. Espèces de même forme; le cuilleron très-étroit; une sorte de dent oblique partant du sommet; point de pièces accessoires.

Ex. La P. scabrelle. *P. candida.* E. m., pl. 168, f. 11.

C. Espèces beaucoup plus courtes, tronquées en arrière et comme divisées en deux par un cordon oblique du sommet à la base; l'empreinte musculaire et marginale.

Ex. La P. crépue. *P. crispa.* E. m., pl. 169, f. 5-7.

D. Espèces courtes, cunéiformes, peu bâillantes, avec plusieurs pièces accessoires, l'une médio-dorsale, et deux marginales inférieures.

Ex. La P. en Massue. *P. clavata.* E. m., pl. 169, f. 8-10.

E. Espèces épidermées, ovales; la callosité dorsale laissant le sommet libre, et s'avançant vers l'extrémité antérieure et inférieure, de manière à ce que chaque valve semble être formée de trois parties, à cause d'un sillon oblique du sommet au bord; une dent décurrente oblique en dedans du sommet, outre le cuilleron; une paire de pièces accessoires à l'extrémité postérieure de la coquille.   (G. Pholadidoïde. Angl.)

Ex. La P. striée. *P. striata.*

Observ. Ce genre, jusqu'ici assez incomplètement étudié à cause du défaut des pièces accessoires dans les collections, paroît renfermer un assez grand nombre d'espèces de toutes les mers. M. de Lamarck n'en caractérise que neuf, mais les seules figures copiées dans l'Encyclopédie montrent qu'il en existe bien davantage. On en connoît peu de fossiles.

Ces animaux vivent dans la vase, l'argile, les pierres calcaires, et même dans le bois.

Qu'est-ce que le genre Pholadomie de quelques auteurs anglois? C'est ce que nous ignorons; il paroît qu'il est établi avec une coquille cunéiforme, très-large et très-bâillante en avant.

Térédine. *Teredina.*

Animal inconnu.

Coquille épaisse, ovale, courte, très-bâillante en arrière, équivalve, inéquilatérale; les sommets bien prononcés; un cuilleron épais sur chaque valve.

Une pièce médio-dorsale ovale en bouclier, sur les sommets de la coquille qui est prolongée en arrière par un tube complet à orifice terminal unique?

Ex. La Térédine masquée. *Teredina personata.* Lamck., Ann. du Mus., 12, pl. 43, f. 6-7.

Observ. Nous avons pu caractériser ce genre autrement que ne l'a fait M. de Lamarck, sur un bel exemplaire de la collection de M. Deshayes, et qu'il a adroitement ouvert. Il ne contient que deux espèces, l'une et l'autre fossiles de notre Europe.

Taret. *Teredo.*

Corps très-alongé, vermiforme; le manteau fort mince, tubuleux et ouvert seulement en avant et à sa partie inférieure pour la sortie d'un pied en forme de mamelon; les tubes distincts très-courts, l'inférieur ou respiratoire un peu plus grand que le supérieur, et cirrheux; bouche petite; appendices labiaux courts et striés; anus à l'extrémité d'un petit tube flottant et ouvert dans la cavité du manteau, assez avant l'origine des tubes; branchies fort longues, fort étroites, rubanées, réunies dans toute leur longueur et librement prolongées dans toute l'étendue de la cavité tubuleuse du manteau; un seul gros muscle adducteur entre les valves; un anneau musculaire au point de jonction du manteau et des tubes, dans lequel est implantée une paire d'appendices ou palmules cornéo-calcaires, pédiculés, jouant latéralement l'un vers l'autre.

Coquille épaisse, solide, très-courte ou annulaire, ouverte en avant comme en arrière; les valves égales, équilatérales, anguleuses et tranchantes en avant, ne se touchant que par les bords opposés extrêmement courts; charnière nulle; un cuilleron interne considérable; une seule impression musculaire fort peu sensible.

Tube plus ou moins distinct de la substance dans laquelle vit l'animal, cylindrique, droit ou flexueux, fermé avec l'âge à l'extrémité buccale, de manière à envelopper l'animal et sa coquille, toujours ouvert par l'autre et divisé intérieurement en deux siphons par une cloison médiane.

A. Espèces dont les palmules sont simples.

Ex. Le Taret du Sénégal. *Teredo senegalensis*. Adans., Acad. sc., 1759, pl. 9.

B. Espèces dont les palmules sont divisées et comme articulées.

Ex. Le T. bipalmulé. *T. bipalmulatus. Id., ibid.*, f. 12.

Observ. Nous avons caractérisé ce genre d'après un individu d'une belle et grosse espèce nouvelle que miss Warn a envoyé à M. Defrance, et que celui-ci a bien voulu nous donner. D'après l'observation d'Adanson, que le tube des tarets se ferme avec l'âge du côté de la tête, il est réellement assez difficile de distinguer de ce genre les véritables fistulanes. Quoi qu'il en soit, on trouve des tarets dans toutes les mers, et même quelquefois dans l'eau douce, à l'embouchure des rivières. Ils vivent enfoncés plus ou moins verticalement, mais toujours la tête plus basse que l'anus, dans le bois mort ou vivant, au milieu duquel ils pénètrent en suivant la direction des fibres. M. de Lamarck ne caractérise que deux espèces dans ce genre, mais nous en connoissons déjà au moins le double.

Fistulane. *Fistulana.*

Animal à peu près semblable à celui des tarets, mais en général moins alongé, plus claviforme, pourvu de palmules disposées de la même manière.

Coquille annulaire ou très-courte, non tranchante ni anguleuse en avant, mais du reste fort semblable à celle des tarets, et également pourvue d'un cuilleron considérable.

Tube en général moins long, plus claviforme, plus épais, plus solide que celui du taret, constamment et à tout âge entièrement clos par son extrémité antérieure, de manière à contenir et à cacher entièrement la coquille; l'extrémité postérieure ouverte et partagée intérieurement en deux siphons par une cloison.

Ex. La Fistulane en paquet. *Fistulana gregata*. E. m., pl. 177, fig. 6-14.

Observ. C'est un genre si voisin de celui des tarets, qu'on pourroit le supprimer sans inconvénient; cependant en faisant l'observation que le tube est toujours beaucoup plus épais, plus constamment fermé, et par conséquent plus indépendant, on seroit en droit de croire que ces animaux ne tarodent pas le bois à la manière des tarets, ce qui pourroit confirmer le fait que les valves de la coquille ne paroissent pas tranchantes ni anguleuses. S'il étoit certain, comme le dit M. de Lamarck, qu'outre les palmules il y eût aussi à la fois des palettes comme dans les tarets, ce genre seroit tout-à-fait distinct ; mais l'analogie peut faire douter de ce fait, et encore plus que ce soient des espèces de branchies, comme le veut encore le savant conchyliologiste françois.

Des six espèces que M. de Lamarck rapporte à ce genre, nous n'en avons conservé certainement que quatre, la fistulane massue et la fistulane ampullaire nous paroissant être plutôt des gastrochènes à tube que de véritables adesmacés.

Cloisonnaire. *Septaria.*

Corps très-alongé, subcylindrique, du reste complètement inconnu, ainsi que sa coquille.

Tube calcaire en cône fort alongé, plus ou moins flexueux, comme composé de pièces placées les unes au bout des autres, ou comme articulé aux endroits où se trouvent intérieurement des espèces de cloisons incomplètes, et terminé postérieurement par deux autres tubes plus grêles, subcylindriques et également articulés, mais sans cloisons intérieures.

Ex. La Cloisonnaire des sables. *Septaria arenaria.* Rumph., Mus., tab. 41, f. B E.

Observ. Ce genre, extrêmement voisin du précédent, puisque Rumphius dit positivement que la bouche (extrémité anale) du mollusque qui habite le tube, est garnie en avant de deux osselets qui se joignent en manière de mitre, et qui ne sont pas adhérens à la coquille, mais à l'animal, en diffère cependant notablement, 1.º parce qu'il est impossible qu'il y ait des calamules comme dans les tarets et les fistulanes ; 2.º parce que le tube est chambré par des cloisons fermées, dit Rumphius. Ce dernier fait paroît réellement à peu près impossible, et l'observation que certaines fistulanes en offrent aussi, ne l'éclaircit pas, parce que dans celles-ci ce ne sont que de petites calottes percées, enfilées les unes dans les autres, et qui n'occupent que l'extrémité tout-à-fait postérieure du tube. Quoi qu'il en soit, Rumphius nous apprend que ce mollusque vit enfoncé dans le gravier ou dans le sable, et entre les racines des mangliers.

ORDRE TROISIÈME. — HÉTÉROBRANCHES.
HETEROBRANCHIATA.

Branchies de forme assez variable, mais toujours contenues dans le tube qui de la partie postérieure du corps conduit à la bouche.

Corps de forme anomale, ordinairement cylindroïde, enveloppé dans un manteau fermé de toutes parts, percé de deux orifices, et ne contenant aucune trace de coquille ou de partie calcaire visible ou cachée; la bouche profondément cachée, sans appendices labiaux; anus également intérieur.

Fam. I. — *ASCIDIENS.* Ascidiacea.

(Genre Ascidia. Linn.)

Corps diversiforme, enveloppé d'une peau épaisse plus ou moins rugueuse, contractile, adhérent ou fixé par l'extrémité buccale renversée, libre et terminé à l'autre par deux tubes peu distincts, mamelonnés, percés chacun d'un orifice, souvent papillaires, plus ou moins rapprochés, conduisant, le plus grand et le plus élevé. dans la cavité branchiale au fond de laquelle est la bouche, et l'autre dans le tube commun à la terminaison du canal intestinal et à celle de l'appareil générateur; les branchies en réseau tapissant la cavité branchiale.

Observ. Pour sentir les rapports qui existent entre les animaux de cette famille et les acéphalophores lamellibranches, il suffit réellement de les comparer avec les derniers genres de cet ordre, qui sont constamment dans une position verticale, l'extrémité buccale en bas, et l'anale en haut; l'enveloppe dure et coriace des ascidies a son analogue dans celle qui enveloppe le corps, et surtout les tubes de la mye tronquée, par exemple. Les deux tubes courts qui le terminent, et même les papilles plus ou moins radiaires et intérieures qu'on y remarque quelquefois, se retrouvent aussi dans la petite bifurcation de l'extrémité des siphons réunis d'une mye ou de quelque genre voisin; la partie musculaire de la masse abdominale a disparu, comme ne pouvant plus être d'aucun usage; la bouche est à la même place, mais sans appendices labiaux; les branchies sont aussi réellement au même endroit que dans les derniers lamellibranches, c'est-à-dire, dans le tube même ; mais leur forme est toute différente. Quant à l'estomac, au foie, au rectum, à l'anus, au cœur, et même aux organes de la génération, il est évident qu'il y a la plus grande analogie de structure et de position.

Tribu I. — *Les Ascidiens simples.*

ASCIDIE. *Ascidia.*

Corps ovale, conique ou cylindroïde, quelquefois claviforme, contenu dans une enveloppe extérieure plus ou moins coriace, ou subgélatineuse, fixée par sa base élargie ou pédiculée, et terminée postérieurement par deux siphons courts, peu distincts, inégaux, dont les orifices sont garnis intérieurement de tentacules rayonnés fort peu saillans.

A. Espèces informes, rugueuses, coriaces et peu ou point extensibles.

Ex. L'Ascidie Petit-Monde. *Ascidia microcosmus.* G. Cuv., Mém. du Mus., t. 2, pl. 1, f. 1-6.

B. Espèces à peau molle, flexible et plus ou moins extensible.

Ex. L'A. intestinale. *A. intestinalis.* Id., ibid., pl. 2, f. 4-7.

C. Espèces ovales, régulières et plus ou moins longuement pédonculées.

Ex. L'A. en massue. *A. clavata.* Id., ibid., pl. 2, f. 9-10.

Observ. Les espèces de ce genre, au nombre de trente-trois selon Gmelin, et seulement de vingt-deux suivant M. de Lamarck, paroissent être répandues dans toutes les mers, mais surtout dans celles de l'Océan boréal, où elles vivent fixées sur les corps sousmarins, souvent même à une grande profondeur. Leur distinction est assez difficile.

BIPAPILLAIRE. *Bipapillaria.*

Corps ovale, globuleux, terminé d'un côté par une sorte de pédoncule, et de l'autre par un renflement percé à l'extrémité de papilles coniques, par deux orifices garnis chacun de trois tentacules roides, sétacés.

Ex. La Bipapillaire australe. *Bipapillaria australis.* (Non fig.)

Observ. Ce genre, établi par M. de Lamarck sur des notes de Péron, est trop incomplètement connu pour qu'on puisse être certain qu'il diffère des ascidies. M. de Lamarck dit que la seule espèce qui le constitue, et qui vit dans les mers de l'Australasie, paroît libre; ce qui n'a lieu pour aucune espèce d'ascidiens.

FODIE. *Fodia.*

Corps ovale, mamelonné, partagé dans toute sa longueur par une cloison verticale qui contient l'estomac en deux tubes inégaux ouverts à chaque extrémité par un orifice, le supérieur un peu enfoncé et irrégulièrement denté; l'inférieur bordé d'un bourrelet circulaire formant ventouse et servant à fixer l'animal.

Ex. La Fodie rougeâtre. *Fodia rubescens.* Bosc, Vers, t. I, pl. 4, f. 2, 3, 4.

Observ. C'est encore un genre qui auroit besoin de nouvelles observations; il ne contient qu'une seule espèce, qui vit tout-à-fait à la manière des ascidies, sur les rivages de l'Amérique septentrionale.

Tribu II. — *Les Ascidiens aggrégés.*

Un plus ou moins grand nombre d'individus adhèrent non seulement aux corps marins, mais encore entre eux, au moyen de leur enveloppe gélatineuse, de manière à former des masses de formes diverses.

PYURE. *Pyura.*

Corps pyriforme, avec deux petites trompes courtes, contenu dans une loge particulière formée par son enveloppe extérieure, et constituant, par sa réunion avec dix ou douze individus semblables, une espèce de ruche coriace diversiforme, sans aucune ouverture extérieure.

Ex. Le Pyure de Molina. *Pyura Molinæ.*

Observ. Cette division générique fait évidemment le passage des ascidies simples, dont quelques espèces se réunissent seulement à la base, aux ascidies aggrégées. Quant à ce que dit Molina, que la ruche ou corps commun est sans aucune ouverture extérieure, cela est absolument impossible; il faudroit donc admettre qu'il y en a une commune à toutes les ascidies, un peu comme dans les synoïques de la dernière section, ou bien qu'il y en a une pour chaque individu.

Distome. *Distoma.*

Corps tuberculeux, mamelonné ou conique, à deux orifices rapprochés bien évidens, et garnis chacun de six dents ou tentacules rayonnés, réuni avec un plus ou moins grand nombre d'individus semblables, et formant des assemblages de forme un peu différente.

A. Espèces dont la réunion forme un corps gélatineux, alongé, conique et subpédiculé.   (G. Sigilline. Savigny.)

Ex. Le Distome austral. *Distoma australis.*

B. Espèces dont la réunion constitue des plaques ou des croûtes qui recouvrent les corps sous-marins.

Ex. Le D. variolé. *D. variolatus.* Gærtner *apud Pall. Spic. Zool.*, 10, t. 4, f. 7, *a* A.

Observ. Ce genre n'est encore composé que de deux espèces, l'une des mers de l'Australasie, et l'autre de celles d'Angleterre.

Botrylle. *Botryllus.*

Corps ovale plus ou moins aplati, adhérent, par sa face dorsale, aux corps sous-marins, et par les côtés avec d'autres individus de la même espèce, en plus ou moins grand nombre, de manière à simuler un animal complexe, ou un tout de forme un peu variable ; les deux ouvertures bien évidentes aux deux extrémités du corps, l'une externe, pourvue de six papilles tentaculaires, l'autre interne subtubuleuse et plus petite.

A. Espèces se groupant en cercles concentriques, de manière à constituer une masse orbiculaire, presque en forme de soucoupe.
          (G. Diazoma. Savigny.)

Ex. Le Botrylle de la Méditerranée. *Botryllus mediterraneus.*

B. Espèces se disposant circulairement ou en rayonnant, souvent assez régulièrement autour d'un centre, de manière à former un ou plusieurs systèmes stelliformes enfoncés dans une masse gélatineuse horizontale.

1. Le corps comme divisé en trois loges. (G. Polycline. Savigny.)

Ex. Le B. violet. *B. violaceus.*

2. Le corps indivis ; disposition en plusieurs cercles concentriques.
          (G. Polycycle. Lamck.)

Ex. Le B. de Renier. *B. Renierii.* Ren., Lett. à Olivi, t. 1, f. 1-12.

3. Le corps indivis ; disposition rayonnée ; huit tentacules, dont quatre plus petits à l'orifice externe.   (G. BOTRYLLE. Lamck.)

Ex. Le B. étoilé. *B. stellatus.* Desmarest et Lesueur, Bullet. Soc. ph., 1815, pl. 1, f. 14-19.

Observ. Ce genre, quoiqu'on ait proposé de le partager en quatre d'après des considérations évidemment si peu importantes, que nous n'avons à peine pas trouvé de caractères propres à distinguer les polycycles de M. de Lamarck de ses botrylles, ne renferme encore que cinq espèces, toutes des mers d'Europe.

SYNOÏQUE. *Synoicum.*

Corps plus ou moins cylindriques, verticaux ou horizontaux ; adhérens par l'extrémité céphalique, et réunis entre eux par les côtés de leur enveloppe extérieure, de manière à constituer une masse commune un peu diversiforme et fixée ; les deux ouvertures de chaque animal composant, cachées au fond d'une cavité plus ou moins profonde, et n'ayant qu'un seul orifice extérieur, garni ordinairement de six papilles tentaculiformes.

A. Espèces réunies en une masse convexe, arrondie.
(Les S. ALCYONAIRES. G. PULMONELLE. Lamck. APLIDIUM. Sav.)

Ex. Le Synoïque sublobé. *Synoicum Ficus.* Ellis, Corall., t. 17, f. 6, *b d.*

B. Espèces dont les corps horizontaux se réunissent en croûte mamelonnée.   (G. EUCŒLIUM. Savigny.)

Ex. Le S. subgélatineux. *S. subgelatinosum.*

C. Espèces dont les corps verticaux se réunissent aussi en croûte.
                    (G. DIDEMNUM. Savigny.)

Ex. Le S. fongueux. *S. fungosum.*

D. Espèces dont les corps fort longs, verticaux, se réunissent en espèce de cylindre, n'ayant qu'un seul orifice extérieur commun pour tous les individus.

Ex. Le S. simple. *S. turgens.* Lesueur et Desmarest ; Phipps, Voyage au Pôle bor., t. 12, f. 3.

Observ. Ce genre, quoique fort rapproché du précédent, en est réellement bien distinct, par la manière dont les deux ouvertures de chaque animal composant aboutissent dans une cavité commune, avec un seul orifice extérieur. Il ne contient pas plus d'espèces que de genres proposés, et ces espèces paroissent être toutes de nos mers.

Fam. II. — *SALPIENS*. Salpacea.

Corps libre ou non adhérent, plus ou moins cylindracé, à enveloppe extérieure épaisse, subcartilagineuse, transparente, percée de deux ouvertures ordinairement fort grandes et très-distantes, presque terminales, l'une incrémentitiellé, et l'autre excrémentitielle ; les branchies en forme de bande étroite, traversant obliquement la cavité respiratrice de l'orifice incrémentitiel à l'ouverture de la bouche.

Observ. On peut aisément sentir les rapports de cette famille avec les autres acéphalophores, en supposant une ascidie qui seroit fendue entre les deux tubes qui la terminent, et ensuite étendue suivant sa longueur. Il est aisé alors de déterminer l'analogie des ouvertures, dont ni l'une ni l'autre ne sont pas plus la bouche et l'anus que dans les ascidies, mais bien l'une, la plus large, la plus grande, la plus éloignée de la bouche, est l'entrée du tube incrétoire ou respiratoire, et l'autre celle de l'excrétoire.

Les espèces de cette famille sont, comme celles de la précédente, susceptibles de vivre solitaires ou aggrégées d'une manière fixe, ce qui paroît en faire des animaux composés ; mais il n'en est jamais ainsi.

Tribu I. — *Les Salpiens simples.*

Biphore. *Salpa.*

Corps oblong, cylindracé, tronqué aux deux extrémités, quelquefois à une seule ; et d'autres fois plus ou moins prolongé à l'une ou à toutes deux par une pointe conique, rarement caudiforme ; les ouvertures terminales ou non, l'une toujours plus grande, transverse, avec une sorte de lèvre mobile operculaire, et l'autre plus ou moins tubiforme, quelquefois fort petite, béante ; l'enveloppe extérieure molle ou subcartilagineuse, toujours hyaline, pourvue d'espèces de tubercules creux, faisant l'office de ventouses, en nombre et en disposition variables, au moyen desquels les individus adhèrent entre eux d'une manière déterminée pour chaque espèce.

* Le corps comme tronqué sans prolongement dépassant les ouvertures.

A. Espèces recourbées ; les deux orifices terminaux très-rapprochés ; aggrégation ?

Ex. Le Biphore polymorphe. *Salpa polymorpha*. Quoy et Gaimard, Voy. de l'Uranie, pl. 73, f. 4.

B. Espèces droites ; les orifices distans et terminaux ; l'enveloppe cartilagineuse de trois pièces ; aggrégation linéaire, oblique, deux à deux.

Ex. Le B. en fourreau. *S. vaginata*. Chamisso, *De Salp*., f. 7, A-F.

C. Espèces droites ; les orifices distans ; enveloppe d'une seule pièce ; aggrégation circulaire.

Ex. Le B. pinné. *S. pinnata. Id*., *ibid*., f. 1, A-I.

** Le corps pointu à l'une ou à ses deux extrémités, à cause d'un prolongement dépassant plus ou moins les ouvertures.

D. Un prolongement à l'extrémité anale seulement ; l'ouverture de ce côté fort petite ; aggrégation ?   (G. Monophore. Quoy et Gaim.)

Ex. Le B. conique. *S. conica*. Quoy et Gaim., *loc. cit.*, pl. 87, f. 4-5.

E. Un prolongement à peu près de même grandeur à chaque extrémité ; mode d'aggrégation linéaire, oblique, deux par deux ou trois par trois.

1. Le prolongement à gauche.

Ex. Le B. fusiforme. *S. fusiformis*. E. m., pl. 74, f. 3-5.

2. Le prolongement à droite.

Ex. Le B. zonaire. *S. zonaria*. E. m., pl. 75, f. 8-10.

F. Un prolongement à chaque extrémité ; l'antérieur beaucoup plus long, caudiforme ; aggrégation ?   (G. Timorienne. Quoy et Gaim.)

Ex. Le B. firoloïde. *S. firoloidea. Id.*, *loc. cit.*, pl. 87, f. 1.

G. Deux prolongemens en forme de cornes à l'extrémité postérieure seulement ; aggrégation ?

Ex. Le B. bicorne. *S. bicornis*. Chamisso, *loc. cit.*, f. 8.

32.   24

H. Trois prolongemens à l'extrémité postérieure; aggrégation?

Ex. Le B. tricuspide. *S. tricuspidata.* Quoy et Gaim., *loc. cit.*, pl. 73, f. 6.

Observ. Ce genre, d'abord étudié par Forskal, et successivement par MM. G. Cuvier, de Chamisso, Quoy et Gaimard, renferme un assez grand nombre d'espèces, pour la plupart des mers des pays chauds, et surtout de celles australes, où elles vivent à de grandes distances des rivages. Un fait curieux, c'est qu'elles peuvent vivre solitairement, ou s'associer sous des formes constantes, déterminées par leur position dans l'ovaire, et particulières, sinon pour chaque espèce, peut-être pour chaque petite famille. L'observation de M. de Chamisso, que certaines espèces ont leur enveloppe cartilagineuse peu ou point adhérente au reste du corps, susceptible de s'en détacher et de se diviser en trois pièces, dont une pour le nucléus, nous explique peut-être l'origine de certains corps cartilagineux bien transparens, de forme différente, qu'on rencontre souvent en pleine mer, et dont plusieurs ont été vus par MM. Lesueur et Cranch.

Les espèces de biphores sont, à ce qu'il paroît, fort difficiles à caractériser, surtout si elles diffèrent sensiblement à l'état libre et à l'état aggrégé, comme M. de Chamisso le fait observer.

Quoique nous ayons rapporté presque sans aucun doute à ce groupe les animaux que nous avons nommés biphores coniques et firoloïdes, nous ne devons cependant pas cacher que MM. Quoy et Gaimard, qui nous en ont donné la connoissance, pensent, même après nos observations, qu'elles doivent former deux genres distincts, dont l'un seroit voisin des firoles, et qu'ils ont sur nous l'avantage de l'observation directe; malheureusement ils n'ont pas rapporté les animaux eux-mêmes, et ce n'est que sur des figures et des notes peut-être incomplètes que ces deux genres sont établis.

Tribu II. — *Les S. aggrégés.*

PYROSOME. *Pyrosoma.*

Corps alongé, fusiforme, terminé en pointe d'un côté, et obtus de l'autre, réuni dans la circonférence de sa partie moyenne et par la greffe de l'enveloppe extérieure avec celui d'autres individus en anneaux plus ou moins nombreux, plus ou moins réguliers, de manière à former un long cylindre, libre, hérissé de pointes à l'extérieur, creux et mamelonné à l'intérieur, ouvert à l'une de ses extrémités seulement ; des deux ouvertures de chaque animal composant, l'une externe supérieure non terminale, l'autre interne et terminale.

Ex. Le Pyrosome Géant. *Pyrosoma giganteum.* Lesueur, Nouv. Bull. des Sc., vol. 3, pag. 283.

Observ. On connoît déjà trois espèces de ce genre singulier d'animaux, qui ne diffèrent des autres biphores monocaspidés que par le mode et la fixité de l'aggrégation. Leur découverte est due à M. Lesueur, dans la Méditerranée et la mer Atlantique.

SOUS-TYPE.

MALENTOZOAIRES. Malentozoaria (1).

Corps de forme très-différente dans les deux classes qui constituent ce sous-type, mais toujours évidemment articulé dans le tronc ou dans ses appendices, et recouvert par une coquille de forme également variable, constamment composée de plusieurs pièces ou valves libres ou réunies, disposées les unes à la suite des autres, dans une direction circulaire ou longitudinale.

Observ. Ce groupe, qui correspond à la division des vers mollusques multivalves de Linnæus et des auteurs qui ont suivi son système, en en retranchant les pholades et les tarets, qui sont de véritables mollusques lamellibranches, renferme deux classes bien distinctes, dont toutes les espèces existent dans les eaux de la mer, libres ou fixées.

La première de ces classes a évidemment des rapports avec les mollusques bivalves par l'enveloppe calcaire, dans laquelle on peut même quelquefois reconnoître les pièces de la coquille des pholades, et même l'analogue du tube de genres voisins, ainsi que par la position recourbée, fixée la tête en bas, de l'animal ; mais elle en a aussi de nombreux avec certains animaux du type des entomozoaires, par l'existence d'appendices locomoteurs articulés, cornés, branchiaux au moins à la racine, devenant vers la bouche de véritables mâchoires cornées, denticulées.

---

(1) Ou Molluscarticulés. *Molluscarticulata.*

La seconde classe du sous-type dont il est ici question, celle des polyplaxiphores, a des rapports avec les mollusques céphalés ; en effet, le corps est libre, rampant, comme chez eux ; quoiqu'il n'y ait pas d'appareil des sens spéciaux, la forme du corps est cependant fort analogue à celle des phyllidies, par exemple ; il y a un appareil de mastication qui offre aussi quelque rapport avec celui des patelles ; mais on trouve des différences importantes dans la disposition articulée du dos, du corps protecteur, et des faisceaux de poils dont il est quelquefois pourvu, dans la terminaison médiane du canal intestinal, qui rapproche ces animaux de certains chétopodes du type des entomozoaires, et entre autres, des aphrodites.

Ainsi, le passage des malacozoaires aux entomozoaires, se fait dans deux lignes, des malacozoaires acéphalés aux entomozoaires hétéropodes, par les némotopodes, et des malacozoaires céphalés aux entomozoaires chétopodes, par les polyplaxiphores ; en sorte que les deux classes que nous réunissons dans notre sous-type des malentozoaires, sont nécessairement fort différentes.

CLASSE PREMIÈRE.

NÉMATOPODES. Nematopoda (1).

(Genre Lepas, Linn.)

Corps conique ou subcylindrique, recourbé et renflé à l'extrémité buccale (ici inférieure, à cause de la position constante de l'animal), atténué par l'autre, et terminé par une sorte de queue subarticulée, pourvue de chaque côté d'appendices locomoteurs en forme de doubles cirrhes très-longs, cornés, articulés, ciliés, rudimens de membres ; tête non distincte, sans yeux ni tentacules ; bouche supérieure (à cause de la position de l'animal) au milieu d'une masse distincte, pourvue de trois paires d'espèces de mâchoires ou d'appendices articulés, cornés, dentés ou ciliés ; anus médian, terminal, à la base d'un long tube extensible excréteur de l'appareil de la génération ; les organes de la respiration branchiaux, pairs, latéraux, à la racine des premières paires d'appendices locomoteurs ; contenu dans un manteau ou enveloppe charnue en

---

(1) Cirrhipodes. Lamck., G. Cuvier, etc.

forme de sac, ouvert à l'extrémité anale et solidifié dans l'état normal, par une coquille formée d'un nombre fixe de valves réunies, en se touchant ou non, de manière un peu différente, mais plus ou moins circulairement, et adhérente immédiatement ou médiatement aux corps sous-marins.

Fam. I. — *LÉPADIENS* (1). Lepadicea.

(Genre Lepas. Bruguière.)

Corps ovale, plus ou moins comprimé; le manteau fendu dans sa partie postérieure et inférieure (supérieure et antérieure dans la position fixée de l'animal), et prolongé de l'autre côté par un pédicule charnu plus ou moins contractile, adhérent aux corps sous-marins; un muscle adducteur transversal.

Coquille formée de cinq valves principales, squameuses, se touchant ou s'imbriquant plus ou moins sur les bords, une dorsale médiane, deux latérales antérieures et deux latérales postérieures, quelquefois presque nulles, et souvent en outre de beaucoup de petites pièces accessoires placées à la base, et même sur le pédicule.

Observ. Ces animaux vivent fixés dans des directions très-différentes à des corps marins flottans ou non, morts ou vivans, mais toujours à d'assez petites profondeurs; ils sont essentiellement carnassiers, et saisissent leur proie au moyen des appendices articulés dont l'extrémité postérieure de leur corps est pourvue, et qu'ils agitent sans cesse; la force de leurs mâchoires dentées porte à croire que leur nourriture consiste principalement en crustacés. Il paroît qu'ils placent leurs œufs dans des lieux déterminés, à l'aide de l'espèce de longue trompe qui termine leur ovaire.

La disposition des différens genres que nous adoptons est d'après la longueur du pédoncule qui, fort long dans les premiers, se raccourcit de plus en plus, ce qui établit le passage aux balanides.

Gymnolèpe. *Gymnolepas.*

Corps assez peu comprimé, enveloppé dans un manteau presque complètement nu ou dont les valves principales de la coquille sont

---

(1) Ou Anatifes.

si petites qu'elles sont fort loin de se toucher, et porté à l'extrémité d'un long pédoncule très-épais également nu.

A. Espèces dont l'extrémité postérieure (ici supérieure) du manteau est prolongée par deux tubes charnus en forme d'oreilles, l'un des deux ayant une ouverture latérale. (G. OTION. Leach. AURIFÈRE. Blainv. Dict.)

Ex. Le Gymnolèpe de Cuvier. *Gymnolepas Cuvierii*. Leach, Enc. Edinb.

B. Espèces plus claviformes, sans prolongemens tubuleux.
(G. CINERAS, Leach.)

Ex. Le G. de Cranch. *G. Cranchii. Id., ibid.*

Observ. Ce genre ne contient encore que trois ou quatre espèces des mers du Nord et d'Afrique. Malgré la presque nudité du manteau, l'animal ne diffère presque en rien des anatifes ordinaires.

PENTALÈPE. *Pentalepas.*

Corps plus comprimé, porté sur un pédicule plus court que dans le genre précédent; le manteau entièrement recouvert par les cinq valves principales de la coquille s'imbriquant plus ou moins sur les bords.

A. Espèces qui n'ont rigoureusement que les cinq valves principales, et dont le pédoncule alongé est nu. (G. PENTALASMIS. Leach.)

Ex. Le Pentalèpe lisse. *Pentalepas lævis*. E. m., pl. 166, f. 1.

B. Espèces qui, outre les cinq valves principales, en ont encore beaucoup de petites à leur base; le pédicule ordinairement plus court et écailleux. (G. POLLICIPÈDE. Leach.)

Ex. Le P. groupé. *P. Pollicipes*. E. m., pl. 166, fig. 10-11.

Observ. Ce genre ne renferme encore qu'un assez petit nombre d'espèces de toutes les mers, mais il a été peu étudié.

POLYLÈPE. *Polylepas.*

Corps à peu près de même forme que dans le genre précédent, enveloppé dans un manteau entièrement couvert par treize pièces ou valves, dont six principales, une dorsale, une ventrale, et deux paires de latérales; le pédoncule plus ou moins alongé et également squameux.

A. Espèces dont les valves sont inégales et non terminales,

(G. Scalpellum. Leach.)

Ex. Le Polylèpe vulgaire. *Polylepas vulgaris.* E. m , pl. 166, fig. 7-8.

B. Espèces dont les valves principales sont presque semblables, pointues, et s'ouvrent un peu à la manière des tulipes.

Ex. Le P. couronné. *P. mitella.* E. m., pl. 166, fig. 9.

Observ. Ce genre passe évidemment au précédent, et n'en diffère guère que parce que les pièces accessoires de la base prennent plus d'accroissement au contraire des cinq autres. On n'en connoît encore que trois ou quatre espèces.

LITHOLÈPE. Litholepas.

Animal comprimé.

Coquille irrégulièrement subpyramidale, comprimée, portée à l'extrémité d'un pédicule tubuleux, tendineux, ayant à sa base un appendice testacé ressemblant à une patelle renversée, formée de huit valves contiguës, inégales; six latérales, dont les inférieures très-petites; une dorsale, grande, ligulée, et une ventrale également très-petite.

Ex. Le Litholèpe de Mont-Serrat.

Observ. Ce genre, nouvellement établi par M. Sowerby dans son *Genera* de coquilles, n.ºs 7-8, ne contient encore que l'espèce qui lui sert de type, et dont l'animal intermédiaire, à ce qu'il dit, aux lépas et aux balanes, habite les excavations des rochers qu'il forme. Nous ne l'avons vu ni sa coquille.

Fam. II. — BALANIDES, Balanidea.

(Genre Balane. Brug.)

Corps plus ou moins conique, souvent même déprimé, du reste conformé comme dans la famille précédente.

Coquille épaisse, solide, adhérente, un peu diversiforme, mais ordinairement cylindracée, conique ou déprimée, composée d'une partie coronaire, monotome ou polytome, et dans ce cas, de six, quatre et même trois pièces articulées ou engrenées circulairement, ouverte aux deux extrémités ; l'ouverture buccale (ici inférieure) close par une simple membrane ou quelquefois par une pièce calcaire, patelliforme, nommée *support*, servant à l'adhérence ; l'ouverture anale (ici supérieure) fermée par une membrane et par un assemblage (*opercule*) de deux paires de petites valves articulées ou non, entre lesquelles peut passer la partie postérieure de l'animal.

Observ. Tous les animaux de cette famille vivent constamment et immédiatement fixés aux corps sous-marins solides de quelque nature qu'ils soient, mais en général à peu de distance des rivages dans toutes les mers, entassés les uns à côté des autres, de manière à déformer plus ou moins leur coquille.

L'établissement des genres, et l'ordre dans lequel nous les rangeons, sont déterminés par la considération du support, de l'opercule, et du nombre des pièces de la partie coronaire, de la disposition d'une lame interne qui les double en descendant plus ou moins bas, et enfin de la séparation ou non de leur surface externe en deux aires triangulaires, l'une excavée, et l'autre saillante.

*** *L'opercule articulé et plus ou moins vertical*.**

Balane. *Balanus*.

Coquille conique ; la partie coronaire formée de six valves bien distinctes, une dorsale, une ventrale et deux paires de latérales, avec un support calcaire bien évident ou sans support ; opercule de quatre pièces articulées et formant une sorte de pyramide dans l'ouverture supérieure du tube.

A. Espèces dont le support est nul ou membraneux.

Ex. Le Balane épineux. *Balanus spinosus*.

B. Espèces dont le support est assez irrégulier, mais ordinairement fort considérable.

Ex. Le B. Géant. *B. Gigas*.

C. Espèces dont le support est conique, creux, presque régulier, patelliforme, et qui s'enfoncent dans les éponges. (G. Acasta. Leach.)

Ex. Le B. des Eponges. *B. spongites*. Poli, Test., 1, tab. 6, f. 5.

Observ. Ce genre ainsi circonscrit renferme encore un assez grand nombre d'espèces de toutes les mers. M. de Lamarck en caractérise vingt-neuf des deux premières sections, dont trois ou quatre fossiles, et quatre de la seconde. On pourra encore trouver à grouper les espèces de balanes en d'autres sections, d'après la considération de la proportion des six valves et de la disposition de la lame interne qui les double.

OCHTHOSIE. *O hthosia.*

Coquille subconique, verruqueuse; la partie coronaire formée de trois valves seulement, dont les sutures sont visibles à l'extérieur; trois aires déprimées, chacune avec une suture au milieu; trois aires saillantes, dont une plus petite avec une suture moyenne dans celle-ci; lame interne quadripartite, dont trois portions viennent des trois sutures antérieures du tube, et divisant la cavité en trois loges; le support membraneux; ouverture trigone, oblongue, fermée par un opercule pyramidal articulé, bivalve, c'est-à-dire dont les deux pièces de chaque côté sont soudées entre elles.

Ex. L'Ochthosie de Stroëm. *Ochthosia Stroemii.* Ranzani, Muller, Zool. Dan., 3, tab. 91, fig. 1-4.

Observ. Nous avons pris les caractères de ce genre dans le Mémoire de M. Ranzani qui l'a établi. Il nous paroît douteux qu'il n'y ait que trois valves à la partie coronaire de la coquille. Il nous semble beaucoup plus probable qu'il y en a quatre. Nous avons en effet trouvé, sur un eschare bouffant des mers du Nord, une espèce de balanide qui doit être fort rapprochée de celle sur laquelle ce genre est établi, et qui est en effet formée de quatre valves inégales, une dorsale, la plus petite; une ventrale, la plus grande, deux latérales semblables, et de deux pièces seulement à l'opercule. Nous supposerions volontiers que ce seroit le même animal que celui de Stroëm.

CONIE. *Conia.*

Animal comme dans les balanes ordinaires.

Coquille conique, déprimée; la partie coronaire formée de quatre pièces seulement plus ou moins distinctes, presque égales et ordinairement striées de la base au sommet, avec ou sans aires distinctes; support plat, fort mince ou membraneux; opercule articulé, pyramidal, composé, comme dans les balanes, de deux pièces de chaque côté, mobiles ou soudées l'une à l'autre.

A. Espèces dont les valves sont pectinides; les aires et les divisions bien distinctes.

Ex. La Conie radiée. *Conia radiata*. E. m., pl. 164, fig. 15?

B. Espèces dont les valves sont peu ou point distinctes, sans traces d'aires.   (G. ASEMUS. Ranz.)

Ex. La C. stalactifère. *C. stalactifera*. E. m., pl. 165, f. 9-10.

Observ. Ce genre, offrant une combinaison particulière dans le nombre des pièces du tube, mérite d'être conservé; il ne renferme cependant encore qu'un assez petit nombre d'espèces. Nous en connoissons déjà trois de la première section.

CREUSIE. *Creusia*.

Animal?

Coquille patelliforme, monotome, mince; ouverture ovale, assez grande, fermée par un opercule bivalve ou quadrivalve, grand et subpyramidal; un support calcaire considérable, infundibuliforme, et pénétrant dans les corps sur lesquels l'animal est attaché.

A. Espèces très-déprimées, striées, quelquefois avec des indices de la division en quatre pièces; opercule bivalve.

Ex. La Creusie spinuleuse. *Creusia spinulosa*. Leach, Enc. Edinb.

B. Espèces coniques, ovales, lisses, sans traces de divisions; l'opercule bivalve.

Ex. La C. lisse. *C. lœvis*. (Non fig.)

C. Espèces de même forme; l'opercule quadrivalve.

Ex. La C. de Bosc. *C. Boscii*. Bosc, Conch.

D. Espèces épaisses, coniques, rayonnées, patelliformes du sommet à la base; l'ouverture extrêmement petite, fermée par un opercule, dont les deux pièces sont longues et étroites de chaque côté.
                                        (G. PYRGOMA. Savigny.)

Ex. La C. rayonnante. *C. cancellata*. Leach, Edinb. Enc.

Observ. Ce genre ne renferme encore qu'un assez petit nombre d'espèces, qui vivent constamment enfoncées dans la substance des polypiers de différens genres, et provenant des mers des pays chauds.

Chthamale. *Chthamalus.*

Coquille extrêmement déprimée; la partie coronaire à parois beaucoup plus épaisses à sa base, et formée de six pièces, comme dans les balanes; aires proéminentes presque égales; la lame interne courte; support membraneux; ouverture tétragone, à côtés presque égaux, bordée par une membrane à laquelle est attaché horizontalement un opercule de quatre pièces, à peine pyramidal.

Ex. Le Chthamale étoilé. *Chthamalus stellatus.* Poli, Moll., 2, tab. 5, f. 12-17.

Observ. Nous ne connoissons pas les balanides sur lesquelles ce genre est établi par M. Ranzani. Elles sont au nombre de deux, et de la mer Méditerranée. D'après la figure que ce dernier en donne dans son Mémoire, cela nous paroît un genre intermédiaire aux balanides à opercule pyramidal, et à celles qui l'ont horizontal.

✱✱ *L'opercule non articulé et plus ou moins horizontal.*

Coronule. *Coronula.*

Animal comme dans la famille.

Coquille de forme un peu variable et sans trace de support; la partie coronaire formée de six pièces, comme dans les balanes proprement dits, mais plus régulièrement disposées, de manière à imiter une sorte de couronne ou de tube; aires alternativement creusées et saillantes; opercule non articulé, composé de deux paires de petites valves plates, minces, jointes à l'ouverture du tube par une partie membraneuse considérable, et laissant passer entre elles les appendices cirrheux de l'animal.

A. Espèces très-déprimées, circulaires, striées concentriquement; chaque valve bilobée par un sillon presque aussi marqué que les aires enfoncées fort étroites, et pourvue en dessous d'un fort crochet d'attache; ouverture pentagonale; opercule très-petit.

Ex. La Coronule Douze-lobes. *Coronula bisexlobata.*

B. Espèces de même forme, comme radiées par la disposition des aires creuses, striées transversalement, formant six rayons divergens du centre à la circonférence; ouverture ovale, hexagonale.

(G. Chelonobie. Leach.)

Ex. La C. des Tortues. *C. testudinaria*. Enc. méth., pl. 165, f. 15-16.

C. Espèces un peu plus élevées ; les aires proéminentes, égales entre elles, beaucoup plus larges que les excavées ; l'ouverture subcirculaire ; l'opercule de quatre valves presque égales, n'occupant qu'un petit espace de la partie membraneuse qui forme entre elles une sorte de tube.   (G. Cetopire. Ranzani.)

Ex. La C. rayonnée. *C. balanarum*. E. m., pl. 165, f. 17-18.

D. Espèces plus élevées, subhexagones ; les aires presque égales, les excavées plus larges que les saillantes ; ouverture supérieure très-grande, hexagone ; l'inférieure beaucoup plus petite, de même forme et communiquant dans une excavation basilaire, ronde, à rames radiées ; opercule bivalve?   (G. Diadème. Ranz.)

Ex. La C. Diadème. *C. Diadema*. E. m., pl. 165, f. 13-14.

E. Espèces beaucoup plus élevées, subcylindriques, à parois plus minces et crénelées ; les aires presque quadrilatères ; les inférieures beaucoup plus étroites que les autres ; ouvertures arrondies, rondes, égales ; la membrane qui ferme la supérieure formant un tube entre les quatre valves de l'opercule presque égales. (G. Tubicinelle. Lamck.)

Ex. La C. Tubicinelle. *C. Tubicinella*. Lamck., Ann. du Mus., vol. I, pl. 30., f. 1.

Observ. Ce genre, dans lequel on a pu faire autant de coupes génériques qu'il y a d'espèces, n'en renferme encore qu'un assez petit nombre de toutes les mers. Elles vivent fixées sur la peau d'animaux vertébrés, dans laquelle elles semblent quelquefois s'enfoncer plus ou moins profondément.

La *Coronula patula* de M. Ranzani n'appartient probablement pas à ce genre. Voyez son Mémoire dans la premiere décade de ses *Memorie di storia naturale*, imprimée à Bologne.

CLASSE SECONDE.

POLYPLAXIPHORES. Polyplaxiphora.

(Genre Chiton. Linn.)

Corps plus ou moins alongé, déprimé, ou subcylindrique, obtus également aux deux extrémités ; abdomen pourvu d'un disque musculaire ou pied propre à ramper, surtout à adhérer; dos sub-articulé, les bords du manteau dépassant plus ou moins complète-ment le pied dans toute sa circonférence, et recouvert par une série longitudinale de pièces calcaires ou valves imbriquées ou non entre elles, les intermédiaires transverses, les terminales demi-circulaires; bouche antérieure et inférieure au milieu d'une masse considérable; point d'yeux ni de tentacules, ni de mâchoires; une sorte de langue enroulée, hérissée de denticules dans la cavité buccale; anus tout-à-fait postérieur et médian; les organes de la respiration branchiaux et formés par un cordon de petites bran-chies situées sous le rebord du manteau, surtout en arrière; les or-ganes de la génération femelles seulement, et ayant la terminaison médiane et postérieure, immédiatement au-dessus de l'anus.

Observ. Cette classe, fort distincte de tout le reste de la série animale, et qui semble faire la transition des mollusques céphalés aux chétopodes du type des entomozoaires, renferme un assez petit nombre d'animaux construits réellement sur un plan parti-culier, quoiqu'Adanson ait cru devoir les rapprocher des patelles, ce qu'ont fait également MM. G. Cuvier et de Lamarck; le milieu de leur dos est protégé par une série longitudinale de pièces cal-caires bien symétriques, plus ou moins courbées, ayant un sommet plus ou moins marqué, médian, postérieur et marginal; quand elles s'imbriquent les unes les autres, c'est toujours d'avant en arrière; leur coupe dénote la forme de leurs bords; l'antérieur étant toujours aminci aux dépens de la lame externe, l'interne s'avançant en espèces d'ailes ou d'apophyses, au contraire du pos-térieur; les extrémités des valves intermédiaires présentant un nombre d'entailles variable pour chaque espèce; quant aux ter-minales, elles sont toujours plus ou moins sémi-circulaires; l'an-térieure se distingue en ce que son bord antérieur seul est adhé-rent et plus ou moins crénelé; tandis que la postérieure adhère dans toute sa circonférence antérieurement par des apophyses, comme dans les valves intermédiaires, et postérieurement par un bord souvent crénelé, en sorte que le sommet n'est jamais termi-nal; la surface externe de ces valves, outre les stries d'accroisse-ment, offre souvent une granulation simple, ou bien une division en trois aires triangulaires, une médiane et deux latérales, dont les granulations sont toutes différentes de celles de la médiane, et vont dans un autre sens; enfin nous avons encore besoin de faire observer que le reste de la peau qui forme le manteau, et qui déborde la série des valves dans toute sa circonférence, peut être lisse, villeux, tuberculeux, et que quelquefois il offre en outre, des faisceaux de soies ou de poils dispersés par paires de chaque côté du dos en aussi grand nombre qu'il y a d'articulations.

OSCABRION. *Chiton.*

Ses caractères sont ceux de la classe des polyplaxiphores (*Voyez* plus haut.)

A. Espèces déprimées; les valves larges, carénées, bien imbriquées; les intermédiaires offrant des aires bien marquées; le reste du manteau tuberculeux, sans poils ni soies.

Ex. L'Oscabrion écailleux. *Chiton squamosus.* E. m., pl. 162, f. 5-6.

B. Espèces subdéprimées; les valves non carénées, bien imbriquées, sans aires marquées; les parties latérales du manteau couvertes d'espèces de poils.

Ex. L'O. marbré. *C. marmoratus.* Chemn., Chit., t. 1, f. 5.

C. Espèces de même forme; les valves en général plus petites, surtout les terminales, bien imbriquées, sans aires marquées; les parties latérales du manteau tout-à-fait nues et comme coriacées.

Ex. L'O. brun. *C. piceus.* Id., *ibid.*, tab. 2, f. 6, *a b c.*

D. Espèces à valves plus étroites, imbriquées, sans aires distinctes; les parties latérales de la peau nues ou velues, mais toujours pourvues de faisceaux de soies ou de poils disposés par paires.

Ex. L'O. fasciculaire. *C. fascicularis.* E. m., pl. 163, f. 15.

E. Espèces plus ou moins cylindriques, vermiformes, presque nues, le pied fort étroit, comme articulé; les branchies dans la moitié postérieure du corps seulement; les valves très-petites, souvent distantes ou non imbriquées, presque cachées sous la peau; des faisceaux de poils comme dans la section précédente. (G. OSCABRELLE. Lamck.)

Ex. L'O. lisse. *C. lœvis.* (Non fig.)

Observ. Ce genre, jusqu'ici fort incomplètement étudié, et presque seulement sur la coquille, contient, selon Gmelin, vingt-huit espèces, auxquelles on peut en ajouter déjà plusieurs venues de l'Australasie. Elles proviennent de toutes les mers; les plus grosses sont toujours des pays chauds. Celles de la dernière section n'ont encore été observées que dans l'Australasie.

Leur séparation en petits groupes naturels est assez difficile ; nous ne doutons cependant pas qu'on y parvienne, si l'on peut réussir à étudier à la fois, et complètement, les animaux et les coquilles.

Catalogue des principaux auteurs qui ont écrit sur l'organisation, les mœurs, les habitudes, les usages, et enfin sur la classification des malacozoaires (1).

ABILDGAARDT (Pierre-Chrétien). *Zoologia Danica*, de Muller.

ADANSON. Histoire naturelle du Sénégal, avec la relation abrégée d'un voyage fait en ce pays. Paris, 1757, in-4°.

Cet ouvrage, d'une importance remarquable et trop peu sentie, a été malheureusement borné à un seul volume de 275 pages, avec 19 planches assez bonnes.

ALDROVANDE (Ulysse). *De animalibus exanguibus ut pote de mollibus et testaceis. Bononiæ*, 1606, fol.

Ouvrage de pure compilation, mais encore bon à consulter pour connoître ce que les auteurs anciens ont dit de vrai ou de faux sur les animaux mollusques.

ARGENVILLE (Antoine-Joseph DESALLIERS D'). L'Histoire naturelle éclaircie dans une de ses principales parties, la conchyliologie, et augmentée de la zoomorphose. Paris, 1757.

Les figures d'animaux mollusques sont en général fort mauvaises ; mais il en est encore quelques unes qui peuvent être utiles.

ARISTOTE. *Historia animalium libri* x. Paris, 1533, fol.

Cet ouvrage original ne contient qu'un assez petit nombre d'observations sur les malacozoaires.

ATHENÆUS. *Deipnosophistarum*, *libri* xv. Lyon, 1583, fol.

BASTER (Job). *Observationes de Corallinis iisque insidentibus polypis aliisque animalculis marinis. In Act. Angl.*, vol. 41.

———— *Opuscula subseciva, observationes miscellaneas de animalculis*

---

(1) Le petit nombre de ces auteurs, et surtout la difficulté d'établir des divisions tranchées suivant qu'ils se sont occupés de l'une ou l'autre partie de l'histoire des animaux mollusques, nous forcent à adopter l'ordre alphabétique.

et plantis quibusdam marinis eorumque ovariis et seminibus conti-
nentia. Tom. 4, *Harlemi*, 1764-1765.

Belon (Pierre). *De aquatilibus libri duo cum ad iconibus vivam.* Paris,
1553, in-8°.

C'est dans le 2ᵉ livre qu'il est un peu question des mollusques.

Blainville (H. Ducrotay de). Mémoires sur la classification et sur
plusieurs ordres de mollusques, dans le Bulletin pour la Soc. philom.,
et sur différens genres de cette classe dans le Journal de Physique.

Bohatsch (Jean-Baptiste). *De quibusdam animalibus marinis.* Un vol.
in-4° de 169 pages et 12 planches. Dresde, 1761.

Cet ouvrage, encore utile aujourd'hui, renferme une bonne description extérieure et intérieure de l'aplysie, sous le nom de lernée, de la
théthys, sous celui de fimbria, de la doris, sous la dénomination d'argus,
avec de bonnes figures.

Bommé (Léonard). Sur plusieurs espèces de mollusques, dans les Mémoires de la Société des Sciences de Flessingue.

Bosc (L. A. G.). Histoire naturelle des coquilles, contenant leur description, les mœurs des animaux qui les habitent, et leurs usages ;
1802, 5 vol. in-8° faisant partie du Buffon de Déterville.

Bruguière (Jean-Guillaume). Dictionnaire encyclopédique par ordre
de matières, contenant les vers. Paris, 1789, 2 vol. in-4°.

Cet ouvrage, remarquable par l'exactitude des descriptions, plus souvent, il est vrai, des coquilles que des animaux, n'a malheureusement
pas été continué. M. de Lamarck a terminé l'atlas, contenant maintenant 471 planches ; mais le texte n'a pas été augmenté depuis la mort
de Bruguière.

Buchanan. Mémoires sur plusieurs animaux mollusques, et entr'autres
sur le genre Onchidie, dans les Transactions de la Société Linnéenne
de Londres, in-4°.

Chamisso (Adelbert). *De animalibus quibusdam classe vermium Lin-
næa*, etc. *Fasciculus primus ; de Salpá.* Brochure in-4° de 24 pages avec
une planche. Berlin, 1819.

Chemnitz (Jean-Jérôme). Auteur des tomes 4 à 10 et du Supplément
du grand ouvrage de Martini, intitulé *Cabinet systématique des Coquilles*, in-4°. (*Voyez* Martini.)

Columna. *Tractatus de purpurá ab animali testaceo fusá, deque hoc
ipso animali et testaceis quibusdam varietatibus aliis.* Kelæ, 1674, in-4°.

Cubières (S. L. P.). Histoire abrégée des coquillages de mer, de leurs mœurs et de leurs amours. Un vol. petit in-4° de 194 pages avec 19 planches gravées.

Mauvais ouvrage sous tous les rapports, quoique écrit avec prétention.

Cuvier (Georges). Mémoire pour servir à l'histoire et à l'anatomie des mollusques. Un vol. in-4°. Paris, 1816.

Ce recueil renferme non seulement les mémoires importans que M. Cuvier avoit successivement publiés dans les Annales du Muséum d'histoire naturelle, depuis leur création, mais encore plusieurs Mémoires entièrement nouveaux; il n'est cependant toujours question que des mollusques céphalés.

Daudin (François-Marie). Recueil de Mémoires et de notes sur des espèces inédites ou peu connues de mollusques, de vers ou de zoophytes. Petite brochure in-12 de 50 pages, avec 4 planches.

On y trouve des détails sur le genre Vermet; mais les espèces qu'il y rapporte appartiennent-elles réellement à ce genre?

Deshayes (G. P.). Description des coquilles fossiles des environs de Paris, in-4°, fig. lithogr., dont il a déjà paru cinq livraisons.

———— Note sur un nouveau genre de la famille des Néritacés, insérée dans les Annales des Sciences naturelles, février 1824.

Desmarest (A. G.) et Lesueur (C. A.). Mémoire sur le Botrylle étoilé de Pallas. Bulletin de la Soc. philomat., mai 1815, et Journ. de Phys., tome 80.

———— Mémoire sur deux genres de Coquilles fossiles cloisonnées et à siphon. Journ. de Phys., 1817, juillet.

———— Description des coquilles univalves du genre Rissoa, créé par M. Freminville. Nouv. Bull. Soc. Phil., 1814, n° 76.

———— Note sur les ancyles ou patelles d'eau douce, et particulièrement sur deux espèces de ce genre non décrites, l'une vivante, l'autre fossile. Nouv. Bull. Soc. Phil., 1814, n° 76, pag. 9.

Dicquemare (Jacques-François). Mémoires sur différens animaux mollusques insérés dans les Transactions philosophiques de Londres et le Journal de Physique. —Limace de mer, 1779, part. 2, p. 54.—Limace à plante, *ibid.*, p. 56.—Huître, 1786, part. 1, pag. 241, et part. 2, p. 70.—Organisation des parties par lesquelles certains mollusques saisissent leur proie, 1784, part. 2, p. 85, etc.

Draparnaud (Jacques-Philippe-Raimond). Tableau des mollusques terrestres et fluviatiles de la France. Brochure in-8°, Montpellier et Paris, 1801.

52.   25

——— Histoire naturelle des mollusques terrestres et fluviatiles de la France. Paris, 1805. Un vol. in-4° avec de belles planches gravées.

Ouvrage posthume qui n'a pas peu contribué à l'avancement de la science par l'exactitude des observations et des figures.

——— Observations sur la Gioenia. Journal de Physique, t. 50, p. 146.

Duhamel du Monceau. Expérience sur la couleur de la pourpre. Mém. de l'Acad. des Sciences, 1738.

Duméril (Constant). Zoologie analytique, in-8°. Paris, 1806.

Dupont (André-Pierre). Mémoire sur le Glaucus. Trans. phil., vol. 53.

Fabricius (Othon). *Fauna Groenlandica, systematice sistens animalia Groenlandiæ occidentalis hactenus indagata, quoad nomen specificum*, etc. Copenhague et Leipsick, 1780, in-8°.

Cet ouvrage excellent renferme de fort bonnes descriptions d'animaux mollusques.

Férussac (D'Audebard de) père. Essai d'une méthode conchyliologique, d'abord dans les Mémoires de la Société médicale d'émulation, puis imprimé à part. Paris, 1807, brochure in-8°.

Férussac (D'Audebard de) fils. Histoire naturelle générale et particulière des mollusques terrestres et fluviatiles, 21 livraisons in-4°.

Ouvrage de luxe, non terminé, dont les figures, remarquables par l'exactitude et la beauté, représentent les animaux avec leurs coquilles, et quelques anatomies par M. G. Cuvier et H. de Blainville.

——— Monographie des espèces vivantes et fossiles du genre Mélanopside, insérée dans les Mém. de la Soc. d'Hist. nat. de Paris, tom. 1er, part. 2, avec 2 planches.

Fleuriau de Bellevue. Mémoire sur quelques nouveaux genres de mollusques et de vers lithophages. Journal de Physique, t. 54, p. 345.

Forskal (Pierre). *Descriptiones animalium, avium, piscium, amphibiorum, vermium, insectorum quæ in itinere orientali observavit.* Copenhague, 1775, in-4°.

——— *Icones rerum naturalium quas in itinere orientali depingi curavit.* Copenhague, 1776, in-4°.

Ouvrages posthumes qui renferment la description et la figure de plusieurs animaux mollusques rares.

Gærtner (Joseph). Sur les genres Distome et Botrylle, dans les Transactions philosophiques et les *Miscellanea zoologica* de Pallas.

GEOFFROY, médecin. Traité sommaire des coquilles tant terrestres que fluviatiles qui se trouvent aux environs de Paris, 1767, in-12.

GESNER (Conrad). *De piscibus et aquatilibus omnibus libelli tres , novi figuri*, 1556.

Ouvrage de la nature de celui d'Aldovrande, et de la même utilité pour connoître ce que les anciens ont dit des mollusques et des coquilles.

GINANNI (il conte Giuseppe). *Opere postume nel quale si contengono testacei marini , paludosi e terrestri , dell' Adriatico e del territorio di Ravena da lui osservati e descritti.* Venezia, 1755-1757. Deux vol. in-fol.

Livre fort rare à Paris, qui contient sur les coquilles marines, terrestres et fluviatiles, 72 pages de texte, sans la dédicace et la préface, et 31 planches de coquilles marines, 4 de fluviatiles et 3 de coquilles terrestres.

GIOENI (Joseph). Description d'une nouvelle famille et d'un nouveau genre de testacés. Brochure en italien de 74 pages, avec une planche. Naples, 1783, contenant, outre la description de ce prétendu animal , que Draparnaud a fait voir n'être que l'estomac de la *bulla lignaria ,* celle d'une anomie véritable, et celle de l'*anomia tridentata* de Linn.

GRAY (J. E.). Classification naturelle des mollusques d'après leur structure interne. Dissertation écrite en anglois et insérée dans le *London medical Repository*, mars 1821.

GUETTARD. Mémoires sur les accidens des coquilles fossiles , comparés à ceux qui arrivent aux coquilles qu'on trouve maintenant dans la mer. Mémoire de l'Académie des Sciences de Paris, année 1759.

HÉRISSANT (François-David). De la formation des opercules des coquilles. Mémoires de l'Académie des Sciences de Paris, année 1765.

HOME (sir Everard). *Lectures on comparative anatomy.* Deux. vol. in-4°. Londres, 1814, et Transactions philosophiques, contenant plusieurs mémoires sur les animaux mollusques.

KLEIN (Jacob-Théodore). *Tentamen Methodi ostracologicæ.* Lugduni Batavorum , 1753, in-4°.

Ouvrage apprécié dans l'histoire de la conchyliologie.

KOEMMERER (C. L.). *Die Conchylien in cabinette des Herrn Erbprinzen von Schwartzburg-Rudolstadt.* Rudolst. , 1786, in-8°.

LAMARCK (J. B. DE MONNET DE). Prodrome d'une nouvelle classification des coquilles. Mém. de la Soc. d'Hist. natur. de Paris, an VII, in-4°.

———— Mémoire sur le genre de la seiche , du calmar et du poulpe, vulgairement nommé Polype de mer. Mém. de la Soc. d'Hist. nat. de Paris. In-4°, avec planches. Paris, an VII.

25.

————— Système des animaux sans vertèbres. Paris, an XI (1801) in-8°.

————— Philosophie zoologique. Deux vol. in-8°, Paris, 1809.

————— Extrait du Cours de zoologie du Muséum d'histoire naturelle, sur les animaux sans vertèbres, etc., à l'usage de ceux qui suivent ce cours. Brochure in-8° de 127 pages. Octobre 1812.

————— Histoire naturelle des animaux sans vertèbres, présentant les caractères généraux et particuliers de ces animaux, leur distribution, leurs classes, leurs familles, leurs genres, et la citation des principales espèces qui s'y rapportent.

Le tome v, le tome vi, divisé en deux parties, et le tome vii tout entier, sont employés pour l'histoire des animaux dont il est question dans cet article.

Lister (Martin). *Historia Animalium Angliæ : tres tractatus ; unus de araneis, alter de cochleis, tum terrestribus, tum fluviatilibus ; tertius de cochleis marinis.* Londres, 1678. Un vol. in-4° de 250 pages, avec neuf planches.

Très-bon petit ouvrage original, encore bon à consulter.

————— *Exercitatio anatomica de cochleis, maxime terrestribus et limacibus.* Londres, 1694, in-8°.

————— *Exercitatio anatomica altera de buccinis fluviatilibus et marinis.* Londres, 1695, in-8°.

————— *Exercitatio anatomica tertia conchylorum bivalvium utriusque aquæ.* Londres, 1696, in-4°.

Ces différentes dissertations de Lister, le principal auteur de l'anatomie des mollusques, ont été recueillies dans les éditions de 1770 de son Histoire méthodique des coquilles dont nous avons parlé en traitant de la bibliographie conchyliologique.

Le Masson Le Golft (Mlle). Observations sur les moules. Journal de Physique, 1779, t. 2, p. 285.

Leach (Williams-Elford). Sur la distribution des cirrhipèdes. Journal de Physique.

————— Sur la distribution des céphalopodes. Journ. de Phys.

Lesueur (Charles-Alexandre). Mémoire sur l'organisation des pyrosomes, et sur la place qu'ils doivent occuper dans une classification naturelle. Journal de Physique, t. 80, p. 412.

————— Sur les genres Firole et Firoloïde, dans le Journal de l'Académie des Sciences naturelles de Philadelphie.

————— Sur les genres Atlas et Atlante, dans le Journal de Phys., t. 85.

———— Descriptions de plusieurs nouvelles espèces d'ascidies, dans le Journ. de l'Acad. des Sc. naturelles de Philadelphie, avril 1823.

———— Mémoires sur plusieurs espèces de mollusques céphalopodes, dans le Journ. de l'Acad. des Sc. nat. de Philadelphie.

MARTINI (F. H. G.). *Cabinet systématique des Coquilles*, en allemand, 10 vol. et un de supplément, fig. col. Les trois premiers volumes sont de lui et les autres de Chemnitz.

MECKEL (Jean-Frédéric). *De Pleurobranchæa novo Molluscorum genere.* Thèse in-4°, de treize pages, avec une planche, soutenue par Etienne-Frédéric Leues. Hale, 1813.

———— *De Pteropodum ordine et novo ipsius genere.* Dissertation inaugurale, in-4°, avec figures, soutenue par Jean-Frédéric-Jules Kosse. Hale, 1813.

MÉRY (Jean). Remarques faites sur la moule des étangs. Acad. des Sciences. Paris, 1710.

MOEHRING (Paul-Henri-Gérard). *Mytulorum quorumdam venenum.* Brama, 1742.

MOLINA (Jean-Ignace). *Saggio sulla Historia naturale del Chili.* Bologna, 1782, in-4°, et traduit en françois; par Gruvel, in-8°, 1789.

MONTAGU (Georges). *Description of several animals found on the south coast of Devonshire*, et autres travaux insérés dans les Transactions de la Société linnéenne de Londres.

MONTFORT (Denys de). Histoire naturelle des Mollusques, faisant partie du Buffon, Edition de Sonnini. Paris, 1802.

Les quatre premiers volumes, contenant les généralités et l'histoire des céphalopodes, sont seuls de Denys de Montfort; mais ils contiennent bien des choses hasardées.

MULLER (Othon-Frédéric). *Vermium terrestrium et fluviatilium succincta Historia.* Copenhague et Leipsick, 1773, in-4°.

———— *Zoologiæ Danicæ Prodromus.* Copenhag., 1776.

———— *Zoologia Danica.* Copenhague et Leipsick, 1788-1789, in-fol.

Les trois premiers volumes sont de lui; le quatrième est d'Abildgaardt et de Vahl.

———— Observations sur la reproduction de la tête des Limaçons. Journal de Physique, 1778.

OLIVI (Joseph). *Zoologia Adriatica.* Un vol. in-4° avec plusieurs planches gravées.

Excellent ouvrage, contenant de bonnes observations sur les coquilles et les mollusques.

Olivier (Antoine-Guillaume). Voyage dans l'Empire ottoman, l'Egypte et la Perse. Trois vol. in-4° avec figures. Paris, 1807.

Cet ouvrage renferme plusieurs observations intéressantes sur les coquilles.

Pallas (Pierre-Simon). *Miscellanea zoologica.* Hagæ-Comit., 1767, in-4°.

—————— *Spicilegia zoologica.* 14 cahiers. Berolini, 1780, in-4°.

Péron (François) et Lesueur (Charles-Alexandre). Mémoire sur les Ptéropodes. Annales du Muséum d'Histoire naturelle, tom. xv, pl. 3 et 4.

—————— Mémoire sur le genre Pyrosome. *Ibid.*, tome 4, pag. 437.

Petiver (Jacob). *Aquatilium animalium Amboinæ icones et nomina.* London, 1713, in-fol.

Plancus (Janus), ou Jean Bianchi. *De Conchis minùs notis in littore Ariminensi.* Venise, 1739, in-4°, et seconde édition fort augmentée. Rome, 1760.

Plinius (Caïus). *Historia naturalis.*

Poli. *Testacea utriusque Siciliæ eorumque Historia et Anatome.* Deux vol. grand in-fol. Parme, 1791-1795, ne contenant encore que les multivalves et les bivalves.

Ouvrage remarquable, et qui fait époque dans la science, puisque c'est depuis son apparition que la classification générale des mollusques et celle des bivalves ont suivi une marche rationnelle.

Les objets représentés dans les magnifiques planches de cet ouvrage avoient été préalablement figurés en cire.

Poupart (François). Mémoire sur les coquillages bivalves. Mém. Acad. des Sciences. Paris, 1706.

Quoy et Gaimard. Voyage de l'Uranie, in-4° avec atlas in-fol. Paris, 1824.

La partie zoologique contient un grand nombre d'observations nouvelles sur les animaux mollusques.

Ranzani (Camille). Sur la classification des balanes. *Memorië di Storia naturale*, Deca prima, in-4°, fig. Bologne.

—————— Sur le poulpe de l'Argonaute. *Ibid.*

Réaumur (René-Antoine Ferchault de). De la formation et de l'accroissement des Coquilles. Acad. des Sciences. Paris, 1709.

—————— Insecte du Limaçon. Mém. Ac. des Sc. de Paris, 1710.

———— Du mouvement progressif de quelques Coquillages. *Idem*, 1710-1712.

———— Des différentes manières dont plusieurs espèces d'animaux de mer s'attachent aux pierres ou les uns aux autres. *Ibid.*, 1711.

———— Découverte d'une nouvelle espèce de Pourpre. *Ibid.*, 1711.

———— Observations sur la Pinne-marine et sur les Perles. *Ibid.*, 1717.

———— Des merveilles des Dails et de la lumière qu'ils répandent. *Ibid.* 1723.

Reivelius. *De Limace in ovo.* Miscell. Cur., 1699-1700.

Richter. *Programma de Purpure antiquo.* Gotting, 1741, in-4°.

Risso (Dominique). Mémoire sur quelques Animaux mollusques de la mer de Nice. Journal de Physique.

Roissy (Félix de). Histoire naturelle des Mollusques (tom. v et vi), dans l'Histoire des Mollusques commencée par Denys de Montfort, faisant partie de l'édition des œuvres de Buffon, de Sonnini.

Rondeau (du). Mémoire sur les effets pernicieux des moules. Journal de Physique, 1783. Suppl., tom. iii, pag. 66.

Rondelet (Guillaume). *De Piscibus.* Lyon, 1554, un vol. in-fol. Ouvrage qui renferme des observations exactes.

Rumphius (Georges-Everard). *De Unguibus odoratis, Murice, etc.* Misc. Cur. nat. 1684.

———— *Amboinsche rareitet Kamer, etc.*, ou Cabinet d'Amboine, in-fol., fig., Amsterd., 1705.

———— *De Ovo marino, Porcellanis, etc. Ibid.* 1688.

Ruysch (Henri). *Theatrum universale omnium animalium, piscium, quod olim sub nomine Jonstoni Historia naturalis prodiit.* Amsterd., 1718, in-fol.

Savigny (Jules-César). Mémoire sur les Animaux sans vertèbres, in-8°, Paris, 1816.

Say (Thomas). Sur le genre Ocythoé, dans une lettre adressée à M. Williams-Elford Leach, dans les Transactions philosophiques de Londres, 1819.

———— Conchyliologie de l'Encyclopédie américaine, avec la description et les figures de plusieurs espèces de coquilles des Etats-Unis.

———— Sur les testacés des Etats-Unis, dans le Journal de l'Académie des Sciences naturelles de Philadelphie.

Un grand nombre d'articles intéressans, souvent avec la description des animaux, mais malheureusement sans figures, dans le même recueil.

SEBA (Albert). *Locupletissimi rerum naturalium Thesauri accurata descriptio,* 4 vol. in-fol,, fig. Le troisième renferme tout ce qui est relatif aux mollusques.

SELLIUS (Godefredus). *Historia naturalis Teredinis, etc.* Trajecti ad Rhenum, 1733, in-4°.

SOWERBY (Georges-Brethingham) père. Remarques sur les genres Orbicule et Cranie de M. de Lamarck, etc. En anglois dans les Mém. de la Soc. Linn. de Londres, 1823, avec d'excellentes figures.

SOLDANI (Ambroise). *Saggio orithografico ovvero osservationi sopra le terre nautilitiche.* In-4°, fig. Sienne, 1780.

———— *Testaceographia ac Zoophytographia parva et microscopica.* Trois vol. pet. in-fol. Sienne, 1789-1798.

SOWERBY (J. D. C.) fils. *Mineral Conchology*, etc., ou Conchyliologie minérale de la Grande-Bretagne, in-8°, pl. color.

Il en a déjà paru 81 livraisons.

———— *Genera of recent and fossils shells*, in-8°, pl. color., 18 livr.

SPENGLER (Laurent). *Der Islandisch Oskabiorn. In Berlin Bechaftrag.* 1.

SWAINSON (W.). *Exotic Conchology.* Conchyliologie exotique, ou description et figures des coquilles rares, belles ou non décrites, in-4°, avec planch. lithogr. et color.

SWAMMERDAM (Jean). *Biblia Naturæ.* Deux vol in-fol. en latin et en hollandois, avec de belles figures. Leyde, 1737-1738, formant le cinquième volume de la collection académique, partie étrangère.

Cet ouvrage, qui fait époque, surtout pour l'anatomie des insectes, contient aussi quelques anatomies précieuses de mollusques, et entre autres de la limace, de l'hélice vigneronne, etc.

VALENTIN (Michel-Bernard). *Amphitheatrum zootomicum.* Francf. 1720, in-fol.

VAHL (Martin). *Zoologia Danica*, partie du quatrième volume. Copenh. 1789.

WILLIS (Thomas). Anatomie de l'huitre, dans son traité *de Anim i Brutorum.*　　　　　　　　　　　　　　　　　(DE B.)

MOLLUSQUES. (*Foss.*) On trouve à l'état fossile le têt des mollusques, et quelquefois le ligament des coquilles bivalves, mais aucune portion des animaux auxquels elles ont servi d'habitation n'a été pétrifiée ni conservée. (D. F.)

MOLOBRE. (*Entom.*) M. Latreille a désigné sous ce nom de genre quelques espéces de tipules. (C. D.)

MOLOCHIA. (*Bot.*) La plante à laquelle Sérapion donnoit ce nom, est le mouron, *anagallis phœnicea*, suivant quelques auteurs, au rapport de C. Bauhin. (J.)

MOLOCHITES. (*Min.*) C'est, suivant Pline, une pierre d'un vert pâle, semblable à celui de la mauve; elle n'est pas transparente, mais d'un aspect gras. On l'emploie à faire des cachets et des amulettes pour les enfans. Enfin elle vient d'Arabie. Peu de pierres sont aussi bien caractérisées que celle-ci, et il est étonnant qu'une fausse ressemblance de nom ait plus frappé que ses vrais caractéres, et que des naturalistes antiquaires aient voulu rapporter cette pierre à la malachite. Il y a peu de doute que ce ne soit un jade. M. Leman nous paroît être le premier qui ait émis cette opinion, et nous n'hésitons pas à l'adopter. (B.)

MOLON. (*Bot.*) C. Bauhin est porté à croire que la plante citée sous ce nom par Pline, est la filipendule, *spiræa filipendula*. (J.)

MOLOPS (*Entom.*), nom donné par Bonelli à un genre d'insectes coléoptères voisin des carabes, tels que le *terricola*, et le *elatus* (C. D.)

MOLORQUE, *Molorchus.* (*Entom.*) Fabricius a désigné sous ce nom un genre de coléoptères tétramérés, de la famille des lignivores ou xylophages, qu'il a distingué des nécydales à cause de la briéveté excessive de leurs élytres, de la forme des antennes qui sont en soie, et du nombre des articles aux tarses.

Ce nom de molorque est tout-à-fait grec, μολορχος. Il est emprunté de la mythologie, qui désigne ainsi ce vieillard d'Arcadie qui fut l'hôte d'Hercule lorsqu'il partoit pour combattre le lion de Nemée.

Les insectes qui composent ce genre ont fait le sujet d'une Dissertation fort remarquable de Schœffer, de Ratisbonne, imprimée à Nuremberg, en 1753, avec une planche gravée et tirée en couleur. C'est une lettre adressée à notre célèbre Réaumur sous le titre : *De Musca cerambyce seu cerambyce spurio, novum insectorum ordinem constituente.*

Le caractère du genre Molorque est très-distinct; il consiste dans la particularité, que présentent les ailes, de n'être point pliées en travers, ni recouvertes par les élytres, qui sont presque aussi courts que dans les staphylins.

Ces insectes ont les mêmes mœurs que les capricornes et la plupart des autres xylophages. Il est très-probable que leurs larves se développent et se métamorphosent dans le corps ligneux de certains arbres. Leur corps est très-alongé, grêle, svelte; car leur abdomen est un peu plus étroit à la base ou dans son articulation avec la poitrine. Leurs pattes, grêles, alongées, à cuisses renflées, n'ont aux tarses que quatre articles. Ils ont la tête inclinée, engagée dans le corselet; les antennes, en soie, dépassant les élytres, insérées au devant des yeux; les élytres roides, voutés, très-courts, arrondis à leur extrémité libre; le ventre alongé, pointu au bout et à bords légèrement réfléchis du côté du dos.

Les molorques, au premier aspect, ressemblent à des ichneumons, surtout lorsqu'on les saisit au vol; et lorsqu'on les observe dans l'état de repos, comme lorsqu'ils sont arrêtés sur les fleurs des ombellifères, où on les rencontre quelquefois, on les prend souvent pour des leptures dont les métamorphoses auroient été gênées.

Linnæus avoit rangé ces insectes avec les nécydales, ainsi que De Géer. Fabricius, dans ses premières éditions, les avoit placés avec les leptures; mais ensuite, et surtout dans son *Systema eleutheratorum,* il en a réuni cinq espèces sous le nom de *molorchus,* savoir :

1.° Le Molorque raccourci, *Molorchus abbreviatus.*

(Voyez dans l'atlas de ce Dictionnaire, pl. 18, fig. 3.)

C'est la grande nécydale de Geoffroy (édition de Fourcroy, tom. 1, pag. 174, n.° 2).

Car. Jaune, testacé, sans taches; antennes longues de la moitié du corps au plus.

On le trouve dans les bois aux environs de Paris; c'est un insecte qui y est cependant assez rare, car nous ne l'avons pris que deux fois.

2.º Molorque miparti, *M. dimidiatus.*

C'est la *necydalis minor* de Linnæus; elle est figurée dans la lettre citée de Schœffer, n.ᵒˢ 6 et 7, et dans la Faune des insectes d'Allemagne de Panzer, cah. 41, pl. 21.

Car. Antennes à peu près de la longueur du corps; élytres jaunes, avec un petit trait blanc à l'extrémité.

On l'a observé dans le Nord de la France, et surtout en Allemagne.

3.º Molorque des ombelles, *M. umbellatarum.*

Ce n'est peut-être qu'une variété de l'espèce précédente, dont elle ne diffère que par le défaut du trait blanc sur les élytres : on la trouve très-communément sur les fleurs en ombelles, surtout sur celle de l'ièble près des bois. (C. D.)

MOLOSSE, *Molossus.* (*Conchyl.*) Subdivision générique, établie par Denys de Montfort, dans sa Conchyliologie systématique, tom. 1, p. 351, pour un corps organisé fossile, figuré par Blumenbach (*Specimen archæolog. telluris, etc.*, p. 21, tab. 2, fig. 6), sous le nom d'*Orthoceratites gracilis*, et qui diffère en effet beaucoup des véritables orthocères. Denys de Montfort caractérise ainsi ce genre : Coquille libre, univalve, cloisonnée, droite, conique, fistuleuse et intersectée; cloisons unies, faites en tambour; siphon latéral continu, rond, servant de bouche; sommet pointu; base horizontale. Il ne comprend qu'une espèce, le M. parasite, *M. gracilis*, figurée *loc. cit.*, et trouvée convertie en pyrite dans des schistes argileux du Hartz. C'est, comme le pensoit Blumenbach, un corps bien énigmatique. (De B.)

MOLOSSE, *Molossus.* (*Foss.*) Denys de Montfort, qui a établi ce genre, lui a assigné les caractères suivans : Coquille libre, univalve, cloisonnée, droite, conique, fistuleuse et intersectée; cloisons unies, faites en tambour; siphon latéral, continu, rond, servant de bouche; sommet pointu; base horizontale.

Nous avouons que ces caractères, ainsi que la figure du molosse parfilé, qui a servi de type à ce genre, et qui se trouve dans la Conchyliologie systématique, p. 350, présentent des choses qui n'ont aucune analogie avec les autres coquilles connues. Cependant Blumenbach, dans son Essai pour servir à l'histoire du globe, a publié cette espèce sous le nom d'*orthoceratites gracilis*, et en a donné la figure tab. 2, fig. 6.

Ce savant annonce qu'il en possédoit un fragment qui avoit un pouce et demi de long, et qui étoit de la grosseur d'un tuyau de plume d'oie. Il étoit converti en pyrite, et provenoit des schistes argileux du mont Traenkenberg, près de Clausthal dans le Hartz. Les concamérations faites en tambour sont convexes en dessus et concaves en dessous.

Comme les intersections sont ce qui étonne le plus dans cette coquille, et qu'un siphon paroît ne devoir pas être utile pour traverser des loges non closes, on pourroit supposer que le têt de la coquille auroit été détruit entre chacune des cloisons, et alors cette coquille auroit dépendu du genre Orthocératite. (D. F.)

MOLOSSE, *Molossus.* (*Mamm.*) Genre de mammifères de l'ordre des chéiroptères et de la famille des chauve-souris proprement dites, établi par M. Geoffroy sur le mulot-volant de Daubenton, ou *vespertilio molossus* de Linnæus et de Gmelin.

Le nombre des espèces, toutes américaines, que M. Geoffroy admet dans ce genre, se monte à neuf, en y comprenant plusieurs chauve-souris décrites par d'Azara, dont quelques unes pourroient peut-être se rapporter à un genre voisin des nyctinomes, et cela avec d'autant plus de probabilité qu'un nyctinome vient d'être décrit par M. Geoffroy fils comme appartenant aux mêmes contrées que les molosses.

Illiger, qui changeoit à son gré les noms proposés avant lui, a cru devoir remplacer celui de *molossus* par la dénomination de *dysopes,* qui n'a pas été adoptée.

Les molosses n'ont que deux incisives et deux canines à chaque mâchoire; les molaires sont au nombre de cinq de chaque côté, tant en haut qu'en bas (1), savoir, deux fausses et trois vraies. Les incisives sont de grandeur moyenne, bifides, convergentes par leurs pointes et un peu écartées à leur base; les inférieures, très-petites, situées en avant des canines et comme repoussées par celles-ci, ont leur tranchant garni de deux très-petites pointes. Les canines supérieures sont grandes, et les inférieures, qui se touchent à leur base interne, ont leur pointe déjetée du côté extérieur.

______

(1) M. Geoffroy n'en compte que quatre, et M. Frédéric Cuvier en a trouvé cinq dans le mulot-volant.

Les vraies molaires ont leur couronne large et hérissée de pointes ; les fausses molaires, qui sont situées en avant de celles-ci, n'ont qu'une ou deux pointes seulement. Les nyctinomes, sous le rapport du système dentaire, ne diffèrent essentiellement des molosses qu'en ce qu'ils ont deux incisives inférieures de plus.

La tête des molosses est grosse ; leur museau très-large, renflé ; et leur face, en partie dépourvue de poils, ne présente point d'appendices membraneux en forme de fer à cheval ou de languette, comme celle des Rhinolophes, des Phyllostomes, des Glossophages, etc. Leurs oreilles sont grandes, réunies du côté interne par leur base, penchées ou presque couchées sur les yeux, qui sont très-petits. Leur oreillon est petit, rond, épais et extérieur. Leurs narines, un peu saillantes et ouvertes en avant, ont leur orifice entouré d'un petit bourrelet. Leur langue est douce, sans papilles cornées, et non terminée par un disque aspiratoire, comme celle des Glossophages. Les membranes de leurs ailes sont d'une étendue proportionnelle à celles des chauve-souris de nos pays. La membrane interfémorale est assez étroite, terminée carrément, et comprend la base de la queue ou la queue presque entière, dont l'extrémité reste libre.

Ces chéiroptères, qui semblent tous appartenir à l'Amérique méridionale, paroissent ne pas différer de nos vespétilions ordinaires par leurs habitudes naturelles.

Voici les caractères distinctifs des huit espèces de ce genre qui ont été décrites par M. Geoffroy-Saint-Hilaire.

Le Molosse marron (*Molossus rufus*, Geoff., Ann. Mus., tom. 6, pag. 155, 1) a trois pouces deux lignes de longueur totale et un pied trois pouces d'envergure ; sa queue a un pouce six lignes, et dépasse la membrane interfémorale de six lignes ; son pelage est marron foncé en-dessus et marron clair en-dessous ; son museau est fort gros et fort court. Sa patrie est inconnue.

Le Molosse noir (*Molossus ater*, Geoff., *loc. cit.*, p. 155, n.° 2) a le corps long de deux pouces sept lignes ; sa queue a un pouce six lignes et sa membrane interfémorale neuf lignes seulement ; son pelage est noir, lustré seulement en-dessus ; sa face paroit plus alongée que celle de l'espèce précédente, et ses oreilles sont sensiblement plus grandes et plus hautes. Sa patrie est inconnue.

Le Molosse obscur (*Molossus obscurus* , Geoff. , *loc. cit.*, pag. 155 , n.° 3 ; Petite Chauve-souris obscure de d'Azara, Hist. des quadr. du Paraguay, tom. 2 , p. 288) a trois pouces dix lignes de longueur, onze pouces huit lignes d'envergure, et sa queue a un pouce six lignes. Selon M. Geoffroy, cette dernière partie se prolongeroit de toute la longueur de son dernier tiers au-delà de la membrane interfémorale. Son pelage est d'un brun noirâtre en-dessus, obscur en-dessous, les poils étant blancs à leur origine.

D'Azara dit que la lèvre supérieure de cette chauve-souris présente des plis verticaux ; ce qui pourroit faire soupçonner qu'elle appartient au même groupe que l'espèce de chéiroptères décrite par M. Geoffroy fils, comme étant un nyctinome (*nyctinomus brasiliensis*), et il se pourroit que ce groupe, examiné de nouveau , dût être séparé des nyctinomes, et des molosses, pour former un genre distinct. Alors la loi, reconnue par M. Geoffroy père , sur la distribution géographique des genres naturels des premiers ordres de mammifères, ne se trouveroit souffrir aucune exception. D'ailleurs le molosse obscur de M. Geoffroy, étant d'une taille plus petite que la chauve-souris de d'Azara, pourroit peut-être en différer spécifiquement.

Le Molosse a longue queue (*Molossus longicaudatus* , Geoff. , *loc. cit.*, pag. 155, n.° 4 ; second Mulot-volant, Daub., Hist. nat. de Buffon , tom. 10, pl. 19, fig. 2, *Vespertilio molossus* , Linn., Gmel., var. β.) a un pouce six lignes de longueur pour la tête et le corps ; sa queue a un pouce deux lignes, sur quoi la partie qui dépasse la membrane interfémorale a neuf lignes. Son pelage , selon M. Geoffroy, est d'un cendré fauve, et l'on voit un ruban de peau nue et relevée, étendu du bout du museau jusqu'au front.

Le Molosse a ventre brun : *Molossus fusciventer* , Geoff. , *loc. cit.*, pag. 155 , n.° 5 ; Mulot-volant, Daub., Mém. de l'Acad. roy. des sc. de Paris, 1779, pag. 387 ; Hist. nat. de Buff., tom. 10, pl. 19, fig. 3 ; *Vespertilio molossus*, Linn., Gmel., var. *a*. Son corps et sa tête ont deux pouces de longueur, et sa queue dépasse de sept lignes la membrane interfémorale. Il est très-semblable au précédent; mais sa tête est plus charnue et son museau plus gros. Son pelage est d'un cendré brun en-dessus, cendré en-dessous, excepté le ventre, qui est brun à son milieu. Il est de la Martinique (1).

Le Molosse chatain (*Molossus castaneus*, Geoff., *loc. cit.*, pag. 155, n.° 6 ; Chauve-souris chataine, d'Azara, Essai sur l'hist. nat. des quadr. du Paraguay, tom. 2, p. 282) a quatre pouces neuf lignes de longueur, sur quoi la queue prend un pouce onze lignes, et son envergure est d'un pied un pouce. Son pelage est châtain en-dessus, blanchâtre en-dessous, et un ruban de peau nue, étroit, ayant l'arête fort vive, s'étend depuis le bout du museau jusqu'au front. Sa queue n'est libre que dans son dernier tiers. Ses oreilles sont hautes de six lignes, arrondies vers le haut et un peu inclinées en avant jusqu'au ruban du front ; leur oreillon est lenticulaire. Cette chauve-souris est du Paraguay.

Le Molosse a large queue : *Molossus laticaudatus*, Geoff., *loc. cit.*, p. 156, n.° 7 ; Chauve souris obscure ou huitième, d'Azara, Essai sur l'hist. nat. des quadr. du Paraguay, tom. 2, pag. 286. Il a quatre pouces de longueur totale, sur quoi la queue prend un pouce six lignes. Son pelage est brun obscur en-dessus, moins sombre en-dessous ; sa queue est bordée de chaque côté par un prolongement de la membrane interfémorale. Sa lèvre supérieure est marquée de rides verticales, comme celle du molosse obscur, ce qui nous porte à lui attribuer les réflexions que nous avons faites à l'égard de ce dernier chéiroptère. D'Azara dit de ce molosse à large queue, que sa langue est comme double, et que ses oreilles se joignent à trois lignes de la pointe du museau.

Le même auteur rapporte à cette espèce des individus dont la longueur totale étoit de cinq pouces neuf lignes, dont toutes les autres dimensions étoient proportionnelles, et qui étoient d'une couleur plus foncée. Nous pensons que ces individus pourroient appartenir à une espèce distincte.

Le Molosse a grosse queue : *Molossus crassicaudatus*, Geoff., *loc. cit.*, p. 156, n.° 8 ; Chauve-souris brun-cannelle, d'Azara,

---

(1) Nous avons rétabli la synonymie de cette espèce qui nous paroît être le premier mulot-volant de Daubenton, et non le second, comme l'indique M. Geoffroy.

Essai sur l'hist. des quadr. du Paraguay, tom. 2, p. 290. Sa longueur totale est de trois pouces six lignes, sur quoi la queue prend un pouce quatre lignes. Son envergure est de dix pouces quatre lignes. Son pelage est brun-cannelle plus clair en-dessous qu'en-dessus; sa queue est bordée de chaque côté par un prolongement de la membrane interfémorale. Son poil est court, très-doux; ses oreilles sont plus larges que hautes. Elle est du Paraguay.

Le Molosse amplexicaude : *Molossus amplexicaudatus*, Geoff., *loc. cit.*, p. 136, n.° 9; Chauve-souris de la Guiane, Buff., Suppl., tom. 7, p. 294, pl. 75. Cette chauve-souris, de la taille de notre vespertilion noctule, a le pelage noirâtre moins foncé en-dessous qu'en-dessus; sa queue est entièrement enveloppée dans la membrane interfémorale; ses oreilles sont plissées et s'étendent sur les joues. On la trouve à Cayenne, où elle vole en grandes troupes.

Nous avons indiqué, dans notre Traité de mammalogie, une espèce nouvelle de ce genre, sous le nom de Molosse à queue pointue, *Molossus acuticaudatus*, qui avoit été envoyé du Brésil par M. Auguste Saint-Hilaire. Si l'on rectifie la longueur du corps, qui doit être de deux pouces six lignes, au lieu d'un pouce six lignes, on remarque que cet animal, dont nous n'avions pu voir les dents, se rapporte assez au nyctinome du Brésil de M. Geoffroy-Saint-Hilaire fils. Voyez Nyctinome. (Desm.)

MOLOSSUS (*Mamm.*), nom latin du chien-dogue. (Desm.)

MOLOXITA. (*Ornith.*) On a parlé de cet oiseau, qui est la religieuse d'Abyssinie, au mot Loriot rieur, tom. XXVII, p. 213 et 214 de ce Dictionnaire, et à la fin du mot Merle, tom. XXX, où l'on a fait observer que le mot *moloxita* étoit, par erreur, écrit *moloxima* dans plusieurs ouvrages. (Ch. D.)

MOLPADIE, *Molpadia*. (*Bot.*) Ce genre de plantes, que nous avons proposé dans le Bulletin des Sciences de novembre 1818 (pag. 166), appartient à l'ordre des synanthérées, à notre tribu naturelle des inulées, et à la section des inulées-prototypes, dans laquelle nous l'avons placé entre les deux genres *Cylindrocline* et *Neurolæna*. (Voyez notre article Inulées, tom. XXIII, pag. 565.)

Le genre *Molpadia* présente les caractères suivans.

Calathide orbiculaire, radiée : disque multiflore, régulari-
flore, androgyniflore; couronne unisériée, multiflore, liguli-
flore, féminiflore. Péricline égal aux fleurs du disque, suborbiculaire, formé de squames imbriquées : les extérieures ovales-
oblongues, à partie inférieure appliquée, coriace, à partie supérieure appendiciforme, inappliquée, foliacée; les intérieures appliquées, linéaires-oblongues, terminées par un
appendice inappliqué, élargi, arrondi, subscarieux, un peu
frangé sur les bords. Clinanthe très-large, planiuscule, garni
de squamelles inférieures aux fleurs, très-étroites, linéaires-
subulées, roides. Ovaires oblongs, cylindriques, glabres; aigrette stéphanoide, très-courte, irrégulière, subcartilagineuse, offrant quelquefois une longue squamellule filiforme,
à peine barbellulée. Corolles de la couronne à languette linéaire, très-longue, très-étroite. Corolles du disque à tube
très-arqué en dehors. Anthères munies d'appendices basilaires longs et barbus. Styles d'inulée-prototype.

Molpadie odorante : *Molpadia suaveolens*, H. Cass. ; *Buphthalmum cordifolium*, Waldst. et Kit., *Descr. et Ic. pl. rar.
Hung.*; *Inula caucasica*, Pers., *Syn. pl.*, pars 2, pag. 456;
Inula macrophylla, Marsch. ; *Asteroides orientalis petasitidis
folio flore maximo*, Tournef., *Coroll.*, pag. 51, tab. 487. C'est
une fort belle plante herbacée, à racine vivace, dont les
feuilles et les autres parties exhalent, lorsqu'elles sont légèrement froissées, une odeur balsamique très-agréable. La tige
est dressée, haute de plus de deux pieds, épaisse, cylindrique,
striée, pubescente, presque simple; les feuilles radicales sont
très-grandes, ayant un pétiole long de six pouces, demi-cy-
lindrique, canaliculé, bordé, et le limbe long de neuf pouces,
large de sept pouces, cordiforme, inégalement et irrégulié-
rement denté en scie; sa face supérieure est glabriuscule et
ridée; l'inférieure est nervée, pubescente, et parsemée en
outre de petites glandes, auxquelles est due sans doute l'o-
deur propre à cette plante; les feuilles qui garnissent la tige
sont alternes, opposées ou ternées, semblables aux feuilles
radicales, mais moins grandes; les calathides, composées de
fleurs jaunes, sont très-grandes, larges d'environ trois pouces,
solitaires au sommet des la tige et de rameaux axillaires, lesquels sont garnis de quelques petites feuilles.

Nous avons fait cette description spécifique et celle des caractères génériques sur un individu vivant, cultivé au Jardin du Roi.

La molpadie habite la Hongrie, le Caucase, le Levant; elle est attirée vers l'*inula helenium* par ses rapports naturels, et vers les *buphthalmum* par ses caractères techniques : c'est pourquoi nous avons dû créer pour cette plante un nouveau genre qui est suffisamment distinct de tout autre, et dont la convenance sera sans doute appréciée par ceux qui savent calculer avec précision les différens degrés d'affinité.

Tournefort sembleroit être le premier auteur du genre *Molpadia*, puisqu'il avoit considéré la plante dont il s'agit comme le type de son genre *Asteroides*; mais il y admettoit le *buphthalmum grandiflorum*, qui est un vrai *buphthalmum*; et il croyoit que le genre composé par lui de ces deux espèces étoit voisin de l'*aster*, et n'en différoit que par les fruits privés d'aigrette. Il est vrai que Tournefort comprenoit les *inula*, et notamment l'*inula helenium*, dans le genre *Aster*. (H. Cass.)

MOLTKIA. (*Bot.*) Genre de plantes dicotylédones, à fleurs complètes, monopétalées, de la famille des *borraginées*, de la *pentandrie monogynie* de Linnæus, très-voisin des *symphitum*; offrant pour caractère essentiel : Un calice à cinq divisions; une corolle monopétalée, cylindrique, presque infundibuliforme; le tube nu à son orifice; le limbe à cinq lobes; cinq étamines saillantes; les anthères longues et tombantes; un ovaire supérieur, à quatre lobes; un style : le fruit consiste en quatre noix assez grandes, uniloculaires, irrégulières, attachées au fond du calice, non percées à leur base.

Moltkia ponctuée; *Moltkia punctata*, Lehm., *Act. soc. Halens.*, vol. 3, *fasc.* 2, pag. 3, et *Plant. asper.*, pag. 339. Il s'élève de la même racine plusieurs tiges droites, très-simples, blanchâtres, pileuses, garnies de feuilles alternes, sessiles, ovales, lancéolées, obtuses, très-entières, couvertes à leurs deux faces de poils blanchâtres, couchés, un peu rudes, longues d'environ deux pouces. Les feuilles radicales sont pétiolées; les fleurs disposées en épis terminaux, accompagnées de bractées lancéolées; les calices hispides; les découpures linéaires; la corolle est un peu plus longue que le calice, tubulée, divisée à son limbe en cinq lobes ovales, obtus; le style persistant, très-long ; le stigmate obtus, échancré ; les noix sont ridées, ponctuées ; deux avortent très-souvent. Cette plante croit dans la Galatie.

MOLTKIA BLEUATRE : *Moltkia cærulea*, Lehm., *l. c.*; *Onosma cærulea*, Willd., *Spec.*, 1, pag. 775. Ses tiges sont ascendantes, anguleuses, longues d'un pied, ligneuses à leur base, très-simples, garnies de feuilles nombreuses, sessiles, pileuses et soyeuses, oblongues-lancéolées, longues d'un pouce ; les radicales pétiolées ; les fleurs disposées en plusieurs épis ; les latéraux simples ; les terminaux bifides, longs de quatre à six pouces ; le calice est très-hérissé, à cinq divisions profondes, linéaires-lancéolées ; la corolle deux et trois fois plus longue que le calice, de couleur purpurine, à lobes du limbe ovales, obtus. Les quatre noix sont grandes, ovales, ridées. Cette plante croit dans l'Arménie et la Galatie. (Poir.)

MOLUCCA, *Molucca*. (*Bot.*) Ce nom, donné par Dodoëns, Camérarius, Césalpin et Tournefort, à un genre de plantes labiées, a été changé par Linnæus en celui de *molucella*. (J.)

MOLUCELLE ; *Molucella*, Linn. (*Bot.*) Genre de plantes dicotylédones monopétales, de la famille des labiées, Juss., et de la *didynamie gymnospermie*, Linn., dont les principaux caractères sont d'avoir : Un calice monophylle, campanulé, plus large que la corolle, bordé de dents souvent épineuses ; une corolle monopétale, à deux lèvres écartées, la supérieure concave, entière, ou à peine échancrée ; l'inférieure à trois découpures, dont la moyenne plus longue et échancrée ; quatre étamines didynames ; un ovaire supère, à quatre lobes, surmonté d'un style aussi long que les étamines, terminé par un stigmate bifide ; quatre graines nues au fond du calice persistant.

Les molucelles sont des herbes ou des arbustes à feuilles opposées, et à fleurs ordinairement verticillées, accompagnées de bractées spinescentes. On en connoît huit espèces, dont une seule croit naturellement en Europe : les sept autres sont exotiques ; parmi ces dernières nous citerons seulement celles qui sont cultivées dans les jardins de botanique, après avoir parlé de l'espèce indigène.

MOLUCELLE FRUTESCENTE : *Molucella frutescens*, Linn., *Spec.*, 821 ; All., *Fl. Ped.*, n. 122, t. 2, f. 2. Sa tige est ligneuse inférieurement, haute de dix à quinze pouces, partagée en rameaux nombreux, dichotomes, étalés, garnis d'épilles axillaires et géminées. Ses feuilles sont ovales, pubescentes, pétiolées, bordées de trois à cinq grosses dents. Ses fleurs sont blanchâtres, une à trois ensemble dans les aisselles des feuilles, et leur lèvre supérieure est très-velue, plus longue que le calice, qui est à dix dents, et à peine campanulé. Cette espèce se trouve sur les rochers à Entrevaux, dans la Haute-Provence et en Italie.

MOLUCELLE LISSE: *Molucella lævis*, Linn., *Spec.*, 821; *Molucca lævis*, Dod., *Pempt.*, 92. Sa tige est herbacée, droite, presque glabre, ou légèrement pubescente, haute d'un pied et demi à deux pieds, garnie de feuilles ovales, grossièrement dentées ou incisées; glabres, longuement pétiolées. Les fleurs sont blanches, ou légèrement purpurines, brièvement pédicellées, et disposées en verticilles dans les aisselles des feuilles supérieures; leur calice est très-ample, plus grand que la corolle, bordé de cinq dents épineuses très-petites. Cette plante croît naturellement en Syrie, et on la cultive au Jardin du Roi; elle est annuelle. On dit qu'elle donne une saveur et une odeur agréables aux liqueurs; cependant elle a un goût âcre, et répand, surtout lorsqu'on la froisse, une odeur aromatique forte, qui ne plaît pas à tout le monde. Elle a passé pour astringente, cordiale, céphalique et vulnéraire.

MOLUCELLE ÉPINEUSE : *Molucella spinosa*, Linn., *Spec.*, 821; *Molucca spinosa*, Dod., *Pempt.*, 92. Ses tiges sont herbacées, tétragones, droites, glabres, hautes de trois à quatre pieds, un peu rameuses, garnies de feuilles ovales longuement pétiolées, échancrées en cœur à leur base, grossièrement et irrégulièrement incisées à leurs bords. Les fleurs sont d'un rouge très-clair, disposées six à douze ensemble en verticilles axillaires; leur calice est plus court que la corolle, très-irrégulier, à deux lèvres, dont la supérieure lancéolée, terminée par une longue pointe épineuse, et l'inférieure arrondie, bordée de sept dents sétacées, épineuses. Cette plante est originaire des Moluques: on la cultive au Jardin du Roi; elle est annuelle. (L. D.)

MOLUCHA, de Césalpin. (*Bot.*) Voyez MOLUCCA. (LEM.)

MOLUCHI. (*Bot.*) Nom arabe de la corète, *corchorus olitorius*, suivant Rauwolf. (J.)

MOLUE. (*Ichthyol.*) Par corruption on a quelquefois ainsi appelé la Morue. Voyez ce mot. (H. C.)

MOLUQUE. (*Bot.*) Synonyme de Molucelle. (Lem.)

MOLURIS. (*Entom.*) M. Latreille a nommé ainsi quelques espéces de pimélie de Fabricius et d'Olivier. Voyez Pimélie, famille des Photophyges. (C. D.)

MOLVE. (*Ichth.*) Voyez Lingue, Lotte et Morue longue. (H. C.)

MOLY. (*Bot.*) La plante à laquelle Pline donnoit ce nom, est, suivant Dodoens et C. Bauhin, l'*anthericum ramosum* de Linnæus, que Tournefort rangeoit auparavant dans son genre *Phalangium*, et qui plus récemment y a été ramené. Le même nom a été aussi consacré à plusieurs espéces d'ail, au nombre desquelles se trouve le *moly* de Théophraste, qui, suivant Dodoens et Clusius, paroit être l'*allium magicum*, et suivant Ray l'*allium nigrum*. Il est beaucoup moins certain que ce soit le *moly* d'Homère, sur lequel on est moins d'accord. Suivant C. Bauhin, un ail cultivé à bulbe simple étoit nommé *molyza* par Hippocrate. (J.)

MOLY DE VIRGINIE. (*Bot.*) Nom de l'éphémère de Virginie, *tradescantia virginica*. (Lem.)

MOLYBDÆNA. (*Bot.*) Pline cite la dentelaire sous ce nom et sous celui de *plumbago* qu'elle a conservé. Il dit qu'une maladie de l'œil, qu'on nomme le plomb, est guérie lorsqu'on le lèche après avoir mâché cette plante, d'où lui vient probablement son nom. Daléchamps veut que le molybdæna soit une cardère, *dipsacus pilosus*. (J.)

MOLYBDATES. (*Chim.*) Combinaisons salines de l'acide molybdique avec les bases salifiables.

Composition des molybdates neutres.

Dans les molybdates à base d'oxides, l'acide contient trois fois l'oxigène de la base. D'après ce résultat et d'après la composition des oxides salifiables, il est facile de déterminer la composition des molybdates neutres.

100 d'acide molybdique, contenant 33,45 d'oxigène, neutralisent dans les bases 11,15. (Berzelius.)

L'histoire des molybdates est peu connue.

MOLYBDATE DE POTASSE.

On le prépare en unissant la potasse avec l'acide molybdique.

Ce sel cristallise, dit-on, en lames rhomboïdales; il est fusible, indécomposable par la chaleur.

Il a une saveur styptique; il est très-soluble dans l'eau; il précipite les sels d'alumine, de zircone, de glucine, d'yttria, de magnésie, de chaux de magnésie, de strontiane, de baryte, et tous les sels des métaux des 3.ᵉ, 4.ᵉ et 5.ᵉ sections. Il paroît que l'hydrochlorate de protoxide d'étain décompose l'acide molybdique en acide molybdeux.

Le sulfate de protoxide de fer est précipité en brun, le sulfate de cobalt en rose, le sulfate de cuivre en bleu.

Lorsqu'on ne met qu'une petite quantité d'acide sulfurique, nitrique, hydrochlorique, etc., dans une dissolution de molybdate de potasse, il se précipite du surmolybdate de potasse.

Si on ajoute à du molybdate de potasse, de l'acide hydrochlorique et du zinc, le précipité blanc qui s'étoit produit d'abord est bientôt converti en une poudre bleue, qui est de l'acide molybdeux. Le fer et l'étain produisent le même effet que le zinc.

DU SURMOLYBDATE DE POTASSE.

Le surmolybdate de potasse cristallise en très-petits cristaux; il rougit la teinture de tournesol; il est plus soluble dans l'eau que l'acide molybdique, mais il l'est beaucoup moins que le molybdate neutre.

A la température où l'acide molybdique chauffé au milieu de l'air donne une fumée blanche, le surmolybdate n'en produit pas.

La solution saturée de surmolybdate de potasse dans l'eau bouillante, mêlée à l'acide nitrique, est réduite en nitrate de potasse et en acide molybdique qui se dépose.

Il est évident que ce sel doit se comporter avec l'acide hydrochlorique et le zinc comme le molybdate neutre.

MOLYBDATE DE SOUDE.

Il est analogue au molybdate de potasse: on le prépare de la même manière que ce sel. Il est très-soluble dans l'eau et susceptible de cristalliser, suivant Heyer; il est fusible et indécomposable par le feu.

Il existe très-probablement un surmolybdate de soude.

MOLYBDATE D'AMMONIAQUE.

On obtient ce sel en neutralisant l'acide molybdique par l'ammoniaque.

Bucholz dit qu'il a une saveur styptique, que sa solution ne cristallise point, mais qu'elle se prend en une masse demi-transparente.

Il est très-soluble dans l'eau.

Exposé au feu, il laisse d'abord dégager une portion d'ammoniaque : ensuite l'ammoniaque restant réduit, par son hydrogène, l'acide molybdique en une matière brune que Bucholz considère comme un oxide.

Suivant Bucholz, il existe un surmolybdate d'ammoniaque qui contient deux fois autant d'acide que le sel neutre.

MOLYBDATE DE PLOMB.

Ce sel existe dans la nature; il est coloré en jaune léger: sa densité est de 5,486.

Suivant Klaproth, il est formé de

Acide	34,25
Massicot	64,42
Perte	1,33

M. Berzelius donne la proportion de

Acide	39,14	
Massicot	60,86	(Ch.)

MOLYBDÈNE. (*Chim.*) Corps simple, acidifiable, qui appartient à la 4ᵉ section des métaux.

Le molybdène a été obtenu par Bucholz en grains plus ou moins adhérens les uns aux autres, cassans, d'un blanc d'argent, d'une densité de 8,611. Hielm, qui le réduisit le premier, en 1782, ne lui assigne qu'une densité de 7,400.

Le molybdène paroît inaltérable par le contact de l'air froid et celui de l'eau.

Quand on le chauffe au milieu de l'air, il se produit une fumée blanche qui se condense sur les corps froids en petits cristaux écailleux ou aciculaires qui sont de l'*acide molyb-dique*. (Voyez MOLYBDIQUE, *Acide*.)

Il existe un acide molybdeux de couleur bleue, et suivant Bucholz, un oxide brun.

Pelletier dit que le molybdène est susceptible de s'unir au phosphore.

Le molybdène s'unit très-bien au soufre, soit qu'on chauffe des poids égaux de ces deux corps, soit qu'on chauffe 1 partie d'acide molybdique et 5 p. de soufre, comme l'a fait Bucholz. Dans les deux cas, le sulfure produit est identique à celui de la nature.

SULFURE DE MOLYBDÈNE.

Il est formé   Bucholz.

    Soufre............................ 66,5

    Molybdène......................... 100

Quand il est réduit en poudre fine, il est verdâtre; quand il est sous forme de petites paillettes, il est d'un gris bleuâtre semblable à la plombagine : ces paillettes sont flexibles et très-difficiles à réduire en poudre ; elles glissent sous le pilon : c'est ce qui a engagé Schéele à les mêler avec des cristaux de sulfate de potasse, lorsqu'on les triture dans un mortier.

Sur la porcelaine il laisse une trace jaune verdâtre, tandis que la plombagine en laisse une de couleur bleuâtre.

Le sulfure de molybdène est inodore, insipide, inaltérable à l'air froid ; l'eau ne lui fait point éprouver de changement.

Lorsqu'on chauffe fortement le sulfure de molybdène au milieu de l'air, on peut le réduire en totalité en acide sulfureux et en acide molybdique qui se volatilisent : l'acide molybdique peut être condensé sur les corps froids qu'on expose a sa vapeur.

L'acide nitrique concentré a une action énergique sur le sulfure de molybdène; il se produit de l'acide sulfurique et de l'acide molybdique.

Le sulfure de molybdène chauffé avec quatre fois son poids de nitrate de potasse est également converti en acides sulfurique et molybdique, qui s'unissent à la potasse du nitrate.

Alliages.

Hielm a fait un assez grand nombre d'essais pour former des

alliages de molybdène; mais il est difficile de tirer des conséquences précises de ses expériences, par la raison que nous
ignorons l'état de pureté des corps sur lesquels il a opéré : il
est difficile de savoir s'il a uni au molybdène l'arsenic, l'or,
le platine, le zinc, le bismuth. Quant aux métaux suivans, le
mercure excepté, il paroit bien que Hielm les y a combinés.

Manganèse. Parties égales se sont fondues et ont donné un
bouton irrégulier.

Fer. Parties égales de fer et de molybdène se sont fondues
aisément ; l'alliage étoit d'un gris bleuâtre très-dur.

1 p. de fer et 2 de molybdène ont donné un alliage cassant.

Étain. 2 p. d'étain et 1 p. de molybdène ont donné un
alliage dur.

4 p. d'étain et 1 p. de molybdène ont donné un alliage plus
dur que le précédent, et un peu malléable; il étoit grisâtre
et grenu.

Cuivre. Parties égales ont formé un alliage grenu, bleuâtre,
peu malléable.

1 partie de cuivre et 2 de molybdène ont formé un alliage
cassant.

Plomb. 10 p. de plomb et 1 p. de molybdène ont donné un
alliage plus blanc que le plomb.

Argent. 4 p. d'argent et 1 p. de molybdène ont donné un
alliage malléable, grenu, d'un blanc d'argent.

Mercure. Hielm dit qu'il n'a pu l'amalgamer au molybdène.

Préparation. C'est ordinairement en chauffant très-fortement l'acide molybdique dans un creuset brasqué qu'on prépare le molybdène.

Histoire. Cronstedt distingua le premier le sulfure de molybdène de la plombagine, avec laquelle il a de grands rapports physiques. Qwist, l'ayant soumis à quelques essais, vit
qu'en le chauffant avec le contact de l'air, il s'en dégage
du gaz sulfureux. Schéele, en 1778, découvrit qu'il donne
par l'action de l'acide nitrique, par l'action de l'air, non-
seulement de l'acide sulfurique, de l'acide sulfureux, mais
encore un acide particulier. Schéele se trompa lorsqu'il crut
que ce dernier acide est tout formé dans le sulfure de molybdène. Pelletier fit voir plus tard que ce minéral contient
le molybdène à l'état de combustible. Schéele et Bergmann

soupçonnèrent la nature métallique de l'acide molybdique ; Hielm, en 1782, prouva que ce soupçon étoit fondé. Depuis cette époque Pelletier, Ilseman, Heyer, Klaproth, Hatchett, Hielm, et surtout Bucholz, ont ajouté à l'histoire du molybdène tout ce que nous en savons maintenant. (Cʜ.)

MOLYBDÈNE. (*Min.*) Le métal nommé molybdène n'a point encore été trouvé dans la nature ; mais les chimistes sont parvenus, en traitant le sulfure de molybdène, à en retirer, quoique assez rarement, le métal à l'état de régule.

Le molybdène métallique est d'un gris bleuâtre, plus éclatant que le plomb ; il est très-réfractaire, oxidable en blanc par l'action de l'acide nitrique, ou par celle de la chaleur à l'air libre. Son sulfure traité par le feu passe à l'état d'acide. On ne connoît point encore la pesanteur spécifique de ce métal, non plus que ses autres propriétés.

Espèce unique.

Molybdène sulfuré. La forme primitive de ce métal est le prisme hexaèdre régulier ; mais il se présente ordinairement en lames d'une moyenne étendue d'un gris de plomb, tachant le papier en gris, et la porcelaine blanche en vert sale : ses lames sont onctueuses au toucher, susceptibles de se séparer sans effort, flexibles et élastiques : il communique à la cire d'Espagne et à la résine l'électricité vitrée par le frottement, et s'électrise lui-même résineusement : enfin il se volatilise au chalumeau avec fumée blanche et odeur sulfureuse.

Analyse par Bucholz.

Molybdène. 60
Soufre. 40
                                             ‾‾‾‾
                                             100

Il seroit aisé de confondre le molybdène sulfuré avec le fer carburé ou graphite, si l'on s'en tenoit simplement aux caractères extérieurs : mais il suffira, pour distinguer ces deux substances, d'avoir recours à la couleur des traces qu'elles laissent l'une et l'autre sur la porcelaine ; car le graphite trace en gris comme sur le papier, tandis que le molybdène trace en vert sale. Leur consistance est assez différente aussi ; le molybdène est très-difficile à broyer , ses lames fléchissent sous le pilon sans se briser, tandis que le graphite se pulvérise facilement. La poussière de ce dernier est aussi beaucoup plus obscure que celle du molybdène.

Parmi les variétés peu nombreuses de ce minéral on remarque celle qui se présente en lames hexagonales, et celles qui offrent un prisme également à six pans, terminé à chaque extrémité par une pyramide très-basse à six faces; le plus ordinairement ce ne sont que des lames irrégulières, plus ou moins étendues, jetées çà et là et sans ordre dans leur gangue, ou disposées presque en rosaces régulières.

Le molybdène sulfuré est regardé comme l'un des minérais de plus antique origine ; car c'est toujours dans les roches primordiales qu'on le rencontre : c'est ainsi qu'il se trouve dans la roche du Talèfre au pied du Mont-Blanc, dans l'hyalomicte (*graisen*), qui sert aussi de gangue à l'étain oxidé des environs de Limoges. Enfin on l'a retrouvé jusque dans les colonnes romaines qui décoroient autrefois le magnifique hôtel d'Auguste à Lyon, ce qui a fait reconnoître que ces grands fûts monolithes provenoient de l'Arbresle et non de Thain, comme on l'avoit pensé, puisque le molybdène se trouve dans le premier de ces lieux et non dans le second. C'est ainsi qu'un fait qui semble insignifiant par lui-même, peut contribuer à la solution d'un problème historique.

On cite encore le molybdène sulfuré en Suède, en Saxe, en Hongrie, et jusque dans l'une des îles Vierges de l'Amérique septentrionale, à Spanistown ; mais dans ces divers lieux ce minéral ne forme jamais de grandes masses.

On remarque souvent avec le molybdène une poudre d'un jaune pâle tirant sur le verdâtre, qu'on a reconnue pour être du molybdène oxidé ou même de l'acide molybdique. (Brard.)

MOLYBDÉNITE. (*Min.*) C'est le nom univoque donné par Kirwan au molybdène sulfuré. Voyez Molybdène. (B.)

MOLYBDEUX [Acide]. (*Chim.*)

Suivant Berzelius, cet acide paroît être formé de

    Oxigène........................... 25,1

    Molybdène.......................... 74,9

Schéele l'avoit obtenu en mettant dans une solution de

molybdate de potasse ou de soude, de l'acide sulfurique ou hydrochlorique et un morceau de zinc; mais il n'avoit point remarqué que la poudre bleue, obtenue par la réaction de ces corps, a la propriété de rougir le tournesol : c'est Bucholz qui lui a reconnu cette propriété. Ce dernier chimiste conseille de préparer l'acide molybdeux de la manière suivante : on triture 2 p. d'acide molybdique et 1 p. de molybdène métallique dans un mortier de porcelaine avec la quantité d'eau suffisante pour réduire la matière en bouillie; quand les matières ont pris une couleur bleue, on ajoute 8 ou 10 parties d'eau, on fait bouillir, on filtre la dissolution à une température qui ne doit pas s'élever au-dessus de 49^d, et l'on obtient l'acide molybdeux.

Cet acide est bleu, il est soluble dans l'eau, il rougit le tournesol, et conséquemment il se combine avec les bases salifiables. (Cн.)

MOLYBDIQUE [Acide]. (*Chim.*) Il est formé de

	Berzelius.	Bucholz.
Oxigène	33,45	49,92
Molybdène	66,55	100

Propriétés. L'acide molybdique est sous la forme d'une poudre blanche, ou bien, s'il a été fondu et refroidi lentement, il est en masse opaque, lamelleuse; ou, enfin, s'il a été sublimé avec les précautions convenables, il est en aiguilles ou en écailles. Pour qu'il se volatilise, il faut diriger dessus un courant de gaz.

Sa densité est de 3,46.

Il exige 960 parties d'eau bouillante pour se dissoudre; cette solution rougit le tournesol, elle a une saveur métallique. Hatchett dit que les acides sulfurique, nitrique et hydrochlorique y font un précipité.

L'acide nitrique n'a pas d'action sur l'acide molybdique.

L'acide molybdique est dissous par l'acide sulfurique concentré et chaud; la solution est incolore, mais en refroidissant elle est bleue. Je ne sache pas qu'on ait recherché si ce phénomène a lieu avec de l'acide pur.

L'acide molybdique est dissous par l'acide hydrochlorique bouillant : la solution est légèrement verdâtre; si on la fait évaporer, elle laisse une matière d'un bleu obscur, qui, suivant Schécle, donne à la distillation des aiguilles incolores, un peu de sublimé bleu, de l'acide hydrochlorique fumant, et un résidu gris. Schéele ajoute que le sublimé bleu et les cristaux sont déliquescens, et que ces derniers deviennent bleus quand on les met sur une lame métallique.

L'acide molybdique, dissous dans l'eau, décompose les carbonates avec effervescence; il décompose également les hydrosulfates, l'eau de savon.

L'acide molybdique, chauffé fortement avec le sulfate de potasse, paroît en décomposer une portion.

Il décompose à chaud le nitrate de potasse.

Il décompose à chaud le chlorure de sodium humide; il se dégage de l'acide hydrochlorique, et on obtient un sublimé cristallisé déliquescent qui devient bleu par le contact des métaux.

Fondu avec le borax, il donne un verre bleuâtre.

L'acide molybdique précipite les nitrates de plomb, de mercure, d'argent, en blanc: il précipite le nitrate et l'hydrochlorate de baryte : le molybdate de baryte se redissout dans un excès d'eau.

Il ne précipite pas la solution de perchlorure de mercure.

L'acide molybdique est réduit, par le molybdène et par l'oxide brun de molybdène, en acide molybdeux, suivant Bucholz.

Le charbon réduit facilement l'acide molybdique.

Le soufre chauffé avec l'acide molybdique le réduit en sulfure : il se dégage du gaz sulfureux.

L'hydrogène, à l'état naissant, réduit l'acide molybdique en acide molybdeux.

M. Vauquelin dit que le papier imprégné d'acide molybdique devient bleu par son exposition à la lumière.

Préparation de l'acide molybdique.

C'est avec le sulfure de molybdène qu'on prépare l'acide molybdique : on compte plusieurs procédés.

1.° En chauffant fortement le sulfure dans un creuset alongé, percé inférieurement et couvert d'un autre creuset percé à son fond, on peut obtenir assez promptement des aiguilles d'acide molybdique.

2.° En projetant dans un creuset 1 partie de sulfure de

molybdène et 4 parties de nitrate de potasse, l'oxigène du nitre acidifie le soufre et le molybdène, et les acides produits sont fixés par la potasse. Si on traite les matières refroidies par l'eau bouillante, qu'on filtre et qu'on ajoute à la liqueur concentrée et refroidie de l'acide nitrique en excès, on obtient l'acide molybdique.

3.° Après avoir pulvérisé le sulfure de molybdène au moyen du sulfate de potasse (Voyez MOLYBDÈNE), et en avoir séparé tout le sel par des lavages bouillans, on met une partie de sulfure dans une cornue tubulée et fermée à l'émeri, avec 8 ou 10 parties d'acide nitrique à 36^d; on chauffe peu à peu: l'oxigène de l'acide nitrique brûle le sulfure de molybdène; on distille presque à siccité, puis on verse le produit sur le résidu. Si après une seconde évaporation le résidu présentoit encore du sulfure de molybdène, il faudroit le faire bouillir avec de nouvel acide nitrique. Enfin, quand on a obtenu un résidu blanc, on le traite par de petites quantités d'eau froide, afin d'en séparer l'acide sulfurique et de ne dissoudre que le moins possible d'acide molybdique. Tel est le procédé de Schéele.

4.° Bucholz conseille de griller le sulfure de molybdène de manière à convertir le soufre en acide sulfureux, et le molybdène en acide molybdique : il faut que la chaleur ne soit pas assez élevée pour fondre ce dernier acide. Après le grillage, on fait digérer le résidu dans de l'eau de potasse ou d'ammoniaque, qui dissolvent seulement l'acide molybdique; puis on précipite la solution concentrée de molybdate alcalin par l'acide nitrique. (Cn.)

MOMBIN..(*Bot.*) Voyez MONBIN. (J.)

MOMENET. (*Mamm.*) On emploie quelquefois ce nom pour celui de magot. (F. C.)

MOMIDSI. (*Bot.*) Nom japonois de divers érables, cité par M. Thunberg. (J.)

MOMORDIQUE; *Momordica*, Linn. (*Bot.*) Genre de plantes dicotylédones monopétales, de la famille des cucurbitacées, Juss., et de la monoécie monadelphie du système de Linnæus, dont les fleurs sont unisexuelles, les mâles et les femelles réunies sur le même individu. Les fleurs mâles se composent d'un calice monophylle, à cinq divisions; d'une corolle mo-

nopétale adnée au calice, évasée, à limbe partagé en cinq
découpures; de trois étamines à filamens subulés, rapprochés
supérieurement, dont deux portent chacun des anthères
doubles, et le troisième n'en porte qu'une simple. Les fleurs
femelles consistent en un calice et une corolle semblables à
ceux des fleurs mâles; en trois filets courts, dépourvus d'anthères, et en un ovaire infère, duquel s'élève un style cylindrique, à trois divisions, terminées chacune par un stigmate
globuleux. Le fruit est une sorte de baie ovale ou oblongue,
médiocrement charnue, ou même sèche, partagée intérieure-
rement en trois loges, contenant chacune des graines nombreuses, et dont les valves, lors de la maturité, s'ouvrent
ou se crèvent avec élasticité.

Les momordiques sont des plantes herbacées, à tiges rampantes ou grimpantes, le plus souvent munies de vrilles,
dont les feuilles sont alternes, ordinairement découpées plus
ou moins profondément, et dont les fleurs sont disposées sur
des pédoncules axillaires. On en connoit quatorze espèces,
toutes exotiques, excepté une, et pour la plupart propres
aux pays chauds. Nous ne parlerons ici que des espèces qui,
par leurs propriétés, présentent quelque intérêt.

Momordique balsamique : *Momordica Balsamina*, Linn.,
Spec., 1433; *Balsamina rotundifolia, repens sive mas*, Bauh.,
Pin., pag. 306; Séb., *Mus.*, 2, tab. 3, fig. 1. Sa racine est
fibreuse, annuelle; elle produit plusieurs tiges menues,
foibles, sarmenteuses, glabres, traînantes, ou s'élevant à trois
ou quatre pieds de hauteur, au moyen des vrilles dont elles
sont munies. Ses feuilles sont pétiolées, orbiculaires, luisantes, d'un vert gai, largement échancrées à leur base, et
divisées. jusqu'au-delà de leur partie moyenne, en cinq lobes,
eux-mêmes incisés ou grossièrement dentés. Les fleurs, assez
grandes, d'un jaune pâle, viennent dans les aisselles des
feuilles sur des pédoncules menus, simples, solitaires, un
peu plus longs que les pétioles, munis, dans leur partie
supérieure, d'une petite bractée arrondie et dentée. Il succède aux fleurs femelles des fruits tuberculeux, à peu près
gros comme un œuf de pigeon, d'une belle couleur orangée,
ou d'un rouge écarlate. Ces fruits sont connus vulgairement
sous le nom de *pomme de merveille*, et la plante sous celui de

balsamine mâle ou *rampante*. Celle-ci croit naturellement dans les Indes orientales. On la cultive au Jardin du Roi, à Paris : elle exige de la chaleur et l'exposition au midi.

Cette espèce a passé autrefois pour être si vulnéraire et si balsamique, qu'on l'a nommée *Balsamina* par excellence. On trouve dans les anciens traités de matière médicale, qu'en faisant infuser son fruit mûr, sans les graines, dans l'huile d'amandes douces, ou dans celle d'olive, et en exposant le vase au soleil pendant un mois. ou bien au bain-marie, on en compose un baume excellent pour la piqûre des tendons, pour calmer l'inflammation des plaies, pour les hémorroïdes, les gerçures des mammelles, les engelures, la brûlure, etc. On lui attribuoit encore d'autres vertus précieuses, dont nous croyons inutile de parler, parce qu'elles sont loin d'être prouvées, et qu'il y a assez long-temps que les médecins ont laissé tomber cette préparation en désuétude.

MOMORDIQUE CHARANTIA : *Momordica Charantia*, Linn., *Spec.*, 1455; *Balsamina cucumerina indica, fructu majore flavescente*, Commel., *Hort. Amstel.*, 1, p. 105. t. 54. Cette espèce a beaucoup de rapports avec la précédente; mais elle est en général beaucoup moins glabre, d'un vert plus sombre; ses feuilles sont moins arrondies, plus grandes, à lobes moins divergens : mais ce qui paroit devoir la faire plus particulièrement distinguer, c'est que les bractées sont situées beaucoup plus bas sur les pédoncules, et tout-à-fait dépourvues de dents. Cette momordique croît naturellement aux Indes orientales. On la cultive au Jardin du Roi ; elle est annuelle. Ses feuilles ont une odeur forte et une saveur amère; on dit que dans l'Inde on s'en sert pour remplacer le houblon dans la confection de la bière. Leur décoction dans l'eau passe pour être vermifuge.

MOMORDIQUE ANGULEUSE : *Momordica Luffa*, Linn., *Spec.*, 1453; *Cucumis ægyptius reticulatus, seu Luffa Arabum*, Vesl., *Ægypt.*, 199, t. 58, 59. Ses tiges sont herbacées, menues, sarmenteuses, parsemées de poils rares, longues de trois à quatre pieds, garnies de feuilles pétiolées, échancrées en cœur à leur base, partagées en leurs bords en cinq lobes anguleux, pointus, et chargées sur leurs deux faces de poils roides qui les rendent un peu rudes au toucher. Chaque

feuille est accompagnée d'une vrille latérale, simple inférieu‑
rement, ensuite divisée en plusieurs ramifications contour‑
nées en spirale, et presque disposées en ombelle. Les fleurs
sont assez grandes, jaunes, marquées de lignes plus foncées;
les mâles disposées en grappes axillaires, pédonculées; les fe‑
melles portées sur des pédoncules également axillaires, or‑
dinairement simples, plus courts que les grappes mâles, et
souvent situées dans les mêmes aisselles. Les fruits sont cy‑
lindriques, longs de six pouces ou environ, et d'un vert ti‑
rant sur le jaune; ils contiennent des graines nombreuses,
blanches, légèrement raboteuses. Cette plante croît naturel‑
lement dans l'île de Ceilan et dans plusieurs autres parties
de l'Asie. On la cultive au Jardin du Roi; elle est annuelle.
La pulpe de ses fruits est fade, mollasse et très-filandreuse;
il n'y a que le bas peuple qui la fasse servir à sa nourriture.
Les Égyptiens, au rapport des Veslingius, emploient le tissu
filamenteux de ces mêmes fruits, après en avoir séparé la pulpe
et les graines, en frictions sur le corps, en sortant du bain,
comme un moyen propre à faire disparoître différentes érup‑
tions cutanées.

Momordique pédiaire : *Momordica pedata*, Linn., *Spec.*,
1434; *Momordica fructu striato lœvi*, *vulgò caigua*, Feuillée,
Peruv., vol. 1, p. 754, t. 41. Sa tige est foible, menue, sar‑
menteuse, longue, seulement dans nos jardins, de quatre à
cinq pieds; mais dans son pays natal elle atteint, au moyen
de vrilles composées, jusqu'à la cime des plus grands arbres,
d'où elle descend ensuite jusqu'à terre. Ses feuilles sont
grandes, pétiolées, cordiformes, arrondies, partagées au
moins en sept digitations ovales-oblongues, dentées et di‑
vergentes. Les fleurs sont petites, axillaires, d'un blanc jau‑
nâtre, ayant, dans les sinus de leurs divisions, des filets grêles,
ouverts horizontalement, présentant l'aspect de petites cornes.
Les fleurs mâles sont disposées en petits corymbes, ou en
grappes courtes, pédonculées, tandis que les femelles sont
solitaires et presque sessiles. Le fruit est long d'environ quatre
pouces, charnu, rayé longitudinalement, le plus souvent
bosselé, d'un beau vert dans sa maturité, et rempli d'une
pulpe spongieuse, d'un goût aigrelet, au milieu de laquelle
sont des graines nombreuses. Cette espèce croît naturelle‑

ment au Pérou ; elle a été cultivée au Jardin du Roi. Ses fruits sont très-rafraîchissans; les Péruviens les mangent dans leurs soupes.

Momordique élastique, vulgairement Concombre sauvage, Concombre d'ane, Élatérium : *Momordica elaterium*, Linn., *Spec.*, 1434 ; Bull., *Herb.*, t. 81. Sa racine est épaisse de deux à trois pouces, longue d'un pied, blanchâtre, vivace ; elle produit plusieurs tiges sarmenteuses, couchées sur la terre, longues de trois à quatre pieds, couvertes, ainsi que le reste de la plante, d'aspérités qui les rendent rudes au toucher. Les feuilles sont pétiolées, cordiformes, crénelées, et quelquefois un peu lobées. Les fleurs sont axillaires, campanulées, d'un jaune blanchâtre, parsemées de veines verdâtres, les unes toutes mâles et disposées en grappe, les autres femelles et solitaires. Il succède à ces dernières une baie ovale-oblongue, laquelle, lors de sa maturité, s'ouvre avec élasticité, et lance à quelque distance les graines qu'elle contient. Cette plante croit naturellement dans les lieux pierreux et chauds des parties méridionales de l'Europe; en France elle est assez commune dans tous les départemens qui avoisinent le bassin de la Méditerranée.

Les médecins grecs avoient donné au suc épaissi du fruit du concombre sauvage le nom d'*elaterion*, et ils désignoient par là non-seulement ce suc, mais tout purgatif fort. Théophraste dit peu de chose de *l'elaterion;* mais il en parle comme d'un médicament qui peut se conserver jusqu'à deux cents ans, et qui, plus il est vieux, meilleur il est. Pline, qui, en cela, a sans doute copié Théophraste, dit la même chose, et il consacre d'ailleurs un chapitre entier (chap. 1, liv. 20) au concombre sauvage, dans lequel il traite de la manière d'extraire le suc de ses fruits, et de ses propriétés en général. Le naturaliste latin lui attribue de nombreuses vertus que nous nous dispenserons de rapporter ici, la plus grande partie d'entre elles étant illusoires. Nous citerons seulement, pour qu'on puisse juger de la crédulité des anciens, le passage suivant : « On croit communément que si une femme qui désire avoir des enfans, porte sur soi un concombre sauvage, elle deviendra plus aisément enceinte, pourvu que le concombre n'ait pas touché la terre; et que si dans le temps qu'une femme est en travail, on enveloppe ce fruit dans de la laine de bélier, et qu'on le lui attache sur les reins sans qu'elle le sache, elle accouchera plus facilement : mais aussitôt que l'enfant est venu, il faut emporter ce concombre hors de la maison. »

Sans croire à ces vertus merveilleuses, Sydenham, parmi les modernes, faisoit un grand cas de l'élatérium comme purgatif : il le regardoit presque comme spécifique dans l'hydropisie. Lister, autre médecin anglois, a aussi vanté les vertus de ce médicament dans la même maladie. Malgré ces recommandations, il est peu employé de nos jours, parce que d'autres praticiens l'ont représenté comme un purgatif trop énergique et trop violent. On doit d'ailleurs observer qu'il faut distinguer l'élatérium blanc et l'élatérium noir. Le premier se prépare en scarifiant les fruits lorsqu'ils approchent de leur maturité ; le suc qui en découle se sèche au soleil : celui-ci est le plus puissant. Le second est tiré par contusion et expression de la pulpe des fruits, et se prépare comme tous les extraits : il a bien moins de force, et peut être donné à une dose beaucoup plus considérable.

Peu d'auteurs parlent de la racine d'élatérium administrée en nature ; nous avons seulement trouvé dans la matière médicale de Vogel qu'on pouvoit la donner à la dose de quinze à trente grains. Ayant voulu nous en servir de cette manière, nous n'en avons obtenu que peu ou point d'effet, et il nous a fallu porter la quantité de cette racine en nature et en poudre à quarante, cinquante et soixante grains pour lui voir produire un effet purgatif. A ces dernières doses, la racine de concombre sauvage purge d'ailleurs doucement et sans donner de coliques ; le seul désagrément qu'elle ait, c'est d'être amère.

Depuis les expériences que nous avons faites sur la racine de cette plante, le docteur Clutterbuck de Londres en a entrepris beaucoup d'autres pour découvrir dans quelle partie de ce végétal réside son principe médicamenteux. Nous passerons sous silence ce qu'il dit des racines et des feuilles, parce que cela ne présente que peu d'intérêt : nous rapporterons seulement ses expériences sur les fruits, parce que c'est véritablement la partie la plus active de la plante. Selon le

docteur Clutterbuck , l'extrait obtenu par expression du suc
du fruit sans pepins, a purgé ou fait vomir deux individus
sur dix. A huit grains il a produit des envies de vomir, et a
purgé deux personnes, et il n'a produit aucun effet sur deux
autres. Ce même fruit, séché et donné en poudre à dix individus, n'a produit d'effets que sur un seul, et encore ces effets
étoient-ils équivoques.

Le suc, tel qu'il s'échappe de lui-même, lorsqu'on fend le
fruit sans le presser, est parfaitement limpide et sans couleur : au bout de quelques instans, il se trouble et dépose,
en quelques heures , un sédiment qui , séché légèrement,
sans trop l'exposer à l'action de l'air, est d'un blanc jaunâtre,
tirant sur le vert ; tout-à-fait sec, il est léger et pulvérulent.
M. Clutterbuck regarde ce sédiment comme le véritable
élatérium ; c'est un principe extrêmement actif : il est rare
qu'un huitième de grain ne purge pas violemment, après
avoir préalablement déterminé des vomissemens. Le suc privé
de ce sédiment est beaucoup moins actif : à deux grains il a
produit des vomissemens et des selles chez quelques individus, et chez d'autres il n'a rien produit. Au reste , le suc, tel
qu'il s'échappe du concombre sauvage, enflamme promptement la peau des doigts : il en sauta une petite portion dans
l'œil, et cela produisit de l'inflammation, des douleurs vives,
un gonflement érysipélateux des paupières, qui subsistoit encore le lendemain. (L. D.)

MOMOT. (*Ornith.*) Fernandez décrit au chap. 196 de son
Ornithologie du Mexique, sous le nom de *Motmot*, l'oiseau
de ce genre, que l'on appelle à Cayenne *houtou*, d'après son
cri, et qui est le même que le *guira-guainumbi* du Brésil,
Marcgr., p. 193. Brisson, en retranchant le premier *t* de ce
nom, en a formé son 57.ᵉ genre, en latin *momotus*, et lui a
donné pour caractères : quatre doigts dénués de membranes,
dont trois devant et un derrière ; celui du milieu des trois
antérieurs étroitement uni à l'extérieur jusqu'à la troisième
articulation, et à l'intérieur jusqu'à la première ; le bec conique, dentelé comme une scie, et ayant le bout des deux
mandibules courbé en bas. Linnæus, à raison des rapports
que la dentelure des deux mandibules et l'extrémité plu-
meuse de sa langue lui donnoient avec les toucans, a réuni

cet oiseau au genre *Rhamphastos*, quoique toutes les autres espèces du même genre eussent deux doigts devant et deux derrière ; mais de cette circonstance il résultoit une telle anomalie, que Latham a adopté le genre et le nom établis par Brisson, et a placé le *momotus* près du *buceros* ou *calao*. Aucun motif ne sembloit devoir faire changer cette dénomination ; mais Illiger y a substitué celle de *prionites*, tirée de la dentelure du bec, quoique ce caractère se trouvât chez d'autres oiseaux et fût par conséquent trop général pour être appliqué à un seul genre. M. Vieillot a, depuis, introduit encore un nouveau changement, et, adoptant le terme de prionotes, *prionoti*, pour désigner la 30.ᵉ famille de son ordre des Sylvains, il en a formé le premier genre du momot, pour lequel il a créé la dénomination de *baryphonus*, tirée du ton grave et semblable à la parole d'un homme, avec lequel l'oiseau vivant prononce le son *houtou*, ce qui n'offre aucun signe propre à le faire reconnoître après sa mort.

Comme des variations pareilles et aussi peu nécessaires ne peuvent que surcharger la nomenclature, on n'hésitera pas à conserver avec Brisson le terme *momotus*, en ajoutant seulement aux caractères physiques énoncés par cet auteur, que le momot, considéré par Edwards comme un rollier à bec dentelé, et par M. Levaillant comme appartenant en effet à la tribu des rolliers et des geais, a les narines arrondies, un peu obliques, situées à la base du bec, et en partie cachées sous les plumes du front ; la langue longue, étroite et barbelée ; la tête couverte de plumes lâches comme chez les geais, mais non huppée ; les paupières nues, et les cils remplacés par de petites plumes ; les tarses courts et formant, par la réunion des doigts, une plante de pied solide ; les ailes n'excédant guères la naissance de la queue, qui est étagée et composée de dix ou douze pennes.

On ne connoît pas encore parfaitement les mœurs et les habitudes des momots ; mais il ne paroît pas qu'ils fassent leur nid au sommet des grands arbres, comme le dit Pison, puisqu'ils ne se posent que sur les branches basses. On a lieu de penser, au contraire, qu'ils nichent dans des trous creusés par les tatous, les acouchis ou d'autres petits mammifères, et dans lesquels ils portent des herbes sèches pour y déposer leurs œufs. Ces oiseaux, qu'on rencontre presque toujours seuls, habitent l'intérieur des forêts, et M. Levaillant croit, d'après la nature de leurs plumes pleines et moelleuses, qu'ils se nourrissent de fruits plutôt que d'insectes. D'Azara en avoit quelques-uns chez lui au Paraguay, et quoiqu'ils fussent assez farouches, ils vivoient en pleine liberté. Lourds et roides dans leurs mouvemens, leur démarche consistoit en sauts brusques et obliques, pour lesquels ils ouvroient beaucoup les jambes : ils agitoient aussi leur cou en divers sens ; ils dormoient sur le dos d'une chaise et ne descendoient à terre que pour manger. On leur jetoit de petits morceaux de pain ou de viande crue, à laquelle ils donnoient la préférence : ils ont aussi mangé quelquefois des melons d'eau et des oranges ; mais ils ne faisoient aucun cas du maïs, entier ou concassé, et ne buvoient jamais. Ils ne se servoient point de leurs pieds pour saisir les morceaux qu'on leur donnoit et qu'ils frappoient à plusieurs reprises contre terre avant de les avaler. Ils en agissoient de même envers les figuiers et autres petits oiseaux qu'on lâchoit dans la chambre, lorsqu'après une poursuite acharnée ils s'en étoient emparés. Cette habitude ne paroissoit pas avoir seulement pour motif de les tuer, mais de leur briser les os pour amincir leur corps, afin de les avaler ensuite avec plus de facilité, en commençant par la tête, ainsi qu'ils le pratiquoient pour les souris.

L'espace nu qui se remarque vers l'extrémité des deux pennes caudales intermédiaires de l'espèce décrite par Fernandez, chap. 196, avoit d'abord été regardé comme un caractère du genre ; mais cette particularité ne se trouvant ni chez les jeunes de cette espèce ni aux pennes caudales d'une autre, qui a les quatre intermédiaires d'égale longueur, on a cessé d'y attacher la même importance. Il est très-probable, en effet, qu'il ne s'agit que de l'usure accidentelle causée par le froissement de deux des pennes caudales de la première espèce, à l'endroit où elles commencent à dépasser les autres, par lesquelles elles ne sont plus garanties, surtout si ces oiseaux font réellement leur nid dans des trous où ces plumes sont naturellement forcées de se replier sur elles-mêmes.

Momot a tête bleue, ou Momot houtou : *Momotus cyano-*

cephalus, Dum.; *Momotus brasiliensis*, Lath., et *Baryphonus cyanocephalus*, Vieill. Cet oiseau de l'Amérique méridionale, que l'on a déjà dit être le *guira guainumbi* de Marcgrave, et le *houtou* de la Guiane, est figuré dans les planches enlumiminées de Buffon, n.° 370, et, sous le double état d'adulte et de jeune, dans la Monographie des rolliers par M. Levaillant, tome 1.er des Oiseaux de paradis, etc., n.ºs 37 et 38. Il est de la grosseur de la pie commune, et il a dix-huit pouces de longueur du bout du bec à celui de la queue. Les principales différences qui le distinguent de la seconde espèce sont que sa queue porte douze pennes et que sa tête est bleue; tandis que l'autre, dont la tête est rousse, n'a que dix pennes caudales.

Le momot houtou, lorsqu'il est adulte, a sur le sommet de la tête une tache d'un noir de velours, entourée de plumes d'un vert d'aigue-marine sur le devant, et d'un bleu de saphir à l'occiput; la nuque est de couleur marron; un bandeau noir, partant du front, passe au-dessus et en-dessous des yeux, derrière lesquels il forme une pointe terminée par une bordure verte sur les oreilles. La longueur des plumes de la tête fait présumer qu'elles se redressent en huppe à la volonté de l'oiseau. Le dessus du cou, le dos et les couvertures supérieures des ailes et de la queue sont verts; les pennes alaires et caudales sont d'un beau bleu; la gorge et les parties inférieures sont d'un vert un peu roussâtre, et quatre plumes effilées, de couleur noire, forment une sorte d'épi sur la poitrine; le bec et les ongles sont d'un noir de corne, et les tarses sont brunâtres, ainsi que les doigts.

Chez les jeunes, qui sont plus petits que les adultes, le bouquet de plumes noires n'existe pas, les deux plumes intermédiaires de la queue ne sont point ébarbées; mais il y a à là place un léger étranglement, que M. Levaillant a reconnu, en examinant cette partie à la loupe, ne pas provenir d'un commencement d'usure. Le plumage des jeunes est aussi plus mêlé de roux sur tout le dessus du corps.

MOMOT A TÊTE ROUSSE, ou MOMOT DOMBEY; *Momotus ruficapillus*, Dum. Cette espèce, que M. Levaillant a dédiée au naturaliste par lequel elle a été rapportée du Pérou, et qu'il a figurée sur la 39.e planche de l'ouvrage déjà cité, est très-

vraisemblablement la même que le *tutu* du Paraguay, qui
a été décrit sous le n.° 52 par d'Azara, auquel on doit la
connoissance des habitudes ci-devant indiquées. Comme on
a déjà noté les principales différences que présente son plumage, comparé à celui du houtou, l'on ne croit pas nécessaire d'en détailler ici les autres parties, et l'on se bornera
à prévenir que M. Vieillot a formé deux espèces du momot
Dombey et du momot appelé tutu, parce qu'il fait souvent
entendre les syllabes *tu-tu-tu*, et quelquefois, d'un ton plus
bas, *huuu*. Cet auteur les a nommées en latin *baryphonus
ruficapillus* et *baryphonus cyanogaster*.

Brisson avoit aussi présenté comme une espèce particulière l'*yayauhquitototl* de Fernandez, chapitre 216; mais le
nom de *momot varié*, qu'il lui avoit donné, ne lui conve-
noit pas, puisqu'il ne s'agissoit point de couleurs formant
des mouchetures, et que l'auteur espagnol disoit seulement
que le plumage de l'oiseau offroit, dans ses nuances, du
vert, du bleu, du fauve et du cendré. Il est donc probable
que l'oiseau du chap. 216 n'étoit qu'un jeune de l'espèce du
houtou, dont la taille étoit encore un peu moindre, quoique déjà l'ébarbement d'une partie des deux pennes caudales intermédiaires fût sensible. (Ch. D.)

MOMOUL. (*Ornith.*) C'est sous cette dénomination erronée
que Sonnini a décrit, au tome 43 de son édition de Buffon,
p. 244, le gallinacé qu'on nomme dans l'Indostan Monaul.
Voyez ce mot. (Ch. D.)

MOMU. (*Bot.*) Nom japonois du pêcher, cité par Kæmp-
fer, qui énonce plusieurs variétés. (J.)

MONA, MONINA, MONNINA. (*Mamm.*) Noms latins de
la mone. (F. C.)

MONACANTHE, *Monacanthus.* (*Ichthyol.*) M. G. Cuvier
a récemment donné ce nom à un genre de poissons plecto-
gnathes, de sa famille des sclérodermes, qu'il a séparé de
celui des Balistes de Linnæus, et qui rentre dans la famille
des chismopnés de M. Duméril.

Les monacanthes se reconnoissent à leur corps comprimé,
alongé; à leurs huit dents tranchantes sur une seule rangée
à chaque mâchoire; à leur bouche étroite et placée au bout
d'un museau pyramidal prolongé depuis les yeux; à leur

peau couverte de très-petites écailles, hérissées de scabrosités
roides et serrées comme du velours ; à leurs deux nageoires
dorsales, dont la première n'est armée que d'un seul aiguil-
lon, tandis que la deuxième, molle et longue, est placée
vis-à-vis d'une nageoire anale à peu près semblable. Ils n'ont
point de catopes ; mais l'extrémité de leur bassin est saillante
et épineuse, comme dans les balistes proprement dits, ce qui
les fait différer des *Alutères*, comme l'épine unique de leur
première nageoire dorsale les isole des *Triacanthes*. (Voyez
Alutère, Baliste, Chismopnés, Triacanthe.)

Le mot *monacanthe* est grec, et signifie *une seule épine*. Il
indique donc l'un des principaux caractères des poissons
dont nous parlons, et dont les diverses espèces sont assez
multipliées.

Nous allons faire connoître en peu de mots les principales
de ces espèces.

1.° Le Monacanthe chinois : *Monacanthus sinensis*, N. ; *Balistes sinensis*, Linn. Première nageoire dorsale consistant
simplement en un rayon très-long, très-fort, garni par derrière de deux rangs de petites dents, et pouvant être couchée
à volonté dans une fossette creusée sur le dos ; chacun des
côtés de la queue hérissé de quatre rangées d'aiguillons ;
nageoire caudale arrondie ; catopes ayant pour base chacun
treize rayons, tous, excepté le premier, renfermés dans une
peau épaisse ; os du bassin très-mobile, et tenant à l'abdomen
par une sorte de fanon extensible ; dos gris ; ventre blanchâtre ; de petites taches dorées sur tout le corps.

Ce poisson, dont la chair est à peine mangeable, fréquente
la mer qui arrose les rivages de la Chine, où il a été observé
par le voyageur suédois, Pierre Osbeck. Plusieurs ichthyologistes croient qu'il se trouve aussi sur les côtes du Brésil, et
le regardent comme le *pira aca* de Marcgrave.

2.° Le Monacanthe velu : *Monacanthus tomentosus*, N. ;
Balistes tomentosus, Bloch, 148, 1. Catopes à un seul rayon ;
queue hérissée de piquans recourbés ; corps mince ; première
nageoire dorsale n'ayant que deux rayons, dont l'intérieur,
court et fort, est garni en arrière de deux rangées de pointes :
teinte générale d'un brun qui se change, sur les côtés, en
jaune. ensuite en gris, et enfin en jaune plus ou moins clair

et varié de taches noires et alongées ; toutes les nageoires jaunes. Taille de sept à huit pouces.

Ce poisson vit dans les mers de l'Inde et aussi, dit-on, près des côtes de la Jamaïque. Il se nourrit de vers et d'insectes aquatiques. Selon Ruysch, sa chair, sèche et d'une saveur désagréable, n'est jamais mangée fraîche, et ne devient passable que lorsqu'elle a été salée.

3.º Le MONACANTHE PORTE-VERGETTE ; *Monacanthus scoparius*, N. Catopes et première nageoire dorsale à un seul rayon très-long, très-épais et garni de pointes ; cent petits aiguillons environ, serrés, recourbés vers la tête et disposés en manière de brosses de chaque côté de la queue ; hauteur égale à peu près à la moitié de la longueur totale : teinte générale d'un brun presque noir ; nageoires pectorales, seconde dorsale et anale d'un jaune très-pâle ; iris d'un brun très-clair, et pupille bleuâtre ; nageoire caudale arrondie, et hérissée d'épines fort déliées et plus sensibles au tact qu'à la vue ; ligne latérale effacée.

On trouve ce poisson dans les mers de l'Inde, et particulièrement auprès de l'Isle-de-France, où il a été observé par Commerson. A l'aide des petites pointes qu'il porte de chaque côté de la queue, il se tient attaché dans les fentes des rochers au milieu desquels il se cherche un asile, et où rien n'est plus difficile que de le prendre. Commerson ne dut l'individu qu'il a pu examiner qu'au violent ouragan qui, en 1772, ravagea l'Isle-de-France, et jeta ce poisson sur la côte.

4.º Le MONACANTHE MAMELONNÉ : *Monacanthus papillosus ; Balistes papillosus*, Linn. Un seul rayon à chaque catope ; deux rayons à la première nageoire du dos ; corps parsemé de petits mamelons ou de papilles. Teinte générale d'un gris blanchâtre.

Il a été pêché auprès des rivages de la Nouvelle-Galles méridionale dans l'expédition du capitaine Philipp.

On doit aussi rapporter à ce genre le *Balistes longirostris* de Schneider, dont on trouve une figure dans Seba (III, xxiv, 19) et dont le museau est très-alongé en pointe. (H. C.)

MONACCHIA. (*Ornith.*) Nom italien de la corneille mantelée, *corvus cornix*, Linn., qu'on appelle aussi dans la même langue *munacchia* et *mulacchia*. (Ch. D.)

MONACELLA et MONACHELLA. (*Bot.*) Nom que les Italiens donnent à une espèce de champignons du genre *Helvella*, auquel les naturalistes le conservent maintenant, *Helvella Monachella*. Fries la considère comme une variété de *l'helvella mitra*, Persoon. Voyez HELVELLE MITRE à l'article *Helvella*. (LEM.)

MONACELLE. (*Bot.*) Ce nom, d'origine italienne et qui signifie petite religieuse, est demeuré aux *helvella*, parce que leur chapeau est placé sur le stipe de manière à imiter par sa couleur et ses plis une tête de religieuse. Voyez MONA-CELLA et HELVELLA. (LEM.)

MONACHELLE. (*Ichthyol.*) Nom vulgaire du *petit casta-gneau*. Voyez CHROMIS et MARRON. (H. C.)

MONACHETTO. (*Ornith.*) L'oiseau ainsi nommé en Tos-cane et en Sardaigne est, suivant Cetti, p. 313, une espèce de harle, *mergus albellus*, Linn. (CH. D.)

MONACHINO. (*Ornith.*) Ce nom est donné, en Italie, au bouvreuil, *loxia pyrrhula*, Linn. (CH. D.)

MONACHNE. (*Bot.*) Genre de plantes monocotylédones, à fleurs glumacées, de la famille des *graminées*, de la *trian-drie digynie* de Linnæus, établi par M. de Beauvois pour une espèce de *saccharum;* offrant pour caractère essentiel : Des fleurs paniculées ; deux valves calicinales, velues, presque égales, plus longues que celles de la corolle, contenant deux fleurs ; l'inférieure mâle, à une seule valve membraneuse, transparente ; trois étamines situées entre cette valve et la seconde fleur ; celle-ci supérieure, hermaphrodite ; les valves de la corolle coriaces, entières ; l'ovaire échancré ; un style à deux divisions très-profondes ; les stigmates en pinceau ; une semence à deux cornes, enveloppée par les valves de la corolle ; point de sillon.

MONACHNE UNILATÉRALE : *Monachne unilateralis*, Pal. Beauv., *Agrost.*, pag. 49, tab. 10, fig. 9 et *var.*, tab. 10; *Saccharum reptans?* Poir., Encycl., Suppl.; Lamk., *Ill.*, n.° 770. La plante figurée par M. de Beauvois sous le nom de *monachne unila-teralis*, ne paroît être qu'une variété à fleurs unilatérales du *saccharum reptans*. Cette dernière plante a des tiges couchées à leur partie inférieure, produisant des rejetons rampans. Les feuilles sont glabres, roulées à leurs bords, alongées, subulées vers le sommet ; les fleurs assez grosses, disposées en une panicule terminale, étroite, resserrée ; les valves calicinales ovales, aiguës, couvertes entièrement de poils courts, luisans, nombreux, très-fins ; les valves de la corolle mutiques, également soyeuses, excepté celles de la fleur mâle. Cette plante croît à Monte-Video. (Poir.)

MONACTIS. (*Bot.*) Genre de plantes dicotylédones, à fleurs composées, de la famille des *corymbifères*, de la *syngénésie polygamie superflue* de Linnæus; offrant pour caractère essentiel : Un calice à quelques folioles un peu imbriquées; les fleurs radiées; dans le disque, des fleurons peu nombreux, hermaphrodites, très-souvent un seul demi-fleuron femelle à la circonférence; les semences dépourvues d'aigrettes; le réceptacle garni de paillettes.

Ce genre, établi par M. Kunth, comprend des arbres ou arbrisseaux à feuilles alternes, entières ; les fleurs jaunes, disposées en corymbes terminaux. Il se rapproche beaucoup du *flaveria*, Jussieu, dont il diffère par son port, par ses fleurs radiées, par les paillettes du réceptacle. Son caractère, de n'avoir qu'un seul demi-fleuron à la circonférence, a donné lieu au nom qui lui a été imposé, formé de *monos* (un), et *actis* (rayon).

Monactis flavérioïde ; *Monactis flaverioides*, Kunth *in* Humb. et Bonpl., *Nov. gen.*, vol. 4, pag. 287, tab. 403. Arbre des bords du fleuve des Amazones, dont les rameaux sont cannelés, anguleux, un peu flexueux, garnis de feuilles alternes, pétiolées, ovales-oblongues, roides, rudes en-dessus, tomenteuses en-dessous, un peu aiguës, légèrement denticulées, longues de trois à quatre pouces. Les fleurs sont disposées en corymbes feuillés, très-rameux, terminaux; les pédicelles très-courts; le calice, cylindrique, tubulé, est composé de quelques folioles lancéolées, aiguës; il y a cinq à dix fleurons hermaphrodites dans le disque ; un demi-fleuron souvent solitaire à la circonférence; le style est glabre et saillant; le réceptacle plan, garni de paillettes lancéolées, linéaires, aiguës, un peu en carène, plus courtes que les fleurs.

Monactis douteuse; *Monactis dubia*, Kunth *in* Humb., *l. c.* Arbre de douze à vingt pieds, très-rameux, rapproché de l'espèce précédente, mais très-remarquable par ses fleurs dioïques. Ses rameaux sont anguleux et pubescens; ses feuilles ovales-oblongues, aiguës à leur sommet, rétrécies en coin à leur base, un peu sinuées et légèrement dentées à leurs bords, un peu pubescentes, longues de huit pouces et plus; ses corymbes terminaux, presque dichotomes, très-rameux; ses fleurs blanches, sessiles ou à peine pédicellées; ayant le calice campanulé, pubescent; six folioles oblongues, linéaires, obtuses; dix à quinze fleurons; les étamines stériles dans les femelles; les paillettes du réceptacle oblongues, linéaires, obtuses. Cette plante croît dans la province de Quito. (Poir.)

MONADE, *Monas.* (*Amorph.*) Muller, et par suite tous les zoologistes, ont considéré comme devant former un genre particulier d'animaux, des corps microscopiques, ponctiformes, ovales ou globuleux, parfaitement transparens, que le microscope fait apercevoir, se mouvant dans les infusions végétales ou animales, naturelles ou artificielles, et surtout lorsqu'il fait chaud. Leur extrême petitesse leur a valu le nom de monades, par allusion au système philosophique d'Épicure, et leur très-grande simplicité, puisqu'on ne peut y apercevoir aucun organe, pas même de rudiment de canal intestinal, les a fait placer à la fin ou au commencement de la série des animaux, suivant qu'on a adopté l'ordre de la dégradation ou de la gradation de l'organisation. Mais, comme il est assez difficile d'en faire de véritables animaux, du moins dans la définition généralement admise, et seulement en admettant qu'elles exécutent des mouvemens volontaires, indépendans des circonstances extérieures, ce qui n'est peut-être pas absolument certain, plusieurs personnes ont été conduites à penser que ce n'étoient, pour ainsi dire, que des molécules organiques, dont l'assemblage, suivant des lois déterminées, contribueroit indifféremment à la formation d'un animal ou d'un végétal. Quoi qu'il en soit de ces différentes hypothèses, qu'on ne pourroit confirmer ni détruire qu'en envisageant d'une manière générale ce que c'est qu'un animal, comme corollaire de l'étude de l'organisation des animaux et de ses résultats, nous nous bornerons à l'observation, que tout ce que Muller a fait sur les infusoires en général auroit besoin d'être étudié de nouveau avec tous les moyens que la science possède aujourd'hui, et qu'il est fort probable qu'il y auroit beaucoup de choses à rectifier.

Malgré la grande simplicité des monades, Muller décrit et figure huit espèces dans ce genre. Sont-elles réellement distinctes ?

La M. TERME ; *M. terme*, Enc. m., pl. 1, fig. 1. Gélatineuse, extrêmement petite et presque invisible. Infusions animales et végétales.

La M. ATOME ; *M. atomus*, Enc. m., pl. 1, fig. 2, *a, b.* Blanche, avec un point variable. Eau de mer gardée.

La M. POINT ; *M. punctuus*, Enc. m., pl. 1, fig. 3. Noire, subcylindrique. Infusion de pulpe de poire.

La M. ŒIL ; *M. ocellus*, Enc. m., pl. 1, fig. 4, *a, b.* Hyaline, avec un point central. Eaux des fossés où sont des conferves.

La M. LENTE ; *M. lens*, Enc. m., pl. 1, fig. 5, *a, b, c.* Ovoïde, hyaline. Dans toutes les eaux.

La M. LUISANTE ; *M. mica*, Enc. m., pl. 1, fig. 6, *a, b.* De forme variable, marquée d'un cercle. Eaux pures.

La M. TRANQUILLE ; *M. tranquilla*, Enc. m., pl. 1, fig. 7. Ovale, hyaline, à bords noirs. Dans l'urine gardée.

La M. POUSSIÈRE ; *M. pulvisculus*, Enc. m., pl. 1, fig. 9, *a, c.* Hyaline, à bords verdâtres. Eau des marais.

Les monades, en admettant que ce soient de véritables animaux, se nourrissent par absorption immédiate de molécules toutes préparées d'avance et existantes dans le milieu qu'elles habitent, et se reproduisent par scission ou déchirûre spontanée. (DE B.)

MONADELPHIE. (*Bot.*) Seizième classe du système sexuel, dans laquelle sont comprises les plantes qui ont les étamines réunies en un seul corps par l'union de leurs filets (mauve, geranium, etc.). De là étamines monadelphes. (MASS.)

MONANDRIE. (*Bot.*) Première classe du système sexuel, dans laquelle sont comprises les plantes dont les fleurs n'ont qu'une étamine (canna, blitum, etc.). (MASS.)

MONARDE, *Monarda.* (*Bot.*) Genre de plantes dicotylédones, à fleurs complètes, monopétalées, irrégulières, de la famille des *labiées*, de la *diandrie monogynie* de Linnæus ; offrant pour caractère essentiel : Un calice cylindrique, strié, à cinq dents ; une corolle tubulée, à deux lèvres ; la supérieure étroite, entière, enveloppant les filamens; l'inférieure plus large, réfléchie, à trois lobes; celui du milieu plus long; deux étamines; les anthères oblongues; un ovaire supérieur, à quatre lobes; un style; quatre semences au fond du calice.

Les monardes sont aujourd'hui cultivées presque dans tous les jardins comme fleurs d'ornement : elles forment de grosses touffes remarquables par leur beauté et leur bonne odeur. C'est sur le bord des allées, dans des corbeilles de terre de bruyère, qu'on place ordinairement les *monardes* dans les jardins paysagers : elles se plaisent à l'ombre; comme elles sont voraces, il faut tous les printemps les changer de terre ou de place. Leur reproduction s'opère avec facilité, par le moyen de leurs graines, semées en place aussitôt qu'elles sont récoltées, ou par le moyen de leurs rejetons, dont elles fournissent chaque année un très-grand nombre. Les fleurs des monardes sont nombreuses, axillaires et verticillées, ou formant une grosse tête terminale. Ce genre porte le nom d'un botaniste espagnol, auteur d'un Traité sur la rose et les plantes médicales des Indes occidentales. Ce dernier ouvrage a été traduit en latin par L'écluse.

MONARDE FISTULEUSE, *Monarda fistulosa*, Linn.; Gærtn., *De fruct.*, tab. 66; Cornut., *Canad.*, pag. 13, tab. 14; Moris., *Hist.*, 3, §. 11, tab. 8, fig. 2. Cette plante s'élève, sur des tiges herbacées, à la hauteur d'environ deux pieds. Ces tiges sont moelleuses, articulées, velues, à quatre angles, souvent rougeâtres ou purpurines, marquées de taches plus foncées; les feuilles opposées, pétiolées, ovales-lancéolées, un peu en cœur, molles, velues, dentées en scie, d'un vert blanchâtre, longues d'environ deux pouces et demi, parsemées de très-petits points résineux; les fleurs d'un rouge pâle, réunies en têtes sessiles, solitaires, terminales, assez grosses, entourées de bractées foliacées et ciliées; ayant le calice une fois plus court que la corolle, à cinq petites dents aiguës; l'orifice bordé de poils blanchâtres; la corolle un peu pubescente. Cette plante croît au Canada et autres contrées de l'Amérique septentrionale.

La culture a produit dans nos jardins plusieurs variétés, les unes à tige une fois plus haute, d'autres à feuilles non

pileuses ; la couleur des fleurs est plus ou moins vive ; quelquefois les bractées sont de couleur purpurine. Cette plante est
d'une saveur très-àcre, très-piquante ; elle passe pour toni-
que , résolutive : on l'emploie dans les fièvres intermit-
tentes.

MONARDE ÉCARLATE : *Monarda didyma*, Linn. ; *Monarda purpurea* , Lamk. , Encycl., et *Ill. gen.* , tab. 19 ; vulgairement
THÉ D'OSWEGO , MONARDE de PENSYLVANIE. Plante d'une grande
beauté, dont les calices, les corolles, la face supérieure des
bractées sont teints d'un rouge vif, fort éclatant. Les feuilles
sont ovales-acuminées, assez larges, chargées de poils fins et
blanchàtres en-dessus, parsemées en-dessous de petits points
résineux, diaphanes ; les calices légèrement arqués ; le tube
de la corolle est renflé vers le sommet ; le limbe à deux lèvres
distantes : outre les deux étamines fertiles, on distingue deux
autres filamens, courts, privés d'anthères. Cette plante croît
dans l'Amérique septentrionale : elle fait l'ornement de nos
jardins. Les habitans de l'Amérique font infuser ses feuilles
en guise de thé : elles répandent, lorsqu'on les froisse, une
odeur fort agréable ; elles passent pour rafraîchissantes.

MONARDE PONCTUÉE : *Monarda punctata* , Linn. ; Pluken.,
Alm., tab. 24, fig. 1 ; Moris., *Hist.*, 3 , §. 11, tab. 8 , fig. 8 ;
Sabbat., *Hort.*, vol. 3 , tab. 86 , 87. Cette plante a des tiges
droites, rameuses, couvertes d'un duvet court et blanchàtre ;
les feuilles sont opposées, pétiolées, étroites, linéaires-lancéolées, aiguës, un peu dentées vers leur sommet, médiocrement ciliées, parsemées de poils brillans, très-nombreux.
Les fleurs naissent par verticilles au sommet des tiges et des
rameaux, entourées d'un involucre à folioles nombreuses,
sessiles, teintes de violet ; la corolle est jaune, ponctuée de pourpre. Cette plante croît dans l'Amérique septentrionale. On
la cultive au Jardin du Roi.

MONARDE CILIÉE : *Manarda ciliata* , Linn. ; Pluk., *Phytogr.*,
tab. 164, fig. 3 ; Moris., §. 11, tab. 8, fig. 6. Ses tiges sont
simples, radicantes et couchées à leur partie inférieure ; les
feuilles inférieures ovales-arrondies ; les supérieures oblongues ; les fleurs bleues, d'une grandeur médiocre, formant
vers le sommet des tiges trois ou quatre verticilles axillaires,
munis à leur base d'un involucre composé de folioles assez

larges, à peine de la longueur des calices; la lèvre inférieure de la corolle élégamment piquetée de taches purpurines foncées. Cette plante croît dans la Virginie. (Poir.)

MONARRHENE, *Monarrhenus.* (*Bot.*) Ce genre de plantes,
que nous avons proposé dans le Bulletin des Sciences de février 1817 (pag. 31), appartient à l'ordre des synanthérées,
et à notre tribu naturelle des vernoniées. Voici ses caractères
que nous avons observés sur des échantillons secs de *monar-*
rhenus pinifolius.

Calathide oblongue, discoïde : disque uniflore, régulari-
flore, masculiflore; couronne subunisériée, pluriflore, tubu-
liflore, féminiflore. Péricline un peu inférieur à la fleur du
disque, oblong - campanulé, formé de squames imbriquées :
les extérieures appliquées, ovales - oblongues, obtuses, concaves, coriaces, velues en dehors au sommet; les intérieures
radiantes, longues, étroites, linéaires, scarieuses, luisantes,
glabres, un peu frangées ou ciliées sur les bords au sommet.
Clinanthe petit, plan, absolument nu. *Fleur du disque :* Faux
ovaire extrêmement court, presque nul. Aigrette longue,
blanche, composée de squamellules unisériées, à peu près
égales, contiguës, libres, caduques, filiformes, fines, très-
barbellulées, s'arquant en dehors. Corolle supérieure à l'aigrette, à cinq divisions oblongues - lancéolées, garnies de
glandes sur leur face extérieure. Étamines à filet large, linéaire, membraneux, greffé seulement à la partie basilaire
de la corolle ; tube anthéral exsert, pourvu d'appendices api-
cilaires libres, divergens, lancéolés - obtus, et d'appendices
basilaires longs, subulés. Style à partie supérieure hérissée de
collecteurs piliformes, et divisée au sommet en deux branches
courtes, presque aiguës, non divergentes, incluses dans le
tube anthéral. *Fleurs de la couronne :* Ovaire oblong, subcy-
lindracé, un peu aminci de haut en bas, irrégulièrement anguleux, strié, hispidule supérieurement, pourvu d'un gros
bourrelet basilaire cartilagineux. Aigrette semblable à celle
de la fleur du disque. Corolle tubuleuse, grêle, divisée au
sommet en trois ou quatre lanières longues, étroites. Style à
deux stigmatophores exserts, longs, grêles, filiformes, glabres,
divergens, étalés.

Nous connoissons deux espèces de ce genre.

Monarrhène a feuilles de pin : *Monarrhenus pinifolius*, H. Cass.; *Conyzæ salicifoliæ varietas β*, Lamck., Encycl. méth. bot., tom. 2, pag. 89. La tige est ligneuse; les rameaux ont l'écorce épaisse, subéreuse, velue, et sont couverts de feuilles alternes, très-rapprochées, sessiles : ces feuilles, longues d'environ deux pouces, paroissent n'avoir qu'environ un tiers de ligne de largeur, parce que leurs bords sont réfléchis ou roulés en-dessous ; elles sont linéaires, un peu aiguës au sommet, très-entières, épaisses, roides ; leur face supérieure est pubescente, parsemée de points glanduleux ou résineux, et creusée d'un sillon longitudinal médiaire ; la face inférieure a sa partie moyenne pubescente, résineuse, formant deux nervures longitudinales, saillantes, parallèles, très-rapprochées, et ses deux parties latérales couvertes d'une couche épaisse de longs poils blancs, mais cachées par les bords de la face supérieure qui se roulent en-dessous ; chaque rameau se termine par une panicule corymbée, dont les calathides sont très-nombreuses, et dont les ramifications sont grêles, velues, accompagnées chacune à la base d'une petite feuille linéaire ; les ramifications primaires de cette panicule sont longues, et se terminent chacune par un petit corymbe ; les ramifications secondaires, formant les petits corymbes, sont courtes, rapprochées, et chacune d'elles porte sur son sommet un capitule irrégulier, ou groupe, composé d'environ dix ou douze calathides sessiles et immédiatement rapprochées ; ces calathides sont étroites, et longues d'environ trois lignes ; leur péricline a sa partie inférieure velue, roussâtre, et sa partie supérieure glabre, blanche, un peu rosée : il contient une seule fleur mâle entourée d'environ neuf à douze fleurs femelles plus courtes et très-grêles ; toutes les corolles sont purpurines.

Nous avons fait cette description spécifique et celle des caractères génériques sur des échantillons secs, recueillis par Commerson dans les îles de France et de Bourbon, et conservés dans les herbiers de MM. de Jussieu et Desfontaines.

Monarrhène a feuilles de saule: *Monarrhenus salicifolius*, H. Cass.; *Conyzæ salicifoliæ varietas α*, Lamck., Encycl. méth. bot., tom. 2, pag. 89. Cet arbrisseau, trouvé aussi par Commerson dans les îles de France et de Bourbon, ressemble beaucoup au précédent, dont il est considéré comme une variété, mais dont il nous paroît différer spécifiquement par la forme et la largeur de ses feuilles. Ses rameaux ont leur partie inférieure nue, tuberculeuse, et leur partie supérieure un peu cotonneuse ou laineuse, garnie de feuilles rapprochées les unes des autres; ces feuilles, qui ressemblent à celles du *salix viminalis*, sont lancéolées-linéaires, étroites à leur base, pointues au sommet, très-entières sur les bords; leur face supérieure est verte, presque glabre, un peu ridée, creusée d'un sillon longitudinal; la face inférieure est blanchâtre, cotonneuse et veinée; les calathides sont nombreuses, assez petites, rassemblées en groupes qui sont portés sur des pédoncules un peu cotonneux, et disposés en corymbes composés, terminaux: le péricline est formé de squames imbriquées, dont les extérieures sont courtes, pubescentes ou cotonneuses, et les intérieures plus longues, très-glabres; les aigrettes sont blanches, simples, sessiles. Cette description est empruntée à M. de Lamarck.

Notre genre *Monarrhenus* est immédiatement voisin du genre *Tessaria* de Ruiz et Pavon, que Willdenow a reproduit long-temps après sous le nom de *Gynheteria*; et tous deux doivent être classés auprès de notre genre *Pluchea*, parmi les vernoniées, quoique ces trois genres aient quelques rapports avec les inulées. Le *pluchea* se distingue des deux autres, en ce que son disque est composé de plusieurs fleurs, et que les squames intérieures de son péricline ne sont point radiantes; le *tessaria* et le *monarrhenus* se distinguent l'un de l'autre, principalement par le clinanthe, fimbrillé dans le premier, nu dans le second.

M. Kunth a décrit dans ses *Nova Genera et Species plantarum* (tom. IV, pag. 76), sous le nom de *conyza riparia*, un arbre qu'il croit être le *tessaria integrifolia* de Ruiz et Pavon, et auquel il attribue des feuilles oblongues-lancéolées, aiguës, le clinanthe nu, la fleur centrale hermaphrodite ou mâle, ayant un ovaire oblong, privé d'aigrette. Si cette description est exacte, la plante de M. Kunth ne peut pas être celle de Ruiz et Pavon, qui doit avoir les feuilles oblongues-obovales, et le clinanthe velu. Ce caractère du clinanthe est d'autant moins douteux que Willdenow n'a pas manqué de l'attribuer aussi à son *gynheteria*.

Nous avons trouvé dans l'herbier de M. de Jussieu un échantillon alors innommé, recueilli au Pérou par Dombey, et que nous n'avons pas hésité-de rapporter au *tessaria integrifolia* de Ruiz et Pavon; il nous a offert les caractères suivans:

Tige rameuse, striée; feuilles alternes, subpétiolées, alongées, obovales, tomenteuses, à bords sinués ou légèrement dentés; calathides disposées en corymbe terminal, rameux; chacune d'elles offrant une seule fleur mâle centrale, entourée de fleurs femelles très-nombreuses et plus petites: la fleur mâle composée, 1.° d'un faux ovaire avorté; 2.° d'une aigrette de squamellules filiformes, presque nues; 3.° d'une corolle très-grande, rouge ou violette, régulière, à tube large et court, à limbe peu distinct du tube, et profondément divisé en cinq lanières longues, sublinéaires; 4.° des étamines ayant l'appendice apicilaire de l'anthère obtus; 5.° d'un style très-long, simple, cylindrique, rouge, hérissé de collecteurs piliformes: chaque fleur femelle composée, 1.° d'un ovaire cylindracé, glabre, muni d'un gros bourrelet basilaire; 2.° d'une aigrette de squamellules filiformes, presque nues, comme celle de la fleur mâle; 3.° d'une corolle purpurine, tubuleuse, filiforme, dentée au sommet; 4.° d'un style à deux stigmatophores longs et grêles; clinanthe hérissé de fimbrilles inégales, sétacées, plus longues que les ovaires, et analogues à celles des carduinées; péricline cylindracé, long comme les fleurs femelles, formé de squames imbriquées; les extérieures appliquées, larges, ovales, subcoriaces, ciliées-frangées sur les bords, les intérieures radiantes, plus longues, étroites, linéaires, aiguës, membraneuses-scarieuses, glabres.

Les botanistes qui compareront cette description avec celles de Ruiz et Pavon, de Willdenow et de M. Kunth, se convaincront facilement que la plante décrite par nous est presque sans aucun doute le *tessaria integrifolia* de Ruiz et Pavon, et le *gynheteria* de Willdenow, tandis que le *conyza riparia* de M. Kunth en diffère beaucoup. Cette dernère plante, que nous n'avons pas vue, est assurément mal placée dans le genre *Conyza*, et elle a très-probablement la plus grande affinité avec les *tessaria* et *monarrhenus*; mais, ne l'ayant point observée nous-même, nous ignorons à quel genre elle appartient.

La description du *tessaria integrifolia*, que nous avons introduite dans cet article, n'y est pas déplacée, parce qu'elle offre au lecteur le moyen de comparer les caractères du genre *Monarrhenus* avec ceux du genre *Tessaria*, de reconnoître leurs ressemblances et leurs différences, et de juger s'il convient de distinguer ou de confondre ces deux genres immédiatement voisins dans l'ordre naturel, mais dont l'un habite l'Amérique équinoxiale, et l'autre habite les iles situées à l'est de l'Afrique, dans la mer des Indes.

Le nom de *monarrhenus*, composé de deux mots grecs qui signifient *un seul mâle*, exprime qu'il n'y a qu'une seule fleur mâle dans la calathide. (H. Cass.)

MONAS. (*Amorph.*) Voyez Monade. (De B.)

MONASE. (*Ornith.*) M. Vieillot a formé sous ce nom, en latin *monasa*, un genre de la famille des barbus, dont le caractère est d'avoir le bec garni de soies à la base, entier, et les deux mandibules fléchies en arc. Ce genre, composé de deux espèces, le monase à bec rouge, *monasa tranquilla*, Vieill., et le monase à pieds jaunes, *monasa tenebrosa, id.*, correspond aux *barbacous à bec rouge* et *à croupion blanc*, qui, dans ce Dictionnaire, forment la 6.ᵉ section des coucous, et sont décrits au tome XI, p. 151. (Ch. D.)

MONAUL; *Monaulus*, Vieill. (*Ornith.*) On a exposé dans ce Dictionnaire, aux mots Faisan, tome XVI, p. 116, et Lophophore, tome XXVII, p. 194, les motifs de la préférence donnée à la première dénomination sur la dernière, pour désigner un genre de gallinacés de l'Inde, caractérisé par un bec robuste, long, très-courbé et large à sa base, dont la mandibule supérieure excède l'inférieure et la cache; des narines latérales, à moitié fermées par une membrane couverte de quelques plumes; des orbites nues et caronculées; les tarses garnis, chez le mâle, d'un éperon long et acéré; les trois doigts antérieurs réunis par une petite membrane, et le pouce élevé; les ongles longs, comprimés et un peu obtus; la queue droite, arrondie ou carrée, et formée de quatorze pennes.

A ce genre, d'abord composé d'une seule espèce, M. Temminck a récemment ajouté le faisan noir de Sonnini, qu'il s'étoit contenté d'indiquer dans le deuxième volume de ses Gallinacés, pag. 353, comme une espèce douteuse de faisan, et qu'il a, depuis, dédié à M. Cuvier.

Monaul resplendissant : *Monaulus refulgens*, Dum.; *Lopho-phorus refulgens*, Temm.; *Phasianus impejanus*, Lath. Cet oiseau, dont l'auteur anglois a donné la figure dans le premier supplément de son *General Synopsis*, pl. 114 et p. 208, avoit été apporté en Angleterre par lady Impey, et c'est cette circons-tance qui avoit déterminé à lui donner son nom; mais dans les montagnes de l'Indostan on l'appelle communément *monaul*, et le mâle y reçoit aussi le nom d'*oiseau d'or*, à cause des reflets des belles et longues plumes dont son cou est couvert. Cette espèce a environ deux pieds de longueur totale; la peau nue qui entoure ses yeux est d'un bleu verdâtre; une aigrette de dix-sept ou dix-huit plumes de trois pouces de longueur, dont la tige est lisse et dont les barbes terminales forment une palette d'un beau vert doré, lui couvre le sommet de la tête d'une sorte de panache qui s'agite avec grâce au plus léger mouvement. Le devant de la tête, les joues et l'occiput, ont des reflets très-brillans de la même couleur; le derrière et les côtés du cou sont d'un pourpre carmin; le dessus du corps offre presque partout les mêmes reflets, qui se font aussi remarquer sur le fond noir des parties infé-rieures; la queue est rousse et arrondie; l'éperon est gris, et les pieds sont nerveux et couverts d'écailles; le bec est de couleur d'ocre, et les ongles sont noirs.

Le brun est la couleur dominante de la femelle, dont la taille est plus petite, et dont la queue n'est pas beaucoup plus longue que les grandes pennes des ailes. Le milieu de chaque plume, d'une teinte plus claire, est rayé et mou-cheté de brun foncé. Elle a au-dessous de l'œil une large bande d'un blanc sale, et un tubercule calleux remplace chez elle l'éperon du mâle.

Ce monaul habite les hautes montagnes du nord de l'In-dostan; il est assez farouche et vit dans les lieux solitaires. On l'apporte quelquefois, comme un objet de curiosité, à Calcutta. La voix du mâle est plus sonore que celle du faisan, avec laquelle elle a du rapport. On voit au cabinet d'histoire naturelle de Paris l'individu qui faisoit partie de la collec-tion du prince d'Orange.

Monaul noir : *Monaulus leucomelanos*, Dum.; ou Lopho-phore Cuvier, *Lophophorus Cuvieri*, Temm. L'oiseau des mêmes contrées que le précédent, qui a été indiqué sous cette dénomination par l'ornithologiste hollandois, dans l'analyse de son Système général placée en tête de la seconde édition du Manuel, est le même que Latham a décrit dans le premier supplément du *Synopsis*, p. 210, n.º 12, sous le nom de *coloured pheasant*, et dans l'*Index*, sous celui de *phasianus leucomelanos*. La description, abrégée par Sonnini, n'en a été faite dans l'ouvrage anglois que sur un dessin appartenant à lady Impey, où l'on voit que sa longueur totale est d'environ vingt pouces; que sa queue est carrée; que ses plumes sont en général noires avec une bordure blanche, plus large aux parties supérieures du corps qu'aux régions inférieures; qu'il a une longue huppe occipitale, un éperon aux tarses; que les côtés de sa tête sont couverts d'une peau nue et rouge, et que le bec est blanc. (Cн. D.)

MONAVIA. (*Bot.*) Voyez Mimulus. (J.)

MONAX. (*Mamm.*) Nom d'un rongeur d'Amérique, qui paroît avoir beaucoup de rapports avec les marmottes, et dont Edwards nous a donné la figure, n.º 104. Il n'est point encore assez connu pour pouvoir être bien déterminé. (F. C.)

MONBANITOBOU. (*Bot.*) Nom caraïbe d'une plante composée qui paroît être le *verbesina gigantea* de Jacquin, ou *verbesina pinnatifide* de Swartz, et à laquelle il faudra peut-être aussi rapporter le *ditrichum* de M. Cassini. (J.)

MONBIN, *Spondias*. (*Bot.*) Genre de plantes dicotylédones, à fleur complètes, polypétalées, régulières, de la famille des *térébinthacées*, de la *décandrie pentagynie* de Linnæus; offrant pour caractère essentiel : Un calice caduc, presque campanulé, à cinq dents; cinq pétales; dix étamines placées sur un disque glanduleux; les alternes plus courtes; un ovaire supérieur; cinq styles; autant de stigmates; un drupe contenant un noyau à cinq loges et autant de semences.

Monbin à fruits rouges : *Spondias monbin*, Linn., *Syst. veg.*; *Spondias myrobolanus*, Jacq., *Amer.*, tab. 188, Sloan., *Hist.*, 2, tab. 219, fig. 3, 4, 5; Pluken., *Almag.*, tab. 218, fig. 3; *Spondias purpurea*, Linn., *Spec.*; vulgairement Prunier d'Espagne. Arbre d'environ trente pieds de haut, dont le bois est tendre et blanc; ses rameaux sont épars, peu nombreux, garnis de feuilles alternes, ailées avec une impaire, luisantes, composées de folioles petites, un peu ovales, entières ou à peine dentées, un peu pedicellées, environ au nombre de vingt; les fleurs sont rouges, disposées en grappes courtes, le plus souvent terminales; les pédoncules sont uniflores, rarement biflores; les divisions du calice concaves, obtuses. Les fruits sont revêtus d'une écorce rouge-pourpre ou jaune, ou mélangées de ces deux couleurs; ils contiennent une pulpe douce, jaune, un peu acide, d'une odeur suave, d'une saveur assez agréable; ils varient par leur forme; ils sont longs, ou un peu ovales, obtus. Cet arbre croît dans l'île Saint-Domingue, à la Jamaïque, etc.

Les Américains font un très-grand cas des fruits du monbin, et leur accordent les honneurs de leur table. On en fait des marmelades qu'on envoie en Europe. Comme cet arbre reprend de bouture avec beaucoup de facilité, les habitans de Saint-Domingue en forment des haies; elles leur servent non-seulement de limites et de défense, mais leur fournissent encore des fruits en peu de temps, puisqu'au rapport de Jacquin, si l'on coupe un rameau chargé de jeunes fruits, qu'on le replante, les fruits grossiront et parviendront à leur maturité. Au reste, cet arbre varie beaucoup dans son port: si l'on coupe le tronc à une certaine hauteur, il poussera de longs rameaux effilés, sans aucune autre ramification, de manière à présenter un arbre tout-à-fait différent. Ses feuilles et son écorce sont employées comme astringens; les noyaux passent pour vénéneux. On cultive le monbin au Jardin du Roi : il exige dans les serres un haut degré de chaleur, tant en hiver qu'en été, et une terre substantielle. On le multiplie de boutures, qui reprennent très-aisément.

Monbin à fruits jaunes : *Spondias myrobolanus*, Linn., *Syst. veg.*; *Spondias lutea*, Linn., *Spec.*; *Spondias monbin*, Jacq., *Amer.*; Sloan., *Jam. Hist.*, 2, tab. 219, fig. 112; *Prunus americana*, Mer., *Surin.*, tab. 13. Cet arbre s'élève très-haut, et forme une tête ample et touffue. Son écorce est de couleur cendrée; son bois tendre et blanc; les feuilles sont ailées, très-longues; les folioles, au nombre de huit avec une impaire, ovales, oblongues, aiguës; l'un des côtés de leur base est plus étroit et comme tronqué; les fleurs, disposées en une panicule lâche, terminale, de la longueur des feuilles, sont petites et blanchâtres; les dents du calice aiguës; les pétales presque lancéolés, aigus, très-ouverts; les anthères droites; les stigmates comprimés, à deux lames. Les fruits sont jaunes, un peu rouillés, odorans, revêtus d'une pellicule mince, remplis d'une pulpe succulente et acidulée : il n'y a guère que les enfans qui les recherchent pour les manger; plus ordinairement on les donne aux cochons. Cette espèce, cultivée au Jardin du Roi, est originaire de Cayenne, de Saint-Domingue, etc.; on la multiplie de boutures avec beaucoup de facilité.

Monbin de Cythère : *Spondias cytherea*, Lamk., *Ill. gen.*, tab. 384; Sonn., Voy. aux Ind., vol. 2, tab. 123; Gærtn., *De fruct.*, tab. 103; Jacq., *Hort. Schœnbr.*, vol. 3, tab. 272; *Spondias dulcis*, Willd., *Spec.*; vulgairement Hevy ou Arbre de Cythère. Grand arbre dont le bois est blanc, tendre et léger, facile à casser, revêtu d'une écorce lisse et verte. Les feuilles sont presque alternes, ailées avec une impaire; les folioles, au nombre de neuf a treize, ovales, oblongues, pointues au sommet, glabres, à crénelures écartées; les fleurs petites, disposées en grappes nombreuses, paniculées, axillaires; les divisions du calice ovales; les pétales plans, lancéolés; l'ovaire est divisé en cinq portions, munies chacune d'un style épais. Le fruit est une sorte de noix ovale; sa chair extérieure est entrelacée de filamens; le noyau hérissé de pointes filamenteuses et divisé en cinq loges monospermes, écartées entre elles et de l'axe commun.

Cet arbre a été apporté de Taïti ou île de Cythère à l'île de France par Commerson : il se multiplie très-facilement par ses branches et ses rameaux mis en terre : ils poussent des racines en peu de temps. Les habitans de l'île de France recherchent les fruits de cet arbre, dont le goût approche un peu de la pomme de *reinette*, mais est moins agréable. On le cultive au Jardin du Roi.

Monbin de Malabar, *Spondias amara*, Lamk., Encycl.; *Ambulam*, Rhéed., *Hort. Malab.*, 1, tab. 50; *Evia amara*, Commers., *mss.* Cet arbre vient très-haut sur un tronc fort épais. Son bois est tendre, blanc et léger; les feuilles sont très-grandes, longues de deux pieds, composées de quatre à cinq paires de folioles avec une impaire, pédicellées, ovales, très-entières. Les fleurs naissent le long des branches en panicules étalées : les pédoncules sont légèrement velus ; les pétales recourbés, mélangés de vert et de jaune, un peu ciliés sur les bords ; les fruits gros et pendans, couverts d'une pulpe épaisse et jaunâtre, contenant un noyau à cinq loges, hérissé de pointes molles. Cet arbre croît au Malabar et dans plusieurs autres contrées des Indes.

Loureiro a mentionné une autre espèce de monbin de la Chine sous le nom de *Spondias sinensis*, dont les fruits sont bons à manger, et la pulpe fréquemment employée en médecine, comme astringente, céphalique, dessiccative, propre à fortifier les reins et la vessie. Ces fruits sont rouges, fort petits, d'une saveur acide, contenant un noyau à quatre loges. Les feuilles sont entières, opposées ; les fleurs disposées en grappes courtes, à corolle blanche, tubulée, à cinq lobes égaux ; à cinq étamines insérées à l'orifice du tube ; le style à quatre stigmates. Cette plante me paroît devoir appartenir à un autre genre. (Poir.)

MONCHICOUBA. (*Ichthyol.*) Selon M. Bosc on donne ce nom, sur les côtes du golfe de Biscaye, à un poisson dont on ne connoît pas le genre. (H. C.)

MONCUS. (*Mamm.*) Nom d'une mangouste des Indes, dans Rumphius. (F. C.)

MONDAIN. (*Ornith.*) Race de pigeons de volière, dans laquelle on distingue trois variétés, savoir, les gros-mondains, les bagadais, les pigeons espagnols. (Ch. D.)

MONDIQUE, MANDIC ou MUNDICK. (*Min.*) C'est le nom vulgaire, dans les pays allemands, du mispickel ou Fer arsenical. Voyez ce mot. (B.)

MONDO, BIAKF-MONDO. (*Bot.*) Noms japonois d'une variété du *convallaria japonica* (ophiopogon de M. Kerr, *slateria* de M. Desvaux), suivant M. Thunberg. (J.)

MONDONGUE. (*Bot.*) Voyez Bois mondongue. (J.)

MONDONSKKA. (*Ichthyol.*) Il paroît qu'en Sibérie on appelle ainsi le Véron. Voyez ce mot, et Able, dans le Supplément du 1.er volume de ce Dictionnaire. (H. C.)

MONE. (*Mamm.*) Nom d'une espèce de Guenon (voy. ce mot), tiré de *mono*, nom espagnol des singes en général. (F. C.)

MONEDULA. (*Ornith.*) Ce nom a, d'après Gesner et autres auteurs anciens, été adopté par Brisson pour désigner ses choucas. *corvus monedula*, Linn., etc. Sloane et Catesby appliquent la dénomination de *monedula tota nigra* au troupiale noir et à l'ani des savanes. (CH. D.)

MONÉDULE. (*Entom.*) Nom donné par M. Latreille à un genre d'insectes hyménoptères qui comprend la plupart des espèces de *bembex* de Fabricius : leur caractère est tiré de la longueur de leurs palpes et des articles qui les composent. Tous ces insectes sont étrangers à l'Europe. Voyez BEMBÈCE. (C. D.)

MONERME, *Monerma*. (*Bot.*) Genre de plantes monocotylédones, à fleurs glumacées, de la famille des *graminées*, de la *triandrie digynie* de Linnæus, établi par M. de Beauvois pour quelques plantes placées d'abord parmi les *rottbolla*, qui offrent pour caractère essentiel : Un rachis denté, articulé, supportant des fleurs en épi ; les épillets à demi enfoncés dans les excavations du rachis ; une seule valve calicinale, uniflore, cartilagineuse ; les valves de la corolle membraneuses, diaphanes, renfermant d'une à trois étamines ; l'ovaire accompagné de deux écailles glabres, lancéolées, entières. Les principales espèces à rapporter à ce genre sont :

MONERME À UNE ÉTAMINE : *Monerma monandra*, Pal. Beauv., *Phyt.*, pag. 116, tab. 20, fig. 10 ; *Rottbolla monandra*, Cavan., *Icon. rar.*, 1, tab. 29, fig. 1 ; Schenz., *Gram.*, 41, tab. 1, fig. 7, *K*. Des racines capillaires et touffues produisent plusieurs chaumes grêles, hauts d'environ un demi-pied, munis vers leur base de trois nœuds rougeâtres, un peu coudés ; les feuilles courtes, étroites, filiformes ; les caulinaires sétacées, longues d'environ un pouce et demi ; les épis grêles ; les fleurs alternes, solitaires ou deux à deux, l'une sessile, l'autre pédicellée, placées dans les excavations du rachis ; la valve du calice courte, rougeâtre, aiguë, quelquefois biflore ; les valves de la corolle un peu inégales, oblongues, aiguës ; une seule étamine velue à sa base ; l'anthère d'un pourpre foncé. Cette plante croit en Espagne, dans les environs de Madrid.

MONERME SUBULÉE : *Monerma subulata*, Pal. Beauv., *Agrost.*, l. c. ; *Rottbolla subulata*, Savi., *Bot. Etr.*, 1, pag, 27 ; *Giorn.*

Pis., 4, pag. 230, fig. 418; Barrel., *Icon. rar.*, tab. 5. Cette espèce a des tiges nombreuses, étalées, longues d'un demi-pied à un pied; les nœuds bruns et glabres; les feuilles un peu velues vers leur sommet; leur gaine munie à son orifice d'une languette courte et tronquée; les fleurs réunies en un épi épais, subulé, droit, aigu; la valve calicinale roide, nerveuse, aiguë. Cette plante croît sur les bords de la Méditerranée. (Poir.)

MONGORER. (*Ichthyol.*) En Sibérie on donne ce nom à un poisson que l'on pêche dans les rivières, et qui paroît appartenir au genre Salmone. Voyez ce mot. (H. C.)

MONET. (*Ornith.*) Une des dénominations vulgaires du moineau domestique, *fringilla domestica*, Linn. (Ch. D.)

MONETIA. (*Bot.*) Deux genres ont été faits sous ce nom en mémoire de M. Monet de Lamarck, savant illustre qu'il suffit de nommer: l'un, fait par Lhéritier, est nommé *azima* par M. Lamarck lui-même; l'autre par Willdenow, sur le *tsteru-kara* du Malabar, qui est reporté au *canthium* dans les rubiacées. Ces noms génériques ne pouvoient être conservés, parce que le nom *markea* est préféré pour consacrer un genre à cet auteur. (J.)

MONETTE. (*Ornith.*) On trouve, au tome 5 de l'Histoire générale des voyages, édit. in-4.°, p. 201, et dans la table qui forme le tome 16 de cet ouvrage, ce terme employé par erreur pour désigner une espèce de mouette ou goéland, vulgairement appelée goulu de mer. (Ch. D.)

MONGKOS. (*Mamm.*) Mangouste dans Valentin. (F. C.)

MONGON. (*Mamm.*) Sonnini donne ce nom comme le synonyme de mongous. (F. C.)

MONGOOZ. (*Mamm.*) Edwards écrit ainsi Mongous. (F. C.)

MONGOUS. (*Mamm.*) Nom que Buffon a donné à un maki, comme étant celui que cet animal reçoit aux Indes. Voyez Maki. (F. C.)

MONGUL. (*Mamm.*) Nom que Vicq-d'Azyr a tiré de Pallas pour le donner à la gerboise alagtaga. (F. C.)

MONIALIS. (*Ornith.*) Ce terme est employé par Gesner et autres comme synonyme de *mergus*, harle. (Ch. D.)

MONIAT. (*Bot.*) Nom arabe de la matricaire ordinaire, suivant Forskal. (J.)

MONICHAGATKA. (*Ornith.*) Nom que le macareux porte au Kamtschatka. (Cн. D.)

MONICHI. (*Mamm.*) Nom par lequel Prosper Alpin désigne les guenons. Il a la même origine que mona, mone, monnina, etc. (F. C.)

MONICKJORE. (*Ornith.*) Le héron violet, *ardea leucocephala*, Lath., est ainsi nommé au Bengale. (Cн. D.)

MONIÈRE, *Monnieria.* (*Bot.*) Genre de plantes dicotylédones, à fleurs complètes, irrégulières, de la famille des *diosmées*, de la *pentandrie monogynie* de Linnæus; offrant pour caractère essentiel : Un calice persistant, à cinq divisions profondes, très-inégales; cinq pétales réunis en tube à leur base, formant un limbe à deux lèvres, la supérieure entière, l'inférieure à quatre divisions; cinq étamines alternes avec les pétales; les deux supérieures fertiles; les trois inférieures stériles; les filamens des premières soudés ensemble; un ovaire supérieur à cinq coques; un style; une écaille membraneuse sous l'ovaire. Le fruit est une capsule à cinq coques, chaque coque monosperme, bivalve; les semences arillées.

Linné, d'après Lœfling, avoit établi ce genre, adopté par tous les botanistes modernes. On ne voit point par quelle raison Michaux, dans sa *Flore de l'Amérique septentrionale*, s'est emparé de cette dénomination, quoique employée autrefois par Browne, pour séparer du genre *Gratiola* plusieurs espèces qu'il croit, avec assez de fondement, devoir constituer un genre particulier. Ne valoit-il pas mieux abandonner le nom de Browne, quoiqu'il eût la priorité, et en adopter un autre, pour éviter la confusion? Le genre *Herpestis* de Rob. Brown, *Nov. Holl.*, est le même que le *Monnieria* de Michaux, ainsi que le *Septas* de Loureiro, mais non de Linné. C'est sans doute par erreur que l'on a rapporté dans cet ouvrage le *bramia* de Rhéede au *monnieria* de Jussieu.

MONIÈRE TRIPHYLLE: *Monnieria trifolia*, Linn., *Spec.*; Lœfling, *Itin.*, 197; Aubl., *Guian.*, vol. 2, pag. 731, tab. 293; Lamk., *Ill. gen.*, tab. 596; *Jaborandi*, Pison, *Bras.*, 215. Cette plante a une tige herbacée, un peu ligneuse vers sa base, glabre, un peu pubescente vers son sommet, peu rameuse, souvent dichotome : les feuilles sont assez grandes; les inférieures opposées, les supérieures alternes; chacune d'elles composée de trois folioles pédicellées, ovales, oblongues, aiguës, longues de deux pouces , parsemées de pores transparens; les pédoncules solitaires, axillaires et terminaux, partagés en deux ramifications divergentes, avec une fleur dans la bifurcation ; les autres placées sur le côté interne des ramifications. Ces fleurs sont blanches, petites, pédicellées, offrant l'aspect d'épis bifides. Leur calice est persistant; sa découpure supérieure linéaire, alongée, couchée sur la corolle; la seconde extérieure lancéolée et plus courte; les trois autres courtes et obtuses; le tube de la corolle cylindrique, arqué, rétréci dans son milieu; la lèvre supérieure entière, ovale; l'inférieure droite, à quatre découpures oblongues, obtuses; les filamens sont aplatis, membraneux : un supérieur concave, bifide au sommet, chargé de deux anthères conniventes, velues à leur côté intérieur, entourant le stigmate : le filament inférieur plan, trifide, soutenant trois petites anthères qui paroissent stériles; l'ovaire est arrondi, à cinq lobes, accompagné à sa base d'une petite écaille ovale; le style terminé par un stigmate plan, oblong, orbiculaire, à bords tranchans. Le fruit consiste en cinq petites capsules ovales, comprimées, monospermes, s'ouvrant longitudinalement en deux valves; les semences sont noirâtres, finement chagrinées, environnées d'un arille sec, bivalve, caduc.

Cette plante croît dans l'île de Cayenne et autres lieux de l'Amérique méridionale. Sa racine, selon Pison, a, comme celle de la pyrèthre, une odeur et une saveur âcres : prise intérieurement, elle provoque les sueurs et les urines; elle est alexipharmaque, et le même auteur ajoute qu'il a été lui-même témoin de ses bons effets sur un capitaine qui avoit mangé des champignons vénéneux. (POIR.)

MONILIA (*Bot.*); vulgairement MOIST, MOISISSURES. Genre de champignons, constitué par des filamens floconneux, libres ou réunis en touffes, droits, en forme de pédicules un peu renflés, portant à l'extrémité des conceptacles ou sporidies réunies en une tête globuleuse, ou quelquefois presque rondes et disposées en série comme les grains d'un chapelet ou d'un collier. Tel est le caractère fixé à ce genre par M. Persoon dans sa Mycologie européenne.

Les *monilia* croissent sur les matières animales et végétales en putréfaction ; on les confond vulgairement avec les *botrytis* et les *mucors*, sous le nom collectif de moisissures. Comme ces champignons, ils sont fort délicats, très-petits, d'une forme très-élégante lorsqu'on les examine à la loupe : ils n'ont guère qu'une à trois lignes de hauteur, et forment des touffes ou taches irrégulières de quelques lignes de diamètre ; ils végètent, se développent et se multiplient également avec une grande promptitude. Les mêmes circonstances, l'humidité et l'ombre, favorisent leur croissance, et l'on doit prendre les mêmes précautions pour en garantir les substances qu'on veut conserver.

Ce genre, ainsi que tous ceux que l'on a établis à ses dépens, faisoit partie du genre *Mucor* de Linnæus, de Bulliard, avant la première réforme introduite par Persoon dans la famille des champignons. Le genre *Monilia*, tel que nous le considérons, est, selon Persoon, le même que celui que Link nomme *aspergillus*, auquel il joint le *polyactis* du même auteur, adopté par Nées. Cet *aspergillus* de Link est le même que celui de Michéli, réduit aux deux espèces figurées 1 et 2 de la pl. 91 du *Nova genera* de cet auteur, c'est-à-dire, aux M. *glauca* et *candida*, Pers.; car les autres espèces rentrent dans les genres *Penicillium*, *Spicularia*, etc. Quant au *monilia* de Link et de Nées, il est une division du genre *Torula*, Pers., *Mycol.* Au reste, M. Persoon avoit réuni autrefois (*Syn. fung.*) les genres *Monilia* et *Torula*, qu'il avoit lui-même créés. Maintenant le *monilia rosea* (Pers., *Syn.*) rentre dans le genre *Acladium* de Link.

Le *monilia penicillus* est le type du genre *Coremium*, établi par Link, et dont nous avons donné les caractères à l'article Coremium. Ce genre, indépendamment du *Coremium glaucum*, Link, de l'espèce citée ci-dessus, ou *C. citrinum*, Pers., en renferme deux autres, le *C. leucopus*, Pers., qui croît sur les féves pourries, et le *C. candidum*, Nées (*excl. Syn.*), qui croît sur les graines du framboisier.

Le *monilia hyalina*, Fries, *Obs. mycol.*, 1, tab. 3, fig. 4, rentre dans le genre *Acrosporium* de Nées (voyez Haplaria); le *M. fructigena*, Pers. (qui n'est pas une espèce d'*epochnium*, comme le prétend Link), se loge dans le genre *Oidium*, Link.

Nées ; en outre les genres *Acrosporium*, *Oidium* et *Alysidium*, Kunze, forment le genre *Acrosporium* de Persoon, auquel ce naturaliste conserve les caractères donnés par Nées. L'*alysidium* en diffère à peine par ses filamens floconneux, agrégés, droits, brillans, dont les articulations ovales se changent en sporidies. L'*alysidium fulvum*, Kunze, *Mycol.*, 1, tab. 11, fig. 6, forme de petites taches ou gazons fauves dans les troncs creusés des saules. Nous reviendrons sur l'*Oidium* à son article.

Le *monilia digitata* est le type du genre *Penicillium* de Link, adopté par Persoon.

L'*alternaria* de Nées paroît infiniment voisin des *monilia* et des *torula*; il est caractérisé par ses filamens droits, simples, épars, noueux, à nodosités ovales écartées, et interstices filiformes. Il ne comprend que deux espèces : 1.° l'*alternaria tenuis*, Nées, *Syst.*, 2, tab. 5, fig. 68, dont les filamens, très-fins et roides, sont d'un noir olivâtre ; et 2.° l'*alternaria rudis*, Ehrenb., *Sylv.*, dont les fibres sont rudes, plus ou moins roides, mais courtes et noires.

Le *monilia racemosa*, Pers., fait partie du genre *Spicularia* du même auteur ; le *monilia nidulans* de Roth est le *mucor herbariorum*, Pers. ; enfin, les *monilia antennata* et *herbarum* redeviennent des espèces du genre *Torula* rétabli.

Le genre *Monilia*, après toutes ses modifications et ses changemens, contient encore dix espèces, sans y comprendre les quatre du genre Polyactis (voyez ce mot). Voici les plus remarquables :

1.° Monilia glauque : *M. glauca*, Pers., *Syn.* et *Mycol. Europ.*, 1, p. 29; *Mucor glaucus*, Linn.; *Mucor aspergillus*, Bull., Champ., pl. 504, fig. 10; *Aspergillus*, Mich., *Gen.*, tab. 91, fig. 1.re Épars ou en touffe, d'un gris glauque, quelquefois olivâtre ou même blanc. Cette espèce est commune sur les corps en putréfaction et particulièrement sur les végétaux ; ses pédicules blancs et simples portent des conceptacles agglutinés sur des lignes divergentes qui forment des têtes sphériques élégantes. Ces conceptacles, ronds et diaphanes, sont d'abord bleus, puis verdâtres à la maturité.

Une variété gris-olivâtre, à conceptacles formant des têtes plus grandes, croît sur les champignons desséchés abandonnés dans les appartemens.

Une autre variété forme sur les bois placés dans des lieux humides et fermés, des taches orbiculaires, contiguës, d'un gris cendré glauque.

Enfin, une troisième, qui vient sur la viande cuite desséchée, est blanche et entassée, avec des têtes un peu en forme de massue.

2.° M. BLANCHATRE; *M. albicans*, Pers., *Mycol.*, *l. c.*, p. 3o. Crustacé, très-petit, blanchâtre; pédicules portant des sporidies disposées en forme d'ombrelle.

On le trouve sur les souliers abandonnés dans des lieux humides.

2.° M. BLANC : *M. candida*, Pers., *Synops.*; *Aspergillus*, Mich., pl. 91, fig. 2. Épars, ou bien en petites touffes; blanc, un peu persitant. On le trouve, à toutes les époques de l'année, sur les plantes desséchées, les champignons, etc. C'est le plus commun de tous.

4.° M. SPONGIEUX; *M. spongiosa*, Pers., *Mycol. Eur.*, 1, p. 3o. Très-étalé, épais; filamens entrelacés, serrés; d'un jaune de rouille. Les capitules ou petites têtes que forment les sporidies sont blanches dans leur jeunesse. Cette espèce assez rare croit sur les champignons en putréfaction; elle a, jusqu'à un certain point, l'aspect d'une éponge, et, comme celle-ci, elle conserve long-temps l'humidité : de sa base, qui est floconneuse comme un byssus, s'élèvent des pédicules transparens qui portent de petites têtes blanchâtres, semblables quelquefois à de petites gouttes d'eau, qui deviennent ensuite gris-fauve.

5.° M. VERDOYANTE : *M. virens*, Pers., *Mycol.*, *l. c.*, 1, p. 31; *Aspergillus virens*, Linn., *Berlin. Mag.*, 3. En touffes très-denses; filamens entremêlés, verdâtres, un peu redressés ; sporidies globuleuses, sériales, formant de grandes têtes. Cette espèce se rencontre sur la graisse des alimens préparés pour nos tables et qui restent exposés à l'humidité. (LEM.)

MONILIFERA. (*Bot.*) Ce genre de Vaillant a été réuni par Linnæus à son *osteospermum.* (J.)

MONILIFORME. (*Bot.*) Divisé par des étranglemens en petites masses arrondies, placées à la suite les unes des autres comme des grains de chapelet. On en a des exemples dans les légumes de l'*hedysarum moniliferum*, du *sophora japonica*, de l'*ornithopus perpusillus*, etc. ; dans les poils du *mirabilis jalappa*, etc. (Mass.)

MONIMIA. (*Bot.*) Genre de plantes dicotylédones, à fleurs incomplètes, dioïques, de la famille des *monimiées*, de la *dioécie polyandrie* de Linnæus; offrant pour caractère essentiel : Des fleurs dioïques; point de corolle : dans les fleurs mâles, un calice globuleux, puis quadrifide ; point de corolle : des étamines nombreuses : dans les fleurs femelles, un calice ouvert au sommet, pileux en dedans ; cinq à six ovaires ; autant de styles et de drupes partiels renfermés dans une baie charnue.

Monimia a feuilles rondes : *Monimia rotundifolia*, Petit-Th. Hist. des vég. des îles austr. d'Afr., pag. 21 et 34, tab. 9, fig. 2 ; *Ambora tomentosa*, Bory-S.-Vinc., *Itin.* Arbrisseau d'environ huit à dix pieds, dont les rameaux sont diffus, opposés, garnis de feuilles pétiolées, opposées, presque rondes, entières, longues de deux ou trois pouces, membraneuses, un peu acuminées, couvertes de poils étoilés, caducs, cotonneuses en-dessous ; les fleurs très-petites, dioïques, disposées en grappes rameuses, axillaires, munies de bractées caduques en forme d'écailles. Ces fleurs sont d'un jaune orangé, d'une odeur douce et agréable. Le fruit est une baie charnue, qui se déchire à l'époque de la maturité et laisse à découvert quatre ou cinq drupes partiels, ovales, acuminés, recouverts d'une pulpe charnue de couleur orangée, occupée intérieurement par un noyau strié, contenant un pépin couvert d'une pellicule brune et mince. Cette plante croît sur les hauteurs de l'île de France, à la montagne du Pouce, à deux cents toises environ au-dessus du niveau de la mer. (Poir.)

MONIMIÉES. (*Bot.*) M. du Petit-Thouars a le premier fait connoître un genre voisin de l'*ambora* ou *mithridatea* de Commerson, avec lequel il a beaucoup d'affinité, et il l'a nommé *monimia*. Un de ses principaux caractères est la présence d'un périsperme dans la graine, lequel, suivant son observation, existe aussi dans les graines de l'*ambora*. Ce caractère doit séparer ces deux genres des urticées dans lesquelles le périsperme n'existe pas. Nous avons cru devoir faire de ces genres

le type d'une famille nouvelle, à laquelle nous avons donné
le nom de *monimiées*, en y joignant quelques autres plantes
originaires de l'Amérique méridionale et de la Nouvelle-
Hollande. Comme les organes sexuels sont séparés dans des
fleurs distinctes, ceste famille doit être placée dans la classe
des diclines, près des urticées.

Les monimiées ont les fleurs monoïques ou dioïques. Dans
les unes et les autres le calice est d'une seule pièce, divisé à
son limbe en quelques lobes disposés sur un ou plusieurs rangs.
Il n'y a point de corolle : les fleurs mâles ont des étamines
nombreuses, tantôt couvrant toute la surface intérieure du
calice, et entremêlées d'écailles, tantôt partant du fond de
ce calice, et seulement entourées d'écailles ; les anthères sont
oblongues, appliquées contre les filets. Les fleurs femelles ont
des ovaires en nombre défini ou indéfini, qui partent du fond
du calice, ou le tapissent intérieurement : ils sont surmontés
chacun d'un style, ou au moins d'un stigmate simple, et
deviennent autant de graines, ou plutôt de capsules monospermes, indéhiscentes, quelquefois un peu charnues. Dans
quelques genres le calice, augmenté de volume, prend la
forme d'un involucre (semblable à celui du figuier), resserré par le haut, et renfermant dans son sein les graines ou
capsules enfoncées dans sa substance charnue. Dans d'autres,
ces graines sont seulement portées sur ce calice qui est petit
et évasé. Les graines sont presque entièrement remplies par
un périsperme charnu, creusé à son ombilic d'une fossette
dans laquelle est niché un très-petit embryon dicotylédone.

Les végétaux de cette famille sont des arbrisseaux ou des
arbres contenant presque tous un principe aromatique. Les
feuilles sont opposées, simples, non stipulées. Les fleurs sont
axillaires ou terminales.

Nous avons formé dans ce groupe deux sections qui, si le
nombre des genres augmentoit, pourroient constituer deux
familles distinctes. La première, que l'on peut nommer les
athérospermées, et qui a été proposée plus récemment par
M. R. Brown, a les étamines insérées au fond du calice, les
ovaires renfermés dans un calice changé en involucre, et surmontés d'un style plumeux, l'embryon placé à la base du
périsperme. On y rapporte l'*athérosperma* de M. Labillar-

dière, et le *pavonia* de MM. Ruiz et Pavon, ou laurel du Chili, que nous avons nommé *laurelia*, parce que le nom de *pavonia* est déjà employé pour un autre genre.

Dans la seconde section, qui est celle des vraies monimiées, les étamines couvrent la surface intérieure du calice mâle; les graines ou capsules sont nichées sur la surface intérieure du calice femelle, qui prend la forme d'un involucre resserré par ses bords comme celui du figuier, ou seulement évasé en plateau comme dans le *dorstenia*, voisin de ce dernier genre; et de plus l'embryon est placé au sommet du périsperme. A cette section se rattachent les genres *Citrosma* de la Flore du Pérou, *Ruizia* de la même Flore, nommé ici *Boldea* (*boldo* du Chili), parce que son premier nom appartient depuis long-temps à un autre genre très-différent, *monimia* de M. du Petit-Thouars, et *Ambora* déjà publié par nous.

Nous avons placé à la suite de cette famille le *calycanthus*, auparavant rapproché des rosacées avec doute, lequel a quelques rapports avec les monimiées; mais il en diffère beaucoup par ses fleurs hermaphrodites, et son embryon très-grand, dénué de périsperme. Ce genre doit être examiné de nouveau dans ses diverses espèces, et deviendra peut-être le type d'une famille nouvelle (J.)

MONINE, *Monnina*. (*Bot.*) Genre de plantes dicotylédones, à fleurs complètes, irrégulières, de la famille des *polygalées*, de la *diadelphie octandrie* de Linnæus, offrant pour caractère essentiel : Un calice caduc, à trois folioles; une corolle presque papilionacée; huit étamines; les anthères s'ouvrant au sommet; un ovaire supérieur; un style recourbé; un drupe monosperme, quelquefois entouré d'une membrane en forme d'aile, renfermant une noix à une seule loge.

D'après le caractère du fruit, exposé par les auteurs de la Flore du Pérou, ce genre doit être distingué des *polygala*, avec lesquels il a les plus grands rapports. M. De Candolle m'a assuré que le fruit est une capsule à deux loges, à deux semences, probablement d'après l'examen qu'il aura eu occasion d'en faire. Dans ce cas, il faudroit le réunir aux *polygala*. Les espèces qui le composent n'ont encore été indiquées que d'après une seule phrase spécifique; tels sont. 1.° le *Monnina polystachia*, Ruiz et Pav., *Syst. Flor. Per.*, pag. 171.

Arbrisseau qui croît au Pérou, sur les collines froides et boisées du mont Pillas. Ses feuilles sont ovales-lancéolées, ou en ovale renversé; les fleurs disposées sur plusieurs épis paniculés; les drupes dépourvus de membrane. Toute la plante, surtout la racine, sont d'une saveur très-amère et savonneuse. 2.° *Monnina salicifolia*, dont les feuilles sont lancéolées, surmontées d'une très-petite pointe; les fleurs disposées en épis courts, presque en pyramide; les drupes dépourvus de membrane. Cette espèce croît au Pérou, sur la pente des montagnes. 3.° *Monnina conferta*. Ses feuilles sont oblongues, très-rapprochées, légèrement mucronées; les fleurs placées sur plusieurs épis courts, presque en corymbe; les drupes point membraneux. On trouve cette plante au Pérou, sur les montagnes des Andes.

Les trois espèces précédentes sont ligneuses; les trois suivantes herbacées; savoir : 1.° *Monnina linearifolia*, plante qui croît sur les montagnes sous-alpines du Chili, dont les feuilles sont linéaires, presque sessiles; les fleurs disposées en épis; les drupes lisses. 2.° *Monnina macrostachya*. Ses tiges sont hautes de deux pieds, garnies de feuilles rhomboïdales, lancéolées; les épis épais et très-longs; les drupes entourés d'une membrane lisse et dentée. Cette espèce croît sur les collines au Pérou. 3.° *Monnina pterocarpa*. Cette espèce est d'une saveur légèrement amère. Ses tiges sont herbacées, hautes d'environ trois pieds, garnies de feuilles lancéolées; les inférieures un peu ovales; les épis très-longs; les drupes entourés d'une membrane échancrée à ses deux extrémités. Cette plante croît parmi les décombres au Pérou.

Je reçois, au moment de l'impression de cet article, le 5.ᵉ volume du *Nova genera*, etc., de MM. Humboldt et Bonpland, et je trouve à la page 409 ce genre décrit par M. Kunth. Il en trace ainsi le caractère essentiel : Un calice à cinq folioles, les trois extérieures petites; les deux intérieures très-grandes, pétaloïdes; une corolle à cinq pétales; le supérieur très-grand et concave; les latéraux très-petits, quelquefois nuls; les deux inférieurs arrondis; huit étamines sous le pétale supérieur; les filamens réunis en tube. Le fruit est un drupe uniloculaire, monosperme, indéhiscent. Le même auteur cite douze espèces de ce genre, différentes de celles de la Flore du Pérou. (POIR.)

MONITOR. (*Erpétol.*) M. Cuvier a donné ce nom à un grand genre de reptiles sauriens de la famille des lacertiens, lequel il divise en trois sous-genres. Voyez Dragonne, Sauvegarde et Tupinambis. (H. C.)

MONJOLI, *Varronia*. (*Bot.*) Genre de plantes dicotylédones, à fleurs complètes, monopétalées, de la famille des *borraginées*, de la *pentandrie monogynie* de Linnæus ; offrant pour caractère essentiel : Un calice persistant, à cinq dents ; une corolle tubulée, rarement hypocratériforme ; le limbe peu étalé ; cinq étamines renfermées dans le tube ; un ovaire supérieur ; un style ; quatre stigmates sétacés. Le fruit est une sorte de drupe, renfermant un noyau à quatre loges, autant de semences, dont plusieurs avortent quelquefois.

Quoique dépourvues d'agrémens extérieurs, quelques espèces de *varronia* sont cependant cultivées dans les jardins de botanique, comme objet d'étude. Elles demandent toutes la serre chaude et une bonne terre. On les multiplie de boutures faites au printemps sur couche et sous châssis. Quelques espèces sont employées, dans leur pays natal, à des usages économiques ou en médecine. M. Desvaux, qui a publié, dans le *Journal de botanique*, une monographie de ce genre, a établi, pour la classification des espèces, des sous-divisions d'après l'inflorescence, qui en facilitent la recherche, les fleurs étant disposées en épis, en tête ou en cime.

* *Fleurs en épi.*

Monjoli ferrugineux : *Varronia ferruginosa*, Lamk., Encycl.; Desv., Journ. bot., 1, pag. 266, tab. 9. Arbrisseau originaire du Mexique, cultivé au jardin du Roi, remarquable par le duvet serré et ferrugineux qui revêt ses jeunes rameaux, garnis de feuilles alternes, quelquefois presque opposées, médiocrement pétiolées, ovales, dentées, un peu aiguës, longues d'environ deux pouces et plus, tomenteuses, un peu douces au toucher. Les fleurs sont axillaires, disposées, le long des pédoncules, en épis interrompus, chargés de fleurs agglomérées. Leur calice est velu ; la corolle jaunâtre, presque campanulée : les fruits rougeâtres.

Monjoli de Curaçao : *Varronia curassavica*, Linn.; Jacq., *Amer.*, 40. Arbrisseau de douze à quinze pieds, divisé en rameaux cylindriques, rudes, ferrugineux, surtout dans leur vieillesse, garnis de feuilles alternes, pétiolées, très-rapprochées, étroites, lancéolées, aiguës, à peine dentées, rudes, tuberculeuses en-dessus, douces et tomenteuses en-dessous; les fleurs disposées en un épi long, simple et terminal, très-serré; les calices velus, renflés, à cinq dents sétacées; la corolle blanchâtre, de la longueur du calice; le stigmate simple, en tête. Le fruit est un drupe rouge et petit. Cette plante croît à l'île de Cayenne et dans les haies à Curaçao.

MONJOLI A FEUILLES ENTIÈRES : *Varronia integrifolia*, Desv., Journ. bot., 1, pag. 271, tab. 10; Poir., Encycl., Suppl. Cet arbuste a des tiges glabres, cylindriques, un peu rougeâtres, divisées en rameaux diffus, irréguliers; les feuilles alternes, médiocrement pétiolées, étroites, lancéolées, glabres, un peu obtuses, très-entières, longues d'un pouce et demi, parsemées en-dessus de points blancs, plus pâles en-dessous; les fleurs disposées en épis, d'abord un peu globuleux, puis alongés, grêles, linéaires; les pédoncules et les calices un peu pubescens; ces derniers presque globuleux, à cinq dents courtes, ovales, aiguës; la corolle un peu plus longue que le calice; le limbe à cinq lobes arrondis, obtus. Cette plante croît à la Nouvelle-Espagne.

MONJOLI OBLIQUE; *Varronia obliqua*, Fl. Per., 2, pag. 24, tab. 147, fig. 8. Arbrisseau du Pérou, haut de cinq à six pieds : ses rameaux sont glabres, cylindriques, un peu pubescens et anguleux dans leur jeunesse; les feuilles médiocrement pétiolées, alternes, quelquefois opposées, surtout les supérieures, rudes, ovales, aiguës, un peu ridées, longues de trois pouces, à dentelures obtuses; les épis solitaires, pédonculés, axillaires et terminaux; les fleurs sessiles, nombreuses, serrées; le calice à cinq dents aiguës; la corolle blanche; les stigmates divergens; le fruit petit, ovale.

** *Fleurs en tête.*

MONJOLI A BULLES : *Varronia bullata*, Linn., *Amœn.*; Lamk., *Ill. gen.*, tab 95. Arbrisseau dont la tige se divise en rameaux revêtus d'une écorce grisâtre, couverts de poils courts et rudes. Les feuilles sont ovales, lancéolées, très-rudes et ponctuées en-dessus, pileuses, point pubescentes en-dessous, divisées à leur contour en crénelures ou en grosses dentelures obtuses, inégales; l'intervalle des nervures est occupé par un réseau lâche; les fleurs sont réunies, à l'extrémité d'un pédoncule velu, en une tête sphérique; leur calice est divisé en cinq dents, terminées par des filets longs, sétacés, hispides. Cette plante croit à la Havane, à la Jamaïque, parmi les buissons.

Le *Varronia globosa*, Linn., Sloan., 2, tab. 194, fig. 2, est considéré par les uns comme une espèce, par d'autres comme une simple variété de la précédente. Ses feuilles sont plus épaisses, moins rudes en-dessus, couvertes en-dessous d'un duvet mou, épais, doux au toucher; les dentelures en dents de scie, courtes et distantes; l'intervalle entre les nervures point réticulé; les dents du calice courtes; les têtes de fleurs peu garnies, portées sur de longs pédoncules axillaires. Cette plante croit dans l'Amérique méridionale.

Monjoli monosperme: *Varronia monosperma*, Jacq., *Schœnbr.*, 1, tab. 39; *Varronia corymbosa*, Desv., Journ. bot., 1, pag. 275. Arbrisseau des environs de Caracas, cultivé au Jardin du Roi, qui s'élève à la hauteur de douze pieds, rude sur toutes ses parties. Ses rameaux sont nombreux, cylindriques, d'un brun verdâtre, garnis de feuilles alternes, médiocrement pétiolées, ovales-lancéolées, dentées en scie, d'un vert sombre, longues de quatre pouces; les pédoncules terminaux, bifides ou trifides, chargés de petites fleurs, réunis en paquets sessiles, en forme de petits épis arrondis; le calice velu, alongé, à cinq dents droites; la corolle campanulée, d'un blanc sale, une fois plus longue que le calice; les anthères blanchâtres; le stigmate à quatre découpures planes : le fruit est un drupe arrondi, de la grosseur d'un petit pois, d'un rouge vif, renfermant une noix ovale, un peu rude, brune, dont les loges sont réduites à une seule par avortement. Ce fruit, ainsi que ceux de la plupart des autres espèces, est d'une acidité assez agréable : il sert de nourriture à plusieurs oiseaux; les enfans s'amusent aussi à le manger.

*** *Fleurs en cime.*

Monjoli a fleurs blanches, *Varronia alba*, Linn.; Commel., *Hort.*, 1, tab. 80; Pluk., *Pytogr.*, tab. 152, fig. 4. Arbre d'environ trente pieds de haut, mais qui n'est plus qu'un arbrisseau, lorsqu'il croit dans les haies : il supporte une cime touffue, sur un tronc d'environ un demi-pied de diamètre. Ses feuilles sont alternes, ovales, dentées, longues de quatre ou cinq pouces; les fleurs disposées en une grande et belle cime. Le calice, d'après Jacquin, se partage en deux lobes, l'un supérieur, qui se dessèche et périt; l'autre inférieur, persistant, légèrement divisé en cinq dents; la corolle blanche, campanulée. Le fruit est un drupe blanchâtre, de la grosseur d'une petite prune, dont la pulpe est très-mucilagineuse, et même d'une nature assez semblable à celle contenue dans la baie du gui. Les habitans de Curaçao recherchent beaucoup ce fruit.

Monjoli de la Chine; *Varronia sinensis*, Lour., *Fl. Cochin.*, 1, pag. 171. Arbrisseau d'une médiocre grandeur, dont les rameaux sont étalés, garnis de feuilles à peine pétiolées, alternes ou presque opposées, ovales, lancéolées, luisantes, très-entières; les pédoncules latéraux et terminaux chargés de fleurs blanches. Leur calice est court, presque campanulé, à cinq divisions; la corolle campanulée; le tube court, épais; le limbe à cinq découpures égales, ovales, étalées; cinq étamines insérées à l'orifice du tube; le stigmate à quatre lobes. Le fruit est un petit drupe ovale, rougeâtre, d'une saveur acide, bon à manger, contenant un noyau à quatre loges. Cette plante croît dans la Chine.

Monjoli dichotome; *Varronia dichotoma*, *Fl. Per.*, 2, p. 146, fig. *A.* Arbrisseau de trois ou quatre pieds, dont les rameaux sont obscurément anguleux dans leur jeunesse, garnis de feuilles médiocrement pétiolées, alternes ou presque opposées, un peu rudes en-dessus, légèrement dentées vers leur sommet; les pédoncules axillaires et terminaux soutenant des épis presque en ombelle, courts, peu garnis; le pédoncule commun dichotome; le calice à cinq dents; la corolle blanche, une fois plus longue que le calice; un drupe ovale, d'un rouge écarlate, à demi enveloppé par le calice, renfermant une noix à une seule loge. Cette plante croît dans les endroits pierreux, au Pérou. (Poir.)

MONKA. (*Bot.*) Genre de champignons établi par Adanson, et ainsi caractérisé par lui : Chapeau hémisphérique, lissé, porté sur une tige charnue; substance charnue; grains sphériques à la surface inférieure du chapeau. Le *boletus*, tab. 3 , fig. *D*, de Battara , *Fung. arim.*, est le type de ce genre. Cette figure représente le *verpa patuta* de Fries ; par conséquent on peut dire que le genre *Monka* est le même que le *Verpa* de Swartz, créé long-temps avant cet auteur, aux dépens de l'*helvella*, et admis à présent par les botanistes. (Lem.)

MONKIE (*Mamm.*), nom anglois des singes à longue queue, qui paroît aussi dérivé de *mono, mona*. (F. C.)

MONK-SWAN. (*Ornith.*) Cette dénomination, qui signifie cygne encapuchonné, désigne, dans Charleton, le dronte, *didus ineptus*, Linn. (Ch. D.)

MONMOU. (*Ornith.*) Les habitans des îles Mariannes appellent ainsi le hibou commun, *strix otus*, Linn. (Ch. D.)

MONNIER. (*Ornith.*) Le martin-pêcheur commun, *alcedo hispida*, Linn., est ainsi nommé dans Belon. (Ch. D.)

MONNIERA. (*Bot.*) P. Browne, dans son Histoire de la Jamaïque, avoit fait sous ce nom , en mémoire de Lemonnier, professeur au Jardin du Roi , dans le siècle précédent et premier médecin de Louis XVI, un genre monopétale à quatre étamines fertiles, que Linnæus a réuni à son *gratiola*, qui n'en a que deux fertiles et deux stériles, et qui présente un port très-différent. Plus récemment il a été séparé de nouveau par Gærtner sous le nom de *herpestis*, qui a été adopté. On n'a pu lui rendre son premier nom , parce que , long-temps avant cette réforme, Lœfling avoit fait un autre *monniera* adopté par Linnæus, par Aublet et par la plupart des botanistes modernes, qu'Adanson a nommé *ertela*, en conservant le genre de Browne avec son nom primitif. Pour la même raison, M. Persoon nomme *aubletia* le genre de Lœfling; mais le *monniera* de ce dernier a été conservé. Voyez Monière. (J.)

MONNINA. (*Bot.*) Voyez Monine. (Poir.)

MONNOIE DE BRATTENBOURG. (*Conchyl.*) Les auteurs anciens donnent quelquefois ce nom aux numismales. (De B.)

MONNOIE DE GUINÉE. (*Conchyl.*) C'est le nom vulgaire ou marchand de la porcelaine-monnoie, *Cypræa moneta*, ainsi appelée parce qu'elle sert de petite monnoie chez différens peuples de l'Afrique occidentale. (De B.)

MONNOIE DU PAPE (*Bot.*), nom vulgaire de la lunaire annuelle. (L. D.)

MONNOIE DE PIERRE. (*Conchyl.*) Dénomination des numismales, selon quelques oryctographes. (De B.)

MONNOIE DE PIERRE. (*Foss.*) C'est un des noms qu'on a donnés autrefois aux nummulites. (D. F.)

MONNOIÈRE. (*Bot.*) Un des noms vulgaires de la lysimaque nummulaire. On donne aussi le même nom au tabouret des champs. (L. D.)

MONNOYÈRE (*Bot.*), nom vulgaire du *thlaspi arvense* dont les silicules arrondies et aplaties ont la figure d'une petite pièce de monnoie. (J.)

MONO. (*Mamm.*) Nom générique des singes en espagnol: de là les noms suivans qu'ont reçus plusieurs singes d'Amérique.

MONO-CAPUCHINO. Espèce nouvelle, qui paroît se rapporter au genre Saki.

MONO-COLORADO, un des noms de l'alouatte.

MONO-FEO, proprement *singe hideux*. C'est le nom du saki cacajao dans les missions du Cassiquiare.

MONO-RABON. Autre nom du cacajao, qui signifie *singe à courte queue*. C'est des Observations zoologiques de M. de Humboldt que nous tirons le sens de ces diverses dénominations. (F. C.)

MONOCENTRIS (*Ichthyol.*), nom par lequel M. Schneider désigne le genre LÉPISACANTHE. Voyez ce mot. (H. C.)

MONOCÉPHALE [CAPSULE]. (*Bot.*) Provenant d'un ovaire qui n'a qu'un sommet organique (*rhododendrum*, *silene*, etc.). La capsule de la saxifrage a deux sommets; celle du buis, trois; celle de la nigelle en a plusieurs. (MASS.)

MONOCERA (*Bot.*) Même genre que le CAMPULOA. Voyez ce mot, Suppl. (POIR.)

MONOCERE. (*Entom.*) Ce nom, qui correspond à unicorne, a été donné à plusieurs insectes de genres différens; au *scarabée nasicorne*, pl. 4, n.° 5; à une espèce de *notoxe*, pl. 10, n.° 3; à un *staphylin* et à plusieurs autres insectes qui sont munis d'une corne sur la tête ou sur le corselet. (C. D.)

MONOCEROS (*Conchyl.*), nom latin du genre LICORNE. Voyez ce mot et POURPRE. (De B.)

MONOCEROS. (*Ichthyol.*) Willughby et Schneider ont désigné par ce nom les poissons que nous décrivons à l'article Nason. On donne aussi le nom de *monoceros* à une espèce d'Alutère. (H. C.)

MONOCEROS (*Mamm.*), nom donné au Narwhal par Charleton et Willughby. (Desm.)

MONOCEROS. (*Ornith.*) Le manucode, ou roi des oiseaux de paradis, *paradisea regia*, Lath., est ainsi nommé dans le pays de Bambouk et de Galam. (Ch. D.)

MONOCEROS ÉCRIT. (*Ichthyol.*) On a donné ce nom au *balistes scriptus* de Linnæus, poisson que Catesby a appelé *the Bahama unicornfish*, et que l'on trouve vers les côtes de la Chine et près des îles de Bahama. Sa chair passe pour venimeuse. Voyez Baliste. (H. C.)

MONOCHIRE, *Monochirus*. (*Ichthyol.*) M. Cuvier a, sous ce nom, formé un genre aux dépens du grand genre des Pleuronectes de Linnæus, dans la famille des hétérosomes. On le reconnoît aux caractères suivans :

Catopes thoraciques ; corps très-mince, oblong, non symétrique ; bouche contournée et garnie de fines dents du côté opposé aux yeux seulement, côté où, d'ailleurs, elle est comme monstrueuse ; museau arrondi, avancé ; nageoire dorsale, commençant sur la bouche et régnant, comme l'anale, jusqu'à la caudale ; une seule petite nageoire pectorale du côté des yeux uniquement.

Le mot *monochire* est tiré du grec μονος, *unus*, et χειρ, *manus*, et indique ce dernier caractère. Le genre qu'il est destiné à désigner, se distingue facilement des Achires, qui n'ont point du tout de nageoires pectorales, et de tous les autres genres de la famille des hétérosomes, qui en ont deux. (Voyez Achire, Flétan, Hétérosomes, Plie, Sole, Turbot.)

Il ne renferme encore qu'un petit nombre d'espèces, parmi lesquelles nous citerons,

1.° La petite Sole de la Méditerranée : *Monochirus linguatula*, N. ; *Pleuronectes microchirus*, Fr. De la Roche ; *Lingula*, Rondelet. Yeux à droite ; corps lancéolé ; mâchoire supérieure plus longue que l'inférieure ; nageoire caudale arrondie ; catopes très-petits et égaux ; ouverture de la bouche petite, un peu oblique et arquée ; dents peu visibles, même à la loupe. Taille de cinq à six pouces.

Ce poisson, blanc en-dessous, d'un gris brunâtre en-dessus, avec des bandes transversales, noirâtres, irrégulières et peu distinctes, et de grandes taches noires sur les nageoires dorsale et anale, qui sont lisérées de blanc dans leur partie postérieure, a le corps couvert de petites écailles arrondies, fortement ciliées et rudes au toucher.

On le trouve dans la mer Méditerranée. De la Roche dit qu'il n'est pas rare à Majorque, où on le connoît sous les noms de *pelud* ou *peludet*. Il paroît quelquefois à Barcelonne. Rondelet l'a connu et en a donné une assez bonne figure; mais, depuis lui jusqu'à De la Roche, les naturalistes l'ont confondu avec la sole ordinaire.

2.° Le Monochire Mangilli : *Monochirus Mangilli*, N.; *Pleuronectes Mangilli*, Risso. Corps épais, d'un brun châtain, avec des bandes noirâtres, transversales du côté droit, d'un gris foncé du côté gauche; dents à peine visibles; yeux obscurs; iris bleuâtre; pupille noire; nageoires dorsale et anale rayées de noir; écailles rudes : taille de trois pouces.

Ce poisson a été pour la première fois décrit par M. Risso, qui l'a pris dans la mer de Nice, où il est assez rare, et où il paroît en Juin et en Décembre. M. Cuvier pense qu'il pourroit bien ne pas être distinct du précédent.

Il faut aussi rapporter ici le *trichodactyle* d'Amboine. Voyez Pleuronecte et Trichodactyle. (H. C.)

MONOCLE, *Monoculus*. (*Crust.*) Le nom de monocle a été employé pendant long-temps pour désigner les premiers entomostracés découverts dans nos eaux douces, parce que ces premières espèces ne s'étoient trouvées pourvues que d'un seul œil. Cette désignation est celle qu'employèrent Linnæus, Fabricius et Jurine pour tous les entomostracés, même pour ceux qui ont bien visiblement deux yeux. Geoffroy est le premier qui sépara quelques-uns de ceux-ci sous le nom de binocle, *binoculus*. Maintenant le mot de monocle est équivalent à celui d'entomostracé. Voyez l'article Malacostracés, tom. XXVIII, p. 590. (Desm.)

MONOCLEA. (*Bot.*) Genre de la famille des hépatiques, établi sur une plante découverte par Forster dans les îles de la mer du Sud, et qu'il avoit appelée *anthoceros univalvis*. Cette plante, conservée dans l'herbier de M. Lambert, à

Londres, étoit demeurée inédite jusqu'ici. M. Hooker, l'ayant examinée, a cru pouvoir la présenter comme un genre nouveau, caractérisé ainsi : Réceptacle commun nul ; capsule fixée à un pédoncule plus long que le calice dans lequel il prend naissance, à une seule valve, qui s'ouvre longitudinalement par un côté, et n'offrant point de columelle (organe particulier à l'*anthoceros* et au *targionia*). Ce caractère générique est tellement différent de celui de l'*anthoceros* qu'on ne sauroit confondre ces deux genres.

L'*anthoceros univalvis*, Hook., *Exot. musc.*, tabl. 174, est une hépatique à frondes couchées, imbriquées, un peu entassées, coriaces-foliacées, un peu épaisses, succulentes, planes, presque orbiculaires, inégalement lobées, à lobes larges, ovales, très-obtus; à bords ondulés, sinués, crépus, sans nervures, d'un vert noirâtre, glabres en-dessus, à peine réticulés; velues en-dessous, munies vers le milieu de radicules nombreuses, longues, fibreuses. La fructification se développe vers l'extrémité de la fronde; elle se compose d'une sorte de corolle contenue dans la fronde et renfermant des soies longues d'un pouce et demi, charnues, succulentes, d'un jaune sale, solitaires ou réunies jusqu'à trois dans la même cavité. La capsule est oblongue-cylindrique, brune, striée, penchée; elle s'ouvre longitudinalement sur le dos, et, après l'émission des séminules, se change en une valve ou écaille oblongue et coriace. Les séminules et leurs élatères ou filamens sont nombreux, analogues à ceux des jungermannia. (LEM.)

MONOCLINES [PLANTES]. (*Bot.*) Plantes dont tous les individus portent des fleurs pourvues des deux sexes. (MASS.)

MONOCONQUES, *Monochonchæ*. (*Conchyl.*) Quelques auteurs anciens ont employé ce nom, au lieu de celui d'univalves, pour les coquilles composées d'une seule pièce. (DE B.)

MONOCOTYLÉDONES. (*Bot.*) On désigne sous ce nom adjectif les embryons végétaux composés d'une plumule, d'une radicule et d'un seul lobe ou cotylédon, ainsi que les plantes et les graines qui produisent ces embryons. Nous avons déjà parlé de cette organisation dans les articles DICOTYLÉDONES et MÉTHODE NATURELLE DES VÉGÉTAUX de ce Dictionnaire; mais il convient de la présenter ici d'une manière plus détaillée avec toutes les conséquences qui doivent en résulter.

La forme de cet embryon varie et imite tantôt un corps déprimé, un peu convexe supérieurement, plus aigu inférieurement, tantôt un écusson bombé sur le dos et aplati du côté opposé; tantôt il se prolonge en une espèce de cylindre, ou affecte d'autres figures plus ou moins bizarres. Renfermé dans la graine et caché sous ses tuniques ou enveloppes propres, il est ordinairement accompagné d'un corps de nature entièrement utriculaire sans addition de fibres, d'abord mou et successivement plus épais et solide, comparé au blanc d'œuf des oiseaux, que Gærtner nommoit pour cette raison *albumen*, que dans le même temps nous indiquions sous le nom de *périsperme*, et qui est l'*endosperme* de Richard Ce périsperme, manquant dans très-peu de genres monocotylédones, est ordinairement dans tous les autres d'un volume assez considérable pour occuper presque tout leur intérieur: il présente, près du point d'attache de la graine, une petite cavité dans laquelle est niché un embryon peu volumineux; ou dans quelques autres monocotylédones, telles que les graminées, on observe à la base de ce corps une dépression latérale, contre laquelle est appliqué l'embryon.

La radicule, devant dans la germination se dégager de ses enveloppes la première, est toujours dirigée à l'extérieur dans la cavité qui la recèle; le cotylédon reste plus long-temps renfermé dans le périsperme et la coque de la graine. Lorsque l'embryon est à moitié dégagé, il laisse apercevoir une petite fente latérale, de laquelle sort la plumule ou jeune tige, dirigée supérieurement, et bientôt accompagnée ou recouverte d'une première feuille, qui l'entoure souvent en forme de gaine. Le cotylédon, toujours tenant à la coque de la graine, tantôt reste sessile, appliqué contre la base de la tige, (dans l'*aletris* et l'aloès), ou presque sessile (dans l'*ixia*); tantôt il prend la forme plus alongée d'un support droit de cette coque (dans le dattier et la massette), ou d'un fil pendant (dans l'*anthericum*), ou d'une première feuille droite, coudée à son sommet et terminée par un fil d'où pend la coque (dans l'asphodèle, la jacinthe, l'ail); tantôt, mais plus rarement, il présente d'autres positions respectives. De plus,

on fera observer que les genres d'une même famille sont ordinairement conformes en ce point, et que cette conformité
peut aider à fortifier le caractère général de ces familles,
dont les rapports sont plus nombreux que les différences,
et à déterminer plus sûrement la véritable place de beaucoup
de genres monocotylédones.

L'extrémité radiculaire de ces plantes, après avoir pris
quelque accroissement, cesse de se prolonger, et bientôt, se
fendant latéralement ou en-dessous dans un ou plusieurs
points, elle laisse échapper de chacune de ces fentes une
véritable radicelle ou racine, non continue à la radicule
primitive, mais paraissant en être distincte, et poussant
devant elle une membrane particulière ou coiffe propre,
nommée *coléorhize*, dont sa pointe est revêtue et qui se déchire
pareillement. On est déterminé à reconnoître ce mode de
germination, en observant sur le bord des fentes un renflement en forme de bourrelet, résultant de la double déchi-
rure, du milieu duquel sort la nouvelle racine. Nous avons
aperçu et cité, dans une note finale sur les graminées, ces
bourrelets qualifiés par nous d'involucres, et trois radicules
latérales, que nous prenions pour des rejets destinés à produire de nouvelles tiges, en rappelant qu'une seule graine
de blé pousse souvent plusieurs chalumeaux. On en conclura
probablement que l'extrémité radiculaire pousse, soit des
radicules, soit des rejetons, ou que le même organe remplit
les deux objets.

Ce n'est pas seulement dans les développemens extérieurs
que les monocotylédones présentent une organisation qui leur
est propre; celle des parties intérieures n'est pas moins particulière. Dans les observations sur les dicotylédones on a vu
que les tiges et les racines sont composées de fibres ligneuses,
disposées en couches concentriques autour d'une moelle centrale, entre chacune desquelles est une série de tissu utriculaire qui les lie ensemble; que chaque année une couche
nouvelle recouvre les anciennes, qui sont d'autant plus compactes qu'elles sont plus centrales; que cette dernière est
encore cachée sous une écorce formée pareillement de plusieurs couches d'un tissu plus lâche et comme réticulaire,
dont la position respective est en sens inverse des précédentes,

les plus anciennes étant rejetées à l'extérieur et souvent durcies par le contact de l'air, pendant que les plus intérieures conservent la souplesse résultante de la présence de la séve, qui s'élève entre elle et la couche ligneuse extérieure. On peut vérifier cette structure intérieure sur la coupe transversale d'un tronc d'arbre, ou de l'un de ses rameaux.

Si l'on examine comparativement l'intérieur d'une tige de plante monocotylédone, on y trouve, non des couches superposées, mais des faisceaux épars de fibres ou de vaisseaux au milieu d'un tissu utriculaire abondant, et si l'on coupe cette tige en travers, on aperçoit une surface poreuse ou criblée irrégulièrement de trous, qui sont les orifices des vaisseaux ainsi tronqués, ou des portions de tissu utriculaire. Cette surface, bien différente de celle des dicotylédones, est généralement plus molle dans le centre, et n'acquiert de solidité que dans le contour extérieur, lequel présente la forme d'une couche unique, entourant et protégeant tous les faisceaux intérieurs. Cette couche, qui remplit l'office d'écorce, sans en avoir l'organisation, paroît devoir sa naissance au corps radiculaire, dont on peut la regarder comme une continuation; mais les faisceaux intérieurs répondent aux radicules secondaires, de sorte que chaque vaisseau, ou au moins chaque faisceau, pourroit être considéré comme une plante distincte, ayant sa radicule et sa croissance supérieure propres. Les faisceaux les plus intérieurs sont toujours formés les derniers; ils doivent produire les parties les plus centrales, les plus voisines de l'extrémité de la tige, qui s'épanouissent ordinairement les derniers : au contraire, les faisceaux extérieurs, après avoir produit et alimenté les anciennes feuilles, et les fruits qui ont succédé aux premières fleurs, devenus alors inutiles, s'oblitèrent, se dessèchent, ainsi que leurs racines propres; et s'appliquant contre la couche extérieure, ils peuvent contribuer à augmenter son épaisseur et sa solidité. Cette addition intérieure de fibres n'augmente pas le diamètre de la tige, qui, dans les monocotylédones et notamment dans les palmiers, reste le même qu'à l'époque du premier développement à la sortie de terre, excepté peut-être lorsque les tiges se ramifient; mais même dans ce cas l'augmentation ne seroit pas considérable. Cette persistance de diamètre égal établit une nouvelle différence entre ces plantes et les dicotylédones, dont les nouvelles couches augmentent annuellement le volume des racines, des tiges et des rameaux.

Toutes ces observations réunies montrent combien le nombre des lobes de l'embryon influe sur le développement des autres parties, ou plutôt comment ce caractère, de première valeur dans l'ordre naturel, est lié avec d'autres également importans. Les anciens botanistes ne les connoissoient pas, ou au moins ils n'en ont fait aucune mention. Césalpin est le premier qui, publiant une méthode de plantes en 1583, ait parlé de l'embryon monocotylédone, sous le nom de *cotylédon non bivalve*, qui est un des caractères de sa troisième classe, comprenant principalement les graminées et les joncs: ce qui suppose qu'il regardoit le cotylédon comme bivalve ou double dans les autres classes, dont la neuvième, dans laquelle cette distinction est omise, renferma cependant les diverses liliacées, les orchidées et les amomées, toutes monocotylédones. Parmi les méthodistes successeurs de Césalpin, plusieurs, tels que Rai, Boerhaave, Heister, Haller, Wachendorf, ont employé comme lui ce caractère dans leurs sous-classes. Van-Royen est le seul qui, en 1740, l'ait employé en première ligne dans sa méthode, dont on peut regretter que les divisions secondaires s'éloignent trop de la nature. Ce caractère n'a été cependant bien connu, ou plutôt bien apprécié qu'à la fin du siècle dernier, lorsque les recherches ont été dirigées vers l'ordre naturel.

Le caractère tiré de la structure intérieure de la tige des monocotylédones étoit connu depuis long-temps dans quelques-unes de ces plantes ; mais il étoit réservé à M. Desfontaines de prouver qu'il étoit le même dans toutes, et conforme à ce qui a été dit précédemment. Ses observations, multipliées sur un grand nombre de végétaux, sont consignées dans un mémoire lu par lui à l'Institut en 1796, imprimé dans le premier volume de la classe des sciences mathématiques et physiques ; et cette assertion n'a été combattue par aucune objection de quelque valeur. M. De Candolle, reconnoissant l'importance de cette découverte, a désigné cette disposition d'organes intérieurs dans les monocotylédones sous le nom d'*endogènes*, c'est-à-dire, plantes dont l'accroissement se fait dans le centre, et ses *exogènes* sont les dicotylédones, qui s'accroissent à l'extérieur par de nouvelles couches concentriques. Ces dénominations, qui expriment bien la différence de ces organisations, méritent d'être accueillies.

C'est Richard qui, en 1808, dans son excellent ouvrage sur l'analyse du fruit, a le premier parlé de l'extrémité radiculaire de l'embryon, qui, dans les monocotylédones, prenant peu de croissance, se renfle à sa surface inférieure ou latérale en un ou plusieurs mamelons ou tubercules, lesquels s'ouvrent pour donner passage aux véritables radicules ; tandis que dans les dicotylédones cette extrémité se prolonge indéfiniment en une véritable racine continue avec la tige, organisée de même à l'intérieur en couches concentriques, et recouverte de la continuation de la même écorce. Il a nommé celles-ci les *exorhizes*, c'est-à-dire, celles dont la radicule est apparente dès le premier temps de la germination ; et il a donné aux premières le nom d'*endorhizes*, ou plantes dont les vraies radicules restent quelque temps engagées et cachées dans le corps radiculaire : il pensoit en même temps que ces deux caractères, tirés des radicules, devoient être préférés, comme plus invariables, à ceux des cotylédons, pour désigner ces deux grandes divisions des végétaux ; mais jusqu'à présent les anciens ont été maintenus, quoiqu'on ait essayé d'infirmer par quelques exceptions l'universalité des caractères qu'ils expriment.

Un autre motif peut faire conserver la prééminence aux caractères plus anciennement connus et adoptés. Un mémoire de M. Dutrochet, sur l'accroissement et la reproduction des végétaux, publié en 1822 dans les septième et huitième volumes des mémoires du Muséum d'histoire naturelle, présente une série d'observations très-détaillées, qui contrarient en partie les assertions de Richard et de quelques autres. Cet auteur reconnoit avec eux l'existence de la coléorhize dans les monocotylédones ; il la décrit et la figure à diverses époques de la germination dans le *sparganium ramosum* (vol. 7, tab. 15, fig. 9, et vol. 8, pag. 17), dans le *typha latifolia* (vol. 7, tab. 15, fig. 8, et vol. 8, pag. 26), et dans le *nymphæa lutea*, qu'il range avec raison parmi les monocotylédones, contre l'opinion

de quelques auteurs modernes, en ajoutant à la germination
ou à la végétation de cette plante (vol. 7, tab. 15, fig. 10-13
et vol. 8, pag. 13) la description de sa graine et de son embryon (vol. 8, pag. 273, tab. 1, fig. 31 et 32). Il ne combat
pas la découverte de Richard, relative à l'extrémité radiculaire des monocotylédones, à sa croissance bornée, aux
radicules qui s'en échappent après avoir percé sa surface et
déchiré leur coléorhize; mais il affirme, d'après ses propres
observations, que les ramifications de la racine principale
des dicotylédones, non bornée, à la vérité, dans sa croissance,
présentent à leur sortie les mêmes phénomènes que les précédentes; que, pour opérer leur sortie, ces ramifications percent
l'écorce de la racine mère, munies de leur écorce propre.

« De là vient, dit M. Dutrochet (vol. 8, p. 287), que toute
« racine est nécessairement coléorhizée. Si la coléorhize n'est
« pas toujours apercevable, c'est qu'elle se soude de très-
« bonne heure avec l'écorce de la racine naissante. » Il ajoute
une nouvelle assertion, relative à la manière dont ces racines
se prolongent. «Cette élongation terminale de la racine s'opère
« au moyen de la rupture des coléorhizes successives, d'où
« il suit que, dans le bourgeon terminal des racines.....,
« les parties nouvelles sortent des anciennes. Ainsi il n'y a
« point de végétaux exorhizés; toute racine est, sous le point
« de vue de son origine comme sous celui de son élongation,
« le résultat d'une production médiane et par conséquent
« intérieure. Si la radicule de beaucoup d'embryons paroît
« dépourvue de coléorhize lors de la germination, cela peut
« provenir de ce que la radicule a percé sa première coléor-
« hize pendant le développement de l'embryon dans la
« graine, et que cette coléorhize s'est confondue par adhé-
« rence avec la radicule. »

En citant ce passage de M. Dutrochet, nous ne voulons que
faire connoître l'opinion d'un observateur généralement
exact, et dont les assertions et les conclusions ne doivent
pas être repoussées sans examen et sans vérification. Elles
prouvent que la théorie des racines endorhizes et des exorhizes a trouvé des contradicteurs et doit être soumise à de
nouvelles recherches. On se rappelle d'ailleurs que M. Aug.
de Saint-Hilaire a trouvé et décrit dans la capucine germante

une espèce de coléorhize. Nous ajouterons encore que la variété de radis rouges à racine longue est munie, à la naissance de cette racine, de deux appendices assez remarquables, dont elle paroît avoir été recouverte lorsqu'elle a commencé à germer, et que de plus, elle présente sur divers points de sa surface des cicatrices linéaires, d'où sortent d'autres racines capillaires. Il faut cependant reconnoître qu'il existe quelques différences entre les deux divisions établies par Richard, différences fondées sur le développement de la première radicule, courte et tronquée dans l'une, prolongée et souvent rameuse dans l'autre; sur la coléorhize plus apparente et peut-être autrement organisée dans la première. Il restera au moins certain que le nombre des lobes de l'embryon, dont on paroissoit contester la prééminence, restera toujours un caractère de première valeur.

Ainsi, conservant à une grande division naturelle des végétaux le nom de monocotylédones, nous continuons à la caractériser par l'embryon muni d'un seul lobe ou cotylédon; rappelant de plus que ce caractère se lie avec l'organisation fasciculaire de la tige, dénuée de système cortical et remplie d'un tissu utriculaire abondant, nous expliquons par cette contexture intérieure la consistance des monocotylédones, généralement plus molle, et l'organisation particulière des radicules secondaires.

Il faut encore ajouter ici un caractère remarquable dans ces plantes, celui d'unité d'enveloppe florale : beaucoup de dicotylédones en présentent deux, le calice et la corolle; lorsqu'elles n'en ont qu'une, c'est généralement le calice seul qui subsiste; on n'en retrouve qu'une dans les monocotylédones. Linnæus et ses prédécesseurs lui ont donné arbitrairement tantôt le nom de corolle, tantôt celui de calice. Celle que Tournefort prenoit pour la corolle dans la tulipe et la jacinthe, étoit pour lui un calice dans la narcisse, parce qu'elle adhéroit au fruit. La même étoit nommée par Linnæus corolle dans la rhubarbe, parce qu'elle étoit blanche, et calice dans l'oseille et la patience, à cause de sa couleur verte. Cette confusion a eu lieu tant qu'on n'a pas eu de principe fixe sur la nature de la corolle. La physiologie végétale nous apprend que cette enveloppe intérieure a une grande affinité avec les filets des étamines; qu'elle s'insère aux mêmes points et périt en même temps; que ces deux organes sont sujets à des transformations mutuelles, par suite d'avortement ou de surabondance de sucs. L'un et l'autre ne sont point une continuation de l'épiderme du pédoncule de la fleur, comme le calice; mais ils tirent leur origine de vaisseaux intérieurs. La corolle, par sa nature, ne doit pas contracter d'adhérence avec le fruit, et au contraire, dans des familles entières, le calice fait corps avec lui. Lorsque les étamines sont en nombre égal avec les divisions de la corolle et avec celles du calice, elles sont ordinairement alternes avec les premières et opposées aux secondes.

Si on fait l'application de ces observations générales à l'enveloppe unique des monocotylédones, rangées dans l'ancienne classe des liliacées, subdivisée maintenant en plusieurs familles; si on tombe d'accord qu'elle est de même nature dans toutes, on reconnoitra qu'elle tient plus à celle du calice qu'à celle de la corolle : elle est continue à l'épiderme du pédoncule de la fleur, et non à des vaisseaux intérieurs; dans beaucoup de genres elle adhère au fruit, comme dans les iridées et une partie des narcissées; les étamines, en nombre égal avec ses divisions, leur sont toujours opposées, et l'opposition a également lieu si elles sont en nombre moindre. On est donc forcé de reconnoitre que c'est un calice, quoique parfois quelques-unes de ses divisions paroissent plus intérieures et colorées comme des pétales, pendant que les extérieures sont vertes; mais, si on examine dans la Commeline ou la Fléchière ces divisions à leur base, on les trouve soudées ensemble sur un même plan et présentant une couleur verte uniforme. D'ailleurs, le nombre des divisions colorées varie dans les espèces évidemment congénères et dans les genres analogues.

M. De Candolle, qui a reconnu, comme la plupart des botanistes modernes, que cette enveloppe n'est pas une corolle, refuse aussi de la regarder comme un calice ordinaire. Remarquant qu'elle est souvent colorée intérieurement et verte en dehors, il est disposé à croire que c'est un calice soudé avec une corolle, et, pour le distinguer des autres calices simples, il le nomme *périgone*. Pour admettre cette doublure, il faudroit reconnoître d'abord qu'on en voit d'autres exemples très-frappans, exempts de doutes, et montrant la corolle détachée en partie : exemples qui n'existent pas, à moins qu'on ne veuille citer le calice du *daphne mezereum*, appartenant à une famille de plantes apétales et dont la doublure ne peut être qualifiée de corolle : il faudroit encore admettre que les pétales, dans un calice ainsi doublé, seroient opposés, soit à ses divisions, soit aux étamines, ce qui n'a lieu que dans une famille de dicotylédones, celle des berbéridées. On peut donc sans inconvénient laisser le nom de calice à l'enveloppe de toutes les familles dérivées des anciennes liliacées, et se dispenser d'admettre un nouveau terme technique, qui, quoique bien choisi, ne paroit pas nécessaire. On le peut surtout à une époque où le nombre de ces termes, beaucoup trop multiplié et souvent rude à l'oreille, rend le langage de la science repoussant et presque barbare.

La famille des amomées, qui fait partie des monocotylédones, paroit au premier coup d'œil donner lieu à une objection plus grave contre la non-existence de la corolle. Son calice, adhérant par sa base à l'ovaire, se partage au-dessus en plusieurs divisions toutes également colorées, savoir trois extérieures plus petites et quatre à sept intérieures plus longues, plus élargies autour d'une seule étamine, dont le filet, également élargi, ressemble presque à ces divisions intérieures. Comme celles-ci sont très-irrégulières, on pourroit les regarder comme trois divisions diversement lobées, ou croire que quelques-unes sont des appendices stériles du filet d'étamines : ce qui est cependant moins probable.

On sera encore moins tenté d'admettre une corolle dans les autres familles de monocotylédones. Linnæus et quelques autres donnent improprement ce nom aux glumes et aux paillettes des graminées, qui ne doivent être assimilées qu'aux spathes et aux bractées des autres plantes, et qui ne paroissent pas même devoir être comparées à un calice. Si on vouloit en admettre un dans cette famille, ce nom ne pourroit être donné qu'à des parties appartenant véritablement à la fleur, à ces écailles nommées *lodicules* par quelques auteurs, insérées au support de l'ovaire entre les étamines ; écailles dont cependant l'existence n'est pas toujours constatée.

En résumant ce qui a été dit précédemment, on voit qu'une grande division des Végétaux est caractérisée primitivement par l'unité de lobe de l'embryon, qui détermine une structure propre des racines et des tiges, et que cette division n'admet point l'existence d'une corolle. Les principes de l'ordre naturel, tracés dans d'autres articles de ce Dictionnaire, nous apprennent qu'après le caractère prédominant tiré de l'embryon, les caractères les plus importans sont ceux que donne la situation respective des organes sexuels, ou autrement, l'insertion des étamines relativement au pistil : elles peuvent être hypogynes ou insérées sous le pistil, périgynes ou attachées au calice, épigynes ou portées sur le pistil ; et ces trois insertions, essentiellement distinctes, ne devant point exister ensemble dans le même groupe naturel, sont immédiates, lorsque les étamines tiennent immédiatement aux trois points précités; médiates, lorsque la corolle portant les étamines adhère elle-même à l'un des trois points et devient alors un support intermédiaire. On reconnoit que cette dernière insertion ne peut avoir lieu dans les monocotylédones, puisque la corolle n'existe pas. Les seules insertions immédiates peuvent être admises dans cette division, dans laquelle elles doivent caractériser trois classes secondaires, que nous avons nommées ailleurs les *mono-hypogynes*, les *mono-périgynes*, les *mono-épigynes*. Chacune renferme une sorte de familles, fort amplifiée, soit par l'addition de familles entièrement nouvelles, soit par la subdivision de quelques anciennes. Nous en présenterons ici un simple aperçu, qui est loin d'être définitif, et qui est encore susceptible de nouvelles recherches et de beaucoup de changemens, pour mieux constater les véritables insertions, circonscrire avec précision les caractères généraux, et mieux fixer les rapports mutuels. On ne cite ici que les noms des familles, sans s'engager dans l'énumération des genres qui pourront être ajoutés et discutés à l'article de chacune, et dans cette citation actuelle les doutes seront indiqués par des points d'interrogation. Ce catalogue, simplement provisoire, est soumis à l'examen et à la critique des amis de l'ordre naturel, qui nous aideront à le rectifier en publiant leurs nouvelles découvertes.

On pourroit rapporter à la classe des mono-hypogynes, les

cycadées? les podostemées, les saururées, les balanophorées, les aroides, les potamées? les typhinées, les pandanées, les graminées, les cypéracées. Il faut observer ici que les balano-phorées et les aroides, ayant les organes sexuels portés sur un spadice commun, quoique séparés l'un de l'autre, peuvent être considérées comme ayant un support commun.

Nous rapportons à la classe des mono-périgynes les restiacées, les joncées, les alismacées, les cabombées, unies peut-être aux nymphéacées?, les commelinées, les juncaginées, les colchicées, les liliacées, les broméliacées, les palmiers, les asparaginées, les asphodélées, les narcissées, les iridées, les dilatridées, distinctes peut-être des hémodoracées?

La classe des mono-épigynes est réduite aux familles anciennes des musacées, des amomées, des orchidées et des hydrocharidées. (J.)

MONODACTYLE, *Monodactylus*. (*Ichthyol.*) M. de Lacé-pède a ainsi appelé un genre de poissons osseux holobranches, qui rentre dans la famille des léiopomes de M. Du-méril, et que l'on reconnoit aux caractères suivans :

Corps épais, vertical, comprimé; opercules lisses; un seul rang de dents aux mâchoires; catopes thoraciques, à rayon unique et très-court; une seule dorsale.

Ce genre se distingue aisément des Spares, des Diptérodons, des Mulets, qui ont un double rang de dents; des Chéilodiptères, qui ont deux dorsales; des Trichopodes, qui ont le rayon unique des catopes très-alongé. (Voyez ces différens mots et Léiopomes.)

Il ne renferme encore qu'une espèce ; c'est

Le Monodactyle falciforme ; *Monodactylus falciformis*, Lac. Nageoire caudale en croissant; nageoires dorsale et anale falciformes; rayon des catopes épineux; dents en velours, minces et courtes; nageoires pectorales pointues; yeux gros; ouverture de la bouche petite ; orifice des narines double; écailles petites, arrondies et lisses : taille de dix pouces environ.

Ce poisson, que M. de Lacépède a décrit d'après les manuscrits de Commerson, vient de la mer des Indes, et brille sur tout son corps de l'éclat de l'argent. Son dos seulement offre quelques nuances obscures. (H. C.)

MONODACTYLES (*Mamm.*), nom donné par les vétéri-
naires aux animaux du genre Cheval. (Desm.)

MONODELPHES. (*Mamm.*) M. de Blainville (Prodr. d'une
nouv. distr. méth. des anim.) a proposé ce nom, en opposition avec celui de didelphes, pour désigner les mammifères
ordinaires chez lesquels le fœtus prend son entier développ-
pement dans la matrice. Les didelphes ou marsupiaux d'une
part, et les monodelphes de l'autre, formeroient, selon ce
naturaliste, deux sous-classes distinctes dans la classe des
mammifères. (Desm.)

MONODON (*Mamm.*), nom générique du narwhal, selon
Artédi. (Desm.)

MONODON SPURIUS. (*Mamm.*) Bonnaterre, en adoptant
le genre Monodon d'Artédi, donne ce nom spécifique au
cétacé dont M. de Lacépède a fait son genre Anarnak. (Desm.)

MONODONTE, *Monodonta.* (*Conchyl.*) En étudiant avec
attention les espèces du genre *Turbo* de Linnæus, on voit
qu'il y en a un certain nombre dans lesquelles la columelle
ne se fend pas insensiblement pour contribuer à la formation
du bord gauche ou columellaire de l'ouverture, mais se
termine plus ou moins brusquement, en produisant un arrêt
ou une sorte de dent plus ou moins marquée. Ce sont les
espèces dans lesquelles cet arrêt est le plus marqué, qu'elles
soient subcarenées comme certaines toupies, ou arrondies
comme les véritables sabots, qui constituent ce genre Monodonte de M. de Lamarck, genre véritablement artificiel, intermédiaire aux troques ou toupies et aux sabots, et dont
l'animal n'offre en effet aucune différence un peu importante. Nous ferons donc de ce genre une simple subdivision
des toupies et des sabots : nous nous bornerons à dire que
M. de Lamarck caractérise dans ses Animaux sans vertèbres
vingt-trois espèces vivantes de monodontes, et qu'elles sont
presque toutes de la mer des Indes. (De B.)

MONODONTE. (*Foss.*) Ce genre présente beaucoup de
difficultés pour n'ê re pas confondu par les espèces intermédiaires avec celui des toupies et celui des sabots, entre lesquels
M. Lamarck l'a placé; et le petit nombre des espèces qu'il
présente à l'état fossile ne se rencontre que dans les couches
postérieures à la craie.

Monodonte perlée; *Monodonta baccata*, Def. Jolie petite coquille à tours convexes, ombiliquée et entièrement couverte de petites perles disposées par rangées, qui vont du sommet à la base en suivant les tours de la spire. Elle porte une petite dent au bas de la columelle. L'ouverture est crénelée intérieurement. Diamètre de la base, trois à quatre lignes. Hauteur, quatre à cinq lignes. Lieu natal, Thorigné, département de Maine et Loire.

Monodonte peinte; *Monodonta picta*, Def. Coquille de la grosseur du pouce, non ombiliquée, unie, et sur laquelle il reste encore des couleurs disposées par bandes fauves d'une demi-ligne de largeur, alternant avec des bandes blanches. Son ouverture est nacrée, et elle porte une dent peu saillante au bas de la columelle. Elle est indiquée avoir été trouvée en Italie, mais je ne sais dans quel lieu.

Monodonte a deux dents; *Monodonta bidentata*, Def. Petite coquille épaisse, sans ombilic, et couverte de stries qui suivent les tours de la spire. Son ouverture a les plus grands rapports avec celle des sabots, dans le genre desquels elle devroit être placée s'il ne se trouvoit deux petites dents à la columelle. Diamètre, deux à trois lignes. Longueur, quatre à cinq lignes. Lieu natal, la falunière de Hauteville, département de la Manche.

Monodonte dauphinule; *Monodonta delphinula*, Def. Coquille épaisse, couverte de stries qui suivent les tours de la spire, et qui a beaucoup de rapports avec les sabots ou les dauphinules, mais qui porte une petite dent au bas de la columelle. Elle a un très-petit ombilic, et l'intérieur de l'ouverture est quelquefois légèrement sillonné. Diamètre, cinq lignes. Longueur, six lignes. Lieu natal, Hauteville.

Monodonta Cerberi, A. Brong., Mémoire sur les terrains de sédiment supérieurs du Vicentin, pl. 2, fig. 5. Coquille conoïde, déprimée, couverte de stries qui vont du sommet à la base. Ouverture ovale et à bords continus. Elle porte deux petits tubercules sur la columelle et un sur le bord droit. Diamètre, quatre lignes. Hauteur, à peu près égale. Lieu natal, Van-Sangonini, dans le Vicentin. (D. F.)

MONODORE, *Monodora*. (*Bot.*) Genre de plantes dicotylédones, à fleurs complètes, polypétalées, de la famille des *anonées*, de la *polyandrie monogynie* de Linnæus, offrant pour caractère essentiel : Un calice à trois divisions profondes ; six pétales disposés sur trois rangs , les extérieurs lancéolés, les intérieurs ovales ; un grand nombre d'étamines insérées sur le réceptacle ; les anthères presque sessiles ; un ovaire ovale, supérieur, couronné par un stigmate sessile. Le fruit est une baie lisse, presque globuleuse, à une seule loge, renfermant un grand nombre de semences éparses dans une substance pulpeuse.

Ce genre renferme des arbres ou arbrisseaux à feuilles alternes ; les fleurs sont solitaires, latérales, portées sur un pédoncule pourvu vers le milieu d'une bractée. Ce genre avoit été confondu avec celui des *anona* par Gærtner. M. Dunal l'en a séparé dans sa Monographie *de anones*.

Monodore faux-muscadier : *Monodora myristica*, Dunal, Monogr., p. 80 ; Dec., Syst. vég., 1, p. 477 ; *Anona myristica*, Gærtn., *De fruct.*, 2, p. 194, tab. 125, fig. 1. Arbre de la Jamaïque, dont les rameaux sont glabres, cylindriques, garnis de feuilles alternes, pétiolées, glabres, oblongues, un peu ovales, à peine en cœur à leur base, un peu aiguës au sommet, luisantes en-dessus, glauques en-dessous, coriaces, longues de sept à huit pouces, larges de deux et plus ; les pétioles courts, épais. Les pédoncules sont latéraux, grêles, longs de trois pouces, uniflores, munis un peu au-dessus de leur base d'une bractée ovale, sessile. Les fleurs sont grandes ; leur calice à trois divisions profondes, ovales, un peu obtuses, glabres, étalées, puis rabattues, longues d'un demi-pouce ; la corolle composée de six pétales ; les trois extérieurs oblongs, lancéolés, aigus, fortement ondulés, longs de huit à neuf lignes ; les trois intérieurs ovales, plus épais, dilatés au-dessus de leur base, tomenteux intérieurement et ciliés vers leurs bords, un peu plus courts que les extérieurs ; les anthères presque sessiles, très-nombreuses, entassées autour de l'ovaire. Celui-ci est glabre, rétréci vers son sommet, surmonté d'un stigmate sessile. Le fruit est une baie simple, un peu globuleuse, assez grande, glabre, uniloculaire, remplie de semences ferrugineuses, ovales-oblongues, éparses dans une substance pulpeuse. (Poir.)

MONODYNAME, *Monodynamis*. (*Bot.*) Genre de plantes

dicotylédones, à fleurs complètes, monopétalées, de la famille des *apocinées?* de la *tétrandrie monogynie* de Linnæus,
dont le caractère essentiel consiste dans un calice à quatre
dents, une beaucoup plus grande que les autres; une corolle infundibuliforme; quatre étamines, une seule fertile;
un ovaire supérieur; un style; une capsule bivalve, à deux
loges; plusieurs semences bordées.

Monodyname de Guinée : *Monodynamis guineensis*, Poir.,
Encycl., Suppl.; *Monodynamis Iserti*, Gmel., *Syst.*; *Usteria
guineensis*, Willd., *Act. Berol.*, 10, pag. 52, tab. 2. Arbrisseau de la Guinée, dont les rameaux sont glabres, opposés,
garnis de feuilles opposées, ovales, presque rondes, très-
entières; les fleurs disposées en panicule terminale; le calice
tubulé, à quatre dents, une beaucoup plus longue que les
autres; la corolle grêle, monopétale, tubulée, à quatre divisions, insérée sous l'ovaire; une seule étamine fertile; trois
stériles. Le fruit est une capsule assez semblable à celle du
cinchona (quinquina), à deux valves, qui rentrent en dedans sur elles-mêmes et forment chacune une loge ouverte
par une fente longitudinale dans le point de leur contact.
Sur cette fente est appliquée en dedans un réceptacle couvert de graines, qui devient libre lorsque la loge s'ouvre.
Les graines sont orbiculaires, bordées d'un feuillet membraneux; l'embryon renfermé dans un périsperme jaunâtre, mince
et charnu. Cette plante croît dans la Guinée. (Poir.)

MONOÉCIE. (*Bot.*) Vingt-unième classe du système sexuel,
dans laquelle sont comprises les plantes à fleurs unisexuelles,
qui ont des fleurs mâles et des fleurs femelles sur le même
individu (pin, maïs, châtaignier, etc.). De là plantes monoïques, fleurs dioïques. (Mass.)

MONOGAMIE. (*Bot.*) Ordre qui, dans la dix-neuvième
classe du système de Linnæus (la syngénésie), comprend les
plantes à anthères réunies, dont les fleurs, au lieu d'être
rassemblées dans un involucre commun, sont au contraire
isolées les unes des autres (*lobelia*, *impatiens*, etc.). (Mass.)

MONOGAMIE. (*Entom.*) Ce mot, emprunté du grec (signi-
fiant mariage unique; comme monogame, qui ne se marie
qu'une fois), est employé dans l'étude des insectes par opposition à la polygamie, dans laquelle un seul individu mâle ou

femelle a besoin de plusieurs accouplemens, comme les bom-
byces, les abeilles : il est rare de voir une véritable union
constante d'un mâle avec une femelle. Le seul besoin de l'accouplement rapproche les individus des deux sexes pour un
temps très-court, et le mâle inconstant quitte souvent sa femelle après l'avoir fécondée. Il est quelques espèces, cependant,
comme les *nécrophores*, quelques *ateuches*, les *xylocopes*, qui
forment un couple, qui prennent soin en commun de leur
progéniture, et qui restent ainsi en communauté d'actions
et de sollicitudes jusqu'à ce que leurs larves soient à l'abri
de tous les dangers. Voyez Accouplement *dans les insectes.*
(C. D.)

MONOGRAMMA. (*Bot.*) Genre de plantes de la famille
des fougères, établi par Schkuhr et caractérisé ainsi par M.
Desvaux : Fructification disposée, sur le milieu du dos de
la fronde, en une ligne plus ou moins prolongée jusqu'à son
extrémité, et recouverte par deux tégumens ou indusiums
qui se touchent dans la partie moyenne de la ligne et s'ouvrent de dedans en dehors.

Ce genre ne comprend qu'un petit nombre d'espèces
exotiques, qu'on avoit placées tantôt dans le genre *Grami-
litis*, tantôt dans le *Cænopteris*, et même dans les *Pteris* et
Asplenium. Les caractères de ces divers genres ne convenoient
donc pas pour ces espèces; la possibilité d'en faire un distinct se trouvoit pour ainsi dire démontrée.

D'abord connu et nommé *Orthogramma* par M. Desvaux,
ce genre se trouve indiqué par Schkuhr sous le nom de
Monogramma, qu'il lui donne d'après Commerson. Mais,
selon M. Desvaux, la plante que Schkuhr prend pour l'espèce de Commerson, est indiquée dans l'Herbier de ce célèbre voyageur comme une espèce de *Pteris*, qu'il appelle
Pt. monogramma, et nullement comme un genre propre.
Cette plante est le *cænopteris graminea* des planches de l'ouvrage de Schkuhr sur les fougères.

Le genre *Monogramma* diffère du *Scolopendrium* par sa
fructification longitudinale et solitaire, tandis que dans
le *Scolopendrium* elle est en lignes transversales assez nombreuses.

M. a frondes linéaires; *M. linearifolia*, Desv., Journ.

bot., 1813, 1, p. 22, pl. 2, fig. 2 et 3. Frondes simples, linéaires, un peu courbées comme le fer d'une faux, obtuses, retrécies à leur base, entourées d'écailles sétacées brunes. Cette petite fougère, qui forme des touffes de deux à trois pouces de hauteur, croît aux Antilles.

M. A FEUILLES DE GRAMINÉE : *M. graminea*, Schkuhr, *Crypt.*, pag. 281 ; *Cænopteris graminea*, ejusd., *loc. cit.*, pl. 87 ; *Pteris monogramma*, Commers., *ined.* ; *Gramitis pumila*, Sw., Willd. ; *Pteris ! graminea*, Poir., Encycl. Tige filiforme, couchée, rampante, poilue ; frondes filiformes, resserrées dans le haut et dans le bas, très-entières ; lignes fructifères situées aux extrémités des frondes en place de la nervure médiane. De l'île Saint-Maurice.

M.? FOURCHUE : *M.? furcata*, Desv., *loc. cit.* ; *Gramitis graminoides*, Sw., *Syn. fibr.*, 22, tab. 1, fig. 5 ; Willd., *Spec. pl.*, 5, p. 141 ; *Asplenium graminoides*, Sw., *Fl. occid.* Frondes linéaires simples ou divisées à leurs extrémités en deux lobes demi-ovales obtus ; lignes fructifères situées également au bout des frondes. Cette fougère croît dans les hautes montagnes de la partie australe de la Jamaïque, sur les troncs d'arbres couverts de mousse. Elle y forme des touffes vivaces. (LEM.)

MONOGRAPHIE. (*Bot.*) On entend par le terme de monographie la description méthodique, ou l'histoire particulière d'un objet ou d'une classe d'objets. Les monographies sont des travaux précieux pour l'avancement de la science de l'histoire naturelle, parce que le sujet étant borné, y est ordinairement plus élaboré : elles sont aujourd'hui d'autant plus utiles que le nombre des êtres est depuis quelques années devenu plus considérable ; à l'époque où le règne végétal se composoit seulement de cinq ou six mille espèces, un même homme pouvoit espérer de les connoître toutes avec un certain degré de précision ; mais aujourd'hui que le nombre des espèces connues est dix fois plus considérable, et qu'il s'accroît tous les jours avec rapidité, chacun sent la nécessité de réduire les objets de ses études pour leur donner plus d'exactitude. Cette réduction s'opère par diverses méthodes ; ainsi les uns se bornent à l'étude des plantes d'un seul pays ; d'autres ne s'occupent que de l'étude des caractères génériques, en négligeant l'étude des espèces, et les monographes limitent leurs recherches en se livrant à l'étude détaillée d'une classe spéciale de plantes telles qu'une famille ou un genre. Ce système de travail, ou ce cadre de recherches me paroit beaucoup plus logique et plus approprié aux besoins de la botanique que tout autre. Celui qui se voue à l'étude exclusive des plantes d'un pays, est sans doute très-utile s'il dirige ses vues vers la géographie botanique : mais quant à la partie fondamentale de la science, savoir la description des plantes et l'art de les distinguer et de les classer, il est en réalité mal placé, parce qu'il manque le plus souvent des objets de comparaison qui ne se trouvent d'ordinaire que dans des pays différens. Celui qui veut se borner à l'étude des genres est entrainé par le cadre même de son travail à le faire d'une manière incomplète; car les caractères génériques ne sont que des généralisations ou des abstractions qui ne peuvent être que des conséquences de l'étude des espèces. Ces divers inconvéniens n'existent point pour les monographes : leur sujet est plus ou moins borné; mais, dans quelques limites qu'on le resserre, ou qu'on l'étende, tous les objets qui doivent être comparés entre eux y sont réunis; les généralités naissent de l'étude raisonnée des détails. Ainsi ce cadre d'ouvrages entraîne nécessairement les esprits même d'ordre médiocre à des travaux logiques et utiles. La division naturelle du règne animal étant beaucoup plus évidente et plus facile que celle du règne végétal, et ayant été admise quant aux grandes classes dès l'origine de la science, il s'est trouvé beaucoup plus promptement des zoologistes qui ont borné leurs recherches à une seule classe, et ont été, par exemple, ornithologistes ou ichthyologistes; cette circonstance a beaucoup contribué aux progrès de la zoologie. Il en a été autrement en botanique, parce que les classes naturelles y sont moins bien déterminées; ce n'est que depuis un petit nombre d'années que les divisions méthodiques sont assez bien établies pour qu'elles puissent faire l'objet spécial des recherches monographiques. Dès lors il s'est formé des botanistes exclusivement consacrés à certaines familles, telles que celles des Algues, des Champignons, des Lichens et des Mousses; les progrès très-remarquables qu'a faits de nos jours l'étude de ces familles si dif-

ficiles et si obscures, peuvent donner une idée de ce que
sera la botanique lorsque chaque famille ou chaque classe
sera ainsi élaborée en particulier; les graminées, les composées ont déjà présenté d'importantes améliorations par cette
marche féconde en résultats utiles. Il est à espérer que peu à
peu toutes les familles seront ainsi reprises en sous-œuvre par
des hommes qui doubleront leurs forces en les concentrant,
et concourront activement à la connoissance générale du
règne végétal : quelques familles remarquablement obscures
et difficiles, telles que celles des Laurinées, des Palmiers,
des Célastrinées, des Orchidées, des Amomées, etc., méritent
surtout d'attirer l'attention des monographes.

Ceux-ci doivent se guider dans le choix de leur sujet, non-
seulement par le besoin que certaines familles ou certains
genres ont d'être éclaircis, mais encore par les facilités particulières qu'ils peuvent rencontrer dans les circonstances où
ils se trouvent. Ainsi, tandis que les botanistes, possesseurs
de grandes collections, ou placés auprès d'elles, pourront
choisir pour ainsi dire dans le règne végétal entier tous les
objets qui leur paroissent dignes d'attention; ceux, au contraire qui n'auront que des moyens bornés, sauront encore
les mettre à profit; les propriétaires ou directeurs de jardins
s'attacheront aux genres des plantes cultivées, telles que les
Bruyères, les Roses, les Géraniums, les Myrtes, etc. Ceux même
qui n'ont à cet égard que peu de facilités, pourront encore
employer leur talent d'une manière utile, en se vouant à
l'étude trop négligée des genres de pleine terre, tels que les
Asters, les Solidago, les Médicago, les Hiéraciums, les Saules,
les Poa, les Festuca, les Plantains, etc. Ceux qui se sont plus
exclusivement voués à la culture des plantes économiques,
potagères ou d'ornement, pourroient encore rendre leurs
connoissances utiles à la science, en étudiant avec soin les
races et variétés obtenues par la culture dans une même espèce, ou dans des espèces voisines. Ces travaux, quoique très-
bornés, sont très-importans dans leurs rapports, soit avec la
physiologie, soit avec la pratique journalière : ainsi l'étude
des variétés des Céréales, des Haricots, des Cucurbitacées, etc.,
présente des points très-dignes de l'attention des botanistes.

On a beaucoup parlé, et avec raison, de l'utilité des monographies pour la science : mais on n'a point assez dit combien elles sont utiles comme exercice logique pour ceux qui les font avec soin ; elles leur apprennent l'art de travailler en histoire naturelle , parce qu'elles présentent en raccourci un exemple de tous les genres de travaux qu'exige cette étude. Une bonne monographie se compose en effet de recherches d'anatomie, de physiologie, de méthode, de synonymie, de description , etc. On y apprend l'art de juger les analogies, d'apprécier les différences et les ressemblances ; on y prend la connoissance de la littérature presque entière de la science; on s'y exerce à l'art d'étudier les herbiers aussi bien que les jardins ; en un mot, on devient botaniste par un travail de ce genre plus promptement et plus sûrement que par aucun autre. C'est ce que j'ai été à même d'observer chez un grand nombre de jeunes botanistes dont j'ai pu ou observer, ou quelquefois diriger les progrès.

Il est une tendance à laquelle les monographes se laissent facilement entraîner, et qui mérite d'être signalée à cause de ses dangers : lorsqu'on est trop exclusivement occupé d'une seule famille , et qu'on s'y voue sans étudier jusques à un certain degré l'ensemble du règne dont elle fait partie, on finit par donner trop d'importance aux particularités d'organisation qui lui sont propres : on s'exagère leur rôle physiologique ou anatomique , et on leur donne des noms particuliers comme si chaque organe devoit prendre un nom différent chaque fois que sa forme est modifiée; cette méthode tend à rendre la nomenclature des organes inintelligible, et à empêcher de reconnoitre les analogies réelles des plantes : ses dangers doivent être d'autant plus signalés qu'elle a été comme légitimée par d'honorables exemples.

Les monographies présentent divers degrés selon leur étendue. Les monographies d'*espèces* comprennent leur phrase caractéristique, leur synonymie, leur description, leur histoire, leurs variétés, leur figure, leur comparaison avec les espèces qui leur ressemblent; en un mot, tout ce qui est relatif à la connoissance de cette espèce. Nous avons des monographies d'espèces qui sont des ouvrages importans, telles sont celles des plantes qui offrent un grand nombre de variétés, comme sont les végétaux cultivés; l'histoire du Fraisier par Duchesne, celle du Citrus par Gallesio, peuvent en offrir des exemples utiles à méditer; celui qui parviendra à exposer avec le même degré de talent l'histoire du Froment, de la Vigne, du Haricot, etc., rendra un vrai service à la botanique agricole.

Les monographies de *genres*, et surtout de genres nombreux en espèces, sont déjà d'un ordre beaucoup plus élevé que les précédentes; elles exigent un travail plus considérable et plus méthodique; il ne suffit pas d'y exposer les caractères des plantes, il faut les peser et les combiner; il ne suffit pas d'exposer quelques faits isolés, il faut les lier entre eux, et éclaircir les uns par les autres. On peut citer au nombre des meilleures monographies de genres qui existent, celles des Eryngium, par de la Roche, des Solanum, par Dunal, etc.

Les monographies de *familles* sont autant au-dessus des précédentes, que les familles sont au-dessus des genres : elles supposent tous les mêmes travaux que les monographies de genres, mais sur un cadre plus étendu; elles exigent encore des travaux particuliers pour établir avec précision les caractères de la famille, ses divisions et l'ordre relatif des genres qui la composent. Les plus anciennes monographies de familles qui existent sont celle des Graminées par Scheuchzer, et celle des Mousses par Dillenius. Parmi les modernes on peut citer les ouvrages de Hedwig sur les Mousses, de Bulliard, de Persoon et de Fries sur les Champignons, de Swartz sur les Fougères et les Orchidées, de Dunal sur les Anonacées, de R. Brown sur les asclépiadées et les protéacées, etc. On peut encore ranger parmi les monographies de familles les mémoires destinés à faire connoître les formes des organes d'une famille, leurs modifications et leurs relations, soit entre eux, soit avec ceux des familles voisines; ces travaux auront une grande importance pour le développement de la botanique rationelle : j'ai cherché à en donner un exemple dans mon mémoire sur les Crucifères. M. Brown vient de publier une analyse des caractères des Légumineuses dont l'importance sera sentie par tous les vrais botanistes.

Il est enfin une dernière classe de monographies : ce sont les monographies d'*organes*. Pontedera en a donné la première idée, mais bien imparfaite, dans son Anthologie. Il étoit réservé à Gærtner de présenter dans ce genre l'ouvrage le plus précieux et le plus utile qu'on puisse trouver dans la botanique; sa carpologie présente en effet une masse immense de faits nouveaux et bien observés; il seroit à désirer que quelques autres organes des plantes devinssent l'objet de travaux analogues ; les racines que leur position nous dérobe, les feuilles séminales et primordiales qui nous échappent par leur fugacité, les poils et les pores dont les formes se dérobent à nous à cause de leur petitesse, réclament aujourd'hui leur Gærtner. (D. C.)

MONOGYNIE. (*Bot.*) Dans les treize premières classes du système sexuel, fondées sur le nombre des étamines, les ordres sont fondés sur le nombre des styles. Ainsi la monogynie est l'ordre qui dans ces classes comprend les plantes qui n'ont qu'un style. (Mass.)

MONOÏQUES [Plantes]. (*Bot.*) On nomme ainsi celles qui, sur le même individu, ont des fleurs mâles et des fleurs femelles séparées (mûrier, chêne, châtaignier, etc.) (Mass.)

MONOMÉRÉS. (*Entom.*) Ce nom, qui signifie à un seul article aux tarses, a été proposé pour une quatrième section de l'ordre des coléoptères : on n'y a jusqu'ici rapporté qu'une seule espèce d'insectes, qui est le *dermeste armadille* de Degéer, observé par M. Leclerc de Laval. C'est un fait qui est encore à vérifier. (C. D.)

MONOMYAIRE, *Monomyaria.* (*Conchyl.*) M. de Lamarck désigne, par cette dénomination adjective, des coquilles bivalves qui n'ont qu'une seule empreinte musculaire. Voy. Conchyliologie et Mollusques. (De B.)

MONOPÉTALE [Corolle]. (*Bot.*) N'étant pas divisée en pétales distincts. Voyez Corolle. (Mass.)

MONOPHORE, *Monophora.* (*Malacoz.*) M. Bory-Saint-Vincent, ayant observé le premier dans son voyage aux îles d'Afrique la singulière agrégation de biphores que MM. Péron et Lesueur ont depuis nommée pyrosome, à cause de leur faculté phosphorescente, et l'ayant considérée comme un animal simple, en avoit fait un genre sous la dénomination de Monophore, en supposant que l'orifice formé par le mode d'agrégation étoit la bouche de l'animal. (Voyez Pyrosome.)

La même dénomination a été de nouveau employée par MM. Quoy et Gaymard, naturalistes de l'expédition du capitaine Freycinet, pour désigner un genre qu'ils forment avec un animal très-voisin des biphores ; mais chez lequel ils n'ont observé, assurent-ils, qu'une seule ouverture à l'extrémité la plus grosse. L'analogie nous porte cependant à croire que, l'autre orifice pouvant être encore plus petit que dans les biphores à un seul prolongement conique, comme le M. zonaire, par exemple, il aura pu leur échapper. Malheureusement ils n'en ont conservé qu'un dessin gravé sous le nom de M. pyramidal, *M. pyramidalis*, dans la pl. 7, fig. 4 et 5 de l'atlas du Voyage de la frégate Uranie. Voyez SALPA. (DE B.)

MONOPHYLLE [SPATHE]. (*Bot.*) D'une seule pièce. On en a des exemples dans l'*arum*, le *calla*, le *dattier*, etc. L'involucre du *tagetes*, etc., est également monophylle. On emploie aussi ce mot pour désigner les calices qui ne sont pas composés de plusieurs segmens distincts ou sépales. (MASS.)

MONOPHYLLUM. (*Bot.*) Cette plante de Lobel, Gesner et Thalius, nommée *unifolium* par Brunfels, Dodoëns et Daléchamps, est un muguet qui a tantôt une seule feuille, tantôt plus souvent deux, et que pour cette raison Lonicer nommoit *bifolium*. C'est le *convallaria bifolia* de Linnæus, distinct de ses congénères par son calice à quatre divisions, et quatre étamines au lieu de six ; ce qui a déterminé à en faire un genre particulier sous le nom de *maianthemum*. (J.)

MONOPIRE, *Monopira*. (*Polyp.*) M. Rafinesque-Schmaltz, dans son Précis de Somiologie, a indiqué sous ce nom, comme devant former un genre particulier, deux espèces de polypes coralligènes des mers de Sicile ; mais malheureusement il n'en donne ni description ni figure, en sorte que nous sommes obligés de rapporter textuellement ce qu'il regarde comme les caractères de ce genre : Corps simple, à bouche unique ; une espèce, étant recourbée, est désignée sous la dénomination de M. RECOURBÉE, *M. incurvata*, et l'autre, étant globuleuse, est appelée M. GLOBULEUSE, *M. globulosa*. (DE B.)

MONOPLEUROBRANCHES, *Monopleurobranchiata*. (*Malac.*)

Ordre de mollusques subcéphalés, établi par M. de Blainville pour un certain nombre de ces animaux monoïques, c'est-a-dire, portant les deux sexes distincts sur le même individu, et dont les organes respiratoires branchiaux sont placés sur le côté droit du corps, ce qu'indique la dénomination de monopleurobranches. Il est partagé en quatre familles : 1.° les Dicères, contenant les genres Berthelle, Pleurobranche et Pleurobranchidie ; 2.° les Aplysiens, pour les genres Aplysie, Dolabelle, Bursatelle, Notarque, Élysie ; 3.° les Patelloïdes, pour les genres Ombrelle, Siphonaire, Tylodine ; 4.° les Acères, pour les genres Bulle, Bullée, Lobaire, Sormet, Gastéroptère et Atlas. Voyez le *Genera* de l'article Mollusques. (De B.)

MONOPTERE, *Monopterus*. (*Ichthyol.*) D'après une description laissée par Commerson, M. de Lacépède a établi, sous ce nom, un genre de poissons qui rentre dans la famille des péroptères de M. Duméril, et que l'on peut reconnoître aux caractères suivans :

Toutes les nageoires, excepté la caudale, nulles ; ouvertures des narines placées entre les yeux.

On distinguera facilement les Monoptères des Aptérichthes, qui n'ont aucune nageoire ; des Ophisures, des Notoptères, des Gymnonotes, des Trichiures et des Leptocéphales, qui sont privés de nageoire caudale ; des Régalecs, qui ne manquent que des catopes et de la nageoire anale. (Voyez ces différens mots et Péroptères.)

La seule espèce connue dans ce genre est le

Monoptère javanais ; *Monopterus javanicus*, Lacép. Corps plus long que la queue et dépourvu d'écailles facilement visibles. Nageoire caudale pointue et très-déliée ; ouverture de la bouche grande ; dents courtes et serrées ; dos d'un brun livide et noirâtre ; ventre couleur de fer sans taches ; côtés gris avec des bandes transversales ferrugineuses.

Ce poisson, qui parvient à la taille d'environ deux pieds, et au poids de deux livres et demie environ, est excellent à manger. On le trouve dans le détroit de la Sonde, auprès des côtes de l'île de Java, où il a été observé par Commerson, au vaisseau duquel les naturels du pays l'apportoient chaque jour en abondance. (H. C.)

MONOPTERHIN, *Monopterhinus*. (*Ichthyol.*) M. de Blainville a donné ce nom à un sous-genre établi parmi les squales
de Linnæus, et dont nous avons donné l'histoire à l'article
Griset de ce Dictionnaire. (H. C.)

MONORCHIS. (*Bot.*) Michéli avoit emprunté ce nom à
C. Bauhin, pour désigner un genre d'orchidée que Linnæus a
réuni à l'ophrys, en le nommant *ophrys monorchys*. (J.)

MONOSÉPALE [Calice]. (*Bot.*) D'une seule pièce, quelque
profondément divisé qu'il soit (labiées, œillet, etc.). Tout
calice qui fait corps avec l'ovaire, ou qui porte la corolle ou
les étamines, ou qui accompagne une corolle monopétale,
est d'une seule pièce. Un calice monosépale est toujours persistant. (Mass.)

MONOSPERMALTHÆA. (*Bot.*) Isnard avoit publié sous
ce nom un genre qui fait maintenant partie du *waltheria* de
Linnæus, dans la famille des hermanniées. (J.)

MONOSPHÆRIA. (*Bot.*) Roussel (Fl. du Calv.) donne
ce nom à un genre dans lequel il place les sphæria solitaires. Voyez Sphæria. (Lem.)

MONOSTICHA. (*Bot.*) Sous-genre introduit par Persoon
dans le genre *Sphæria*. Voyez ce mot. (Lem.)

MONOSTOME, *Monostoma*. (*Entoz.*) Genre d'entozoaires
ou de vers intestinaux, établi par Schrank sous le nom de
Festucaire, *Festucaria*, appelé depuis Monostome par Zeder;
dénomination adoptée par M. Rudolphi comme plus en har-
monie avec celle des autres genres de la même famille, mais
qui me semble au contraire être vicieuse, car il ne paroît
pas probable que ces animaux n'aient qu'un seul orifice. En
général, c'est un genre très-mal établi, qui renferme des
espèces mal étudiées, sans aucun doute très-hétérogènes, et
devant être reportées dans d'autres genres, et entre autres
parmi les Fascioles ou Distomes, les Amphistomes, etc. Les
caractères qu'on peut lui assigner dans l'état actuel de la
science, sont : Corps mou, sub-arrondi ou déprimé, et n'offrant qu'un seul orifice terminal ou inférieur, quelquefois
avec un cirrhe abdominal. On ne connoît du reste pas l'organisation de ce genre de vers, dont la forme rappelle assez
bien celle des Fascioles ou Distomes. On le trouve dans le
canal intestinal d'animaux vertébrés de toutes les classes, et

bien plus abondamment chez les oiseaux et les poissons.
Peut-être cependant les monostomes des poissons diffèrent-
ils génériquement de ceux des oiseaux.

M. Rudolphi caractérise seize espèces, dont une douteuse,
dans son grand ouvrage, et depuis le nombre a été porté à
trente, dont sept douteuses, dans son *Synopsis*. Il les divise
en deux grandes sections, suivant que l'orifice est inférieur,
ou marginal et antérieur. La première porte le nom d'*hypostoma*, et la seconde celui de *monostoma*.

1.re Section. Hypostomes (*Hypostoma*).

Le M. du gastéroste ; *M. caryophyllinum*, Zeder ; Rud.,
Entoz., t. 9, fig. 5. Corps d'un demi-pouce de long sur une
demi-ligne de large, déprimé, atténué en arrière, obtus en
avant, avec un orifice très-ample, rhomboïdal en-dessous.
Trouvé deux fois seulement dans les intestins du gastérostée
aiguillonné. Ne seroit-ce pas une ligule ?

Le M. grêle : *M. gracile*, Rud. ; Achar., *Vet. ac. nya. Handl.*,
1780, tab. 2, fig. 8, 9. Corps de trois à six lignes de long sur
une demi-ligne de large, un peu déprimé, atténué aux
deux extrémités, mais plus à l'extrémité postérieure qu'à
l'antérieure, au-dessous de laquelle est une ouverture ovale.
Il vit dans l'abdomen de l'éperlan.

Le M. du cyprin : *M. cochlcariforme ; Festucaria cyprinæa*,
Schrank, *Samml. naturhist. Aufs.*, tab. 5, fig. 18 — 20. Corps
de même dimension que dans les espèces précédentes, subcylindrique, un peu obtus en arrière, renflé et comme tronqué en avant ; ouverture ovale. On le trouve dans les intestins du barbeau (*cyprinus barbus*).

Ces trois espèces n'en forment peut-être qu'une.

2.e Section. Les Monostomes (*Monostoma*).

Le M. crénelé ; *M. crenulatum*, Rud. Corps subcylindrique,
d'une demi-ligne de longueur, un peu aminci en avant, où
il est terminé par un orifice crénelé dans ses bords ; extrémité postérieure obtuse. Deux individus seulement ont été
trouvés dans les intestins du rossignol de muraille (*motacilla
phœnicurus*).

Le M. ATTÉNUÉ ; *M. attenuatum*, Rud. Corps subcylindrique, d'une ligne et demie de long, atténué d'arrière en avant, arrondi en arrière ; l'ouverture orbiculaire petite, non crénelée. Trouvé dans les cœcums du *scolopax gallinago* et de l'*anas clypeata*.

M. Rudolphi dit que du pore antérieur partent dans l'intérieur deux vaisseaux droits, parallèles jusqu'à la fin du tiers antérieur, où commence un vaisseau médian spiral, se terminant assez près de l'extrémité postérieure. Les œufs forment à droite et à gauche une ligne latérale.

Le M. DE LA TAUPE : *M. ocreatum*, Zeder ; *Fasciola ocreata*, Göeze, tab. 15, fig. 6, 7. Corps d'un demi à deux pouces de long, sur un quart ou une demi-ligne de large, subcylindrique, très-long, filiforme, élargi en arrière ; ouverture terminale orbiculaire. Trouvé par Muller, Göeze, Schrank, dans les intestins de la taupe, et jamais par M. Rudolphi.

Le M. DE L'OIE : *M. verrucosum*, Zeder ; *Fasc. anseri*, Gm. ; Frölich, *Naturf.*, tab. 4, fig. 5 — 7. Corps d'une à deux lignes de long sur trois quarts de ligne de large, de couleur d'ocre, ovale-oblong, subdéprimé, verruqueux en-dessous, arrondi en arrière ; orifice orbiculaire. On ajoute qu'il sort d'une fossette un peu distante du pore antérieur un cirrhe cylindrique très-long et spiral, probablement l'organe génital, comme dans les fascioles. ce qui fait fort présumer que cet animal appartient à ce genre.

Le M. ELLIPTIQUE ; *M. ellipticum*, Zeder. Corps d'une ligne de long sur la moitié de large, de forme elliptique, déprimé, de couleur de chair ; le pore orbiculaire très-ample et oblique. Trouvé dans les poumons de la *rana bombina*, L.

Le M. CHANGEANT ; *M. mutabile*, Zeder, *Naturg.*, tab. 111, fig. 1. Corps de quatre lignes et demie de long, sur trois de large, ovale, plan ou convexe, prolongé en avant en une sorte de coin conique terminé par un orifice oblique orbiculaire. Dans l'abdomen de la *fulica chloropus*, L.

Le M. PRISMATIQUE ; *M. prismaticum*, Zeder. Corps de trois lignes de long sur deux de large, assez épais, jaune, subtriquètre, obtus aux deux extrémités ; ouverture orbiculaire petite. Un seul individu a été trouvé dans l'abdomen d'un geai (*corvus frugilegus*, L.).

Le M. ventru; *M. ventricosum*, Rud. Corps d'une ligne et demie à deux lignes et demie de longueur, cylindrique en arrière, renflé, subglobuleux en avant, et terminé par une sorte de tête petite, conique, percée d'un pore très-petit. Il a été trouvé dans l'abdomen d'un rossignol.

Le M. trigonocéphale; *M. trigonocephalum*, Rud. Corps convexe en-dessus, concave en-dessous, d'une à deux lignes de long sur un tiers de ligne de large : tête trigone; pore orbiculaire. Trouvé dans l'estomac de la tortue Mydas.

Le M. sillonné, *M. sulcatum*. Corps de la même grandeur que dans l'espèce précédente, linéaire, déprimé, avec un sillon en-dessus; la tête ovale, un peu arrondie. Dans l'intestin rectum d'un crapaud pipa.

Le M. macrostome; *M. macrostomum*, Rud. Corps arrondi, convexe en-dessus, concave en-dessous, et plus grêle que la tête, qui est ovale et percée par un pore très-grand et très-variable de forme. Dans les intestins de la mouette cendrée (*larus cinerarius*).

Le M. en chapeau; *M. pileatum*, Rud. Corps cylindrique, souvent courbé, beaucoup plus grêle que la tête, qui est orbiculaire, déprimée et percée d'un pore dont les bords paroissent bilobés. Il vit dans les intestins de l'hirondelle de mer.

M. Rudolphi, comme nous l'avons dit plus haut, caractérise encore autant d'espèces à peu près dans son *Synopsis;* mais il y en a sept de douteuses, même d'après lui : aussi ses *M. tenuicolle* et *filicolle* diffèrent-ils assez des autres pour qu'ils puissent en être séparés. (De B.)

MONOSTROÏTES. (*Echinod.*) On trouve dans Mercati (*Metall.*, p. 23) ce nom pour indiquer une espèce d'échinite fossile du genre Clypéastre de M. de Lamarck, *Echinus oviformis* de Gmelin; *Scutum ovatum* de Klein, éd. Leske, t. 20, *a*, *b*. (De B.)

MONOSTYLE [Ovaire]. (*Bot.*) Portant un seul style : tel est celui du cerisier, du marronier, etc. (Mass.)

MONOTHALAME, *Monothalamius, a, um.* (*Conchyl.*) Mot adjectif opposé à celui de polythalame, et voulant dire que la cavité d'une coquille n'est pas partagée en plusieurs loges. Voyez Conchyliologie et Mollusques. (De B.)

MONOTHYROS (*Conchyl.*), mot synonyme d'univalve, employé par quelques anciens conchyliologues. (De B.)

MONO-TIGRE (*Mamm.*), nom mexicain du douroucouli. Cet animal, dont on avoit fait le genre Aotus (*sans oreilles*), a des oreilles très-grandes, comme l'a montré la seule espèce vivante qui, jusqu'à présent, en ait été vue en Europe, et qui m'appartient. Je donnerai les caractères de cet animal singulier, lorsque sa mort m'aura permis d'en examiner toutes les parties. (F. C.)

MONOTOCA. (*Bot.*) Genre de plantes dicotylédones, à fleurs complètes, monopétalées, de la famille des *épacridées*, de la *pentandrie monogynie* de Linnæus, offrant pour caractère essentiel : Un calice muni de deux bractées ; une corolle infundibuliforme, dépourvue de poils à son limbe et à son orifice ; cinq étamines ; un ovaire supérieur, monosperme, environné d'un disque lobé. Le fruit est un drupe en baie, à une seule graine.

Ce genre diffère essentiellement des *Styphelia* par l'ovaire monosperme, d'après Rob. Brown, qui y rapporte le *styphelia glauca*, Labill., sous le nom de *monotoca lineata*. M. Labillardière m'a assuré, et je l'ai également observé, que dans cette espèce les drupes étoient ordinairement divisés en cinq loges, que dans quelques individus il ne s'en trouvoit qu'une par avortement. Il en est de même des fleurs dioïques pour plusieurs espèces. M. Brown en a formé une subdivision.

* Fleurs dioïques ; bractées caduques.

Monotoca elliptique : *Monotoca elliptica*, Rob. Brown, *Nov. Holl.*, 1, pag. 546 ; *Styphelia elliptica*, Smith, *Nov. Holl.*, 49. Arbrisseau peu élevé, dont les tiges sont glabres, cylindriques, rameuses, garnies de feuilles sessiles, éparses, glabres à leurs deux faces, entières, lancéolées, elliptiques, un peu aiguës. Les fleurs sont disposées, vers l'extrémité des rameaux, en grapes latérales, réunies plusieurs ensemble, à peine pédonculées, munies à leur base de bractées écailleuses. Leur calice est à cinq découpures droites, très-profondes ; la corolle petite, tubulée ; les fruits petits, ovales-oblongs, un peu succulens. Cette plante croît à la Nouvelle-Hollande.

M. Brown y ajoute le *monotoca albens* du même pays, dont

les feuilles sont oblongues, linéaires, aiguës, mucronées, blanchâtres à leur face inférieure; les fleurs réunies en épis droits, solitaires; axillaires et terminaux.

*** Fleurs hermaphrodites; bractées persistantes.*

MONOTOCA à BALAI : *Monotoca scoparia*, Brown, *Nov. Holl.*, 1, pag. 547; *Styphelia scoparia*, Smith, *Nov. Holl.*, 48. Arbrisseau chargé de rameaux souples, droits, nombreux, élancés, presque fasciculés, garnis de feuilles sessiles, petites, nombreuses, éparses, alternes, linéaires-lancéolées, glabres, entières; les fleurs disposées en petites grappes courtes, latérales, un peu recourbées, situées dans l'aisselle des feuilles; le calice enveloppé de bractées persistantes; la corolle petite, tubulée; le tube court; le limbe à cinq découpures peu ouvertes, ovales, concaves; l'ovaire arrondi; le style droit, à peine plus long que les étamines. Cette plante croît à la Nouvelle-Hollande. Dans le *monotoca empetrifolia* de Brown, les feuilles sont ovales, oblongues, mucronées, convexes en-dessus, blanchâtres et striées en-dessous; les tiges couchées; les épis axillaires, inclinés, à deux ou trois fleurs. (POIR.)

MONOTOME, *Monotoma*. (*Entom.*) On trouve ce nom dans l'ouvrage de Herbst sur les coléoptères, pour désigner un petit genre dont les espèces ont été rapportées par Fabricius à celui des lyctes. Tel est en particulier celui du noyer (*M. juglandis*). (C. D.)

MONOTRÈMES. (*Mamm.*). Nom tiré du grec, qui signifie un seul trou, et que M. Geoffroy Saint-Hilaire a donné, comme nom d'ordre, aux Ornithorinques et aux Échidnés, parce que ces singuliers animaux de la Nouvelle-Hollande n'ont qu'une seule ouverture extérieure pour la semence, l'urine et les autres excrémens. Comme nous ne pouvons les faire connoître ici, nous renvoyons au mot ORNITHORHYNQUE. (F. C.)

MONOTROPE; *Monotropa*, Linn. (*Bot.*) Genre de plantes dicotylédones qui, jusqu'à présent, n'a été rapporté à aucune famille, et qui, dans le Système sexuel, appartient à la *décandrie monogynie*. Ses principaux caractères sont les suivans : Calice de quatre à cinq folioles colorées; corolle de quatre à cinq pétales hypogynes, alternes avec les folioles du calice, colorés comme elles et de la même durée ; étamines au nombre de huit à dix ; ovaire supère, surmonté d'un style cylindrique, terminé par un stigmate à quatre ou cinq lobes ; capsule à quatre ou cinq valves, à quatre ou cinq loges, renfermant un grand nombre de graines. Les monotropes sont des plantes parasites qui croissent sur les racines des arbres : elles ont des tiges simples, munies d'écailles au lieu de feuilles, et leurs fleurs sont terminales; elles ont le port des orobanches, mais leur fructification les en éloigne beaucoup. M. De Candolle est dans le doute si elles ne seroient pas voisines des crassulées ou des rutacées. On en connoît quatre espèces, dont une seule est indigène.

Monotrope suce-pin : *Monotropa hypopitys*, Linn., *Spec.*, 555 ; *Fl. Dan.*, tab. 232. Toute la plante est d'un jaune brunâtre, quelquefois d'un rouge vif, surtout dans les pays chauds ; sa racine est charnue, écailleuse ; elle produit une tige droite, haute de six à huit pouces, garnie d'écailles oblongues, pointues, presque imbriquées inférieurement. Ses fleurs sont jaunâtres ou rouges, comme on l'a dit plus haut, disposées en épi terminal et penchées avant leur épanouissement. Cette plante croît au pied des arbres, en France, dans une grande partie de l'Europe, dans le Canada et dans le Nord de l'Afrique.

Monotrope uniflore : *Monotropa uniflora*, Linn., *Spec.*, 555 ; *Orobanche virginiana, flore pentapetalo cernuo*, Catesb., *Carol.*, 1, p. 36, t. 36. Cette espèce est bien distincte de la précédente par sa tige terminée par une seule fleur penchée, dont l'intérieur des pétales est velu. Elle croit dans les États-Unis d'Amérique et dans le Canada, sur les racines des arbres. (L. D.)

MONSIEUR (*Bot.*), nom d'une variété de prune. (L. D.)

MONSONE, *Monsonia.* (*Bot.*) Genre de plantes dicotylédones, à fleurs complètes, polypétalées, de la famille des *géraniées*, de la *monadelphie dodécandrie* de Linnæus, offrant pour caractère essentiel : Un calice à cinq découpures profondes ; cinq pétales ; quinze étamines distribuées en cinq paquets réunis circulairement à leur base ; un ovaire supérieur, pentagone ; un style conique, à cinq divisions au som-

met; une capsule à cinq loges, presque à cinq coques (monospermes?).

MONSONE ÉLÉGANTE : *Monsonia speciosa*, Linn., Lamk.; *Ill.
gen.*, tab. 638, fig. 1; Cavan., *Diss.*, 3, tab. 74, fig. 1; Curt.,
Magaz., tab. 73. Espèce très-élégante par la beauté de ses
corolles. Les tiges sont droites, herbacées, fort courtes,
chargées, ainsi que toutes les autres parties de la plante,
de poils fins, mous et blanchâtres; les feuilles nombreuses,
alternes, d'un beau vert, orbiculaires, presque en cœur à
leur contour, divisées en cinq folioles presque deux fois
ailées; les découpures petites, ovales, aiguës; les pétioles très-
longs, munis de deux petites stipules à leur base; les pédoncules solitaires, axillaires, supportant deux ou trois fleurs
assez grandes; les folioles du calice oblongues; la corolle,
deux fois plus longue, a les pétales jaunes, rayés de rouge
dans leur longueur; les filamens des étamines rougeâtres.
Cette plante croît au cap de Bonne-Espérance. On la cultive au Jardin du Roi.

MONSONE LOBÉE : *Monsonia lobata*, Linn.; Lamk., *Ill. gen.*,
tab. 638, fig. 2; *Monsonia filia*, Linn. fils, *Suppl.*; Cavan.,
Diss., 3, tab. 74, fig. 2; Andr., *Bot. repos.*, tab. 276. Les
tiges sont hautes de sept à huit pouces, peu rameuses, garnies de feuilles nombreuses, en cœur, orbiculaires, lobées:
les lobes arrondis, dentés, presque lobés, parsemés de
poils blanchâtres; les pétioles très-longs; les fleurs belles,
grandes, régulières, ouvertes en rose, portées sur des pédoncules longs et pileux; les folioles du calice velues, un
peu scarieuses sur leurs bords; les pétales oblongs, cunéiformes, rayés dans leur longueur, grossièrement dentés au
sommet. Le style s'alonge, comme dans les *geranium*, à mesure
que les semences mûrissent. Cette plante croît au cap de
Bonne-Espérance.

MONSONE OVALE : *Monsonia ovata*, Linn. fils, *Suppl.*; Cavan.,
Diss., 4, tab. 113; *Monsonia emarginata*, l'Hérit., *Geran.*,
tab. 41. Du collet de la racine sortent plusieurs tiges herbacées, tombantes, articulées, rameuses, longues de sept à
huit pouces. Les feuilles opposées, pétiolées, ovales, un peu
échancrées à la base, finement crénelées, ondulées sur les
bords, parsemées de quelques poils à leurs deux faces; les

fleurs axillaires, solitaires, d'une grandeur médiocre ; les pédoncules grêles, munis dans leur milieu de deux bractées opposées, courbés après la floraison ; les folioles du calice ovales-oblongues ; la corolle, d'un blanc jaunâtre, a les pétales cunéiformes, un peu dentés au sommet ; l'ovaire velu ; les capsules oblongues, aiguës à leur base, surmontées d'une longue arête, monospermes. Cette plante croît au cap de Bonne-Espérance. (Poir.)

MONSTERA. (*Bot.*) Le *dracontium* de Linnæus étoit ainsi nommé par Adanson. (J.)

MONSTRE. (*Anat. et Phys.*) Animal frappé de quelque Monstruosité. Voyez ce mot. (F.)

MONSTRE. (*Ornith.*) Voyez Materat. (Ch. D.)

MONSTROSA AVIS. (*Ornith.*) Le toucan à ventre rouge, *rhamphastos picatus*, Linn., est ainsi nommé dans le *Museum Beslerianum*, p. 34, n.º 3. (Ch. D.)

MONSTRUOSITÉ. (*Anat. et Phys.*) Vice de conformation ; modification, déviation de l'organisation régulière et normale. Les monstruosités, tout irrégulières qu'elles paroissent au premier coup d'œil, n'en sont pas moins assujetties à des lois constantes et déterminées. Mais, pour bien comprendre ces lois, il faut connoître d'abord celles de l'organisation même ; c'est pourquoi nous renvoyons, pour les détails convenables à ce sujet, au mot Organisation. (F.)

MONTABEA. (*Bot.*) Voyez Moutabier. (Poir.)

MONTAGASSE. (*Ornith.*) On appelle ainsi, en Savoie, la pie-grièche grise ou commune, *lanius excubitor*, Linn. (Ch. D.)

MONTAGNARD. (*Ornith.*) L'oiseau que M. Levaillant nomme ainsi dans son Ornithologie d'Afrique, est le *falco rupicolus*, Lath., que M. Vieillot croit être une cresserelle. Brisson appelle montagner ou *falco montanus*, l'oiseau auquel Linnæus et Latham donnent la même dénomination. Les Italiens appellent cet oiseau *montanaro*. (Ch. D.)

MONTAGNE. (*Min.*) On ne peut traiter convenablement de ces protubérances de la surface de la terre sans parler des parties planes d'où elles semblent sortir, et des dépressions longitudinales qui les séparent, c'est-à-dire, des plaines et des vallées. Ce sera donc à l'article Surface de la terre que l'on trouvera réuni tout ce qui est relatif aux inégalités de cette surface. Voyez ce mot. (B.)

MONTAIN. (*Ornith.*) C'est le pinçon d'Ardennes, *fringilla montifringilla*, Linn. (Cʜ. D.)

MONTALBANIA. (*Bot.*) Necker donnoit ce nom à l'*ovieda mitis*, genre de la famille des verbenacées, qui étoit aussi nommé *syphonanthemum* par Amman. (J.)

MONTANARO. (*Ornith.*) Voyez Montagnard. (Cʜ. D.)

MONTANELLA (*Mamm.*), nom que la marmotte des Alpes reçoit chez les Grisons. (F. C.)

MONTANELLO (*Ornith.*), nom italien du tarier, *motacilla rubetra*, Linn. (Cʜ. D.)

MONTANT. (*Ornith.*) Comme l'ortolan de roseaux, *emberiza schœniclus*, Linn., a l'habitude de grimper le long des roseaux pour saisir les insectes, ce nom lui a été donné par les oiseleurs. (Cʜ. D.)

MONTAPIUM. (*Bot.*) Voyez Oréosélinum. (Lem.)

MONTBRÉTIE, *Montbretia*. (*Bot.*) Genre de plantes monocotylédones, à fleurs incomplètes, de la famille des *iridées*, de la *triandrie monogynie* de Linnæus, offrant pour caractère essentiel : Une spathe scarieuse, à deux folioles; une corolle infundibuliforme, à six divisions presque égales; un appendice composé de trois oreillettes calleuses, sessiles, perpendiculaires, insérées sur la face supérieure des trois divisions inférieures ; trois étamines insérées au fond du tube; un ovaire inférieur; un style; trois stigmates; une capsule à trois loges.

Montbrétie sécurigère : *Montbretia securigera*, Decand., Bull. philom., n.° 80; Liliac., 1, tab. 53; *Gladiolus securiger*, tab. 383. Plante du cap de Bonne-Espérance, dont les racines sont composées de deux petites bulbes blanchâtres, arrondies, comprimées, placées obliquement l'une sur l'autre, d'où sortent des radicules simples, blanches, cylindriques. La tige est droite, simple, glabre, munie à sa base de cinq ou six feuilles en gaine à leur base, droites, ensiformes, alongées, presque disposées sur deux rangs, longues de six pouces; les fleurs, au nombre de trois à cinq, sessiles, distantes, disposées en un épi terminal; chaque fleur est munie à sa base de deux bractées scarieuses, appliquées sur l'ovaire;

la corolle d'un jaune orangé, a le tube court, évasé à son orifice ; les découpures du limbe ovales, obtuses, presque égales ; les trois intérieures chargées chacune d'une oreillette verticale, de couleur pâle, entourée d'une tache rougeâtre ; les filamens des étamines jaunâtres ; l'ovaire à trois angles ; trois stigmates étalés, une capsule à trois loges, à trois valves polyspermes. (Poir.)

MONTE (*Bot.*), nom du tamarinier à Madagascar, suivant Flacourt. On connoît la propriété et l'emploi en médecine de la pulpe de son fruit. Cet auteur ajoute que la décoction du bois et de l'écorce, bue dans les repas, est un singulier remède contre l'enflure et l'obstruction du foie. (J.)

MONTE-AU-CIEL (*Bot.*), nom vulgaire de la persicaire orientale. (L. D.)

MONTE-PAPAYA (*Bot.*), nom péruvien du *solanum pendulum*, cité dans la Flore du Pérou. (J.)

MONTÉE. (*Fauconn.*) Cette expression, qui désigne le vol de l'oiseau de proie s'élevant à angle droit pour poursuivre le héron et d'autres oiseaux, est aussi employée dans d'autres circonstances. On appelle *montée d'essor*, l'élévation de l'oiseau qui atteint une hauteur telle qu'on le perd de vue, et *montée par fuite*, le mouvement qu'il se donne quand la crainte d'un plus fort que lui le contraint de s'éloigner avec précipitation. (Ch. D.)

MONTÉE. (*Ichthyol.*) Sur le littoral de la Bretagne et de la Normandie on appelle ainsi de petits poissons qui remontent les rivières, et qu'avec des paniers on pêche en abondance. Ces petits poissons, que l'on mange en friture, ont été reconnus par M. Lamouroux pour être le frai de l'*anguille pimperneau*. (H. C.)

MONTIA. (*Bot.*) Ce nom, qui rappelle Monti, botaniste italien, avoit été donné par Houstoun au genre nommé *Heliocarpos* par Linnæus. Micheli nommoit aussi *montia* une très-petite herbe que Vaillant avoit décrite auparavant sous le nom d'*alsinoides* dans les Mémoires de l'Académie des Sciences ; c'est maintenant le *montia fontana* de Linnæus. Voy. Montie. (J.)

MONTICOLE. (*Ornith.*) La Chesnaye-des-Bois a tiré le nom de ce petit oiseau du latin *monticola*, appliqué par Ray,

Synops. meth. avium, pag. 75, n.º 5, à son *œnanthe quarta*, d'après quoi il appartiendroit à la famille des motteux ou traquets, *saxicola*, Bechst.; mais le même nom de *monticola* est donné par Aldrovande, Gesner et Belon, à la mésange à longue queue, *parus caudatus*, Linn. (Ch. **D.**)

MONTICULAIRE, *Monticularia*. (*Polyp.*) Genre de polypiers vivans et fossiles, établi par M. de Lamarck pour plusieurs espèces de madrépores de Pallas et de Solander, qui, quoique fort rapprochés des méandrines, en diffèrent notablement par la disposition des lamelles et des étoiles que forment les polypes à la surface du polypier, et qui sont disposées en cercles plus ou moins réguliers autour d'axes coniques ou ovales, élevés en monticules, au lieu de l'être presque symétriquement de chaque côté de collines irrégulièrement sinueusçs. Les caractères de ce genre peuvent être exprimés ainsi ; Polypes inconnus, mais assez réguliers, formant des loges ou des étoiles plus ou moins circulaires ou ovalaires alongées, avec un axe relevé en cône tronqué ou en colline courte, autour duquel s'irradient les sillons, et dont l'assemblage ou la réunion constitue une expansion calcaire lamelleuse fixée, encroûtant ou enveloppant les corps marins, ou se relevant en larges feuilles irrégulièrement lobées.

Ce genre, que M. Fischer de Moscou avoit établi de son côté sous la dénomination d'Hydnophore (*Hydnophora*), renferme des madrépores qui paroissent appartenir à l'océan des grandes Indes. M. de Lamarck n'en caractérise que cinq espèces vivantes.

La M. feuille; *M. folium*, Lamck. (Pl. du Dict., Polyp. vivans). Polypiers formant une large expansion foliacée, ondée, un peu concave en-dessus, hérissée de cônes inégaux, plus petits et plus circulaires au centre, plus grands et plus alongés à la circonférence, convexe à la face inférieure, qui est striée. Océan indien ?

La M. lobée; *M. lobata*, Lamck. Polypiers en masse glomérulée, gibbeuse, fortement lobée, mais ne laissant pas apercevoir la face inférieure des expansions; cônes en monticules élargis, comprimés, serrés, inégaux, à lamelles lâches, un peu dentelées. Océan indien ?

La M. polygonée; *M. polygonata*, Lamck. Polypiers en

masse agglomérée, lobée, subrameuse, mais dont les cônes sont comme dans l'espèce précédente, dont elle ne diffère bien que par la forme générale. Patrie?

La M. petits-cônes; *M. microconos*, Lamck.; *Madrep. exisa*; Soland. et Ellis, tab. 49, fig. 3. Polypier encroûtant, offrant à sa surface des cônes petits, serrés, peu élargis, presque égaux, à lamelles serrulées. Océan des grandes Indes.

La M. méandrine : *M. meandrina*, Lamck.; *Madrep. exisa*; Esper., vol. 1, tab. 31, fig. 1 et 2. Polypier encroûtant; les cônes presque en collines comprimées, alongées, flexueuses, inégales, à lamelles subserrées. On ignore la patrie de cette espèce, qui fait le passage aux méandrines. (De B.)

MONTICULAIRE. (*Foss.*) Il y a lieu de craindre que très-souvent l'on n'ait pris pour des monticulaires fossiles des morceaux pétrifiés qui n'étoient que le moule en relief d'astrées ou d'autres polypiers stellifères, dont les étoiles étoient concaves, et qui ont disparu depuis que la pâte s'est moulée et pétrifiée sur leur surface.

Je suis presque certain que cette erreur a été commise par le savant auteur de l'Histoire naturelle des animaux sans vertèbres (1816), quand il a cité les figures 1, 4, 5 de la planche 64 (ou plutôt 44) du 5.ᵉ Mémoire de Guettard, comme représentant une espèce des environs de l'abbaye de Molême, à laquelle il a donné le nom de monticulaire de Guettard.

Quand il ne seroit pas évident que la figure 1 représente dans une cavité le moule des parties extérieures d'une astrée ou d'un autre polypier hémisphérique, l'explication qu'en donne Guettard suffiroit pour en convaincre, quand il dit que « dans ces œufs pierreux on voit des boules calcaires qui « pourroient être dues à la matière pierreuse qui a rempli « une cavité, et d'autres corps, de forme d'olive, un peu poin- « tus par une extrémité, et qui sont attachés à la pierre « par le bout pointu. » Il donne la figure de ces corps, même planche, figures 2 et 3, et il ajoute qu'il pense que ces corps sont dus à un dépôt pierreux qui a rempli des cavités faites par des dails dans la masse du madrépore. Cette masse, autrefois globuleuse, couverte d'étoiles concaves et dans laquelle il se trouvoit des gastrochènes et autres coquilles perforantes, ayant été dissoute après avoir été saisie par la pétrification qui l'avoit entourée et rempli toutes les parties vides, les trous des coquilles perforantes ont été représentés par ces corps, et attachés à la pierre par le bout pointu, qui étoit l'orifice de la cavité où le mollusque étoit logé. L'on sait que ces cavités sont toujours très-étroites à leur orifice et qu'elles vont en s'élargissant dans la masse du madrépore. C'est par cette entrée étroite qu'a pénétré la matière liquide, qui s'est ensuite pétrifiée et a fait un tout avec la masse environnante.

Je possède des morceaux calcaires de la grosseur de la tête, dans lesquels se trouvent des vides formés par des polypiers qui ont été dissous depuis la pétrification de ces morceaux, et qui contiennent beaucoup de ces corps en massue, attachés et suspendus par le bout le plus pointu dans les cavités.

Il en doit être de même pour l'espèce que M. de Lamarck a nommée monticulaire de Bourguet, *l. c.*, n.° 10, et Mémoires de Guettard, même planche, fig. 6, 7 et 8. Cette empreinte a dû appartenir à un polypier hémisphérique d'une autre espèce que celui dont il est question ci-dessus et qui a été dissous.

Les planches de l'ouvrage de Bourguet sur les pétrifications, n.°⁵ 19, 21, 22, 23, 40, 41 et 46, citées comme appartenant à des espèces du genre monticulaire, paroissent appartenir, savoir, les trois premières à des moules extérieurs d'astrées; celles 40 et 41, à des méandrines, et celle 46, à une astrée ou à une caryophyllie.

Il ne reste à parler que des espèces ci-après décrites par M. de Lamarck (*loc. cit.*), mais dont je n'ai vu ni les originaux ni les figures.

Monticulaire de Cuvier: *Monticularia Cuvieri*, Lamck; *Hydnophora Cuvieri*; Fisch., Rech., n.° 4, tab. 1, fig. 2. Polypier à étoiles très-élevées, à lames nombreuses, fines, serrées les unes contre les autres, et un peu courbées. Lieu natal, la Russie.

M. de Lamarck dit, avec doute, que cette espèce pourroit être représentée dans l'ouvrage de Guettard, Mémoire 3, tab. 40, fig. 1. Ce dernier auteur annonce que le morceau représenté, qui vient de Maestricht, est couvert d'étoiles qui n'y forment qu'une couche légère et qui se détruit aisément. Je possède des morceaux semblables venant du même endroit, et je puis assurer qu'ils ne sont que l'empreinte de polypiers qui ont disparu.

Monticulaire de Moll : *Monticularia Mollii*, Lamk. ; *Hydnophora Mollii* ; Fisch., Rech., n.° 5, tab. 1, fig. 1. Polypier à étoiles peu élevées, à lames grosses et obtuses en-dessus. Lieu natal, la Russie. Cette espèce se trouvant en masse, arrondie ou globuleuse, il n'y a pas de doute sur son genre, comme pour celles qui sont aplaties ou concaves.

Je possède deux morceaux fossiles, couverts d'étoiles élevées qui pourroient les faire regarder comme des monticulaires ; mais au-dessous de ces étoiles je ne trouve aucune trace de polypier ; et il n'en seroit pas ainsi, si elles étoient autre chose que la pâte moulée et pétrifiée dans des étoiles concaves. L'un de ces morceaux, à étoiles larges et peu élevées, vient de Nancy : l'autre est couvert d'étoiles beaucoup plus petites et plus élevées ; mais j'ignore où il a été trouvé. (D. F.)

MONTIE (*Bot.*), *Montia*, Linn. Genre de plantes dicotylédones polypétales, de la famille des portulacées, Juss., et de la triandrie trigynie, Linn., qui a pour caractères : Un calice partagé profondément en deux découpures ovales, concaves, persistantes ; une corolle monopétale, à cinq divisions irrégulières ; trois étamines à filamens capillaires, de la longueur de la corolle ; un ovaire supère, surmonté de trois styles velus, à stigmates simples ; une capsule turbinée, uniloculaire, à trois valves, renfermant trois graines réniformes arrondies, attachées au fond de la capsule. Ce genre ne comprend qu'une espèce.

Montie des fontaines : *Montia fontana*, Linn., *Spec.*, 129 ; *Flor. Dan.*, t. 131 ; *Montia aquatica minor*, Michel., *Gen.*, 18, t. 13, f. 2 ; *Montia aquatica major*, Michel., *Gen.*, 18, t. 13, f. 1. Sa racine est fibreuse, annuelle ; elle produit plusieurs tiges herbacées, menues, demi-couchées à leur base, radicantes inférieurement, longues d'un à deux pouces dans une variété, de quatre à six dans une autre, et ordinairement dichotomes. Ses feuilles sont opposées, ovales-oblongues, glabres, un peu charnues, rétrécies en pétiole dans leur partie inférieure , et semi-amplexicaules. Les fleurs sont très-petites, blanchâtres, axillaires ou terminales , rarement solitaires sur le même pédoncule, ordinairement trois à cinq ensemble. Cette plante croît en France et en Europe , dans le voisinage des fontaines, sur les bords des eaux et dans les prairies humides. (L. D.)

MONTIFRINGILLA. (*Ornith.*) Ce nom, donné par Aldrovande et par Brisson au pinçon d'Ardennes, est devenu chez Linnæus le nom trivial de cette espèce dans le genre *Fringilla.* (Ch. D.)

MONTIN , *Montinia.* (*Bot.*) Genre de plantes dicotylédones, à fleurs incomplètes, de la famille des *onagraires*, de la *dioécie tétrandrie* de Linnæus; offrant pour caractère essentiel : Des fleurs dioïques ; un calice à quatre dents; quatre pétales alternes avec les dents du calice ; quatre étamines courtes ; dans les fleurs femelles quatre filamens stériles; un ovaire inférieur; un style bifide ; une capsule à deux loges polyspermes, s'ouvrant dans sa longueur; les semences imbriquées, comprimées, ailées sur les bords.

Montin acre : *Montinia acris*, Linn., *Suppl.*, 427; Lamk., *Ill. gen.*, tab. 808 ; Pluk., *Phytogr.*, tab. 335, fig. 5 ; Burm., *Afric.*, tab. 90, fig. 1, 2 ; Gærtn., *De fruct.*, tab. 55. Arbrisseau à tige droite, rameuse, un peu anguleuse, haute d'environ trois pieds; les rameaux alternes, effilés, garnis de feuilles pétiolées, alternes, ovales-oblongues, entières, presque obtuses, vertes, glabres, longues d'environ quinze lignes; les fleurs assez petites, blanchâtres, dioïques, en panicule terminale peu garnie, munies de courtes bractées; les fleurs femelles presque solitaires, placées vers l'extrémité des rameaux sur des pédoncules terminaux et axillaires; le calice court, droit, à quatre dents, persistant dans les femelles; les pétales ovales, obtus; les étamines plus courtes que la corolle. Le fruit est une capsule longue d'environ un pouce, ovale, alongée, à deux loges séparées l'une de l'autre par une cloison opposée aux valves. La saveur de ces fruits est fort âcre; leur couleur d'un brun foncé. Cette plante croît au cap de Bonne-Espérance, sur les côteaux sablonneux. (Poir.)

MONTIRE, *Montira.* (*Bot.*) Genre de plantes dicotylédones, à fleurs complètes, monopétalées, irrégulières, de la famille des *personnées*, de la *didynamie angiospermie* de Linnæus, offrant pour caractère essentiel : Un calice à cinq divisions; une corolle infundibuliforme; le limbe partagé en cinq découpures égales; quatre étamines didynames; un ovaire supérieur; un style; un stigmate canelé; une capsule à deux loges, formant presque deux capsules uniloculaires, s'ouvrant de haut en bas en deux valves; les semences nombreuses, très-menues, attachées à l'angle intérieur des loges.

Montire de la Guiane : *Montira guianensis*, Aubl., *Guian.*, 2, tab. 257; Lamk., *Ill. gen.*, tab. 523. Plante dont la tige est droite, herbacée, rameuse, articulée, quadrangulaire, haute de sept à huit pouces; ses angles bordés de feuillets membraneux. Les feuilles sont opposées, sessiles, presque lancéolées, aiguës, entières, d'un vert pâle. La tige et les rameaux se terminent ordinairement par trois fleurs, dont une presque sessile, les deux autres portées sur un pédoncule bifurqué; les découpures du calice oblongues, aiguës; la corolle blanche; son tube court, insensiblement élargi vers son sommet; le limbe à cinq lobes égaux, assez larges, mucronés; l'ovaire arrondi, à deux lobes; le stigmate large, concave. Le fruit est une capsule à deux lobes, à deux loges. Cette plante croit à l'île de Cayenne. (Poir.)

MONTJOLI (*Bot.*), nom donné dans les colonies françoises à une espèce de camara, *lantana involucrata*. (J.)

MONTLIVALTIE. (*Foss.*) Dans l'Exposition méthodique des genres de l'ordre des polypiers, M. Lamouroux a établi le genre Montlivaltie, auquel il a assigné les caractères suivans :

Polypier fossile, presque pyriforme, composé de deux parties distinctes; l'inférieure ridée transversalement, terminée en cône tronqué; la supérieure presque aussi longue que l'inférieure, un peu plus large, presque plane au sommet, légèrement ombiliquée et lamelleuse; lames au nombre de plus de cent.

Ces caractères se rapportent à l'espèce trouvée dans le terrain à polypiers des environs de Caen, à laquelle M. Lamouroux a appliqué le nom de Montlivaltie caryophyllie, *Montlivaltia caryophillata*, et dont il a donné la figure dans l'ouvrage ci-dessus cité, tab. 79, fig. 8, 9 et 10.

On voit dans l'ouvrage de Guettard, Mém. 3 , pl. 26, fig. 4 et 5 , la figure d'un polypier qui peut être regardé comme une espèce de ce genre, et dont les lames ne sont qu'au nombre de cinquante-six. Il diffère encore du premier, en ce que la partie inférieure, ridée transversalement, est beaucoup plus longue que la supérieure, qui est lamelleuse.

Il paroît que ce polypier a été trouvé aux environs de Mortagne.

M. Lamouroux trouve que ces polypiers ont de très-grands rapports avec les isaures (Sav.) figurés dans le grand ouvrage sur l'expédition d'Égypte (pl. 2, Polypes, *H*, *N*, Zoologie), et dans l'ouvrage de M. Lamouroux déjà cité, tab. 79, fig. 11 et 12. (D. F.)

MONTMARTRITE. (*Min.*) M. Jameson a donné ce nom à cette variété de gypse calcarifère qui se trouve plus particulièrement aux environs de Paris que partout ailleurs. Voy. Chaux sulfatée. (B.)

MONTOCHIIBA (*Bot.*), nom caraïbe, cité par Surian, du *conocarpus erecta*. (J.)

MONTVOYAU (*Ornith.*), nom d'une espéce d'engoulevent de Cayenne, *caprimulgus guianensis*, Gmel. (Ch. D.)

MOOK (*Ornith.*), nom donné par Blumenbach, dans son Manuel d'histoire naturelle, tom. 1.er, p. 218 de la traduction françoise, comme un des synonymes du coucou indicateur, *cuculus indicator*. (Ch. D.)

MOOR. (*Ornith.*) Quoique ce terme anglois signifie *marais*, et qu'ainsi il serve naturellement à désigner la poule d'eau dans *Moor-hese*, et le busard de marais dans *Moor-buzzard*, il est appliqué à un oiseau non marécageux dans *Moortitling*, dénomination angloise du traquet, *motacilla rubicola*, Linn. (Ch. D.)

MOORI (*Ornith.*), nom d'une espèce de pie-griéche à Sumatra, suivant Marsden, tom. 1.er, p. 189 de la traduction françoise. (Ch. D.)

MOOSEDEER (*Mamm.*), nom anglois qui appartient à l'élan. (F. C.)

MOPSE. (*Mamm.*) Ce nom, dérivé de l'allemand, a été anciennement donné aux doguins ou carlins. (Desm.)

MOPSÉE, *Mopsea*. (*Zooph.*) Genre de zoophytaires établi

par M. Lamouroux (Pol. flex., pag. 465) pour un petit
nombre d'espèces d'isis, dont l'écorce est mince, adhérente,
comme dans les mélitées, subdivision du même genre ; mais
dont les rameaux et leurs divisions, se dichotomisant, sont
couverts de mamelons polypeux, épars ou verticillés, alongés, redressés, ce qui les rapproche un peu de certaines
gorgones, et entre autres de la gorgone verticillée. Les ar-
ticulatio s, alternativement calcaires et cornées dans la tige,
deviennent moins sensibles dans les ramuscules, et peu visibles à l'œil nu.

M. de Lamarck n'a pas adopté ce genre, qui ne comprend
que deux espèces, de l'Océan indien.

La Mopsée verticillée : *Mopsea verticillata*, Lamck., Polyp.
flex., pl. 18, fig. 1 ; *Isis encrinula*, Lamck. Les rameaux pinnés
et subpinnés ; les ramuscules simples et alongés, portent des
papilles recourbées et ascendantes. D'Australasie.

La Mopsée dichotome : *Mopsea dichotoma*, Gmel.; Pall. ;
Esper, 1, tab. 5. Les rameaux grêles, presque filiformes,
dichotomisés à chaque articulation ; l'écorce fauve avec des
mamelons plus marqués au sommet des ramifications. Mais ce
caractère doit être peu important ; car dans les loges de tous
les polypiers arborescens il en est de même. Des mers de
l'Inde. (De B.)

MOQUETTE (*Ornith.*), nom sous lequel on désigne un
oiseau attaché et qui sert à en attirer d'autres dans des piéges
tendus par les oiseleurs. (Ch. D.)

MOQUEUR. (*Erpétol.*) Daubenton a donné ce nom à la
couleuvre rubanée, que nous avons décrite ci-devant, tom.
XI, p. 207. (H. C.)

MOQUEUR. (*Ornith.*) Les oiseaux d'Amérique ainsi ap-
pelés appartiennent au genre Merle. Voyez ce mot. (Ch.D.)

MOQUILIER, *Moquilea*. (*Bot.*) Genre de plantes dicotylédones, à fleurs complètes, polypétalées, régulières, de la
famille des *rosacées*, de l'icosandrie monogynie ; offrant pour
caractère essentiel : Un calice turbiné, à cinq dents ; cinq
pétales très-petits, onguiculés, placés entre les dents du calice ; des étamines nombreuses insérées sur les parois du calice ; un ovaire supérieur, velu ; un style latéral. Le fruit inconnu.

Moquilier de la Guiane; *Moquilea guianensis*, Aubl., *Guian.*, 1, tab. 208; Lamck., *Ill. gen.*, tab. 427. Arbre de la Guiane, qui s'élève à la hauteur d'environ trente pieds, remarquable par son tronc muni à sa base de plusieurs côtes saillantes qui s'élèvent à quatre ou cinq pieds, l'environnant en manière d'arcs-boutans; l'écorce est épaisse, roussâtre; son bois blanc, peu compact, portant à son sommet des branches, dont les unes s'élèvent et les autres se répandent en tout sens, et dont les rameaux sont garnis de feuilles alternes, pétiolées, ovales-oblongues, acuminées, lisses, fermes, entières, longues d'environ sept pouces; les pétioles courts; les fleurs blanches, pédicellées, alternes, de grandeur médiocre, disposées en grappes lâches, inclinées, simples ou composées; leur calice velu intérieurement; les pétales arrondis; les étamines nombreuses, plus longues que la corolle, placées sur la paroi du calice, couverte de poils blancs; les anthères biloculaires, versatiles; l'ovaire velu, très-petit; le style courbé vers le haut, velu dans sa moitié inférieure, terminé par un stigmate obtus. Le fruit n'a pas encore été observé. On rencontre cet arbre dans les forêts; il est en fleur au mois de Mai. (Poir.)

MOQUO. (*Ornith.*) Ce nom est donné par Edwards au *lumme*, espèce de plongeon, *colymbus troile*, Linn. (Ch. D.)

MORA (*Bot.*), nom du mûrier dans les environs du Loxa au Pérou. Il est donné particulièrement au *morus celtidifolia* de la Flore équinoxiale. Le *morus corylifolia* de la même Flore est nommé *mora colorada*. (J.)

MORAS (*Ornith.*), nom générique des canards dans les îles de la Société. (Ch. D.)

MORA-BATI, MORA-RUBI (*Bot.*), noms anciens du fruit de la ronce ordinaire des haies, nommé aussi vulgairement mûre sauvage. (J.)

MORACHIT. (*Min.*) On trouve ce nom dans quelques ouvrages; mais il est une altération de celui de Morochit. Voyez ce nom. (Lem.)

MORADILLA. (*Bot.*) Nom espagnol du *salvia procumbens* de la Flore du Pérou, employé dans le pays pour le traitement des obstructions et de la jaunisse. On le nomme aussi *yerva del gallinazo*. (J.)

MORADS-HOEG (*Ornith.*), un des noms que porte en Norwége la buse bondrée, *falco apivorus*, Linn. (Ch. D.)

MORBRAN. (*Ornith.*) Ce nom et celui de morvran se donnent, en bas breton, au corbeau commun, *corvus corax*, Linn. (Ch. D.)

MORCEGO (*Mamm.*), nom générique des chauve-souris en portugais. (F. C.)

MORCHELLA, Morille proprement dite. (*Bot.*) Genre de la famille des *Champignons*, très-voisins des *helvella* et des *leotia*. Il est caractérisé par son chapeau ovale ou conique, pédiculé ou stipité, non percé au sommet, membraneux, à surface relevée de nervures anastomosées ou réticulées, entre lesquelles sont des cavités ou lacunes alvéolaires sèches qui recèlent les séminules. Le stipe est épais, creux, renflé quelquefois à sa base, et entièrement dépourvu de volva.

Ce genre, établi par Dillenius, et qui comprend les *phallobolctus* et *boletus* de Michéli, faisoit partie du genre *Boletus* de Tournefort, exactement le même que le genre *Phallus* de Linnæus, adopté par Ventenat. Jussieu avoit indiqué le rétablissement du genre *Morchella*, qu'il nomme *boletus*; mais Persoon, en adoptant le *morchella* et précisant ses caractères, lui conserva son nom, qui dérive de *morchel*, dénomination allemande de la morille commune, et en cela il fit bien, puisqu'il évita la confusion qui naîtroit de l'emploi du mot *boletus* (voyez Bolet). Le *morchella* diffère du genre *Phallus* par l'absence du volva et par les séminules, qui ne sont point contenues dans une liqueur glaireuse.

Les morchella ou morilles sont des champignons terrestres assez grands, qui vivent quelque temps. Ils ne répandent pas d'odeur; leur saveur est assez agréable : aussi les mange-t-on sans inconvénient, et sont-ils un aliment agréable. Leur chapeau est jaunâtre, ou brun, ou fauve ; leur stipe est lisse, ou strié, ou crevassé, ou écailleux, communément blanc. Leur chapeau, creusé d'alvéoles semblables à celles d'une éponge, leur a valu le nom de *spugnole*, qu'on leur donne en Italie.

Les morilles se montrent au premier printemps dans les gazons, sur la terre couverte de feuilles, aux bords des fossés, sur les murs de terre, etc. On en connoît une quinzaine d'espèces, presque toutes européennes.

Les morilles se divisent en deux sections, selon que leur chapeau est ou n'est pas adhérent au pédicule par sa base.

§. 1.ᵉʳ *Chapeau creux, adhérent par sa base, ou serrant fortement le stipe.* Boletus, Mich.

1.° Morille comestible ou commune : *Morchella esculenta,* Pers., *Synops.* et *Mycol. Eur.;* Fries, *Syst. mycol.;* Tratt., *Ess. Schw.,* pl. E, F; *Phallus esculentus,* Linn.; Schæff., *Fung.,* tab. 199, 298, 299, 3oo; Bull., Champ., tab. 218; Bolt., tab. 91; *Spongiolæ,* Port., *Merulius, C. B.;* Mentz., *Pugil.,* tab. 6; *Morilles,* Paulet, Champ., 1, pag. 519; et *Morille ordinaire,* vol. 2, pag. 412, pl. 189, fig. 7, 8, 9, 10 et 11. Chapeau ovale ou presque rond, contracté à sa base et d'un blanc pâle; alvéoles profondes, presque rondes; nervures fermes; stipe lisse. On en distingue plusieurs variétés, fondées sur la forme du chapeau et sur la couleur. Ainsi l'on a :

A. La *Morille ronde,* dont la tête et les alvéoles sont rondes; c'est le *boletus,* Mich., pl. 85, fig. 1. Fraîche, elle est d'un blanc pâle; desséchée, elle est d'un jaune paille ou jaunâtre. Elle croît en Europe èt dans l'Amérique septentrionale.

B. La *Morille commune,* dont le chapeau est ovale et creusé d'alvéoles presque carrées; elle est d'une couleur enfumée ou livide, qui se change en brun : elle croît partout en Europe et en Sibérie. C'est le *boletus,* fig. 2, de Mich., que les Romains désignent par *tripetto.* (Voyez aussi Sow., *Fung.,* tab. 51, *fig. dextra.*)

C. La *Morille fauve,* dont le chapeau est oblong, avec des alvéoles presque oblongues ou rhomboïdales. Sa couleur est le fauve ou le fauve-brun; elle est commune dans le Midi de l'Europe et en Orient. C'est le *boletus,* fig. 3, de Michéli.

D. La *Morille conique* (*Ph. esculentus, Fl. Dan.,* tab. 35); *Morchella conica,* Pers., dont le chapeau est conique, avec des alvéoles alongées, presque rhomboïdes. Elle est commune dans le Nord de l'Europe. Sa couleur est le brun, le brun marron ou le noirâtre.

E. La *Morille pubescente* (*Morch. escul. pubescens*, Pers.),
qui est plus petite, dont le stipe est pubescent et le chapeau
presque ovale, à alvéoles grandes, ouvertes. Elle est commune dans les bois du Jura et en Suisse, aux environs de
Neufchâtel.

La morille comestible est un champignon très-répandu,
qui se récolte au printemps sur les coteaux ; particulièrement sur ceux de nature calcaire, dans les bois, et souvent,
observe Persoon, dans les endroits où l'on a fait du charbon. On la rencontre aussi dans les jardins au pied des
arbres et des buissons. Elle paroît en avril ou à la fin de
mars, lorsque la saison n'est pas rigoureuse ; elle se plaît
dans les climats tempérés ou froids. Elle est connue depuis
long-temps par l'usage qu'on en fait comme aliment. Elle
a une odeur très-foible et une agréable saveur. Son stipe
creux, excepté dans la jeunesse, où il est quelquefois filan-
dreux, a un pouce environ de hauteur : sa substance est
molle, sa couleur blanchâtre, sa surface légèrement écailleuse et pubescente, point striée ; il est d'un diamètre égal
dans sa longueur, ou un peu resserré en haut ; le chapeau
a une hauteur à peu près égale à la longueur du stipe, ordinairement il est un peu plus grand et de la grosseur d'un œuf.

Cette morille, comme on le voit par ses variétés, n'est
pas constante dans sa forme et dans sa couleur. Paulet
en cite de blondes, de rousses, de brunes, de bleues, de
noires, de grandes et de petites, toutes également bonnes,
de même goût et de même qualité. Mais, ajoute-t-il, on
préfère cependant pour l'usage la morille brune ou noire.
Persoon, qui n'admet que deux variétés, la morille blanche et la morille grise, prétend que la première, dont la
couleur tire un peu sur le pâle, est la plus commune et
celle qu'on préfère pour l'usage. Quoi qu'il en soit, voici
comment s'exprime Paulet sur la manière d'apprêter les
morilles.

« Indépendamment de l'usage où l'on est de faire entrer
les morilles dans plusieurs ragoûts, on en fait des plats
particuliers qui sont très-estimés. Pour les apprêter, ou
commence, après les avoir épluchées, par les laver et les
battre dans plusieurs eaux, d'une casserole à l'autre, pendant

quelque temps, pour leur ôter toute la terre qu'elles sont sujettes à contenir dans leurs cavités. Cette opération faite, on les égoutte bien en les essuyant, et on les met dans une casserole sur le feu avec du beurre, du gros poivre, du sel, du persil et, si l'on veut, un morceau de jambon. Il faut environ une heure de cuisson. Comme elles ne rendent pas beaucoup d'eau, on est obligé de les humecter souvent, et pour cela on préfère le bouillon. Lorsqu'elles sont cuites, on ajoute des jaunes d'œufs pour faire la liaison, en les ôtant du feu. Il y en a qui y mettent un peu de crème. On les sert seules, ou sur une croûte de pain rissolée et imbibée de beurre.

« Voilà la manière la plus ordinaire de les apprêter, et peut-être la meilleure; mais ceux qui aiment la variété des mets et des assaisonnemens, ne s'y bornent pas : il y en a encore d'autres, dont voici les principales.

« *Morilles à l'italienne.* Après les avoir bien lavées, bien battues et laissé égoutter, on les coupe en deux ou trois, si elles sont trop grosses; on les met dans une casserole sur le feu, avec un bouquet de fines herbes (persil, ciboule, cerfeuil, pimprenelle, cannelle, estragon, civette), un peu de sel et un demi-verre d'huile. On les passe quelques tours, jusqu'à ce qu'elles aient rendu leur eau ; ensuite on y met persil haché, blanc de ciboule et un peu d'échalote. On donne encore un tour, on met quelques pincées de farine, on les mouille avec du bouillon, on ajoute un demi-verre de vin de Champagne, et après les avoir laissé un peu mijoter, on les sert avec du jus de citron et des croûtes de pain.

« *Morilles en hatelets.* Après les avoir lavées, coupées en deux et passées au feu pour leur faire rendre leur eau, on les met avec du beurre, de l'huile, du sel, du poivre, du persil, de la ciboule hachée et des échalotes : ainsi marinées, on les embroche avec de petites brochettes, et on les fait griller, après les avoir légèrement panées; on les arrose avec leur sauce, et on les sert avec ce qui en reste.

« *Morilles à la crème.* Après les avoir passées sur le feu avec du beurre, du sel, un bouquet de fines herbes, et un petit morceau de sucre, on les mouille, quand elles ont perdu leur eau, de bon bouillon, en ajoutant quelques pincées de farine ; on ajoute de la crème , et on les sert avec des croûtes de pain.

« *Morilles farcies.* On préfère, pour les farcir, les morilles fraîches et les blondes ; on les ouvre au bout de la tige ; et après les avoir bien lavées, battues, essuyées, on les farcit d'une farce fine, on les fait cuire entre des bandes de lard et on les sert dans une sauce semblable à celles des morilles à l'italienne.

« De quelque manière qu'on apprête les morilles, elles sont toujours bonnes, étant moins huileuses et d'une chair moins compacte, en général, que les champignons, les mousserons et les truffes ; elles sont aussi plus légères sur l'estomac et n'incommodent jamais. Après les avoir fait sécher au four ou autrement, on les râpe, ainsi que certains cèpes et les mousserons, pour en avoir la poudre, qu'on met dans les sauces au besoin. Lorsqu'elles sont sèches, elles reviennent facilement dans l'eau. » (Paulet, Tr. des champ., 2, pag. 412.)

On mange encore les morilles fraîches, grillées ou cuites sous un four de campagne.

A Vienne en Autriche on farcit les morilles avec de la chapelure de pain, de la viande de volailles, des sardines. des écrevisses et d'autres assaisonnemens. On peut consulter l'ouvrage de Trattenik sur les usages économiques des morilles.

On conserve encore les morilles en les desséchant, et pour cet effet on les enfile et on les suspend dans des endroits à l'abri de la poussière : elles peuvent se conserver ainsi plusieurs années sans être sensiblement altérées ; mais, pour s'en servir, il faut les laisser quelques minutes se ramollir dans l'eau tiède.

Pour se procurer de bonnes morilles, il faut avoir soin de ne pas les cueillir trop vieilles, car alors elles sont remplies de larves d'insectes ; ni pendant la rosée, parce qu'alors elles ne se conservent pas aussi bien. Enfin , il ne faut pas les arracher de terre, mais les couper par le pied ; on évite ainsi de répandre de la terre dans les alvéoles du chapeau, et on les nettoye mieux.

2.° MORILLE DÉLICIEUSE : *Morchella deliciosa* , Fries , *Syst.*

mycol., 2, p. 8; *Fungus*, Weinm., *Herb.*, tab. 535, fig. 1. Chapeau presque cylindrique, pointu, à nervures longitudinales fermes, semblables à des côtes, unies par des rides transversales; stipe lisse. Cette espèce est très-voisine de la variété *D* de la morille comestible : elle est jaunâtre ou d'un blanc pâle et livide; son chapeau, long d'un a deux pouces et demi, est porté sur un stipe qui atteint rarement un pouce de hauteur. On rencontre cette morille, de meilleure qualité que la précédente, au printemps, au bord des champs et dans les gazons.

3.° Morille d'hiver; *Morchella hyemalis*, Balb., *Miss.*, tab. 11, fig. 4. Chapeau globuleux, profondément cellulaire, à rides anastomosées : stipe légèrement strié. Cette espèce croît en Italie; elle se rencontre en Janvier sur les murs exposés au nord, aux environs de Padoue.

4.° M. trémelloïde : *M. tremelloides*, Dec., Fl. franç., n.° 572; *Phallus tremelloides*, Venten., Mém. inst., 1, fig. 1; Bull., *Herb.*, tab. 218, fig. F. Chapeau enflé, dilaté, ondulé et lobé, avec des cellules irrégulières, laineuses; stipe court. Cette espèce a été observée par Antoine de Jussieu aux environs de Pontchartrain. Fries l'indique en Suède. Elle croît à terre au printemps : elle présente d'abord à l'œil une masse informe; son chapeau, d'une couleur jaune ou fauve, très-volumineux, large de deux à trois pouces, et à deux ou quatre lobes, est à peine fixé par sa base à un stipe court, épais, givreux, lisse et pâle. Fries présume que cette espèce n'est qu'une monstruosité de la morille comestible.

§. 2. *Base ou bord inférieur du chapeau libre, écarté, point adhérent au stipe.* Phallo-boletus, Mich.

5.° M. a moitié libre : *Morchella semi-libera*, Dec., Fl. fr., n.° 570; *Morchella rete*, Pers., *Mycol. Eur.*, p. 285; *Helvella hybrida*, Sow., *Fung.*, tab. 238; *Phallo-bol.*, Mich., *Gen.*, tab. 84, fig. 3. Chapeau conique, adhérent au stipe par sa moitié supérieure seulement, marqué de côtes longitudinales, dont les entre-deux sont remplis par des alvéoles alongées, veinées; stipe lisse. Cette espèce se trouve au printemps dans les bois au pied des arbres et dans les herbes. Michéli l'indique, en Italie, au pied des peupliers. Elle a été observée aussi aux environs de Paris. On la mange comme la *morille comestible*, avec laquelle on ne peut la confondre; car son stipe est plus long, ayant trois à quatre pouces, et son chapeau, long d'un pouce, d'une forme plus conique, est libre dans le bas et d'une couleur jaunàtre, pâle ou fauve, tandis que le stipe est blanc-pâle.

6.° M. GÉANTE : *M. gigas*, Pers., Fries ; *Phallus gigas*, Ventenat; *Phallo-boletus*, Mich., pag. 202, tab. 84, fig. 1. Chapeau conique, à bord libre, ondulé; nervures de la surface anostomosées, ondulées; alvéoles alongées ; stipe un peu écailleux. Cette espèce, élevée de six pouces, se fait remarquer par son chapeau long de trois pouces, d'une couleur obscure, portée sur un stipe plus gros que le pouce, gris cendré, renflé dans le bas. Elle croît aux environs de Florence, dans les lieux sablonneux, et aux bords des fossés humides. On la vend dans les marchés de Florence. Elle est rare.

7.° M. ONDÉE : *M. undosa*, Pers.; *Phallus crispus*, Ventenat; *Phallo-bol.*, Mich., p. 203, pl. 84, fig. 2. Chapeau en forme de cloche, plissé ou crispé, libre à la base; alvéoles obliques, ondulées; stipe sillonné et réticulé. Cette morille, haute de quatre pouces, a un chapeau large de trois pouces, roussàtre, à bord ondulé, porté sur un stipe gris de cendre, haut de deux à trois pouces. On la vend sur les marchés de Florence : on la cueille dans les lieux pierreux, sur les bords des fossés et dans les lieux plantés de peupliers.

8.° M. DE LA CAROLINE; *M. caroliniana*, Bosc, *Berl. Mag. Naturf.*, 1811, p. 86, tab. 5, fig. 6. Chapeau arrondi, libre dans le bas, marqué de nervures profondes, irrégulières, plissées et ondulées; stipe conique, sillonné. Cette espèce, de même taille que notre morille comestible, est de couleur de feuilles mortes; son stipe est laineux, et son chapeau long et large de trois pouces. M. Bosc a observé fréquemment cette espèce dans les bois en Caroline. On la mange ; elle n'a que peu d'odeur et point de saveur : sa chair est blanche. Voyez les articles MORILLES et PHALLUS. (LEM.)

MORDANTS. (*Chim.*) On donne ce nom à des matières que l'on unit aux étoffes pour donner plus de fixité aux couleurs qu'on y applique. Le plus souvent les mordants sont de nature inorganique, tandis que les principes colorans sont de nature organique. (Ch.)

MORDELLE, *Mordella.* (*Entom.*) Genre d'insectes coléoptères hétéromérés ou à cinq articles aux deux paires de pattes antérieures seulement, et de la famille des angustipennes ou sténoptères, c'est-à-dire, à élytres rétrécis à leur extrémité libre.

Ce genre, établi sous ce nom par Linnæus, est d'une étymologie incertaine. Peut-être vient-il du latin, *mordeo ;* cependant ces insectes ne mordent pas. Geoffroy l'a adopté et l'a mieux caractérisé que Linnæus, qui y avoit réuni beaucoup d'insectes très-différens. Les espèces que Fabricius et la plupart des autres auteurs décrivent sous ce nom, sont donc correspondantes aux mordelles de Geoffroy.

Voici les caractères du genre : *antennes en fil, dentées en scie; élytres très-rétrécis, contigus par la suture ; abdomen pointu ; un écusson distinct.*

Ces particularités suffisent pour distinguer les mordelles de tous les autres insectes de la même famille : d'abord des *anaspes,* auxquels elles ressemblent en tout, excepté par la forme des antennes et par la présence de l'écusson, qui manque aux seconds, ainsi qu'aux *rhipiphores;* des *nécydales,* qui n'ont ni l'abdomen ni le corselet rétrécis, et dont les antennes, non dentelées, sont plus longues que la tête et le corselet ; enfin, des *œdémères* et des *sitarides,* qui, outre une infinité d'autres différences, ont la suture des élytres non conique.

On ne connoît pas encore les métamorphoses des mordelles. Leurs larves se développent probablement dans le bois, car nous avons trouvé plusieurs fois des individus de l'une des grandes espèces dans des trous dont étoient perforés des hêtres morts. Sous l'état parfait on trouve ces insectes sur les fleurs, quoiqu'aux moindres dangers ils tombent dans l'immobilité ou dans une paralysie volontaire. Lorsqu'ils sont vivement inquiétés, ils se meuvent avec promptitude, ils s'insinuent et glissent dans les plus petites cavités, en se courbant sur eux-mêmes, et en rapprochant ainsi la tête, fortement inclinée, de l'extrémité de leur abdomen qui, comme nous l'avons dit, est très-pointu.

Nous avons fait figurer une espèce de ce genre dans l'atlas de ce Dictionnaire, planche 11 , n.° 5, c'est

1.º La Mordelle a bandes, *Mordella fasciata*, que Geoffroy a décrite sous le nom de mordelle veloutée à pointes.

Car. Elle est noire, alongée ; ses élytres sont ornés de deux bandes transversales de poils soyeux d'un jaune doré changeant ou chatoyant.

2.º Mordelle a pointe, *Mordella aculeata*, ainsi nommée par Linnæus et par Geoffroy, qui l'a figurée tom. I, pl. 6, fig. 7.

Car. Elle est toute noire. On la trouve sur presque toutes les fleurs, surtout dans les rosacées, les flosculeuses, et sur les ombelles.

3.º Mordelle a épaulettes, *Mordella humeralis*.

Car. Noire, à bouche, côtés du corselet et pattes jaunâtres.

4.º Mordelle jaune, *Mordella flava*.

Car. Jaune, avec les extrémités des élytres noires. (C. D.)

MORDELLONES. (*Entom.*) M. Latreille désignoit ainsi la famille des insectes coléoptères qui correspond à peu près à celle que nous avons nommée angustipennes ou Sténoptères (voyez ce mot). Il les a ensuite placés avec les trachélydes. (C. D.)

MORDETTE. (*Entom.*) Selon M. Bosc, ce nom est un de ceux qu'on donne à la larve du hanneton. (Desm.)

MORDEUR DE PIERRES. (*Ichthyol.*) Les pêcheurs de baleines appellent ainsi le loup de mer. Voyez Anarrhique. (H. C.)

MORDICANTES. (*Entom.*) Traduction d'un mot latin qui a servi pour désigner certaines espèces d'insectes à deux ailes qui sucent le sang des animaux, comme les cousins, les *stomoxes*, les *hippobosques*. (C. D.)

MORDORÉ. (*Ornith.*) L'espèce de tangara à laquelle est donnée cette dénomination, *tanagra atricapilla*, Linn.; est un lanion de M. Vieillot. Le bruant de l'île de Bourbon, qui est figuré pl. enlum. 321, n.º 2, porte également ce nom. (Ch. D.)

MORDUE [Feuille]. (*Bot.*) Terminée par une ligne transversale irrégulière, comme si le sommet avoit été coupé avec les dents ; telles sont les feuilles du *lomandra longifolia*, du *caryota urens*, etc. On désigne aussi par cette épithète les racines dont l'extrémité est comme tronquée ; telles sont celles du *plantago major*, du *leontodon autumnale*, du *scabiosa succisa*, etc. (Mass.)

MORÉE, *Moræa*. (*Bot.*) Genre de plantes monocotylédones, à fleurs incomplètes, de la famille des *iridées*, de la *triandrie monogynie* de Linnæus, offrant pour caractère essentiel : Une corolle à six pétales, trois intérieurs plus petits, étalés ; trois étamines ; un ovaire inférieur ; un style terminé par trois stigmates ; une capsule trivalve, à trois loges ; les semences nombreuses.

Les auteurs ne sont pas tous d'accord sur les caractères de ce genre. Resserrés chez les uns, étendus chez les autres, il s'en suit que plusieurs espèces de *moræa* sont ou conservées dans ce genre, ou renvoyées dans d'autres (voyez Aristée, Wieusseuxia); d'autres placées parmi les *ferraria*, les *sisyrinchium*, etc. Les morées sont, en général, des plantes très-élégantes, dont quelques-unes sont cultivées comme plantes d'ornement. Ce genre, établi par Miller, a reçu le nom de Robert More, amateur de botanique.

Morée de Chine : *Moræa chinensis*, Lamk., *Ill.*, tab. 31, fig 3 ; *Iris chinensis*, Linn. ; *Belancanda-schularmandi*, Rhéed., *Malab.*, 11, pag. 73, tab. 37; Redouté, Liliac., *Icon*. Cette espèce, une des plus belles de ce genre, est cultivée dans les jardins des curieux : elle y produit un très-bel effet par la couleur de ses fleurs d'un jaune pourpre, marquées de taches rouges. Sa racine est grosse, charnue, blanchâtre ; elle produit une assez grosse tige creuse : les feuilles sont ensiformes, fort longues, d'un pouce de large ; les fleurs disposées en une panicule dont les ramifications supportent des fleurs presque disposées en ombelles pédicellées, renfermées d'abord dans une spathe ; la corolle composée de six pétales, dont trois moins larges ; l'ovaire globuleux ; le style triangulaire, incliné ; le stigmate à deux divisions. Cette plante croît à la Chine et au Japon.

Morée Fausse-iris : *Moræa iridioides*, Linn.; Lamk., *Ill. gen.*, tab. 31, fig. 1; Curt., *Botan. Magaz.*, tab. 693; Miller, *Icon.*, tab. 239, fig. 1; Till., *Pis.*, tab. 33; *Iris compressa*, Willd., *Spec*. Cette espèce ne le cède point en beauté à la précédente ; elle est recherchée et cultivée avec autant de soin. Sa racine est fibreuse ; sa tige haute d'un pied, un peu flexueuse à l'insertion des feuilles ; celles-ci sont ensiformes, rétrécies un peu au-dessus de leur base, aiguës ; celles des tiges très-courtes, concaves ; les fleurs terminales, ordinairement solitaires ; la corolle composée de six pétales, trois extérieurs ovales, oblongs, barbus, tachetés de jaune sur un fond blanc ; trois intérieurs parfaitement blancs ; le style court ; les trois stigmates en forme de petits pétales bifides, de couleur violette ; la capsule tronquée au sommet. Cette plante croît au cap de Bonne-Espérance.

MORÉE SPATACÉE : *Moræa spatacea*, Lamk., *Ill. gen.*, tab. 40, fig. 2 ; Thunb., *Diss. bot.*, pag. 9, tab. 1, fig. 1. Il est à remarquer que cette plante est la même que le *bobartia indica*, que Linnæus, d'après quelque échantillon imparfait, avoit rangé parmi les graminées. Elle se distingue par le nombre des écailles qui accompagnent les fleurs en forme de spathes. Ses tiges sont nues, légèrement striées ; les feuilles toutes radicales, très-longues, étroites, jonciformes ; les fleurs réunies en tête, en forme d'épi, enveloppées d'abord par une spathe commune, dont une des valves une fois plus longue que l'autre ; d'autres spathes accompagnent chaque fleur à sa base, sur le pédoncule ; la corolle jaune ; les pétales égaux, les alternes plus étroits ; les stigmates jaunes. Cette plante croit sur les collines aux environs du cap de Bonne-Espérance. On prétend qu'elle y est si abondante, qu'elle retarde les voyageurs dans leur marche par ses feuilles longues et coriaces, qui s'entortillent autour des pieds, et dont il est difficile de se débarrasser.

MORÉE à PÉTALES ONDULÉS : *Moræa northiana*, Willd., *Enum.*; Andr., *Bot. repos.*, tab. 255 ; Curtis, *Magaz.*, tab. 654 ; *Moræa vaginata*, Redouté, Lil., *Icon.* Cette plante a des racines fibreuses, des tiges glabres, à deux angles, hautes de quatre à cinq pieds ; les feuilles alternes, en lame d'épée, disposées sur deux rangs en éventail, un peu courbées en faucille ; une spathe à deux valves inégales, l'une desquelles enveloppe la tige en forme de gaine, et se prolonge presque en feuille, d'où sortent plusieurs pédoncules courts, uniflores ; les spathes partielles renferment deux fleurs assez grandes, un peu barbues, quelquefois vivipares ; trois pétales plus grands que les autres, blancs, réfléchis, ondulés ; les inté-

ricurs plus petits, agréablement panachés. Cette plante croît
au Pérou et au Brésil, proche Rio-Janeiro. On la cultive
au Jardin du Roi.

MORÉE ÉLÉGANTE : *Morœa elegans*, Jacq., *Hort. Schœnbr.*, 1,
tab. 12; *Sisyrinchium elegans*, Willd., *Spec.*; Redouté, Lil.,
Icon. Plante du cap de Bonne-Espérance, munie à sa racine
d'une bulbe arrondie, fort petite; elle ne produit qu'une
seule feuille plane, linéaire, ensiforme, aiguë, renversée,
longue d'un pied et plus; la tige droite, cylindrique, beaucoup plus courte que la feuille, garnie de spathes alternes,
droites, lancéolées, roulées, longues d'un pouce et demi;
une seule fleur jaune, terminale; les divisions de la corolle
profondes, planes, alongées, aiguës, longues d'un pouce;
les trois extérieures plus larges, marquées d'une grande tache
verte dans leur milieu; les filamens connivens; les anthères
appliquées contre un stigmate bifide. On cultive cette plante
au Jardin du Roi.

MORÉE BULBIFÈRE; *Morœa bulbifera*, Jacq., *Hort. Schœnbr.*,
vol. 2, tab. 197. Cette espèce a des racines composées d'un
très-grand nombre de petites bulbes. Les tiges sont comprimées, flexueuses; les feuilles alternes, amplexicaules, canaliculées, glabres, renversées, rudes sur le dos et à leurs
bords, longues de plus d'un pied, munies de petites bulbes
dans leur aisselle; les spathes distantes, lancéolées, acuminées, en forme de feuilles; les pédoncules solitaires, ou deux
dans chaque spathe; la corolle jaune, parsemée, à sa partie
inférieure, de points orangés; ses divisions alongées, obtuses, à demi réfléchies; les filamens connivens à leur partie
inférieure; les anthères rouges; le stigmate en forme de pétale, à trois découpures lancéolées, denticulées, bifides. Cette
plante croît au cap de Bonne-Espérance.

MORÉE ÉTALÉE : *Morœa sordescens*, Jacq., *Icon. rar.*, 2,
pag. 225; Redouté, Lil., *Icon.*; *Iris tristis*, Thunb., *Diss.
de irid.*, n.° 39. Cette plante a une tige rameuse, velue,
haute de sept à huit pouces; les rameaux, ou plutôt les
pédoncules, sont flexueux, très-ouverts, velus, chargés d'une
à trois fleurs; les feuilles alternes, glabres, ensiformes,
linéaires, nerveuses, ondulées, plus longues que la tige, pen-
dantes à leur sommet. Les fleurs sont d'une couleur triste,

roussâtre, mêlée d'un peu de rouge et de jaune; les stigmates pétaliformes, bifides, à lobes lancéolés, bleuâtres à l'intérieur. Cette plante croît au cap de Bonne-Espérance. On la cultive au Jardin du Roi.

Morée a fleurs d'iris : *Moræa iriopetala*, Linn. fils, *Suppl.*; *Iris plumaria*, Thunb., *de irid.*, n.° 16, *var. α*; *Moræa juncea*, Linn., *Spec.*, *var. β*; *Moræa vegeta*, Linn., *Spec.*; Mill., *Icon.*, 159, tab. 133, fig. 1, 2. Plante du cap de Bonne-Espérance, qui présente plusieurs variétés remarquables, distinguées d'abord comme espèces. Les bulbes dont elle est pourvue ont des écailles, les unes distinctes (var. α), les autres conniventes à leur base (var. β); les tiges sont hautes de six à dix pouces et plus, glabres, flexueuses, simples ou divisées en quelques rameaux; les feuilles sont éparses, peu nombreuses, graminiformes, larges de trois lignes, striées, plus longues que les tiges; les pédoncules solitaires ou géminés, axillaires, alongés, chargés d'une à trois fleurs pédicellées; sous les pédicelles, une spathe à deux valves striées, lancéolées, inégales, un peu membraneuses à leurs bords; les fleurs violettes; elles sont blanches dans la variété α; les trois pétales extérieurs barbus; les stigmates laciniés; les capsules une fois plus grosses qu'un pois.

Il existe beaucoup d'autres espèces de morée, presque toutes remarquables par leur beauté, mais dont très-peu sont cultivées en Europe; elles sont presque toutes originaires du cap de Bonne-Espérance. MM. de Humboldt et Bonpland en ont également découvert plusieurs espèces dans l'Amérique, décrites par M. Kunth dans le *Nova genera plantarum*, etc. (Poir.)

MOREGZAG. (*Ornith.*) L'oiseau auquel les Persans donnent ce nom et celui de *moreg-zeha*, est la caille commune, *tetras coturnix*, Linn. (Ch. D.)

MORELLA. (*Bot.*) Genre établi par Loureiro, dans son *Flora cochinchinensis*, qui doit être réuni aux *Ascarina*. Voyez Ascarine. (Poir.)

MORELLA. (*Ichthyol.*) Aux environs de Rome on donne ce nom au véron, *leuciscus phoxinus*. Voyez Able, dans le Supplément du 1.er volume de ce Dictionnaire. (H. C.)

MORELLE; *Solanum*, Linn. (*Bot.*) Genre de plantes dicotylédones, qui a donné son nom à la famille des *solanées*, Juss., et qui appartient à la *pentandrie monogynie* du Système sexuel. Il offre pour caractère : Un calice monophylle, persistant, découpé le plus souvent en cinq dents ou en cinq lobes ; une corolle monopétale, en roue, à tube court et à limbe ouvert, divisé ordinairement en cinq lobes ; cinq étamines, à filamens courts, insérés à l'orifice du tube, portant à leur sommet des anthères oblongues, rapprochées, s'ouvrant à leur sommet par deux pores ; un ovaire supère, arrondi, surmonté d'un style filiforme, plus long que les étamines, et terminé par un stigmate obtus ; une baie arrondie ou ovale, communément à deux loges, contenant plusieurs graines portées sur des placentas charnus, tantôt adnés à chaque face de la cloison, tantôt saillans dans l'intérieur de chaque loge, et fixés à la cloison seulement par une lame intermédiaire.

S'il faut en croire les scholiastes, le mot *solanum* dériveroit de *solari*, consoler, et ce nom auroit été donné aux plantes de ce genre, parce que plusieurs d'entre elles passant pour être narcotiques et sédatives, on les a regardées comme propres à calmer les douleurs.

Les morelles sont des herbes ou des arbrisseaux à tiges dépourvues ou munies de piquans ; leurs feuilles sont simples. entières, sinuées, lobées ou composées, ordinairement alternes, quelquefois géminées, rarement ternées : leurs fleurs, d'une forme élégante, souvent assez jolies, sont rarement solitaires sur leur pédoncule ; le plus souvent elles forment des corymbes plus ou moins garnis, axillaires ou opposés aux feuilles, ou encore épars sur les rameaux.

Ce genre est un des plus nombreux du règne végétal. Le lecteur ne sera peut-être pas fâché de trouver ici un aperçu sur les accroissemens qu'il a éprouvés depuis soixante-dix ans, et d'apprendre de combien se sont successivement augmentées les espèces connues de Linnæus. Lorsque cet illustre auteur publia, en 1753, la première édition de son *Species plantarum*, il ne comprit dans cet ouvrage que vingt-trois espèces de *solanum*, et en 1762, dans sa seconde édition, il ne s'y en trouve encore que trente. Trente-quatre ans après cette dernière époque, M. Poiret, qui a fait l'article Morelle pour la partie botanique de l'Encyclopédie méthodique, porta à près de cent le nombre des espèces, dont quatre - vingt - cinq entièrement décrites, et les autres plus vaguement indiquées, ce qui, en tout, fit seize à dix-sept de plus que Willdenow, qui, deux ans plus tard, en 1798, n'en mentionne que quatre-vingt-trois dans l'édition qu'il publia du *Species plantarum* de Linnæus. M. Persoon, en 1805, dans son *Synopsis plantarum*, en se servant du travail de Willdenow, y ajouta tout ce qui avait été fait depuis ce dernier; et le nombre des *solanum*, mentionné par lui, fut de cent trente-neuf espèces. Mais tout cela n'étoit encore que peu de chose en comparaison de ce que le genre *Solanum* devoit devenir après qu'il auroit été traité par une monographie. M. Félix Dunal, qui entreprit cet ouvrage et qui le publia en 1813, décrivit deux cent trente-cinq espèces, plus six *lycopersicum* et deux *witheringia*, genres nouveaux, formés aux dépens des *solanum*. On auroit pu croire qu'après avoir réuni de toutes les parties du monde tant d'espèces vivantes ou en herbier, on ne trouveroit plus que rarement de nouvelles plantes à ajouter à ce genre : mais il n'en étoit pas ainsi; car M. Dunal, ayant examiné les espèces de ce genre dans les herbiers les plus riches des botanistes de Paris, que jusque-là il n'avoit pas encore vus, y reconnut assez de plantes nouvelles pour porter dans le *Synopsis solanorum*, qu'il publia en 1816, le nombre des espèces à trois cent quarante-un, y compris dix *lycopersicum* et onze *witheringia*. Enfin, selon le *Nomenclator botanicus* d'Ernest Steudel, qui est le catalogue le plus complet que nous connoissions de toutes les plantes phanérogames décrites jusqu'en 1821, le genre *Solanum* renferme aujourd'hui trois cent quatre-vingt-deux espèces, sans y comprendre vingt-huit espèces rapportées aux *Lycopersicum* et *Witheringia*, genres établis par les botanistes modernes, et qui ne diffèrent que par d'assez foibles caractères, que l'on auroit peut-être négligés, ainsi que l'avoit fait Linnæus, si la multitude des espèces du genre *Solanum* n'eût pas fait chercher des moyens de le diviser. Ce dernier genre pourroit donc à la rigueur être encore regardé comme réunissant à lui seul quatre cent dix espèces, ce qui est plus de la centième partie de toutes les plantes phanérogames, puisque le *Nomenclator botanicus*, cité plus haut, n'en porte le nombre qu'à trente-neuf mille six cent quatre-vingt-quatre.

Étant aussi nombreuses, les morelles se trouvent répandues dans toutes les parties du monde, dans les pays les plus froids comme les plus chauds, avec cette différence cependant, qu'elles sont beaucoup plus communes dans ces derniers, et l'Amérique équatoriale est la contrée où elles croissent en plus grand nombre. Quelle que soit d'ailleurs la quantité des espèces, la plus grande partie d'entre elles ne présente que fort peu d'intérêt; mais une d'elles est devenue une plante très-précieuse par les tubercules alimentaires que nous fournissent ses racines. Parmi celles qui sont frutescentes, plusieurs offrent d'assez jolies fleurs pour servir à l'ornement des jardins; cependant elles ne sont en général que médiocrement recherchées sous ce rapport, et le plus souvent on ne les trouve que dans les collections de botanique. La nature de cet ouvrage ne nous permettra de parler que des espèces utiles et de celles qui sont le plus généralement cultivées dans les jardins de botanique ou autres; nous les présenterons dans l'ordre des divisions qui ont été établies pour faciliter la connoissance des espèces dans un genre aussi nombreux.

§. 1.er *Tiges et feuilles dépourvues d'aiguillons.*

* *Feuilles composées.*

Morelle tubéreuse; vulgairement Pomme de terre, Parmentière, Truffe, etc. : *Solanum tuberosum*, Linn., *Sp.* 265; Blackw, *Herb.*, t. 523. Ses racines sont de gros tubercules oblongs ou arrondis, quelquefois de la grosseur du poing, de différentes couleurs en dehors, brunâtres, violets, rougeâtres, jaunâtres, blanchâtres, presque toujours de cette dernière couleur intérieurement; elles produisent des tiges herbacées, anguleuses, un peu velues, hautes d'un pied et demi à deux pieds. Ses feuilles sont ailées avec impaire, composées de cinq à sept folioles ovales-lancéolées, avec de petites pinnules interposées entre elles. Ses fleurs sont assez grandes, violettes, bleues, rougeâtres ou blanches, nombreuses, disposées en corymbes longuement pédonculés et opposés aux feuilles de la partie supérieure des tiges : elles paroissent en juin , juillet et août. Les fruits sont des baies de grosseur médiocre, et d'un rouge brunâtre à l'époque de la maturité.

C'est à l'Amérique méridionale que l'Europe est redevable de cette plante précieuse, et elle étoit cultivée dans cette partie du monde long-temps avant son introduction en Europe. « Cette plante bienfaisante, dit M. de Humboldt, dans son Essai sur la géographie des plantes ; cette plante, sur laquelle se fonde en grande partie la subsistance de la population des pays les plus stériles de l'Europe, présente le même phénomène que le bananier, le maïs et le froment : on ne connoît pas le lieu dont elle est indigène. » Quelques recherches que ce savant naturaliste ait faites sur les lieux qui paroissent sa patrie, il n'a pu savoir que personne l'ait trouvée sauvage. Mais M. de Humboldt étoit dans l'erreur à ce sujet ; Dombey qui, avant lui, avoit voyagé au Pérou, a vu la pomme de terre croître sans culture dans les Cordillières, et Joseph Pavon, depuis, l'a également rencontrée sauvage près de Lima. Elle croît aussi dans les forêts de Santa-Fé de Bogota.

Clusius est le premier botaniste qui ait fait mention de cette plante ; il en reçut, à Vienne en Autriche, deux tubercules et des fruits, en 1588, de Philippe de Sivry, gouverneur de Mons, à qui elle avoit été donnée, l'année précédente, par un légat du Pape dans la Belgique. Il la décrivit et en donna la première figure dans son *Rariorum plantarum historia*, publié en 1591. Mais, dès cette époque, cette plante étoit déjà très-répandue dans quelques cantons de l'Italie, puisque, selon le même auteur, elle étoit non-seulement employée comme aliment par les hommes, mais encore on la donnoit communément aux animaux domestiques. Ce que dit Clusius à ce sujet nous paroîtroit devoir faire éloigner de plusieurs années l'époque de l'introduction de la pomme de terre en Europe ; car, si elle n'eût été apportée dans cette partie du monde qu'en 1586, comme plusieurs auteurs l'ont écrit, il n'eût pas été possible que cinq à six ans plus tard elle eût été assez abondante dans certaines parties de l'Italie, comme le dit Clusius, pour y servir communément d'aliment aux hommes et aux animaux. Il nous semble que, d'après ce raisonnement, on ne peut plus, ainsi qu'on l'a souvent fait jusqu'ici, attribuer l'introduction de la pomme de terre en Europe à Walther Raleigh. On sait que ce célèbre navigateur partit en 1585, sous le règne d'Élisabeth, pour aller faire des découvertes sur la côte orientale du Nord de l'Amérique : il mouilla dans la baie de Roénoque, et donna le nom de Virginie à tout le pays que l'Angleterre se proposoit d'envahir. Depuis lors ce nom a été assigné à une seule province des États-Unis, et la baie de la Roénoque fait aujourd'hui partie de la Caroline. Si Raleigh a apporté en Europe les premières pommes de terre, c'est donc de la Caroline, et non de la Virginie; mais il paroît bien constant, d'après ce qu'en dit Clusius, qu'à l'époque où Raleigh revint d'Amérique, elles étoient déjà connues depuis plusieurs années dans le Midi de l'Europe, où elles avoient sans doute été apportées du Pérou par les Espagnols. Cette opinion est encore appuyée sur ce que l'Espagnol Ciéca a fait connoître vers le milieu du 16.ᵉ siècle leur culture et leur propagation au Pérou. Au reste, on peut croire, pour concilier ces différentes versions, que la culture des pommes de terre, introduites par les Espagnols dans quelques endroits de l'Espagne et de l'Italie, cessa d'y faire des progrès après le temps dont parle Clusius, ou qu'elle se borna à ces deux pays, et que, lorsque ces précieux tubercules se répandirent dans le reste de l'Europe, ce fut principalement par ceux apportés d'Angleterre, où ils furent d'abord cultivés en grand.

Leur introduction dans chaque pays a eu lieu avec plus ou moins de rapidité. Ce n'est que de 1714 à 1724 qu'elle eut lieu dans la Souabe, l'Alsace et le Palatinat; avant 1730, dans le canton de Berne, etc. Leur culture s'est propagée à des époques différentes dans les diverses parties de la France, par exemple, dès la fin du 16.ᵉ siècle les pommes de terre furent cultivées en Franche-Comté, en Lorraine, en Bourgogne, dans le Lyonnois, où peut-être elles avoient été apportées d'Italie. Mais J. Bauhin nous apprend que l'opinion qu'elles pouvoient produire la lèpre, empêcha leur culture de faire des progrès. Ce n'est que depuis une cinquantaine d'années qu'on les connoît dans les montagnes des Cevennes, où elles sont aujourd'hui une des bases de la nourriture du peuple.

C'est principalement à Parmentier qu'est due la généralisation de leur culture en France. L'anecdote suivante donne une idée de l'ardeur avec laquelle ce philanthrope travailloit à l'introduction de la pomme de terre. On assure qu'il affermoit des terres dans les environs de Paris pour y cultiver ce végétal et le répandre ; mais le préjugé contre cette introduction étoit si grand alors, que bien peu de personnes acceptoient les pommes de terre qu'il leur offroit. Cependant il crut s'apercevoir que certaines gens lui en voloient pour les manger ; il en fut charmé, et continua à en planter pour qu'on les lui volât, pensant bien que l'expérience des voleurs contribueroit à vaincre le préjugé établi. Il étoit déjà parvenu avec beaucoup de peine et après plusieurs années à les propager dans un assez grand nombre de lieux, lorsque l'affreuse disette, suite des troubles de la révolution française, rendit tout à coup leur culture générale.

La facilité avec laquelle la pomme de terre se propage en abondance dans presque toutes les régions, est cause qu'elle est aujourd'hui si généralement répandue. Elle est en effet cultivée dans presque toutes les parties connues de la terre, sous les tropiques comme en Suède, au-delà du soixante-quatrième degré de latitude ; à dix-neuf cents toises d'élévation au-dessus du niveau de la mer, dans le Chili, et dans les environs de Quito, qui, presque sous l'équateur, n'est qu'à deux cents toises au-dessus du même niveau. Toutes les expositions et la plupart des terrains lui conviennent.

La pomme de terre est susceptible des deux modes de reproduction connus dans les végétaux, la reproduction par extension et la reproduction par graines. C'est la première qui est la plus généralement pratiquée, parce qu'elle est la plus prompte. Par elle on récolte, la même année, une quantité de tubercules égale à celle qu'on n'obtient qu'après deux ans par la voie du semis. Elle peut se faire de deux manières : 1.° en mettant en terre de petits turbercules ou de gros tubercules divisés en morceaux tels qu'il reste sur chacun d'eux un certain nombre de bourgeons ou œille-

La seconde, quoique moins avantageuse sous le rapport de la récolte (elle ne donne que sept à huit pour un), doit cependant être préférée, parce qu'elle est plus facile et moins dispendieuse toutes les fois qu'on veut entreprendre une culture d'une certaine étendue, dont les produits sont destinés à la nourriture des bestiaux, ou à l'extraction de la fécule en grand, ou enfin à la distillation.

Le sol le plus avantageux pour les pommes de terre est celui qui est formé de sable et d'une certaine portion de terre végétale. Les terrains argileux, trop compactes, et ceux qui sont calcaires, ne leur sont pas propres. Quelle que soit d'ailleurs la nature du sol dans lequel on se propose de mettre ces plantes, il doit être rendu le plus meuble possible avant la plantation et même pendant tout le temps de leur végétation. Cependant il suffit ordinairement de deux labours pour préparer toute espèce de terrain pour la plantation des pommes de terre : le premier, qui doit être aussi profond que possible, se fait en automne, et le second au printemps, au moment de mettre les tubercules en terre. Ceux-ci se plantent entiers, s'ils sont petits ou de médiocre grosseur; ceux qui sont trop gros se divisent en plusieurs morceaux, qu'il faut couper non en tranches circulaires, mais en biseaux ayant chacun deux à trois yeux. Lorsque la terre est labourée à la charrue, on les place au fond des sillons, à mesure qu'ils sont creusés, en employant à cet effet une femme ou un enfant qui suit la charrue en portant un panier rempli de tubercules, et en traçant, selon la nature du sol et de la variété que l'on plante, une ou deux raies qu'on laisse vides. Lorsque le champ est planté en entier, on y fait passer la herse pour recouvrir.

Si la terre est travaillée à la bêche ou à la houe, les pommes de terre se plantent dans de petites fossettes faites en échiquier, en quinconce, ou en rigoles droites, et on les recouvre en prenant ce qu'il faut de terre avec les outils.

Il est plus tôt fait, et par conséquent plus économique, de répandre le fumier avant le dernier labour, au moyen duquel il se trouve enterré. Mais plusieurs cultivateurs assurent qu'il est plus avantageux pour la récolte de ne mettre le fumier qu'au fur et à mesure, en en recouvrant à la

main chaque tubercule après l'avoir placé en terre : il
faut pour cette opération une personne de plus. La distance entre chaque pied doit être de douze à quinze pouces
en tout sens. Dans la plantation en sillons, les pieds se
trouvent naturellement alignés; dans l'autre cas, de même,
on doit disposer les fossettes par rangées aussi régulières qu'il
est possible, afin de faciliter les travaux subséquens.

Quelques personnes ont essayé par économie de ne planter
que les pelures ou les yeux des pommes de terre, et de
garder toute la partie charnue des tubercules pour l'employer à l'alimentation soit des hommes soit des animaux;
mais MM. Payen et Chevalier, qui viennent de faire des
expériences comparatives pour savoir si ces moyens étoient
réellement économiques, se sont assurés qu'ils ne l'étoient
nullement. En effet, la même étendue de terrain plantée en
pommes de terre entières, ou en pelures et en yeux, a donné
des produits bien différens. La plantation faite en pommes
de terre entières a rapporté treize à quatorze fois plus de
tubercules que celle dans laquelle on n'avoit mis en terre
que des pelures ou des yeux. Dans la première, les tiges se
sont élevées rapidement et ont conservé pendant toute
leur végétation une grande vigueur. Par opposition, les tiges
provenues des pelures ou des yeux étoient grêles, se soute-
noient à peine ou étoient la plupart courbées sous leur poids.

D'après les expériences faites par les mêmes savans, le produit des pommes de terre plantées en morceaux approche
beaucoup du produit obtenu de celles qu'on a plantées entières.
Cependant, l'avantage étant toujours pour ces dernières, ils
croient qu'il n'y a pas non plus d'économie à planter des
morceaux, et que le mieux est d'employer à la plantation
des pommes de terre d'une grosseur moyenne. Il est très-
probable, ainsi qu'ils le pensent, que dans ce dernier cas
l'eau contenue dans la pomme de terre est non-seulement
utile au développement des bourgeons, mais encore doit
concourir pendant quelque temps à la nutrition de la plante
elle-même. La force végétative s'exerce peut-être pendant
ce temps sur la pomme de terre par les points auxquels
il y a adhérence entre la tige et le tubercule : celui-ci cède
son eau de végétation par degrés; lorsqu'il est épuisé, la

plante a déjà pris un grand accroissement et acquis assez de force pour s'assimiler toute la nourriture qui lui est nécessaire, et que les racines et les feuilles vont chercher dans la terre et dans l'air.

Il faut planter les pommes de terre plus écartées et moins profondément dans les terrains fertiles que dans ceux qui sont maigres. Elles doivent être recouvertes de trois à quatre pouces de terre dans les premiers, et de cinq pouces dans les derniers. Les variétés à tubercules blanchâtres ou jaunâtres ont aussi besoin d'être plus espacées que celles à tubercules rouges, qui poussent toujours moins de tiges et de feuilles, et qui de même produisent moins en racines.

Les pommes de terre craignent la gelée, et lorsque leurs tubercules en sont frappés, ils pourrissent bientôt. Cela fait que dans le climat de Paris et dans le Nord de la France on ne les plante pas avant le mois d'avril, parce qu'à cette époque les gelées, lorsqu'il en survient, ne sont plus assez fortes pour attaquer les racines. Il paroît d'ailleurs, d'après l'observation de quelques cultivateurs, que les plantations faites plus tard, même en juin et juillet, sont souvent aussi productives que celles faites en avril.

Aussitôt que les tiges des pommes de terre ont trois à quatre pouces de hauteur, on les sarcle à la main, et plus tard, au moment où leur floraison va commencer, on les butte en se servant de la houe, ou en faisant passer dans les sillons vides une petite charrue qui, en renversant la terre à droite et à gauche, rechausse les pieds. Ces différentes façons, qui sont nécessaires aux pommes de terre, débarrassent les champs des mauvaises herbes, rendent les terres plus meubles et les disposent favorablement pour recevoir ensuite des grains et donner de meilleures récoltes. L'expérience a d'ailleurs prouvé que le buttage peut augmenter le produit d'une manière remarquable. Cette opération, selon les cultivateurs qui l'ont fait exécuter avec soin, fait produire près d'un tiers de plus, et l'on prétend même que, si au simple buttage on ajoute le soin de coucher les tiges en terre, le produit sera encore cinq fois plus considérable. Ainsi, dans la plantation simple, la pomme de terre ne rend que sept à huit pour un, tandis qu'on en obtient douze à treize pour un en buttant les tiges, et jusqu'à soixante en les couchant et les recouvrant de terre.

Cependant ces préceptes ne sont pas d'une application générale; ils doivent dans certains cas être soumis à quelques exceptions. Dans les terres maigres et légères, par exemple, lorsque le printemps et l'été sont secs, on doit borner les façons à un simple sarclage à la main; on s'exposeroit, en remuant la terre pour butter ces plantes, à arrêter leur végé-tation et à les faire dessécher. L'expérience a prouvé que, dans des années très-arides, des pommes de terre qui n'avoient été sarclées qu'à la main, étoient restées constamment vertes et vigoureuses, tandis que celles qu'on avoit binées et but-tées, ont d'abord commencé par jaunir, se sont ensuite des-séchées, et ont fini par n'être d'aucun rapport.

Les bestiaux mangent volontiers les feuilles et les tiges des pommes des terre; lors donc qu'on s'aperçoit, vers la fin de septembre ou le commencement d'octobre, qu'elles com-mencent à jaunir, au lieu de les laisser se dessécher et se perdre, on peut les faire faucher, ou tout simplement mettre dans les champs les vaches ou les moutons, qui les broutent sur place. Ces fannes de la pomme de terre, enfouies avant la floraison, forment un excellent engrais, et de toutes les récoltes employées de cette manière ce sont celles qui amé-liorent le plus la terre. Desséchées et incinérées, elles four-nissent vingt pour cent de potasse. Enfin, leurs sommités fleuries peuvent donner pour la teinture une couleur d'un jaune brillant, dont la découverte est due à un chimiste de Copenhague. Le moyen de l'obtenir est simple; il ne faut, dit-on, que couper le haut de la pomme de terre quand elle est en fleur, le broyer et en extraire le suc. De la toile, du coton ou du drap, trempés dans cette liqueur pendant quarante-huit heures, prennent une couleur jaune, belle, solide et durable.

C'est à la fin d'octobre ou au plus tard dans les premiers jours de novembre que se fait la récolte des pommes de terre. Dans les terrains légers on peut, en saisissant les tiges à poignée et en tirant à soi, enlever jusqu'à un certain point les racines en paquet; mais on s'expose à laisser beau-coup de tubercules en terre, et ce moyen n'est jamais praticable dans les terres fortes. Quand on n'a pas beaucoup de pommes de terre à récolter, on les arrache avec une fourche à deux ou trois dents ; la bêche ou la houe ne valent rien pour cela, parce qu'avec ces outils on est exposé à couper un grand nombre de tubercules. Mais, lorsqu'on a des champs entiers à récolter, ce moyen deviendroit trop long et trop coûteux : on se sert alors de la charrue, avec laquelle on peut facilement en déchausser un arpent et même plus par jour.

Lorsque le temps est beau et que la gelée ne paroît pas à craindre, il est bon de laisser les pommes de terre sur le champ, soit éparses soit réunies en petits tas, pendant deux à trois jours, afin que pendant ce temps leur humidité superficielle se dissipe et qu'elles se dépouillent plus facilement de la terre qui leur est encore adhérente ; cela les rend de meilleure garde et les empêche de contracter un mauvais goût, même de pourrir, ce qui leur arrive souvent lorsqu'on les serre encore humides et recouvertes de terre. Si la saison est trop froide et qu'il y ait à craindre qu'il ne gèle pendant la nuit, on fait, à mesure qu'elles sont arrachées, ramasser toutes les pommes de terre par des femmes ou des enfans, et on les fait transporter à la maison, où on les laisse pendant quelques jours à l'abri sous des hangars, jusqu'à ce qu'elles puissent être serrées. Quand on a des caves ou des celliers qui ne sont pas humides, les pommes de terre s'y conservent fort bien, amoncelées par tas plus ou moins considérables. Au défaut de ces endroits on les met dans des greniers, dans les coins d'une grange, où l'on a soin de les couvrir de paille ou de grande litière pour les mettre à l'abri de la gelée. Dans les fermes où l'on a récolté beaucoup de pommes de terre pour les faire servir à la nourriture des bestiaux pendant l'hiver, on en fait aussi, dans les cours ou le voisinage des habitations, de gros tas en pain de sucre, qu'on recouvre d'abord de trois à quatre pouces de paille, et ensuite de cinq à six pouces de terre ou de gazon, qu'on bat en-dessus, afin que l'eau des pluies puisse glisser par-dessus sans s'infiltrer dans les tas. Enfin, on met les pommes de terre dans des fosses creusées dans un terrain sec, garnies de paille au fond et tout autour, et recouvertes de manière à ce que le froid et l'eau des pluies ne puissent y pénétrer. Il y a peu d'années encore on étoit forcé de prendre diverses précautions pour conserver les pommes de terre bonnes à manger, lorsque le printemps les faisoit entrer en germination, et pour pouvoir en garder jusqu'au moment de la récolte nouvelle : la manière la plus simple étoit de les étendre dans des greniers bien aérés, de les visiter souvent et d'en enlever toutes les pousses à mesure qu'elles se formoient; mais aujourd'hui on en possède des variétes tardives et d'autres si hâtives, que les premières se gardent facilement sans précautions extraordinaires jusqu'à ce que les secondes soient déjà bonnes à manger.

Les pommes de terre appartenant à une famille qui comprend beaucoup de plantes mal-faisantes, bien des gens ont craint qu'elles ne renfermassent quelque principe nuisible, ainsi que plusieurs autres solanées, et ce préjugé, il faut l'avouer, avoit en quelque sorte un fondement raisonnable. Mais aujourd'hui tout le monde est généralement désabusé à cet égard ; car jusqu'à présent rien n'a démontré que leur usage, en telle quantité que ce fût, ait jamais été suivi d'aucun accident, à moins qu'elles n'aient été mal préparées, et tout concourt, au contraire, à prouver qu'elles sont un aliment aussi salubre que nourrissant. En effet, les tubercules charnus que donnent leurs racines, fournissent une nourriture beaucoup plus substantielle que toutes les racines bulbeuses ou tuberculeuses connues jusqu'à présent, ou au moins que celles qui sont en usage parmi nous, et il n'y a pas de farineux non fermentés qu'on puisse manger en aussi grande quantité et aussi souvent que les pommes de terre. A l'époque désastreuse de la révolution française, et dans ces derniers temps, en 1812 et 1817, les disettes qu'on éprouva par suite des mauvaises récoltes des céréales, auroient eu sans doute des résultats bien fâcheux, si ces précieux tubercules, dans beaucoup de cantons et même dans des provinces entières, n'eussent pas, pendant plusieurs mois de chacune de ces années malheureuses, remplacé le pain pour une grande partie de la classe indigente et des habitans des campagnes. Non-seulement la pomme de terre peut seule sustenter le malheureux qui est privé d'autres alimens, mais encore dans les temps de famine on peut, en la mélant dans certaines proportions avec de la farine de froment, en faire du pain d'un goût agréable et peu différent de celui qui n'est composé que de simple farine.

Parmentier a le premier enseigné à fabriquer du pain de pommes de terre ; mais, depuis lui, plusieurs économistes ont publié le résultat de leurs expériences et ont fait connoître de nouveaux procédés ou modifications des procédés connus. On trouvera surtout des détails intéressans sur ce sujet dans trois Mémoires publiés dans la Bibliothèque britannique de l'année 1812, année où la disette s'est fortement fait sentir.

On peut réduire toutes les manières de faire du pain avec des pommes de terre aux trois suivantes :

1.º Pain de farine de froment mélangée avec des pommes de terre ;

2.º Pain de pommes de terre mélangées avec la farine de froment ;

3.º Pain de pommes de terre sans aucun mélange de farine de grain.

La première espèce, le pain de farine de froment mélangé de pommes de terre, se fait avec parties égales en poids de farine ordinaire et de pommes de terre cuites et bien pilées dans un mortier ou écrasées autrement, une demi-once de levure, et un gros et demi de sel pour une livre de chacune des deux premières substances. Quant à la manière de fabriquer ce pain, voici celle qui nous a paru la meilleure : on prend la levure, qu'on délaye avec un peu d'eau chaude ; on y ajoute deux onces de farine et autant de pulpe de pommes de terre cuites ; on pétrit le tout ensemble pour faire une pâte destinée à servir de levain, qu'on laisse lever pendant six à huit heures, selon que la chaleur de la saison est plus ou moins considérable, et dans un endroit un peu chaud quand il fait froid. Lorsque cette première pâte est suffisamment levée, on la mêle et on la pétrit avec ce qui reste de farine et de pulpe préparée comme ci-dessus, ou quatorze onces de chaque espèce, en ajoutant la quantité d'eau nécessaire et le gros et demi de sel. Cette dernière pâte étant faite, on la laisse encore lever pendant deux à trois heures, et on l'enfourne. Le pain qu'on retire du four pèse environ une livre dix onces. Pour en avoir une plus grande quantité, il ne faut qu'opérer avec les mêmes substances en prenant des proportions plus considérables.

Quelques économistes ont conseillé d'employer de préférence la pulpe obtenue en râpant la pomme de terre crue, et ils assurent que la panification est plus entière de cette manière; tandis que le pain dans la pâte duquel on a fait entrer, comme on a dit ci-dessus, les pommes de terre cuites et pilées, laisse toujours apercevoir de petites masses de tubercules qui sont seulement interposées dans la substance. Nous pouvons assurer que, lorsque les pommes de terre cuites ont été préalablement bien pilées dans un mortier et réduites elles-mêmes en une sorte de pâte, qui est ensuite bien pétrie avec la farine, la panification est si parfaite qu'on ne peut reconnoître dans le pain aucune trace des tubercules, qui y sont cependant pour moitié. Nous ajouterons encore que nous avons goûté du pain fait des deux manières, et que celui dans lequel les pommes de terre avoient été cuites préalablement, nous a paru le meilleur. Nous le croyons aussi le plus sain, puisque celui fait avec la pulpe des pommes de terre crues doit retenir une certaine quantité de leur eau de végétation, et que cette eau de végétation est assez insalubre, quand elle est concentrée. Ainsi, on rapporte que la même eau ayant été laissée pendant plusieurs jours de suite dans une grande chaudière de fonte où l'on faisoit cuire plusieurs fois par jour des pommes de terre pour les bestiaux, des enfans qui mangèrent des derniers tubercules cuits, éprouvèrent quelques-uns des accidens qui sont ordinairement la suite des empoisonnemens.

Pour faire la seconde sorte, le pain de pomme de terre mélangé avec la farine de froment, il faut prendre une livre de fécule, une livre de pommes de terre cuites et réduites en pulpe, une livre de farine, environ six gros de levure, deux gros de sel, et on procède d'ailleurs comme ci-dessus. Avec les quantités données on obtient un pain du poids de deux livres onze à douze onces.

La troisième espèce de pain, dans laquelle il n'entre que des pommes de terre, se fait avec une livre de fécule, une livre de pulpe, une demi-once de levure et un gros et demi de sel.

On pourroit peut-être fabriquer encore du pain de pommes de terre avec leur fécule seule, en convertissant préalablement une certaine quantité de celle-ci en bouillie épaisse, pour donner du liant à la pâte qui, faite seulement avec la fécule et l'eau, ne peut prendre assez de liaison et de ductilité pour se panifier convenablement.

Le pain de froment mélangé de pommes de terre, ou celui de la première sorte, est en général d'un très-bon goût. Nous avons vu quelques personnes préférer sa saveur à celle du pain de froment : il a en quelque sorte de la ressemblance avec le pain dans lequel il entre du seigle ; il se comporte de même en soupe, c'est-à-dire qu'il renfle moins. Gardé, il se maintient très-longtemps frais, et sous ce rapport il a de l'avantage sur le pain de pur froment. Beaucoup de personnes ont cru et ont objecté que ce pain étoit moins nourrissant, et que les ouvriers en mangeoient plus que de pain de farine de grain. M. Pictet (Bibl. brit., Août 1812, p. 282), qui a fait plusieurs expériences à ce sujet, pense qu'il se pourroit que la consommation, dans le commencement surtout, en parût plus grande, soit parce qu'il est d'un meilleur goût, soit parce qu'il est plus long-temps frais, soit, enfin, parce qu'ayant moins de poids sous le même volume, il y a de l'illusion sur la quantité qu'on en mange ; mais jusqu'ici aucun fait ne semble prouver qu'il soit moins nourrissant à poids égal, et en admettant qu'il y eût une légère différence, l'économie est si considérable, surtout lors de la cherté des grains, qu'il reste beaucoup de marge.

Les pains de la seconde et de la troisième sorte, dans lesquels la fécule entre pour un tiers ou même pour moitié, sont plus compactes, moins savoureux ; mais ils n'ont rien de désagréable au goût. Au reste, la pulpe de pommes de terre est en même temps beaucoup plus économique et bien meilleure, mêlée à la farine de froment, que la fécule ; car, si pour la pâte de la première sorte on substitue cette dernière à la pulpe, le pain qu'on aura sera le plus compacte, le plus sec de tous et le moins bon. Dans tous les cas, aucune autre substance, prise hors des céréales, ne peut aussi bien que les pommes de terre s'assimiler au pain, qui fait la nourriture ordinaire des peuples de l'Europe, et par conséquent ne peut mieux remédier au fléau de la disette des grains, fléau qui pèse plus particulièrement sur la classe indigente du peuple.

Mais le pain n'est pas le seul aliment dont on puisse augmenter la masse avec la pomme de terre. Dans plusieurs parties de l'Allemagne on prépare ce qu'on appelle du beurre de pomme de terre, par le procédé suivant : l'on fait cuire et l'on râpe de ces tubercules ; on les met dans la baratte avec une égale quantité de crême, et l'on bat ce mélange à la manière ordinaire. Lorsque le beurre est formé, on le lave et on le sale comme le beurre pur, et cette préparation est, dit-on, un excellent mets pour la classe ouvrière : elle ne doit pas d'ailleurs être propre à la préparation et à l'assaisonnement des alimens ; car les pommes de terre ne sont dans ce cas qu'amalgamés en apparence avec le beurre, et elles n'en augmentent pas réellement la quantité.

En Saxe on emploie aussi les pommes de terre pour ajouter à la masse des fromages. Après les avoir fait cuire et les avoir râpées, on les pétrit avec le lait caillé jusqu'à ce que les deux substances soient intimement mélangées ; on les laisse ensuite reposer à la cave pendant deux ou trois jours, après quoi on recommence à les pétrir, en ajoutant du cumin ou d'autres herbes aromatiques que les Allemands mettent dans leurs fromages, et enfin on les met dans des formes ordinaires.

Si d'ailleurs les pommes de terre peuvent être, dans les temps malheureux, la seule ou presque la seule nourriture du pauvre, les riches ne les dédaignent plus aujourd'hui ; l'art des cuisiniers a trouvé le moyen de les préparer de cent manières différentes, et même d'en faire des mets délicats qu'on sert tous les jours sur les tables les plus opulentes. A une époque où l'on étoit encore beaucoup moins avancé que maintenant dans l'art de les accomoder, en 1775 ou 1776, Parmentier donna, au rapport de M. Bosc, à des savans et à des agronomes, un grand dîner dans lequel il ne fit servir que des pommes de terre, même pour boisson. Le même Parmentier assure qu'une surface quelconque de terrain, consacrée à la culture de ces plantes, produit cinq fois plus de substance alimentaire que cultivée en céréales. D'autres depuis lui, mais qui ont peut-être exagéré, ont été jusqu'à dire que la substance alimentaire fournie par un arpent de pommes de terre étoit dix fois plus considérable que celle que pouvoit produire un arpent de blé. En Angleterre, des agronomes qui se sont aussi livrés à la recherche des produits comparatifs de ces deux cultures, ont trouvé que ces tubercules farineux venus dans la même étendue de terrain que du blé, contenoient six fois plus de substance alimentaire, et ils ont même calculé qu'un acre de terrain, planté en pommes de terres, pouvoit fournir le repas de seize mille huit cent soixante-quinze personnes; tandis que la même étendue, semée en froment, ne pouvoit servir qu'au repas de deux mille sept cent quarante-cinq personnes.

En France on porte le produit d'un arpent planté en pommes de terre, terme moyen, à 25,000 livres de ces tubercules.

Par une préparation fort simple on sépare la partie fibreuse, à peu près inerte, de la partie féculente, la seule qui soit essentiellement nutritive et à laquelle les pommes de terre doivent toutes leurs propriétés recommandables. Cette préparation consiste à râper ces tubercules dans de l'eau, puis à passer la pulpe qu'on a formée sur un tamis, avec une grande quantité d'eau qui entraine la fécule à travers les mailles du tamis, tandis que la partie fibreuse reste dessus. Ensuite on lave à plusieurs reprises, toujours avec beaucoup d'eau, la fécule dans de grands vases, au fond desquels elle se précipite par le repos, et on fait écouler, à chaque fois qu'elle s'est précipitée, l'eau qui surnage, jusqu'à ce qu'elle ne soit plus trouble et que la fécule soit bien pure et bien blanche. Enfin on fait sécher celle-ci dans une étuve ou à l'air libre, si la chaleur de la saison est suffisante pour en opérer promptement la dessiccation. La fécule amilacée obtenue par ce moyen est d'une blancheur éblouissante, et quand elle est bien sèche, elle peut se conserver sans aucune altération pendant vingt ans et peut-être plus long-temps. Cette substance est très-abondante dans les pommes de terre; car, si l'on fait abstraction de leur eau de végétation, qui fait les trois quarts de leur poids, la fécule forme les cinq huitièmes du reste, et en général elles donnent de cette substance près du septième de leur masse totale.

On extrait maintenant cette fécule en grand et d'une manière fort économique au moyen de machines particulières,
qui accélèrent beaucoup plus le travail que lorsqu'on le fait
avec de simples râpes et de simples tamis.

C'est sous la forme de gelée, de bouillie, que la fécule doit
principalement être consommée, et sous ce rapport elle peut
être très-utile. On peut aussi la substituer à la farine pour
les ragoûts, et surtout pour les sauces blanches, qu'elle rend
moins visqueuses, moins collantes et plus légères. Le luxe
de nos tables a aussi tiré un bon parti de la fécule de pomme
de terre pour en faire des crèmes et diverses pâtisseries déli-
cieuses : les pâtissiers les plus renommés en font la base d'excellens biscuits, dits biscuits de Savoie. Depuis quelques années on est encore parvenu à imiter avec cette substance
diverses pâtes ou grains alimentaires qui étoient le produit
de certaines plantes exotiques. Les fabricans de ces sortes de
pâtes donnent à ces préparations de fécule les noms de sagou
françois, de sémouille, de fleur de riz, de salep, de topioca,
de macaroni en grain, etc.

La polenta de pomme de terre, dont on doit la fabrication
première à M. Ternaux, est une préparation faite avec les
tubercules eux-mêmes. Le procédé pour faire cette polenta
est simple et facile ; il consiste à peler les pommes de terre,
à les cuire à la vapeur, à les faire passer à un vermicelloir,
à faire sécher cette espèce de vermicelle dans une étuve,
où il perd les deux tiers de son poids, et enfin à en faire du
gruau, comme on le fait avec les céréales. Dans cet état de
dessiccation cette polenta est facilement convertie en po-
tage, en la faisant cuire quelques instans dans une suffisante quantité d'eau avec un peu de sel et de beurre, ou
dans du bouillon. Cette préparation alimentaire peut sans
doute être avantageuse pour la classe indigente, surtout dans
les temps de disette ; mais on a trop exagéré ses qualités,
et bien certainement ses propriétés alimentaires ne sont pas
sextuplées, comme on l'a prétendu.

On vient de voir qu'immédiatement ou presque immédiatement les pommes de terre présentoient une ressource tellement abondante pour la nourriture de l'homme, que,
grâce à ces tubercules précieux, l'Europe, malgré son accrois-

sement de population, est désormais à l'abri de ces famines désastreuses qui l'ont plusieurs fois désolée dans des temps où cependant elle étoit beaucoup moins peuplée que maintenant. Mais ce ne sont pas là les seuls avantages qu'elles puissent procurer : les pommes de terre sont également très-bonnes, comme nous le dirons plus bas, pour la nourriture des bestiaux, et on en retire encore par la distillation une assez grande quantité d'eau-de-vie pour qu'il puisse être avantageux de les employer à cet usage. Mais, avant de nous en occuper sous ce dernier point d'utilité, il est à propos que nous disions quelque chose de leurs propriétés en médecine. Considérée dans ses rapports avec l'art de guérir, la pomme de terre est loin d'être aussi importante que sous le rapport alimentaire.

Réduite par la coction en une sorte de bouillie, elle peut être employée pour faire des cataplasmes émolliens, et nous avons vu de bons effets de sa pulpe fraiche, appliquée aussitôt l'avoir râpée sur des brûlures au moment où elles venoient d'être faites. Leur prétendu vertu lithontriptique ne mérite aucune attention. La propriété narcotique et calmante que quelques médecins ont attribuée à ses feuilles, n'est nullement prouvée, et leur application, après les avoir fait cuire, sur des contusions, des luxations, des cancers, est un moyen tout-à-fait insignifiant. La fécule est la partie dont la médecine peut tirer le plus d'avantage. Dans les maladies d'épuisement et dans tous les cas où l'on a besoin de fournir à des individus délicats, une nourriture en même temps douce et restaurante, cette substance peut être employée avec avantage. Elle peut très-bien remplacer le sagou, qui n'est qu'une autre fécule analogue, retirée de la tige de certains palmiers. Le salep, qui n'est autre chose que les tubercules de divers orchis, peut aussi être remplacé par la pomme de terre. Parmentier a préparé avec les tubercules de celle-ci un salep indigène, qui par ses qualités ne paroît pas différer de celui qu'on nous apporte de l'Orient. Pour fabriquer ce salep, il faisoit sécher au four la pomme de terre pelée et coupée par tranches, après l'avoir laissée quelques instans dans l'eau bouillante. Elle acquiert par ce moyen la solidité et la transparence de la corne, devient cassante, présente dans sa cassure un aspect vitreux; en la pilant dans un mortier, on la réduit facilement en une poudre blanchâtre qui, cuite dans l'eau, le bouillon ou le lait, peut être donnée dans tous les cas où le salep est employé.

Tels sont les rapports que les pommes de terre ont avec la médecine, on voit qu'ils sont peu étendus: il n'en est pas de même si on les considère sous le point de vue de l'alcool qu'on peut en retirer; elles peuvent être alors l'objet d'un commerce assez important, ainsi que nous allons le voir.

Rai, dans son Histoire des plantes, rapporte que les habitans de la Virginie font une liqueur fermentée et enivrante avec la pomme de terre récente, broyée et étendue d'un peu d'eau; ils donnent à cette liqueur les noms de *mobbi* et de *jetici*.

Les habitans du Nord de l'Europe, qui font un grand usage de liqueurs fermentées, ont cherché par divers moyens à remplacer l'eau-de-vie de vin que leur sol se refuse à produire. Divers grains leur ont d'abord servi à cet usage, mais depuis qu'ils ont connu les pommes de terre, ils ont aussi cherché et ils ont réussi à les employer sous le même rapport. Voici en général par quel procédé ils font l'eau-de-vie avec ces tubercules. On prend des pommes de terre, on les lave dans une eau courante ou qu'on renouvelle plusieurs fois, jusqu'à ce qu'elles soient bien débarrassées de toute la terre qui pouvoit les salir; ensuite on les fait cuire dans de grandes chaudières. Quand elles sont cuites, on les écrase d'une manière quelconque, et on les met dans une cuve, où on les délaye à diverses reprises avec les deux tiers d'eau chaude et une certaine quantité de levure de bière pour accélérer la fermentation. Celle-ci commence ordinairement au bout de trente-six heures et dure cinq à huit jours, selon la température de l'atelier où les cuves sont placées. Dix-huit degrés de chaleur sont le terme le plus convenable pour favoriser la fermentation. Quand elle est achevée, ce qu'on reconnoît à l'enfoncement de la partie supérieure de la matière, on la remue de nouveau avec force, afin d'en bien mêler toutes les parties; puis on en remplit l'alambic jusqu'aux trois quarts, et enfin on procède à la distillation de la manière ordinaire. On obtient ainsi, de deux cents livres de pommes de terre, dix à douze pintes d'eau-de-vie à dix ou douze degrés, à laquelle on donne plus de force et qu'on peut élever jusqu'à dix-huit degrés en la distillant une seconde fois, ce qui la réduit des deux tiers, de sorte que le plus qu'on puisse obtenir de deux cents livres de pommes de terre est quatre pintes d'eau-de-vie à dix-huit degrés. Le résidu de la distillation peut être donné aux bestiaux; ce n'est même qu'en l'utilisant de cette manière que la distillation des pommes de terre peut être avantageuse. Ce résidu engraisse les animaux, surtout si on le leur donne tiède. C'est en Suède, en Allemagne et principalement sur les bords du Rhin, qu'on a commencé à retirer par ce procédé de l'eau-de-vie de pommes de terre. Mais ce procédé est très-imparfait, et il est probable qu'il cessera d'être employé, lorsque les nouveaux moyens que les progrès de la chimie ont fait connoître, seront plus répandus.

C'est M. Kirchhoff, célèbre chimiste de Saint-Petersbourg, qui a découvert et fait connoître que les fécules amilacées pouvoient être converties en matière sucrée fermentescible par la réaction prolongée de l'acide sulfurique très-affoibli. On ne regarda d'abord ce fait que comme curieux, sans le croire susceptible d'aucune application en grand, et le point de vue théorique fut le seul dont nos chimistes s'occupèrent; mais, dans le temps où les compatriotes de M. Kirchhoff, grands consommateurs de boissons alcooliques, comme tous les peuples du Nord, nous avoient mis presque au dépourvu de cette denrée, on fut forcé de chercher quelques moyens extraordinaires de s'en procurer, et on eut recours à celui dont nous venons de faire mention. Une fois que l'industrie s'en fut emparée, les perfectionnemens marchèrent avec tant de rapidité, qu'on parvint en très-peu de temps aux résultats les plus satisfaisans. M. Kirchhoff prescrivoit de faire bouillir, pendant trente-six heures, 2 kilogrammes de fécule avec 8 kilogrammes d'eau et 20 grammes d'acide sulfurique; d'ajouter de l'eau à mesure de son évaporation, pour maintenir toujours la même quantité de liquide. Lorsque l'ébullition avoit été prolongée pendant ce temps, on saturoit l'acide sulfurique par de la craie, on clarifioit ensuite avec le blanc d'œuf, et on ajoutoit une certaine portion de charbon. Le tout étoit enfin jeté sur une étamine, puis on évaporoit le sirop pour l'obtenir en consistance. En suivant cette méthode, dit M. Robiquet (Dict. technol.), auquel nous emprunterons la plus grande partie de ce qui suit sur l'alcool de fécule, il deviendroit excessivement difficile de convertir de grandes masses de fécule en sirop ; et une des causes qui y mettent le plus d'entraves, c'est la grande consistance qu'acquiert le mélange par la première action de la chaleur ; il devient si épais qu'on ne peut plus le brasser : on est obligé de ralentir singulièrement le feu, pour éviter de tout brûler ; tandis qu'en ajoutant la fécule par petites portions à l'eau acidulée et déjà bouillante, on évite ce grave inconvénient, et l'opération marche avec infiniment plus de rapidité. Quatre heures suffisent pour convertir 1000 kilogrammes de fécule en sirop, lorsqu'on a des vases d'une capacité convenable. Ainsi on se sert d'une chaudière ordinaire, dans laquelle on verse de l'eau acidulée dans la proportion de trois d'acide concentré pour cent de la fécule à employer. On chauffe la liqueur, et, lorsqu'elle est en pleine ébullition, on y fait tomber uniformément, au moyen d'une petite trémie, de la fécule bien desséchée, et on agite fortement. A mesure que la fécule se délaye avec l'eau acidulée bouillante, elle se dissout immédiatement, sans que la liqueur prenne de consistance. Dans plusieurs fabriques on s'est servi, mais avec un peu moins d'avantage, de la méthode indiquée par Lampadius, qui consiste à opérer cette transformation de la fécule en sirop dans des cuves de bois et à l'aide de la vapeur fournie par une chaudière couverte et portant un tuyau qui communique avec le fond de la cuve ; mais, par ce moyen, il faut employer plus d'acide et plus de temps : la pression que subit la vapeur, exerce sur la chaudière une réaction assez forte pour la détériorer en peu de temps.

« Lampadius recommande de mettre d'abord dans la cuve en bois, pour une dose de 40 livres de fécule, 60 litres d'eau, que l'on chauffe au moyen de la vapeur jusqu'à ébullition, puis on y verse 4 livres d'acide sulfurique. étendu de 10 litres d'eau ; lorsque l'acide est mélangé. on ajoute, livre par livre, la fécule délayée dans partie égale d'eau. A chaque addition le liquide devient épais ; mais, après quelques minutes de réaction, cette consistance se perd, et on ajoute la livre suivante. On continue de soutenir l'ébullition au moyen de la vapeur pendant sept heures consécutives : alors l'action chimique est achevée. Par ce procédé on ne court point risque de brûler le sirop ni d'y introduire du cuivre; mais la manœuvre de cette opération est difficile : l'autre nous paroît bien préférable. Au reste, de quelque manière qu'on s'y soit pris pour déterminer cette formation du sucre aux dépens de la fécule, il faut, lorsqu'elle est achevée, enlever l'acide surabondant au moyen de la craie, et en ajouter tant qu'il se produit de l'effervescence : on donne le temps au sulfate de chaux produit de se déposer, puis on décante. Ce qui reste au fond, est jeté sur une chausse; on reprend ces résidus par une petite quantité d'eau froide, et on filtre de nouveau. Toutes ces liqueurs claires sont réunies dans une chaudière et soumises à l'évaporation, jusqu'au degré qu'on désire obtenir. Lorsqu'on est à 30^d de l'aréomètre, on retire 150 livres de sirop pour 100 de fécule; si on pousse à 45 degrés, on obtient 100 pour 100, et enfin, 90 seulement de sucre sec.

« Les résultats sont toujours les mêmes quand on opère de la même manière; mais on peut les faire varier en changeant, soit la température, soit la proportion d'acide. En général, on a observé qu'en augmentant la température on pouvoit diminuer la dose d'acide, et réciproquement ; ainsi, par exemple, quelques personnes se sont servies de chaudières autoclaves.

« Lorsqu'on veut transformer le sirop obtenu en alcool, on s'y prend absolument de la même manière que pour faire fermenter toute autre liqueur sucrée, c'est-à-dire qu'après l'avoir mis à 7 ou 8 degrés de l'aréomètre, on y délaye de la levure, et qu'on abandonne pendant un temps relatif à la masse sur laquelle on agit. Cette fermentation ne s'établit qu'à une température de 20 à 25 degrés centigrades, et il est essentiel que cette chaleur soit uniformément répartie et soutenue; sans quoi la fermentation pourroit s'interrompre, et il deviendroit extrêmement difficile et souvent même impossible de la rétablir.

« Si toutes les circonstances favorables se trouvent réunies,

la fermentation marche avec rapidité et se manifeste par
une espèce de bouillonnement bien soutenu. A mesure que
l'alcool se développe, la densité de la liqueur diminue, et
lorsqu'elle est descendue à un degré, ou mieux à zéro, que
d'ailleurs le mouvement tumultueux a cessé, alors on juge
qu'il est temps de la soumettre à la distillation. Il ne faut y
apporter aucun retard, car cette espèce de vin artificiel
passe promptement à l'acide. On retire de 100 litres de
sirop de fécule, 15 litres d'alcool à 22 degrés.

« L'alcool qu'on obtient par ce moyen est de bonne qualité, et il n'a rien de cette saveur désagréable qui caractérise les eaux-de-vie de grain ou de marc; de plus, il s'exé-
cute avec tant de promptitude, que, même dans un petit em-
placement, on peut en fabriquer d'assez grandes quantités.
Aussi est-on assuré maintenant que, hors le cas de disette,
jamais en France l'alcool ne pourra devenir cher. »

En rectifiant cet alcool, on peut d'ailleurs l'obtenir à 33 et
34 degrés, et on pourroit même en retirer à 36 degrés, si
on avoit soin pour cela de séparer les premiers produits de
la distillation.

La fécule destinée à être changée en sirop pour la distillation de l'eau-de-vie n'a pas besoin d'être portée, par un
aussi grand nombre de lavages, au même degré de pureté et
de blancheur que celle qui doit être employée à faire des
bouillies, des crèmes, des pâtisseries, etc. Cette sorte de
fécule brute, que les fabricans nomment fécule verte, ne vaut
communément que six francs le quintal. La fécule pure,
celle propre à être préparée pour la table, a valu dans le
principe six à sept francs la livre; mais Parmentier, par les
procédés simples qu'il publia pour son extraction, l'amena,
il y a vingt-cinq ans, à ne valoir que six à huit sous la livre,
et aujourd'hui, depuis qu'on a multiplié les moulins à râpe,
en même temps que la culture s'est étendue, la fécule la plus
belle et la plus pure peut être vendue en gros moins de
trois sous la livre.

Au reste, pour terminer ce qui a rapport aux produits
qu'on peut retirer de la pomme de terre ou de sa fécule
en les soumettant à la distillation, nous dirons que les distilleries d'alcool de fécule avoient pris, il y a trois ans, un tel dé-

veloppement dans Paris, qu'en Août 1821 elles fabriquoient tous les jours dix mille litres d'alcool rectifié à 33 ou 34 degrés ; pendant l'hiver qui avoit précédé, cela s'étoit quelquefois élevé jusqu'à 11 et 12 mille litres par jour, et sur vingt-deux fabriques de ce genre, il y avoit à cette époque trois distillateurs qui en faisoient à eux seuls six mille litres par jour. Tout cet alcool se vendoit alors comme esprit de vin, et la plus grande partie étoit coupée avec la quantité d'eau nécessaire (environ un tiers) pour faire de l'eau-de-vie à 22 degrés, laquelle on coloroit avec un peu de caramel pour lui donner la couleur de l'eau-de-vie du commerce, et enfin elle étoit ainsi livrée aux marchands comme eau-de-vie de Cognac. A l'époque où ces distilleries de fécule donnoient des produits aussi considérables, la plus grande partie de ce qui se consommoit journellement par le peuple de Paris, n'étoit autre chose que cette eau-de-vie. Au reste, l'alcool ainsi retiré de la fécule de pomme de terre et rectifié à 34 degrés, nous a paru avoir absolument les mêmes qualités que l'alcool de vin au même degré; sa pesanteur spécifique, sa limpidité, son arome et sa saveur sont les mêmes. Nous en avons fait des liqueurs qui ont été trouvées fort bonnes, qui avoient tout-à-fait les mêmes qualités, et qu'on ne pouvoit reconnoître au goût d'avec celles qui avoient été faites avec de l'alcool ordinaire.

Depuis deux ans le Gouvernement a supprimé toutes les distilleries d'alcool de pommes de terre qui étoient dans Paris, parce que, soumises à des droits, il leur étoit trop facile d'en frauder une partie.

Quant au sucre qu'on pourroit fabriquer avec la fécule, nous n'en avons point encore vu, et il ne paroît pas qu'on soit parvenu jusqu'à présent à le faire cristalliser; mais nous croyons qu'il ne faut pas désespérer de voir la chimie opérer complétement cette métamorphose. Alors quelle importance nouvelle doit acquérir encore la pomme de terre, déjà si précieuse, si l'on peut un jour en retirer cette substance, devenue aujourd'hui une denrée presque de première nécessité ! On n'a pas pu non plus priver entièrement le sirop de fécule d'une saveur plus ou moins âcre qui le rend peu agréable au goût, et qui empêche qu'on ne puisse l'employer pour la préparation et l'assaisonnement de tous les mets alimentaires pour lesquels on se sert du sucre ; il est surtout impropre à sucrer toutes les préparations de laitage, parce qu'il les fait promptement coaguler.

Nous avons déjà dit plus haut que la pomme de terre étoit pour les animaux domestiques une nourriture aussi salubre que pour l'homme; effectivement on peut la leur donner dans tous les temps, crue ou cuite, en observant dans le premier cas d'avoir toujours la précaution de la leur couper en morceaux, et dans le second, d'attendre qu'elle soit un peu refroidie.

On a imaginé dans ces derniers temps, pour les grandes fermes où l'on a beaucoup de bestiaux, diverses machines propres à couper en morceaux les pommes de terre et autres racines potagères destinées à leur nourriture. Une des meilleures est celle qui est figurée, page 2 0, dans le douzième volume du nouveau Cours d'agriculture, imprimé chez Deterville.

On doit régler la quantité qu'on donne de pommes de terre, selon la force, l'âge et la constitution de chaque animal, et il faut toujours y ajouter une certaine quantité d'un autre genre de nourriture.

Selon Parmentier, un boisseau pesant 18 à 20 livres environ, donné par jour, indépendamment du foin que l'on jette toujours dans le râtelier, épargne le fourrage, et nourrit fort bien un bœuf destiné à la boucherie ; il en faut un peu moins pour les vaches, auxquelles cela fait produire du lait en abondance. Cette nourriture soutient également les chevaux, et un arpent cultivé en pommes de terre peut suffire à la nourriture de trois de ces animaux; mais il faut les mêler avec le fourrage et en donner une mesure semblable à celle d'avoine. Elles sont aussi propres aux moutons qu'on veut engraisser, et qui, par ce moyen, produisent plus de suif et consomment moins de fourrage; aux boucs et aux chèvres, qui en profitent beaucoup. Rien n'est plus convenable à la nourriture des cochons, lorsqu'on veut les engraisser promptement et à peu de frais. On peut conduire ces animaux plusieurs jours de suite dans les champs où les pommes de terre ont été récoltées; en fouillant la terre avec leur grouin, ils trouvent les tubercules qui ont échappé aux ouvriers, et les mangent.

Tous les oiseaux de basse-cour, ajoute Parmentier, peuvent être mis à l'usage des pommes de terre cuites et mêlées à un peu de farine. Il n'y a pas jusqu'au poisson qui n'y trouve sa nourriture; il suffit de les lui jeter en fragmens dans les étangs et les viviers. Ces racines suppléent encore le son pour la préparation de l'eau blanche, boisson recommandable dans la médecine vétérinaire. En les râpant et les exprimant au pressoir à cidre, et en les faisant ensuite cuire avec l'addition d'un peu de sel, il en résulte sur-le-champ une eau blanche, comparable, pour les effets, à celle qui porte ce nom.

D'après le même agronome, parmi les racines potagères il n'y en a point qui soit susceptible d'offrir tant de ressource et de profit que la pomme de terre; elle conserve dans leur embonpoint les bestiaux qui s'en nourrissent une partie de l'année, et rend leurs fumiers plus propres à l'amendement des terres.

Avec cette denrée les fermiers trouveront dans leurs fonds les plus médiocres l'avantage de faire des élèves pendant l'été, d'entretenir pendant l'hiver des troupeaux considérables; et le petit cultivateur, à son tour, fera rapporter à son foible héritage de quoi nourrir sa famille, sa vache, son cochon, son chien et sa volaille. Jamais cette culture ne pourra devenir préjudiciable à celle des grains. Si l'une et l'autre sont également abondantes, on emploie l'excédant du produit de la première à l'extraction de la fécule, à la distillation pour en retirer de l'eau-de-vie; on fait blanchir les pommes de terre coupées par tranches, et on les fait sécher pour en avoir jusqu'à la récolte suivante; enfin, on les donne à manger aux bestiaux. La pomme de terre, en un mot, est un aliment local qui diminuera la consommation des grains dans les campagnes, et fera disparoître ces fléaux des grandes populations, le monopole, l'accaparement et la famine.

A ces considérations importantes on peut encore en ajouter quelques autres; d'abord, c'est que les premiers et les derniers travaux qu'exige cette plante se font à une époque où il n'y en a plus guère d'autres. En effet, les pommes de terre ne se plantent que lorsque les semailles de tous les grains sont faites, et on ne commence leur récolte qu'après que toutes les autres sont terminées. Enfin, le plus grand avantage qu'elles présentent, c'est qu'elles n'ont presque rien à craindre de ces fléaux dévastateurs qui font trop souvent la ruine des laboureurs; ces ouragans, ces grêles qui quelquefois anéantissent en peu d'instans les plus belles moissons, ne leur font que peu ou même point du tout de mal. Les sécheresses prolongées, les pluies continuelles, qui peuvent arrêter la végétation des grains ou en occasioner la pourriture, n'ont encore que peu d'influence sur la récolte des pommes de terre.

Avant de terminer ce qui a rapport à la morelle tubéreuse, nous dirons quelque chose sur son emploi économique pour le blanchissage du linge, que M. Cadet-de-Vaux a fait connoître. Voici le procédé au moyen duquel on peut opérer ce blanchissage. On fait tremper le linge, pendant vingt-quatre heures, dans une grande quantité d'eau froide. On le retire, on le bat et on le tord. Quand cela est fait, on prend des pommes de terre qu'on a fait cuire dans l'eau, comme pour les manger, mais de manière cependant qu'elles conservent assez de solidité pour pouvoir être employées comme du savon. Il faut les éplucher, parce que leur peau donneroit au linge une couleur grisâtre. Ensuite, on plonge le linge essangé dans une chaudière d'eau chaude, où il demeure une demi-heure, et on le retire pièce à pièce, en le tordant légèrement, afin qu'il ne présente pas trop d'humidité à la pomme de terre. Le linge étant ôté de la chaudière, on le déploie, et, à l'aide d'une planche, on empâte de pommes de terre les parties grasses; alors on le replie en l'arrosant légèrement d'eau chaude; on le froisse, on le bat et on le replonge ainsi empâté dans la chaudière pour l'y tenir en ébullition pendant une demi-heure à trois quarts d'heure. Si le linge étoit extrêmement sale, on auroit recours, pour les taches qui auroient résisté, à un second empâtement semblable au premier, ainsi qu'à une seconde immersion dans l'eau bouillante. Enfin on retire le linge de la chaudière pour le laver à la rivière, ou pour le plonger dans un baquet d'eau froide, où il est lavé à grande eau.

Nous avons dit dans le commencement de cet article que le genre Morelle renfermoit plus de trois cent quatre-vingts espèces ; mais il s'en faut beaucoup que toutes les autres ensemble offrent autant d'importance que la seule pomme de terre. Ce qui nous reste à dire ne sera donc que peu de chose comparativement à ce qui a été nécessaire pour faire, même en abrégé, l'histoire d'une plante qui est aujourd'hui si précieuse, non-seulement pour la France, mais pour l'Europe entière.

Morelle pinnatifide : *Solanum pinnatifidum*, Lam., *Illust.*, t. 115, fig. 41 ; *Solanum reclinatum*, Herb. de l'amat., n.° et t. 307. Sa tige est épaisse, un peu succulente, glabre comme toute la plante, haute d'un pied et demi à deux pieds, rameuse, garnie de feuilles pinnatifides, ou à trois lobes, ou même simples. Les fleurs sont d'un bleu clair, assez grandes, portées trois à six ensemble sur des pédoncules rameux, placés dans les aisselles des feuilles, ou le plus souvent en dehors, et recourbés en bas après la floraison. Le fruit est une baie globuleuse, d'un jaune verdâtre et de la grosseur d'une petite prune. Cette espèce est bisannuelle dans notre climat ; elle est originaire du Pérou, où l'on mange, dit-on, ses fruits. On la cultive en France depuis vingt et quelques années. Il faut la rentrer dans la serre tempérée pendant l'hiver ; elle commence à y fleurir en Avril, et ses fleurs se succèdent les unes aux autres pendant une grande partie de l'été.

Morelle a feuilles de chêne : *Solanum quercifolium*, Linn., *Spec.*, 264 ; Dun., *Solan.*, 139. Sa tige est haute de deux à trois pieds, divisée en rameaux anguleux, garnis de feuilles oblongues, pinnatifides, légèrement ciliées et composées de cinq à sept pinnules plus ou moins profondes. Les fleurs sont violettes, à cinq divisions obtuses, et portées sur des corymbes dichotomes, ordinairement disposés au sommet des tiges. Cette plante est originaire du Pérou. On la cultive au Jardin du Roi, où elle fleurit en Août et Septembre. On la rentre dans l'orangerie pendant l'hiver.

Morelle radicante : *Solanum radicans*, Linn. fils, Dec. 1, t. 10 ; Lam. Dict. enc. 4, p. 288. Sa tige est herbacée, anguleuse, couchée et rampante à sa base, ensuite redressée, très-rameuse, garnie de feuilles pinnatifides, partagées le plus souvent en cinq divisions ovales-lancéolées. Les fleurs sont petites, blanchâtres ou violettes, disposées en grappes simples, axillaires ou opposées aux feuilles. Les fruits sont de petites baies rougeâtres. Cette espèce est originaire du Pérou. On la cultive au jardin du Roi, et on la rentre dans l'orangerie pendant l'hiver.

** *Feuilles lobées, sinuées ou anguleuses.*

Morelle douce-amère; vulgairement douce-amère, vigne de Judée : *Solanum dulcamara*, Linn., *Sp.* 264; Bull., *Herb.*, t. 23. Sa tige est ligneuse, divisée dès sa base en rameaux sarmenteux, légèrement pubescens, longs de cinq à six pieds ou plus, ne se soutenant qu'en s'appuyant sur les autres plantes qui sont dans leur voisinage. Ses feuilles sont alternes, pétiolées, légèrement pubescentes; les unes très-entières et ovales-lancéolées, les autres découpées à leur base en deux lobes. Les fleurs sont de grandeur moyenne, d'une belle couleur violette, quelquefois tout-à-fait blanches, et disposées, au nombre de quinze à vingt ou au-delà, en cimes placées le long des rameaux ou à l'opposition des feuilles. Les fruits sont de petites baies ovoïdes, d'un rouge éclatant. Cet arbrisseau croit dans les haies, les buissons et sur les bords des bois : il fleurit depuis le mois de Mai jusqu'à la fin de l'été.

La morelle douce-amère est propre par ses rameaux sarmenteux à garnir des murs et des berceaux. Ses cimes de fleurs, qui se succèdent les unes aux autres pendant tout l'été, font un joli effet. On la multiplie de graines, de marcottes et en éclatant les racines. Outre la variété à fleurs blanches, on en cultive encore une autre à fleurs doubles, et une autre à feuilles panachées. Ces deux dernières variétés sont plus délicates, sensibles au froid, et il est bon de les mettre à l'abri pendant l'hiver. Quant à la douce-amère commune, elle exige peu de soin; il faut seulement la placer dans un endroit ombragé et un peu frais.

Les tiges et les feuilles fraîches de cette espèce ont une saveur douceâtre, et ensuite amère, ce qui a fait donner à la plante le nom qu'elle porte; ces parties répandent, lors-

qu'on les froisse entre les doigts, une odeur un peu nau-
séeuse, mais qui se dissipe en grande partie par la dessiccation.

La douce-amère a été très-préconisée sous le rapport de
ses propriétés médicinales, et plusieurs auteurs en ont fait
l'objet de traités particuliers. Les maladies dans lesquelles
on en a principalement vanté l'usage, sont la goutte, les
rhumatismes, la pleurésie, la péripneumonie, la phthisie
pulmonaire, l'ictère, l'obstruction des viscères, les scro-
phules, le cancer, le scorbut, la syphilis, les dartres, et les
maladies de la peau en général. Aujourd'hui beaucoup de
médecins sont persuadés qu'on a beaucoup trop exagéré les
vertus de cette plante, et de toutes les maladies citées plus
haut, elle n'est plus guère usitée que dans les affections
cutanées. La meilleure préparation de douce-amère est la
décoction de ses rameaux d'un an ; on peut les employer à
la dose d'une demi-once jusqu'à quatre onces pour une pinte
d'eau. On en fait aussi un extrait dont la dose ordinaire est
d'un demi-gros à une demi-once, mais qu'on peut élever
successivement beaucoup plus haut. Un malade cité par M.
Dunal en a pris jusqu'à quatre onces par jour, qu'on divisoit
culement en deux prises.

On a cru pendant long-temps que les fruits de la douce-
amère étoient vénéneux et qu'ils agissoient à la manière des
narcotiques. Cette opinion étoit établie sur un fait rapporté
dans la Pharmacologie de Floyer. Selon cet auteur, trente
baies de douce-amère ayant été données à un chien, cet animal mourut au bout de trois heures, et l'on trouva ces fruits
non digérés dans son estomac. Haller, Linnæus, Bergius,
Murray et la plupart des auteurs de matière médicale ont
cité ce fait comme une preuve des effets délétères de cette
plante ; mais M. Dunal, ayant fait de nouvelles expériences
à ce sujet, a prouvé que ces fruits n'avoient réellement aucune action vénéneuse sur les animaux, et que la mort du
chien dont parle Floyer, devoit être attribuée à toute autre
cause qui est restée inconnue. En effet, M. Dunal a fait avaler à des cabiais ou cochons d'Inde et à plusieurs chiens de
moyenne taille, trente, trente-cinq, cinquante, soixante,
cent et jusqu'à cent cinquante baies de douce-amère, sans

qu'il soit arrivé le moindre accident à aucun de ces animaux. Indépendamment des cabiais et des chiens, M. Dunal a aussi fait manger cinquante des mêmes fruits à un coq, qui n'en a pas été plus affecté que ceux-là. On sait d'ailleurs que les grives mangent aussi les baies de la douce-amère.

Morelle a gros fruits : *Solanum macrocarpon*, Linn., *Mant.*, 205 ; Mill., *Ic.*, t. 294. Sa tige est lisse, sillonnée, anguleuse, haute d'un pied ou deux, garnie de feuilles grandes, brièvement pétiolées, cunéiformes, sinuées, très-glabres. Ses fleurs sont grandes, bleues, presque campanulées, portées sur des pédoncules courts. Il leur succède une baie très-grosse, arrondie, du volume d'une pomme ordinaire et de couleur jaune. Cette morelle croît naturellement au Pérou. Elle est cultivée au Jardin du Roi, dans la serre chaude.

Morelle faux-piment ; vulgairement Pommier d'amour, Petit-cerisier ; *Solanum pseudocapsicum*, Linn., *Spec.*, 268. La tige de cet arbrisseau s'élève dans nos jardins à quatre ou cinq pieds de hauteur et même plus. Ses feuilles sont lancéolées, entières ou légèrement sinuées, rétrécies en pétiole à leur base. Les fleurs sont blanches, assez petites, pédonculées, disposées le long des jeunes rameaux, souvent plusieurs ensemble, quelquefois solitaires ou seulement géminées. Les fruits sont des baies globuleuses d'un rouge vif et de la grosseur d'une petite cerise. Cette espèce est originaire de l'île de Madère, et cultivée depuis long-temps dans les jardins. Dans le Nord de la France on la plante en pot et on la rentre dans l'orangerie pendant l'hiver ; dans les parties les plus chaudes du Midi de la France, elle peut vivre en pleine terre. Elle fleurit depuis la fin du printemps jusqu'au milieu de l'automne. On la multiplie très-facilement par ses graines, dont les semis donnent des fleurs et des fruits dès la première année.

Morelle de Buenos-Ayres ; *Solanum bonariense*, Linn., *Spec.*, 264. La tige de cette espèce est ligneuse, munie de piquans dans sa jeunesse ; elle s'élève dans nos jardins à la hauteur de dix à douze pieds, et se divise en rameaux, d'abord munis d'aiguillons, mais qui tombent avec le temps ou qui se perdent tout-à-fait par la culture. Ses feuilles sont alternes, pétiolées, ovales-lancéolées, sinuées en leurs bords, un peu rudes au toucher , mais dépourvues de piquans en leur surface. Les fleurs sont grandes, blanches, disposées vers l'extrémité des rameaux en cimes ou en corymbes. Cet arbrisseau est indigène de l'Amérique méridionale, où il a été trouvé dans les environs de Buenos-Ayres. On le cultive au Jardin du Roi, et il est assez généralement répandu dans ceux des amateurs. A Paris et dans une grande partie de la France il faut le rentrer dans l'orangerie pendant l'hiver; en Provence et en Languedoc il peut vivre en pleine terre. Ses bouquets de fleurs se succèdent les uns aux autres pendant tout l'été.

Morelle noire; vulgairement Morelle commune : *Solanum nigrum*, Linn., *Spec.*, 266; Bull., *Herb.*, t. 67. Sa racine est fibreuse, annuelle ; elle produit une tige haute de huit à douze pouces, divisée en rameaux étalés, garnis de feuilles pétiolées, ovales - lancéolées, plus ou moins anguleuses , molles au toucher ,et d'un vert assez foncé. Ses fleurs sont petites, blanches, disposées cinq à six ensemble en manière de petites ombelles dispersées çà et là sur les rameaux. Il leur succède des baies de couleur noire et de la grosseur d'un grain de groseille. Cette espèce est commune dans les lieux cultivés. Elle fleurit en Juillet et en Août.

Les médecins et les botanistes ont cru pendant long-temps que toutes les parties de cette morelle avoient les mêmes propriétés narcotiques que plusieurs autres plantes de la famille des solanées à laquelle elle appartient; on trouve même dans les auteurs des exemples d'empoisonnement attribués à cette plante. D'un autre côté, Théophraste, Dioscoride et autres écrivains de l'antiquité parlent de la morelle comme d'une plante potagère dont on faisoit communément usage, et dans plusieurs pays on en use encore de même aujourd'hui. Ainsi, dans les Indes, dans les îles de France et de Bourbon, dans plusieurs des Antilles, on mange, sous les noms de *Brèdes*, de *Laman*, la morelle, comme dans plusieurs parties d'Europe nous mangeons les épinards. Des colons de Saint-Domingue, réfugiés à Paris, ont même préparé l'espèce d'aliment qu'ils nomment *Calalou* avec la morelle recueillie aux environs de la capitale, et l'ont mangé comme ils faisoient dans leur pays, sans en avoir éprouvé la moindre incommodité. Dans des expériences positives faites sur cette plante, son infusion, trois gros de son suc, deux gros du suc des baies, n'ont rien produit de remarquable. Enfin, M: Dunal en a pris lui-même une assez grande quantité de baies, et fait prendre jusqu'à cent à plusieurs animaux, sans qu'il en soit jamais résulté aucun accident; ce qui porte ce médecin à croire que les empoisonnemens attribués à la morelle ont probablement été causés par les fruits de la belladone, souvent appelée morelle. Cependant on voit par opposition, dans des expériences faites par M. Orfila, des chiens périr quarante-huit heures après qu'on leur eut fait avaler six à sept gros d'extrait aqueux de morelle.

D'ailleurs, un pharmacien de Besançon, M. Desfosses, a découvert, dans les baies de la morelle noire, un principe alcalin qu'il a nommé *solanine*. Il existe aussi, mais moins abondant, dans les baies de la douce-amère. Quatre grains de cette substance, introduits dans l'estomac d'un chien ou d'un chat, excitent des vomissemens violens, suivis d'un assoupissement qui dure plusieurs heures.

De tout ce qui précède, il nous paroît qu'on peut conclure que la morelle noire n'est pas véritablement aussi dangereuse qu'on l'a dit pendant long-temps; mais cependant son affinité avec les solanées narcotiques, son odeur, qui se rapproche de la leur, ne permettent pas de la regarder comme étant tout-à-fait et dans tous les temps exempte de pouvoir produire certains accidens, et c'est sans doute en automne, lorsqu'elle est chargée de fruits, qu'elle est le plus dans ce cas. Pour la manger sans inconvénient, il faut probablement la cueillir au printemps, lorsqu'elle est encore peu avancée ou quand elle commence seulement à fleurir.

La morelle a été très-usitée en médecine, et elle l'est encore. Autrefois on l'employoit à l'intérieur contre la cardialgie, le cancer, la strangurie, les coliques néphrétiques, l'hydropisie, etc. Mais aujourd'hui on ne s'en sert plus guère qu'extérieurement; c'est en cataplasmes et en fomentations, sur les inflammations cutanées, les brûlures, les hémorroïdes, les tumeurs inflammatoires douloureuses qu'on en fait le plus d'usage, et surtout en décoction et en injection dans les dégénérescences cancéreuses de la matrice. On faisoit autrefois dans les pharmacies plusieurs préparations de morelle qui de nos jours sont tombées en désuétude.

Morelle velue : *Solanum villosum*, Lam., Dict. enc., 4, p. 289 ; *Solanum nigrum*, Linn., *Spec.* 266. Cette espèce diffère de la précédente parce que sa tige, ses feuilles, surtout sur leurs nervures, et ses pédoncules sont velus ; on la distingue aussi par ses fruits jaunes ou un peu rougeâtres. Elle croit dans les lieux cultivés, et fleurit en Juin, Juillet et Août. Les *Solanum miniatum*, *humile* et *ochroleucum*, distingués comme espèces par les auteurs modernes, diffèrent peu entre eux et ne sont très-probablement, ainsi que le *solanum villosum*, que de simples variétés de la seule espèce que Linnæus avoit admise, le *Solanum nigrum*.

*** *Feuilles très-entières.*

Morelle a feuilles de laurier : *Solanum laurifolium*, Linn., *Suppl.*, 148 ; Lam., Dict. enc., 4, p. 280. Sa tige est frutescente, à rameaux cotonneux, garnis de feuilles ovales-oblongues, portées sur de courts pétioles, glabres et lisses en-dessus, revêtues en-dessous d'un duvet jaunâtre ou roussâtre. Les fleurs sont petites, disposées en une panicule terminale presque dichotome. Le calice est glabre et la corolle profondément quinquéfide. Cette espèce est originaire de l'Amérique méridionale. On la cultive au Jardin du Roi.

Morelle a feuilles de molène ; *Solanum verbascifolium*, Lam., Dict. enc., 4, p. 279. Cette espèce est un arbrisseau dont la tige s'élève dans nos jardins à six ou huit pieds de hauteur, et dont les rameaux, les pétioles, le dessous des feuilles, les pédoncules et les calices sont abondamment recouverts d'un duvet velouté. Ses feuilles sont ovales-lancéolées, grandes, molles au toucher, cotonneuses des deux côtés et surtout en-dessous. Les fleurs sont bleuâtres, nombreuses, petites, disposées en une panicule terminale et dichotome. Cet arbrisseau est originaire des Antilles. On le cultive au Jardin du Roi dans la serre chaude ; il fleurit en Septembre et Octobre.

Morelle auriculée ; *Solanum auriculatum*, Lam., Dict. enc., 4, p. 279. Cette espèce a beaucoup de rapports avec la précédente ; mais elle en diffère parce qu'elle s'élève davantage, jusqu'à quatorze et quinze pieds, et surtout parce que le pétiole de ses feuilles est muni à sa base de deux stipules ovales et en forme d'oreillettes. Cette morelle croît naturellement à l'île de France; on la cultive au jardin du roi dans la serre chaude : elle fleurit en automne.

MORELLE A FEUILLES DE BETTE; *Solanum betaceum*, Cavan., *Icon. rar.*, 6, p. 16, t. 524. Sa tige est ligneuse, haute de cinq à six pieds, glabre, rameuse. Ses feuilles sont alternes, pétiolées, grandes, ovales, aiguës, échancrées en cœur à leur base, luisantes en-dessus, très-légèrement cotonneuses en-dessous. Ses fleurs sont blanches, un peu teintes de rose, assez grandes, disposées en grappes axillaires et bifides. Cette plante est originaire du Pérou; on la cultive au Jardin du Roi, dans la serre chaude.

MORELLE LYCIOÏDE; *Solanum lycioïdes*, Linn., *Mant.*, 46. La tige de cette espèce est ligneuse, divisée en un grand nombre de rameaux diffus, étalés, non véritablement épineux, mais dont les plus petits se durcissent en vieillissant, se dépouillent de leurs feuilles, et prennent, par la pointe piquante qui les termine, la forme et l'aspect d'épines. Les feuilles sont alternes, pétiolées, ovales-oblongues, glabres, et assez petites. Les fleurs sont blanches, de grandeur moyenne, solitaires dans les aisselles des feuilles sur des pédoncules grêles, aussi longs que les feuilles elles-mêmes; leur corolle est plane, plissée et marquée dans son centre d'une étoile à cinq rayons. Les anthères sont courtes, rougeâtres, distinctes les unes des autres et nullement conniventes. Les fruits sont de petites baies globuleuses et rouges. Cette morelle est originaire du Pérou; on la cultive au Jardin du Roi et chez quelques amateurs. Elle fleurit en Juin, Juillet et Août. On la rentre dans l'orangerie pendant l'hiver.

MORELLE A PIQUANS ROUGES; *Solanum igneum*, Lam., *Dict. enc.*, 4, p. 305. Sa tige est ligneuse, haute de trois à quatre pieds, rameuse, garnie çà et là, ainsi que la principale nervure des feuilles, d'épines droites d'un beau rouge. Les feuilles sont alternes, pétiolées, lancéolées, légèrement velues. Les fleurs sont blanches, de grandeur médiocre, disposées en grappe au sommet des rameaux; leur corolle est partagée, presque jusqu'à sa base, en six divisions lancéolées. Cette espèce est originaire des Antilles. On la cultive au Jardin du Roi ; elle fleurit en Juin et Juillet.

MORELLE SARMENTEUSE; *Solanum sarmentosum*, Lam., Dict. enc., 4, p. 507. La tige de cette espèce est ligneuse, divisée en rameaux sarmenteux et presque grimpans, qui peuvent s'élever a dix pieds de hauteur et même plus. Ces rameaux, ainsi que les pétioles des feuilles, et quelquefois leur nervure inférieure, sont armés d'aiguillons courts, un peu recourbés. Les feuilles sont géminées ou opposées, ovales-lancéolées, hérissées, surtout en-dessous, de poils étoilés qui les rendent rudes au toucher. Les fleurs sont blanches, disposées en petites grappes placées dans les aisselles des feuilles de la partie supérieure des rameaux; leur corolle est partagée eh cinq divisions profondes. Cette plante est originaire des Antilles ; on la cultive au Jardin du Roi.

MORELLE GIGANTESQUE : *Solanum giganteum*, Lam., Dict. enc., 4, p. 506; Jacq., *Icon. rar.* Dans nos jardins, cet arbrisseau n'a pas plus de cinq ou six pieds ; mais dans son pays natal il s'élève à plus de quinze pieds. Ses rameaux sont couverts d'un duvet court, serré, blanchâtre, et hérissés en même temps d'aiguillons courts et aigus. Ses feuilles sont ovales-lancéolées, pétiolées, glabres en-dessus, revêtues en-dessous d'un duvet cotonneux, semblable à celui qui recouvre les rameaux. Les fleurs sont d'un violet pâle, assez petites, cotonneuses en dehors, disposées en corymbes trèsgarnis et placés à l'extrémité des rameaux. Cette espèce croît naturellement au cap de Bonne-Espérance. On la cultive au Jardin du Roi.

**** *Feuilles sinuées, anguleuses ou lobées.*

MORELLE SODOMÉE : *Solanum sodomeum*, Linn., *Spec.*, 268 ; *Solanum pomiferum frutescens africanum*, etc. Moris., *Hist.*, 5, p. 521, s. 13, t. 1, fig. 15. Sa tige est ligneuse, haute de deux à trois pieds, divisée en branches courtes, épaisses, armées de nombreux piquans. Ses feuilles sont oblongues, découpées profondément en lobes obtus ou arrondis, opposées, hérissées de quelques poils rayonnans, et armées d'aiguillons semblables à ceux des tiges. Les fleurs sont violettes, disposées en panicules placées sur les côtés des rameaux :

leur calice est très-épineux. Le fruit est une baie de la grosseur d'une noix, panachée de blanc et de vert avant sa maturité, toute jaune lorsqu'elle est parvenue à cette époque. Cette espèce croît naturellement au cap de Bonne-Espérance. On la cultive au Jardin du Roi.

MORELLE PYRACANTHE; *Solanum pyracanthos*, Lam., Dict. enc., 4, p. 299. Sa tige est frutescente, haute de deux à trois pieds, partagée en rameaux cotonneux, armés d'aiguillons nombreux, d'une couleur rouge de feu. Ses feuilles sont alongées, cotonneuses et blanchâtres en-dessus et en-dessous, découpées jusqu'à moitié en lobes obtus, et armées d'épines semblables à celles des rameaux. Les fleurs sont bleuâtres, disposées en corymbes latéraux. Cette plante croît naturellement à Madagascar. On la cultive au Jardin du Roi et chez quelques amateurs. Elle fleurit en Juin, Juillet et Août. C'est une des espèces qui produit le plus d'effet par le contraste du rouge brillant de ses épines avec le duvet velouté et blanchâtre des rameaux et des feuilles. On la rentre dans la serre tempérée pendant l'hiver.

MORELLE MARGINÉE : *Solanum marginatum*, Linn. fils, *Suppl.*, 147; Jacq., *Icon. rar.*, 1, t. 45. Sa tige est ligneuse, cotonneuse, rameuse, haute de quatre à six pieds, armée de piquans épars, et garnie de feuilles grandes, alternes, pétiolées, ovales, échancrées peu profondément en lobes obtus ou arrondis. Ces feuilles sont dans leur jeunesse revêtues en-dessus et en-dessous d'un duvet blanchâtre; mais, dans l'âge adulte, la surface supérieure devient presque glabre, elle est seulement armée sur ses nervures, ainsi que l'inférieure, de quelques épines semblables à celles des tiges. Les fleurs sont grandes, blanches ou d'une couleur purpurine, disposées en grappes latérales. Cette espèce croît naturellement dans l'Abyssinie. On la cultive au Jardin du Roi.

MORELLE TOMENTEUSE : *Solanum tomentosum*, Linn., *Spec.*, 269; *Solanum spinosum maximè tomentosum*; Bocc., *Sic.*, p. 8, t. 5. Sa tige est frutescente, haute de deux pieds ou environ, revêtue d'un duvet jaunâtre, avec des aiguillons menus de même couleur. Ses feuilles sont ovales-en-cœur, légèrement sinuées en leurs bords, cotonneuses des deux côtés. Ses fleurs sont bleuâtres, de grandeur médiocre, disposées en petites grappes latérales dans la partie supérieure des rameaux. Cette plante croît naturellement en Éthiopie. On la cultive au Jardin du Roi.

Morelle melongène ; vulgairement Aubergine , Melongène : *Solanum melongena* , Linn. , *Spec.* , 266. Sa tige est herbacée, mais ferme, haute d'un pied à dix-huit pouces, cotonneuse, surtout dans le haut, un peu rameuse. Ses feuilles sont ovales, sinuées en leurs bords, assez longuement pétiolées et plus ou moins cotonneuses. Les fleurs sont blanches, purpurines ou bleuâtres, grandes, latérales, souvent solitaires, quelquefois portées sur un pédoncule commun qui se divise en deux ou trois autres. Le calice et le pédoncule sont garnis de quelques aiguillons rares et courts; le dernier s'incline à mesure que le fruit mûrit. Celui-ci est une baie pendante, très-grosse, ovoïde-alongée, lisse, luisante, ordinairement violette , quelquefois jaune , contenant une chair blanche. Cette espèce est annuelle; elle croît naturellement dans les pays chauds, en Asie, en Afrique, en Amérique. On en connoît plusieurs variétés, qui se distinguent principalement par la grosseur et la couleur de leur fruit. La plus remarquable est celle dont la baie est blanche et a exactement la forme d'un œuf de poule, ce qui l'a fait appeler vulgairement *plante aux œufs, pondeuse*. Cette variété se cultive par curiosité dans les jardins du Nord ; mais la variété à gros fruit violet est très-répandue dans les parties méridionales de l'Europe, où ce fruit est très en usage comme aliment, de même que dans les pays chauds, où la plante croît naturellement. On le mange, soit cuit avec des viandes, soit assaisonné de différentes façons.

L'aubergine crue est insipide et fade, aussi ne la mange-t-on pas dans cet état : on n'en fait jamais usage qu'après l'avoir fait cuire. Les préparations qu'on lui fait subir sont différentes dans chaque pays. Dans les Indes on l'assaisonne avec du vin et du sucre, ou simplement avec de l'eau sucrée; dans le Midi de la France, c'est principalement avec de l'huile d'olive. L'aubergine étant un aliment répandu dans un grand nombre de régions, l'expérience ne manque pas pour prouver qu'elle n'a rien de délétère. Cependant l'opinion contraire paroît avoir été assez générale d'après les noms de *melongena* et de *malum insanum*, qui lui ont été donnés ; mais cela paroit venir uniquement de ce qu'on confondoit souvent autrefois le *solanum melongena* avec le *solanum ovigerum*. Ce dernier a les graines enveloppées d'une pulpe d'une âcreté extrême et très-délétère, tandis que les autres parties du fruit sont salubres et n'ont point de mauvais goût. Les graines de la melongène sont dépourvues de cette pulpe. Les baies du *solanum ovigerum* deviennent cependant mangeables, et à Java on les emploie comme aliment, après avoir enlevé la pulpe qui entoure les graines. Ce n'est aussi qu'après avoir enlevé, par la pression entre deux planches, les graines et la pulpe qui les entoure, qu'on mange, dans les Indes orientales, les fruits du *solanum pressum*.

La melongène n'a été que fort rarement employée en médecine : elle passe pour aphrodisiaque dans quelques cantons d'Italie ; mais plusieurs auteurs la regardent, au contraire, comme rafraîchissante. Les feuilles ont passé pour anodines, résolutives, et on les a quelquefois employées pour faire des cataplasmes.

Pour ne pas donner trop d'étendue à cet article déjà assez long, nous rapporterons succinctement ce qu'on sait sur les propriétés et les usages de quelques autres morelles, sans les décrire. La plus grande partie de ce que nous dirons à ce sujet sera extrait de l'ouvrage de M. Dunal, que nous avons déjà eu occasion de citer plusieurs fois.

Loureiro, dans son *Flora chinensis et cochinchinensis*, dit, sans autres détails, qu'en Cochinchine on attribue à la racine du *solanum*, qu'il décrit sous le nom d'*album*, la propriété de guérir les maux de dents.

Les Brasiliens (Pison, *Brasil.*, 185) font un grand cas de la racine du *solanum paniculatum*, qu'ils regardent, prise en décoction, comme un puissant diurétique.

Au rapport de Sloane (*Historia jam.*, 1, p. 236), les racines d'un *solanum* qui croît à la Jamaïque, et qu'il désigne sous le nom de *solanum bacciferum, flore luteo, fructu croceo*, sont très-amères, et leur décoction, regardée comme un diurétique très-actif, est employée également par les médecins et les gens du peuple. Cet auteur assigne les mêmes propriétés et le même emploi au *solanum mammosum*.

Hermann (*Hort. Lugd. Batav.*, 574) dit que les racines du *solanum Hermanni* (*solanum sodomœum*, L.) sont âcres et presque amères; qu'à l'exemple des Hottentots, il en a employé la décoction dans les hydropisies comme diurétique, et que toujours il en a obtenu un grand succès.

Dans quelques-unes des Moluques (Rumphius, *Herbar. amboinense*, vol. 5, p. 240), lorsqu'on a employé en vain les moyens qu'on met ordinairement en usage pour faciliter un accouchement difficile, on broye dans l'eau la racine du *solanum trongum*, ou celle du *solanum pressum*; on filtre, et on obtient une infusion nauséabonde qu'on fait prendre à la malade. Rumphius assure que cette pratique a souvent beaucoup de succès. Il rapporte que la même infusion est employée dans l'odontalgie et dans certaines douleurs de gencives.

Au Malabar (Rhéed., *Hort. Malabar.*, 2, p. 65 et 69), les racines des *solanum undatum* et *lasiocarpum*, triturées et données dans le vin, servent à exciter le vomissement; prises seules à la dose de deux onces, elles favorisent les excrétions alvines. On les emploie aussi en décoction, ainsi que leurs feuilles, dans certaines fièvres muqueuses. Dans le même pays, la décoction de la racine du *solanum violaceum* est mise en usage, mêlée avec du miel, dans certaines fièvres, dans les catarrhes, dans la strangurie : on l'emploie aussi, avec l'addition d'une petite quantité de *cardamomum*, comme carminative et pour calmer les douleurs aiguës des intestins. Mais aucune de ces assertions n'est appuyée sur des observations détaillées et précises.

Le Père Feuillée (*Journ. d'observ.*, II, 2.ᵉ part., p. 7.) rapporte que les Indiens font un grand usage des tubercules du *solanum montanum*, qui sont charnus, épais d'environ un pouce; ils en mangent dans leurs soupes et leurs ragoûts. Ruiz et Pavon (*Flora peruviana et chylensis*, vol. 2, p. 31) disent seulement que les tubercules de cette plante servent à engraisser les cochons.

Dans plusieurs pays on applique sur les plaies les feuilles de certaines morelles. Pison et Margrave rapportent que les Brésiliens emploient à cet usage les feuilles du *solanum paniculatum*. En Égypte on applique aussi sur les plaies les feuilles du *solanum incanum* de Forskal.

Au rapport de Rhéede, le suc des feuilles du *solanum viola-ceum*, donné avec du sucre, est mis en usage avec succès au Malabar dans les phlegmasies, et particulièrement pour cal-mer l'irritation de la poitrine. On y emploie aussi en friction, dans certaines maladies de la peau, la décoction des feuil-les et des fruits de cette plante, combinée avec un peu de sucre et de chaux. Les Péruviens emploient la décoction ou l'infusion du *solanum crispum* dans certaines fièvres inflam-matoires; ils se servent aussi des feuilles du *solanum albidum*, qu'ils appliquent sur les ulcères chancreux.

Les habitans de l'île d'Amboine mêlent les fleurs du *sola-num pressum* avec d'autres substances pour se colorer les dents en rouge, ce qui est un ornement chez eux.

Parmi les fruits des *solanum*, les uns ont une saveur douce et sucrée, et à cause de cela on les mange crus dans quel-ques contrées; d'autres n'acquièrent cette saveur qu'après avoir été cuits. Ceux de certaines espèces offrent seulement, comme la melongène, une partie charnue ou chair douce et salubre, et en même temps, comme le *solanum ovigerum*, une pulpe âcre et délétère qui enveloppe les graines. Jus-qu'ici cette pulpe est la seule partie des *solanum* dont l'ac-tion mal-faisante soit connue.

Outre la melongène dont nous avons déjà parlé, on mange encore, en différens pays, les fruits de plusieurs autres mo-relles. On cultive dans les jardins, au Pérou, deux espèces de *solanum*, dont on mange les fruits crus. L'une d'elles, le *solanum muricatum*, porte un fruit jaunâtre, très-développé et semblable par sa couleur, sa consistance et même par son goût, à la chair de nos melons. Les Péruviens le mangent avec délices. Le *solanum quitoense*, cultivé principalement à Quito, donne des baies de la grosseur et de la couleur d'une petite orange dorée, dont elles ont à peu près la saveur. Les Pé-ruviens mangent encore les fruits mûrs du *solanum nemorense*. D'après Commerson, on mange à Madagascar les baies du *solanum anguivi*. Celles du *solanum album*, servent au même usage en Chine. Au rapport de Thunberg, les fruits du *so-lanum æthiopicum* sont employés au Japon comme assaisonne-ment. Leur saveur a quelque analogie avec celle des fruits de *capsicum*, mais elle est beaucoup moins forte.

M. Louis Valentin a employé deux fois avec avantage les baies du *solanum caroliniense*, qui croît abondamment dans les contrées méridionales des États-unis, contre le tétanos causé par la suppression de la transpiration. Ce médecin a, dans ces cas, fait prendre, en une fois, à ses malades, l'infusion, dans une tasse d'eau bouillante, de cinq à six de ces baies, qui ont à peu près le volume d'une cerise ; ensuite il a augmenté progressivement la dose. (Rec. périod. de la Soc. de méd. de Paris, vol. 40, p. 13.)

Les baies du *solanum vespertilio* sont d'une couleur de laque très-foncée ; à cause de cela, les femmes insulaires des Canaries en font une couleur dont elles se peignent le visage pour plaire à leurs amans. Au Pérou, les femmes indigènes font le même usage des baies mûres du *solanum gnaphalioides*. Dans ce même pays les baies du *solanum saponaceum* servent en place de savon pour blanchir divers objets.

Nous avons dit au commencement de cet article que plusieurs *solanum* avoient été distraits de ce genre pour former les nouveaux genres *Lycopersicum* et *Witheringia*; voyez à ce sujet Tomate et Withéringie. (L. D.)

MORELLE. (*Ichthyol.*) Voyez Morella. (H. C.)

MORELLE. (*Ornith.*) Voyez Foulque. (Ch. D.)

MORELLE FURIEUSE (*Bot.*), nom vulgaire de la belladone commune. (L. D.)

MORELLE A GRAPPES, GRANDE MORELLE DES INDES (*Bot.*), noms qui ont été donnés au phytollaca à dix étamines. (L. D.)

MORELLE MARINE. (*Bot.*) On donne ce nom dans quelques cantons à la belladone commune. (L. D.)

MORELLE DE MURAILLE (*Bot.*), nom vulgaire de la pariétaire. (L. D.)

MORELLE PARMENTIÈRE. (*Bot.*) Voyez Morelle tubéreuse. (L. D.)

MORELLE A QUATRE FEUILLES. (*Bot.*) C'est la parisette. (L. D.)

MORÈNE ; *Hydrocharis*, Linn. (*Bot.*) Genre de plantes monocotylédones, qui a donné son nom à la famille des *hydrocharidées*, et qui dans le Système sexuel se trouve placé dans la *dioécie ennéandrie*. Ses fleurs sont dioïques ou

monoïques : chaque fleur mâle présente un calice de trois
folioles ovales, une corolle de trois pétales, et sept à douze
étamines. Dans chaque fleur femelle le calice et la corolle
sont comme dans les mâles, et l'ovaire est infère, surmonté
de six styles ordinairement bifides. Le fruit qui succède aux
fleurs femelles est une capsule ovale ou arrondie, à six
loges contenant un grand nombre de graines. Les morènes
sont des plantes herbacées qui croissent dans les eaux : on
n'en connoît que deux espèces.

MORÈNE GRENOUILLETTE : *Hydrocharis morsus ranæ*, Linn.,
Spec., 1466; *Fl. Dan.*, t. 878; *Ranæ morsus*, Dod. *Pempt.*,
583. Sa tige est nageante dans l'eau, longue d'un à deux
pieds et plus; elle produit de distance en distance de petites
touffes de quatre à huit feuilles orbiculaires, échancrées à
leur base, longuement pétiolées et flottantes à la surface de
l'eau. Les fleurs sont assez grandes, blanches, marquées de
jaune à leur base, pédonculées et axillaires. Les mâles ont
sept à neuf étamines, et sont contenues, avant leur développement, trois ensemble dans une spathe de deux folioles.
Les fleurs femelles sont solitaires et dépourvues de spathe.
Cette plante est vivace; elle croît en France et en Europe
dans les eaux tranquilles et peu profondes. Ray parle d'une
variété dont les fleurs sont doubles et très-odorantes.

MORÈNE ÉPONGE; *Hydrocharis spongia*, Bosc, *Ann. Mus.*,
9, p. 396, t. 30. Ses racines sont vivaces, fasciculées; elles
produisent des tiges rampantes, donnant naissance, de distance en distance, à des faisceaux de feuilles ovales-en-cœur,
longuement pétiolées, dont les premières sont nageantes,
munies en-dessous d'un tissu cellulaire très-dilaté, formant
une sorte de coussinet spongieux. Les fleurs sont monoïques,
très-petites; les mâles à huit ou douze étamines, et renfermées, au nombre de sept à huit, dans une spathe de quatre
folioles inégales. Les fleurs femelles sont solitaires, renfermées dans une spathe à deux folioles. Cette plante croît à la
Caroline dans les fossés bourbeux. (L. D.)

MORENGU (*Bot.*), nom malabare du ben, réuni par Linnæus à son *guilandina*, mais formant maintenant le genre
Moringa. (J.)

MORENIE, *Morenia*. (*Bot.*) Genre de plantes monocotylédones, à fleurs dioïques, de la famille des *palmiers*, de la *dioécie hexandrie* de Linnæus; offrant pour caractère essentiel : Des fleurs dioïques : dans les fleurs mâles, un calice plan, trigone, d'une seule pièce; trois pétales; six étamines; un ovaire avorté : dans les femelles, un calice trifide; point d'étamines; trois stigmates; trois drupes.

Ce genre, établi par les auteurs de la Flore du Pérou, *Prodr. Fl. Per.*, pag. 150, tab. 32, ne renferme qu'une seule espèce, le *Morenia fragrans*, qu'ils n'ont fait qu'indiquer, sans nous en donner d'autre description que celle du caractère générique. Cette plante s'élève à une assez grande hauteur sur une tige ligneuse. Les fleurs mâles sont renfermées dans une spathe à quatre folioles qui s'engainent les unes les autres, d'où sort un spadice rameux; le calice des fleurs mâles est plan et trigone; la corolle composée de trois pétales ovales et concaves; les filamens des étamines trèscourts; les anthères ovales, presque de la longueur des pétales; dans les fleurs femelles, un ovaire trigone, arrondi, à trois lobes; point de styles; trois stigmates aigus. Le fruit consiste en trois drupes globuleux, monospermes, contenant chacun une semence osseuse, globuleuse. Cette plante croît au Pérou. (Poir.)

MORESQUE (*Conchyl.*), nom marchand de la *voluta oliva*, Linn.; *oliva maura*, Lamck., à cause de la couleur noire de cette coquille. (De B.)

MORET et MACERETS. (*Bot.*) Dans quelques départemens on donne ces noms à l'airelle anguleuse. (L. D.)

MORETIANA (*Bot.*), nom donné par Rumph à une carmentine de l'Inde, qui est le *justicia moretiana* de Burmann. (J.)

MORETON. (*Ornith.*) L'oiseau auquel on donne ce nom et celui de *morton* ou *maroton*, est le canard millouin, *anas ferina*, Linn. (Ch. D.)

MORETTIA. (*Bot.*) Genre de plantes dicotylédones, à fleurs complètes, polypétalées, de la famille des *crucifères*, de la *tétradynamie siliculeuse* de Linnæus, offrant pour caractère essentiel : Un calice à quatre folioles linéaires, égales à leur base; quatre pétales; six étamines tétradynames, privées de dents; un ovaire supérieur; un style court; une silicule à deux valves concaves; les semences séparées par des petites cloisons transversales.

Morettia de Phila : *Morettia philæana*, Dec., *Syst. veg.*, 2, pag. 427; *Nectouxia*, Dec., *l. c.*, pag. 149; *Sinapis*, Delill., *Ægypt.*, p. 99, tab. 33, fig. 3. Arbrisseau dont les rameaux sont médiocrement ligneux à leur base, hispides, cylindriques, chargés, ainsi que toute la plante, de poils cendrés, fasciculés, ouverts en étoile, garnis de feuilles alternes, presque sessiles, en coin à leur base, en ovale renversé, muni au sommet de trois ou quatre grosses dents. Les fleurs sont distantes, petites, médiocrement pédicellées, placées le long des rameaux en forme de grappes; le calice droit; les pétales linéaires, entiers. Le fruit est une petite silique droite, longue de quatre à cinq lignes, veloutée en dehors, s'ouvrant en deux valves mutiques et non appendiculées. Cette plante croît dans la Nubie, proche l'île Phila. (Poir.)

MORFEX. (*Ornith.*) Ce nom, dans Gesner, Aldrovande, etc., désigne le cormoran, *pelecanus carbo*, Linn. (Ch. D.)

MORFIL (*Mamm.*), nom d'origine arabe que portent, dans le commerce, les dents d'éléphant. (Desm.)

FIN DU TRENTE-DEUXIÈME VOLUME.

STRASBOURG, de l'imprimerie de F. G. Levrault.